T0141021

MITTEILUNGEN DER KOMMISSION FÜR QUARTÄRFORSCHUNG
DER ÖSTERREICHISCHEN AKADEMIE DER WISSENSCHAFTEN
Band 16

BFW-BERICHTE 141/2007
Bundesforschungs- und Ausbildungszentrum für Wald, Naturgefahren und Landschaft

Prähistorische Lawinen

Nachweis und Analyse holozäner Lawinenereignisse in den Zillertaler Alpen, Österreich

Der Blick zurück als Schlüssel für die Zukunft

Prehistoric Avalanches

Evidence and Analysis of Holocene Avalanche Events in the Zillertaler Alps, Austria

The Look Back as a Key for the Future

Roland Luzian (Editor)
Peter Pindur (Co-Editor)

FDK 423.5:111.83:(436)

Impressum

ISSN 1013-0713
ISBN 978-3-7001-6098-4

Für den Inhalt verantwortlich:
Dipl.-Ing. Dr. Harald Mauser (Leiter des BFW)

Herausgeber: Roland Luzian (Editor); Peter Pindur (Co-Editor)

Layout und Satz: Johanna Kohl

Lektorat: Dr. Gerhard Withalm

Herstellung und Druck: Edelbacher-Druck, 1180 Wien

Bestellungen und Tauschverkehr:
Bundesforschungs- und Ausbildungszentrum für Wald, Naturgefahren und Landschaft, Bibliothek
Seckendorff-Gudent-Weg 8, A-1131 Wien
Tel. + 43-1-878 38 1216; Fax. + 43-1-878 38 1250
E-mail: bibliothek@bfw.gv.at
Online Bestellungen: http://bfw.ac.at/order_online

Verlag der Österreichischen Akademie der Wissenschaften
Tel.: +43-1-512 90 50, Fax +43-1-51 581-3400
Postgasse 7, A-1010 Wien
E-Mail: verlag@oeaw.ac.at
http://hw.oeaw.ac.at/3753-5
http://verlag.oeaw.ac.at

Mit finanzieller Unterstützung:
Land Tirol, Abteilung Umwelt, Innsbruck
Arbeitsgemeinschaft für vergleichende Hochgebirgsforschung, München
Österreichische Akademie der Wissenschaften, Kommission für Quartärforschung, Wien
eine an der Forschung interessierte Privatperson, Innsbruck

Für umfangreiche Unterstützung bei den Geländearbeiten:
Sektion Tirol, Gebietsbauleitung Schwaz des
Forsttechnischen Dienstes für Wildbach- und Lawinenverbauung (WLV)

Vorwort

Während sich die Kaltzeiten und die von ihnen verursachten Gletschervorstöße durch mannigfache geologische Phänomene wie Moränen, Gletscherschliffe und Hohlformen in der Landschaft unserer Alpen vielerorts bemerkbar machen, bleiben die Spuren der Warmzeiten im Verborgene. Es sind vor allem biologische Datenträger wie Holz, Torf, Knochen oder Molluskenschalen, die uns Kunde geben können vom Ausmaß und von der Intensität der warmen Zeitabschnitte in den Hochalpen. Zu finden sind diese Datenträger nur in Arealen, wo Bedingungen herrschen, die eine Erhaltung der biologischen Substanzen ermöglichen. Ein schönes Beispiel für die gute Erhaltung von Holz liefern hochgelegen Moore wie z.B. im Bereich der ehemaligen Schwarzensteinalm in den Zillertaler Alpen in 2150 Meter Seehöhe. Offensichtlich gab es hier chemische Bedingungen, welche die Erhaltung von Baumstämmen besonders begünstigen. Die Überlieferung von Hölzern, die sowohl nach der Radiokarbon- als auch mir der dendrochronologischen Analyse datiert werden können, eröffnet uns ein Archiv der Natur, das für die Rekonstruktion der Klimate frühere Zeiten eine Unmenge von Daten liefern kann. Die Baumstämme können nur aus einer Zeit stammen, die den Baumbewuchs der Berghänge oberhalb der Alm klimatisch ermöglichte. Lawinenereignisse waren es wohl, die für die Verfrachtung und Akkumulation der Stämme verantwortlich gemacht werden können.
Die Kommission für Quartärforschung der Österreichischen Akademie der Wissenschaften hat schon seit vielen Jahren den Schwerpunkt der Forschungen auf die Rekonstruktion des eiszeitlichen und frühholozänen Klimas im Ostalpenraum gesetzt. Die Kenntnis über das einstige Klima der Hochalpen ist durch die Ergebnisse von der Schwarzenbergalm ungemein bereichert worden, weshalb dieses Projekt auch von der Österreichischen Akademie der Wissenschaften unterstützt worden ist. Es freut mich sehr, dass die Ergebnisse dieses so erfolgreichen Forschungsprojektes in den „Mitteilungen der Kommission für Quartärforschung der Österreichischen Akademie der Wissenschaften“ als Band 16 publiziert werden konnten.

Prof. Gernot Rabeder

Wien, am 3. März 2008

Vorwort

Klimatisch bedingte, sichtbare Änderungen in der Natur, wie beispielsweise die gegenwärtige Verschiebung der potentiellen Waldgrenze nach oben, werfen die Frage nach deren Auswirkungen allgemeiner Art und insbesondere zu Änderungen im Naturgefahren-Risiko auf.
Das interdisziplinäre Forschungsprojekt „Neue Analysemöglichkeiten zur Bestimmung des Lawinengeschehens“ leistet zur Beantwortung dieser Frage einen wichtigen Beitrag. Stumme Zeugen zum Lawinengeschehen im Verlaufe von klimatischen Warmphasen, wie sie in den vergangenen 10.000 Jahren wiederholt eingetreten sind, wurden umfassend untersucht. Aufbauend auf jahrzehntelanger Forschung zur Ökologie der Waldgrenze an der Außenstelle für subalpine Waldforschung der ehemaligen Forstlichen Bundesversuchsanstalt (heute Institut für Naturgefahren und Waldgrenzregionen des Bundesforschungs- und Ausbildungszentrums für Wald, Naturgefahren und Landschaft - BFW), und grundlegende klimageschichtliche Arbeiten an der Universität Innsbruck wurden dendrochronologische, palynologische, biometrische, glaziologische und archäologische Analysen durchgeführt und mit moderner Lawinen-Simulationstechnologie kombiniert. Damit sind erstmals Aussagen zur Häufigkeit und Ausdehnung großer bis extremer Lawinenereignisse möglich, die in früheren Zeiträumen aufgetreten sind, in denen für das Baumwachstum im Waldgrenzbereich klimatisch günstige Bedingungen geherrscht haben. Bedingungen, die wir infolge der aktuellen Klimaänderungen wieder erwarten können. Für den Umgang mit dem zukünftigen Lawinenrisiko konnten wertvolle Hinweise gewonnen werden.
Die erfolgreiche Durchführung dieses Projektes des BFW wurde durch die sehr gute Zusammenarbeit mit der Österreichischen Akademie der Wissenschaften unterstützt, die maßgeblich durch die Herren Univ. Prof. Dr. H. Heuberger und Dr. S. Bortenschlager wahrgenommen wurde. Die Publikation der Forschungsergebnisse erfolgt ebenfalls gemeinsam durch die beiden Institutionen. Sie erscheint daher gleichzeitig in identer Form in den Reihen der BFW-Berichte und den Mitteilungen der Kommission für Quartärforschung der Österreichischen Akademie der Wissenschaften.

Dr. Harald Mauser

Wien, am 16. April 2008

Prähistorische Lawinen

Nachweis und Analyse holozäner Lawinenereignisse in den Zillertaler Alpen, Österreich

Der Blick zurück als Schlüssel für die Zukunft

Inhaltsverzeichnis

Editorische Notizen

Die vorliegende Arbeit stellt, gesammelt aus Einzelbeiträgen, Ergebnisse des Forschungsprojektes „Neue Analysemöglichkeiten zur Bestimmung des Lawinengeschehens. Nachweis und Analyse von holozänen Lawinenereignissen - HOLA“ vor. Dieses Projekt wurde vom Bundesforschungs- und Ausbildungszentrum für Wald, Naturgefahren und Landschaft (BFW - Projekt Nr. 2002/125) initiiert und am Institut für Naturgefahren und Waldgrenzregionen in Kooperation mit der Universität Innsbruck und der Österreichischen Akademie der Wissenschaften (ÖAW) in den Jahren 2002 bis 2006 durchgeführt.
Wegen der Vernetzung der Themen, und weil jeder Beitrag möglichst eine abgeschlossene Arbeit sein sollte, kommt es teilweise zu Überschneidungen, Wiederholungen und, besonders bei Literaturangaben, zu Mehrfachnennungen.
Um gegebenenfalls einen gewissen thematischen Überblick zu verschaffen, wurde Literatur zum Teil auch bewusst erweitert angeführt.
Eine wichtige Vorgabe an die textlichen Ausführungen war es – Stichwort „Interdisziplinarität“-, eine etwas breitere, allgemeinere Leserschaft anzusprechen und zu erreichen.
Die Bezeichnungen „Oberer Zemmgrund“ für den Bereich des Zemmgrundes oberhalb der Felsstufe von Grawand und „Schwarzensteinmoor“ sind informell vergebene Namen!

Diese Publikation erscheint in identischer Form im Rahmen zweier verschiedener Reihen:
- BFW-Berichte (Schriftenreihe des Bundesforschungs- und Ausbildungszentrums für Wald, Naturgefahren und Landschaft)
- Mitteilungen der Kommission für Quartärforschung der Österreichischen Akademie der Wissenschaften.

Dank

Unter der Ägide „Forschung und Wissenschaft im Bergsteigerdorf Ginzling“ fand das Projekt sehr hilfreiche praktische und ideelle Unterstützung bei der Ortsvorstehung Ginzling-Dornauberg, bei der Verwaltung des Hochgebirgs-Naturparkes Zillertaler Alpen und bei der Sektion Berlin des Deutschen Alpenvereins.

Ganz herzlichen Dank
- für das freundliche Entgegenkommen und die große Hilfsbereitschaft:
  Rosmarie und Andreas von der Unterkunftshütte Alpenrose, Kerstin und Rupert von der Berliner Hütte und Karl von der Waxeggalm; den Arbeitern des Forsttechnischen Dienstes für Wildbach- und Lawinenverbauung vor Ort und im Bauhof Kaltenbach und dem Experten für mineralogische Fragestellungen, Herrn Walter Ungerank, so wie Fr. M. Eller, Herrn W. Kofler (für prüfende Blicke durch das Mikroskop), Herrn Univ. Prof. Dr. S. Bortenschlager und Herrn DI Dr. Dr. h. c. G. Markart
- für spontane Zusage zur Mitarbeit:
  Univ. Prof. Dr. Harald Niklfeld, Dr. Luise Schratt-Ehrendorfer, A. Prof. Dr. Dieter Schäfer und PhD Antonia Zeidler (Übersetzungen)
- für Auskünfte und Hinweise:
  Univ. Prof. Dr. Dr. h. c. F. Fliri, Univ. Prof. Dr. H. Heuberger, ao. Univ. Prof Dr. B. Lackinger, DI L. Stepanek
- für die Durchsicht der Manuskripte:
  Fr. Dr. I. Draxler, Herrn a. o. Univ. Prof. Dr. G. Patzelt, Herrn DI Dr. P. Sampl und Herrn Dr. R. Stern!
- für die entscheidende Information „Schwarzensteinmoor im Zemmgrund": a. o. Univ. Prof. Dr. G. Patzelt

Roland Luzian,
auch im Gedenken an Herrn Leo Kröll

Summary

At the former Institute for High Alpine Research at the University of Innsbruck one of the main research areas was the analysis of the climatic regime during the Postglacial/Holocene in the eastern part of the Alps. The most prominent method used was the analysis of annual growth rings of trees at timberline. On the basis of dendrochronological analysis of subfossil bog-woods from the "Schwarzensteinmoor" it was possible to date prehistorical avalanche events accurate to a year. The moor is situated in the area of the "Schwarzensteinalm" above the Berliner Hut (Zillertaler Alps) and therefore within the range of the postglacial timberline. The surrounding area of the bog is currently not forested. Above the present timberline there are only few, wide spread and relatively small stone pines. However, young stand of stone pines is existent at today's timberline and reaches, in the protection of terrain features, up to 2250 m above sea level.
With avalanche probes (!) tree trunks were located as clues to earlier avalanche activity in the "Schwarzensteinmoor" and their direction of deposition was determined. Stem disc samples were taken from 217 tree trunks. Detailed analysis and age determination were possible for 177 samples (all identified as stone pines, *Pinus cembra* L.) in the laboratory. The bog-woods were dated to a time span from 7050 BC to 1300 AD. In addition to the long-term climate change it was possible, on the basis of the sample material, to provide evidence for 21 avalanche events, which destroyed forests within the above mentioned period. For this the following criteria had to be met:

1. Location of the subfossil lumber in the moor at a distant from the shore and the slope
2. Both normal and parallel (as well as across) the main axis of the moor oriented deposition of the sampled trunks
3. Collective, sudden mortality of differently aged trees at the same time
4. Time of mortality after the completed formation of the late wood (winter)

The oldest, up to now dated, avalanche event in "Oberen Zemmgrund" occurred in the winter 6255/54 BC.
Furthermore 64 forest respectively tree destroying avalanche events were identified on the basis of anatomic attributes.
Even during times at least equally warm to today, but for a longer time period, extreme avalanche events occurred.
In regard to the forest growth, in addition to the climatic conditions, the question about the human influence on the forest stands had to be addressed. For this a sediment drill core was taken from the "Schwarzensteinmoor" and two additional cores from smaller, but higher located moors. Subsequently the three samples were analysed by palynological studies:
In the Neolithic Age, from 4100 BC, the first people and their grazing animals came into the area of the "Oberer Zemmgrund". During the Bronze Age (from approximatly 2200 BC) anthropogenic impacts on the forest stand intensified due to slashing and burning, which has also been proven by an archaeological finding. Up to the Middle Ages the anthropogenic influence fluctuated strongly so that the forest growth above the "Schwarzensteinmoor" was not only caused by the climate but possibly also by the grazing management of the people living in the area.
Studies conducted on beetles and mites found in the drill cores verify the results of the pollen analysis on the ecological condition in the vicinity of the moor.
Forest development and structural analysis as well as glaciological studies allow the reconstruction of the Holocene variations of the timberline.
The simulation of forest destructions by avalanches shows that even from relatively small release areas avalanches with catastrophic impacts are possible in times with a certain snowpack height.
Further studies – using more sophisticated simulation techniques – are supposed to help interpreting a variety of input parameters for future hazard zone mapping procedures, considering the influence of climate change (magnitude and return period of catastrophic avalanche events).

Keywords:
avalanche events, climate change, clues to earlier avalanche activity, forest growth

Zusammenfassung

Am ehemaligen Forschungsinstitut für Hochgebirgsforschung an der Universität Innsbruck bildeten klimageschichtliche Untersuchungen über das Postglazial/Holozän für den Ostalpenraum einen Arbeitsschwerpunkt. Dabei kommt der Methode der Jahrringanalyse an Bäumen aus dem Waldgrenzbereich eine herausragende Bedeutung zu. Bei der dendrochronologischen Analyse subfossiler Moorhölzer aus dem „Schwarzensteinmoor“, konnten prähistorische Lawinenereignisse belegt und jahresscharf datiert werden. Dieses Moor befindet sich im Gebiet der Schwarzensteinalm oberhalb der Berliner Hütte (Zillertaler Alpen) und liegt innerhalb des postglazialen Waldgrenz-Schwankungsbereiches. Die Umgebung des Moores ist derzeit nicht bewaldet. Und oberhalb der aktuellen Waldgrenze existieren nur einzelne, weit verteilte und durch relativ geringe Größe charakterisierte Zirben. Der Zirbenjungwuchs ist im Bereich der aktuellen Waldgrenze aber vorhanden und steigt im Schutze von Geländekanten bis auf 2250 m Höhe.

Mit Hilfe von Lawinensonden (!) wurden Baumstämme als so genannte „stumme Zeugen“ im „Schwarzensteinmoor“ geortet und deren Lagerungsrichtung festgestellt. Von 217 verschiedenen Stämmen wurden Proben in Form von Stammscheiben entnommen. Aus 177 Proben (alle als Zirben, *Pinus cembra* L. identifiziert) konnten genauere Analysen und Datierungen im Labor durchgeführt werden. Die datierten Moorhölzer weisen eine zeitliche Bandbreite von 7050 v. Chr. bis 1300 n. Chr. auf. An Hand des gefundenen Probenmaterials war es möglich, neben langfristigen Klimaschwankungen, unter Berücksichtigung nachfolgend angeführter Kriterien, 21 waldzerstörende Lawinenereignisse innerhalb dieses Zeitraumes nachzuweisen.

1. Uferferne und hangferne Lage der subfossilen Hölzer im Moor
2. Sowohl normal, als auch parallel (und quer) zur Moorhauptachse orientierte Lagerung der beprobten Stämme
3. Kollektives, plötzliches Absterben unterschiedlich alter Bäume zum selben Zeitpunkt
4. Absterbezeitpunkt nach vollständiger Ausbildung des Spätholzes (Winter)

Das älteste bis jetzt datierte Lawinenereignis im Oberen Zemmgrund ereignete sich im Winter 6255/54 v. Chr.

Zudem wurden auf Grund anatomischer Merkmale 64 wald- bzw. baumschädigende Lawinenereignisse identifiziert.

Auch während klimatisch mindestens gleich warmer, aber über längere Zeiträume herrschende Phasen als gegenwärtig, kam es also zu Lawinenereignissen mit außergewöhnlichem Ausmaß.

Neben den klimatischen Bedingungen für das Waldwachstum war auch die Frage nach dem menschlichen Einfluss auf den Waldbestand zu klären. Aus dem Schwarzensteinmoor und zwei weiteren, kleineren, aber höher gelegenen Mooren, wurden zur Klärung dieser Frage Sedimentbohrkerne entnommen und palynologisch analysiert:

Im Neolithikum, ab 4100 v. Chr., kamen erstmals Menschen mit ihren Weidetieren in das Gebiet des Oberen Zemmgrundes. Während der Bronzezeit (ab ca. 2200 v. Chr.) erfolgte eine Intensivierung des menschlichen Eingriffes in den Waldbestand durch Brandrodung. Über diese verstärkte Nutzung gibt auch ein zeitgleicher archäologischer Befund Aufschluss. Bis ins Mittelalter herauf schwankte aber der menschliche Einfluss stark, sodass Waldwachstum oberhalb des Schwarzensteinmoores nicht nur klimatisch bedingt, sondern auch durch Nachlassen der Weidenutzung immer wieder möglich war.

Untersuchungen von in den Bohrkernen enthaltenen Käfern und Milben bestätigen die Ergebnisse aus der Pollenanalyse über die ökologischen Verhältnisse in der Umgebung des Moores.

Waldentwicklungs- und Strukturanalysen sowie glaziologische Untersuchungen erlaubten die Rekonstruktion des holozänen Schwankungsbereiches der Waldgrenze.

Die Simulation stattgefundener, auf Lawineneinwirkung zurückzuführende Waldzerstörungen, zeigt, dass ab bestimmten Schneemächtigkeiten auch aus relativ kleinen Anbruchgebieten Lawinenabgänge mit katastrophaler Wirkung möglich sind.

Weitere Studien – mit dem Einsatz moderner Simulationsverfahren – sollten helfen, verschiedene Eingangsgrößen für die Gefahrenzonenplanung in Zukunft, unter dem Einfluss möglicher Klimaschwankungen, besser abschätzen zu können (Ausmaß und Wiederkehrdauer katastrophaler Lawinenereignisse).

Schlüsselwörter:
Lawinenereignisse, Klimaschwankungen, stumme Zeugen, Waldwachstum

Einleitung

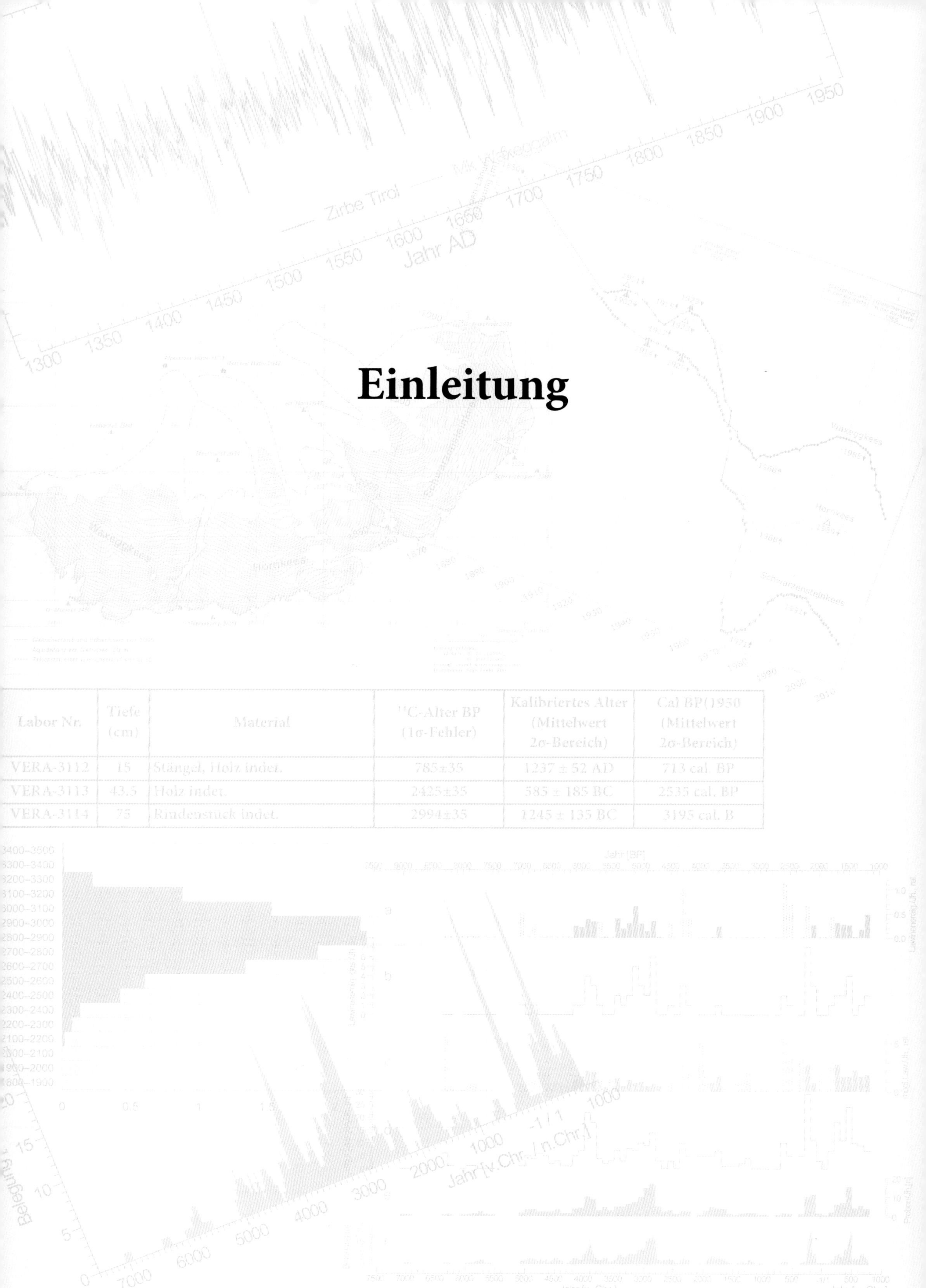

Das Forschungsprojekt HOLA - Projektskizze

Roland LUZIAN

LUZIAN, R., 2007. Das Forschungsprojekt HOLA - Projektskizze. — BFW-Berichte **141**:15-21, Wien. — Mitt. Komm. Quartärforsch. Österr. Akad. Wiss., **16**:15-21, Wien

Kurzfassung
Ausgehend von vorliegenden dendrochronologischen Ergebnissen, der Datierung von vier prähistorischen Lawinenereignissen (PINDUR, 2001), wurden weitere Untersuchungen zum holozänen Lawinengeschehen im Zuge des gegenständlichen interdisziplinären Forschungsprojektes durchgeführt. Die Exploration fand im Bereich des Zemmgrundes, Zillertaler Alpen (Österreich) statt. Dabei wurden die sich verändernden Rahmenbedingungen wie Klimaschwankungen und anthropogene Einflussnahme im Untersuchungsgebiet für den Zeitraum des Holozäns rekonstruiert, um Grundlagen für die Interpretation des prähistorischen Lawinengeschehens zu schaffen. Diese Ereignisse konnten anhand stummer Zeugen nachgewiesen werden.
Zielsetzung war der Nachweis, die Datierung und Modellierung weiterer Lawinenereignisse um Informationen über die Extremfälle, deren Wiederkehrdauer und die dafür notwendigen Schneemengen zu gewinnen.

Schlüsselwörter
Holozänes Lawinengeschehen, Klimaschwankungen, stumme Zeugen, Extremfälle

Abstract
[The research project HOLA - project outline.] Based on available results - the dendrochronological dating of four prehistoric avalanche events (PINDUR, 2001) - continued research has been conducted on holocene avalanche events in the course of an interdisciplinary research project. The exploration took place in the area oft the Zemmgrund, Zillertal Alps (Austria). The changing paleoenvironmental conditions, like climate variations and anthropogenic influence, of the holocene time period in the investigation area were reconstructed in order to establish a guide for the interpretation of prehistoric avalanching. Hazard indicators gave evidence of those events.
The goal of this study was to provide evidence, the dating and modeling of further events to get informations about past extreme events and to determine their return duration and the necessary snow quantities.

Keywords
Holocene avalanche events, climate variations, hazard indicators, extreme events

MAG. ROLAND LUZIAN, Institut für Naturgefahren und Waldgrenzregionen, Bundesforschungs- und Ausbildungszentrum für Wald, Naturgefahren und Landschaft, A - 6020 Innsbruck
E-Mail: Roland.Luzian@uibk.ac.at

1. Einführung

Zur Einführung in das Thema „**HO**lozänes **LA**winengeschehen" und zur Beantwortung der Frage nach dem Sinn der Forschung zu diesem Thema seien folgende Argumente und Thesen vorangestellt und auf die Besonderheiten des gegenständlichen Projektes hingewiesen. Des Weiteren wird ein kurzer Überblick vermittelt, wie diese Forschung mit den aktuellen, allgemeinen Fragen und Problemen unseres Lebensraumes vernetzt ist.

Argumente und Thesen - Kontext zum „Klimawandel"

1. Wir leben in der erdgeschichtlichen Phase des Holozäns (Postglazial, Nacheiszeit), - was da bis

jetzt an klimatisch getriggerten Naturprozessen bzw. -Ereignissen abgelaufen ist, kann und wird sich, zumindest in ähnlicher Form wiederholen. Und: je weiter wir von einem solchen (prähistorischen) Ereignis zeitlich entfernt sind, desto näher rückt die Wiederkehrwahrscheinlichkeit dieses Ereignisses.

2. Nun ist aber der historische Zeitraum, besonders die Zeit der Instrumentenbeobachtung, viel zu kurz, um so wohl Amplitude als auch Frequenz der im Holozän stattgefundenen und somit in der Gegenwart und Zukunft möglichen Schwankungen des herrschenden Klimas zu erfassen. Chroniken und Aufzeichnungen über Naturgeschehnisse enthalten wichtige Informationen über Katastrophenereignisse. Auch sie erfassen jedoch nur einen zu kurzen Zeitraum (üblicherweise wenige Jahrhunderte). **Besonders interessant** ist aber wie das Lawinengeschehen vor Jahrtausenden, **unter klimatisch wärmeren Bedingungen** als gegenwärtig, abgelaufen ist. Die Kenntnis über das vorgeschichtliche (prähistorische) Lawinengeschehen kann nutzbringend in der Raum- und Gefahrenzonenplanung so wie im Risiko- und Krisenmanagement eingesetzt werden.
3. Wir haben keine Kenntnis davon, was passiert, wenn es wärmer wird. Wir brauchen dazu die Bewertung der in der Natur erhalten gebliebenen Befunde („stummen Zeugen") aus, im Holozän bereits stattgefundenen, wärmeren Zeiten.
4. Für die Entwicklung von Zukunft-Szenarios sind daher solche Befunde aus der Vergangenheit als wichtigste und einzige realistische Grundlage notwendig. Für die Einschätzung der Eintrittswahrscheinlichkeit und des Gefahrenpotentials liefert die retrospektive Betrachtung bereits stattgefundener (Schad-)Ereignisse objektive und unverzichtbare Informationen. Die sorgfältige Analyse bereits stattgefundener Ereignisse ist daher für Annahmen über zu erwartende naturräumliche Prozesse und diesbezüglich zu treffender Maßnahmen (Gefahrenzonenplanung, Verbauung) unumgänglich.
5. Auch während wärmerer Klimaphasen (trotz besserem Waldwachstum) kann es, wenn das Anbruchgebiet hoch genug über der jeweiligen Waldgrenze liegt, zu extremen Lawinenereignissen kommen.

Außerdem: Wissenschaft dient nicht nur der Erkenntnis, sie produziert gesichertes Wissen.

Auch Grundlagenforschung ist – zwar Zeit verzögert bzw. indirekt – angewandte Forschung.

Besonderheiten:

1. Das Moor am Fuße des Schwarzenstein-Alm Lawinenhanges bildet einen idealen Fallboden und somit ein Auffangbecken für die von Lawinen dorthin transportierten Bäume.
2. Das „Schwarzensteinmoor" liegt im holozänen Waldgrenzschwankungsbereich und erfüllt damit und auf Grund seiner Größe unabdingbare klimatische und ökologische Forschungs-Anforderungen.
3. Es existieren Moorbereiche, welche nur von extrem großen Ereignissen erreicht werden können.
4. Es besteht die Ostalpen Zirben Chronologie*, d. h. die prähistorischen Ereignisse sind jahresscharf datierbar; daraus ist eine Periodizität ableitbar das ist weltweit einzigartig.
   * die Ostalpen Zirben Chronologie:
   Die am ehemaligen Institut für Hochgebirgsforschung an der Universität Innsbruck entwickelte Ostalpen Zirben Chronologie reicht zur Zeit durchgehend bis in das Jahr 7108 v. Chr. zurück. Sie beruht durchwegs auf Hölzern aus Waldgrenz- bzw. waldgrenznahen (über 2000 m Meereshöhe gelegenen) Standorten der zentralen Ostalpen. Dieser Umstand ist weltweit einzigartig und ermöglicht eindeutige Aussagen zu bereits stattgefundenen Klimaschwankungen (z.B. Warmphasen) und die jahresscharfe Datierung besonderer Naturereignisse (z.B. Lawinenniedergänge). Sie besteht aus 1380 Einzelproben, wovon 82% der Baumart Zirbe (*Pinus cembra* L.), hingegen nur 16% bzw. 2% den Arten Lärche (*Larix decidua* L.) und Fichte (*Picea abies* L.) zuzuzählen sind (NICOLUSSI et al., 2004, 2007).
5. Wir haben SAMOS**, d. h. die Ereignisse können nachgerechnet werden; daraus sind die dafür notwendigen Schneemengen ableitbar.
   ** SAMOS - **S**now **A**valanche **MO**delling and Simulation:
   Das Lawinensimulationsmodell SAMOS wurde am hiesigen Institut in Kooperation mit der AVL List GmbH, der TU Wien und dem forsttechnischen Dienst für Wildbach- und Lawinenverbauung entwickelt. SAMOS ist ein physikalisches Modell zur dreidimensionalen Simulation von Trockenschneelawinen. Durch die Koppelung eines granularen Fließlawinenmodells mit einem gasdynamischen Modell lassen sich Ereignisse simulieren, die von Fließlawinen bis hin zu reinen Staublawinen reichen. SAMOS ist weltweit das einzige dreidimensionale Lawinensimulationsmodell welches im operativen Einsatz

ist. Es bietet die Möglichkeit einer gekoppelten Berechnung des Fließ- (zweidimensional) und Staubanteiles (dreidimensional) von Lawinen. Diese Tatsache eröffnet die Chance, Lawinen in bisher nicht da gewesener Nähe zur Natur, zu modellieren (SCHAFFHAUSER, 2002).
6. Der Beobachtungszeitraum von HOLA beträgt Jahrtausende (das gesamte Holozän!) nicht bloß Jahrhunderte oder gar nur Jahrzehnte.
7. Die Kombination der angewandten Methoden ist neu und weltweit derzeit nur bei HOLA möglich.

Vernetzung:
1. Waldforschung (Baumwachstum an der alpinen Waldgrenze, Schutzwald)
2. Lawinen- bzw. Naturgefahrenforschung (Ereignisanalyse)
3. alpine Landschafts- und Raumforschung (umfassende Raumanalyse)

Themen und Forschungsfelder:
Bestandesstabilität, Schutzwaldthematik, Gebirgswaldökologie, menschlicher Eingriff in die Waldgrenzregion:
- Baumwachstum an der Waldgrenze > Analyse des Waldbestandes im Waldgrenzschwankungsbereich unter verschiedenen Klimabedingungen, Einfluss des Lawinengeschehens; Aussagen zur Biodiversität
- Dokumentation
- Globale Klimaänderungen > Szenarien zum Lawinengeschehen und Vegetationsverhalten; Auswertung prähistorischer und historischer Ereignisse zur Ableitung von Aussagen über das Bemessungsereignis und dessen Wiederkehrdauer; Grundlage für Prognose
- Analyse von Schadereignissen > Analyse ausgewählter Ereignisse. Die universelle Erfassung des Lawinengeschehens gibt Einblicke in die Prozesse und ist unerlässlich für deren Verständnis
- Globale und regionale Klimaänderung > Auswirkungen auf den Wald und die Naturgefahren
- Naturgefahrenforschung und Umgang mit Georisiken > Prozessanalyse der Gefahrenursachen und -Wirkungen

2. Zielsetzung und Nutzen

Ausgehend von den bereits vorliegenden Ergebnissen – der Datierung von vier prähistorischen Lawinenereignissen in den Zillertaler Alpen im Oberen Zemmgrund – wurden weiterführende Untersuchungen zum holozänen Lawinengeschehen im Zuge eines interdisziplinären Forschungsprojektes des Bundesforschungs- und Ausbildungszentrums für Wald, Naturgefahren und Landschaft (BFW) am Institut für Naturgefahren und Waldgrenzregionen, Abteilung Alpine Waldgrenzregionen im Waldgrenz-Schwankungsbereich der Schwarzensteinalm, durchgeführt.
Dabei sollten über eine umfassende Raumanalyse die sich verändernden Rahmenbedingungen im Untersuchungsgebiet (Klimaschwankungen, Einfluss des Menschen) für den Zeitraum des Holozäns (Postglazials) rekonstruiert werden, um bestmögliche Grundlagen für die Interpretation des holozänen Lawinengeschehens zu schaffen.
Ziel dieser Untersuchung war der Nachweis von weiteren extremen Lawinenereignissen über den Zeitraum der letzten Jahrtausende mit Hilfe der Ostalpen-Zirbenchronologie und deren Rekonstruktion und Modellierung mittels SAMOS, um Informationen über die dafür notwendigen Schneemengen zu erschließen. Damit sollte es möglich sein, ein realistisches Worst-Case Szenario für das rezente Lawinengeschehen unter Berücksichtigung im Holozän bereits stattgefundener Warmphasen und möglicher weiterer Klimaschwankungen zu entwickeln. HOLA leistet daher einen Beitrag zur anwendungs-orientierten Lawinenforschung (z.B. Gefahrenzonenplanung) und steht im Kontext zur aktuellen Klimadiskussion sowie zur Diskussion um den Konflikt zwischen der Nutzung des Raumes (Siedlungs- und Wirtschaftstätigkeiten) und den herrschenden Naturgefahren.

3. Zentrale Fragestellungen und Umsetzung

- Klärung der Topographie des Lawinenhanges „Schwarzensteinalm“ sowie Modellierung der Ereignisse
- Gletscherausdehnung – klimatische Verhältnisse (Schnee- und Waldgrenzschwankungen)
- Entwicklungsdynamik des Waldes und des Waldgrenzverlaufes in der subalpinen Stufe bei sich ändernden Rahmenbedingungen (Klimaerwärmung)
- Dendrochronologische Datierung und Analyse der Moorhölzer auf Lawineneinwirkung
- Palynologische Analyse prähistorischen Lawinen-

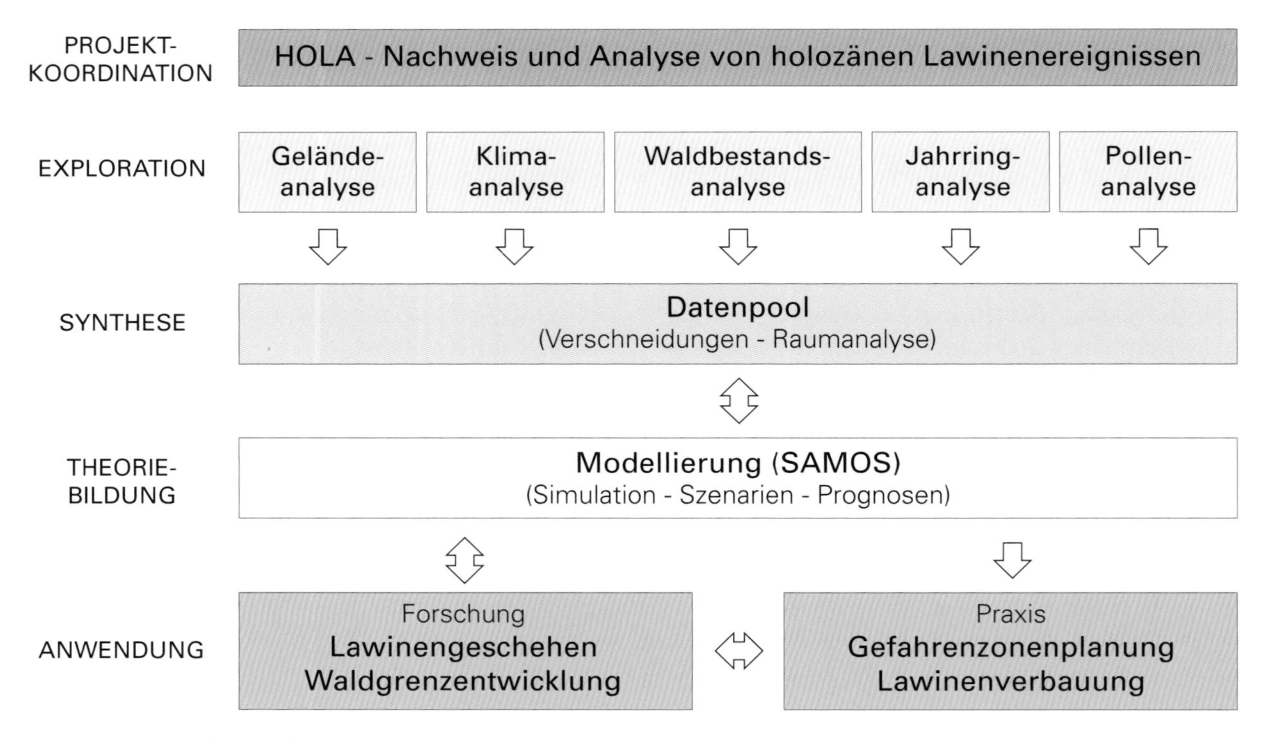

Abbildung 1: Forschungsplan HOLA

geschehens und dessen Einfluss auf die alpine Baum- und Krautvegetation
- Palynologische Analyse der anthropogenen Einflussnahme

Methodik und Forschungsplan, Projektorganisation

Das Projekt HOLA als ein interdisziplinäres Forschungsprojekt folgte einer explorativ-induktiven Logik. Die Vorteile dieses Forschungsansatzes liegen:

- in der Flexibilität für etwaige, durch den Erkenntnisfortschritt oder externe Anforderungen nötige Anpassungen und Erweiterungen,
- in der Offenheit für die Implementierung von Ergebnissen und Daten von Nicht-Projektpartnern,
- in der prinzipiellen Untersuchungsbreite, die nicht durch enge theoretische Vorgaben, Axiome oder Paradigmen eingeschränkt wird.

Die von den Projektpartnern erarbeiteten Daten wurden in einem Datenpool zusammengefügt. Dieser Datenpool ermöglichte eine umfassende Raumanalyse, die für die Interpretation des holozänen Lawinengeschehens im Oberen Zemmgrund erforderlich war. Weiters wurden die Eingangsparameter, die für die Modellierung der datierten Lawinenereignisse mit SAMOS benötigt werden, aus diesem Datenpool entnommen.

Die Verbindung moderner Lawinenforschungsmethoden (Lawinensimulationsmodell SAMOS) mit etablierten Methoden der klimageschichtlichen Forschung (Jahrringanalyse, Pollenanalyse, C-14 Datierung) ist neu und einmalig und ermöglichte es, stumme Zeugen besser zu analysieren und zu bewerten. Dadurch waren wichtige Hinweise für das Bemessungsereignis, dessen Wirkungsbereich und Periodizität, zu erwarten.

So konnte der Nachweis der prähistorischen Lawinenereignisse anhand stummer Zeugen (subfossile Hölzer) aus dem Schwarzensteinmoor mittels dendrochronologischer Methoden, der Nachweis menschlicher (Beweidung) und natürlicher Einflüsse (Lawinen) auf Vegetation und Biodiversität mittels palynologischer Methoden und die Analyse bzw. Rekonstruktion der Ereignisse mittels des physikalisch-numerischen Simulationsverfahrens SAMOS erfolgen.

Die, unterschiedlichen wissenschaftlichen Disziplinen zugeordneten, zentralen Fragestellungen wurden durch eigenständige und eigenverantwortliche Arbeitsgruppen behandelt.

Die Universität Innsbruck war mit den Instituten für Botanik (Arbeitsgruppe Palynologie, ao. Univ. Prof. Dr. J.-N. Haas) und für Geographie (Arbeitsgruppe Dendrochronologie, ao. Univ. Prof. Dr. K. Nicolussi) als Kooperationspartner des BFW maßgeblich am Projekt beteiligt.

Der ausgesprochen interdisziplinäre Charakter dieses Forschungsprojektes war organisatorisch eine große Herausforderung und es war nicht immer leicht, eine gemeinsame, fachlich etwas vereinfachte, Sprache zu finden.

4. Forschungsstand – prähistorisches Lawinengeschehen

Ein erster Nachweis und die Diskussion um prähistorisches Lawinengeschehen gehen zurück auf ein Pollenprofil des Rotmooses im Oberen Gurgeltal in den Ötztaler Alpen (Rybnicek & Rybnickova, 1977; Bortenschlager, 1984; Patzelt, 1996; Nothegger, 1997). Hierbei handelt es sich um ein einmaliges Ereignis um etwa 4500 vor heute.
Es folgen Arbeiten aus Schottland (Ward, 1985), den kanadischen Rocky Mountains (Smith, 1994) und vor allem aus Norwegen (Blikra & Nesje, 1997; Blikra & Nemec, 1998; u.a.m.) die prähistorisches Lawinengeschehen zum Gegenstand haben.
Es handelt sich dabei, auch bei den neuesten Arbeiten (Nesje et al., 2007), für den prähistorischen Zeitraum um radio-carbon datierte Sedimente mit lawinenbedingten Schuttablagerungen und minerogenen Partikeln (wie im oben erwähnten Fall des Rotmooses) oder um dendrochronologisch datierte historische Ereignisse. Blikra & Nesje (1997) und Nesje (2007) vermuten eine erhöhte Lawinenaktivität während klimatischer Abkühlungsphasen.
Allerdings konnten Lawinenereignisse nie über einen derart langen Zeitraum wie nahezu das gesamte Holozän jahresscharf datiert werden. Das ist nur auf der Grundlage der Ostalpen-Zirbenchronologie (Nicolussi & Schiessling, 2002 und Nicolussi et al., 2004) möglich und nur daraus ist eine Periodizität bzw. Wiederholwahrscheinlichkeit ableitbar.
Im Zuge einer geographischen Diplomarbeit am ehemaligen Institut für Hochgebirgsforschung an der Universität Innsbruck wurden mehrere Lawinenereignisse aus prähistorischer Zeit dendrochronologisch nachgewiesen und datiert (Pindur, 2000; Pindur et al., 2001). Dieser Aspekt wurde am Institut für Naturgefahren und Waldgrenzregionen, Abteilung alpine Waldgrenzregionen, beim Bundesforschungs- und Ausbildungszentrum für Wald, Naturgefahren und Landschaft (BFW) aufgegriffen (Luzian & Pindur, 2000) und im Jahre 2002 in ein umfangreiches, interdisziplinäres Forschungsprojekt („Neue Analysemöglichkeiten zur Bestimmung des Lawinengeschehens") umgesetzt. Über palynologische und dendrochronologische Teilbereiche dieses Projektes existieren bereits mehrere Arbeiten und Publikationen, zum Beispiel: Walde et al. (2003), Zrost (2004), Haas et al. (2005), Luzian et al. (2005), Wild, (2005).

5. Literatur

Bartelt, P. & Stöckli, V., 2001. The Influence of Tree and Branch Fracture, Overturning and Debris Entrainment on Snow Avalanche Flow. – [in:] Annals of Glaciology. — **32**:209-216.

Blikra, L. H. & Nesje, A., 1997. Holocene avalanche activity in western Norway: chronostratigraphy and paleoclimatic implications. – [in:] Matthews et al. (eds.). Rapid mass movement as a source of climatic evidence for the Holocene. Paleoclimate Research. — **19**:299-312.

Blikra, L. H. & Nemec W., 1998. Postglacial colluviums in western Norway: depositional processes, facies and paleoclimatic record. – [in:] Sedimentology. — **45**:909-959.

Bortenschlager, S., 1984. Beiträge zur Vegetationsgeschichte Tirols. I. Inneres Ötztal und unteres Inntal. – [in:] Berichte des naturwissenschaftlich - medizinischen Vereins Innsbruck. — **71**:19-56.

Bryant, C.L. et al., 1989. A statistical analysis of tree-ring dating in conjunction with snow avalanches: Comparison of on-path versus off-path responses. – [in:] Environmental Geology and Water Sciences. — **14, 1**:53-59.

Carrara, P.E., 1979. The determination of snow avalanche frequency through tree-ring analysis and historical records at Ophir, Colorado. – [in:] Geological Society of America Bulletin. — **90**:773-780.

Ciolli, M., 2001. GIS and dendrochronological techniques for hazard mapping in avalanching areas. – [in:] International workshop avalanche control on the base of hazard mapping in avalanching areas, 18-21 June 2001, Federal Institute of Forest Research.

Dube, S. et al., 2004. Tree-ring reconstruction of high-magnitude snow avalanches in the northern Gaspe Peninsula, Quebec, Canada. – [in:] Arctic, Antarctic and Alpine Research. — **36** (4).

Glazovskaya, T., 1996. Possible change of characteristics of avalanche activity due to the global change of climate. – [in:] Proceedings of the International Conference "Avalanche and releated subjects", Kirovsk.

Haas, J.-N. et al., 2004. Extrafossils as palynological tool for the reconstruction of long-term Alpine vegetation change due to Holocene snow avalanches in Tyrol (Austria). – [in:] Polen. — **14**:272-273.

Haas, J.-N. et al., 2005. Holocene Snow Avalanches and their impact on Subalpine Vegetation. – [in:] Late Glacial and Holocene Vegetation, Climate and Anthropogenic History of the Tyrol and Adjenct Areas (Austria, Switzerland, Italy), Palyno Bulletin. — **1**:107-119 (special Issue).

Ikeda, S. et al., 2000. The fir trees surviving surface avalanches. – [in:] International Glaciological Society (Hrsg.). International Symposium on Snow, Avalanches and Impact of the Forest cover. – Innsbruck, Austria, 22-26 May 2000. Abstracts. — 36, Innsbruck.

Keller-Singh, R., 1995. Bäume als Indikatoren von Lawinenniedergängen in einem Lawinenzug im Dischmatal, Davos. – Geographische Diplomarbeit, Universität Zürich.

Luzian, R. & Pindur P., 2000. Klimageschichtliche Forschung und Lawinengeschehen. – [in:] Wildbach- und Lawinenverbau. — **64, 142**:85-92.

Luzian, R. et al., 2005. Identification and Analysis of Holocene Avalanche Events in the Ziller Valley, Austria - Alook back as the key for the future. – [in:] Late Glacial and Holocene Vegetation, Climate and Anthropogenic History of the Tyrol and Adjenct Areas (Austria, Switzerland, Italy), Palyno Bulletin. — **1**:97-106 (special Issue).

Muntan, E. et al., 2004. Dendrochronological study of the Canal del Roc Roig avalanche path: first results of the Aludex project in the Pyrenees. – [in:] Annals of Glaciology, 2004. — **38**:173-179.

Nesje, A. et al., 2007. A contious, high-resolution 8500-yr snow-avalanche record from western Norway. – [in:] The Holocene. — **17/2**:269-277.

Nicolussi, K., 2007. persönliche Mitteilung.

Nicolussi, K. & Schiessling, P., 2002. A 7000-year-long continuous tree-ring chronology from high-elevation sites in the central eastern Alps. – [in:] Dendrochronology, Environmental Change and Human History, Abstracts. 6th International, Conference on Dendrochronology, Quebec City, Canada, August 22nd-27th 2002. — 251-252.

Nicolussi, K. et al., 2004. Aufbau einer holozänen Hochlagen-Jahrring-Chronologie für die zentralen Ostalpen: Möglichkeiten und erste Ergebnisse. – [in:] Innsbrucker Geographische Gesellschaft, Jahresbericht 2001/02. — **16**:114-116.

Nothegger, B., 1997. Palynologische Untersuchungen zur Ermittlung von Waldgrenz- und Klimaschwankungen in den Ostalpen anhand der Profile Schönwies und Rotmoos. – Botanische Diplomarbeit an der Universität Innsbruck. — 1-54.

Patzelt, G., 1996: Exkursion A1, Tirol: Ötztal - Inntal. – Exkursionsführer, Deutsche Quartärvereinigung, DEUQUA 1996.

Patzelt, G., 2000. Natürliche und anthropogene Umweltveränderungen im Holozän der Alpen. – [in:] Kommission für Ökologie der Bayerischen Akademie der Wissenschaften (Hrsg.). Entwicklung der Umwelt seit der letzten Eiszeit. Rundgespräche der Kommission für Ökologie. — **18**:119-125, München.

Pindur, P., 2000. Dendrochronologische Untersuchungen im Oberen Zemmgrund, Zillertaler Alpen. Eine Analyse rezenter Zirben (*Pinus Cembra* L.) und subfossiler Moorhölzer aus dem Waldgrenzbereich und deren klimageschichtliche Interpretation. – Geographische Diplomarbeit an der Universität Innsbruck. — 1-122.

Pindur, P., 2001. Der Nachweis von prähistorischen Lawinenereignissen im Oberen Zemmgrund, Zillertaler Alpen. – [in:] Mitteilungen der Österreichischen Geographischen Gesellschaft. — **143**:193-214.

Pindur, P. et al., 2001. Mid- and late- Holocene avalanche events indicated by subfossil logs. – [in:] Eurodendro 2001 - Book of abstracts, Gozd Martuljek. — 37.

Rybnicek, K. & Rybnickova, E., 1977. Mooruntersuchungen im oberen Gurgltal. – [in:] Folia Geobot. et Phytotaxonomica. — **12**:245-291, Praha.

Sailer, R. et al., 2001. Recalculation of two Catastrophic Avalanches by the SAMOS avalanche Model. – [in:] Proceedings of the II International Conference on Avalanches and Related Subjects „The contribution of theory and practice to avalanche safety", 3.-7. September 2001. Kirovsk, Russia.

Sampl, P. et al., 2000. Evaluation of Avalanche Defense Structures with the Simulation Model SAMOS. – [in:] Fels-Bau. — **18, 1**:41-46.

Schaffhauser, H., 2002. Das Lawinensimulationsmodell SAMOS. Ein gekoppeltes, Mehrdimensionales, numerisches Katastrophen - Lawinenmodell. – [in:] Grazer Schriften der Geographie und Raumforschung, Universität Graz. — 183-197.

Schweingruber, F. H., 1983. Der Jahrring: Standort, Methodik, Zeit und Klima in der Dendrochronologie. — 1-234, Bern.

Smith, D. J. et al., 1994. Snow-Avalanche Impact Pools in the Canadian Rocky Mountains. - [in:] Arctic and Alpine Research. — **26/2**:116 - 127.

Stoeckli, V., 1998. Physical interactions between snow and trees: Dendroecology as a valuable tool for their interpretation. - [in:] Urbinati, C. & Carter, M. (Hrsg.). Dendrocronologia: una scienza per l'ambiente tra passato e presente. — 79-85. Atti del XXXIV Corso di Cultura in Ecologia, San Vito di Cadore, Italy, September 1-5, 1997. Dipartimento Territorio e Sistemi Agroforestali, Universita degli Studi di Padova.

Voellmy, A., 1955. Über die Zerstörkraft von Lawinen. - [in:] Schweizer Bauzeitung. — 73, **12**:159-162; **15**:212-217; **17**:246-249; **19**:280-285.

Wahl, H., 1996. Lawinenereignisse im Jahrringbild. Methodische Überlegungen und eine Rekonstruktion von Ereignissen im Umfeld des Riedgletschers (VS). - Geographische Diplomarbeit, Universität Zürich.

Walde, C. et al., 2003. Schwarzenstein-Bog in the Alpine Ziller Valley (Tyrol, Austria): A key site fort he palynological detection of major avalanche events in mountainous areas. - [in:] C. Ravazzi et al. (eds.). Penninic and Insubrian Alps - Excursion Guide 28th Moor-Excursion of the Institute of Plant Sciences, University of Bern. — 55-59.

Walde, C. et al., 2004. The abundance of snow algae (Chloromonas and Chlamydomonas) in Holocene bog sediments linked to shifts in Alpine Timberline and snow-avalanche frequency in Tyrol, Austria - [in:] Polen. — **14**:573.

Ward, R. G. W., 1985. An estimate of avalanche frequency in Glen Feshie, Scotland, using tree rings. - [in:] Fieller, N.R.J., Gilbertson, D.D. & Ralph, N.G.A. (Hrsg.). Palaeoenvironmental Investigations: Research Design, Methods and Data Analysis. Symposium Number 5(i) of the Association for Environmental Archaeology. British Archaeological Reports International Series. — **258**:237-244.

Wild, V., 2005. Anthropogener und klimatischer Einfluss auf das spätholozäne Waldgrenzökoton im Oberen Zemmgrund (Zillertaler Alpen, Österreich). - Botanische Diplomarbeit, Universität Innsbruck. — 1-92.

Zalikhanov, M. Ch., 1967. Analysis of dendrochronological data for the prediction of avalanche danger. - [in:] Dolov, M.A. (Hrsg.). Physics of Snow and Snow Avalanches. Gidrometeorologicheskoe Izdatelstvo. Leningrad, Published for the USDA Forest Service and the NSF. — 152-157.

Zrost, D., 2004. Lawinenereignisse des späten und mittleren Holozäns in den zentralen Ostalpen. Geographische Diplomarbeit, Universität Innsbruck. — 1-126.

Der „Obere Zemmgrund" - Ein geographischer Einblick

Peter PINDUR[1)] & Roland LUZIAN[2)]

PINDUR, P. & LUZIAN, R., 2007. Der „Obere Zemmgrund" - Ein geographischer Einblick. — BFW-Berichte **141**:23-35, Wien. — Mitt. Komm. Quartärforsch. Österr. Akad. Wiss., **16**:23-35, Wien

Kurzfassung
Der Zemmgrund liegt in den Zillertaler Alpen (Ostalpen) auf der Nordabdachung des Alpenhauptkammes und gehört zum österreichischen Bundesland Tirol.
Der „Obere Zemmgrund" ist ein erweiterter Talschluss und wird von bis zu 3480 m (Großer Möseler) hohen, vergletscherten Bergkämmen nahezu kreisförmig umschlossen. Er liegt im Bereich der kühlgemäßigten Klimazone mit alpiner Modifikation. Der Gesteinsbestand reicht von der Tuxer Gneiszone bis zur Zentralgneiszone des Tauernfensters. Die Vegetationsstufen des Oberen Zemmgrundes erstrecken sich von der subalpinen bis zur nivalen Stufe und unterliegen nachweislich seit 6000 Jahren, mehr oder weniger starkem, anthropogenem Einfluss.
Weide-, alm- und forstwirtschaftliche Nutzung reichen weit zurück und für die Zeit des frühen 16. Jahrhunderts bis ins neunzehnte Jahrhundert ist auch Bergbautätigkeit belegt (Asbest, Granat). Gegen Ende des 19. Jahrhunderts setzte die touristische Erschließung ein.

Schlüsselwörter
Talschluss, alpine Modifikation, Gesteinsbestand, Vegetationsstufen, anthropogener Einfluss

Abstract
[The „Upper Zemmgrund" - a geographical overview.] The Zemmgrund is located in the Zillertaler Alps (Eastern Alps) on the north slope of the main alpine divide and belongs to the Austrian province of Tyrol.
The "Upper Zemmgrund", a widened valley head, is nearly circularly surrounded by up to 3480 m high (Großer Möseler) and glaciated mountains. The area is in the cool, moderate climate zone with an alpine modification. Rock occurrences include types from the Tuxer gneiss zone to the Central gneiss zone of the Tauern window. The vegetation zones of the "Upper Zemmgrund" extend from the subalpine to the nival zone and the area was affected over the past 6000 years more or less strongly by anthropogenic influences.
Pasture management and forestry started early and there is evidence for mining activities (asbestos, garnet) from the early 16th century to the 19th century. At the end of the 19th century tourism development started.

Keywords
Head of the valley, alpine modification, rock occurrences, vegetation zones, anthropogenic influence

„Oberer Zemmgrund" ist eine informell vergebene Bezeichnung. Diese umfasst die Gebiete der Schwarzenstein-, Waxegg- und Grawandalpe und deckt somit den Bereich des HOLA-Untersuchungsgebietes ab.

1. Lage, Abgrenzung und Größe

Der Obere Zemmgrund (Abbildung 1) liegt in den Zillertaler Alpen (Ostalpen), auf der Nordabdachung des Alpenhauptkammes und entwässert

[1)]ING. MAG. PETER PINDUR, Institut für Stadt- und Regionalforschung, Österreichische Akademie der Wissenschaften, A – 1010 Wien, E-Mail: Peter.Pindur@oeaw.ac.at

[2)]MAG. ROLAND LUZIAN, Institut für Naturgefahren und Waldgrenzregionen, Bundesforschungs- und Ausbildungszentrum für Wald, Naturgefahren und Landschaft, A - 6020 Innsbruck, E-Mail: Roland.Luzian@uibk.ac.at

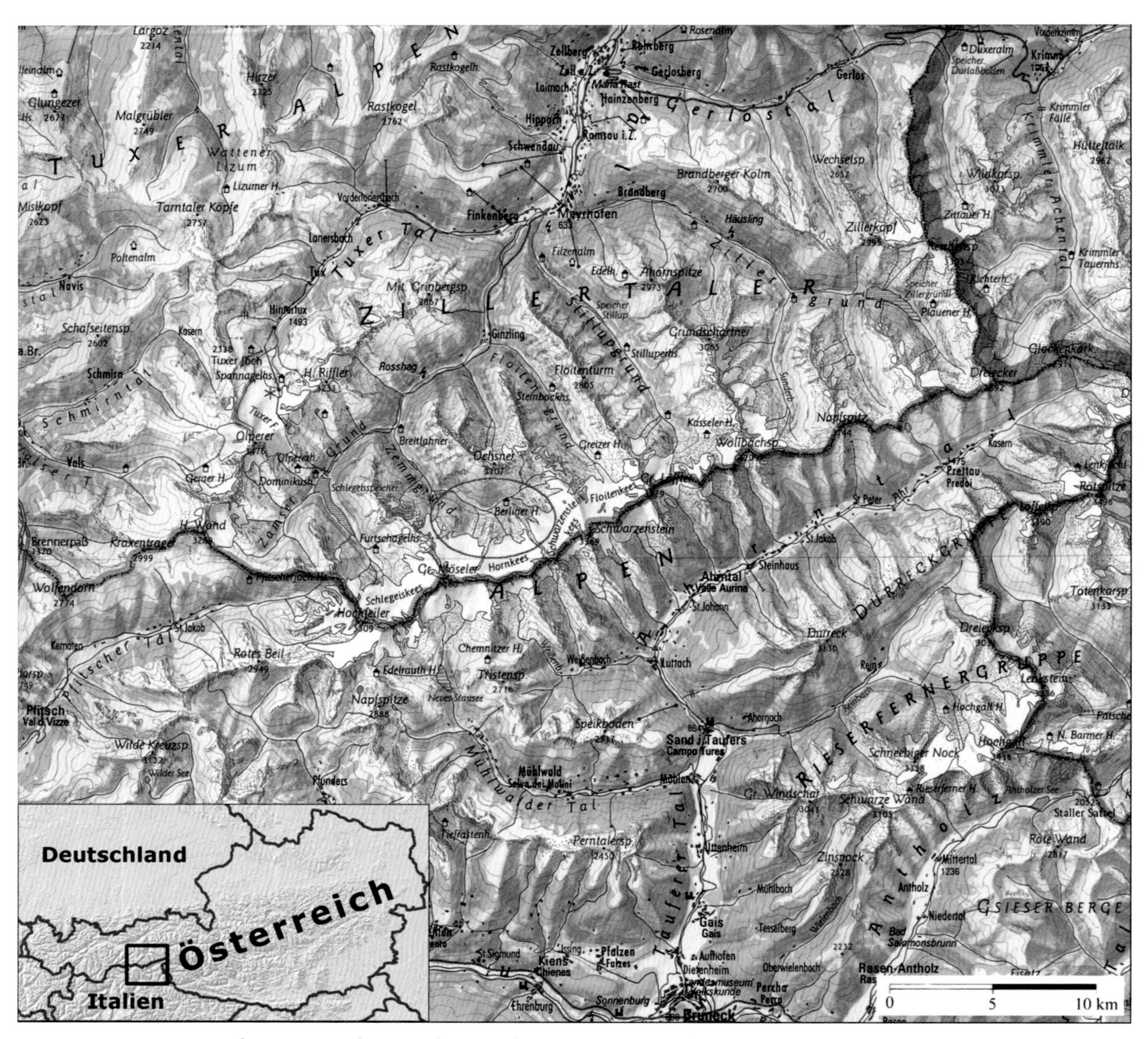

Abbildung 1: Die Lage des Untersuchungsgebietes Oberer Zemmgrund in den Zillertaler Alpen (Institut für Geographie der Universität Innsbruck, 1995, modifiziert).

über den Inn und die Donau ins Schwarze Meer. Während der pleistozänen Vereisungen befanden sich die Zillertaler Alpen im Zentrum des Eisstromnetzes und erfuhren eine starke glaziale Überprägung. Im Einflussbereich der Westwindzirkulation gelegen, gehört das Untersuchungsgebiet zum Bereich des kühlgemäßigten Klimas mit alpiner Modifikation, wobei die Hauptniederschläge im Jahresverlauf durch Nordstaulagen hervorgerufen werden. Im Bereich des Tauernfensters bildet das kristalline Substrat relativ saure Böden als Basis für die Vegetation, die im Wesentlichen durch die subalpine und alpine Höhenstufe geprägt wird.

Der Obere Zemmgrund gehört zum zentralalpinen Bereich des Bundeslandes Tirol, das im Westen Österreichs zwischen dem deutschen Bundesland Bayern und der autonomen italienischen Provinz Bozen - Südtirol liegt, und ist seit 1991 Teil des „Hochgebirgs-Naturparks Zillertaler Alpen“. Lokalpolitisch teilt sich der Zemmgrund zwischen der Gemeinde Finkenberg, welche die orographisch linke Seite vom Zemmbach verwaltet, und der Gemeinde Mayrhofen, die für die rechte Seite zuständig ist, auf (BEV 2005). Wirtschafts- und verkehrsräumlich etwas abseits der großen Tourismuszentren gelegen, bildet das Untersuchungsgebiet einen wertvollen Erholungsraum für den Sommertourismus und leistet zudem, mit der Wasserspende für den Schlegeisspeicher der Verbund-Austrian Hydro Power AG (ehem. Tauernkraftwerke AG), einen Beitrag zur Spitzenstromversorgung Mitteleuropas. Von den landwirtschaftlichen Betrieben des Zillertals, die traditionell in der Staffelwirtschaft verwurzelt sind, wird das Hochtal als Almgebiet genützt.

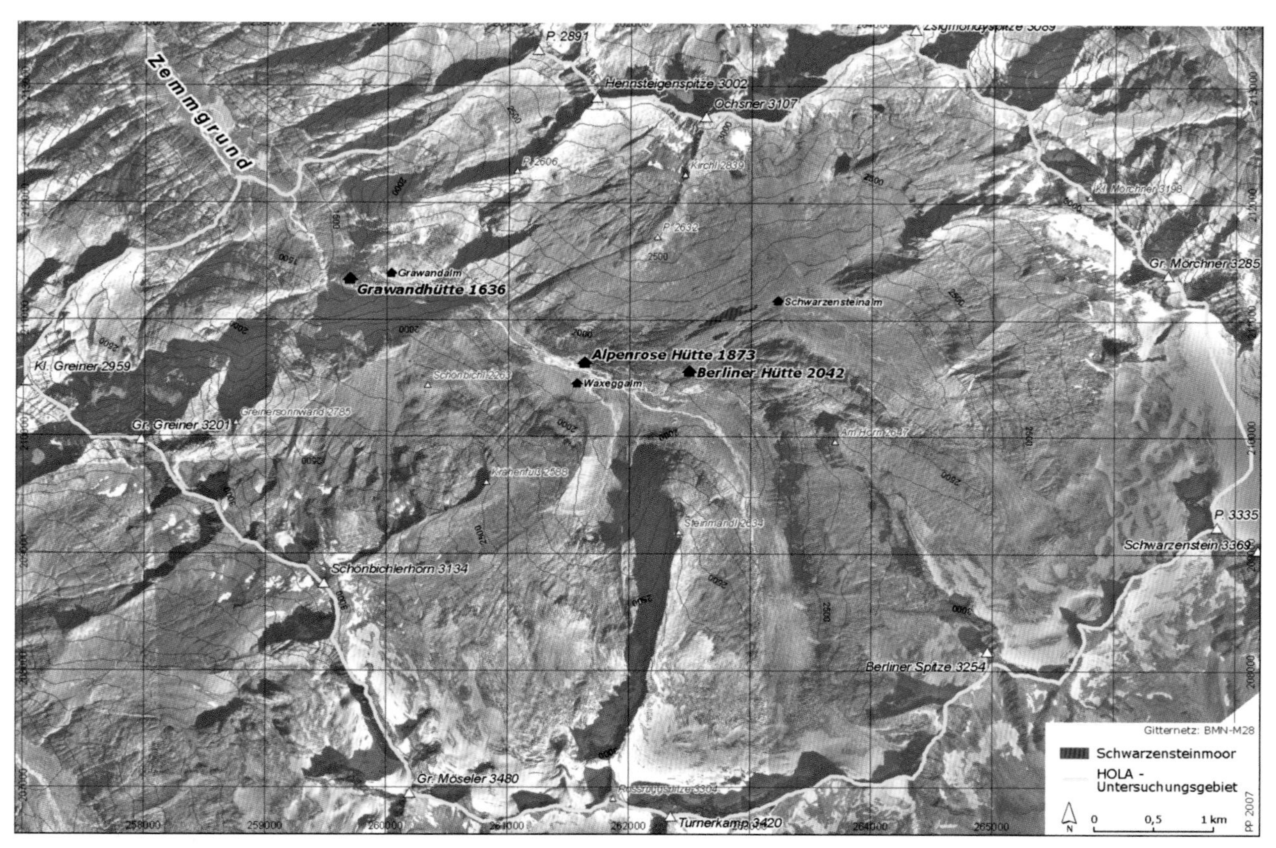

Abbildung 2: Die Abgrenzung des HOLA Untersuchungsgebiets „Oberer Zemmgrund" im SW-Orthofoto von 1999 (BEV 1999).

Abgrenzung und Größe

Der Zemmgrund zweigt beim Gasthof Breitlahner (1256 m) vom Zemmtal nach SO ab und gliedert sich, durch die Steilstufe von Grawand getrennt, in einen unteren und oberen Bereich. In älterer Literatur wird der Zemmgrund auch als „Schwarzensteingrund" bezeichnet (Zernig, 1941).

Beim **Oberen Zemmgrund**, der sich im Bereich Alpenrose Hütte - Berliner Hütte nochmals um 90° Richtung NO dreht, handelt es sich um einen erweiterten Talschluss der von drei großen Gletschern dominiert wird. Er ist durch die fast kreisförmige - ca. 270° umfassende – Kammumrahmung von der Hennsteigenspitze (3002 m ü.d.M.) bis zum Großen Greiner (3201 m) gut abgeschirmt. Den tiefsten Punkt des Kammes findet man bei der Melkerscharte mit 2814 m, die höchste Erhebung stellt der Große Möseler mit 3480 m dar. Die Talstufe von Grawand, die den Oberen Zemmgrund nach Nordwesten hin öffnet, hat ihr oberes Niveau bei ca. 1850 m und liegt in der direkten Verbindungslinie zwischen den beiden Eckpfeilern der Kammumrahmung.

Um die Untergrenze der subalpinen Höhenstufe erfassen zu können, wurde das Untersuchungsgebiet talauswärts erweitert. Es umfasst zusätzlich zum gesamten Oberen Zemmgrund die Talstufe von Grawand und jeweils das erste große Kar – Greinerkar und Steinkar - auf beiden Talseiten (vgl. Abbildung 2). Das Untersuchungsgebiet von HOLA hat somit eine Fläche von 43,8 km² bei einer Höhenerstreckung von über 2000 m (tiefster Punkt: 1460 m, höchster Punkt: 3480 m).

2. Der Naturraum

Geologie, Tektonik und Morphologie

Die Alpen sind das Resultat eines seit mehr als 200 Mio. Jahren andauernden Gebirgsbildungs-Prozesses. Dabei kam es in den Ostalpen im Bereich des Tauernfensters zu den größten Vertikalbewegungen seit dem Beginn der Orogenese. Die Gesteine der Zillertaler Alpen wurden infolge der Subduktionsbewegung durch die Kollision der afrikanischen mit der eurasiatischen Platte besonders tief abgesenkt (bis zu 20 km), metamorphisiert und anschließend wieder stark herausgehoben. Infolgedessen glitt die aufliegende Ostalpine Decke nach Westen ab und die Schieferhülle des Tauernfensters, die aus Sedimenten des ehemaligen Penninischen Ozeans besteht (Penninische Decke), konnte an die Oberfläche treten. Durch den immer noch andauernden

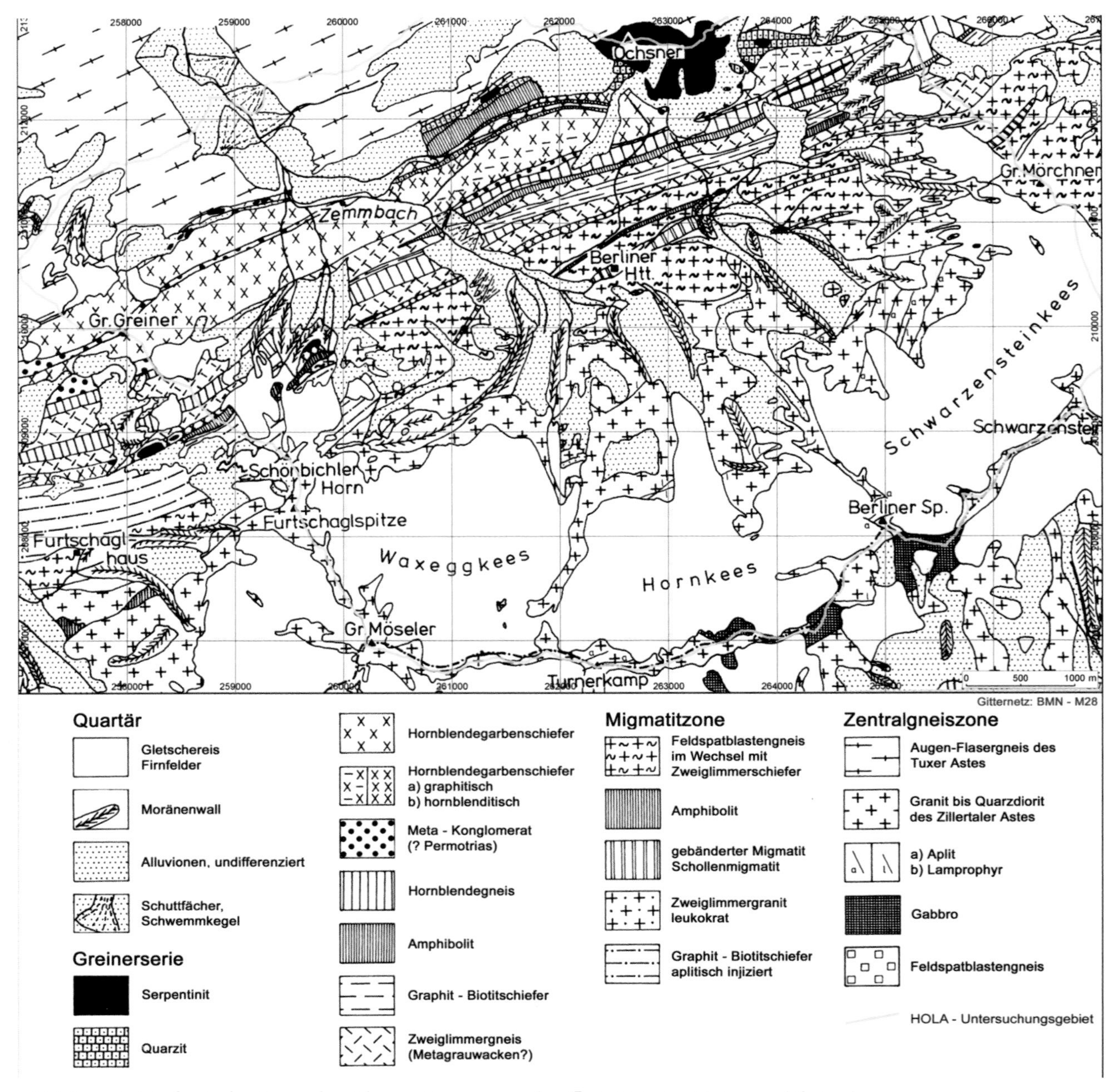

Abbildung 3: Geologische Karte des Oberen Zemmgrundes (LAMMERER, 1975, modifiziert).

Hebungsprozess und durch die Erosion wurden im Bereich der stärksten Vertikalbewegung, am Alpenhauptkamm, die Zentralgneise des Zillertaler Kerns freigelegt (LAMMERER, 1975 und 1977).

Im Nordosten des geologischen Kartenausschnittes (Abbildung 3) liegt die **Tuxer-Gneiszone**. Dabei handelt es sich um ein ehemaliges Sedimentgestein das durch die Subduktionsbewegung (fast) vollständig aufgeschmolzen wurde und als granitisches Tiefengestein (Granite bzw. Granodiorite) erstarrte. Während der alpidischen Metamorphose kam es zu einer Orientierung der regellos angeordneten Minerale in ein parallel ausgerichtetes „Gneisgefüge“ (Augen-Flasergneise).

Im Süden schließt die **Greinerserie** (Greiner Schieferserie, Greinerformation) an. Sie verläuft parallel zum Hauptkamm in SW-NO-Richtung und ist zwischen der Grawandhütte und der Berliner Hütte in den Zentralgneisen des Tauernfensters eingeschaltet. Die Greinerserie besteht aus einer steil aufgestellten Gesteinsabfolge von stark metamorphisierten Sedimenten, die im Paläozoikum in einem Küstengebiet mit Vulkanismus abgelagert wurden. Dabei handelt es sich nach LAMMERER (1986:54) vorwiegend um „(...) Serpentiniten, Metabasiten mit geringmächtigen Marmor-Zwischenlagen, Metabreccien und Graphitschiefern“. Die Steilstufe von Grawand, aus Hornblendegarbenschiefer

aufgebaut, gehört zur Greinerserie. Die Berliner Hütte hingegen steht bereits auf „gebändertem Migmatit" der Migmatitzone, die im Süden an die Greinerserie anschließt.
Die **Migmatitzone** unterscheidet sich von der Zentralgneiszone dadurch, dass das ehemalige Sedimentgestein während der Orogenese nur teilweise aufgeschmolzen wurde. Das heißt, dass in diesem Bereich die Temperatur während des Subduktionsprozesses nur solche Werte erreichte, dass lediglich die leicht schmelzbaren – hellen – Komponenten (Quarze, Feldspäte) verflüssigt wurden, nicht jedoch die schwer schmelzbaren – dunklen – Gesteinsanteile (Glimmer, Hornblenden usw.).
Im Südosten des Kartenausschnittes liegt der zum Großteil von Gletschereis bedeckte Granit-Diorit-Komplex der **Zentralgneiszone**. Obwohl die granitischen Gesteine des Zillertaler Hauptkammes sowohl im Alter als auch in der Entstehungsgeschichte dem monotonen Tuxer Gneis entsprechen, setzen sie sich doch aus einer bunteren Gesteinsabfolge zusammen. Im Allgemeinen dominieren helle Granite (Biotit-Granite, „schwarz-weiße" Quarzdiorite), denen im Bereich um die Berliner Spitze dunkelgrüne, massige Tiefengesteine (Gabbros) eingeschaltet sind (Lammerer, 1975).
Der präglaziale Formenschatz und die geologischen Verhältnisse, insbesondere die Streichrichtung der Greinerserie, stellen die Grundlage für die im Pleistozän erfolgte glaziale Überprägung, die für das heutige Erscheinungsbild des Untersuchungsraumes verantwortlich ist, dar.
Die Eismächtigkeit betrug während des Hochwürms im Bereich der Berliner Hütte etwa 800 bis 900 m und nur die höchsten Gipfel und Grate ragten als Nunatakker aus dem Eisstromnetz hervor (van Husen, 1987). Durch die Glazialerosion wurden die Trogtäler mit ihren Talschlüssen und Firnbecken, die Kare und Gletscherschliffe geschaffen. Zudem kam es zur kupierten Modellierung der Schwarzensteinalm mit den übertieften Hohlformen in Streichrichtung der Greinerserie, in denen sich unter anderem das Schwarzensteinmoor entwickeln konnte.
Der Obere Zemmgrund wurde erst mit dem Abschmelzen der Eismassen nach dem Ende der letzten spätglazialen Klimadepression, der Jüngeren Dryas, vor ca. 11.500 Jahren eisfrei. Dem Egesenstadium zugeordnete Moränenreste findet man z.B. auf der orographisch linken Talseite oberhalb der Waxeggalm (Heuberger, 2004) und im Waldbereich der Talstufe von Grawand (Weirich & Bortenschlager, 1980).
Durch die relativ stabilen Klimaverhältnisse der Nacheiszeit kam es rasch zur Ausbildung einer Vegetationsdecke und damit zu einer Stabilisierung der mobilen Sedimente der ehemaligen Periglazialbereiche. Die maximale Ausdehnung der Gletscher in der Nacheiszeit (Alpines Postglazial, Holozän) war auf die Dimension der neuzeitlichen Moränenwälle („1850er Moränen") begrenzt.

Klima

Im Alpenraum berühren sich die drei großen europäischen Klimaprovinzen, die maritime des Westens, die kontinentale des Ostens und die mediterrane des Südens. Durch die Höhenstufung und aus dem Relief ergibt sich kein kontinuierlicher Übergang zwischen den Klimaprovinzen, es entsteht vielmehr ein überaus buntes Gefüge wobei die einzelnen Klimaelemente, die normalerweise mit der Höhe einer regelhaften Veränderung unterliegen (z.B. Abnahme der Temperatur, Zunahme von Niederschlag, Schneedeckendauer, Wind etc.), stark modifiziert werden und somit eine klimatologische Bewertung erschweren. Es überrascht daher auch nicht, dass sich beidseitig vom Alpenhauptkamm, der ja im Allgemeinen eine Wetterscheide darstellt, die klimatologischen Bedingungen weitgehend ähnlich sind. Die Ursache liegt darin, dass im Norden die Zahl der niederschlagswirksamen Wetterlagen größer, ihre Schwankungen von Jahr zu Jahr geringer und kaltfeuchte Luft mit mäßiger Ergiebigkeit öfters im Spiel ist. Im Süden hingegen werden weniger Wetterlagen niederschlagswirksam und ihre Zahl schwankt stärker von Jahr zu Jahr, doch bedingen warmfeuchte Luftmassen oft eine sehr große Ergiebigkeit. Wenn man die jahreszeitliche Niederschlagsverteilung betrachtet, gehört der Großraum von Tirol eindeutig zum kontinentalen Sommerregengebiet, wobei im Norden ein sekundäres Winter-, im Süden hingegen ein sekundäres Herbstmaximum aufzutreten pflegt. Der Obere Zemmgrund, knapp nördlich vom Alpenhauptkamm gelegen, gehört im Allgemeinen zum kühlgemäßigten Klimatypus mit alpiner Modifikation (Fliri, 1975).
Da für den Oberen Zemmgrund keine direkten Beobachtungswerte zur Verfügung stehen [die Messstation Berliner Hütte, die im Zeitraum 1901 bis 1938 betrieben wurde, zeichnete Temperatur und Niederschlag nur während der Hüttenöffnungszeiten auf (Hydrographischer Dienst, 1901-1938)], wurden mehrere Klimastationen des Hydrographischen Dienstes im Umkreis des Untersuchungsgebietes ausgewählt, um die beiden aus-

Tabelle 1:
Mittlere Monats- und Jahreswerte der Lufttemperatur (FLIRI, 1975; HYDROGRAPHISCHES ZENTRALBÜRO, 1994).

Station	Höhe [m]	Mittlere Monatstemperatur [°C]												Jahr [°C]
		J	F	M	A	M	J	J	A	S	O	N	D	
Ginzling	1000	-3,7	-2,1	1,0	5,1	9,6	12,5	14,2	13,7	11,0	6,8	1,1	-3,0	5,5
Schlegeis-Speicher	1800	-5,2	-5,7	-3,0	0,1	5,1	7,6	10,7	9,7	7,4	4,5	-1,3	-4,0	2,2
St. Jakob/Ahrntal	1192	-2,4	-0,2	3,6	7,6	12,3	15,5	19,1	17,1	12,7	8,5	2,8	-1,0	7,5

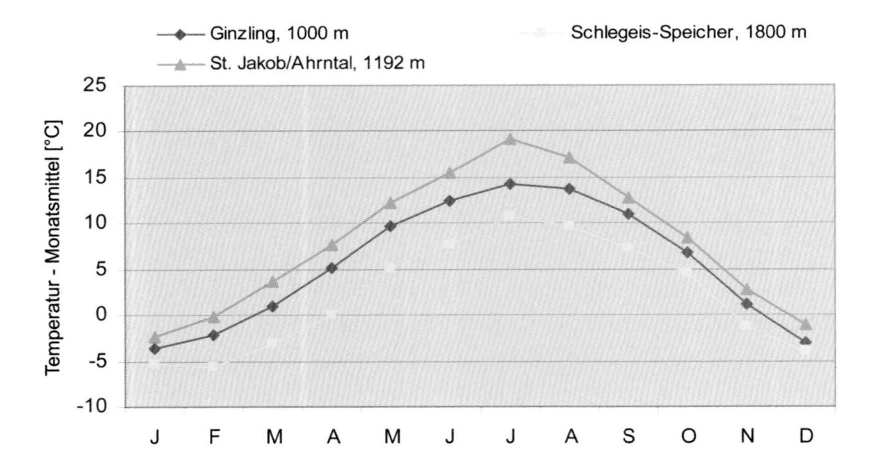

Abbildung 4: Jahresgang der Lufttemperatur für die Wetterstationen Schlegeis-Speicher (1981-91), Ginzling (1961-91) und St. Jakob/Ahrntal (1931-61). (FLIRI, 1975; HYDROGRAPHISCHES ZENTRALBÜRO, 1994).

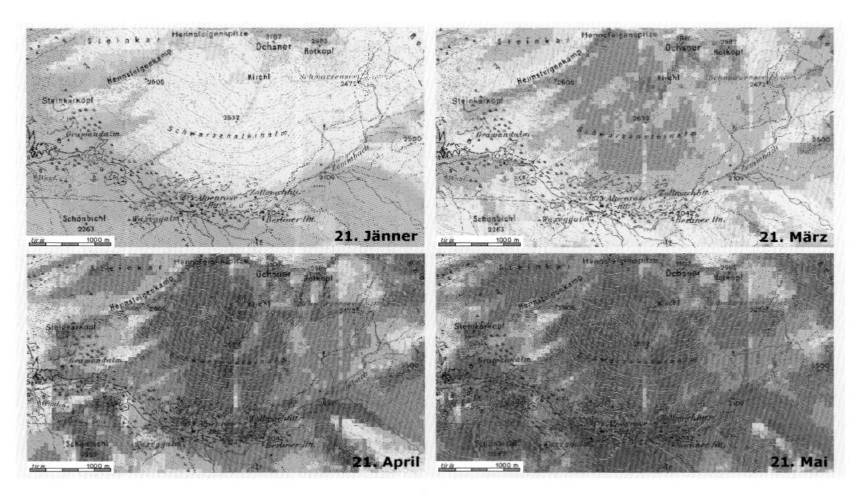

Abbildung 5: Tagessummen der Besonnung im Bereich der Schwarzensteinalm für die Tage 21. Jänner, 21. März, 21. April und 21.Mai (Land Tirol, online-Abfrage 21.4.2006).

sagekräftigsten Klimaelemente, Temperatur und Niederschlag, darzustellen.

Temperatur und Strahlungsverhältnisse am Lawinenhang „Schwarzensteinmoor“

Als Wetterstation mit einem 30-jährigen Beobachtungszeitraum wurde die Station Ginzling (Beobachtungszeitraum: 1961-1990) ausgewählt, als nächstgelegene die Station Schlegeis-Speicher (1981-1990). An letzterer wurden Extremwerte der mittleren Tagestemperatur von -24°C (12.01.1987) und +22°C (27.07.1983) gemessen. Durch den Einbezug der Daten von der Station St. Jakob/Ahrntal (1931-1960) wird die Klimagunst auf der Südabdachung des Alpenhauptkammes deutlich aufgezeigt (vgl. Abbildung 4).

Die **Lufttemperatur**, die über einen größeren Raum als vergleichbar angenommen werden kann, ändert sich im Jahresmittel stetig mit der Höhe um ca. 0,5 bis 0,7° C pro 100 m (WEISCHET, 1995:182). Damit lässt sich aus Tabelle 1 eine Jahresmitteltemperatur für den Bereich des Schwarzensteinmoors – auf 2150 m gelegen – von etwa 0° C ableiten.

Kleinräumig wird der Tagesgang der Temperatur jedoch wesentlich durch die direkte **Sonneneinstrahlung** modifiziert. Die Schwarzensteinalm, auf einem südexponierten Hang gelegen, weist eine ausgesprochene Klimagunst auf. Der Bereich der Waxeggalm, der sich bereits am Grund des engen Trogtals befindet, erhält reliefbedingt im Winterhalbjahr einen bedeutend geringeren Anteil an der direkten Sonneneinstrahlung (Abbildung 5). Zudem liegt dieser bei großen Gletscherausdehnungen in der Strömungsrichtung der katabatischen Winde, die ihren Ursprung in den hochgelegenen Firnbecken haben.

Abbildung 5 zeigt, dass Ende Jänner, also bereits einem Monat nach der Wintersonnenwende, – wolkenloser Himmel vorausgesetzt! – im Bereich

der Schwarzensteinalm mit 5 bis 6 Sonnenstunden gerechnet werden darf. Die Bereiche in den Tallagen werden von der Kammumrahmung noch vollkommen abgeschattet.
Im März strahlt die Sonne bereits 9-10 Stunden auf den Lawinenhang „Schwarzensteinmoor". Dazu steigt mit der Tageslänge auch der Sonnenstand und mit dem steileren Einstrahlungswinkel auch die eintreffende kurzwellige Strahlungsenergie.
Erwähnenswert ist an dieser Stelle, dass am 21. April, wo noch mit einer geschlossenen Schneedecke im Oberen Zemmgrund gerechnet werden kann, bereits Strahlungsverhältnisse wie am 21. August, also im Hochsommer vorherrschen. Die Besonnungsdauer beträgt 10 bis 12 Stunden. In der Schneedecke finden unter Tags starke Schmelzvorgänge statt. Die kurzwellige Strahlung erreicht den Untergrund und führt zu ausgeprägten Nassschneelawinen.

Niederschlag und Schneeverhältnisse am Lawinenhang „Schwarzensteinmoor"

Zur Charakterisierung der Niederschlagsverhältnisse wurde neben den bereits oben angeführten Klimastationen die Messergebnisse der Station Grünewandhütte im Stilluppgrund (1931-1960) hinzugezogen (vgl. Tabelle 2 und Abbildung 6).
Die Zillertaler Alpen präsentieren sich nach FLIRI (1962:208) wesentlich niederschlagsreicher als die Zentralalpen westlich des Brenners. Als Ursachen sind zum einen die geringere Abschirmung durch die Nördlichen Kalkalpen und zum anderen die „Luftmassenbahn: Unterinntal - Zillertal - Pustertal - Dolomiten", die zu Staueffekten auf beiden Seiten des Zillertaler Hauptkammes führen kann, zu nennen. Die Hauptniederschläge bringt der intensive Nordstau, wie die im Stilluppgrund gelegene Station Grünewandhütte (vgl. Abbildung 6) besonders eindrucksvoll aufzeigt. Das Niederschlagsmaximum liegt bei allen Stationen eindeutig im Sommerhalbjahr und somit in der Vegetationsperiode.
Da die **Niederschlagsmenge** keine lineare Veränderung mit der Höhe aufweist, sondern sich sprunghaft ändern kann und vor allem Luv/Lee - Effekten unterliegt eignet sich zur Beschreibung der kleinräumigen Feuchteverhältnisse in Hochgebirgen der „Grad der Hygrischen Kontinentalität (α)", der nach der Formel

$$\alpha\,[°] = \text{ctg}\,\frac{\text{Jahresniederschlag [mm]}}{\text{Seehöhe [m]}}$$

berechnet wird. Die Grenzlinie zwischen der ozeanisch bzw. kontinental getönten Klimavariation verläuft dabei bei einem Winkel von 45° (GAMS, 1930, 1931). Die im Stau gelegenen Stationen, Grünewandhütte (a = 34,5°) und Ginzling (a = 42,5°), zeigen ozeanisch geprägte und

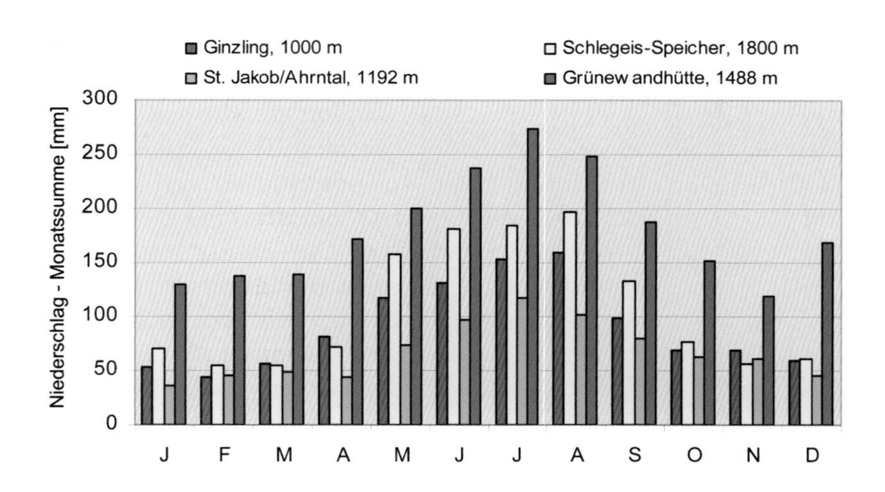

Abbildung 6: Monatsmittelwerte des Niederschlags für die Stationen Grünewandhütte (1931-61), Schlegeis-Speicher (1981-91), Ginzling (1961-91) und St. Jakob/Ahrntal (1931-61) (FLIRI, 1975; HYDROGRAPHISCHES ZENTRALBÜRO, 1994).

Tabelle 2:
Durchschnittliche Monats- und Jahressummen des Niederschlags (FLIRI, 1975; HYDROGRAPHISCHES ZENTRALBÜRO, 1994)

Station	Höhe [m]	Monatssummen [mm]												Jahr [mm]
		J	F	M	A	M	J	J	A	S	O	N	D	
Grünewandhütte	1488	129	138	139	172	200	237	273	249	188	152	118	168	2163
Ginzling	1000	53	44	57	81	117	132	153	160	99	68	69	59	1092
Schlegeis-Speicher	1800	70	55	55	72	158	182	185	197	133	76	57	61	1301
St. Jakob/Ahrntal	1192	36	46	48	43	73	97	117	101	79	63	61	46	811

die im Lee der Gebirgskämme gelegenen Stationen, Schlegeis-Speicher (a = 54,9°) und St. Jakob/Ahrntal (a = 55,8°) eindeutig kontinental geprägte Klimaverhältnisse an.
Für den Oberen Zemmgrund sind infolge seiner Abschirmung durch die Kammumrahmung und durch den Tuxer Kamm, der sich ebenfalls über 3000 m erhebt und das Untersuchungsgebiet vor den aus NW anströmenden Luftmassen schützt, Niederschlagsverhältnisse mit kontinentaler Prägung (a > 45°) zu erwarten. Speziell der südexponierte Hang der Schwarzensteinalm, der durch eine starke Zirbenbestockung gekennzeichnet ist, lässt eine ausgesprochene Klimagunst vermuten.

Hydrologie und Gletscher

Das hydrologische Einzugsgebiet „Oberer Zemmbach" umfasst 31,3 km² (RIENÖSZL & GANAHL, 1975) und ist durch ein dicht entwickeltes Gewässernetz mit ausgeprägtem Oberflächenabfluss gekennzeichnet. Drei der sechs größten Gletscher („Keese") - Schwarzenstein-, Horn- und Waxeggkees - der Zillertaler Alpen liegen im Oberen Zemmgrund.
Die maximale Eisausdehnung der Gletscher der Nacheiszeit (alpines Postglazial, Holozän) war im Wesentlichen auf die Dimension der neuzeitlichen Moränenwälle begrenzt. Somit war während solcher Klimaungunstphasen etwa die Hälfte des HOLA Untersuchungsgebietes mit Eis bedeckt (vgl. SCHWENDINGER & PINDUR, dieser Band).
Während Klimaungunstphasen kam es im Holozän mehrfach zu Gletscherhochständen (PATZELT & BORTENSCHLAGER, 1973). Dabei erreichten die Gletscher im Oberen Zemmgrund eine Ausdehnung wie letztmalig in der Mitte des 19. Jahrhunderts und bedeckten dabei ca. 2/3 der Fläche des hydrologischen Einzugsgebietes bzw. die Hälfte des HOLA Untersuchungsgebiets.

Boden und Vegetation

Die **Böden** werden im Untersuchungsgebiet im Wesentlichen durch das anstehende kristalline Gestein bestimmt. Die Greinerserie lässt relativ nährstoffreiche Böden erwarten, die jedoch wegen der limitierenden Faktoren im Hochgebirge, Temperatur und Zeit, geringmächtig entwickelt sind. Zudem wirken sich die starken Hangneigungen, die Expositionsunterschiede und die daraus folgende Klima- und Vegetationsdifferenzierung sowohl kleinräumig als auch höhenstufenmäßig deutlich auf die Bodenbildung aus. „In den mittleren und höheren Teilen der Waldstufe sind auf silikatischen Gesteinen im allgemeinen Podsole zu finden, die Fichten, Zirbelkiefern und Lärchen tragen. In Mulden kommen Gleye und Moore vor" (SEMMEL, 1993:67). Die verstärkte Ansammlung von leicht zersetzbarer organischer Substanz im Waldgrenzbereich und in den Zwergstrauchheiden führt durch Vermischung mit dem reichlich vorhandenen silikatischen Feinmaterial, zur Bildung von alpinen Rankern mit z.T. mächtigen A_h-Horizonten. Nach oben schließen Silikat-Rohböden an (SEMMEL, 1993).
Bei der (potentiell) natürlichen **Vegetation** handelt es sich um ein überaus komplexes System, das sich aus der Synthese der oben angesprochenen physiogeographischen und ökologischen Faktoren inklusive der Wiederbesiedlungsgeschichte seit der letzten Kaltzeit ergibt. Zur Charakterisierung des Gebirgsraumes eignet sich die Höhenstufengliederung der Waldgesellschaften, die in erster Linie den unterschiedlichen klimatischen Effekten unterliegen (vgl. ZWERGER & PINDUR, dieser Band). Dazu kommt noch der anthropogene Einfluss der nach WALDE & HAAS (2004) und HAAS et al. (dieser Band) seit dem Neolithikum (Jungsteinzeit), wenn auch in unterschiedlicher Intensität, im Oberen Zemmgrund stattfindet und wodurch die rezente Vegetationszusammensetzung maßgeblich beeinflusst wurde (vgl. WALDE & HAAS, 2004; HAAS et al., 2005; HAAS et al., dieser Band).
Im Untersuchungsgebiet vollzieht sich der Übergang von der (hoch-)montanen Stufe, mit der Leitgesellschaft „Fichtenwald", zur (tief-)subalpinen Stufe in der Steilstufe von Grawand. Die hochsubalpine Stufe, zu der auch der Waldgrenzbereich zählt, wird von MAYER (1974:19) folgendermaßen skizziert: „Der hochsubalpine Lärchen-Zirbenwald als eine charakteristische Leitgesellschaft der Waldkrone ist in den Ostalpen sehr ungleichmäßig verbreitet (...) Die Gesellschaft tritt in den Innen- und Zwischenalpen, mit Schwerpunkt vom Engadin bis zu den Hohen Tauern auf (...). Durch umfangreiche Alpweidungen seit der Bronzezeit und auch großflächige Schlägerungen im frühen Mittelalter existieren weite Zirben-Fehlgebiete insbesondere in typischen Almgebieten (...)". Nach SCHIECHTL (1975:67) ist die Lärche im Allgemeinen in den Lärchen-Zirbenwälder des Zillertals nur in geringem Ausmaß vertreten.
Die alpine Stufe, die oberhalb der Waldgrenze liegt und sich bis zur Schneegrenze erstreckt, schließt an die subalpine Stufe an. Es handelt sich dabei um von Natur aus waldfreie Standorte mit Zwergstrauchgesellschaften, alpinen Rasen und Schutt (MAYER, 1974:2). Durch die großen vor allem nordexponierten Gletscher ist die nivale Höhenstufe im Oberen Zemmgrund ebenfalls relativ stark vertreten.

3. Der Kulturraum

Nutzungsgeschichte

Ein Überblick über die **prähistorische und römerzeitliche Nutzungsgeschichte** des Oberen Zemmgrundes findet sich bei HAAS et al., und PINDUR, SCHÄFER & LUZIAN, dieser Band.

Die Siedlungserweiterung im **Hoch- und Spätmittelalter** (800 bis 1500 n. Chr.), die durch eine Höhenkolonisation charakterisiert ist, führte zur Errichtung von Schwaighöfen (Käse-zinsende Viehhöfe) auch in den innersten Tallagen. Diese hatten wiederum eine Intensivierung der landwirtschaftlich genutzten Flächen in den Hochlagen zur Folge (STOLZ, 1930). Zur Nutzungsgeschichte für den Zeitraum des Mittelalters gibt das Pollenprofil „Waxeckalm" relativ präzise Auskunft: „Eindeutig auf den Menschen geht das NBP [Nichtbaumpollen] - Maximum zwischen 75 und 55 cm Tiefe mit seinen hohen Kulturzeigerwerten zurück. Der einheitliche Rückgang aller BP [Baumpollen] im Absolutdiagramm weist auf eine intensive Rodungstätigkeit in allen Höhenstufen hin. Das ^{14}C-Datum aus 60 - 65 cm Tiefe stellt mit 760 ± 80 BP [1040-1400 n. Chr., 2σ-Bereich] einen guten Zusammenhang zu alten Urbarien her (STOLZ, 1941), wonach in den Zillergründen während des Hoch- und Spätmittelalters intensive Almwirtschaft betrieben wurde. (...) die Flächen wurden abgebrannt, was Holzpartikel zwischen 65 und 68 cm Tiefe belegen" (HÜTTEMANN & BORTENSCHLAGER, 1987:101).

Die intensive Nutzung des Oberen Zemmgrundes hält auch während der **Neuzeit** (seit 1500 n. Chr.)

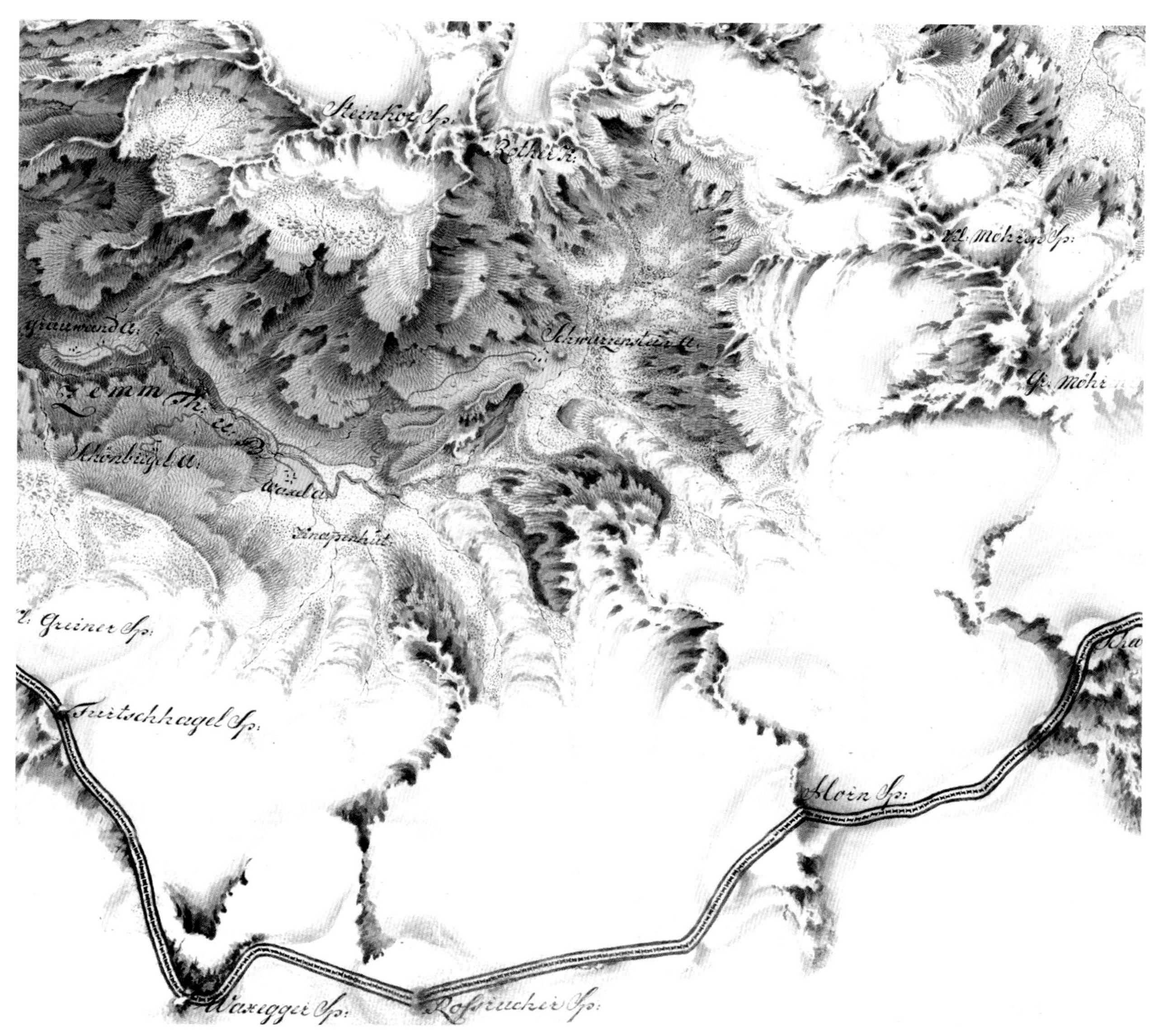

Abbildung 7: Ausschnitt aus der Zweiten oder Franziszeischen Landesaufnahme von Salzburg 1807/08, Originalmaßstab 1:28.880 (© Österreichisches Staatsarchiv, Wien).

an und nimmt erst wieder während der zweiten Hälfte des 20. Jahrhunderts ab. Interessanterweise erfolgte die erste urkundliche Erwähnung der beiden im Untersuchungsgebiet gelegenen Almen – Waxegg und Schwarzenstein – im Jahre 1607, also während der neuzeitlichen Klimadepression („Little Ice Age", 1600-1850 n. Chr.). Im Urbar ist nach STOLZ (1930:166) vermerkt: „(...) diese Schwaige zu Leiten [1318 erste urkundliche Erwähnung] (...) zu hinderist im Dornauberg, war damals allain zu Alben und Asten gebraucht und in sechs Teile und letztere auch wieder in Hälften geteilt, (...) zu dieser Schwaige gehörten die Almen im ganzen Zemmgrund, wie Breitlahner, (...) Waxegg, Schwarzenstein" (STOLZ, 1930:166). Diese erschwerten Nutzungsbedingungen im Untersuchungsgebiet am Beginn des 17. Jahrhunderts spiegeln sich auch im Pollenprofil „Waxeckalm" wieder (HÜTTEMANN & BORTSCHLAGER, 1987).

Moll skizziert die Situation im Oberen Zemmgrund für das ausgehende 18. Jahrhundert während seiner Wanderung im Sommer 1783 von der Waxeckalm zur Schwarzensteinalm folgendermaßen: „Allmählich hatten die Bäume sich zu verlieren angefangen - und izt sah ich wirklich auf eine Strecke um mich herum nicht einen einzigen, nichts als hie und da verkümmerte Kiefern (Pinafter pumilio = *Pinus mugo*, Latsche, nach moderner Nomenklatur), die sich freundlich ineinander schlungen" (SCHRANK & MOLL, 1785:86). Weiters berichtet er über Milchkühe auf der Schwarzensteinalm und über den beschwerlichen Tagesablauf der Senner: „Wenn´s melken im Ochsenkarr, so schindt´s der Melker nahend gar (beinahe)" (SCHRANK & MOLL 1785:106).

Über die Lage der Schwarzensteinalm und der Ausdehnung des Schwarzensteinkeeses, dem „Schwarzensteiner" schreibt Moll: „die Hütten liegen sehr nahe an diesem Gletscher (…)" (SCHRANK & MOLL. 1785:89). Klettner berichtet weiters in der Kreisamts-Präsidialakte von 1820 über die Situation im Bereich der Schwarzensteinalm, dass der Vorstoß des Schwarzensteinenkeeses „(…) so ununterbrochen fortgehe, dass seit 30 Jahren von der Alpe Schwarzenstein bey 10. Tagbau vom neuen Keese bedeckt wurde" (in SLUPETZKY & SLUPETZKY, 1995:21). Abbildung 7 zeigt die Situation im Oberen Zemmgrund am Beginn des 19. Jahrhunderts. Die heute eisfreien Gletschervorfelder sind zum Großteil mit Gletschereis bedeckt, das Schwarzensteinkees reichte nahe an die Almhütten der „Schwarzenstein Alm" heran, oder sind als Ödland dargestellt wie im Bereich südöstlich der „Waxel Alm". Die Karte zeigt deutlich die eingeschränkten Nutzungsmöglichkeiten im Falle größerer Gletscherausdehnungen.

Tabelle 3:
Bestossungszahlen der Almen des Oberen Zemmgrundes für die Jahre 1873, 1940 und 2004 (GRAF, 1880; ZERNIG, 1941; eigene Erhebung)

Jahr / Tierstand	1873	1940	2004	1873	1940	2004
Schafe	400	200		1150	1600	450
Kühe	20	6	10	3		
Galtvieh	8	10	60	8		
Ziegen	24	20				
Schweine	3	10				
Pferde						10

Im Bereich des Schönbichels ist die „Schönbiegel Alm" eingezeichnet. Heute findet man im Gelände nur mehr die Grundmauern der ehemaligen Almhütten, die Alm wird von der Waxeggalm aus bestoßen.

Almwirtschaft

Erste exakte Aufzeichnungen über den Zustand und die Bewirtschaftung der Almen im Oberen Zemmgrund findet man in GRAF (1880) für das Jahr 1873 (vgl. NICOLUSSI et al., dieser Band). Um eine Vorstellung über die Intensität und Veränderung der Almnutzung zu bekommen, sind in Tabelle 3 ausgewählte Bestossungszahlen angeführt.

Neben den natürlich waldfreien Weideflächen wurde demzufolge auch ein großer Teil der potenziellen Waldfläche seit mehreren Jahrhunderten landwirtschaftlich intensiv genutzt. In den letzten Jahrzehnten hat sich die Almbewirtschaftung jedoch durch die günstige Klimaentwicklung, die technische Weiterentwicklung und den sozioökonomischen Wandel grundlegend verändert (PENZ, 2003). So konzentriert sie sich heute im Oberen Zemmgrund größtenteils auf die gutwüchsigen flachen und almnahen Flächen. Diese begünstigten Standorte bieten zurzeit ein ausreichendes Futterangebot.

Forstwirtschaft, Jagd und Bergbau

Die Holznutzung war nicht nur für die bäuerliche Wirtschaft sondern auch für den Bergbau, der in Tirol in der ersten Hälfte des 16. Jhdt. seinen Höhepunkt erreichte, von außerordentlicher Bedeutung. Laut eines amtlichen Berichtes von 1501 wurde „aus den inneren Gründen Stillupp, Hollenz [Zillergrund] und Gerlos das Holz durch deren Talbäche in den Ziller und auf diesem bis zum Hüttenwerk Brixlegg getriftet" (STOLZ, 1941:113). Der Bericht gibt leider keine Auskunft, ob im Oberen Zemmgrund ebenfalls intensive Holznutzung betrieben wurde.

Im Jahre 1862 pachteten die Fürsten Auersperg die Jagdrechte im Bereich des Zillertaler Hauptkammes und haben „durch eifrige Hege hier im Zemm- und Zillergrund eine schöne Jagdherrschaft mit einem Stande von sechstausend Gemsen geschaffen, wie eine solche in den Uralpen Tirols sonst nicht vorkommt, sondern nur im Karwendel“ (STOLZ, 1941:113). Die Situation des heutigen Wildstandes scheint hingegen einem natürlichen ähnlich.
Wie im gesamten Alpenraum wurde auch in den Zillertaler Alpen seit dem 15. Jahrhundert intensiv nach Erzen und Mineralien geschürft. So berichtet LADURNER (1581), dass die Bewohner des Zillertals mit Asbest (Federweis), der u.a. am Greiner und Rotkopf im Oberen Zemmgrund abgebaut wurde, etwas dazu verdienten. Am Anfang des 19. Jahrhunderts wurde noch nachweislich – durch K. Nicolussi dendrochronologisch datierte Stollenholzfunde – im Bereich des Rotkopfs auf etwa 2850 m Asbestabbau betrieben. Im 19. Jahrhundert erlebte der bergmännische Granatabbau am Roßrugg seinen Höhepunkt. Es waren bis zu 40 Personen beschäftigt und es wurden mehrere Betriebsgebäude errichtet (vgl. Abbildung 7, „Knappenhütt“, UNGERANK, 1997).

Verkehr und Tourismus

Östlich vom Brennerpass ermöglichte das Pfitscher Joch (2246 m) eine wesentlich kürzere Verbindung des Unterinntals und des Zillertals mit dem heutigen Südtirol, als sie der Brennerweg darstellte. Für das 14. Jahrhundert ist historisch belegt, dass regelmäßig Vieh und Käse aus dem Zillertal durch den (Unteren) Zemmgrund, den Zamser Grund und über das Pfitscher Joch nach Südtirol verhandelt wurde (STOLZ, 1941:114, vgl. Abbildung 1.200). Der Obere Zemmgrund lag somit neben einem wichtigen Handelsweg und nicht wie heute im verkehrsmäßigen Abseits.
In der zweiten Hälfte des 19. Jahrhunderts hielt mit dem Alpinismus die touristische Erschließung in den Zillertaler Alpen Einzug. Der Schwarzenstein wurde 1846 als erster, der Feldkopf (Zsigmondyspitze) 1879 als letzter der klassischen Gipfel des Oberen Zemmgrundes erstbestiegen (STOLZ, 1941). Im Jahre 1879 begann die Sektion Berlin des Deutschen Alpenvereins mit der Errichtung der Berliner Hütte (2042 m). Die Schutzhütte, die mit der letzten Erweiterung 1911 ihr jetziges Aussehen erlangte, steht seit 1997 als erste Alpenvereinshütte unter Denkmalschutz (DAV, Sektion Berlin, 2004). Etwa um 1895/96 folgte die Alpenrose Hütte als weiterer Alpin-Stützpunkt im Oberen Zemmgrund (HEUBERGER, 2004).

4. Literatur

BEV, Bundesamt für Eich- und Vermessungswesen (1999). SW-Orthophotos, Blattnummer 3321-101, 3322-103, 3421-100, 3421-101, 3422-102 und 3422-103. Wien.

BEV, Bundesamt für Eich- und Vermessungswesen (2005): Österreichische Karte 1:50000 (ÖK50-UTM), Blatt 2230 Mayrhofen. Wien.

DAV, Sektion Berlin, 2004. 125 Jahre Berliner Hütte 1879-2004. – Schriften des DAV Sektion Berlin 1, Berlin.

FLIRI, F., 1962. Wetterlagenkunde von Tirol. – Tiroler Wirtschaftsstudien, 13, Innsbruck.

FLIRI, F., 1975. Das Klima der Alpen im Raume von Tirol. – [in:] Monographien zur Landeskunde Tirols, 1. Innsbruck, München.

GAMS, H., 1931/32. Die klimatische Begrenzung von Pflanzenarealen und die Verteilung der hygrischen Kontinentalität in den Alpen. – [in:] Zeitschrift der Gesellschaft für Erdkunde zu Berlin. — **9/10**:321-346 (1931); **1/2**:52-68 (1932); **5/6**:178-198 (1932).

GRAF, L., 1880. Statistik der Alpen von Deutsch-Tirol. I. Band. Gerichtsbezirke Kitzbühel, Hopfgarten, Kufstein, Rattenberg, Zell, Fügen, Schwaz, Hall, Innsbruck, Mieders und Steinach. Innsbruck.

HAAS, J. N., WALDE, C., WILD, V., NICOLUSSI, K., PINDUR, P. & LUZIAN, R., 2005. Holocene snow avalanches and their impact on subalpine vegetation. – [in:] Palyno-Bulletin. — 1, **1-2**:107-119, Innsbruck.

HAAS, J. N., WALDE, C. & WILD, V., 2007. Holozäne Schneelawinen und prähistorische Almwirtschaft und ihr Einfluss auf die subalpine Flora und Vegetation der Schwarzensteinalm im Zemmgrund (Zillertal, Tirol, Österreich) In diesem Band.

HEUBERGER, H., 2004. Gletscherweg Berliner Hütte, Zillertaler Alpen. – OeAV-Reihe, Naturkundliche Führer - Bundesländer. — 13, Ginzling.

HÜTTEMANN, H. & BORTENSCHLAGER, S., 1987. Beiträge zur Vegetationsgeschichte Tirols VI: Riesengebirge, Hohe Tatra - Zillertal, Kühtai. Ein Vergleich der postglazialen Vegetationsentwicklung und Waldgrenzschwankungen. – [in:] Berichte des Naturwissenschaftlichen-Medizinischen Vereins in Innsbruck. — **74**:81-112, Innsbruck.

HYDROGRAPHISCHER DIENST (Hrsg.), 1901-1938. Station Berliner Hütte. Niederschlagsrapporte der Abt. VIc der Landesstelle Tirol. Innsbruck. (TLA Film Nr. 1597, 28.4.1986).

HYDROGRAPHISCHES ZENTRALBÜRO (Hrsg.), 1994. Die Niederschläge, Schneeverhältnisse und Lufttemperaturen in Österreich im Zeitraum 1981-1990. – [in:] Beiträge zur Hydrographie Österreichs. — 52, Wien.

INSTITUT FÜR GEOGRAPHIE, 1995. Topographische Übersichtskarte von Tirol, 1:300 000. – [in:] Land Tirol (Hrsg.), 1999. Tirol Atlas. Eine Landeskunde in Karten. Innsbruck.

LADURNER, P. J., 1581. Asbest-Handel in Tirol. – [in:] Archiv für Geschichte und Alterthumskunde Tirols, 1865. — **2**:377-378, Innsbruck.

LAMMERER, B., 1975. Geologische Wanderungen in den westlichen Zillertaler Alpen. – [in:] Alpenvereinsjahrbuch. — **100**:13-25, München/ Innsbruck.

LAMMERER, B., 1977. Zwei Kontinente und ein Ozean in den Zillertaler Bergen? – [in:] Alpenvereinsjahrbuch. — **102**:31-38. München/ Innsbruck.

LAMMERER, B., 1986. Das Autochton im westlichen Tauernfenster. – [in:] Jahrbuch der Geologischen Bundesanstalt. — 129, **1**:51-67, Wien.

MAYER, H., 1974. Wälder des Ostalpenraumes. Standort, Aufbau und waldbauliche Bedeutung der wichtigsten Waldgesellschaften in den Ostalpen samt Vorland. – [in:] Ökologie der Wälder und Landschaften. — 3, Stuttgart.

NIKLFELD, H. & SCHRATT-EHRENDORFER, L., 2007. Zur Flora des Zemmgrundes in den Zillertaler Alpen. Ein Auszug aus den Ergebnissen der floristischen Kartierung Österreichs. In diesem Band

NICOLUSSI, K., KAUFMANN, M. & P. PINDUR, R., 2007. Dendrochronologische Analyse der Bauentwicklung von Gebäuden der Waxeggalm im Zemmgrund, Zillertaler Alpen. In diesem Band.

PATZELT, G. & BORTENSCHLAGER, S., 1973. Die postglazialen Gletscher- und Klimaschwankungen in der Venediger Gruppe (Hohe Tauern, Ostalpen). – [in:] Zeitschrift für Geomorphologie N.F., Suppl. Bd. — **16**:25-72, Stuttgart, Berlin.

PENZ, H., 2003. Veränderung von Umwelt, Wirtschaft und Gesellschaft im Alpenraum. – [in:] Bericht über das 9. Alpenländische Expertenforum zum Thema: Das österreichische Berggrünland - ein aktueller Situationsbericht mit Blick in die Zukunft. Abgehalten am 27. und 28. März 2003 an der BAL Gumpenstein. — 1-7.

PINDUR, P., SCHÄFER, D. & LUZIAN, R., 2007. Der Nachweis einer bronzezeitlichen Feuerstelle bei der Schwarzensteinalm im Oberen Zemmgrund. In diesem Band.

PINDUR, P., ZWERGER, P., LUZIAN, R. & STERN, R., 2007. Die Vegetationskartierung im Zemmgrund aus den 1950-er Jahren - Grundlage für aktuelle Vergleichsstudien. Ein Ergebnis der Vegetationskartierung von Helmut Friedel in den Zillertaler Alpen. In diesem Band.

RIENÖSZL, K. & GANAHL P., 1975. Die Nutzung der Wasserkräfte im Zillertal und seinen Seitentälern. – [in:] Land Tirol (Hrsg.). Hochwasser- und Lawinenschutz in Tirol. — 359-380, Innsbruck.

SCHIECHTL, H.M., 1975. Die Vegetation Tirols. – [in:] Land Tirol (Hrsg.). Hochwasser- und Lawinenschutz in Tirol. — 64-82, Innsbruck.

SCHRANK, F. V. P. & MOLL, V. K. E. R., (Hrsg.) 1785. Naturhistorische Briefe über Oestereich, Salzburg, Passau und Berchtesgaden. — 1, Salzburg.

SCHWENDINGER, G. & PINDUR, P., 2007. Die Entwicklung der Gletscher im Zemmgrund seit 1850. Längenänderung, Flächen- und Volumsverlust, Schneegrenzanstieg. In diesem Band

SEMMEL, A., 1993. Grundzüge der Bodengeographie. – Studienbücher der Geographie. Berlin/ Stuttgart, 3. Auflage.

SLUPETZKY, H. & SLUPETZKY, N., 1995. „Betref des Wachsthums der Kletscher und Kälterwerdung des Klimas". Die Kreisamts-Präsidialakte Nr. 84-89 von 1820 im Salzburger Landesarchiv. – Salzburger geographische Materialien, 23, Salzburg.

STOLZ, O., 1930. Die Schwaighöfe in Tirol. Ein Beitrag zur Siedlungs- und Wirtschaftsgeschichte der Hochalpentäler. – Wissenschaftliche Veröffentlichungen des Deutschen und Oesterreichischen Alpenvereins, 5, Innsbruck.

STOLZ, O., 1941. Die Zillertaler Gründe, geschichtlich betrachtet. – [in:] Zeitschrift des Deutschen Alpenvereins. — **72**:106-115, München.

UNGERANK, W., 1997. 250 Jahre Zillertaler Granat. Von berühmten Granatklaubern, Fundstellen und Schmuck. – [in:] Zillertal. Das Tal der Gründe und Kristalle, extraLapis. — **12**:12-17, München.

VAN HUSEN, D., 1987. Die Ostalpen in den Eiszeiten. – Populärwissenschaftliche Veröffentlichungen der Geologischen Bundesanstalt, Wien.

WALDE, C. & HAAS, J.-N., 2004. Pollenanalytische Untersuchungen im Schwarzensteinmoor, Zillertal, Tirol (Österreich). – Interner Bericht zum HOLA Teil-Projekt Palynologie. Institut für Botanik der Universität Innsbruck.

WEIRICH, J. & BORTENSCHLAGER, S., 1980. Beiträge zur Vegetationsgeschichte Tirols III: Stubaier Alpen - Zillertaler Alpen. – [in:] Berichte des

Naturwissenschaftlichen-Medizinischen Vereins in Innsbruck. — **67**:7-30, Innsbruck.

Weischet, W., 1995. Einführung in die allgemeine Klimatologie. Physikalische und meteorologische Grundlagen. - Teubner-Studienbücher der Geographie. — 6. Auflage, Stuttgart.

Wild, V., 2005. Anthropogener und klimatischer Einfluss auf das spätholozäne Waldgrenzökoton im Oberen Zemmgrund (Zillertaler Alpen, Österreich). - Diplomarbeit Universität Innsbruck.

Zernig, I., 1941. Almgeographische Studien im Zemm- und Tuxergrund (Zillertal). - Dissertation, Universität Innsbruck.

Zwerger, P. & Pindur, P., 2007. Waldverbreitung und Waldentwicklung im Oberen Zemmgrund. Aktueller Bestand, Strukturanalysen und Entwicklungsdynamik. In diesem Band.

Begriffsbestimmungen

Roland LUZIAN

LUZIAN, R., 2007. Begriffsbestimmungen. — BFW-Berichte 141:37-40, Wien. — Mitt. Komm. Quartärforsch. Österr. Akad. Wiss., 16:37-40, Wien

Kurzfassung

Um die Geschichte des Klimas für den historisch und instrumentell nicht erfassten Zeitraum zu erschließen, ist es notwendig, die Zeugen der Vergangenheit aus Gletscher-, Moor-, See- und Meeresablagerungen, Eisbohrkernen und Permafrosterscheinungen zu bergen und zu interpretieren. Das geschieht nur mit Hilfe naturwissenschaftlicher Methoden wie z.B. Jahrringchronologie, Pollenanalyse, physikalische Datierungsverfahren u.a.m.
Wärmemangel während der Vegetationsperiode und Schädigungen verschiedener Art nehmen mit der Höhe zu und bewirken letztlich, dass, ab einem bestimmten Bereich, Bäume an den Rand ihrer Existenzbedingungen gelangen. Dieser Bereich (Waldgrenz-Ökoton) ist in unterschiedliche Strukturtypen gegliedert.
Eine Lawine besteht aus Schneemassen, die sich aus einem Anrissgebiet über eine Sturzbahn in ein Ablagerungsgebiet bewegen. Dieser Vorgang kann mit hohen Geschwindigkeiten oder hohen Druckkräften ablaufen und es können dabei tödliche Gefahren und große Schäden entstehen. Das Lawinengeschehen ist witterungs- und geländebedingt.

Schlüsselwörter
Zeugen der Vergangenheit, naturwissenschaftliche Methoden, Existenzbedingungen, Strukturtypen; Schneemassen, Gefahren

Abstract

[Terms and Definitions.] In order to reconstruct the climate history of historically and instrumentally undocumented time periods it is necessary to sample and interpret indicators of the past from glacier, bog, lake and ocean depositions as well as ice cores and permafrost phenomena. This is done by applying natural science methods such as tree ring chronology, pollen analysis and physical dating techniques.
The lack of heat during the vegetation period and other degradations increase with altitude and, in the end, cause that trees in a certain area are at the edge of their existence conditions. This zone (timberline-ecotone) is divided into various structural types.
An avalanche consists of snow masses which move form the release area through the avalanche track to the deposition area. The velocity or pressure reached by avalanches can be high and therefore deathly hazards and large destructions can be caused. Avalanche occurrences depend on weather and terrain condition.

Keywords
Indicators of the past, methods in natural science, existence conditions, structural types, snow mass, hazards

1. Klimageschichte

Klimageschichte der vorinstrumentellen Zeit ist ein ausgesprochen multidisziplinäres Forschungsfeld: Daten und Ergebnisse aus Geologie, Paläontologie, Sedimentologie, Geomorphologie, Gletscherkunde und Glaziologie, Meteorologie, Botanik, Zoologie, Kulturgeschichte und anderen Spezialgebieten müssen erfasst, aufbereitet, analysiert, interpretiert und synthetisiert werden.
Klimageschichtliche Forschung wird in drei Zeiträume untergliedert:

MAG. ROLAND LUZIAN, Institut für Naturgefahren und Waldgrenzregionen, Bundesforschungs- und Ausbildungszentrum für Wald, Naturgefahren und Landschaft, A - 6020 Innsbruck E-Mail: Roland.Luzian@uibk.ac.at

Tabelle 1:
Paläoklimatologische Datenquellen (nach PATZELT).

Datenquelle	Auswertbare Strukturen, Bildungen	Ableitbare Indikatoren	Abschätzbares Klimaelement
Glaziale Ablagerungen	Moränen	Gletscherausdehnung	Sommer-T, Jahres-N
Periglaziale Formen	Blockgletscher	Permafrost	Jahres-T
Fluviale Ablagerungen	Schwemmkegel	Hochwasserereignisse	N, Abfluss
Seeablagerungen	Bändertone	Sedimentationsraten	Jahres-T, Abfluß
Meeresablagerungen	Mikrofossilien	Sedimentationsbedingungen	Jahres-T
Gletschereis	Lufteinschlüsse, Partikeleinschlüsse	Eisalter, Zustand der Atmosphäre, vulkan.Tätigkeit u. a. m.	Jahres-T, Zeit, etc.
Torfmoore	Pollengehalt, Gehalt an Makrofossilien	Vegetationsgeschichte	T und N der Vegetationsperioden
Jahrringe	Jahrringbreite, Dichte	Alter, Wachstum	Wie oben

- Zeit der Instrumentenbeobachtung: Messung meteorologischer Elemente (Temperatur Druck, Niederschlag) seit ca. 200 Jahren. Vergleichbare Reihen jedoch erst ab dem Ende des 19. Jahrhunderts; dabei ist die historische (und erst recht die prähistorische) Variationsbreite bei weitem nicht erfasst! Problem der Inhomogenität.
- Historische Quellen: Berichte, Bilder, Sagen (z.B.: „Übergossene Alm"), Witterungstagebücher, Umschreibungen, Pflanzenwachstum (z.B.: Hitzewelle 1616 mit 50-tägiger Trockenperiode, Gerstenernte Anfang Juni; PFISTER, 1988). Problem der Quellenkritik.
- Paläoklimatologische Quellen: der Zeitraum, welcher historisch nicht mehr fassbar ist, kann nur mit Hilfe von naturwissenschaftlichen Methoden erschlossen werden. (Glazialgeologie, Jahrringforschung, Pollenanalyse). Die Quellen der Informationen sind im Gelände: Gletscherablagerungen, Eisbohrkerne, Permafrosterscheinungen, Moor-, See- und Meeresablagerungen. Problem der Datierung.

Dabei müssen zuerst die Zeugen aus der Vergangenheit (die so genannten „stummen Zeugen"), wie z.B. Moränen, Hölzer oder Pollen erkannt werden. Danach müssen die Prozesse, die zu diesen Zeugen geführt haben verstanden und interpretiert werden. Zu guter Letzt ist es nötig, die Klimazeugen zu datieren um diese in einer chronologischen Reihenfolge darstellen zu können (z.B. Jahrringchronologie, Radiocarbon Methode u. a.).
Das Klima („der mittlere Zustand der Atmosphäre an einem Ort") ist nichts Statisches, es wandelt sich kontinuierlich! Die Klimaschwankungen, des alpinen Postglazials sind im Waldgrenz-Schwankungsbereich nachzuweisen.

2. Alpine Waldgrenze

Die Wachstumsbedingungen werden mit zunehmender Höhe allgemein schwieriger. Im komplexen (Klima-) Gefüge ist die Temperatur (Wärmemangel während der Vegetationsperiode) der dominante limitierende Faktor. Hinzu kommen mechanische Schädigungen durch Wind (Eisgebläse), und Schnee (Setzung, Druck, Kriechen, Gleiten; Lawinen) sowie Pilzbefall.
Waldgrenzbäume befinden sich also am Rande ihrer Existenzmöglichkeit, sie reagieren daher sehr sensibel auf Umwelteinflüsse und speichern ihre Wachstumsbedingungen deutlich. Nur Waldgrenzbäume speichern das Klimasignal eindeutig.

Strukturtypen:

- Waldgrenze: Grenze von Beständen mit Waldcharakter (Mindestgröße, Kronenschluss). Die Waldgrenze ist meist infolge der topographischen Verhältnisse (Exposition, Felsstandorte, Rippen, Rinnen) und heute auch aufgrund menschlicher Eingriffe nicht als einheitliche Linie ausgebildet. Sie liegt in den Zentralalpen höher (Massenerhebungseffekt) als in den Randalpen.
  Es wird zwischen aktueller (meist anthropogen bedingter) und potentieller (natürlich, klimatisch bedingter) Waldgrenze unterschieden.
- Baumgrenze: Bäume, die isoliert in Überleitungsräumen oberhalb des geschlossenen Waldes vorkommen (Baum wird dabei aber oft unterschiedlich definiert), entsprechend der Meereshöhe, wo noch Baumwachstum möglich ist.
- Krüpplgrenze/Artgrenze: die extremen, wachstumslimitierenden Bedingungen bewirken starke

Abweichungen vom Normalwuchs: Krüppel- oder Kriechformen die sich nur durch vegetative Vermehrung als äußerste Vorposten einer bestimmten Art in der so genannten Krummholzzone erhalten.

Waldgrenzökoton:
„Kampfzone“, das ist der Bereich zwischen Wald- und Krüppelgrenze mit mosaikförmiger Vegetation (erhöhte Artenzahl) aus Baumgruppen, Einzelbäumen, Krummholz und Krüppelwuchs.

Waldgrenzschwankungsbereich:
Die Nacheiszeit ist geprägt durch zahlreiche, ständig wechselnde, warme und kalte Abschnitte. Deshalb schwankt die Höhenlage der Waldgrenze. Während der wärmeren Phasen erreichte sie um min. 100 m größere Höhen, als die gegenwärtig potentielle Waldgrenze erreicht.

Klimageschichte und Waldentwicklung:
„Wir wissen heute, dass der größere Teil des Zeitraumes des Holozäns wärmer war als gegenwärtig. Daher verschob sich die Waldgrenze während dieser Zeitabschnitte nach oben in Bereiche, **die jetzt waldfrei** sind oder wo sich nur spärlicher und kümmerlicher Jungwuchs zeigt“ (Patzelt, 1999).

3. Lawine

Als Lawine wird der gesamte Bewegungsvorgang von Schneemassen vom Anrissgebiet über die Sturzbahn bis ins Ablagerungsgebiet bezeichnet (Salm, 1982).
Man versteht darunter (im Sinne des Österreichischen Forstgesetzes) Schneemassen die bei raschem Absturz infolge ihrer kinetischen Energie oder der von ihnen verursachten Luftdruckwelle oder durch ihre Ablagerung Gefahren oder Schäden verursachen können. (Jäger & Blauensteiner, 1997).
Durch Schneefälle entsteht eine in Schichten aufgebaute Schneedecke. Deren Gewicht wird über Druck-, Scher- und Zugkräfte auf den Untergrund übertragen. Zusätzliche Belastungen der bestehenden Schneedecke, etwa durch Neuschneefälle oder auch Skifahrer bedingt, führen zu erhöhten Spannungen und schließlich zum Bruch mit folgendem Abgleiten von Schneemassen. Diese können hohe Geschwindigkeiten (> 250 km/h) und hohe Druckkräfte (>100 t/m^2) und damit große Zerstörungskräfte erreichen.

Lawinen werden nach verschiedenen Kriterien klassifiziert. Beispielsweise nach der Anrissform als Schneebrett- oder Lockerschneelawine (linien- oder punktförmiger Anriss), nach der Form der Bewegung als Staub- oder Fließlawine (stiebend oder fließend) oder nach dem Gehalt an Fremdmaterial in der Ablagerung (reine Ablagerung wenn kein Fremdmaterial sichtbar ist, gemischte Ablagerung wenn Fremdmaterial – z.B. Bäume und Äste – sichtbar vorhanden ist).
Eine Lawine hat ein Anrissgebiet (Anrissmerkmale), eine Sturzbahn (Form der Bewegung) und ein Ablagerungsgebiet (Fremdmaterial in der Ablagerung).
Eine Lawine hat ortsfeste (Höhenlage, Neigung, Exposition zu Sonne und Wind, Form und Rauigkeit des Geländes) und variable (witterungsabhängiger Winterverlauf, laufendes Wetter - Schneefall, Wind, Temperatur, Strahlung) Bildungsbedingungen.
Eine Lawine kann natürlich oder von Menschen ausgelöst werden. Die Bereitschaft zur Lawinenaktivität hängt vom – witterungs- und geländebedingten – Aufbau der Schneedecke ab.

4. Literatur

Berner, U. & Streif, H. J., 2000. Klimafakten. Der Rückblick - Ein Schlüssel für die Zukunft. — 1-238.

Bortenschlager, S., 2000. The Iceman`s environment. – [in:] Bortenschlager, S. & Oeggl, K., (eds.). The Iceman and his Natural Environment. The Man in the Ice. — **4**:11-24.

Brockmann-Jerosch, H., 1919. Baumgrenze und Klimacharakter. Beiträge zur geobotanischen Landesaufnahme 6, Zürich.

Burga, C.A. & Perret, R., 1998. Vegetation und Klima der Schweiz seit dem jüngeren Eiszeitalter. Thun. — 1-805.

Friedel, H., 1967. Verlauf der alpinen Waldgrenze im Rahmen anliegender Gebirgsgelände. – [in:] Ökologie der alpinen Waldgrenze, Mitteilungen der Forstlichen Bundesversuchsanstalt Wien. — **75**:81-172.

Furrer, G. & Holzhauser, H., 1984. Gletscher- und klimageschichtliche Auswertung fossiler Hölzer. – [in:] Zeitschrift für Geomorphologie N.F., Suppl. — **50**:117-136.

Haas, J.-N. et al., 1998. Synchronous Holocene climatic oscillations recorded on the Swiss

Plateau and at timberline in the Alps. - [in:] The Holocene. — 8, **3**:301-309.

HOLTMEIER, F.-K., 1985. Die klimatische Waldgrenze - Linie oder Übergangsraum (Ökoton)? Ein Diskussionsbeitrag unter besonderer Berücksichtigung der Waldgrenze in den mittleren und hohen Breiten der Nordhalbkugel. - [in:] Erdkunde. — 39, **4**:271-285.

HOLTMEIER, F.-K., 2000. Die Höhengrenze der Gebirgswälder. Arbeiten aus dem Institut für Landschaftsökologie, Westfälische Wilhelms-Universität. — **8**:1-337.

JÄGER, F. & BLAUENSTEINER, R., 1997. Forstrecht. 515 S.

KAUFMANN, M., 2003. Dendrochronologische Untersuchungen der rezenten Waldgrenzentwicklung in den Ostalpen anhand der Untersuchungsgebiete im Kaunertal und Schnalstal. Diplomarbeit an der Universität Innsbruck, 1-105.

LAND TIROL (Hrsg.), 2000. Lawinenhandbuch. - Innsbruck, Wien, 7. Auflage.

LUZIAN, R. & PINDUR, P., 2000. Klimageschichtliche Forschung und Lawinengeschehen. - [in:] Wildbach- und Lawinenverbau. — 64, **142**:85-92.

MAYER, H., 1976. Gebirgswaldbau-Schutzwaldpflege. Ein waldbaulicher Beitrag zur Landschaftsökologie und zum Umweltschutz. 436 S.

NICOLUSSI, K. & PATZELT, G., 2000. Discovery of early-Holocene wood and peat on the forefield of the Pasterze Glacier, Eastern Alps, Austria. - [in:] The Holocene. — **10.2**:191-199.

ÖGGL, K., 1995. Paläoökologische Untersuchungen zur spät- und postglazialen Vegetations- und Klimageschichte Tirols. Habilitationsschrift, Innsbruck

PATZELT, G., 1999. „Global warming" im Lichte der Klimageschichte. - [in:] LÖFFLER, H. & STREISSLER, E. W., (Hrsg.). Sozialpolitik und Ökologie - Probleme der Zukunft. — 395-406.

PATZELT, G., (versch. J.). persönl. Mitt.

PFISTER, CH., 1988. Klimageschichte der Schweiz 1525 - 1860. Das Klima der Schweiz von 1525 - 1860 und seine Bedeutung in der Geschichte von Bevölkerung und Lanswirtschaft. Academica Helvetica. — 1-163, Bern.

REISIGL, H. & KELLER, R., 1989. Lebensraum Bergwald. Alpenpflanzen in Bergwald, Baumgrenze und Zwergstrauchheide. Vegetationsökologische Informationen für Studien, Exkursionen und Wanderungen. — 1-144.

SALM, B., 1982. Lawinenkunde für den Praktiker. Schweizer Alpen-Club. — 1-148.

SCHWARZBACH, M., 1974. Das Klima der Vorzeit. Eine Einführung in die Paläoklimatologie. — 1-380.

STERN, R., 1983. Human impact on tree borderlines. - [in:] HOLZNER, W., WERGER, M. J. & I.

TRANQUILLINI, W., 1979. Physiological Ecology of the Alpine Timberline. Tree existence at High Altitudes with Special Reference to the European Alps. - [in:] Ecological Studies, Analysis and Synthesis. — **31**, Berlin, Heidelberg, New York.

UNESCO (Hrsg.), 1981. Lawinen-Atlas. - Bebilderte internationale Lawinenklassifkation. Natur-Katastrophen, 2, Paris.

WIESER, G., 1997. Carbon dioxide gas exchange of cembran pine (*Pinus Cembra*) at the alpine timberline during winter. - [in:] Tree Physiology. — **17**:473-477.

WIESER, G., 2002. Seasonal temperature effects on winter leaf conductance in cembran pine (*Pinus cembra* L.) at the alpine timberline. - [in:] Centralblatt für das gesamte Forstwesen. — 119, **1**:1-11.

WIESER, G. & TAUSZ, M. (eds.), 2006. Trees at their Upper Limit. Treelife Limitation at the Alpine Timberline. - [in:] Plant Ecophysiology. — **5**:1-240, Berlin, Heidelberg, New York.

Ergebnisse der Raumanalyse - Geländebefunde

Die Topographie des Lawinenhanges sowie klimatologische und anthropogene Aspekte im Untersuchungsgebiet

Erzeugung von Geodaten des Lawinenhanges „Schwarzensteinmoor“

Ronald SCHMIDT

SCHMIDT, R., 2007. Erzeugung von Geodaten des Lawinenhanges „Schwarzensteinmoor“. — BFW-Berichte **141**:43-52, Wien. — Mitt. Komm. Quartärforsch. Österr. Akad. Wiss., **16**:43-52, Wien

Kurzfassung

Im vorliegenden Beitrag wird die Erzeugung der für das Forschungsprojekt HOLA benötigten Geodaten des Lawinenhanges „Schwarzensteinalm“ beschrieben. Neben der Definition der verwendeten Datenformate und des verwendeten Koordinatensystems werden vor allem die Datengrundlagen und ihre Integration in ein Geographisches Informationssystem detailliert erläutert. So wurde für die Lawinensimulation mit SAMOS ein digitales Höhenmodell erzeugt. Verschiedene Objekte im Gelände wurden mittels terrestrischer Vermessung aufgenommen und ins GIS integriert. Auch die in lokalen Koordinatensystemen durchgeführten Vermessungen der im Moor gefundenen Hölzer wurden in das Österreichische Bundesmeldenetz transformiert.

Schlüsselwörter
Geodaten, Geographisches Informationssystem, Digitales Höhenmodell, terrestrische Vermessung, Transformation

Abstract

[Geodata generation of the avalanche slope „Schwarzensteinbog“.] In this article the generation of the required geodata of the avalanche slope “Schwarzensteinalm” for the research project HOLA will be described. In addition to defining used data formats and the coordinate system, the basis for the data and its integration into a geographical information system will mainly be discussed. For the avalanche simulation with SAMOS a digital terrain model was generated. Several objects in the area were measured using terrestrial surveying methods and subsequently integrated into a GIS. The measurements, using local coordinates systems, of the timber in the bog were transformed to the Austrian National Grid-System.

Keywords
Geodata, geographical information system, digital terrain model, terrestrial surveying, transformation

1. Einleitung

Ziel des Forschungsprojektes HOLA ist die Untersuchung des holozänen Lawinengeschehens im Oberen Zemmgrund in den Zillertaler Alpen. Die Lage von Objekten im Raum und ihre Beziehung zueinander spielen bei diesem interdisziplinären Projekt eine große Rolle, denn die verschiedenen Untersuchungsmethoden der einzelnen Arbeitsgruppen beinhalten unter anderem auch räumliche Analysemethoden. Die Ergebnisse der einzelnen Arbeitsgruppen sollen räumlich in Beziehung gesetzt und dadurch neue Erkenntnisse gewonnen werden. Für diese räumlichen Untersuchungen werden Geodaten mit entsprechender Auflösung und Genauigkeit benötigt.
Ziel dieses Teilprojektes war daher die Erzeugung, Integration und Bereitstellung der verschiedenen benötigten Geodaten in einem einheitlichen Koordinatensystem mit hoher Auflösung und Genauigkeit. Dazu gehören folgende Aufgaben:

- Integration des Orthophotos als Kartierungsgrundlage und zur Visualisierung,
- Erzeugung eines digitalen Höhenmodells zur präzisen Wiedergabe des Lawinenhanges und als Grundlage für die Lawinensimulation mit SAMOS,

MAG. RONALD SCHMIDT, Geographisches Institut, Universität Zürich, CH - 8057 Zürich
E-Mail: ronald.schmidt@geo.uzh.ch

- Vermessung von Punkten mit hoher räumlicher und thematischer Bedeutung (Bruchkanten und Objekte / Objektgrenzen) im Gelände und Integration in ein GIS,
- Absolute Georeferenzierung der im Moor gefundenen subfossilen Hölzer (Transformation von lokalen [Moor]koordinatensystemen in das Bundesmeldenetz),
- Dokumentation aller durchgeführten Arbeitsschritte und erzeugten Datensätze.

2. Definition der Rahmenbedingungen

Zunächst mussten die Rahmenbedingungen für die zu erstellenden Geodaten definiert werden. Dazu gehören die verwendeten Datenformate, das verwendete Koordinatensystem und nicht zuletzt die Abgrenzung des Untersuchungsgebietes.

Datenformate

Als Datenformate für Vektor- und Rasterdaten wurden ESRI-Formate verwendet. Zum einen ist die GIS-Software der Firma ESRI (z.B. ArcGIS) relativ weit verbreitet und wird auch in verschiedenen Arbeitsgruppen von HOLA verwendet. Zum anderen gelten ESRI-Shapefiles und ESRI-ASCII-Grids als Quasi-Standard und können in die GIS-Software vieler anderer Hersteller importiert werden. Das gleiche gilt auch für TIFFs mit Worldfiles, DBase-Tabellen sowie Textfiles. Tabelle 1 gibt einen Überblick über die verwendeten Datenformate.

Parameter des verwendeten Koordinatensystems

Als Koordinatensystem der zu erzeugenden Geodaten wurde das Österreichische Bundesmeldenetz Meridianstreifen M28 (BMN M28) gewählt, weil das Untersuchungsgebiet sich am östlichen Rand dieses Meridianstreifens befindet.
Wie das in der Vermessung verwendete Gauß-Krüger Koordinatensystem beruht auch das Bundesmeldenetz auf einer transversalen Mercatorprojektion (quer gelagerter Berührungszylinder), deren Mittelmeridian sich bei 10,333333° östlichen Längengrad (d.h. 28° östlich von Ferro) befindet. Als Referenzkörper der Erde wird das Ellipsoid Bessel1841 mit der Lagerung Herrmannskogel verwendet. Durch die Verwendung von Additionskonstanten (False Easting: 150000 und False Northing: -5000000) können im BMN alle Koordinaten mit positiven sechsstelligen Werten abgebildet werden (im Gegensatz zum sonst identischen Gauß-Krüger System).
Zur Umsetzung des Koordinatensystems in ESRI-GIS-Software wurde das von FLACKE & KRAUS (2003) angegebene Projectionfile verwendet, das nachfolgend abgeduckt ist:
PROJCS[„BMN_M28“,GEOGCS[„GCS_MGI“,DATUM[
„D_MGI“,SPHEROID[„Bessel_1841“,
6377397.155,299.1528128]],PRIMEM[„Greenwich“,0.0],
UNIT[„Degree“,0.0174532925199433]],PROJECTION[„
Transverse_Mercator“],
PARAMETER[„False_Easting“,150000.0],PARAMETER
[„False_Northing“,-5000000.0],
PARAMETER[„Central_Meridian“,
10.33333333333333],PARAMETER[„Scale_Factor“,1.0],
PARAMETER[„Latitude_Of_Origin“,0.0],UNIT[„Meter
“,1.0]]

Abgrenzung des Untersuchungsgebietes

In Abstimmung mit der Projektleitung von HOLA und der Arbeitsgruppe SAMOS wurde die Abgrenzung des Untersuchungsgebietes, für welches die Geodaten erstellt werden sollten, auf die folgenden Koordinaten (im BMN M28) festgelegt: Oben: 212350, Links: 262000, Unten: 210350, Rechts: 263500.

Tabelle 1:
Im Projekt HOLA verwendete Geodatenformate.

Datentyp	Datenformat	Dateiendung
Vektordaten	ESRI-Shapefile	*.shp, *.shx, *.dbf
Rasterdaten	ESRI-Grid, ESRI-ASCII-Grid (als Exportformat)	Ordnerstruktur, *.asc
Bilddaten	TIFF mit Worldfile	*.tif, *.tfw
Sachdaten (Attribute)	DBase-Tabelle, CSV-Textfile	*.dbf, *.csv, *.txt

3. Erzeugung und Integration von Geodaten

3.1. Beschreibung der verwendeten Luftbilddaten

Die Abteilung Vermessung und Geologie des Landes Tirol stellte für das Forschungsprojekt HOLA Luftbilddaten zur Verfügung.
Die Aufnahme der Luftbilder erfolgte am 4. August 2003 im Auftrag des Landes Tirol durch die Firmen AVT und Terra Bildmessflug. Geflogen wurde etwa 1800 m über Grund, was einem Bildmaßstab von 1:15.500 entspricht. Als Filmmaterial kam Farbdiapositivfilm zum Einsatz. Die Längsüberdeckung der Bildpaare beträgt 65% und die Querüberdeckung der Flugstreifen beträgt 25%.
Die Farbdiapositive wurden mit 15µm Auflösung eingescannt. Die Aerotriangulation und Orthorektifizierung der Luftbilder und die Mosaikierung der Orthophotos wurde durch die Firma AVT in Imst durchgeführt. Zur Entzerrung der Luftbilder wurde das digitale Geländemodell des Bundesamtes für Eich- und Vermessungswesen (BEV) mit einer Auflösung von 10 m verwendet. Das resultierende Orthophoto hat eine Auflösung von 0,25 m.

3.2. Integration der Orthophotos

Für die Herstellung des Orthophotos für das Projekt HOLA wurden die Kacheln 34225203_200308 und 34225202_200308 des beschriebenen Orthophotomosaiks verwendet. Diese lagen im Format TIFF mit Worldfile im Koordinatensystem Gauß-Krüger Meridianstreifen 31 vor.
Die beiden Kacheln wurden zunächst zu einem Orthophoto zusammengefügt und in das Koordinatensystem BMN M28 transformiert. Anschließend wurde aus dem transformierten Orthophoto der benötigte Bereich des Untersuchungsgebietes extrahiert.

3.3. Erzeugung des digitalen Höhenmodells

Die Erzeugung des digitalen Höhenmodells (DHM) der Schwarzensteinalm erfolgte mittels automatischer Pixelkorrelation in digitalen Stereoluftbildpaaren mit der Software PCI-Geomatics. Dafür wurden von der Abteilung Vermessung und Geologie des Landes Tirol sechs Luftbilder des beschriebenen Fluges in digitaler Form, sowie sämtliche zur Verarbeitung benötigten Daten zur Verfügung gestellt. Dazu gehören die Angaben der Passpunkte in Grund- und Bildkoordinaten, die Passpunktskizzen und Angaben der inneren Orientierung (Kalibrierungsprotokoll). Vom Flugstreifen 13 wurden die Bilder 85, 86 und 87 verwendet, vom Flugstreifen 14 die Bilder 62, 63 und 64. Es standen also insgesamt vier Bildpaare zur Verfügung.
Die digitalen Luftbilder wurden in PCI-Geomatics eingelesen und in das Software-eigene PIX-Format konvertiert. Nach der Definition des Koordinatensystems und der internen Orientierung wurden die Rahmenmarken digitalisiert. Anschließend wurden die Bild- und die Grundkoordinaten der Passpunkte eingelesen und für jedes der vier Bildpaare etwa 25 Verknüpfungspunkte digitalisiert. Weiter Verknüpfungspunkte wurden automatisch generiert. Nun konnte der Blockausgleich durchgeführt und die externe Orientierung berechnet werden. Die automatische Pixelkorrelation wurde für jedes der vier Bildpaare separat durchgeführt, dabei wurde eine Pixelgröße von 4 m gewählt. Die vier entstandenen Höhenmodelle wurden geocodiert und als ASCII-Raster exportiert.
Die vier ASCII-Raster wurden in ArcGIS eingelesen und die Mittelpunkte der Rasterzellen in Punkt-Shapefiles konvertiert. Nach der Beschneidung der vier Punkt-Shapefiles auf den Bereich des Untersuchungsgebietes wurden Ausreißer gefiltert. Die Filterung erfolgte zum Teil automatisch, zum Teil wurden Punkte in dreidimensionaler Ansicht manuell editiert. Besonders im südwestlichen Teil mussten im Bereich der Latschenkiefern viele Ausreißer gefiltert werden. Nach der Filterung wurden aus den vier Punkt-Shapefiles, die sich im Untersuchungsgebiet überlappen, mittels Dreiecksvermaschung (Triangulierung) ein Modell der Geländeoberfläche (Triangulated Irregular Network, TIN) generiert. Aus diesem TIN wurde ein Raster mit einer Rasterweite von 4 m abgeleitet. Nach der Glättung mit einem Mittelwertfilter (Quadrat 3x3) wurde das Raster noch hydrologisch korrigiert, indem unnatürliche Senken aufgefüllt wurden.
Abschließend liegt nun ein hochwertiges Raster-DHM mit 4 m Auflösung vor. Für die Verwendung in SAMOS wurden die Höhenwerte der Rasterzellen in ein XYZ-Textfile exportiert.
Für das digitale Höhenmodell wurde eine Auflösung von 4 m gewählt, weil Untersuchungen der Simulationsergebnisse von SAMOS gezeigt haben, dass diese sich bei Auflösungen unter 4 m nicht mehr wesentlich verbessern lassen (Schmidt, 2003).
Für die Berechnung des DHM wurden insgesamt

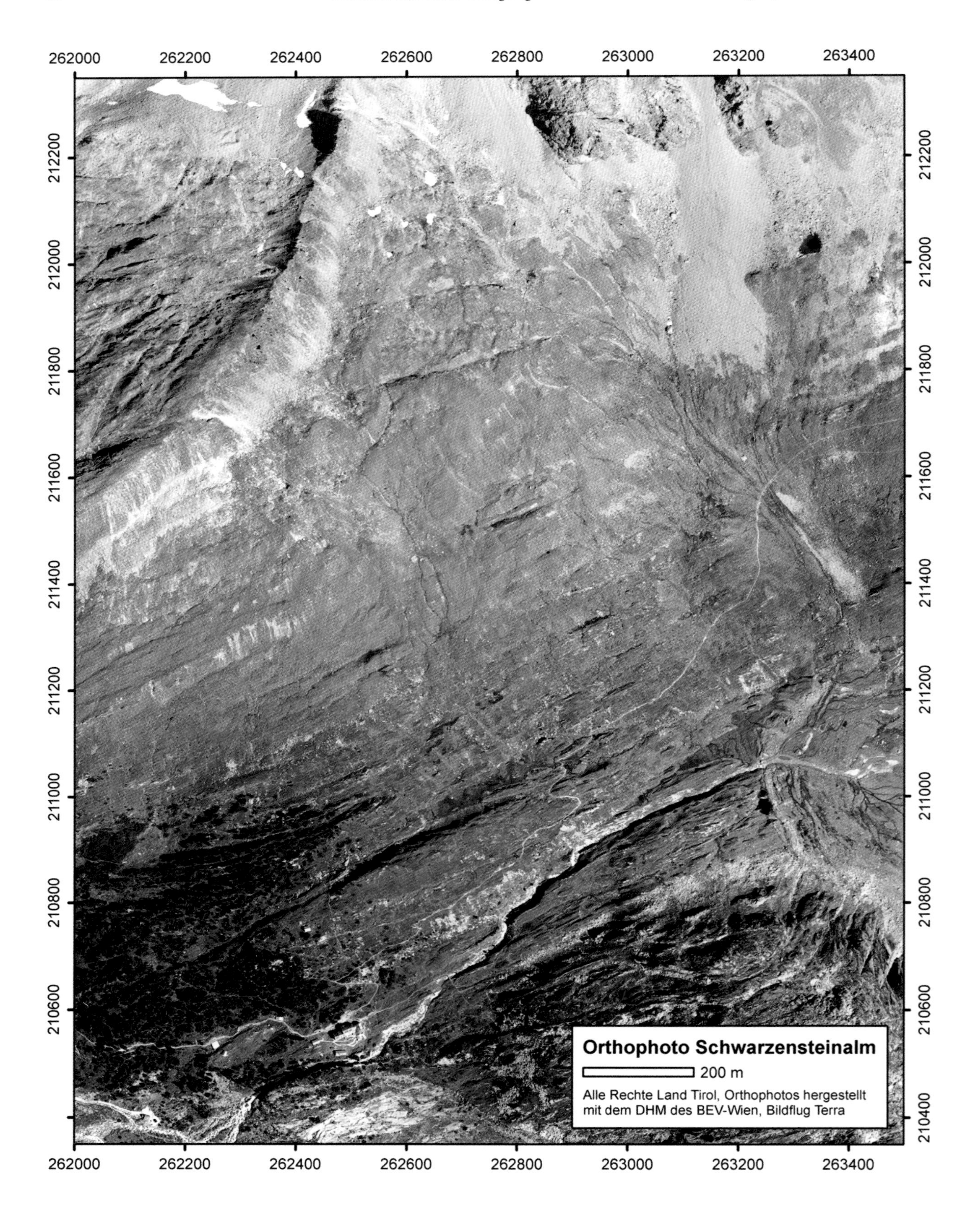

Abbildung 1: Orthophoto Schwarzensteinalm, Darstellung des ganzen Untersuchungsgebietes entsprechend der Festlegungen, Auflösung 0,25 m.

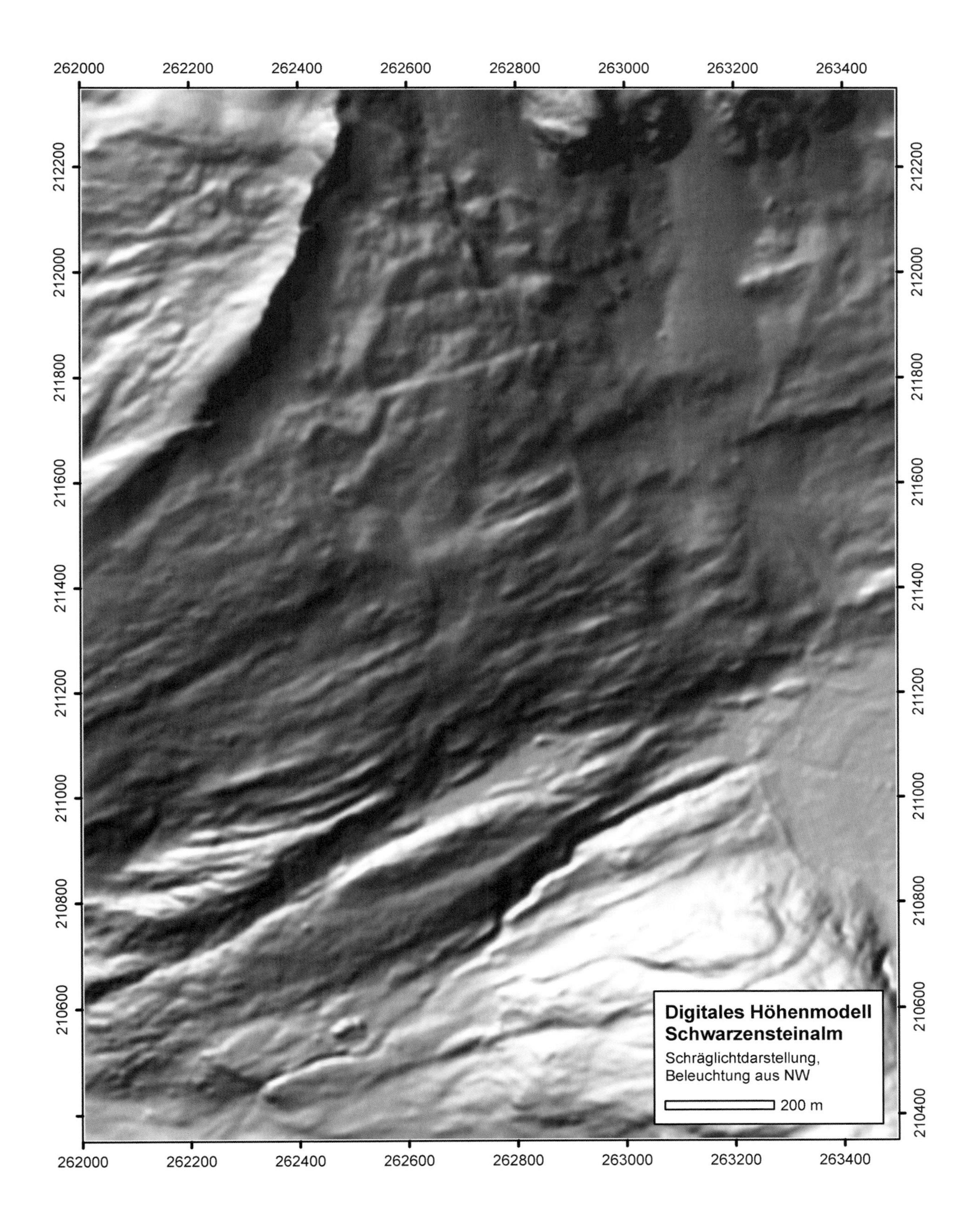

Abbildung 2: Digitales Höhenmodell Schwarzensteinalm, Schräglichtdarstellung, Beleuchtung aus Nordwest, Auflösung 4 m.

Abbildung 3: Vermessungsarbeiten im Bereich Schwarzensteinmoor, links: David Zrost am Polygonpunkt PP3, rechts: Gerätestandpunkt auf der freien Stationierung FS1 oberhalb von Moor B, gut sichtbar ist jeweils der Lawinenfallboden mit dem Moor und der talwärts den Fallboden begrenzende Felsriegel (Fotos: R. Schmidt 2003).

Tabelle 2:
Koordinatenangaben zu den Vermessungsgrundlagen.

Punkt-Nr.	RW BMN28	HW BMN28	Höhe	Beschreibung	Punkttyp
tp5k	259502,02	208743,09	3137,85	Schönbichler Horn, Kreuz Spitze	Fernziel
f66w	262471,88	210550,26	2056,60	Berliner Hütte, Fahnenmast West, Knauf Mitte	Fernziel
tp66	262528,32	210521,48	2039,75	Berliner Hütte KT-Stein	Anschlusspunkt
pp1	262517,56	210734,11	2105,89	Polygonpunkt 1	Polygonpunkt
pp2	262564,92	210867,67	2168,49	Polygonpunkt 2	Polygonpunkt
pp3	262676,53	210925,68	2184,25	Polygonpunkt 3	Polygonpunkt
pp4	262729,47	210830,36	2134,28	Polygonpunkt 4	Polygonpunkt
pp5	262645,01	210633,03	2054,92	Polygonpunkt 5	Polygonpunkt
fs1	262726,79	211044,76	2173,51	Freie Stationierung, oberhalb Moor B	Freie Stationierung
fs2host	262801,11	210891,25	2142,56	Freie Stationierung, Moor H, = Kreuz H Ost	Freie Stationierung

4668637 durch digitale automatische photogrammmetrische Auswertung erzeugte Punkte verwendet. Das entspricht einer durchschnittlichen Punktdichte von 0,15 Punkte je m^2 oder umgerechnet im Mittel 2,5 Punkte je Rasterzelle von 4x4 m.

3.4. Vermessung des Geländes im Bereich Schwarzensteinmoor

Die terrestrischen Vermessungen im Bereiches Schwarzensteinmoor fanden am 26. und 27. Juli 2003 statt und wurden mit einer Totalstation (Tachymeter-Theodolit) ausgeführt. Dazu mussten erst mehrere Vermessungspunkte eingerichtet werden, die als Gerätestandpunkt dienen konnten und eine freie Sicht auf die zu vermessenden Moorbereiche erlaubten. Das erfolgte mit Hilfe eines Polygonzugs und zwei freien Stationierungen.
Der einzige verfügbare Vermessungspunkt in der Umgebung war der Triangulierungspunkt TP66-149 bei der Berliner Hütte. Von diesem Anschlusspunkt aus wurde ein Ringpolygonzug mit Koordinaten- und Richtungsanschluss eingemessen. Dieser besteht aus den fünf Polygonpunkten PP1 bis PP5, ist 965 m lang und überwindet von der Berliner Hütte bis zum Schwarzensteinmoor eine Höhendifferenz von etwa 150 m. Als Richtungsanschluss (Fernziel) dienten das Gipfelkreuz des Schönbichler Horns und der Fahnenmast West der Berliner Hütte. Um die Genauigkeit der Messungen zu erhöhen, wurde in zwei Kreislagen gemessen und an jedem Polygonpunkt auch die Fernziele anvisiert. Die Polygonpunkte PP1 bis PP5 wurden im Gelände vermarkt, entweder mit Vermessungsnägeln aus Stahl oder in Fels gemeißelten Kreuzen. Alle Punkte wurden rot markiert und fotografisch dokumentiert, um sie für spätere Vermessungen wieder auffinden zu können.
Bei der Berechnung des Polygonzuges wurde eine maximale Punktlagegenauigkeit von 0,016 m und

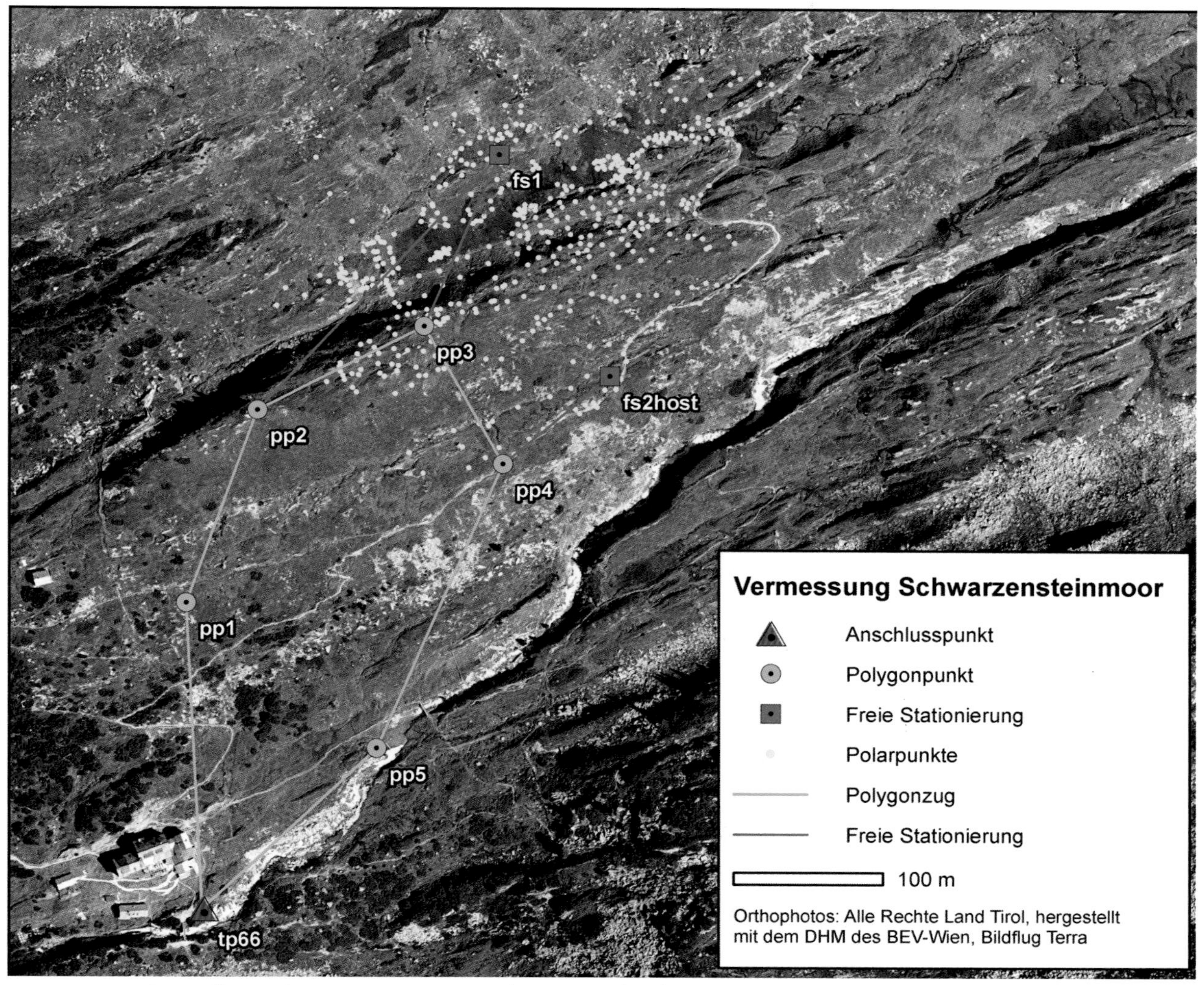

Abbildung 4: Darstellung der vermessenen Punkte im Gelände. Die einzelnen aufgenommenen Punkte wurden während der Aufnahme mit entsprechenden Codes und Attributen versehen. Zusätzlich wurde ein Profil vom Lawinenhang durch das Moor und über den Felsriegel aufgenommen. Insgesamt wurden 560 Neupunkte gemessen. Die Auswertung der Vermessungsarbeiten erfolgte am Institut für Geodäsie der Universität Innsbruck mit der Software rmGEO.

eine maximale Punkthöhengenauigkeit von 0,004 m ermittelt.

Von den Polygonpunkten aus konnten jedoch noch nicht alle Bereiche der Moore eingesehen werden, weshalb noch zwei freie Stationierungen eingerichtet wurden. Die erste freie Stationierung FS1 wurde von den Polygonpunkten PP2 und PP3 aus eingerichtet und befindet sich auf der Nordwestseite des Moores B. Die zweite freie Stationierung FS2 wurde von den Polygonpunkten PP3 und PP4 aus eingerichtet und befindet sich am nordöstlichen Ende des Moores H (entspricht dem Steinkreuz Host).

Die Aufnahme des Geländes erfolgte nun vom Polygonpunkt PP3 und von den beiden freien Stationierungen FS1 und FS2 aus mit der Methode der Polarpunktaufnahme. Dabei werden von einem bekannten Standpunkt aus Entfernungen und Richtungen (Polarkoordinaten) zu den Neupunkten gemessen und anschließend in rechtwinklige Koordinaten des österreichischen Bundesmeldenetzes umgerechnet. Aufgenommen wurden charakteristische Geländepunkte, vor allem Bruchkanten, und wichtige Punkte mit thematischer Bedeutung, das sind: Abgrenzung der Moore, Steinkreuze an Anfangs- und Endpunkten der Moorachsen, Standort des Bohrprofils, Wanderwege, Wasserläufe, Gräben, Felsinseln und Felsplatten und kleine Schwemmkegel.

3. 5. Integration der Vermessungsdaten in GIS

Die Koordinaten und Attribute der Vermessungspunkte wurden als Text-File in ArcGIS eingelesen und dort weiterverarbeitet. Zunächst wurden die

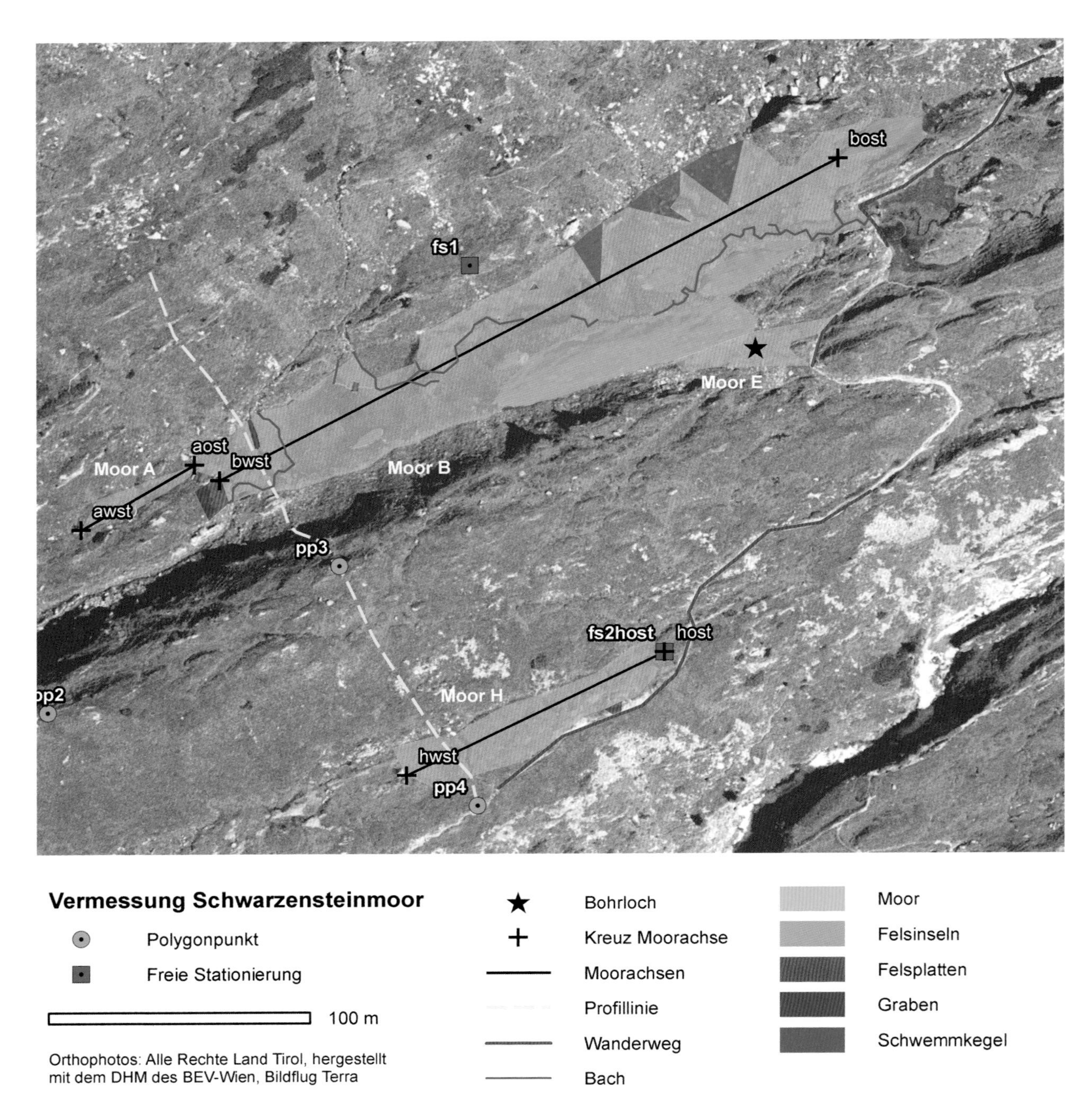

Abbildung 5: Resultat der Vermessungen im Gelände: verschiedene thematische Datenschichten.

Punkte nach ihren Attributen sortiert und dann thematische Datensätze abgeleitet, wobei Linien- und Polygongeometrien erzeugt wurden. Abbildung 5 zeigt die resultierenden thematischen Datenschichten.

3.6. Integration der Moorfunde

Die im Moor gefundenen Hölzer wurden im Gelände in einem lokalen Koordinatensystem vermessen, indem die Distanzen entlang der Moorachse von einem Bezugspunkt aus und die Distanzen senkrecht von der Moorachse zum Fund gemessen wurden. Die Moorachsen werden im Gelände durch Stricke repräsentiert, die zwischen den in Fels gemeißelten Kreuzen verspannt sind.

Die Tabellen mit den Messwerten zu den Moorfunden enthielten Angaben zu SSM-Nr. (Identifikationsnummer des Fundes), Bezugspunkt der Messungen, Längsdistanz, Querdistanz und Tiefe der Proben. Von manchen größeren Funden liegen zwei Messwerte (Anfangs- und Endpunkt des Fundes) vor, meist jedoch gibt es nur eine Messung pro Fund. Für jedes Moor wurde ein lokales kartesisches Koordinatensystem eingerichtet und die Längs-

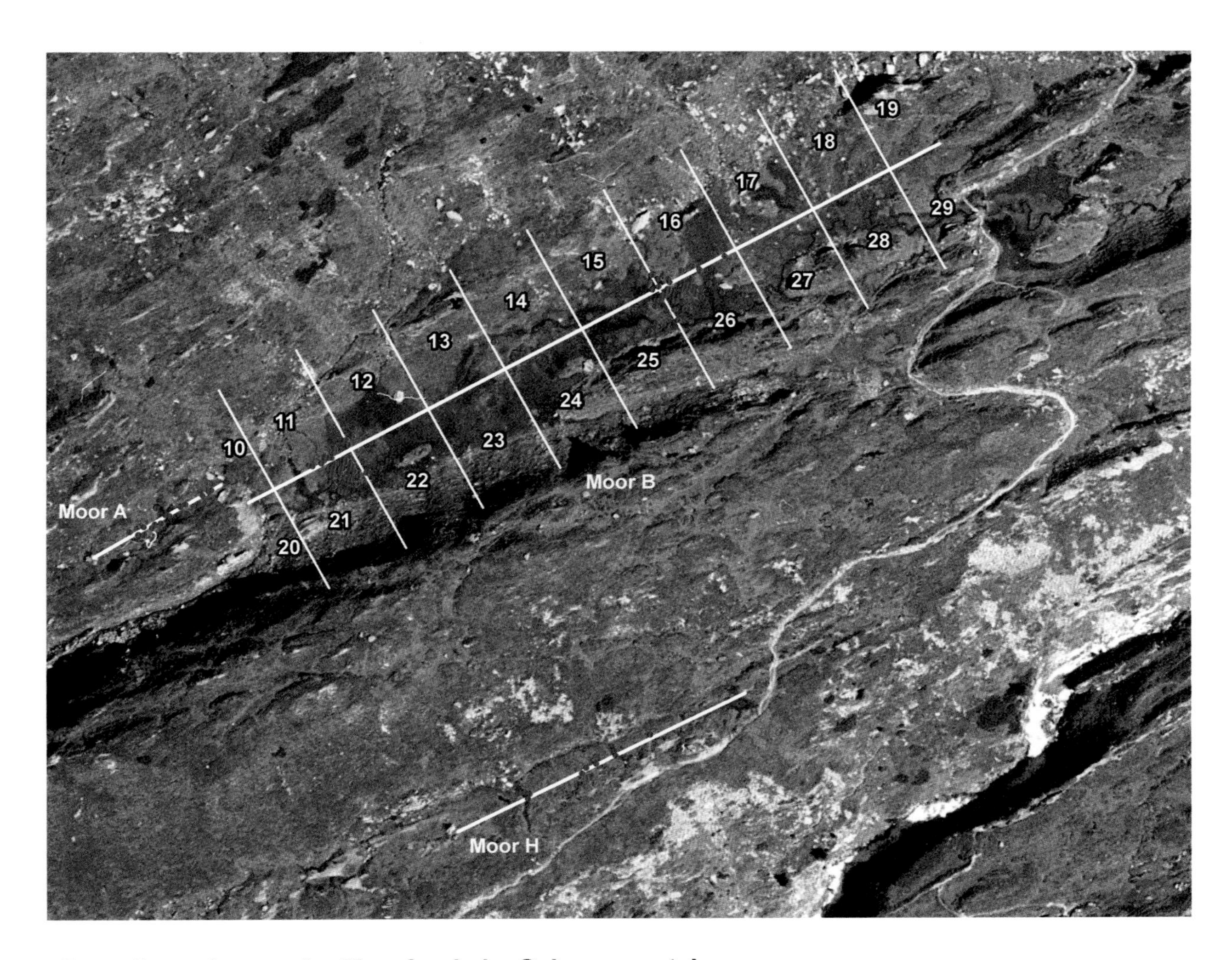

Georeferenzierung der Moorfunde im Schwarzensteinmoor

Moorachsen und Segmentgrenzen • Funde subfossiler Hölzer

Orthophotos: Alle Rechte Land Tirol, hergestellt mit dem DHM des BEV-Wien, Bildflug Terra 100 m

Abbildung 6: Integration der Moorfunde ins GIS. Für die Funde, bei denen Anfangs- und Endpunkt vorlag, wurden nun Linien erzeugt und die Lagerichtungen der Funde berechnet. Außerdem wurden die Mittelpunkte der Linien berechnet und ein Datensatz erzeugt, der für jeden Fund nur einen Punkt enthält (d.h. bei linienförmigen Funden den Mittelpunkt). Jedem Punkt lassen sich über die eindeutige SSM-Nr. zusätzliche Attribute zuordnen.

distanzen der Messungen auf der X-Achse und die Querdistanzen auf der Y-Achse abgetragen. Die so entstandenen Punktdaten wurden mittels affiner Transformation in das Koordinatensystem BMN M28 georeferenziert.

Das Moor B ist zusätzlich in 30 m lange Segmente beiderseits der Moorachse eingeteilt. Frühere Moorfunde sind nicht genau vermessen worden, sondern nur den Segmenten zugeordnet worden. Die Erzeugung der Trennlinien zwischen den Segmenten erfolgte nach Angaben von Peter Pindur senkrecht zur Moorachse und im Abstand von 30 m zueinander. Um die Vergleichbarkeit zwischen früheren und aktuellen Moorfunden gewährleisten zu können, wurde den Punkten der aktuellen Funde auch die Segmentnummer zugewiesen.

4. Bewertung der Ergebnisse

Die bei der Erzeugung und Integration der Geodaten angewendeten Methoden und Datengrundlagen stellen einen sehr guten Kompromiss zwischen investiertem Aufwand und erzieltem Nutzen dar und entsprechen dem heutigen Stand der Technik. Alle erzeugten Daten haben für ihren vorgesehenen Verwendungszweck eine weit ausreichende Genauigkeit.

Ein Vergleich des erzeugten digitalen Höhenmodells mit den 560 im Gelände vermessenen Polarpunkten zeigten eine hohe Übereinstimmung. Das DHM liegt im Mittel zwar 0,18 m niedriger als die Vermessungspunkte, die Standardabweichung

der Differenzen beträgt aber nur 1,30 m, bei maximalen Differenzen von 5,07 m nach unten 4,79 m nach oben.
Die Qualität des Orthophotos ist gut, könnte sich aber weiter verbessern lassen, indem die Orthorektifizierung mit dem erzeugten DHM mit 4 m Auflösung nochmals durchgeführt werden würde. Denn das bisher zur Orthorektifizierung verwendete DHM des BEV mit 10 m Auflösung ist im Bereich des Untersuchungsgebietes Schwarzensteinalm zu wenig detailliert.
Die einfache Methode der Polarpunktaufnahme mit einer Totalstation erlaubte eine schnelle und genaue Vermessung der Objekte im Gelände. Die Verwendung von satellitengestützten Vermessungsgeräten (GPS) hätte zwar die aufwändige Einrichtung des Polygonzuges und der freien Stationierungen erspart, würde dafür aber auch neue Probleme mit sich bringen, wie die Abschattung der Satelliten durch die Berge und unzureichende Akku-Laufzeiten.
Durch vorausschauendes Anlegen der lokalen Moorkoordinatensysteme bei früheren Feldkampagnen war es nun sehr einfach möglich, die in diesen Systemen vermessenen Holzfunde mit ausreichender Genauigkeit in das Österreichische Bundesmeldenetz zu übernehmen.

5. Resümee

Zusammenfassend kann gesagt werden, dass die Ziele dieses Teilprojektes erreicht wurden und die benötigten Geodaten für die vorgesehenen Anwendungen in mehr als ausreichender Qualität zur Verfügung gestellt werden konnten.
Abschließend sei noch auf die wesentlich detailliertere Datendokumentation verwiesen, die dem Projekt vorliegt (SCHMIDT 2005).

6. Dank

Dipl.-Ing. Herrmann Gspan, Abteilung Vermessung und Geologie des Landes Tirol, für die Bereitstellung der Luftbilddaten. Dipl.-Ing. Johannes Anegg, Abteilung Vermessung und Geologie des Landes Tirol, für die Bereitstellung der Transformationsparameter. Dipl.-Ing. Dr. techn. Thomas Weinold, Institut für Geodäsie der Universität Innsbruck, für die Bereitstellung der Vermessungsgeräte und Unterstützung bei der Auswertung der Vermessungsdaten. BEV Innsbruck für die Bereitstellung von Vermessungsgrundlagen. Mag. Roland Luzian und Mag. David Zrost für die Unterstützung bei den Vermessungsarbeiten im Gelände

7. Literatur

FLACKE, W. & KRAUS, B., 2003. Koordinatensysteme in ArcGIS, Praxis der Transformation und Projektion. — Points Verlag, Norden, Halmstadt.
KRAUS, K., 1996. Photogrammetrie, Band 2: Auswertung photographischer und digitaler Bilder. — Ferd. Dümmlers Verlag, Bonn.
RESNIK, B. & BILL, R., 2000. Vermessungskunde für den Planungs-, Bau- und Umweltbereich. — Herbert Wichmann Verlag, Heidelberg.
SCHMIDT, R., 2003. Untersuchung verschiedener digitaler Geländemodelle hinsichtlich ihrer Eignung für die dynamische Lawinensimulation mit dem dreidimensionalen zweiphasigen Simulationsprogramm SAMOS. — Diplomarbeit am Institut für Geographie der Leopold-Franzens-Universität Innsbruck.
SCHMIDT, R., 2005. Dokumentation Erstellung digitaler Datengrundlagen Schwarzensteinmoor (unveröffentlichte Datendokumentation).

Die Entwicklung der Gletscher im Zemmgrund seit 1850

Längenänderung, Flächen- und Volumenverlust, Schneegrenzanstieg

Gernot SCHWENDINGER[1)] & Peter PINDUR[2)]

SCHWENDINGER, G. & PINDUR, P., 2007. Die Entwicklung der Gletscher im Zemmgrund seit 1850 – Längenänderung, Flächen- und Volumenverlust, Schneegrenzanstieg. — BFW-Berichte **141**:53-68, Wien. — Mitt. Komm. Quartärforsch. Österr. Akad. Wiss., **16**:53-68, Wien

Kurzfassung

Im Zuge des interdisziplinären Forschungsprojektes „HOLA – Nachweis und Analyse von holozänen Lawinenereignissen“ (Bundesforschungs- und Ausbildungszentrum für Wald, Naturgefahren und Landschaft) konnten erstmals für das Gebiet des Zemmgrunds in den Zillertaler Alpen die Veränderungen der Gletscher seit dem Hochstand von 1850 zusammenfassend dargestellt werden. Dabei wurde die Analyse der Flächenänderungen für das gesamte Untersuchungsgebiet und die Berechnung der Volumenänderungen bzw. des Schneegrenzanstiegs für die drei großen Zemmgrundgletscher Schwarzenstein-, Horn- und Waxeggkees GIS-gestützt auf Basis der AV-Karte „Zillertaler Alpen“ (1:25.000) für den Zeitraum 1850 bis 1985 durchgeführt. Zusätzlich wurden noch die Ergebnisse der Zungenlängenmessungen durch den AV-Gletschermessdienst für den Zeitraum 1891 bis 2006 ausgewertet und in diesem Beitrag aufgenommen.

Seit dem Ende der neuzeitlichen Klimadepression („Little Ice Age“) um 1850 sind die Gletscher im Zemmgrund kräftig zurückgeschmolzen. Der Abschmelzvorgang erfolgte nicht kontinuierlich, sondern war durch zwei Vorstoßperioden zwischen 1890 und 1925 und zwischen 1965 und 1990 unterbrochen. Die drei großen Zemmgrundgletscher, an denen regelmäßig die Längenänderungen gemessen werden, folgen dem allgemeinen Trend der Ostalpengletscher und stellen sensitive Klimazeiger dar. Die Analyse der Veränderung der Gletscherflächen und -volumina brachte die Erkenntnis, dass zwischen 1850 und 1985 alle Gletscher im Zemmgrund mit einem Flächenverlust von rund -35% und die drei großen Zemmgrundgletscher mit einem Volumenverlust von weniger als -45% im Vergleich mit den anderen österreichischen Gletschern unterdurchschnittliche Verlustwerte zu verzeichnen hatten. Weiters konnte für den Zeitraum von 1850 bis 1985 ein Schneegrenzanstieg von ca. 120 bis 130 m ermittelt werden, aus dem sich im Beobachtungszeitraum ein Anstieg der Sommertemperatur von knapp einem Grad ableiten lässt.

Schlüsselwörter:
GIS-gestützte Analyse, sensitive Klimazeiger, Schneegrenzanstieg, neuzeitliche Klimadepression

Abstract

[The development of the glaciers in the „Zemmgrund“ since 1850. Glacier length fluctuation, areal, and volume loss, snow line rise.] Since the peak of the glaciers' extension in 1850, the glaciers in the Zemmgrund have strongly retreated. This retreat did not take place continuously but was interrupted by two periods of growth between 1890 and 1925 and between 1965 and 1990. The length variations of the three large glaciers in the Zemmgrund are measured annually and follow the general trend of changes of the glaciers in the Eastern Alps. Therefore these glaciers are sensitive climatic indicators.

The analysis of the development of the glaciers' areas and volumes yielded the following results: between 1850 and 1985, all glaciers in the Zemmgrund together lost approximately -35% of their area and the three large glaciers together lost less than -45% of their volume. In comparison with other Austrian glaciers the retreat of the glacier in the Zemmgrund is below average. Furthermore, for

[1)] MMAG. GERNOT SCHWENDINGER, Stadt Innsbruck, A - 6020 Innsbruck, E-Mail: Gernot.Schwendinger@gmx.at

[2)] ING. MAG. PETER PINDUR, Institut für Stadt- und Regionalforschung, Österreichische Akademie der Wissenschaften, A - 1010 Wien, E-Mail: Peter.Pindur@oeaw.ac.at

the period between 1850 and 1985, an equilibrium line increase of approximately 120 to 130 m has been ascertained, from which a summer-temperature increase of nearly one degree can be derived within the observation period.

Keywords:
GIS-based analysis, sensitive climate indicator, snow line rise, modern climate depression

1. Einleitung

Im Zuge des interdisziplinären Forschungsprojekts „HOLA - Nachweis und Analyse von holozänen Lawinenereignissen" (Bundesforschungs- und Ausbildungszentrum für Wald, Naturgefahren und Landschaft) wurden für das Untersuchungsgebiet „Oberer Zemmgrund" in den Zillertaler Alpen unter anderen die Fragen (1.) nach der Ausdehnung der Gletscher während der Klimadepressionen im Holozän und (2.) nach dem klimatisch gesteuerten Waldgrenzschwankungsbereich während der Nacheiszeit gestellt.

1. Im Holozän erreichten die Alpengletscher während früherer Hochstandsphasen mehrfach die gleiche Ausdehnung wie während der neuzeitlichen Klimadepression zwischen 1600 und 1850 n. Chr., gleichzeitig überschritten sie diese aber nie wesentlich (z.B. VEIT, 2002). Der Gletscherhochstand von 1850, der sich heute noch deutlich durch die formfrischen Moränen im Zemmgrund abzeichnet, ist daher ein guter Maßstab für die jeweils kühlen Klimaphasen der Nacheiszeit.
2. Im Alpenraum wird sowohl die Höhenlage der Waldgrenze (z.B. TRANQUILLINI, 1979) als auch die Höhenlage der Schneegrenze (z.B. PATZELT, 1999) im Wesentlichen von der Sommertemperatur bestimmt. Auf Grund dieses Zusammenhangs kann mit der Rekonstruktion der Veränderung der Höhenlage der Schneegrenze [Nach GROSZ (1983) kennzeichnet die Schneegrenze die Lage der Gleichgewichtslinie eines Gletschers im Mittel über mehrere Jahre. Dieser Mittelwert ist für die Existenz, die Ausdehnung und das Verhalten des Gletschers entscheidend. Die Gleichgewichtslinie bildet am Ende des glaziologischen Haushaltsjahres die Trennlinie zwischen dem Akkumulations- (Sc) und dem Ablationsgebiet (Sa) und kann im Alpenraum von Jahr zu Jahr um mehrere 100 Höhenmeter schwanken. Die Höhenlage der Gleichgewichtslinie wird neben topographischen – unveränderbaren – Faktoren (Geländeform, Neigung, Höhenlage, Exposition) in erster Linie von klimatischen – variablen – Faktoren (Sommertemperatur, Niederschlagsregime) bestimmt.] direkt auf den Schwankungsbereich der Waldgrenze geschlossen werden, bzw. lässt sich damit die Änderung des Sommertemperaturniveaus quantitativ abschätzen (Abbildung 1).

Die Beantwortung obiger Fragen bot die Gelegenheit, die Veränderungen der Gletscher im Zemmgrund seit 1850 zu untersuchen und erstmals zusammenfassend darzustellen. In dieser Untersuchung wurden die Analyse der Flächenänderungen für das gesamte Untersuchungsgebiet sowie die Berechnung der Volumenänderungen und des Schneegrenzanstiegs für die drei großen Zemmgrundgletscher Schwarzenstein-, Horn- und Waxeggkees durchgeführt. Um das Bild zu komplettieren, wurden die Ergebnisse der Zungenlängenänderungsmessungen durch den Gletschermessdienst des Alpenvereins ausgewertet und in diesen Beitrag aufgenommen.

Forschungsstand und Quellenlage

Die ersten brauchbaren Kartendarstellungen von den Gletschern der Zillertaler Alpen stammen aus der Zweiten oder Franziszeischen Landesaufnahme (1806-1869). Dabei wird der Zemmgrund sowohl

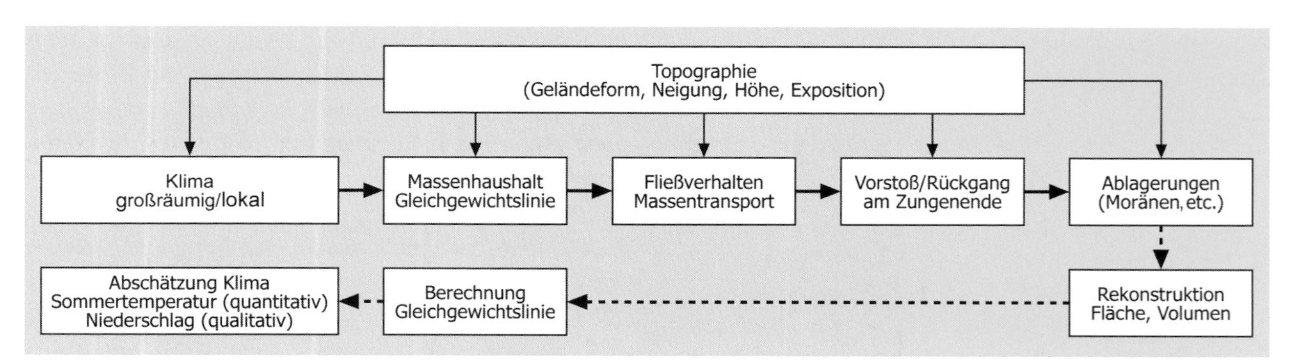

Abbildung 1: Klimarekonstruktion mittels indirektem Klimazeiger „Gletscher" (PATZELT, 1999)

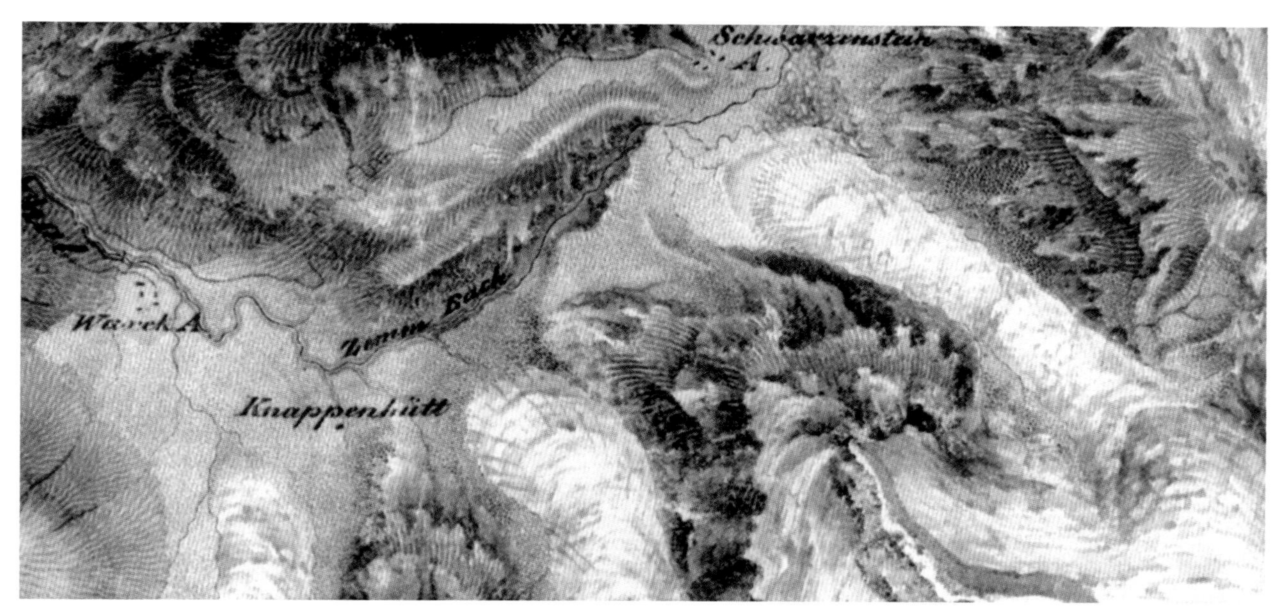

Abbildung 2: Ausschnitt aus der Zweiten oder Franziszeischen-Landesaufnahme von Tirol 1817, Originalmaßstab 1:28.800 (© Österreichisches Staatsarchiv, Wien).

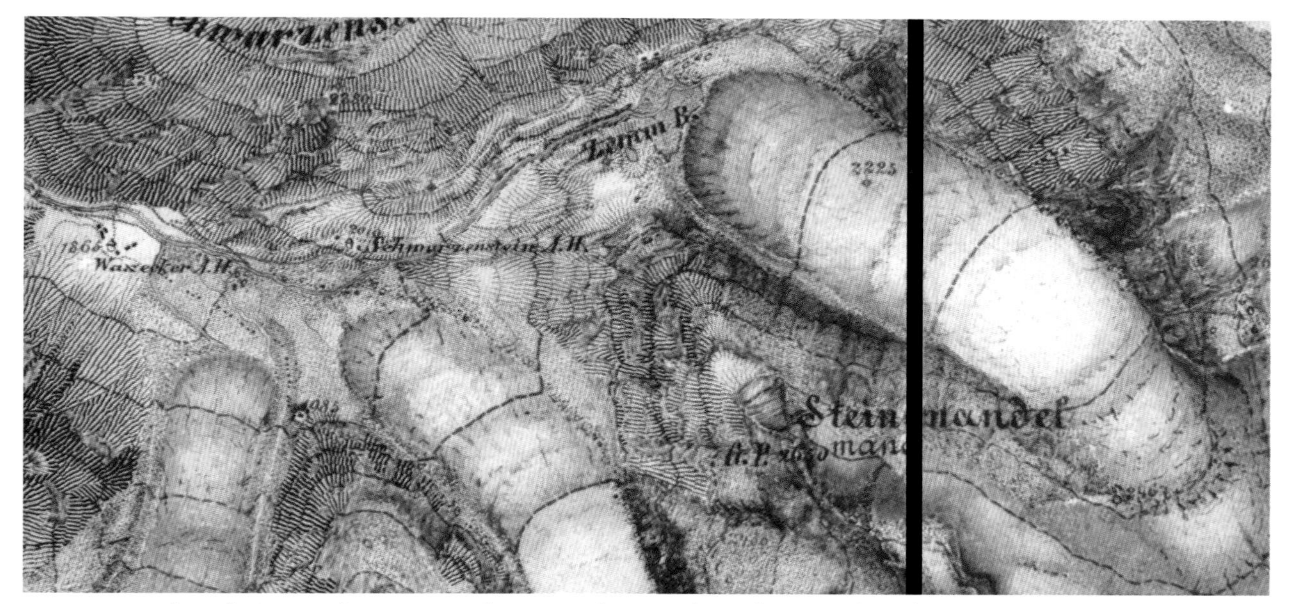

Abbildung 3: Ausschnitt aus der Dritten oder Franzisko-Josephinischen-Landesaufnahme; Originalzeichnung 1871, Originalmaßstab 1:25.000 (© Bundesamt für Eich- und Vermessungswesen, Wien).

in der Aufnahme von Salzburg (1807/1808) als auch in der von Tirol (1817) dargestellt (Abbildung 2). In der Aufnahme von Tirol wurde der Gletscherstand aus der zehn Jahre älteren Aufnahme von Salzburg übernommen.

Aus der zweiten Hälfte des 19. Jahrhunderts liegt die Dritte oder Franzisko-Josephinische-Landesaufnahme (1869-1888) - Originalzeichnung 1871 (Abbildung 3), Reambulierung 1888 - vor (Arnberger & Kretschmer, 1975).

Die Dritte Landesaufnahme bildete auch die Grundlage für die vom Alpenverein im Jahr 1882 in zwei Blättern herausgegebene „Special-Karte der centralen Zillerthaler Gebirgsgruppe" im Maßstab 1:50.000 (Arnberger, 1970). Leider sind diese Kartenwerke für den Gletscherflächenvergleich mit modernen Karten nicht geeignet, sie zeigen aber die Lage der Gletscherzungenenden recht gut an und vermitteln somit einen Eindruck von der Ausdehnung der Gletscher vor und nach dem Hochstand in der Mitte des 19. Jahrhunderts.

Der Hochstand von 1850 ist im Zemmgrund nicht dokumentiert. Vom Wiener Akademielehrer Thomas Ender, der zwischen 1828 und 1847 auf mehreren Alpenreisen etliche Gletscherdokumente schuf, wurde im Jahre 1841 der „Ursprung der Ziller am Schwarzensteingletscher" festgehalten (Koschatzky,

Abbildung 4: Ursprung der Ziller am Schwarzensteingletscher, Aquarell von Thomas Ender, 1841 (© Oesterreichisches ALPENVEREIN-MUSEUM, Innsbruck).

1982). Die Darstellung zeigt die Gletscherzunge des Schwarzensteinkees kurz vor dem Erreichen seiner maximalen Ausdehnung (Abbildung 4). Weitere frühe Aufzeichnungen über die Vergletscherung der Zillertaler Alpen finden sich bei SONKLAR (1872) und RICHTER (1888).

Im Jahr 1881 wurden erstmals Messmarken an den drei großen Zemmgrundgletschern gesetzt (DIENER, 1885). Seit 1891 werden die Längenänderungen der Gletscherzungen an diesen Gletschern jährlich vom Alpenverein (AV) gemessen. Im Zusammenhang mit den ersten Gletscherkursen des Deutschen und Österreichischen Alpenvereins 1913 und 1925 nahmen Sebastian, Ulrich und Richard Finsterwalder im Jahr 1921 die drei großen Gletscher erstmals vollständig stereophotogrammetrisch im Maßstab 1:10.000 auf. Eine neuerliche Aufnahme, diesmal für den gesamten Zemmgrund, erfolgte im Jahr 1925 im Zuge der Erstellung der Alpenvereinskarte im Maßstab 1:25.000 (DuÖAV 1930/1932, vgl. BIERSACK, 1934). Beide Aufnahmen dokumentieren eindrucksvoll den Gletscherstand der 1920er-Vorstoßperiode. MORAWETZ (1941) planimetrierte auf Basis der AV-Karte den Gletscherstand von 1925.

Auf Grundlage der Finsterwalderischen Aufnahme von 1921 veröffentlichte CHRISTA (1931) eine geologisch-petrographische Karte vom Oberen Zemmgrund im Maßstab 1:15.000, in der die Gletschervorfelder ausgezeichnet dargestellt sind.

1951 wurde ein weiterer Gletscherkurs auf der Berliner Hütte veranstaltet (FINSTERWALDER, 1964). Dieser stellte die Initialzündung für umfangreiche, interdisziplinär durchgeführte Untersuchungen im Zemmgrund dar (z.B. HOINKES, 1953). Dabei wurden auch die drei großen Gletscher neuerlich aufgenommen. Die großmaßstäbigen Aufnahmen werden bis heute im 10-jährigen Abstand – für das Waxeggkees sogar jährlich – von der Kommission für Glaziologie der Bayerischen Akademie der Wissenschaften durchgeführt und die Ergebnisse regelmäßig veröffentlicht (RENTSCH, EDER & GEISS, 2006).

In den 1970er Jahren veröffentlichten Hoinkes, LÄSSER & PATZELT (1975) in einer ausführlichen Zusammenstellung erste Auswertungen aus dem „Österreichischen Gletscherkataster von 1969“ zur Vergletscherung der Zillertaler Alpen. Vom Deutschen Alpenverein (1975/1977, vgl. FINSTERWALDER,

1975) wurde eine neue Ausgabe der AV-Karte mit dem Gletscherstand von 1969 herausgegeben. HEUBERGER (1977) berichtet über gletscher- und klimageschichtliche Forschungen im Zemmgrund und BRÜCKL & ARIC (1981) über die Ergebnisse der seismischen Eisdickenmessungen am Hornkees im Jahr 1975.
In den späten 1990er Jahren gab der Deutsche Alpenverein (1999/2000) die 6. Ausgabe der AV-Karte mit dem Gletscherstand von 1985 (bzw. 1986) [Zwecks Vereinfachung wird in dieser Arbeit vom Gletscherstand von 1985 gesprochen.] heraus.
Am Beginn des 3. Jahrtausends kam abermals Bewegung in die Gletscherforschung. BÖTTNER (2003) visualisierte die Entwicklung des Hornkees für den Zeitraum von 1921 bis 1999 im Rahmen ihrer Diplomarbeit und BRUNNER & RENTSCH (2003) veröffentlichten die Massenbilanzveränderungen des Waxeggkees in Zehnjahresschritten von 1950 bis 2000 mit fünf Karten im Maßstab 1:5.000. Im Jahr 2004 erschien dann der Gletscherweg-Führer von HEUBERGER (2004). Dieser bietet eine erste Zusammenschau der Entwicklung von Horn- und Waxeggkees während der vergangenen 400 Jahre.

2. Material und Methoden

Die Analysen dieser Untersuchung erfolgten computergestützt auf Basis der AV-Karte „Zillertaler Alpen“ (1:25.000) in Anlehnung an SCHWENDINGER (2001). Schwendinger diskutiert in seiner Arbeit ausführlich die Vorgangsweise bei der Rekonstruktion ehemaliger Gletscheroberflächen, die computergestützte Berechnung von Volumenänderungen mit Hilfe von Digitalen Höhenmodellen, die Schwierigkeiten bei der Abschätzung aktueller Eisvolumina und die Schwachpunkte bei der Schneegrenzbestimmung mit Hilfe der Flächenteilungsmethode.

Längenänderungen
Die Darstellung der Längenänderungen der drei großen Gletscher Schwarzenstein-, Horn- und Waxeggkees basiert für den Zeitraum von 1970 bis 2006 auf den im „Bergauf“ (ehem. Mitteilungen des Oesterreichischen Alpenvereins) veröffentlichten Ergebnissen der jährlichen Gletschermessungen (PATZELT, 2007), für den Zeitraum vor 1970 standen die Aufzeichnungen aus dem Archiv von G. Patzelt zur Verfügung.

Kartenerstellung und Flächenberechnungen
Für die Erfassung der Gletscherstände von 1925, 1969 und 1985 wurden die Blätter „West“ und „Mitte“ der AV-Karte Zillertaler Alpen aus den 1930er, 1970er und 1990er Jahren [1930er Jahre: DuÖAV (1930/1932), 1970er Jahre: DAV (1975/1977), 1990er Jahre: DAV (1999/2000).] gescannt und dann in einem Geographischen Informationssystem (GIS) in das Bundesmeldenetz (Meridionalstreifen 28, BMN-M28) rektifiziert (entzerrt). Für die Rekonstruktion der Gletscherausdehnung um 1850 konnte neben der Luftbildauswertung und einer Geländebegehung im Sommer 2004 einerseits auf die Moränenkartierungen von Heuberger (in Vorbereitung) und andererseits auf die Unterlagen des Projekts „Österreichischer Gletscherkataster von 1969“ aus dem Archiv von G. Patzelt zurückgegriffen werden. Diese Datengrundlagen wurden ebenfalls gescannt und in das GIS integriert. Anschließend wurden die vier Gletscherstände auf dem Bildschirm digitalisiert. Bei Unklarheiten waren sechs SW-Orthofotos des BEV (1999) als weitere Kartengrundlage hilfreich. Im GIS konnten schließlich die Gletscherflächen automatisch ermittelt und damit die Flächenänderungen berechnet werden.

Volumenberechnungen
Die Berechnung der Volumenänderungen der drei großen Gletscher zwischen 1850 und 1985 erfolgte GIS-gestützt mit Hilfe von Digitalen Höhenmodellen. Ähnlich wie bei der Geodätischen Methode (z.B. HOINKES, 1970) werden hier zwei topographische Karten verglichen, der Volumenverlust wird aber durch die Differenz der zwei aus den Höhenschichtlinien der Karten abgeleiteten Digitalen Höhenmodelle berechnet. Für den Gletscherstand von 1985 konnten die Höhenschichtlinien aus der aktuellen AV-Karte digitalisiert werden. Für den Gletscherhochstand von 1850 mussten diese innerhalb der damaligen Gletscherflächen modelliert werden. Diese händische Modellierung wurde mit einer Äquidistanz von 50 m auf Basis der rekonstruierten Flächenausdehnung und mit Hilfe von jeweils zwei bzw. drei Längsprofilen (vgl. Abbildung 12) durchgeführt. Die Höhenschichtlinien wurden dann in das GIS integriert und außerhalb der Gletscherflächen von 1850 – also im unveränderten Gelände – durch die Höhenlinien von 1985 ergänzt. Aus den nun vorhandenen Höhenschichtlinienplänen für 1850 und 1985 wurden zwei Digitale Höhenmodelle mit einer Maschenweite von 10 m erstellt und der absolute Volumenverlust als Differenz der beiden Modelle berechnet. Um den

relativen Volumenverlust zwischen 1850 und 1985 ermitteln zu können, mussten die verbliebenen Gletschervolumina V [km³] für den Stand von 1985 abgeschätzt werden. Dies erfolgte mit Hilfe der von LENTNER (1999) empirisch an Ostalpengletschern ermittelten Korrelationskurve auf Basis der Gletscherfläche A [km²] nach der Formel

$$V = (-0{,}00505) + 0{,}04155 * A.$$

Schneegrenzberechnungen
Die Schneegrenzhöhen der drei großen Gletscher wurden für die quasistationären Gletscherstände von 1850 und 1985 mit Hilfe der Flächenteilungsmethode ermittelt (z.B. KERSCHNER, 1990). Dazu wurden im GIS die Flächen der 50-m- (für 1850) bzw. 20-m-Gletscherhöhenstufen (für 1985) berechnet, von unten nach oben aufsummiert und die Schneegrenzhöhe aus dieser Summenfolge nach dem von GROSZ, KERSCHNER & PATZELT (1978) für den Ostalpenraum empirisch ermittelten Flächenteilungsverhältnis von

$$\frac{\text{Akkumulationsgebiet (Sc)}}{\text{Ablationsgebiet (Sa)}} = \frac{2}{1}$$

für jeden Gletscher und Gletscherstand abgeleitet.

3. Ergebnisse und Diskussion

Längenänderungen zwischen 1850 und 2006
Seit dem Hochstand von 1850 sind alle drei beobachteten Zemmgrundgletscher stark zurückgeschmolzen und haben in den ersten 40 Jahren bereits über 500 m Zungenlänge verloren (Abbildung 5). Mit Beginn der AV-Messung im Jahr 1891 setzte eine Trendwende ein. Horn- und Waxeggkees reagierten mit einem Vorstoß, der 1901 bzw. 1902 ein erstes Ende fand. Nach einer etwa 15 Jahre dauernden Periode des Rückzugs reagierten diese zwei Gletscher mit einem neuerlichen Vorstoß bis 1923. Das Hornkees rückte ca. 30 m talwärts und blieb etwa 50 m hinter der Moräne von 1901 liegen. Das Waxeggkees rückte über 120 m vor und überfuhr dabei sogar den Moränenwall von 1902. Das Schwarzensteinkees hingegen reagierte auf die Vorstoßperiode zwischen 1890 und 1920 lediglich mit einem verzögerten Eisrückgang, der zwischen 1913 und 1926 in eine Stagnationsphase überging. Im Vorfeld wurden dabei etliche fragmentierte (Winter-) Moränenwälle abgelagert. In den Jahren 1914 und 1926 konnten zwei kleine Vorstöße festgehalten werden, die größere zusammenhängende Moränenwälle hinterlassen haben.
In der Mitte der 1920er Jahre begann dann wiederum eine rund 40-jährige Rückschmelzphase, die beim Waxeggkees im Jahr 1960 mit einem Zungenlängenverlust von über 670 m endete. Das Hornkees mit rund 1000 m und das Schwarzensteinkees mit über 1400 m Zungenlängenverlust beendeten ihren Rückgang um 1970, also etwa zehn Jahre später. Der markante Rückgang des Schwarzensteinkees im Sommer 1966 um 436 m liegt in einem Einbrechen der Gletscherzunge begründet (HOINKES, LÄSSER & PATZELT, 1975). Die Vorstoßperiode in der zweiten Hälfte des 20. Jahrhunderts endet im Zemmgrund um 1990. Dabei reagierten das Hornkees mit ca. 170 m, das Waxeggkees mit etwa 280 m und das Schwarzensteinkees mit über 330 m Längenzuwachs.
Seit 1990 sind die Gletscher wiederum deutlich zurückgeschmolzen. Horn- und Waxeggkees haben den Längengewinn dieser Vorstoßperiode bereits verbraucht. Das Schwarzensteinkees hat hingegen bis 2006 seinen Minimalstand im 20. Jahrhundert noch nicht erreicht, das Zungenende liegt noch etwa 150 m vor dem Trendumkehrpunkt von 1971.
Zusammenfassend kann festgehalten werden, dass seit dem Ende der neuzeitlichen Klimadepression um 1850 die Gletscher im Zemmgrund kräftig zurückgeschmolzen sind. Der Abschmelzvorgang erfolgte jedoch nicht kontinuierlich, sondern war durch zwei Vorstoßperioden zwischen 1890 und 1925 und zwischen 1965 und 1990 unterbrochen. Dabei ist anzumerken, dass während der ersten Vorstoßperiode das Horn- und das Waxeggkees mit einem zweiphasigen Vorstoß reagierten, das Schwarzensteinkees hingegen lediglich seinen Eisrückgang stark verzögerte.
In Abbildung 6 sind die aus den gesammelten Ergebnissen des AV-Gletschermessdienstes abgeleiteten Bewegungstrends (Vorstoß, stationäres Verhalten, Rückgang) der Zungenenden der Ostalpengletscher im Zeitraum von 1890 bis 2002 dargestellt. Ein Vergleich mit der Abbildung 6 macht deutlich, dass die drei großen Zemmgrundgletscher dem allgemeinen Trend der Ostalpengletscher gefolgt sind und die zwei Vorstoßperioden besonders ausgeprägt zum Vorschein kommen. Die Zemmgrundgletscher stellen somit sensitive Klimazeiger dar, da nach PATZELT (1999) im Ostalpenraum bis zu 75% der rund 100 beobachteten Gletscher während der beiden Vorstoßperioden von 1890 bis 1920 und von 1965 bis 1980 vorgestoßen sind.
Abbildung 6 zeigt weiters, dass das Waxeggkees besonders empfindlich reagiert. Da die drei großen

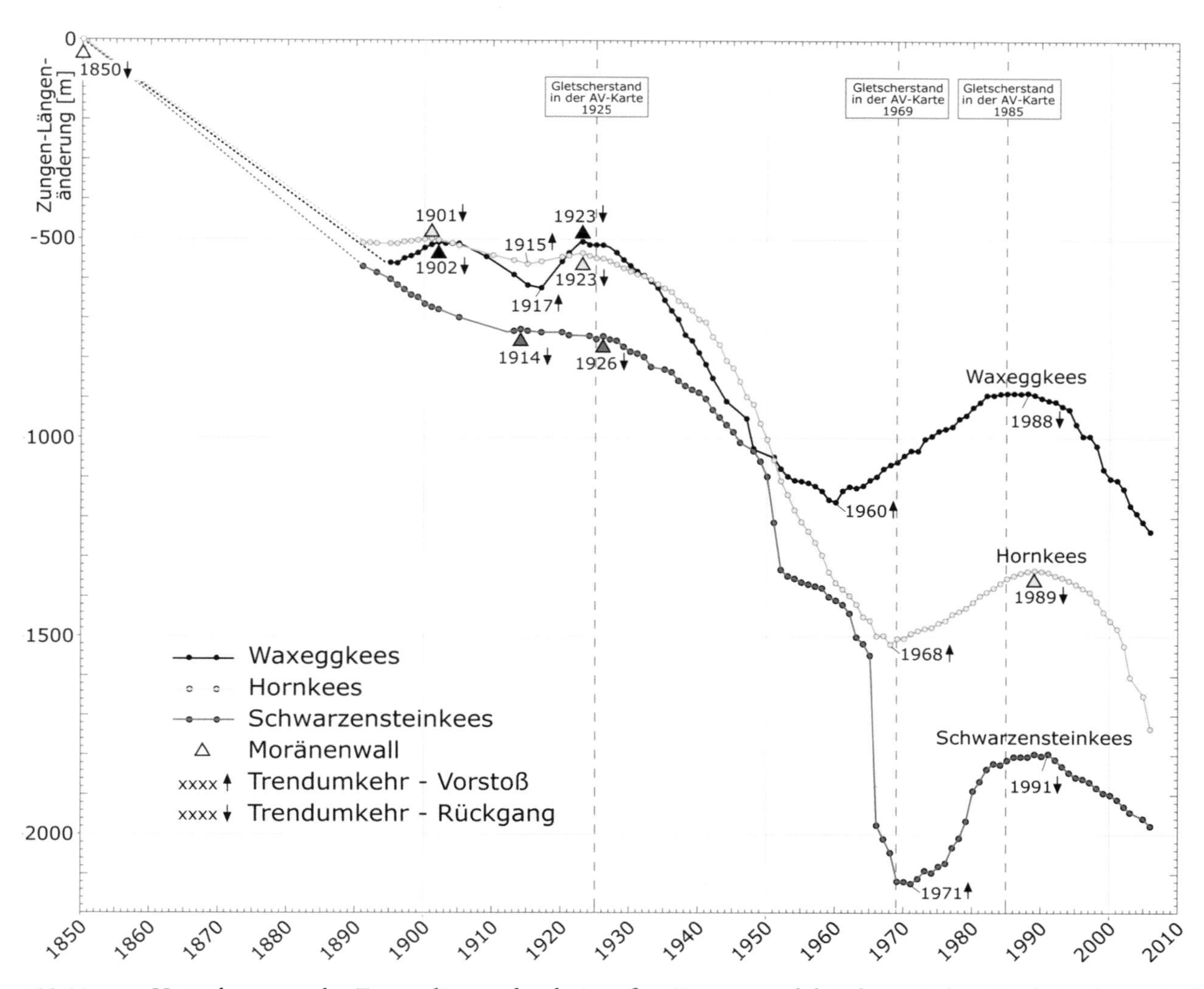

Abbildung 5: Veränderungen der Zungenlängen der drei großen Zemmgrundgletscher seit dem Hochstand von 1850 (HOINKES, LÄSSER & PATZELT, 1975, modifiziert und ergänzt)

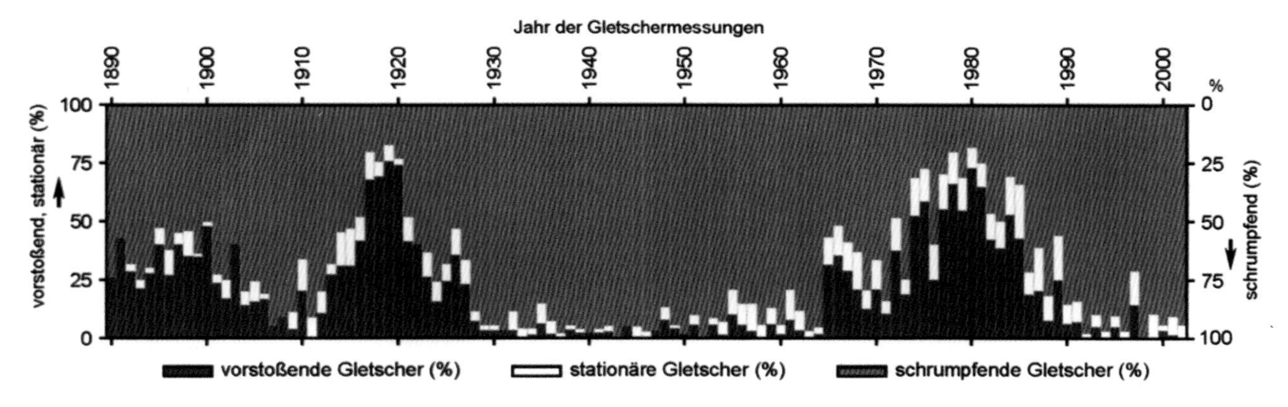

Abbildung 6: Bewegungstrends der Zungenenden der Ostalpengletscher zwischen 1890 und 2002 (PATZELT, zit. in HEUBERGER, 2004).

Zemmgrundgletscher in derselben Größenordnung liegen (s. u.) sind die unterschiedlichen Reaktionszeiten auf die Klimaänderungen durch die verschiedenen topographischen Verhältnisse der drei Gletscher verursacht (vgl. KUHN, 2005). Das Waxeggkees ist zum einen in seiner gesamten Erstreckung steiler als die beiden anderen Gletscher, wodurch bereits eine geringe Zunahme an Eismächtigkeit einen gravitativ bedingten, beschleunigten Massentransport vom Akkumulations- zum Ablationsgebiet zur Folge hat. Zum anderen besitzen das Horn- und besonders das Schwarzensteinkees ein breites Nährgebiet, sodass bei diesen die Beschleunigung der seitlichen Gletscherbereiche erst verzögert auf die zentral gelegenen Zungen wirkt. Schließlich wird aus Abbildung 6 ersichtlich, dass die in der Alpenvereinskarte erfassten Gletscherstände zu besonders günstigen Zeitpunkten (Hochstände 1925 und 1985 bzw. Minimalstand 1969) aufgenommen wurden und die AV-Karte somit für eine Analyse der Eisausdehnung als besonders gut geeignet erscheint.

Flächenänderungen zwischen 1850, 1925, 1969 und 1985

Abbildung 7 zeigt den rekonstruierten Gletscherhochstand von 1850 und die kartographisch erfassten Gletscherstände von 1925 und 1985 im Zemmgrund im Maßstab 1:50.000 (70% verkleinert).
Der rekonstruierte Eisrand von 1850 markiert den letzten Hochstand der neuzeitlichen Vorstoßperiode zwischen 1600 und 1850 n. Chr. und spiegelt annähernd die maximale Eisausdehnung während der Klimaungunstphasen im Holozän wider. Die Karte zeigt, dass der Bereich des Alpenhauptkamms, der die drei großen Zemmgrundgletscher inklusive des Mörchnerkees trägt, damals fast vollständig mit Eis bedeckt war. Die drei großen Gletscher hatten beachtliche Zungen. Das Schwarzensteinkees bedeckte den gesamten Talgrund bis zur Schwarzensteinalm, die Gletscherzungen von Horn- und Waxeggkees vereinigten sich an ihrer Spitze unterhalb der Berliner Hütte und reichten tief in die subalpine Waldstufe hinein – das Waxeggkees endete auf ca. 1890 m rund 100 m vor den alten Stallgebäuden der Waxeggalm (NICOLUSSI, KAUFMANN & PINDUR, 2007). Weitere größere Gletscherflächen – die drei Greinerkeese und das Schönbichlerkees – fanden sich in den nordexponierten Lagen des Kamms, der den Zemmgrund vom westlich gelegenen Schlegeisgrund trennt. Der heute praktisch eisfreie südexponierte Bereich oberhalb der Schwarzensteinalm wies auch während der Klimaungunstzeiten keine größeren zusammenhängenden Gletscher- oder zumindest Firnflächen auf.
Die um 1925 noch deutlich ausgebildeten Zungen der drei großen Gletscher sind bis 1985 stark zurückgeschmolzen, jene des Waxeggkees sogar völlig verschwunden. Beim Hornkees ist die Zunge noch am besten ausgeprägt, dafür hat sich aber im oberen Bereich die östliche Gletscherfläche bereits vollständig vom Hauptgletscher gelöst.
In Tabelle 1 sind die aus dem GIS ermittelten Flächen der Gletscher im Zemmgrund inklusive

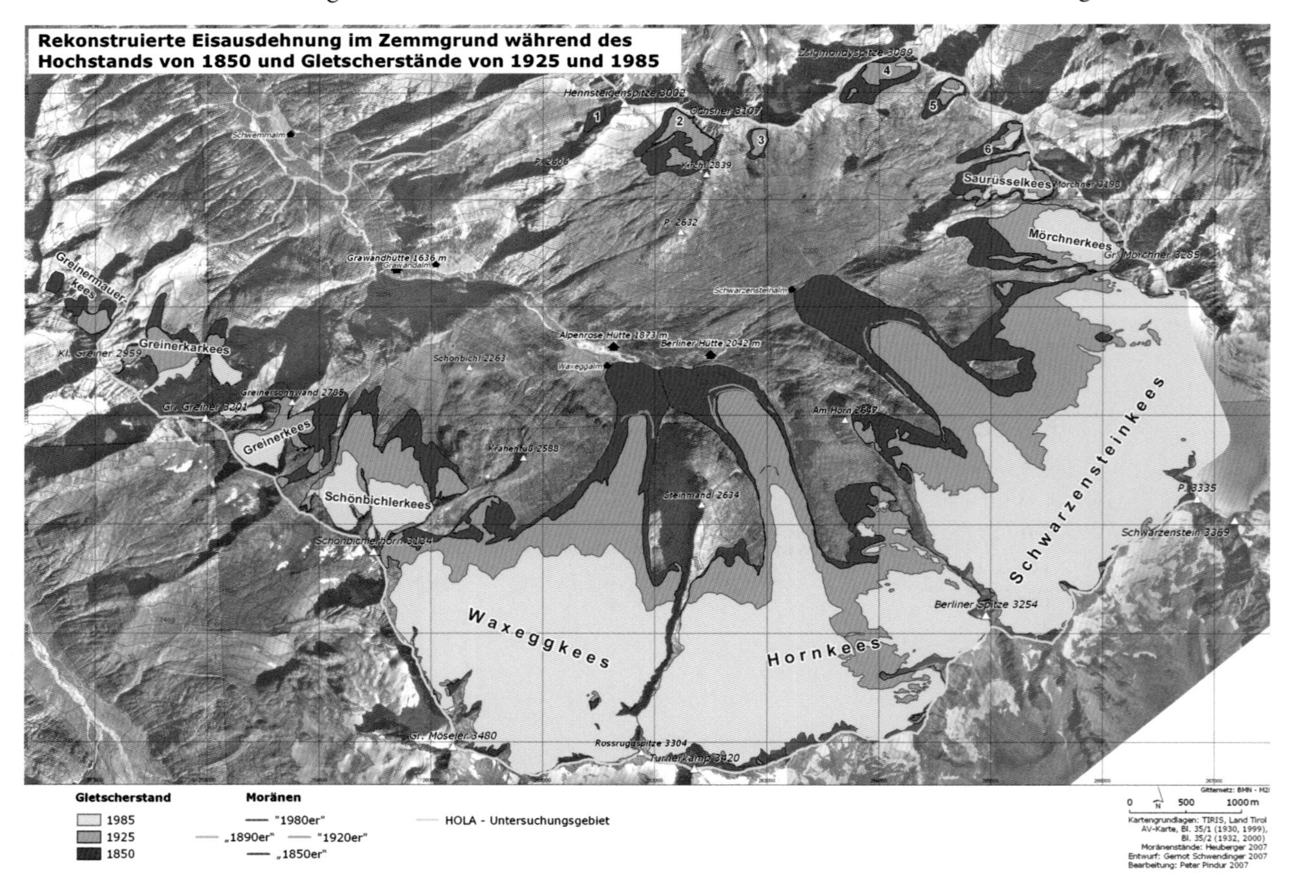

Abbildung 7: Rekonstruierte Eisausdehnung des Gletscherhochstands von 1850 und kartographisch erfasste Gletscherstände von 1925 und 1985.

Tabelle 1:
Eisbedeckung und Flächenänderungen der Gletscher im Zemmgrund zwischen 1850 und 1985 (sortiert nach der Gletscherfläche von 1850).

Gletscher	Fläche [km²]			
	1850	1925	1969	1985
Schwarzensteinkees	7,20	6,14	4,61	4,26
Hornkees	5,69	5,09	3,97	3,64
Waxeggkees	5,36	4,71	3,96	3,58
Schönbichlerkees	1,03	0,81	0,58	0,42
Mörchnerkees	0,70	0,51	0,34	0,27
Greinerkees	0,47	0,28	0,22	0,14
Greinerkarkees	0,37	0,28	0,18	0,10
Saurüsselkees	0,29	0,21	0,15	0,08
2	0,29	0,12	0,07	–
4	0,19	0,08	0,07	0,01
Greinermauerkees	0,11	0,05	0,04	–
6	0,09	0,04	0,04	0,02
5	0,08	0,03	0,02	0,01
3	0,04	0,03	0,03	–
1	0,03	–	–	–
Gesamt	21,93	18,38	14,28	12,53
Flächenänderung zu 1850 [%]	–	–16,2	–34,9	–42,9

des in der Karte nicht dargestellten Standes von 1969 aufgelistet. Bezogen auf die Eisausdehnung von 1850 betrug der Flächenverlust bis 1925 ca. -3,6 km² (16,2%) und nahm bis 1969 mit ca. -7,7 km² (34,9%) auf mehr als das Doppelte zu. Interessanterweise vergrößerte sich der Flächenverlust bis 1985 trotz beobachteter Vorstöße der drei großen Gletscher um weitere -1,75 km². Zwischen 1850 und 1985 sind somit 9,4 km² (42,9%) von den ehemals rund 22 km² Gletscherfläche abgeschmolzen. Im Vergleich mit den gesammelten Flächenverlustwerten der Gletscher der österreichischen Alpen – nach GROSZ (1987): 1850 bis 1890/1920: -20,1%, 1850 bis 1965/1980: -46,4% – verloren die Gletscher im Zemmgrund mit -42,9% im Beobachtungszeitraum unterdurchschnittlich an Ausdehnung. Tabelle 2 zeigt, dass die drei großen Gletscher zwischen 1850 und 1985 rund 37% (6,77 km²) an Fläche verloren haben, die Kleingletscher hingegen fast 72% (2,64 km²). Diese haben also wesentlich stärker unter den sich verändernden Klimaverhältnissen gelitten. Bis 1925 ist bereits einer, bis 1985 sind drei weitere Kleingletscher vollständig verschwunden und weitere vier Gletscher sind auf weniger als 0,1 km² Eisfläche zurückgeschmolzen (Tabelle 1).

Die Darstellung des Flächenverlusts der drei großen Gletscher im Zeitraum von 1850 bis 1985 nach 100-m-Höhenstufen gegliedert macht deutlich, dass dieser zum größten Teil unter der 3000-m-Marke stattfand und die Gletscherflächen unter 2200 m praktisch vollständig abgeschmolzen sind (Abbildung 9). Durch den starken Eisrückgang unter 3000 m erklärt sich auch das überdurchschnittliche Abschmelzen der Kleingletscher, deren Eisflächen fast gänzlich unterhalb dieser Marke liegen bzw. lagen.

Abbildung 9 zeigt die unterschiedliche Entwicklung des Flächenverlusts der drei großen Gletscher im Beobachtungszeitraum zwischen 1850 und 1985. Das Waxeggkees hat, obwohl seine Gletscherzunge bereits vor 1950 abgeschmolzen war (vgl. BRUNNER

Tabelle 2:
Flächenänderungen zwischen 1850 und 1985 nach der Gletschergröße.

Gletschergrößengruppe	Fläche [km²]			
	1850	1925	1969	1985
Großgletscher (> 2 km²)	18,25	15,94	12,54	11,48
Flächenänderung zu 1850 [%]		–12,7	–31,3	–37,1
Kleingletscher (< 2 km²)	3,69	2,44	1,74	1,05
Flächenänderung zu 1850 [%]		–33,9	–52,8	–71,5

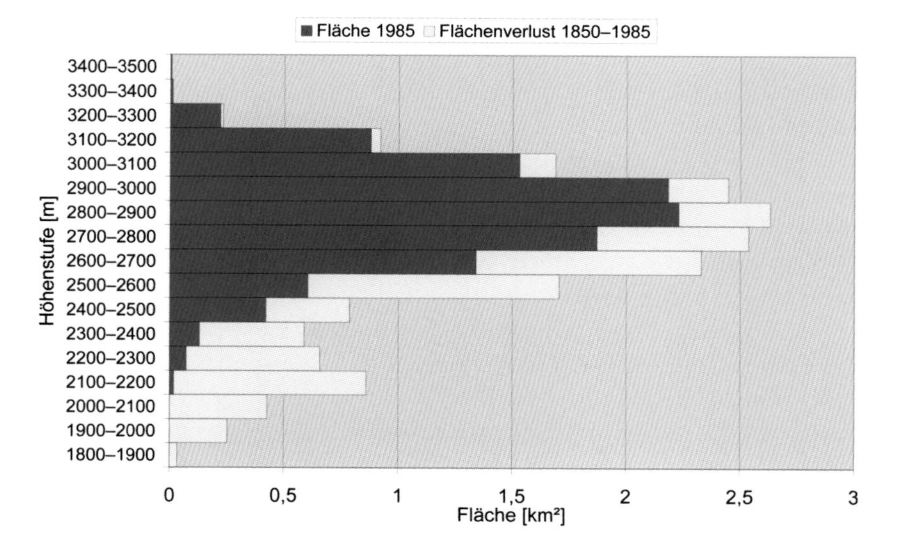

Abbildung 8: Flächenverteilung der drei großen Zemmgrundgletscher nach 100-m-Höhenstufen für die Zeitpunkte 1850 und 1985.

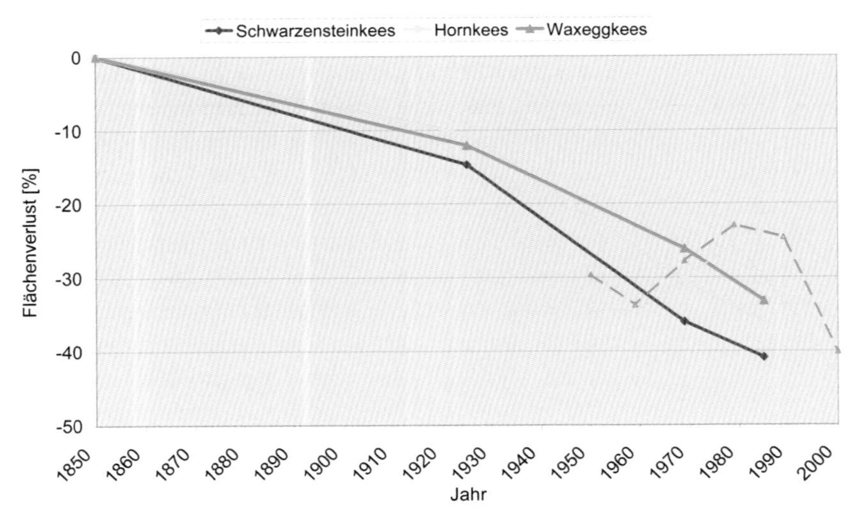

Abbildung 9: Flächenverlust der drei großen Zemmgrundgletscher zwischen 1850 und 1985 in Zusammenstellung mit den zeitlich höher aufgelösten Ergebnissen (strichliert) von BÖTTNER (2003) für das Hornkees und von BRUNNER & RENTSCH (2003) für das Waxeggkees (vgl. Tabelle 3).

Tabelle 3:
Vergleich der Flächenausdehnungen von Horn- und Waxeggkees nach unterschiedlichen Erhebungsgrundlagen.

Jahr	Fläche [km²]			
	Hornkees		Waxeggkees	
	AV-Karte	BÖTTNER (2003)	AV-Karte	BRUNNER & RENTSCH (2003)
1950	–	3,72	–	3,77
1960/1959	–	3,73	–	3,55
1969	3,97	3,97	3,96	3,87
1979	–	4,24	-	4,13
1985	3,64	*(4,04)*	3,58	*(4,09)*
1989	–	3,83	–	4,04
1999/2000	–	3,28	–	3,21

& RENTSCH, 2003), mit -33,2% (1,78 km²) noch mit Abstand am wenigsten, das Schwarzensteinkees mit -40,8% (2,94 km²) am meisten Gletscherfläche verloren. Der Flächenverlust des Hornkees liegt mit -36,0% (2,05 km²) dazwischen. Zwischen 1969 und 1985 hatten die drei großen Gletscher trotz der gemessenen und in Abbildung 2 dargestellten deutlichen Vorstoßbeträge weitere Flächenverluste zu verzeichnen. Wie lässt sich dies erklären?

Bei einer eingehenden Analyse der Gletscherstände in der AV-Karte konnte festgestellt werden, dass sich zwar der Gletscherstand von 1925 sehr gut mit den im Gelände vorgefundenen Moränenwällen und den Längenmessergebnissen deckt, beim Gletscherstand von 1985 aber deutliche Diskrepanzen zwischen Karte und Geländebefunden bzw. Messergebnissen vorliegen. Beim Schwarzenstein- und Hornkees sind in der AV-Karte die Zungenränder des 1985er-Standes deckungsgleich mit jenen des 1969er-Standes dargestellt, obwohl zwischen diesen laut den Ergebnissen der Längenmessungen beim Schwarzensteinkees über 300 m und beim Hornkees 150 m Differenz bestehen sollten. Beim Waxeggkees liegt das Zungenende von 1985 trotz des gemessenen Vorstoßes von 183 m seit 1969 sogar um rund 150 m hinter dem Zungenende von 1969.

Diese Beobachtungen werden durch die von BÖTTNER (2003) und BRUNNER & RENTSCH (2003) auf Basis der im 10-jährigen Abstand durchgeführten photogrammetrischen Aufnahmen der Bayerischen Akademie der Wissenschaften ermittelten Werte der Gletscherflächen von Horn- und Waxeggkees für den Zeitraum von 1950 bis 2000 bestätigt (Tabelle 3 und Abbildung 6). Diese zeigen, dass beide Gletscher ab 1959/60 einen deutlichen Flächenzuwachs zu verzeichnen hatten und um 1979 ihre maximale Ausdehnung der Vorstoßperiode zwischen 1965 und 1990 erreicht haben. Der erhobene Minimalstand der 1950er Jahre wurde erst in den 1990er Jahren unterschritten.

Während der Gletscherstand von 1969 in der AV-Karte den realen Verhältnissen am Ende der 1960er Jahre gut angenähert erscheint, ist der Stand von 1985 – zumindest für das Horn- und das Waxeggkees – zu klein. Demzufolge ist der für den Zemmgrund ermittelte Flächenverlust von -42,9% zwischen 1850 und 1985 als zu groß einzustufen und der Verlustwert zwischen 1850 und 1969 von rund -35% kann als gute Näherung auch für die Periode 1850 bis 1985 angenommen werden. Bestätigt wird diese Annahme durch die aus der Tabelle 3 ermittelten gemittelten Flächenwerte für das Jahr 1985 von rund 4 km² für das Hornkees (BÖTTNER, 2003) und das Waxeggkees (BRUNNER & RENTSCH, 2003) die in etwa den Flächenwerten von beiden Gletschern in der AV-Karte von 1969 mit ebenfalls rund 4 km² entsprechen. Demzufolge haben die Gletscher im Zemmgrund im Vergleich mit den anderen österreichischen Gletschern um etwa 10 bis 15% weniger an Fläche verloren.

Volumenänderungen zwischen 1850 und 1985

Die Volumenänderung wurde nur für die drei großen Gletscher zwischen 1850 und 1985 berechnet. Abbildung 10 zeigt die aus der AV-Karte entnommenen unsicheren – infolge der allgemeinen Unsicherheiten bei der Volumenberechnung in diesem Zusammenhang aber brauchbaren – Eisoberflächen von 1985 mit einer Äquidistanz von 20 m und den rekonstruierten Gletscherrand von 1850, Abbildung 11 die mit einer Höhenlinien-Äquidistanz von 50 m modellierten Gletscheroberflächen vom Hochstand 1850 und die Lage der für die Modellierung verwendeten Längsprofile. Die Differenz der aus den Höhenlinien abgeleiteten digitalen Höhenmodelle von 1850 und 1985 ergibt die in Abbildung 12 dargestellten Eisdickenverluste der Gletscher innerhalb der Gletscherflächen von 1850 im 10-x-10-m-Raster der Modelle.

Die größten Eisdickenverluste finden sich in den Zungenbereichen des Gletscherstandes von 1850 unterhalb der heute teilweise eisfreien Geländestufen am Übergang vom anstehenden Gestein zu den verflachten Talböden. Beim Schwarzenstein- und Waxeggkees erreichen diese Werte fast 150 m, beim Hornkees knapp über 110 m. Zum oberen Gletscherrand bzw. zur Kammumrahmung hin werden die Eisdickenverluste naturgemäß immer geringer, bis sich die Gletscheroberflächen von 1850 gänzlich an jene von 1985 angleichen. Aus den Summen der Eisdickenverluste und den von den Gletscherflächen nach LENTNER (1999) abgeleiteten Volumina für 1985 können schließlich die Volumenverluste der Gletscher abgeleitet werden.

Insgesamt haben die drei Gletscher zwischen 1850 und 1985 45,2% (381 Mio. m^3) ihres Volumens verloren (Tabelle 4). Stellt man den absoluten Volumenverlust dem Mittelwert der Gletscherflächen von 1850 und 1985 gegenüber, ergibt sich ein durchschnittlicher Einsinkbetrag von 25,74 m bzw. ein mittlerer jährlicher Einsinkbetrag von 19,06 cm. In absoluten Werten haben das Horn- und das Schwarzensteinkees mit jeweils rund -135 Mio. m^3 ähnliche Eisvolumenverluste zu verzeichnen, das Waxeggkees verlor hingegen „nur“ rund -111 Mio. m^3. Den größten relativen Eisverlust im Beobachtungszeitraum hatte mit -47,5% das Hornkees zu verzeichnen.

Vergleicht man die ermittelten Werte der drei großen nord- bzw. nordwestexponierten Gletscher wiederum mit dem allerdings geschätzten

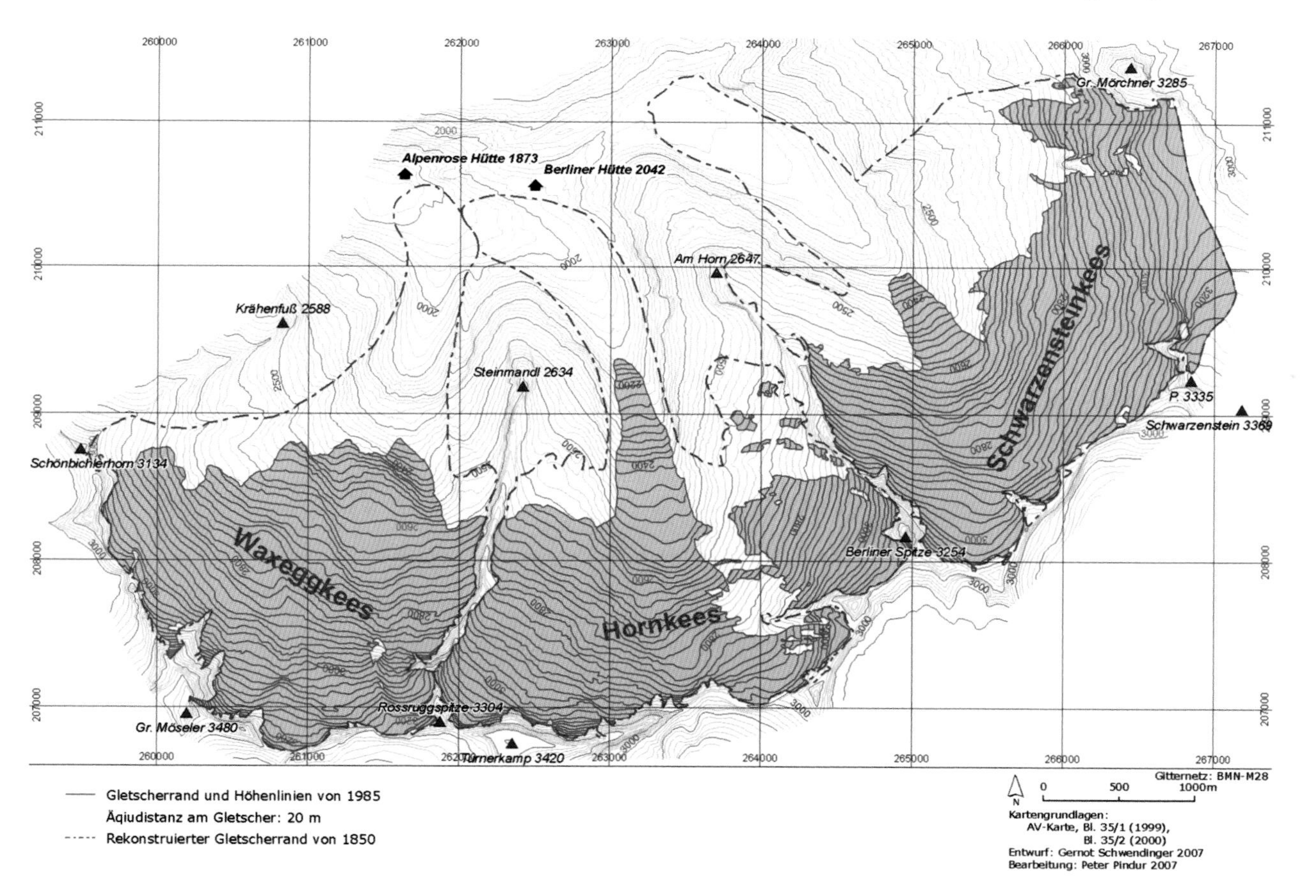

Abbildung 10: Ausdehnung und Oberflächentopographien der drei großen Zemmgrundgletscher nach der AV-Karte für den Stand von 1985.

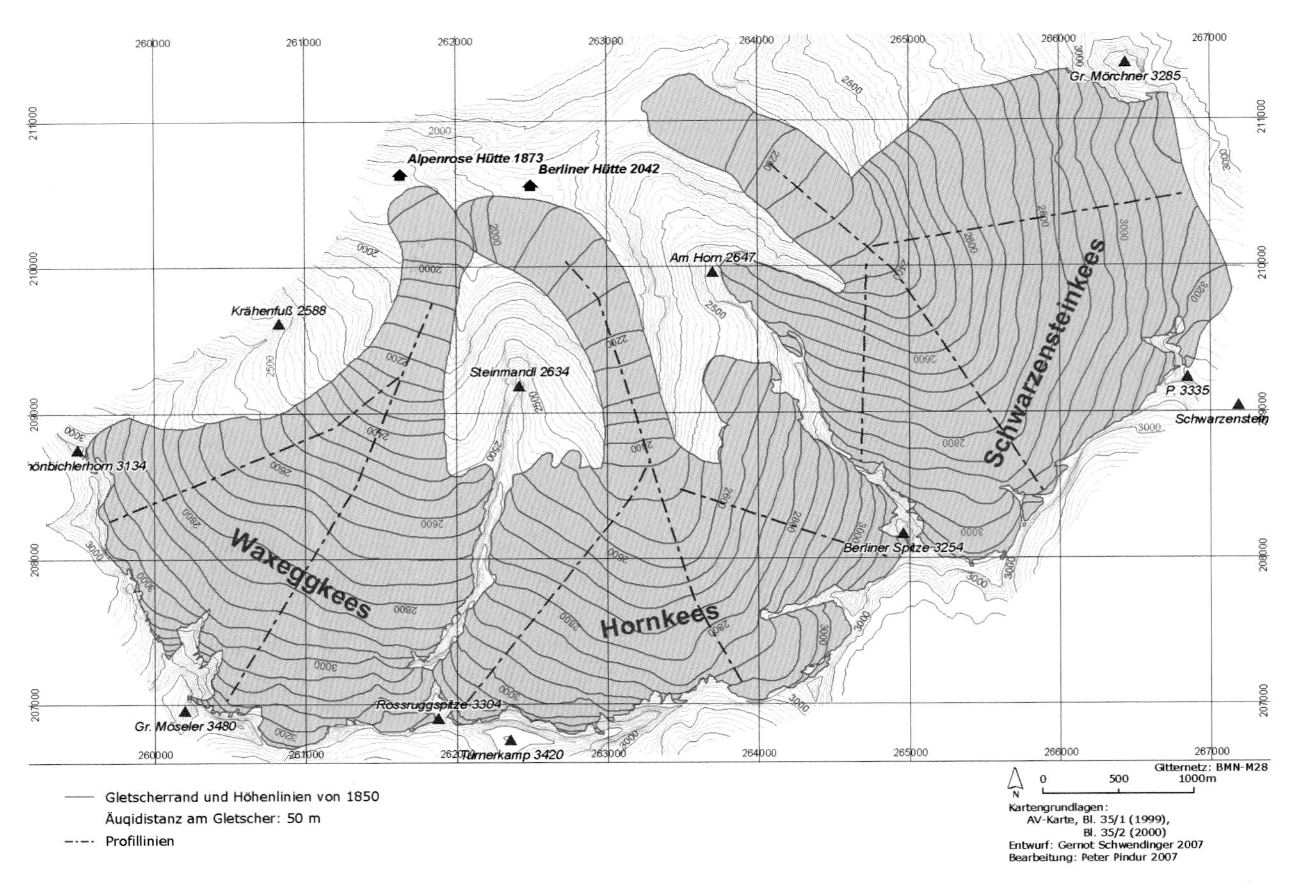

Abbildung 11: Rekonstruierte Ausdehnung und Oberflächentopographien der drei großen Zemmgrundgletscher für den Hochstand von 1850.

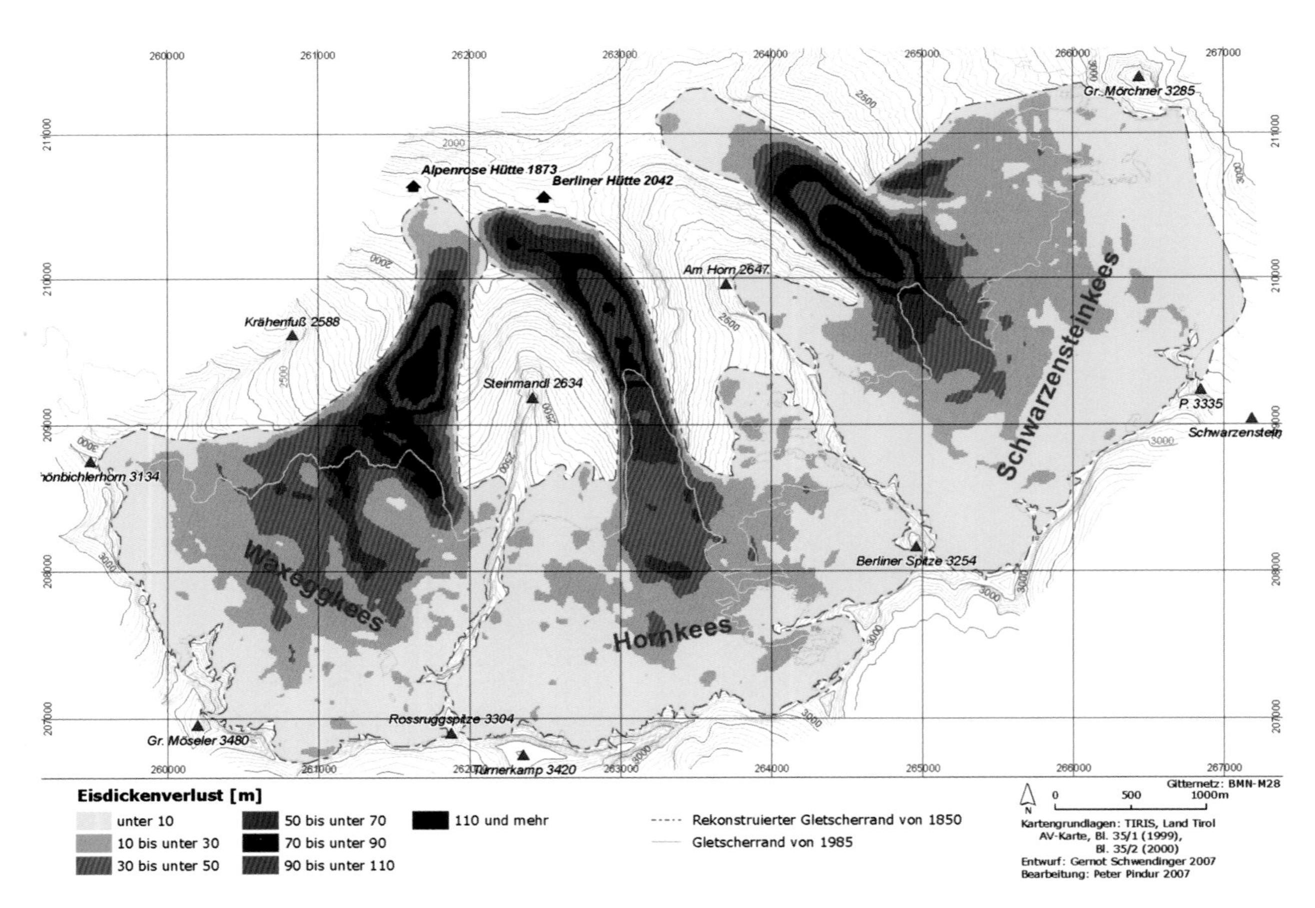

Abbildung 12: Eisdickenverlust zwischen 1850 und 1985.

Tabelle 4:
Volumenverlust der drei großen Zemmgrundgletscher im Zeitraum zwischen 1850 und 1985.

Gletscher	Volumen 1850	Volumen 1985	Volumenverlust 1850-1985		Einsinkbetrag 1850-1985	
	[Mio. m³]	[Mio. m³]	[Mio. m³]	[%]	[m]	[cm/Jahr]
Schwarzensteinkees	310	172	138	44,5	24,08	17,84
Hornkees	278	146	132	47,5	28,30	20,96
Waxeggkees	255	144	111	43,5	24,83	18,39
Gesamt	843	462	381	45,2	25,74	19,06

Volumenverlust der österreichischen Gletscher – nach PATZELT (1999) wird für den Zeitraum von 1850 bis 1965/80 ein Betrag von rund 60% angenommen – haben die drei Zemmgrundgletscher mit rund -45% unterdurchschnittlich an Eisvolumen eingebüßt.

In Abbildung 13 sind die Ergebnisse der Massenbilanzberechnungen an den drei Gletschern von RENTSCH, EDER & GEISS (2006), die auf den photogrammetrischen Aufnahmen der Bayerischen Akademie der Wissenschaften basieren, dargestellt. Diese lassen einen detaillierten Blick auf die Volumenentwicklung in Zehnjahresschritten zwischen 1950 und 2000 zu und zeigen, dass das Horn- und das Waxeggkees bereits in der Periode zwischen 1950 und 1960 erste Massenzuwächse zu verzeichnen hatten. Diese erreichten in der darauffolgenden Dekade gemeinsam mit dem Schwarzensteinkees die höchsten Werte. Zwischen 1969 und 1979 ist bei allen drei Gletschern eine Trendumkehr erkennbar und ab 1980 sind wieder negative Massenbilanzen zu beobachten. Diese verstärkten sich in den 1990er Jahren weiter – das Hornkees hat beispielsweise zwischen 1989 und 1999 jährlich im Mittel 1,18 m an Eisdicke verloren.

Die Ergebnisse von RENTSCH, EDER & GEISS bestätigen die von BÖTTNER (2003) und BRUNNER & RENTSCH (2003) am Horn- und Waxeggkees festgestellten Flächenzuwächse während der Vorstoßperiode der 1980er Jahre, die in der AV-Karte nicht entsprechend berücksichtigt wurden. Weiters ermöglichen diese eine Abschätzung des Volumens für das Hornkees ausgehend von dem von BRÜCKL & ARIC (1981) mittels seismischer Eisdickenmessungen für das Jahr 1969 ermittelten Eisvolumen von 156 Mio. m³. Zwischen 1969 und 1985 kann aus Abbildung 14 für das Hornkees ein marginaler Volumenverlust von -0,3 Mio. m³ bei einer mittleren Höhenänderung von -1,875 cm/Jahr auf einer angenommenen Fläche von 4 km² abgeleitet werden. Der Volumenwert für das Jahr 1985 entspricht demnach dem Wert von 1969 mit 156 Mio. m³. Da man bei einer Annahme der Gletscherfläche für das Hornkees von 4 km² (Tabelle 3) nach der Methode Lentner auf ein Volumen von 161 Mio. m³ kommt, sind die berechneten relativen Volumenverlustwerte von -45,2% für die drei Gletscher als tendenziell zu groß einzustufen. Für die drei großen nord- bzw. nordwestexponierten Zemmgrundgletscher ergibt sich damit für den Zeitraum von 1850 bis 1985 ein im Vergleich mit den österreichischen Gletschern um rund 15 bis 20% geringerer Volumenverlust.

Schneegrenzanstieg zwischen 1850 und 1985

Abbildung 15 zeigt die hypsographischen Kurven der drei großen Gletscher zusammen für die quasistationären Hochstände von 1850 und 1985. Die Berechnung der mittleren Höhenlage der Schneegrenze ergab für 1850 2630 m und für 1985 2770 m. Der ermittelte Schneegrenzanstieg beträgt demnach im Beobachtungszeitraum 140 m.

Abbildung 15 zeigt die Ergebnisse für die einzelnen Gletscher. Dabei fällt auf, dass die Schneegrenzan-

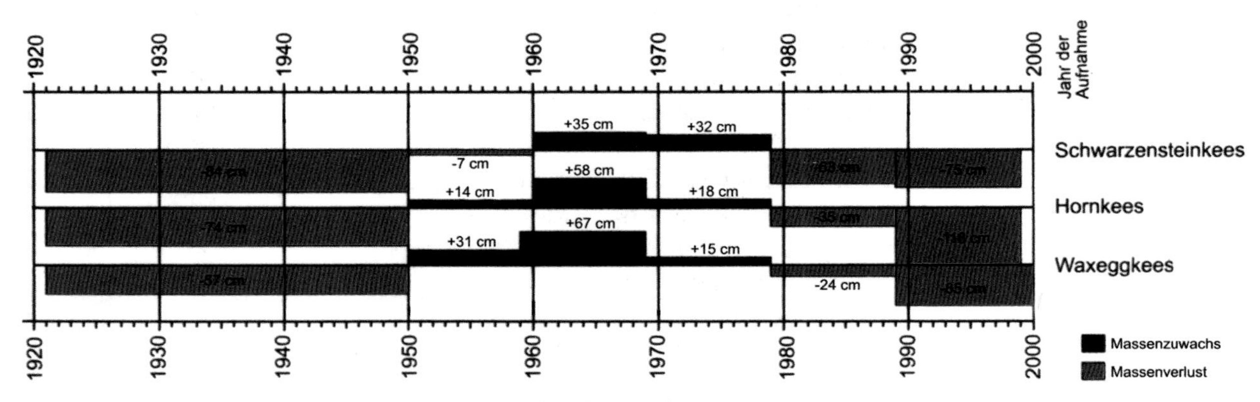

Abbildung 13: Mittlere jährliche Höhenänderung der drei großen Zemmgrundgletscher in der Beobachtungsperiode von 1920 bis 2000 (verändert nach RENTSCH, EDER & GEISS, 2006).

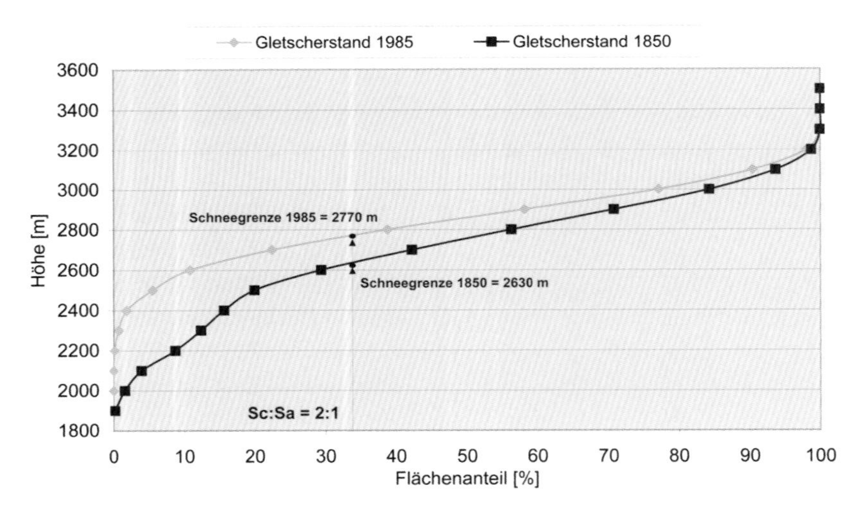

Abbildung 14: Hypsographische Kurven und daraus ermittelte Schneegrenzen der drei großen Zemmgrundgletscher für 1850 und 1985.

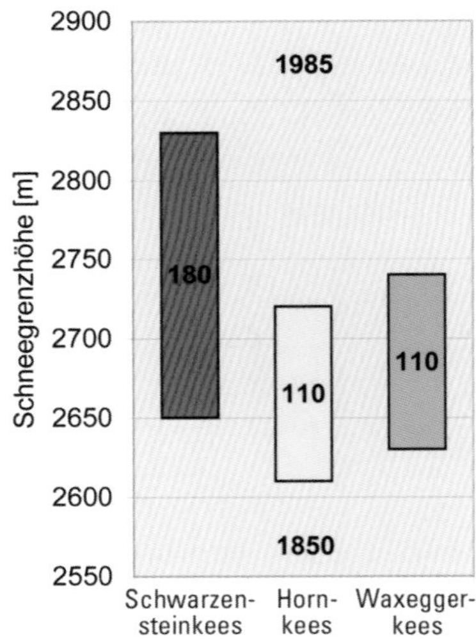

Abbildung 15: Schneegrenzanstiege der drei großen Zemmgrundgletscher zwischen 1850 und 1985.

stiege bei Horn- (1850: 2610 m, 1985: 2720 m) und Waxeggkees (2630 m, 2740 m) mit je 110 m gleich groß sind und unter dem gemittelten Wert der drei Gletscher liegen, während sich der Anstieg beim Schwarzensteinkees (2650 m, 2830 m) mit 180 m weit über jenem der beiden Nachbargletscher befindet, obwohl die Schneegrenzhöhen der drei Gletscher zum Hochstand von 1850 in derselben Größenordnung, nämlich zwischen 2610 und 2650 m, lagen.

Die Ursache für den starken Schneegrenzanstieg beim Schwarzensteinkees liegt zum einen im überdurchschnittlichen Flächenverlust und zum anderen in der starken Veränderung der Form des Gletschers im Beobachtungszeitraum begründet. Allein schon durch den größeren relativen Flächenverlust (Abbildung 9), der aus der nordwestlichen Exposition des Gletschers resultiert, ergibt die Berechnung des Schneegrenzanstiegs mit der Flächenteilungsmethode einen etwas höheren Wert als bei den benachbarten Gletschern. Da ein großer Teil des Flächenverlusts in den westexponierten tiefen Lagen erfolgte, hat der Gletscher zudem seine Form stark verändert und das in den hochgelegenen Bereichen des Schwarzensteinsattels zurückgebliebene breite Akkumulationsgebiet „zieht" die berechnete Schneegrenze noch weiter nach oben (Abbildung 10).

Vergleicht man den Schneegrenzanstieg im Oberen Zemmgrund mit den für die österreichischen Gletscher ermittelten Werten – nach GROSZ (1983) wird für den Zeitraum von 1850 bis 1965/80 ein Betrag von rund 100 m angenommen – so ist die Schneegrenze im Oberen Zemmgrund mit 140 m überdurchschnittlich angestiegen.

Wenn man die Erkenntnisse aus der Flächen- und Volumenanalyse berücksichtigt und dem entsprechend die Gletscheroberflächentopographie von 1985 als zu „niedrig" einzustufen ist, so kann man davon ausgehen, dass der berechnete Schneegrenzanstieg zwischen 1850 und 1985 tendenziell zu groß ist und etwas nach unten korrigiert werden muss. GROSZ (1983) gibt für das Jahr 1969, also noch vor dem Höhepunkt der Vorstoßperiode von 1965/80, für das Schwarzensteinkees eine Schneegrenze von 2820 m und für das Waxeggkees eine von 2730 m an. Diese Werte liegen um jeweils 10 m tiefer als die in dieser Untersuchung ermittelten Schneegrenzwerte für 1985. Für den Zemmgrund erscheint daher ein um 10 bis 20 m nach unten korrigierter berechneter Schneegrenzanstieg, also 120 bis 130 m, als realistisch.

4. Schlussfolgerungen

- Der Abschmelzvorgang der Gletscher im Zemmgrund seit 1850 erfolgte nicht kontinuierlich, sondern war durch zwei Vorstoßperioden zwischen 1890 und 1925 und zwischen 1965 und 1990 unterbrochen. Diese Vorstoßperioden werden durch die über 125-jährigen Messreihen des AV-Gletschermessdienstes an den drei großen Gletschern eindrucksvoll belegt.
- Die drei großen Zemmgrundgletscher folgten dem allgemeinen Trend der Ostalpengletscher und stellen sensitive Klimazeiger dar.

- Die Gletscher im Zemmgrund hatten zwischen 1850 und 1985 mit einem Flächenverlust von rund -35% einen im Vergleich mit dem Mittelwert aller österreichischen Gletscher um 10 bis 15% geringeren Flächenverlust zu verzeichnen.
- Die Analyse der Veränderung der Gletscherflächen im Zemmgrund brachte weiters die Erkenntnis, dass die Gletscherstände von 1925 und 1969 in der AV-Karte als zuverlässig erscheinen, jener von 1985 jedoch als zu gering einzustufen ist und demzufolge Gletscherflächenauswertungen, die auf Basis der AV-Karte erfolgen, mit entsprechendem Vorbehalt zu bewerten sind.
- Während holozäner Klimadepressionsphasen mit Gletscherhochständen wie um 1850 waren bis zu 50% der Fläche des HOLA-Untersuchungsgebiets „Oberer Zemmgrund" (43,8 km^2) mit Eis bedeckt; bis in die 1980er Jahre hat sich die Eisfläche auf rund 1/3 der Untersuchungsgebietsfläche reduziert.
- Die drei großen nord- bzw. nordwestexponierten Zemmgrundgletscher hatten zwischen 1850 und 1985 mit einem Volumenverlust von weniger als -45% im Vergleich mit dem Mittelwert aller österreichischen Gletschern einen um 15 bis 20% geringeren Volumenverlust zu verzeichnen.
- Zwischen 1850 und 1985 konnte ein Schneegrenzanstieg von ca. 120 bis 130 m ermittelt werden. Nach Kuhn (2005), der für den Ostalpenraum bei einer Verschiebung der Gleichgewichtslinien um 120 bis 150 m nach oben von einer Temperaturerhöhung von einem Grad ausgeht, lässt sich daraus für den Oberen Zemmgrund ein Temperaturanstieg von knapp einem Grad im Beobachtungszeitraum ableiten. Dies entspricht den allgemeinen Erkenntnissen aus dem Ostalpenraum. Patzelt (1997:20) etwa sieht den Gletscherschwund im Zeitraum 1850 bis 1965/1980 „als Folge eines Anstieges des sommerlichen Temperaturniveaus von 0,5 bis 1,0°C und einer noch schlechter quantifizierbaren Abnahme der Jahres-Niederschlagsmenge in der Größenordnung von 10%."

5. Dank

Herrn Dr. Gernot Patzelt für die zur Verfügung gestellten originalen Aufnahmen des Österreichischen Gletscherkatasters von 1969.

6. Literatur

Arnberger, E., 1970. Die Kartographie im Alpenverein. - Wissenschaftliche Alpenvereinshefte. — **22**, München, Innsbruck.

Arnberger, E. & Kretschmer, I., 1975. Wesen und Aufgabe der Kartographie. Topographische Karten. Die Kartographie und Ihre Randgebiete 1. Wien.

BEV - Bundesamt für Eich- und Vermessungswesen (Hrsg.), 1999. SW-Orthofotos, Blattnummer 3321-101, 3322-103, 3421-100, 3421-101, 3422-102 und 3422-103. Wien.

Biersack, H., 1934. Begleitworte zum Kartenwerk der Zillertaler Alpen. - [in:] Zeitschrift des Deutschen und Oesterreichischen Alpenvereins. — **65**:1-11.

Böttner, V., 2003. Visualisierung raum-zeitlicher Veränderungen am Beispiel eines Ostalpengletschers (Hornkees, Zillertaler Alpen). Diplomarbeit, TU-München.

Brückl, E. & Aric, K., 1981. Die Ergebnisse der seismischen Gletschermessung am Hornkees in den Zillertaler Alpen im Jahre 1975. - [in:] Arbeiten aus der Zentralanstalt für Meteorologie und Geodynamik. — 51, Wien.

Brunner, K. & Rentsch, H., 2003. Das Verhalten des Waxeggkees in den Zillertaler Alpen von 1950 bis 2000. - [in:] Zeitschrift für Gletscherkunde und Glazialgeologie 38, **1** (2002):63-69.

Christa, E., 1931. Das Gebiet des Oberen Zemmgrundes in den Zillertaler Alpen. - [in:] Sonderbericht der Geologischen Bundesanstalt Wien. — 81, **3-4**:533-675.

DAV - Deutscher Alpenverein (Hrsg.), 1975/1977. Alpenvereinskarte - Zillertaler Alpen 1:25.000, 35/1: Westliches Blatt (3. Ausgabe, 1975); 35/2: Mittleres Blatt (4. Ausgabe, 1977). München.

DAV - Deutscher Alpenverein (Hrsg.), 1999/2000. Alpenvereinskarte - Zillertaler Alpen 1:25.000, 35/1: Westliches Blatt (6. Ausgabe, 1999); 35/2: Mittleres Blatt (6. Ausgabe, 2000). München.

DuÖAV - Deutscher und Oesterreichischer Alpenverein (Hrsg.), 1930/1932. Alpenvereinskarte - Zillertaler Alpen 1:25.000, 35/1: Westliches Blatt (1. Ausgabe, 1930); 35/2: Mittleres Blatt (1. Ausgabe, 1932). München.

Diener, C., 1885. Studien an den Gletschern des Schwarzensteingrundes. - [in:] Zeitschrift des Deutschen und Oesterreichischen Alpenvereins. — **XVI**:66-78.

Finsterwalder, R., 1964. Die Geschichte der alpinen Kurse für Gletscher- und Hochgebirgsforschung. – [in:] Zeitschrift für Gletscherkunde und Glazialgeologie. — **3/4** (1961):266-271.

FINSTERWALDER, R., 1975. Die Neubearbeitung der Alpenvereinskarte Zillertal-West. Ein Beispiel für die Fortführung von Karten vergletscherter Gebiete. – [in:] Alpenvereinsjahrbuch. — **100**:5-12.

GROSZ, G., 1983. Die Schneegrenze und die Altschneelinie in den österreichischen Alpen. – [in:] Arbeiten zur Quartär- und Klimaforschung. Innsbrucker Geographische Studien, Franz-Fliri-Festschrif. — **8**:59-83, Innsbruck.

GROSZ, G., 1987. Der Flächenverlust der Gletscher in Österreich 1850-1920-1969. – [in:] Zeitschrift für Gletscherkunde und Glazialgeologie. —23, **2**:131-141.

GROSZ, G., KERSCHNER, H. & PATZELT, G., 1978. Methodische Untersuchungen über die Schneegrenze in alpinen Gletschergebieten. – [in:] Zeitschrift für Gletscherkunde und Glazialgeologie. — 12, **2** (1976):223-251.

HEUBERGER, H., 1977. Gletscher- und klimageschichtliche Untersuchungen im Zemmgrund. – [in:] Alpenvereinsjahrbuch. — **102**:39-50.

HEUBERGER, H., 2004. Gletscherweg Berliner Hütte, Zillertaler Alpen. – [in:] OeAV-Reihe, Naturkundliche Führer - Bundesländer 13. Ginzling.

HOINKES, H., 1953. Wärmeschutz und Ablation auf Alpengletschern II. Hornkees (Zillertaler Alpen) September 1951. – [in:] Geografiska Annaler. — **35**:116-140.

HOINKES, H., 1970. Methoden und Möglichkeiten von Massenhaushaltsstudien auf Gletschern. Ergebnisse der Meßreihe Hintereisferner (Ötztaler Alpen) 1953-1968. – [in:] Zeitschrift für Gletscherkunde und Glazialgeologie. — 6, **1-2**:37-90.

HOINKES, H., LÄSSER A. & PATZELT G., 1975. Die Vergletscherung der Zillertaler Alpen, ihre Veränderungen und ihr Einfluss auf die Hydrologie. – [in:] Hochwasser- und Lawinenschutz in Tirol (Land Tirol, Hrsg.). — 321-334, Innsbruck.

KERSCHNER, H., 1990. Methoden der Schneegrenzbestimmung. – [in:] Eiszeitforschung (Liedke H., Hrsg.). — 299-311, Darmstadt.

KOSCHATZKY, W., 1982. Thomas Ender 1793-1875. Kammermaler Erzherzog Johanns. Graz.

KUHN,M., 2005. Gletscher im Klimawandel. – [in:] Bedrohte Alpengletscher. Alpine Raumordnung. — **27**:35-40. Innsbruck.

LENTNER, S., 1999. Volumsbestimmung von Gletschern der Ostalpen mittels Radardaten. – Diplomarbeit, Universität Innsbruck.

MORAWETZ, S., 1941. Die Vergletscherung der Zillertaler Alpen. – [in:] Zeitschrift für Gletscherkunde. — XXVII, **3/4**:348-356.

NICOLUSSI, K., KAUFMANN,M. & PINDUR, P., 2007. Dendrochronologische Analyse der Bauentwicklung von Gebäuden der Waxeggalm im Zemmgrund, Zillertaler Alpen. Eine dendrochronologische Analyse über die Nutzungsintensität während neuzeitlicher Klimaschwankungen. In diesem Band

PATZELT, G., 1997. Gletscher als Klimazeugen. – [in:] Mitteilungen des Österreichischen Alpenvereins. — 52 (122), **2**:20-21.

PATZELT, G., 1999. Werden und Vergehen der Gletscher und die nacheiszeitliche Klimaentwicklung in den Alpen. – [in:] Nova Acta Leopoldina N.F. — 81, **314**:231-246, Leipzig.

PATZELT, G., 2007. Gletscherbericht 2005/2006. Sammelbericht über die Gletschermessungen des OeAV im Jahre 2006. – [in:] Bergauf. — 62 (132), **2**:20-25.

PINDUR, P. & LUZIAN, R., 2007. Der Obere Zemmgrund - Ein geographischen Einblick. In diesem Band

RENTSCH, H., EDER, K. & GEISS, T., 2006. Der Gletscherrückgang in den Ostalpen in der letzten Dekade des 20. Jahrhunderts. – [in:] Zeitschrift für Gletscherkunde und Glazialgeologie. — **39** (2003/2004): 65-74.

RICHTER, E., 1888. Die Gletscher der Ostalpen. – [in:] Handbücher zur Deutschen Landes- und Volkskunde 3. Stuttgart.

SCHWENDINGER, G., 2001. Der Gletscherrückgang in der Silvrettagruppe seit dem Hochstand von 1850. Computergestützte Berechnung bzw. Modellierung des Flächenverlusts, Volumenverlusts und Schneegrenzanstiegs. – Diplomarbeit, Universität Innsbruck.

SONKLAR, C. v., 1872. Die Zillerthaler Alpen mit besonderer Berücksichtigung der Orographie und Gletscherkunde. – [in:] Petermanns Geographische Mitteilungen. — Ergänzungsband 7 (1981-1872), **32**:1-61.

TRANQUILLINI, W., 1979. Physiological ecology of the alpine timberline. Tree existence at high altitudes with special reference to the European Alps. — Berlin, Heidelberg, New York.

VEIT, H., 2002. Die Alpen - Geoökologie und Landschaftsentwicklung. — UTB 2327, Stuttgart.

Waldverbreitung und Waldentwicklung im Oberen Zemmgrund

Aktueller Bestand, Strukturanalysen und Entwicklungsdynamik

Peter ZWERGER[1)] & Peter PINDUR[2)]

ZWERGER, P. & PINDUR, P., 2007. Waldverbreitung und Waldentwicklung im Oberen Zemmgrund - Aktueller Bestand, Strukturanalysen und Entwicklungsdynamik. — BFW-Berichte 141:69-97, Wien. — Mitt. Komm. Quartärforsch. Österr. Akad. Wiss., 16:69-97, Wien

Kurzfassung

Dieser Beitrag wurde im Zuge des interdisziplinären Forschungsprojektes „HOLA - Nachweis und Analyse von holozänen Lawinenereignissen" (Bundesforschungs- und Ausbildungszentrum für Wald, Naturgefahren und Landschaft) erarbeitet und berichtet über die Erfassung der aktuellen Verbreitung des Waldes, dessen Zustand und Entwicklung im Oberen Zemmgrund in den Zillertaler Alpen.

Im Oberen Zemmgrund ist in der subalpinen Höhenstufe der (Lärchen-)Zirbenwald standortbedingt die einzige baumförmige natürliche Waldgesellschaft und die Zirbe (*Pinus cembra* L.) stellt die Hauptbaumart dar. Es dominiert der Alpenrose-Heidelbeeren-Zirbenwald, der durch den anthropogenen Einfluss sehr unregelmäßig verteilt ist. Die größten geschlossenen Zirbenvorkommen befinden sich auf den SW-Hängen in den steileren Geländebereichen, den Rest bilden streifenförmige Kleingruppen und locker stehende Einzelzirben. Der wesentliche Teil der aktuellen Zirbenverbreitung befindet sich in der tiefsubalpinen Höhenstufe zwischen 1700 und 1950 m, nur auf den begünstigten Südhängen der Schwarzensteinalm sind locker bestockte, meist jüngere Bestandesteile bis in die hochsubalpine Höhenstufe auf ca. 2150 m vorhanden. Insgesamt umfasst das aktuelle Waldwuchsgebiet in der subalpinen Höhenstufe eine Fläche von ca. 390 ha. Dabei entfallen rund ¼ der Fläche auf den Waldbestand und ¾ auf den Jungwuchsbereich.

Die Flächenanalyse des potentiellen Waldwuchsbereichs für das holozäne Klimaoptimum erbrachte das Ergebnis, dass die Waldwuchsfläche mit rund 830 ha mehr als doppelt so groß wie heute war. In der tiefsubalpinen Stufe sind aktuell ⅔ und in der hochsubalpinen rund 40% der möglichen Wuchsfläche dem Standort entsprechend mit Zirben bzw. Zirbenjungwuchs bestockt.

Schlüsselwörter:
subalpine Höhenstufe, *Pinus cembra* L., Waldentwicklung, holozänes Klimaoptimum

Abstract

[Forest extension and forest development in the „Oberer Zemmgrund". Actual population, structural analysis and dynamics of forest development.]

The (larch-) stone pine forest is due to the location in the subalpine area of the „Oberer Zemmgrund" the only arboreal natural forest association and the stone pine (*Pinus cembra* L.) is the prominent tree species. The Alpine rose-blueberry-stone pine forest is dominant although due to anthropogenic influences it is unevenly distributed. The largest continuous Stone pine occurrences are situated on SW-slopes in steeper terrain; the others either form lamellar smaller groups or are stand-alone stone pines. The major part of today's stone pine spacial distribution is found in the lower subalpine area between 1700 and 1950 m above sea level. Only on the favourable south slopes of the "Schwarzensteinalm" one can find loosely timbered, mostly younger populations up to the high subalpine zone at approximately 2150 m. Altogether the current forest growth zone in the subalpine covers an area of app. 390 ha out of which ¼ is forest stand and ¾ young growth areas.

The surface analysis of the potential forest growth area for the optimum climate in the Holocene

[1)]ING. PETER ZWERGER, Institut für Naturgefahren und Waldgrenzregionen, Bundesforschungs- und Ausbildungszentrum für Wald Naturgefahren und Landschaft, A - 6020 Innsbruck, E-Mail: Peter.Zwerger@uibk.ac.at

[2)]ING. MAG. PETER PINDUR, Institut für Stadt- und Regionalforschung, Österreichische Akademie der Wissenschaften, A – 1010 Wien, E-Mail: Peter.Pindur@oeaw.ac.at

showed that the forest growth area was with app. 830 ha double as large as today's. Currently ⅔ in the lower subalpine and app. 40% in the high subalpine of the potential growth areas are, due to the location, timbered with stone pines, including young growth.

Keywords:
Subalpine zone, *Pinus cembra* L., forest development, holocene climatic optimum

1. Einleitung

Der Wald hat eine große Aussagekraft in Bezug auf die aktuellen und ehemaligen Standortbedingungen eines Gebietes. Mit waldbaulichen Aufnahmen lassen sich die wesentlichen Details des aktuellen Waldbestandes erfassen. Die Ergebnisse dieser Aufnahmen machen es auch möglich, Waldzustandsbilder für längst vergangene Klimaepochen zu rekonstruieren. Forstbiometrische und dendrochronologische Untersuchungen (Jahrringanalysen) an lebenden Bäumen oder an Holzresten ermöglichen es zudem, regionale Standortverhältnisse aus früheren Zeiten zu rekonstruieren (vgl. NICOLUSSI et al., 2004).
Im Rahmen des interdisziplinären Forschungsprojekts „HOLA - Nachweis und Analyse von holozänen Lawinenereignissen" (Bundesforschungs- und Ausbildungszentrum für Wald, Naturgefahren und Landschaft) ergab sich die Notwendigkeit, die aktuelle Verbreitung des Waldes sowie dessen Zustand und Entwicklung im Oberen Zemmgrund zu erheben, um folgende, für die Rekonstruktion des prähistorischen Lawinengeschehens relevante Aspekte erarbeiten zu können:

- die Rekonstruktion des potentiellen Waldgrenzverlaufs für das holozäne Klimaoptimum im oberen Zemmgrund sowie
- die Rekonstruktion der Entwicklung des Waldbestandes während des holozänen Klimaoptimums für den Lawinenhang „Schwarzensteinmoor".

Zu diesem Zweck wurde zum einen die Verbreitung des aktuellen Waldbestandes mit den Hauptbaumarten im gesamten Untersuchungsgebiet kartiert. Diese Aufnahme stellt die Grundlage für die Analysen der bisherigen und zukünftigen Waldentwicklung, der Verteilung der natürlichen Waldgesellschaften in den lokalen Höhenstufen – speziell in der subalpinen Höhenstufe – und der Struktur der Baumbestände dar. Zum anderen wurden mehrere Strukturanalysen in ausgewählten Probeflächen durchgeführt. Diese kleinräumigen Aufnahmeflächen ermöglichen eine detaillierte waldbauliche Beschreibung über den aktuellen Zustand, die weitere natürliche Entwicklung und die Ausdehnungsdynamik dieser Waldteile. Sie stellen die Grundlage für die Erstellung einer Prognose der weiteren Waldentwicklung dar.

Forschungsstand
Als in den Alpen und in der Hohen Tatra höchststeigender und sehr frostharter Baum (TRANQUILLINI, 1956; 1966) wurde die Zirbe (Zirbelkiefer, Arve, lat. *Pinus cembra* L.) für die Wissenschaft bereits am Beginn des 20. Jahrhunderts interessant. Die ersten großräumigen Studien über die Zirbenverbreitung führten RIKLI (1909) für die Schweiz und von NEVOLE (1914) für die Donaumonarchie durch. VIERHAPPER (1915 und 1916) berichtet ausführlich von seinen Beobachtungen zu Zirben und Bergkiefern im Alpenraum. An Regionalstudien folgten FIGALA (1927) über die Nordtiroler Zirbe, SCHWARZ (1951) über die Zirbe Österreichs und PODHORSKY (1957) über die Zirbe in den Salzburger Hohen Tauern. Über Zirben-Fehlgebiete und den Waldrückgang berichten KLEBELSBERG (1952) bzw. FURRER (1955) für die SCHWEIZ und STERN (1966 und 1968) für das Wipp- bzw. Zillertal. SCHIECHTL (1970) ermittelt die potentielle Zirben-Waldfläche im Ötztal. Von SCHIECHTL & STERN (1975, 1978 und 1983) bzw. SCHIECHTL, STERN & ZUKRIGL (1984) wurden zudem umfangreiche Studien über die Zirbenverbreitung für weite Teile Tirols mit Kartenbeilagen im Maßstab 1:50.000 veröffentlicht. Waldgrenzstudien und Hinweise über höchstgelegene Zirbenstandorte liegen u.a. von KERNER (1908), MAREK (1910), BROCKMANN-JEROSCH (1919), TSCHERMAK (1942 und 1948), HANDEL-MAZETTI (1954), FRIEDEL (1952), BÖHM (1969), DAMM (1994) und HOLTMEIER (1985, 1993 und 2000) vor. Grundlegende Hinweise zu waldbaulichen Untersuchungen und zum Zirbenwachstum finden sich bei OSWALD (1963), MAYER (1977), STERN & HELM (1979), MÜLLER (1980) und KAMMERLANDER (1985).
Die erste großmaßstäbige und flächendeckende Vegetationskartierung der Zillertaler Alpen stammt von H. Friedel aus den 1950er Jahren. Von diesen Aufnahmen liegt der Kartenausschnitt „Die Vegetation im Oberen Zemmgrund in der Mitte des 20. Jahrhunderts" im Maßstab 1:25.000 mit Flächenbilanzierungen über die Zirbenwaldentwicklung in der zweiten Hälfte des 20. Jahrhunderts publiziert vor (PINDUR et al., 2006). ZWERGER (1988) berichtet über die Zirbe im Hinteren Zillertal. PINDUR (2000 und 2001) führte dendrochonologische Untersuchungen an rezenten Zirben aus dem Waldgrenz-

bereich der Schwarzensteinalm und subfossilen Moorhölzern aus dem Schwarzensteinmoor in 2150 m Höhe durch. Dabei wurden alle 95 damals dem Moor entnommenen Stammscheiben, die zwischen 7000 v. Chr. und 800 n. Chr. gewachsen sind, ausnahmslos als Zirben identifiziert.
NIKLFELD und SCHRATT-EHRENDORFER (2007) veröffentlichten auf Basis der Datenbank „Floristische Kartierung Österreichs" eine Florenliste der Farn- und Blütenpflanzen des Oberen Zemmgrundes.

2. Forstliche Wuchsgebiete und natürliche Waldgesellschaften

Die forstlichen Wuchsgebiete und deren Höhenstufen

Die Gliederung der forstlichen Wuchsgebiete nach KILIAN, MÜLLER & STARLINGER (1994) ist eine großräumige Differenzierung von Gebieten nach waldökologischen Gesichtspunkten. In der Gewichtung der zur Abgrenzung verwendeten Faktoren haben Regionalklima und die durch den Klimacharakter geprägten Waldgesellschaften Vorrang gegenüber geomorphologisch und bodenkundlich definierten Naturraumeinheiten (TSCHERMAK, 1961). Die Gliederung umfasst 22 Wuchsgebiete, die in neun Hauptwuchsgebiete zusammengefasst sind.
Die regionale Eigenart der Wuchsgebiete wird in entscheidender Weise durch die seehöhenabhängigen Klima- und Vegetationsgradienten überlagert und in der Abgrenzung und Beschreibung von Höhenstufen berücksichtigt. Insgesamt werden sieben Höhenstufen unterschieden, die in drei Höhengürtel (Tief-, Mittel- und Hochlage) zusammengefasst sind. Die Höhenstufen sind ausschließlich nach klimatisch-pflanzensoziologischen Gesichtspunkten und nicht nach bestimmten Seehöhenwerten definiert.

Das forstliche Wuchsgebiet im Hinteren Zillertal

Hierbei handelt es sich um das Gebiet südlich von Mayrhofen im Bereich des Alpenhauptkammes („Zillertaler Hauptkamm") mit den schluchtartig eingeschnittenen und in den obersten Regionen vergletscherten Tälern („Gründe"). Dieser Bereich liegt nach KILIAN, MÜLLER & STARLINGER (1994) im Wuchsgebiet „Subkontinentale Innenalpen - Westteil (1.2)" des Hauptwuchsgebietes 1 „Innenalpen (1)".
Das Wuchsgebiet hat kontinental getöntes Gebirgsklima. Mit einer Jahresniederschlagssumme von 800 bis 1250 mm ist es jedoch etwas niederschlagsreicher als die Kernzone des Hauptwuchsgebietes 1 (FLIRI, 1968). Zudem kennzeichnet ein konzentriertes sommerliches Niederschlagsmaximum (Juli-August) das Gebiet (FRIEDEL, 1952).
Die Geomorphologie im Wuchsgebiet zeigt eine stark vergletscherte Hochgebirgslandschaft mit großer Reliefenergie. Die Kammlagen befinden sich durchwegs um 3000 m und darüber. Getreppte Trogtäler und V-Täler mit ausgedehnten, wenig gegliederten Steilflanken prägen die Landschaft (SCHIECHTL & STERN, 1983) (Foto 1).

Foto 1: Der obere Zemmgrund Richtung Südosten zur Berliner Hütte, in der Bildmitte im Hintergrund der Schwarzenstein, 3369 m, davor Am Horn, 2647 m, und das Gletschervorfeld des Hornkees; P6, P8 ... Probeflächen (Aufnahme: P. Zwerger, September 2005).

Als Grundgestein findet man vorwiegend nährstoffarmes, saures Kristallin (vgl. BRANDNER, 1980). Die Böden sind großteils Semipodsole oder klimabedingte Podsole (vgl. ROTTER, 1973).

Die Höhenstufen im Hinteren Zillertal
Die nach klimatisch-pflanzensoziologischen Gesichtspunkten definierten Höhengürtel und -stufen sind im Wuchsgebiet 1.2 folgendermaßen abgegrenzt:

• Tieflage	kollin	
	submontan	< 850 m
• Mittellage	tiefmontan	850-1100 m
	mittelmontan	1100-1400 m
	hochmontan	1400-1700 m
• Hochlage	tiefsubalpin	1700-1950 m
	hochsubalpin	1950-2200 m

Der Baumbestand im HOLA-Untersuchungsgebiet „Oberer Zemmgrund", das sich von 1460 m bis 3480 m erstreckt (PINDUR & LUZIAN, dieser Band), liegt infolgedessen im Bereich der hochmontanen bis hochsubalpinen Höhenstufe.

Die natürlichen Wald- und Buschgesellschaften
Die Waldgesellschaften in Österreich werden durch ihre dem jeweiligen Standort angepassten Baumartenkombinationen zu natürlichen Waldgesellschaften zusammengefasst und definiert (MAYER, 1974). Diese mit einem Bestimmungsschlüssel lokal zuordenbaren natürlichen Waldgesellschaften sind eine wichtige Grundlage für waldbauliche Analysen und Beurteilungen.

Natürliche Wald- und Buschgesellschaften im Hinteren Zillertal

- Fichten-Tannenwald
  (tiefmontane) mittelmontane Höhenstufe bis ca. 1250 m
- Montaner Fichtenwald
  mittelmontane und hochmontane Höhenstufe bis ca. 1700 m
- Lärchen-Zirbenwald
  hochmontane bis hochsubalpine Höhenstufe bis ca. 2150 m
- Grauerlengebüsch (Auwald)
  auf feuchten Schiefern, Moränen und in Bachbereichen
- Grünerlengebüsch
  in Lawinenbereichen, wo die ursprüngliche Baumschicht zerstört ist
- Latschengebüsch
  auf Blockhalden und Lawinenzügen

Unter den natürlichen Waldgesellschaften im Hinteren Zillertal weist der Montane Fichtenwald den größten Flächenanteil auf. Seine Verbreitung liegt in der mittelmontanen und hochmontanen Höhenstufe mit einer Obergrenze von ca. 1700 m. Im mittelmontanen Bereich geht er vereinzelt in einen Fichten-Tannenwald über. Nach oben zur tiefsubalpinen Höhenstufe grenzt der Montane Fichtenwald an (Lärchen-)Zirbenwälder, welche bis in eine Seehöhe von ca. 1950 m, Einzelbäume und Kleingruppen bis 2150 m, vorkommen (ZWERGER, 1988). Die Lärche tritt im gesamten Einzugsgebiet des Zillertals nur ganz vereinzelt auf und spielt hier in der aktuellen Waldverbreitung als Mischholzart nur eine untergeordnete Rolle. In den mittleren Tallagen auf feuchten Schiefern, Moränen und wasserzügigen Gneisen bildet Grauerlengebüsch vereinzelt ausgedehnte Hangauen. Ersatzgesellschaften nach subalpinem Hochwald bilden örtlich Grünerlenbestände (subalpine Hangaue). Auf ungünstigen Waldstandorten, wie Blockhalden, alpinen Hangmooren oder mit Felsen durchzogenen Lawinengassen, ist häufig Latschengebüsch angesiedelt (PITSCHMANN et al., 1971).

3. Material und Methoden

Kartierung der aktuellen Waldverbreitung
Die Kartierung der Verbreitung der Hauptbaumarten wurde von P. Zwerger in den Jahren 2003 und 2004 mittels flächendeckender Begehung für das gesamte Untersuchungsgebiet auf Orthophotos im Maßstab 1:10.000 mit 20 m Höhenschichtlinien durchgeführt. Dabei wurden das Waldbild bzw. das Baumvorkommen in folgenden sieben Klassen erfasst (ZWERGER, 1983):

- Subalpine Höhenstufe:
  - Zirbenwald
  - Zirbe, Einzelbaum/Gruppe
  - Zirbenjungwuchsbereich
  - Fichten-, Lärchenjungwuchs
- Montane Höhenstufe:
  - Fichtenwald
  - Fichte, Einzelbaum/Gruppe
  - Fichtenjungwuchsbereich

Kartenerstellung und Flächenberechnungen
Die Kartierungsgrundlagen wurden gescannt und dann in einem Geographischen Informationssystem (GIS) in das Bundesmeldenetz (Meridionalstreifen 28, BMN-M28) rektifiziert (entzerrt).

Anschließend wurden die Feldaufnahmen am Bildschirm digitalisiert. Als Kartengrundlage dienen sechs SW-Orthophotos vom BEV (1999) und Höhenschichtlinien – im Maßstab 1:50.000 – von der Landesforstdirektion Tirol (TIRIS).

Die Flächenanteile der jeweiligen Vegetationsgruppen wurden im GIS berechnet. Für die Kategorie „Zirbe Einzelbaum/Gruppe", die in der Karte mit einer Punktsignatur dargestellt ist, wurde pro Punkt eine Fläche von 0,08 ha angenommen.

Rekonstruktion der potentiellen Waldgrenze für das holozäne Klimaoptimum

Als Basis für die Rekonstruktion des potentiellen Waldgrenzverlaufs für das holozäne Klimaoptimum wurde im Zuge der flächendeckenden Kartierarbeiten in den Jahren 2003 und 2004 die aktuelle Bodenvegetation der hochsubalpinen Höhenstufe im Maßstab 1:10.000 mit ergänzender Luftbildinterpretation aufgenommen.

Bestandsstrukturanalysen

Die Strukturanalysen wurden von P. Zwerger mit Hilfe von R. Luzian und P. Pindur in den Jahren 2003 und 2004 durchgeführt. Die Auswahl der Probeflächen erfolgte im Wesentlichen nach der Bestandsstruktur der natürlichen Waldgesellschaft und deren Entwicklungsphase, um die vorhandenen Baumvorkommen im vollen Umfang zu erfassen. Weitere Auswahlkriterien waren (i) topographische Gesichtspunkte wie Höhenlage, Exposition und Windeinfluss, (ii) die Bodenverhältnisse mit dem vorhandenen Nährstoffangebot und dem Wasserhaushalt sowie (iii) der anthropogene Einfluss.

Auf acht verschiedenen Standorten wurden folgende Untersuchungen durchgeführt:

- sechs Strukturanalyseflächen im Waldbestand (P1-P4, P6, P7)
- eine Naturverjüngungsfläche oberhalb der aktuellen Waldgrenze (P5)
- eine Einzelbaumanalyse als Transsekt außerhalb des geschlossenen Waldbestandes (P8)

Als Erhebungsform für die Aufnahme der Strukturanalysen wurde die Methode der Streifenaufnahme angewendet (SCHIECHTL & STERN, 1983). Dabei wurden grundsätzlich die Probeflächen in Streifenform in den (Höhen-)Schichtenlinien angelegt (P1-P4, P5, P7), nur wenn es die Bestands- oder Standortverhältnisse erforderten, wurde der Probestreifen in der Falllinie orientiert (P6). In jedem Fall betrug die Länge des Streifens 50 m und die Breite 20 m. Die Beschreibung der Vegetation in diesen Standorten erfolgte nach HUFNAGEL (2001) in drei Gruppen: Kraut-, Strauch- und Baumschicht.

Innerhalb dieser Flächen wurde jeder Baum (ab 11 cm BHD - Brusthöhendurchmesser in 1,3 m) einschließlich des Totholzes – stehend und liegend – nummeriert, eingemessen und in einem Feldaufnahme-Grundriss eingezeichnet. Auch die vorhandene Naturverjüngung der Hauptbaumarten und Gebüschbereiche (Latschen oder Grünerlen) wurde im Grundriss vermerkt. In den Probeflächen wurden von jedem Baum die Baumhöhe, der Brusthöhendurchmesser, der Kronenansatz und die Kronenbreite gemessen. Weiters wurde für jeden Baum die soziologische Stellung in vier Klassen – unterdrückt, mitherrschend, herrschend bzw. vorherrschend – erhoben.

Aus den Messungen und Skizzen im Gelände wurden Grund- und Aufrissdarstellungen entwickelt. Im Grundriss konnte die gesamte Streifenaufnahme von 50 x 20 m dargestellt werden; im Aufriss aus zeichentechnischen Gründen nur der mittlere Teil der Fläche, ein 50 x 10 m breiter Streifen. Weitere Erläuterungen zu den Grund- und Aufrissen sind in der Legende (Abbildung 2) vermerkt. Ergänzend dazu wurden für jede Aufnahmefläche graphische Zusammenstellungen über die Beziehung und Verteilung von Baumalter, Stammdurchmesser, Baumhöhe und Verjüngungsdynamik erstellt.

Für die Bestimmung des Baumalters und des Dickenwachstums wurde, wenn möglich, bergseitig

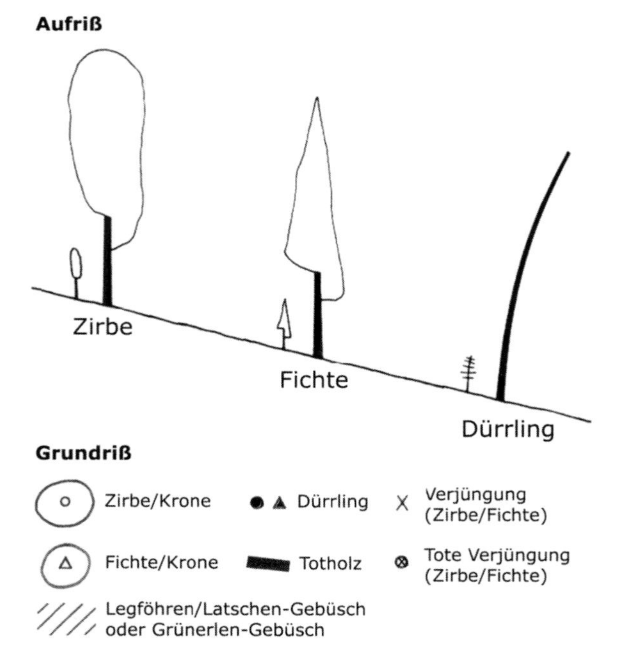

Abbildung 1: Legende zu den Grund- und Aufrisszeichnungen der Probeflächen 1 bis 7.

Abbildung 2: Aktuelle Verbreitung der Hauptbaumarten und rekonstruierter potentieller Waldgrenzverlauf für das holozäne Klimaoptimum. (im Maßstab 1:20.000, 68% verkleinert).

in 1,3 m Höhe (BHD) ein Bohrspan entnommen und die Jahrringe des Bohrkerns gezählt. Bei besonders dicken Bäumen oder bei Bäumen mit Rot- bzw. Kernfäule fehlten die inneren Jahrringe bis zum Kern bzw. Mark und mussten extrapoliert werden. Für diese Schätzung wurden neben der Breite der letzten erkennbaren Jahrringe und deren Wachstumstendenz auch die Standortbedingungen und die soziologische Stellung des Baumes berücksichtigt. Zusätzlich gaben die komplett messbaren Bohrspäne von im Wuchs ähnlichen und in der Nähe stehenden Bäumen Anhaltspunkte für die Jahrringbreiten von nicht messbaren Bohrspanteilen. Um den Wachstumsbeginn des jeweiligen Baumes extrapolieren zu können wurde, wie bei den fehlenden Bohrkernteilen, die Jahrringanzahl für eine Baumhöhe von 1,3 m zurückgerechnet.
Bei der Naturverjüngungs-Bestandsaufnahme (P5) wurden die Pflanzenhöhen gemessen und mittels Zählung der Astquirl das Alter der Bäume bestimmt. Die Altersbestimmung und die ergänzende Abschätzung der Anwuchsphase wurden nur an Bäumen mit einer Mindesthöhe von 1,3 m vorgenommen. In dieser Probefläche wurden weiters alle Pflanzen kartiert, die Kronen jedoch auf Grund der Vielzahl der Pflanzen und des geringen Umfanges nicht in der Grundrissdarstellung eingezeichnet.
Beim Transekt (P8) erfolgte lediglich eine Altersbestimmung der Bäume.

4. Waldverbreitung und potentieller Waldgrenzverlauf

Die Verbreitung der natürlichen Wald- und Buschgesellschaften

Abbildung 2 zeigt die aktuelle Verbreitung der Hauptbaumarten und den rekonstruierten potentiellen Waldgrenzverlauf für das holozäne Klimaoptimum im Maßstab 1:20.000 für den Talschluss des Zemmgrunds, der sich in einen unteren und einen oberen Bereich, getrennt durch die Steilstufe von Grawand, gliedert. Der Talgrund des Unteren Zemmgrunds liegt in der montanen Höhenstufe, die im Untersuchungsgebiet durch den Montanen Fichtenwald dominiert wird. Dieser erstreckt sich auf der orographisch linken Talseite (nordostexponiert) bis ca. 1700 m und auf der rechten Talseite (südwestexponiert) bis etwa 1800 m. Darüber schließt die subalpine Höhenstufe an. Der Waldbestand im Oberen Zemmgrund, der den zentralen Inhalt dieser Untersuchung darstellt, liegt bereits vollständig in der subalpinen Stufe. Hier nimmt standortbedingt der (Lärchen-)Zirbenwald die Position der wichtigsten baumförmigen natürlichen Waldgesellschaft ein. Nur in der Übergangszone zum montanen Fichtenwald sind im sonst reinen Zirbenwald geringfügig Fichten (Zirben-Fichtenwald) beigemischt. Die Flächenanalyse erbrachte folgendes Ergebnis:

Tabelle 1:
Verteilung des Waldbestandes im HOLA Untersuchungsgebiet „Oberer Zemmgrund".

Bestandsart	Fläche [ha]	Anteil [%]
Subalpiner Wald	389,12	83,70
Subalpiner Waldbestand	80,46	20,68
Einzelbaum/Gruppe	20,24	5,20
Subalpiner Jungwuchsbereich	288,42	74,12
Montaner Wald	75,77	16,30
Montaner Waldbestand	23,94	31,59
Einzelbaum/Gruppe	2,40	3,17
Montaner Jungwuchsbereich	49,43	65,24
aktueller Waldbestand	464,89	100,00

Tabelle 1 zeigt, dass vom Waldbestand in der subalpinen Höhenstufe rund ¾ der Fläche dem Jungwuchsbereich und nur ¼ der Fläche dem Altbestand zuzurechnen ist. Diese überaus dynamische Entwicklung setzte erst in den 1980er Jahren ein (vgl. Tabelle 4, Zirbenverbreitung 1955). Aus der Zeile Einzelbaum/Gruppe kann für den Subalpinen Wald eine überschirmte Fläche von rund 2 ha (= 10% Schirmflächenanteil) abgeleitet werden.

Horizontale und vertikale Zirbenverbreitung im Oberen Zemmgrund

Der wesentliche Teil der aktuellen Zirbenverbreitung liegt in der tiefsubalpinen Höhenstufe zwischen 1700 und 1950 m. Nur auf den klimatisch sehr begünstigten Südhängen der Schwarzensteinalm sind locker bestockte, meist jüngere Bestandteile bis in die hochsubalpine Höhenstufe auf ca. 2150 m vorhanden.
Auf den Südwesthängen in den blockigen oder steileren Geländebereichen um die Almweideflächen der Grawandalm und im Bereich der Waxeggalm oberhalb der Alpenrose Hütte bis knapp unterhalb der Berliner Hütte, sind die größten geschlossenen Zirbenvorkommen zu finden.
Die mächtigen Felspartien oberhalb der Grawandalm sind ganz vereinzelt mit jüngeren Zirbenvorkommen bestückt. Im Umfeld der Schlucht von der Grawandalm Richtung Waxeggalm stehen auf

Foto 2: Junge bis mittelalte Zirbenbestände im Almgebiet der Waxeggalm (P4); ein älterer Zirbenbestand auf felsiger und steiler Hanglage oberhalb der Grawandalm (P3); im Hintergrund der Hohe Riffler, 3231 m; P3, P4 ... Probeflächen (Aufnahme: P. Zwerger, Juni 2006).

unzugänglichen Felsvorsprüngen einzelne, meist sehr alte Zirben und Zirbenkleingruppen. Auf Einzelzirbenvorkommen beschränkt sind die sehr steilen Grashänge zwischen Grawandalm und Waxeggalm, auf welchen regelmäßig Schneerutschungen bzw. Lawinen entstehen (Foto 2).
Oberhalb der Berliner Hütte bis zur Schwarzensteinalm und auf beiden Seiten der Kastenklamm stehen einzelne alte und jüngere Zirben oder Zirbenkleingruppen. Ein ähnliches Zirbenvorkommen ist noch im Gebiet Am Horn (zwischen Schwarzenstein- und Hornkees) und oberhalb der Waxeggalm Richtung Krähenfuß lokalisiert. Nur die hintersten Talbereiche bis hin zu den Gletscherzungen sind baumlos.
Die Nordosthänge sind auf Grund der meist flacheren Unter- und Mittelhangbereiche mit guten Bodenverhältnissen (guter Nährstoff- und Wasserhaushalt) für den Viehtrieb günstige und wüchsige Weideflächen. Hier liegen nur in den steilen Geländestufen kleinere, geschlossene Zirbenvorkommen. In den felsigen Bereichen finden sich schmale Zirbenstreifen mit jüngeren Zirben und einzelne sehr alte Zirben (über 200 Jahre).
Von der Steilstufe von Grawand talauswärts sind größere Zirbenvorkommen auf den nicht so steilen Mittelhangbereichen angesiedelt. Einzelzirben oder Zirbenkleingruppen findet man dort auch in steilen Grabenbereichen oder auf Felsabsätzen.
Seit in den vergangenen Jahrzehnten auf weiten Teilen der Almflächen des Oberen Zemmgrundes die Beweidung rückläufig ist und gebietsweise ganz eingestellt wurde, ist im Bereich der potentiellen Zirbenverbreitung eine sehr starke, oft flächendeckende Zirbenverjüngung entstanden. Auf der Schwarzensteinalm und Am Horn sind bereits bis in 2250 m Seehöhe vereinzelte Zirbenverjüngungen vorhanden (vgl. HANDEL-MAZETTI, 1954; DAMM, 1994).
Alle anderen vorkommenden Waldformen wie die Grünerlen- und Latschengebüsche sind strauchförmig und nur kleinflächig vorhanden. Sie sind großteils auch nur eine Initialstufe für den Zirbenwald als Schlusswaldgesellschaft (REISIGL & KELLER, 2000).

Foto 3: Sehr alte Einzelzirben (über 200 Jahre) und flächige Zirbenverjüngung mit großer Altersverteilung (Alpenrosen-Heidelbeeren-Zirbenwaldtyp) auf einem Westhang in rund 1900 m oberhalb der Waxeggalm (Aufnahme: P. Zwerger, Juni 2006).

Zirbenwaldtypen

Die dominierende Art, der Alpenrosen-Heidelbeeren-Zirbenwaldtyp, stockt, durch den anthropogenen Einfluss sehr unregelmäßig verteilt, in streifenförmigen bis kleinflächigen Bestandsformen in der tiefsubalpinen Höhenstufe der ausgedehnten Weidebereiche der Almen und vereinzelt auch in der hochsubalpinen Höhenstufe (Foto 3).

Auf Sonderstandorte beschränkt trifft man im Oberen Zemmgrund zum einen auf den Legföhren-Zirbenwaldtyp, der in lockeren Kleingruppen oder als Einzelbaumvorkommen auf felsigen oder blockigen Standorten, meist auf Rippen und Kuppen, vorkommt. Zum anderen stockt der Grünerlen-Zirbenwaldtyp auf Böden mit gutem Wasserhaushalt im Bereich von Gräben und Mulden (Schiechtl & Stern, 1983).

Rekonstruktion des potentiellen Waldgrenzverlaufs und der Waldverbreitung für das holozäne Klimaoptimum

Der potentielle Waldgrenzverlauf für das holozäne Klimaoptimum konnte in Folge der Kartierung des aktuellen Waldwuchsbereichs und der aktuellen Bodenvegetation mit zusätzlicher Berücksichtigung der Topografie, der zurzeit klimatisch bedingten starken Verjüngungs- bzw. Verbreitungsdynamik der Zirbenwälder und deren Strukturveränderung in den Waldflächen rekonstruiert werden. Für die Rekonstruktion wurden zudem die subfossilen Moorholz- (Nicolussi et al., 2007) und Moränenholzfunde (Heuberger, 2007) im Gelände – als direkter Nachweis einer ehemals höher gelegenen Waldgrenze – sowie die Ergebnisse der palynologischen (Haas, Walde & Wild, 2007) und archäologischen Untersuchungen (Pindur, Schäfer & Luzian, dieser Band) herangezogen.

Auf Grund des Maßstabes von 1:20.000 und aus optischen Überlegungen bzw. zur besseren Übersicht in der Kartendarstellung wurden bei dieser hypothetischen Waldgrenzlinie die flächenmäßig unbedeutenden Bereiche (Fels-, Graben- und Lawinenbereiche), auf welchen kein Baumbestand möglich ist, nicht berücksichtigt und eine vereinfachte, schematische, strichlierte Linie gezogen.

Tabelle 2:
Verteilung der aktuellen und potentiellen Waldwuchsgebiete im Oberen Zemmgrund.

Höhenstufe	Wuchsgebiet				Oberer Zemmgrund	
	aktuell [ha]	potentiell [ha]	aktuell [%]	potentiell [%]	[ha]	[%]
hochsubalpin (über 1950 m)	244,04	362,75	40,2	59,8	606,78	64,6
tiefsubalpin (bis 1950 m)	145,08	76,05	65,6	34,4	221,13	23,5
montan (bis 1700 m)	75,77	35,65	68,0	32,0	111,42	11,9
Oberer Zemmgrund	464,89	474,4	49,5	50,5	939,33	100,0

Die Flächenanalyse erbrachte das Ergebnis, dass während holozäner Klimagunstphasen und ohne anthropogener Einflussnahme im HOLA-Untersuchungsgebiet „Oberer Zemmgrund", das 43,77 km² umfasst, bis zu 9,39 km² mit Wald bedeckt waren. Dies entspricht in etwa ein Fünftel (21,5%) der Gesamtfläche. An der aktuellen Waldwuchsfläche (4,65 km²) gemessen besteht im Oberen Zemmgrund somit das Potential der Verdoppelung dieser Fläche (Tabelle 2).
Im Detail zeigt sich für die subalpine Höhenstufe mit einer potentiellen Waldwuchsfläche von 8,28 km², dass diese zu ¾ (6,07 km²) auf die hochsubalpine und zu ¼ (2,21 km²) auf die tiefsubalpine Stufe aufgeteilt war. Gemessen am aktuellen Waldwuchsgebiet von 3,89 km² liegen die größten Freiflächen (60%) im hochsubalpinen Bereich. In der tiefsubalpinen Stufe sind aktuell zwei Drittel (65,6%) der möglichen Wuchsfläche bestockt.
Das potentielle Wuchsgebiet wird in der hochsubalpinen Höhenstufe durch die subalpine Gras- und Zwergstrauchheide, die bewirtschafteten Almbereiche, die Lawinenzüge ohne rechte Chance für kontinuierlichen Waldbestand und die Felsbereiche, in denen Einzelbäume und Gruppen stocken können, gebildet. In der tiefsubalpinen Stufe trifft man auf eine ähnliche Situation, nur mit deutlich geringeren Flächenanteilen der Gras- und Zwergstrauchheide.

5. Bestandesstrukturanalysen

Die Lage der Probeflächen (P1-P8) ist in der Karte „Aktuelle Verbreitung der Hauptbaumarten und potentieller Waldgrenzverlauf im Oberen Zemmgrund" (Abbildung 3) eingetragen.
Die Probeflächen 1 bis 3 liegen auf der orographisch rechten Talseite im Einflussbereich der Grawandalm zwischen 1650 m und 1890 m und weisen eine W- bis S-Exposition auf. Die Probeflächen 4 und 5 befinden sich auf der orographisch linken Talseite bereits im Oberen Zemmgrund im Bereich Schönbichl und unterliegen dem Einflussbereich der Waxeggalm. Die Flächen liegen zwischen 1900 und 2030 m und sind nach N exponiert. Die Probeflächen 6 und 7 liegen auf der orographisch rechten Seite im hintersten Talbereich zwischen 1890 und 2050 m und sind nach SW bzw. S exponiert. Die Fläche 6 unterliegt dem Einfluss der Waxeggalm; die Fläche 7 gehört zur Schwarzensteinalm. Probefläche 8 erstreckt sich am Kamm der von der Berliner Hütte zum Horn zieht, weist eine NW-Exposition auf und liegt im Bereich der Schwarzensteinalm. Hier wurden nur Einzelbäume aufgenommen die zwischen 2070 m und 2110 m stocken.

Beschreibung der Probeflächen

Probefläche 1 (P1): Grawandalm/Grawandhütte
Die Fläche liegt auf der orographisch rechten Seite des Zemmgrunds in 1650 m SH, rund 100 m nordöstlich von der Grawandhütte auf einem ca. 40° steilen W-Hang.
Auf der teilweise grobblockigen Gesteinsunterlage bestehen meist gute Wuchsbedingungen mit ausgewogenem Nährstoff-, Wasser- und Lufthaushalt. Der Schattenkräutertyp ist vorherrschend, beigemischt sind kleinflächige Grünerlen- und Latschenhorste oder trockene Standorte mit einem Astmoos-Heidelbeer-Drahtschmiele-Typ. Ein mehrstufiger, mittelalter montaner Fichtenwald mit einzelnen Zirben stockt auf dieser Fläche in der hochmontanen Höhenstufe. Auf Grund des blockig-felsigen Untergrundes und der Steilheit des Geländes besteht eine lockere Bestockung mit weitständiger Gruppenstruktur und einzelnen dichter stehenden Baumgruppen (Abbildung 7, Anhang).
In der Probefläche 1 wurden insgesamt 30 Bäume, davon 27 Fichten und drei Zirben aufgenommen, wobei die ältesten Bäume kurz nach 1850 zu wachsen begonnen haben. Die Altersverteilung zeigt eine kontinuierliche Verdichtung der Auf-

nahmefläche bis 1970. Der bei der Aufnahme erfasste aktuelle Jungwuchs, dessen Wachstum nach 1985 einsetzte, besteht aus 29 Fichten und zwei Zirben (Abbildung 8, Anhang).
In weiterer Folge wird dieser Bestand sich in seiner Struktur kaum verändern. In den wuchsgünstigen Bereichen kann sich eine geringfügige Erhöhung der Stammzahl bzw. Verdichtung der Beschirmung mit gleichzeitiger Verdrängung der Zirben einstellen. Durch die geringe, aber stetige Verjüngung wird die mehrschichtige, ungleichaltrige und vitale Bestockung des Bestands erhalten bleiben.

Probefläche 2 (P2): Grawandalm/Unten
Die Fläche liegt auf der orographisch rechten Seite des Zemmgrunds in 1740 m, rund 150 m nördlich von der Grawandalm auf einem ca. 15° flachen S-Hang, direkt angrenzend an die intensive, stallnahe Almweide. Wegen des blockigen und trockenen Bodens wird diese Fläche trotz der Almnähe nur geringfügig für die Almbewirtschaftung bzw. Almweide genützt.
Auf dem blockig-felsigen und trockenen Boden ist der Heidelbeer-Preiselbeer-Trockentyp vorherrschend. Vereinzelt gibt es etwas bessere Bodenverhältnisse mit Grasheiden und Rostalpenrosenheiden. Der mittelalte bis alte Bestand mit mehrstufiger, weitständiger Gruppenstruktur ist ein Alpenrosen-Heidelbeeren-Zirbenwaldtyp. Diesem sind Fichten und Fichtengruppen in allen Altersklassen beigemischt. Der Fichtenanteil zeigt, dass sich dieser Bestand in der Übergangszone von der hochmontanen zur tiefsubalpinen Höhenstufe befindet (Abbildung 9, Anhang).
In der Probefläche 2 wurden insgesamt 44 Bäume, davon 41 Zirben und drei Fichten aufgenommen, wobei neun Zirben bereits vor 1700 zu wachsen begonnen haben. Die Altersverteilung zeigt, dass bis 1850 weitere sieben Zirben aufgekommen sind und in der Periode von 1850 bis 1930 die Bestandesverdichtung erfolgte. Die Fichten begannen erst im 20. Jhdt. zu wachsen. Interessanterweise konnte zwischen 1930 und 1985 kein einziger Baum aufkommen. Der intensive Jungwuchsbestand setzt sich aus 51 Zirben und zehn Fichten zusammen (Abbildung 10, Anhang).
Eine angemessene Bestockung mit Zirbe war auf diesem Standort wahrscheinlich immer gegeben. Dies kann aus den einzelnen sehr alten Zirben an diesem Standort geschlossen werden.
Durch die im ganzen Bestand und in manchen Randbereichen stark vorhandene Verjüngung von Zirbe und Fichte wird sich aus der aktuellen, meist weitständigen Gruppenstruktur ein nahezu geschlossener Fichten-Zirbenwald, bestehend aus 30% Fichte und 70% Zirbe, entwickeln.

Probefläche 3 (P3): Grawandalm/Oben
Die Fläche liegt in 1980 m SH, gut 200 Höhenmeter direkt (Falllinie) oberhalb der Probefläche 2 über einer Felswand auf einem 35° steilen, exponierten S-Hang.
Ein Heidelbeer-Preiselbeer-Trockentyp, Rostalpenrosenheiden und Grasheiden sind in nahezu gleichem Ausmaß auf dem steilen und sehr sonnigen Hangbereich vorhanden. Die Wüchsigkeit der Pflanzen auf den recht guten Böden ist nur durch die zeitweilige Trockenheit beeinträchtigt. Der lockere, reine Zirbenbestand mit einzelnen kleinen, geschlossenen Baumgruppen ist ein Alpenrosen-Heidelbeeren-Zirbenwaldtyp in der tiefsubalpinen Höhenstufe (Abbildung 11, Anhang).
In der Probefläche 3 wurden insgesamt 36 lebende Zirben aufgenommen, wobei vier Bäume bereits vor 1700, drei davon im 16. Jhdt., zu wachsen begonnen haben. Die Altersverteilung zeigt eine kontinuierliche Bestandsentwicklung in drei Perioden: 1750 bis 1800, 1850 bis 1890 und 1920 bis 1950. Nach 1985 sind zwölf Zirben aufgekommen (Abbildung 12, Anhang).
Die ca. 500 Jahre alten Zirben sind der Ursprung des meist mittelalten bis sehr alten Bestandes, aber auch jener der Zirbenfläche unterhalb der Felswand (Probefläche 2). Die geringe Zirbenverjüngung ist auf die Trockenheit, die teilweise Vergrasung und auf Wildverbiss zurückzuführen. An der Altersverteilung erkennt man die intensive Bestandsentwicklung in den vergangenen 150 Jahren. Demnach verdoppelte sich in dieser Zeit die Stammzahl. In den vorherigen Jahrhunderten hat neben den zeitweise ungünstigen Klimabedingungen auch die intensive Beweidung mit Schafen die natürliche Waldentwicklung gehemmt.
Im Wesentlichen wird sich die aktuelle, dem Standort angepasste Bestandsstruktur nicht verändern. Eine Ausbreitung auf geeignete angrenzende Standorte wird aber erfolgen.

Probefläche 4 (P4): Waxeggalm/Saure Seite
Die Fläche liegt auf der orographisch linken Seite im äußeren Talbereich des Oberen Zemmgrunds in 1900 m SH, rund 1000 m nordwestlich von der Waxeggalm auf einem 45° steilen NO-Hang nahe dem Talboden, wo intensive, stallnahe Almweide betrieben wird.
Auf dem steilen, mit kleinen Felspartien durchzogenen Hangteil befinden sich großteils Böden mit gutem Nährstoff-, Wasser- und Lufthaushalt. In

diesem Hangbereich sind häufig Grasheiden oder Hochstaudenfluren, meist mit Grünerle und vereinzelten Latschengruppen, vorhanden. Auf den flachgründigen Stein- und Felspartien findet sich kleinflächig ein Heidelbeer-Preiselbeer-Trockentyp. Der mehrschichtige, junge Grünerlen-Zirbenwald aus dichten Großgruppen und mit einzelnen, verstreut stehenden, sehr alten Zirben liegt im Übergangsbereich der tiefsubalpinen zur hochsubalpinen Höhenstufe nahe der Waxeggalm (Abbildung 13, Anhang).

In der Probefläche 4 wurden 51 Zirben aufgenommen, wobei zwei Bäume bereits im 16. Jhdt. zu wachsen begonnen haben. Die Altersverteilung zeigt eine Bestandsentwicklung in zwei Phasen: zuerst eine punktuelle Entwicklung des Bestands zwischen 1840 und 1890 und nach 1930 eine flächige Verdichtung des Bestands. Nach 1985 sind 18 Zirben aufgekommen (Abbildung 14, Anhang).

Die seit ca. 70 Jahren rückläufige und nur mehr auf die Talböden konzentrierte Almbewirtschaftung ermöglicht die zurzeit standortgemäße Waldentwicklung.

Die sehr starke Zirbenverjüngung in den lichten Bestandsteilen und in den Randbereichen zeigt die Entwicklung zu einem geschlossenen Zirbenwaldgürtel bei gleich bleibenden Standortbedingungen.

Probefläche 5 (P5): Waxeggalm/Schönbichl

Die Fläche liegt in 2030 m SH, ca. 150 Höhenmeter direkt (Falllinie) oberhalb der Probefläche 4 auf einem 35° steilen NO-Hang über der aktuellen Waldgrenze.

In der Kraut- und Strauchschicht ist auf Böden mit gutem Nährstoff-, Wasser- und Lufthaushalt eine Rostalpenrosenheide mit vereinzelten Grünerlen und Latschen vorhanden. Auf den eher trockenen Rückenbereichen besteht meist ein dichter Heidelbeer-Preiselbeer-Trockentyp und kleinstandörtlich finden sich Grasheiden. Hier entwickelt sich eine flächige und dichte Zirbenverjüngung in der hochsubalpinen Höhenstufe (Abbildung 15, Anhang).

In der Probefläche 5 wurden 211 Zirbenverjüngungen aufgenommen, wobei 98 Stück unter 50 cm, 72 zwischen 50 und 149 cm und 41 Zirben bereits eine Höhe von über 1,5 m erreicht haben (Abbildung 16, Anhang). Da diese Probefläche ca. 100 m über der aktuellen Waldgrenze in einem exponierten Hangteil liegt und fruchtifizierende ältere Zirben fehlen, kann auf eine Ansaat der Zirbenverjüngung durch den Zirbenhäher (Tannenhäher) geschlossen werden (vgl. Mattes, 1978).

Von den insgesamt 211 Jungzirben auf der Probefläche konnte an 50 Stück eine Mindesthöhe von 1,3 m gemessen werden. Die Altersbestimmung bei den 50 Jungbäumen ergab für 31 Bäume ein Alter von 20 bis 30 Jahren und für 19 Bäume ein Alter von 15 bis 20 Jahren. Nahezu die Hälfte des Zirbenjungwuchses (98 Bäume) der Probefläche war unter 0,5 m groß und den standörtlichen Verhältnissen entsprechend daher in einem geschätzten Alter von ca. 5 bis 10 Jahren. Den Ergebnissen der Altersbestimmung bei den Jungbäumen nach begann die Verjüngungsphase auf dieser Fläche um 1980 und erreichte in den 1990er Jahren ihren Höhepunkt.

In unterschiedlicher Anzahl sind über die ganze Talflanke bis in eine Höhe von ca. 2100 m Zirbenverjüngungen zu finden. Wie schon auf der Probefläche 4 wurde diese Waldentwicklung durch die rückläufige und hier gänzlich eingestellte Beweidung und das momentan in dieser Höhenlage für den Baumwuchs vorherrschende günstige Klima ermöglicht.

Bei gleich bleibenden Standortbedingungen in den nächsten Jahrzehnten wird aus dieser Zirben-Verjüngungsfläche ein bis in ca. 2150 m Seehöhe reichender reiner Zirbenwald/Alpenrosen-Heidelbeeren Zirbenwaldtyp entstehen.

Probefläche 6 (P6): Waxeggalm/Alpenrose

Die Fläche liegt auf der orographisch rechten Talseite des Oberen Zemmgrunds in 1890 m SH, rund 250 m nordöstlich von der Waxeggalm, auf einem 30° steilen SW-Hang im Hangfußbereich, direkt angrenzend an die intensive, stallnahe Almweide.

Der flache Teil in Talbodennähe mit krautigen Grasheiden und guten Bodenverhältnissen steht großteils unter starkem Weideeinfluss.

In den steil ansteigenden, felsdurchzogenen und blockigen Hangzonen mit eher trockenen Bodenverhältnissen sind Latschengruppen, Rostalpenrosenheiden oder ein Heidelbeer-Preiselbeer-Trockentyp vorherrschend.

In dem für die Weide ungeeigneten Latschengebüsch und auf steilen und blockigen Flächen konnte sich aus wenigen Altzirben in den vergangenen 50 bis 100 Jahren ein Legföhren-Zirbenwald mit rottenartigen Kleingruppen und gut verteilten Einzelzirben entwickeln (Foto 4).

Dieser Zirbenstandort befindet sich in der Übergangszone von der tief- zur hochsubalpinen Höhenstufe. Die in geringer Anzahl vorhandene Verjüngung beschränkt sich auf für die Weide ungeeignete Flächen (Abbildung 17, Anhang).

In der Probefläche 6 wurden 34 Zirben aufgenommen, wobei ein Baum mit einem Wachstumsbeginn um 1750 erfasst wurde. Der restliche

Foto 4: Einzelzirbe mit einem Wachstumsbeginn um 1854 ± 5 Jahre n. Chr. auf einer neuzeitlichen Vorstoßmoräne des Hornkees mit einer flächigen Zirbenverjüngung mit großer Altersverteilung auf dem W-Hang in 1960 m, knapp oberhalb der Talstation der Materialseilbahn zur Berliner Hütte (Aufnahme: P. Zwerger, Juni 2006).

Bestand begann zwischen 1900 und 1950 zu wachsen. Nach 1985 sind lediglich fünf Zirben aufgekommen (Abbildung 18, Anhang).
Trotz der Almweide werden sich die vorhandenen Zirbenwaldteile verdichten sowie in den steilen felsigen Bereichen und im dichten Latschengebüsch auch flächenmäßig vergrößern.

Probefläche 7 (P7): Schwarzensteinalm

Die Fläche liegt auf der orographisch rechten Seite des Oberen Zemmgrunds in 2110 m SH, rund 300 m nordwestlich der Berliner Hütte auf einem 35° steilen S-Hang im Einflussbereich der Schwarzensteinalm (Foto 5).
Die ehemaligen Almweiden bedecken neben Grasheiden dichte subalpine Zwergstrauchheiden mit Rostalpenrosenheiden und Latschengruppen. Mit

Foto 5: Lockerer Zirbenbestand aus mittelalten oder jungen Baumgruppen und Einzelzirben im Bereich der Schwarzensteinalm westlich des Schwarzensteinmoores, im Hintergrund der Große Greiner, 3202 m; P7 ... Probefläche (Aufnahme: P. Zwerger, Mai 2006).

steigender Seehöhe besteht vermehrt eine Wacholder-Bärentraubenheide. In diesem hochsubalpinen Waldbereich in Form einer fragmentartig vorhandenen, aktuellen Waldgrenze stehen mittelalte und junge Zirben-Kleingruppen und Einzelzirben. Diese Bestandesreste des Alpenrosen-Heidelbeeren-Zirbenwaldtyps bzw. Legföhren-Zirbenwaldtyps verjüngen sich zurzeit nur mittelmäßig – wenige Altzirben, schwierige Boden- und Vegetationsbedingungen – aber flächig (Abbildung 19, Anhang).

In der Probefläche 7 wurden 27 Zirben aufgenommen, wobei der Bestand zwischen 1800 und 1950 zu wachsen begonnen hat. Nach 1985 sind elf Zirben aufgekommen (Abbildung 20, Anhang).

Einzelne, bis zu 20 Jahre alte Jungzirben stehen bis in 2250 m Seehöhe. Diese Seehöhe entspricht auf diesem S-Hang der heutigen potentiellen Waldgrenze.

Den jeweiligen Gelände-, Boden- und Vegetationsverhältnissen angepasst, sowie in Abhängigkeit von den anthropogenen Einflüssen, wird sich bis zur potentiellen Waldgrenze (2250 m) ein Zirbenbestand aus streifenförmigen Bestandsteilen, Kleingruppen und Einzelzirben entwickeln. Im unteren Teil der hochsubalpinen Höhenstufe können sich hier größere, geschlossene Zirbenwälder bilden.

Tabelle 3:
Einzelbaumproben mit Standorthöhe und Baumalter der Probefläche 8 (rf = rotfaul).

Probennummer	Seehöhe [m ü.d.M.]	gemessene Jahrringe	Bohrkernlänge [cm]	geschätztes Baumalter [Jahre]
6	2110	195	12,3	217
5	2110	172	10,1	190
4	2100	150 (rf)	18,9	min. 200
3	2090	206	17,6	228
2	2080	294 (rf)	32,3	min. 300
1	2070	132 (rf)	14,3	min. 200

Probefläche 8 (P8): Horn

Die Probefläche erstreckt sich zwischen 2070 m und 2110 m SH und liegt am Fuße des Kamms, der von der Berliner Hütte zum Horn zieht, auf einem NW-Hang deutlich außerhalb des geschlossenen Waldbestands im aktuellen Weidebereich.

Die Weideflächen haben gute Bodenverhältnisse, sind großteils mit Grasheiden bedeckt, werden aber immer mehr von Rostalpenrosenheiden überwachsen. Einzelne weit verstreute, alte bis sehr alte, meist vitale Zirben konnten sich im intensiv genutzten Almweidegebiet behaupten. Sie sind der Beleg für die potentielle Bewaldung dieser Flächen in der hochsubalpinen Stufe. Die bis in hohe Lagen verbreitete, aber mäßige Naturverjüngung stammt von diesen Bäumen.

Ein gleichmäßig lockerer Zirbenbestand, meist ein Alpenrosen-Heidelbeeren-Zirbenwaldtyp, aus Baumgruppen und Einzelbäumen mit steigender Seehöhe sich auflösend, kann sich hier entwickeln.

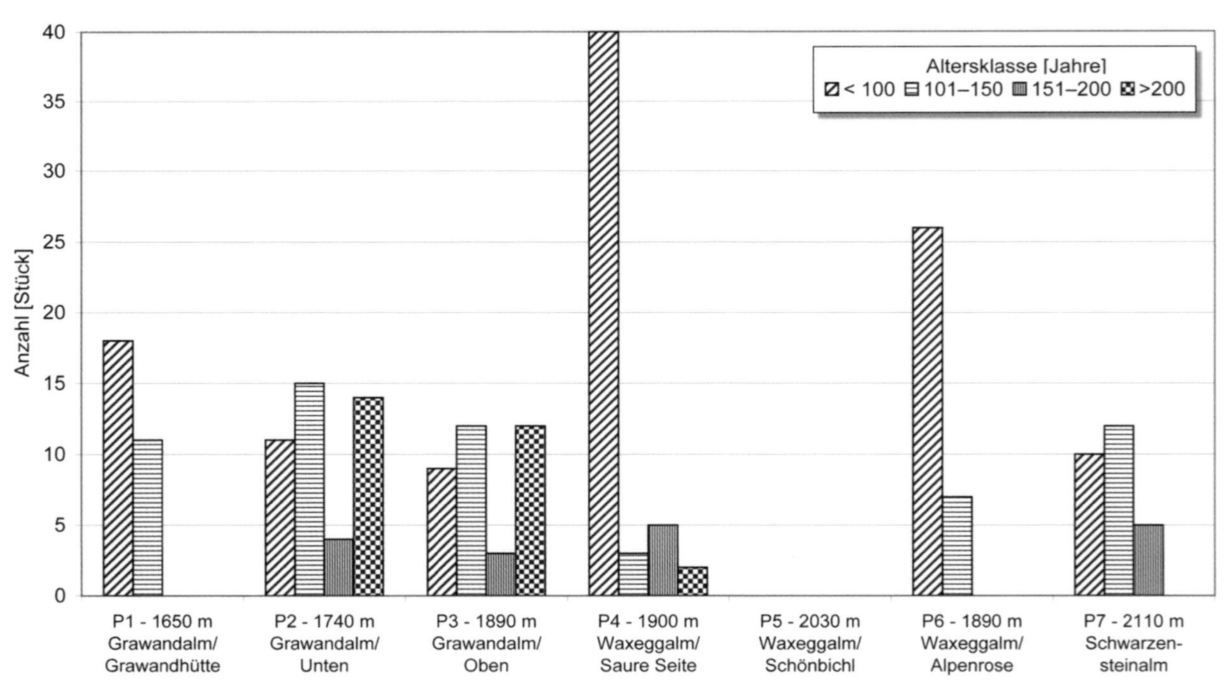

Abbildung 3: Die Anzahl der Bäume und die Altersklassenverteilung in den Probeflächen P1 bis P7.

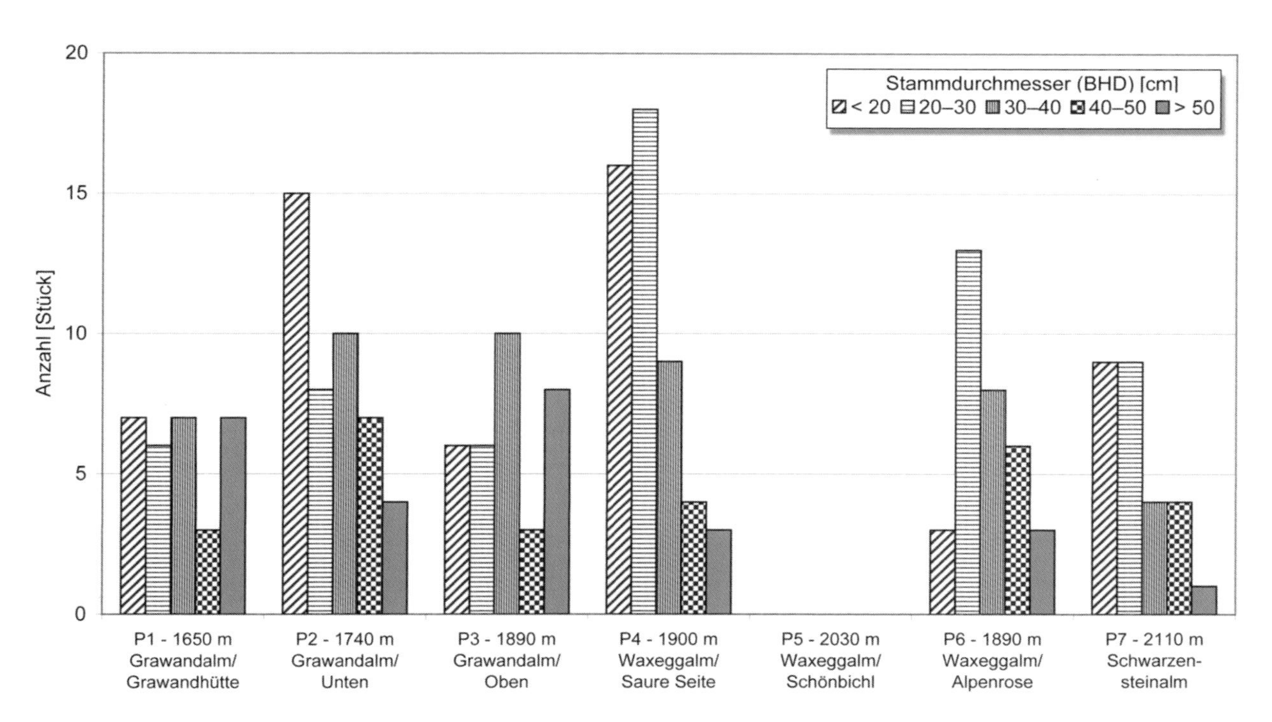

Abbildung 4: Die Anzahl der Bäume und deren Stammdurchmesser in den Probeflächen P1 bis P7.

Es wurden sechs Altbäume in Form eines Transsekts beprobt und deren Alter bestimmt. Dabei zeigte sich, dass alle Exemplare in dieser NW-Exposition bereits während der Neuzeitlichen Klimadepression (1600-1850) zu wachsen begonnen hatten. Von zwei Zirben auf 2110 m SH konnte der Wachstumsbeginn auf 1786 bzw. 1812 n. Chr. rekonstruiert werden (Tabelle 3).

Die Probeflächen P1 bis P7 im Vergleich

Die Abbildungen 3 bis 6 zeigen die Beziehungen und die Verteilung von Baumalter, Stammdurchmesser, Baumhöhe und Verjüngungsdynamik in den Probeflächen P1 bis P7 im Vergleich.

Die Ergebnisse der Strukturanalysen (Abbildung 3) bestätigten auch, dass der Wald im Oberen Zemmgrund bis auf wenige Bestandsreste und Einzel-

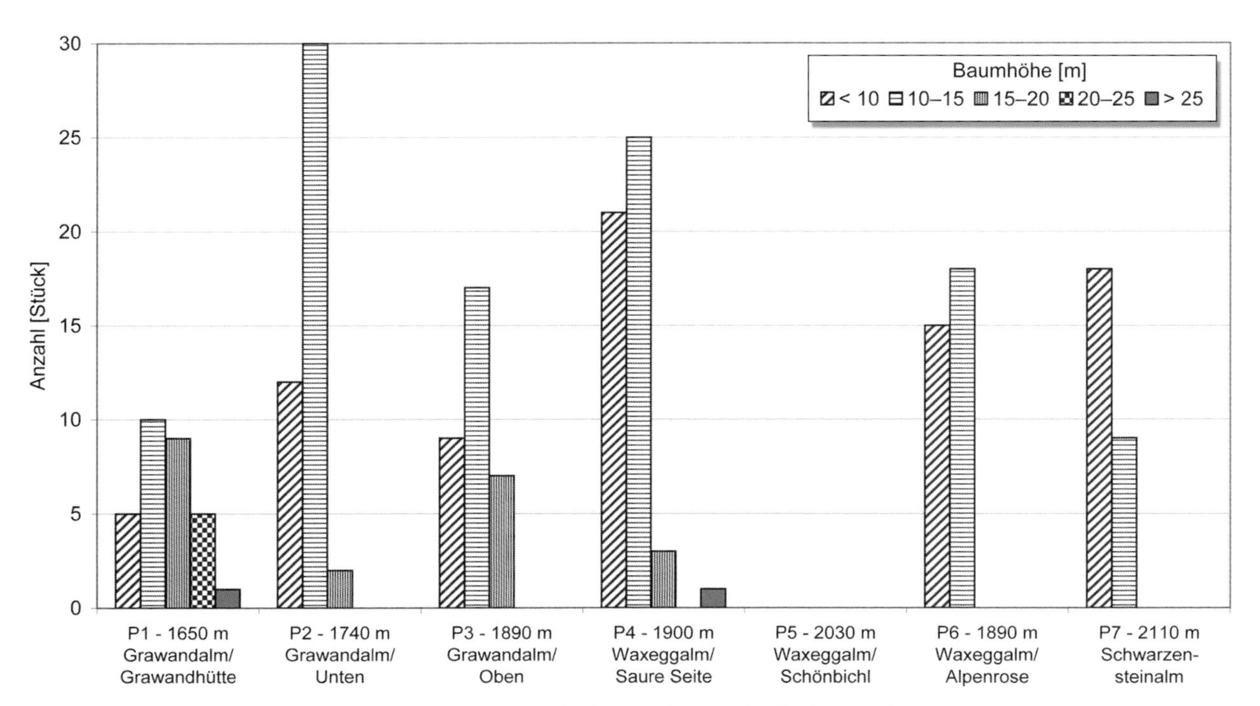

Abbildung 5: Die Anzahl der Bäume und deren Baumhöhen in den Probeflächen P1 bis P7.

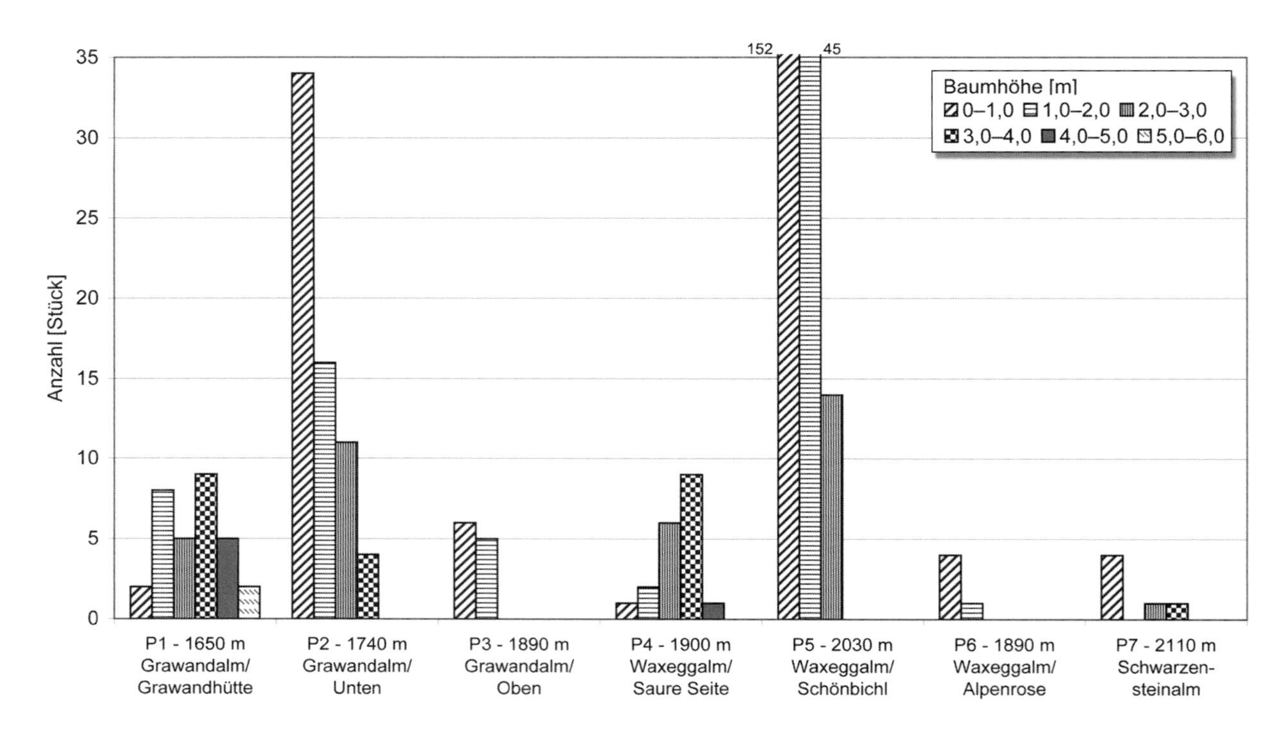

Abbildung 6: Verjüngungsdynamik: Die Anzahl des Jungwuchses und deren Baumhöhen in den Probeflächen P1 bis P7.

vorkommen in den vorigen Jahrhunderten für die Almwirtschaft und den Bergbau gerodet bzw. genutzt wurde (vgl. STERN, 1968; PINDUR & LUZIAN, 2007).

6. Die Waldentwicklung im Oberen Zemmgrund

In den Gebirgsregionen verlagert sich die Verbreitung der natürlichen Waldgesellschaften umfangreich nach oben, teilweise bis in die nächste Höhenstufe und häufig verändert sich auch ihre Bestandsstruktur. Die gegenwärtigen Klimaverhältnisse bewirken im Wesentlichen diese gravierenden Veränderungen in der natürlichen Waldentwicklung. Der in seiner Intensität seit der Mitte des 20. Jahrhunderts stark rückläufige anthropogene Einfluss verstärkt besonders in den Almregionen diese Veränderungen. Viele Flächen werden nicht mehr für die Almbewirtschaftung genutzt und wieder von den ursprünglichen Vegetationsformen besiedelt (PENZ, 2003). Diese Entwicklung prägt auch die Waldverbreitung und Waldstruktur im Oberen Zemmgrund.

Die Waldentwicklung im Oberen Zemmgrund in der zweiten Hälfte des 20. Jahrhunderts

In den Zillertaler Alpen wurde in den Jahren 1953 bis 1955 von H. Friedel und seinen Mitarbeitern eine Vegetationskartierung im Maßstab 1:25.000 durchgeführt. Die daraus entstandenen Vegetationskarten beinhalten 22 Vegetationsgruppen. Diese Vegetationskarten zeigen in sehr detaillierter Form die aktuelle Vegetation im Jahre 1955. Für die Erfassung der Wald- und Baumverbreitung wurden 13 Klasseneinteilungen unterschieden. Die Verbreitung und Form des Wald- und Baumwuchses ist dadurch auf diesen Karten sehr genau und differenziert dargestellt. Die Gegenüberstellung und Analyse der Kartierungsarbeiten von 1955 und 2004 (PINDUR et al., 2006) zeigte den markanten Anstieg der Waldanteile und ergab aufschlussreiche Einblicke in die Abläufe der Waldentwicklung im subalpinen Bereich (Tabelle 4).

Flächenmäßig vergrößerte sich das Zirbenvorkommen in den vergangenen 50 Jahren um das ca. Fünffache, von rund 90 ha auf 390 ha. Der geschlossene Zirbenwald bedeckte 1955 eine Fläche von nur etwa 30 ha. Im Jahr 2004 betrug der Flächenanteil des geschlossenen Zirbenwaldes bereits über 80 ha.

Die Zunahme der Zirbenwaldfläche hat ihre Ursache im Wesentlichen im Verdichten bzw. Zusammenwachsen der Einzelbäume und Baumgruppen zu größeren Bestandesteilen, besonders auf den wuchsgünstigen Alm- und Weideflächen. Die Fläche mit verstreut stehenden Zirben verringerte sich zu Gunsten der geschlossenen Zirbenwaldfläche von fast 45 ha im Jahr 1955 auf rund 20 ha im Jahr 2004. Zusätzlich erfolgte auch in den meisten Waldrandbereichen eine Vergrößerung der Waldanteile.

Tabelle 4:
Entwicklung der Zirbenbestockung im Oberen Zemmgrund während der zweiten Hälfte des 20. Jahrhunderts; Zirbenverbreitung für 1955 nach Pindur et al. (2006).

Bestandesart	Zirben-verbreitung 1955	Zirben-verbreitung 2004	Veränderung
	Fläche [ha]	Fläche [ha]	[Faktor]
Wald	29,48	80,46	2,73
Einzelbaum/Gruppe	44,37	20,24	0,46
Jungwuchsbereich	14,95	288,42	19,29
Oberer Zemmgrund	88,80	389,12	4,38

Im nahezu ganzen Bereich der potentiellen Zirbenstandorte im Oberen Zemmgrund setzte seit ca. 30 Jahren ein intensiver Verjüngungsschub ein und vervielfachte die Fläche der Zirbenvorkommen. Der Anteil der Jungwuchsbereiche betrug 1955 nur etwa 15 ha. Im Jahr 2004 wurden fast 290 ha als Zirbenverjüngungsfläche erhoben – das ist nahezu die 20-fache Fläche gegenüber 1955! Je nach den lokalen Standortbedingungen gibt es Bereiche mit weit verstreuten, vereinzelten Zirbenverjüngungen oder Flächen mit dichtem, unterschiedlich altem Zirbenjungwuchs. Um die Struktur und den Zustand dieser Verjüngungsflächen genauer zu erfassen, wurde eine Bestandsanalyse (Probefläche 5) im dichten Zirbenjungwuchsbereich durchgeführt.

Die aktuelle Waldentwicklung und die daraus folgende Verbreitung der natürlichen Waldgesellschaften und Hauptbaumarten

Im gesamten unteren Talbereich des Zemmgrunds bis hinauf in die steilen, schattigen Lagen der Steilstufe von Grawand zum Oberen Zemmgrund wird sich die Weißtanne einzeln und in Kleingruppen ansiedeln. Der Fichten-Tannenwald wird stellenweise bis in die hochmontane Höhenstufe vordringen.

Im Bereich der heutigen Übergangszone vom Montanen Fichtenwald zum (Lärchen-)Zirbenwald und in der unteren Zirbenwaldstufe zeigt die kontinuierlich zahlreicher auftretende und auch sehr wüchsige Fichtenverjüngung das Vordringen der Fichte in die höheren Lagen. Hier werden die rascher und groß wachsenden Fichten die Zirben von den Standorten mit gutem Nährstoff-, Wasser- und Lufthaushalt verdrängen. Auf den felsigen und blockigen sowie den trockenen, südexponierten Standorten wird sich weiterhin ein entsprechender Zirbenanteil behaupten.

Einzelne und kleine Gruppen von Fichtenverjüngungen haben sich im Talboden des Oberen Zemmgrundes im Randbereich der Weideflächen der Waxeggalm und auf den unteren Bereichen der Gletschervorfelder in 1800 m bis max. 2000 m neben Zirben und Lärchen angesiedelt. Bei zunehmender Bewaldung der Weideflächen kann hier ein Zirbenwald mit geringem Fichtenanteil entstehen. Auf den steinigen, kargen Gletschervorfeldern wird es erste mosaikartige Baumbesiedelungsansätze von Zirbe, Lärche und Fichte geben. Birke, Weide und Erle werden in Strauchform vorkommen.

Die Zirbe, die seit 9000 Jahren die Hauptbaumart der Waldbestände in der subalpinen Stufe bildet (vgl. Nicolussi et al., 2007; Nicolussi, Kaufmann & Pindur, 2007), wird dies wahrscheinlich auch in Zukunft bleiben. Sie wird die größten Areale der potentiellen Waldfläche besiedeln. Die Masse ihrer Verbreitung verlagert sich aber in die Bereiche der heute hochsubalpinen Stufe. Zu einem geschlossenen Zirbenbestand werden sich die Bereiche des heutigen Waldgrenzökotons entwickelt. Die Waldgrenze mit nur mehr aufgelockertem Zirbenvorkommen wird um bis zu 200 Höhenmeter höher liegen (vgl. Tschermak, 1948). Bei weiterhin geringem anthropogenem Einfluss kann sich ein natürlicher Zirbenwald entwickeln, der in seiner Verbreitung und Struktur nur vom Groß- und Kleinklima geprägt wird.

Für Bäume im Gebirgswald bestehen gute Klimabedingungen, wenn eine lange, warme Vegetationszeit ohne Frosttage, ausreichend Niederschlag und keine Witterungsextreme wie Sturm, Hagel oder Trockenheit gegeben sind (Tranquillini, 1956 und 1966). Im Winter sollte nur geringe Lawinentätigkeit auftreten. Bleiben für den Baumwuchs günstige Klimabedingungen über mehrere Jahrhunderte bestehen, steigen im Gebirge, den topographischen Möglichkeiten entsprechend, der Wald und die Waldgrenze in weit höhere Lagen als zurzeit. Dem heutigen Klimatrend und den Prognosen der Klimastatistiker zufolge ist mit einer weiteren Erwärmung der Erdatmosphäre zu rechnen. Das bedeutet für den Wald im Oberen Zemmgrund, unter der Vorraussetzung langjähriger günstiger Wuchsbedingungen, ein Ansteigen der Zirbenwaldgrenze auf ca. 2350 m – in kleinstandörtlichen Gunstlagen noch höher. Auch ein Verschieben der natürlichen Waldgesellschaften im hochmontanen und subalpinen Bereich nach oben wird sich einstellen.

Wie die Geschichte zeigt, hat der Mensch, besonders in den alpinen Regionen, einen nicht zu unterschätzenden, manchmal sogar einen existenziellen Einfluss auf den Wald. Ein anthropogener Einfluss kann die Waldentwicklung und die Waldverbreitung trotz günstigster Klimabedingungen stark beeinträchtigen (vgl. HAAS, WALDE & WILD, 2007).

Verbreitung und Struktur des Waldes oberhalb des Schwarzensteinmoores im Klimaoptimum des Holozäns

Die Talflanke über dem Moor (Foto 6) beginnt im Unterhangbereich mit einer kleinen Geländestufe. Anschließend ist der Hang bis in eine Höhe von ca. 2400 m sehr steil (ca. 40°), von Felsbändern durchzogen und nur durch einzelne, verteilte, schmale Geländestufen unterbrochen.

Auf Grund dieser topographischen Verhältnisse kann sich oberhalb des Moores, auch bei für den Baumwuchs günstigsten Klimabedingungen, nur ein lockerer Zirbenbestand, bestehend aus vereinzelten dichten Baumgruppen oder Baumstreifen, meist aber aus verstreut stehenden Einzelzirben, entwickeln. Die für Zirben recht günstige S-Exposition der Hangzone ermöglicht eine gute Wüchsigkeit der Bäume.

Foto 6: Die steile, von Felsbändern durchzogene Talflanke des Lawinenhangs „Schwarzensteinmoor“ oberhalb des Schwarzensteinmoores mit kleinen Latschengruppen und einzelnen Jungzirben. (Aufnahme: P. Zwerger, Mai 2006)

Im unteren Bereich können die Zirben eine Baumhöhe von bis zu 16 m erreichen. Mit steigender Seehöhe werden die Bäume immer kleiner und sind im Waldgrenzbereich meistens nur mehr etwa 5 bis 8 m groß. Die Stammdurchmesser werden im mittleren Baumalter (100-200 Jahre) bei 20 bis 60 cm liegen. Die einzeln stehenden Zirben haben tief angesetzte, 3 bis 5 m breite Kronen. In den Baumgruppen entsprechen die Baumkronen der soziologischen Stellung, sind meist asymmetrisch gebaut und ummanteln im Durchschnitt etwas mehr als die halbe Stammlänge.

Bei dieser dem Standort angepassten Bestockung ist das Alter der Bäume über alle Altersklassen verteilt, die meisten Bäume werden zwischen 50 und 200 Jahre alt sein (vgl. PINDUR, 2000; NICOLUSSI et al., 2007).

Die Waldgrenze wird bis zu einer Höhe von 2350 m ansteigen. An besonders günstigen Standorten können einzelne Bäume sogar über dieser Waldgrenzhöhe vorkommen.

Klimatisch bedingte Waldgrenzabsenkung während holozäner Klimaungunstphasen im Bereich des Lawinenhanges „Schwarzensteinmoor“

Die aktuelle Baumgrenze wird durch eine kleine Zirbengruppe im westlichen Bereich des Lawinenhangs „Schwarzensteinmoor“ auf 2250 m gebildet. Am größten Baum, mit rund 2,5 m Höhe, wurden in 50 cm Stammhöhe 28 Jahrringe gezählt (PINDUR, 2000, Probe ZGR 8, Foto 7). Dieser Baum fing demzufolge in den 1960er Jahren zu wachsen an und überstand die klimaungünstige Periode um 1980 (NICOLUSSI & PATZELT, 2006).

Die aktuelle Waldgrenze im Bereich der Schwarzensteinalm, etwas westlich vom Lawinenhang „Schwarzensteinmoor“, liegt auf rund 2170 m (Foto 8). An den vier größten waldgrenzbildenden Bäumen, die rund 200 m nordwestlich der Probefläche 7 stocken, wurde ein Wachstumsbeginn nach 1850 festgestellt (PINDUR, 2000, Proben ZGR 1-4). Eine weiterer beprobter Baum auf 2130 m, direkt unterhalb des Standortes der vier beprobten Zirben, weist mit 148 gemessenen Jahrringen auf einen Wachstumsbeginn in der Endphase der neuzeitlichen Klimadepression hin (PINDUR, 2000, Probe ZGR 5). Dieser Baum stellt die älteste vorgefundene lebende Zirbe in dieser Höhenlage dar. In einer Höhe von jeweils 2110 m konnten in der Probefläche 7 vier Zirben (vgl. Abbildung 20) und in der Probefläche 8 (vgl. Tabelle 3) zwei Zirben mit einem Wachstumsbeginn vor 1850 aufgefunden werden. SCHWENDINGER & PINDUR (2007) konnten für den Zeitraum zwischen 1850 und 1985 einen Schneegrenzanstieg an den drei großen Zemmgrund-Gletschern von rund 120 bis 130 m feststellen. Damit lässt sich von der aktuellen Baumgrenze auf 2250 m, die die ungünstigen Klimaverhältnisse um 1980 widerspiegelt, eine klimatisch bedingte theoretische Waldgrenzhöhe von rund 2120 bis 2130 m für den Zeitraum der neuzeitlichen Klimadepression berechnen. Dieses Ergebnis wird durch die im Gelände vorgefundenen Altbäume in dieser Höhenlage bestätigt.

Demzufolge lässt sich für den Bereich des Lawinenhangs „Schwarzensteinmoor" eine klimatisch bedingte Absenkung der Waldgrenze während der Neuzeitlichen Klimadepression – und somit auch für frühere (holozäne) Klimadepressionen (z.B. Veit, 2002) – auf ein Niveau, das unterhalb des Schwarzensteinmoors (2150 m) liegt, ableiten. Während dieser Klimadepressionsphasen mit den Gletscherhochständen waren bis zu 50% der Fläche des HOLA-Untersuchungsgebiets „Oberer Zemmgrund" mit Eis bedeckt. Bis in die 1980er Jahre hat sich die Eisfläche als Folge der veränderten Klimaverhältnisse auf rund ⅓ des Untersuchungsgebiets reduziert (vgl. Schwendinger & Pindur, 2007).

Foto 7: Höchstgelegene Zirbengruppe auf der südexponierten Schwarzensteinalm im Bereich des Lawinenhangs „Schwarzensteinmoor"auf 2250 m, im Hintergrund der Kl. Mörchner, 3198 m (Aufnahme: P. Pindur, September 1999).

Foto 8: Die aktuelle Waldgrenze auf 2170 m von der höchstgelegenen Zirbengruppe aus betrachtet. Die beprobten Bäume befinden sich im linken Bildausschnitt nördlich der Zollwachhütte; im Hintergrund das Gletschervorfeld des Waxeggkees (Aufnahme: P. Pindur, September 1999).

7. Resümee

- Im Oberen Zemmgrund ist der (Lärchen-) Zirbenwald standortbedingt die einzige baumförmige natürliche Waldgesellschaft. Es dominiert der Alpenrose-Heidelbeeren-Zirbenwaldtyp, an Sonderstandorten trifft man auf die Legföhren- bzw. Grünerlen-Zirbenwaldtypen.
- Die Zirbe ist seit 9000 Jahren die Hauptbaumart der Waldbestände in der subalpinen Stufe des Zemmgrundes und wird es wahrscheinlich auch in Zukunft bleiben.
- Bis auf wenige Bestandsreste und Einzelvorkommen wurde der Wald in den vergangenen Jahrhunderten für die Almwirtschaft und den Bergbau gerodet bzw. genutzt.
- Seit der Mitte des 20. Jahrhunderts ist auf weiten Teilen der Almflächen die Beweidung rückläufig oder wurde gebietsweise sogar ganz eingestellt. Dort konnten sich aus locker stehenden Einzelzirben rottenartigen Kleingruppen

entwickeln; in den meisten Bestandsteilen erhöhten sich die Stammzahlen.

- Die in den vergangenen Jahrzehnten – seit etwa 1985 – besonders für den Baumwuchs günstige Klimaentwicklung verstärkt den Prozess der umfangreichen Zunahme und Strukturveränderung der Waldflächen. Auf vielen potentiellen Zirbenstandorten entstanden teilweise großflächige Zirbenverjüngungsbereiche; der Jungwuchsbereich hat in den vergangenen 50 Jahren flächenmäßig im Oberen Zemmgrund fast um den Faktor 20 zugenommen!
- Bei Konstanz der aktuell gegebenen Klimaverhältnisse und Nutzungsbedingungen wird die Waldgrenze um bis zu 200 Höhenmeter – analog bereits stattgefundener, früherer Warmphasen – ansteigen. Darunter werden sich die Zirbenwälder in vom Standort abhängiger Struktur entfalten.
- Während des holozänen Klimaoptimums war die Waldwuchsfläche in der subalpinen Höhenstufe mehr als doppelt so groß wie heute. Dabei lagen ¾ der Waldwuchsfläche in der heute noch großteils waldfreien hochsubalpinen Höhenstufe.
- Nicht nur das Klima wird für die weitere Waldentwicklung entscheidend sein, auch die Interessen der Menschen in dieser Region werden die Verbreitung und Struktur des Waldes im Oberen Zemmgrund maßgeblich beeinflussen.
- Für den Lawinenhang „Schwarzensteinmoor" konnte ein klimatisch bedingter Schwankungsbereich der Waldgrenze für das Holozän zwischen rund 2130 m und 2350 m abgeleitet werden.

8. Literatur

BEV, Bundesamt für Eich- und Vermessungswesen, 1999. SW-Orthophotos. — Blattnummer 3321-101, 3322-103, 3421-100, 3421-101, 3422-102 und 3422-103, Wien.

BÖHM, H., 1969. Die Waldgrenze der Glocknergruppe. – [in:] Wissenschaftliche Alpenvereinshefte. — **21**:143-167, München.

BRANDNER, R., 1980. Karte der Geologie 1:300.000. – [in:] Land Tirol (Hrsg.) Tirol-Atlas. Eine Landeskunde in Karten, Innsbruck.

BROCKMANN-JEROSCH, H., 1919. Baumgrenze und Klimacharakter. – Beiträge zur geobotanischen Landesaufnahme, 6, Zürich.

DAMM, B., 1994. Waldgrenze, Baumgrenze und Höhenstandorte der Zirbe in der Rieserfernergruppe, Tirol. – [in:] Der Schlern. — 68, **6**:342-355.

FIGALA, H., 1927. Studien über die Nordtiroler Zirbe. – Dissertation, BOKU Wien.

FLIRI, F., 1968. Karten 1:600.000 des Niederschlags in Tirol und den angrenzenden Gebieten. – [in:] Land Tirol (Hrsg.). Tirol-Atlas. Eine Landeskunde in Karten. – Innsbruck.

FRIEDEL, H., 1952. Gesetze der Niederschlagverteilung im Hochgebirge. – [in:] Wetter und Leben. — **4**:73-86.

FRIEDEL, H., 1967. Verlauf der Waldgrenze im Rahmen anliegender Gebirgsgelände. – [in:] Mitteilungen der Forstlichen Bundesversuchsanstalt Wien. — **75**:81-172.

FURRER, E., 1955. Probleme um den Rückgang der Arve(*Pinus cembra*) in den Schweizer Alpen. – [in:] Mitteilung der Schweizer Anstalt für das Forstliche Versuchswesen. — **XXXI**:669-705, Zürich.

HAAS, J.N., WALDE, C. & WILD, V.,2007. Holozäne Schneelawinen und prähistorische Almwirtschaft und ihr Einfluss auf die subalpine Flora und Vegetation der Schwarzensteinalm im Zemmgrund (Zillertal, Tirol, Österreich). In diesem Band.

HANDEL-MAZETTI, H., 1954. Der höchste Standort der Zirbe (*Pinus cembra*) in den Ostalpen. – [in:] Angewandte Pflanzensolziologie, Sonderfolge, Festschrift Aichinger. — **1**:123-124.

HOLTMEIER, F.-K., 1985. Die klimatische Waldgrenze - Linie oder Übergangsraum (Ökoton)? Ein Diskussionsbeitrag unter besonderer Berücksichtigung der Waldgrenze in den mittleren und hohen Breiten der Nordhalbkugel. – [in:] Erdkunde. — 39, **4**:271-285.

HOLTMEIER, F.-K., 1993. Timberlines as indicators of climatic changes: problems and research needs. – [in:] FRENZEL, B. (Hrsg.). Oszillations of the Alpine and Polar Tree Limits in the Holocene. Paläoklimaforschung, Palaeoclimate Research. — **9**, Stuttgart, Jena, New York.

HOLTMEIER, F.-K., 2000. Die Höhengrenzen der Gebirgswälder. – Arbeiten aus dem Institut für Landschaftsökologie, Westfälische Wilhelms-Universität. — **8**, Münster.

HUFNAGEL, H., 2001. Der Waldtyp. Ein Behelf für Waldbaudiagnose. – Ried i. Innkreis, 4. Auflage.

KAMMERLANDER, H., 1985. Waldbauliche Analyse des Oberhauser Zirbenschutzwaldes. – Dissertation, BOKU Wien.

KERNER, A., 1908. Studien über die obere Grenze der Holzgewächse in den österreichischen Alpen, III. Die Zirbe. – [in:] MAHLER, K.

(Hrsg.). Der Wald und die Alpwirtschaft in Österreich und Tirol. Berlin.

KILIAN, W., MÜLLER, F. & STARLINGER, F., 1994. Die forstlichen Wuchsgebiete Österreichs. – FBVA-Berichte. — **82**:1-60, Wien.

KLEBELSBERG, R.v., 1952. Die Fehlgebiete der Arve in den Schweizer Alpen. – Berichte der Schweizer Botanischen Gesellschaft. — **62**, Zürich.

MAREK, R., 1910. Waldgrenzstudien in den österreichischen Alpen. – Petermanns Mitteilungen, Ergänzungsheft 168, Gotha.

MATTES, H., 1978. Der Tannenhäher (*Nucifraga caryocatactes* L.) im Engadin. Studien zu seiner Ökologie und Funktion im Arvenwald (*Pinus cembra* L.). – Münstersche Geographische Arbeiten. — **2**, Paderborn.

MAYER, H., 1974. Wälder des Ostalpenraumes. Standort, Aufbau und waldbauliche Bedeutung der wichtigsten Waldgesellschaften in den Ostalpen samt Vorland. – Ökologie der Wälder und Landschaften. — **3**, Stuttgart.

MAYER, H., 1977. Waldbauliche Untersuchungen in Lärchen-Zirbenwälder der Ötztaler Alpen. – [in:] Centralblatt für das gesamte Forstwesen. — **94**, Wien.

MÜLLER, H.N., 1980. Jahrringwachstum und Klimafaktoren. – Angewandte Pflanzensoziologie. — **25**, Wien.

NEVOLE, J., 1914. Die Verbreitung der Zirbe in der österr.-ungar. Monarchie. Wien.

NICOLUSSI, K., LUMASSEGGER, G., PATZELT, G., PINDUR, P. & SCHIESSLING, P., 2004. Aufbau einer holozänen Hochlagen-Jahrring-Chronologie für die zentralen Ostalpen: Möglichkeiten und erste Ergebnisse. – [in:] Innsbrucker Geographische Gesellschaft (Hrsg.). Innsbrucker Jahresbericht 2001/2002. — **16**:114-136.

NICOLUSSI, K. & PATZELT, G., 2006. Klimawandel und Veränderung an der alpinen Waldgrenze - aktuelle Entwicklungen im Vergleich zur Nacheiszeit. – [in:] BFW Praxis Information. — **10**:3-5. Wien.

NICOLUSSI, K., KAUFMANN,M. & PINDUR, P., 2007. Dendrochronologische Analyse der Bauentwicklung von Gebäuden der Waxeggalm, im Zemmgrund. Zillertaler Alpen. In diesem Band.

NICOLUSSI, K., PINDUR, P., SCHIESSLING, P., KAUFMANNM., THURNER A. & LUZIAN, R., 2007. Waldzerstörende Lawinenereignisse während der letzten 9000 Jahre im Zemmgrund, Zillertaler Alpen, Tirol. In diesem Band.

NIKLFELD, H. & SCHRATT-EHRENDORFER, L., 2007. Zur Flora des Zemmgrundes in den Zillertaler Alpen. Ein Auszug aus den Ergebnissen der floristischen Kartierung Österreichs. In diesem Band.

OSWALD, H., 1963. Verteilung und Zuwachs der Zirbe (*Pinus cembra* L.) der subalpinen Stufe an einem zentralalpinen Standort. – [in:] Mitteilungen der Forstlichen Versuchsanstalt. — **60**:439-499, Wien.

PENZ, H., 2003. Veränderung von Umwelt, Wirtschaft und Gesellschaft im Alpenraum. – [in:] Bericht über das 9. Alpenländische Expertenforum zum Thema: Das österreichische Berggrünland - ein aktueller Situationsbericht mit Blick in die Zukunft. — 1-7, Gumpenstein.

PINDUR, P., 2000. Dendrochronologische Untersuchungen im Oberen Zemmgrund, Zillertaler Alpen. Eine Analyse rezenter Zirben (*Pinus cembra* L.) und subfossiler Moorhölzer aus dem Waldgrenzbereich und deren klimageschichtliche Interpretation. – Diplomarbeit, Universität Innsbruck.

PINDUR, P., 2001. Der Nachweis von prähistorischen Lawinenereignissen im Oberen Zemmgrund, Zillertaler Alpen. – [in:] Mitteilungen der Österreichischen Geographischen Gesellschaft. — **143**:193-214, Wien.

PINDUR, P. & LUZIAN, R., 2007. Der Obere Zemmgrund - ein geographischer Einblick. In diesem Band.

PINDUR, P., ZWERGER, P., LUZIAN, R. & STERN, R., 2006. Die Vegetation im Oberen Zemmgrund in der Mitte des 20. Jahrhunderts. Ein Auszug aus Helmut Friedels Vegetationskartierung 1953-55 in den Zillertaler Alpen für aktuelle Untersuchungen. – [in:] Berichte des Naturwissenschaftlich-Medizinischen Vereins in Innsbruck. — **93**:43-50. Innsbruck.

PINDUR, P., SCHÄFER, D. & LUZIAN, R., 2007. Der Nachweis einer bronzezeitlichen Feuerstelle bei der Schwarzensteinalm im Oberen Zemmgrund, Zillertaler Alpen. In diesem Band.

PITSCHMANN, H., REISIGL, H., SCHIECHT, H.M. & STERN, R., 1971. Karte der aktuellen Vegetation von Tyrol 1/100.000. II. Teil: Blatt 7, Zillertaler und Tuxer Alpen. – Documents pour la carte de la Vegetation des Alpes. — **9**:109-132, Grenoble.

PODHORSKY, J., 1957. Die Zirbe in den Salzburger Hohen Tauern. – [in:] Jahrbuch des Vereins zum Schutz der Alpenpflanzen und Tiere. — **22**:73-81, München.

REISIGL, H. & KELLER, R., 2000. Lebensraum Bergwald. Alpenpflanzen in Bergwald, Baumgrenze und Zwergstrauchheide. Vegetationskundliche Informationen für Studien, Exkursionen und Wanderungen. — 2. Auflage, Stuttgart.

Rikli,M., 1909. Die Arve in der Schweiz. - Denkschrift der Schweizer Nationalforschungs-Gesellschaft. — **44**, Basel.

Rotter, W., 1973. Karte der Bodentypen 1:300.000. - [in:] Land Tirol (Hrsg.): Tirol Atlas. Eine Landeskunde in Karten. Innsbruck.

Schiechtl, H.M., 1970. Die Ermittlung der potentiellen Zirben-Waldfläche im Ötztal. - [in:] Mitteilungen der Ostalpinen-Dinarischen Gesellschaft für Vegetationskunde. — **11**:197-204, Innsbruck.

Schiechtl, H.M. & Stern, R., 1975. Die Zirbe (*Pinus cembra* L.) in den Ostalpen. - [in:] I. Angewandte Pflanzensoziologie. — **22**, Wien.

Schiechtl, H.M. & Stern, R., 1978. Die Zirbe (*Pinus cembra* L.) in den Ostalpen II. - Angewandte Pflanzensoziologie. — **24**, Wien.

Schiechtl, H.M. Stern, R., 1983. Die Zirbe (*Pinus cembra* L.) in den Ostalpen III. Teil. Stubaier Alpen, Wipptal, Zilleraler Alpen. - Angewandte Pflanzensoziologie. — **27**, Wien.

Schiechtl, H.M., Stern R. & Zukrigl, K., 1984. Die Zirbe (*Pinus cembra* L.) in den Ostalpen. - IV. Angewandte Pflanzensoziologie. — **28**, Wien.

Schwarz, W., 1951. Die Zirbe Österreichs. - Dissertation, BOKU Wien.

Schwendinger, G. & Pindur, P., 2007. Die Entwicklung der Gletscher im Zemmgrund in den Zillertaler Alpen seit dem Hochstand in der Mitte des 19. Jahrhunderts. Längenänderung, Flächen- und Volumenverlust, Schneegrenzanstieg. In diesem Band.

Stern, R., 1966. Der Waldrückgang im Wipptal. - Mitteilungen der Forstlichen Bundesversuchsanstalt. — **70**. Wien.

Stern, R., 1968. Der Waldrückgang im Zillertal - [in:] Centralblatt für das gesamte Forstwesen. — **85**:32-42, Wien.

Stern, R. & Helm, G., 1979. Alter und Struktur von Zirbenwäldern - [in:] Allgemeine Forstzeitung. — **90**:194-198, Wien.

Tranqullini, W., 1956. Vom Existenzkampf des Baumes im Hochgebirge - [in:] Jahrbuch des Vereins zum Schutz der Alpenpflanzen und Tiere.

Tranquillini, W., 1966. Über die physiologischen Ursachen der Wald- und Baumgrenze - [in:] FBVA-Mitteilungen, Ökologie der Alpinen Waldgrenze. — **75**, Wien.

Tschermak, L., 1942. Beitrag zur Kenntnis der Zirben-Standorte. - Sonderdruck aus den Mitteilungen der Hermann-Göring-Akademie der Deutschen Forstwissenschaft. — **2**, 1.

Tschermak, L., 1948. Die Höhenlagen der oberen Wald- und Baumgrenze in den Innenalpen und Klimacharakter - [in:] Wetter und Leben. — 8, Jg. 1.

Tschermak, L., 1953 oder 1961. Zur Karte der Wuchsgebiete des Österreichischen Waldes. - Beiblatt zur Wuchsgebietskarte. FBVA-Wien (Hekt.).

Veit, H., 2002. Die Alpen - Geoökologie und Landschaftsentwicklung. — Stuttgart.

Vierhapper, F., 1915. Die Zirbe und Bergkiefer in unseren Alpen. - [in:] Zeitschrift des Deutschen und Österreichischen Alpenvereins. — **46**:97-123, München.

Vierhapper, F., 1916. Die Zirbe und Bergkiefer in unseren Alpen. Teil 2. - [in:] Zeitschrift des Deutschen und Österreichischen Alpenvereins. — **47**:60-89. München.

Zwerger, P., 1988. Die Zirbe im hinteren Zillertal. - [in:] Tiroler Forstdienst. — 31(2):6-7.

Zwerger, P., 1983. Verbreitung und Bestandesaufbau von Zirbenwäldern in den Ostalpen. - [in:] Tiroler Forstdienst. — 26(2):4-5.

9. Anhang

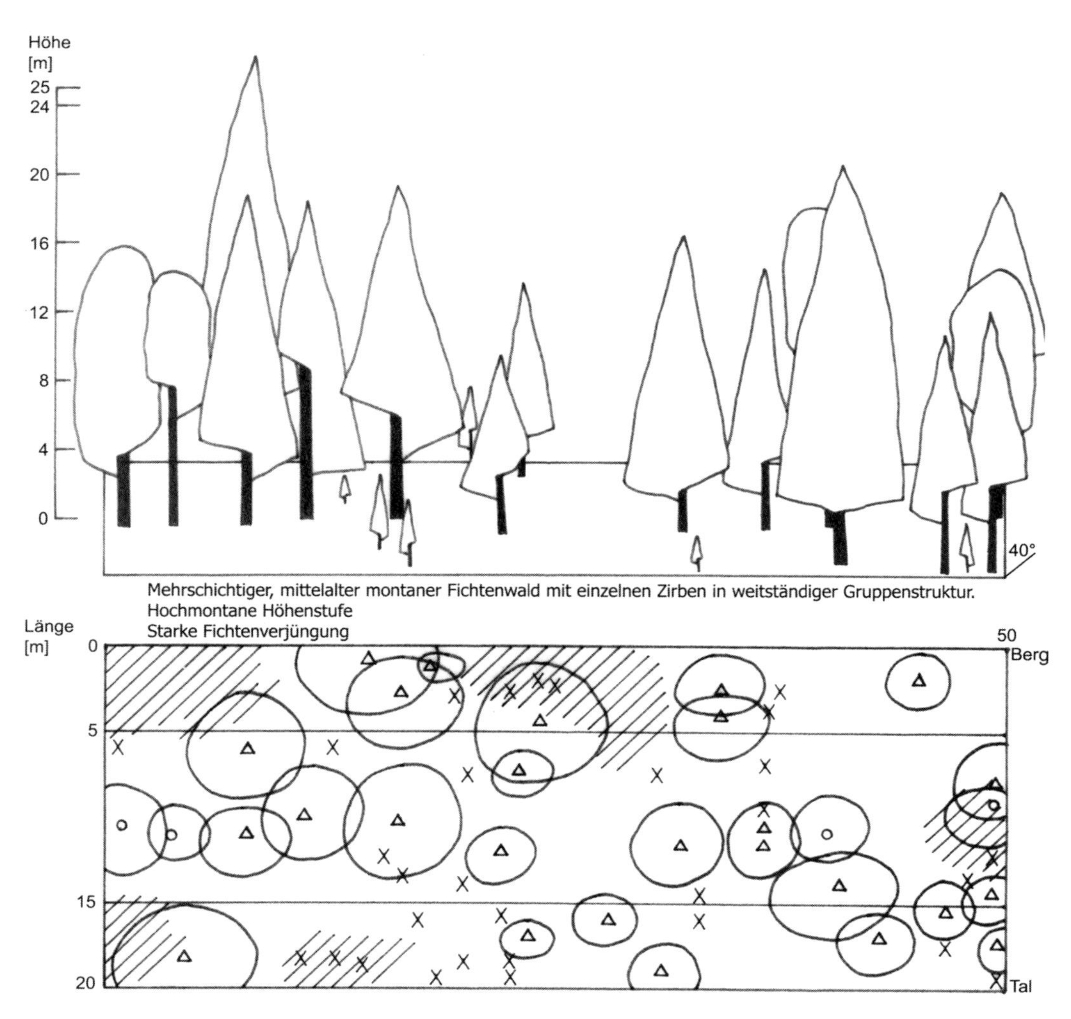

Abbildung 7: Aufriss- und Grundriss der Probefläche 1 - Grawandalm/Grawandhütte – 1650 m.ü.M., Exposition: W, Hangneigung: 40°.

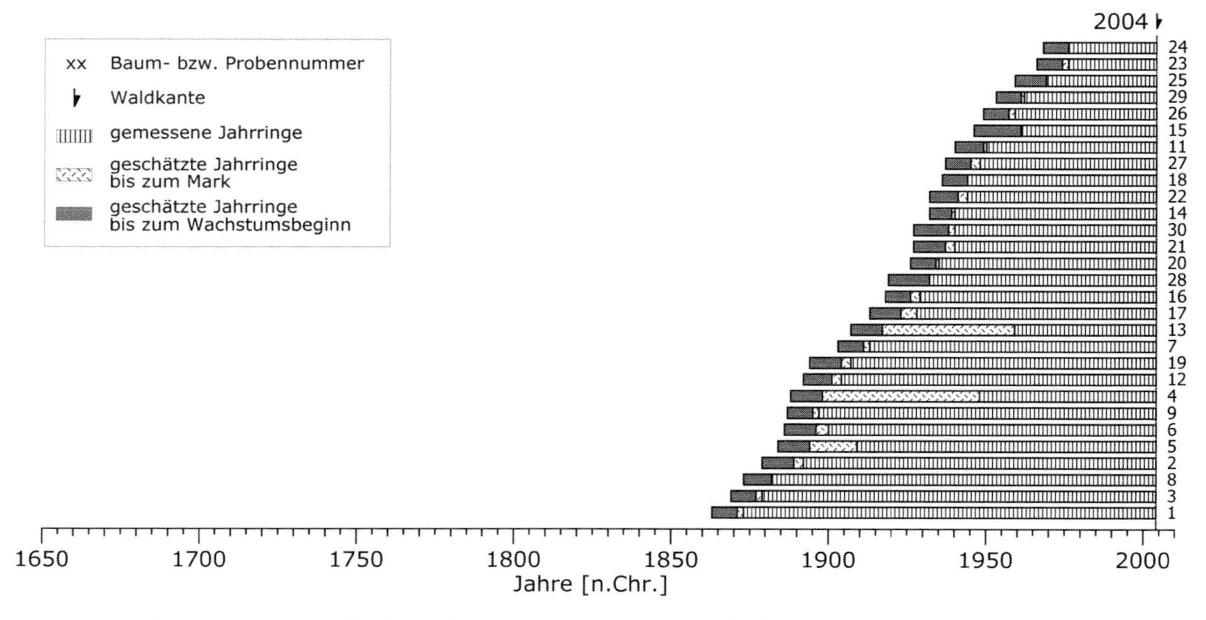

Abbildung 8: Wachstumszeiträume der beprobten Bäume in der Probefläche 1 - Grawandalm/Grawandhütte – 1650 m.ü.M., Jungwuchs (nach 1985): 29 Fichten, 2 Zirben.

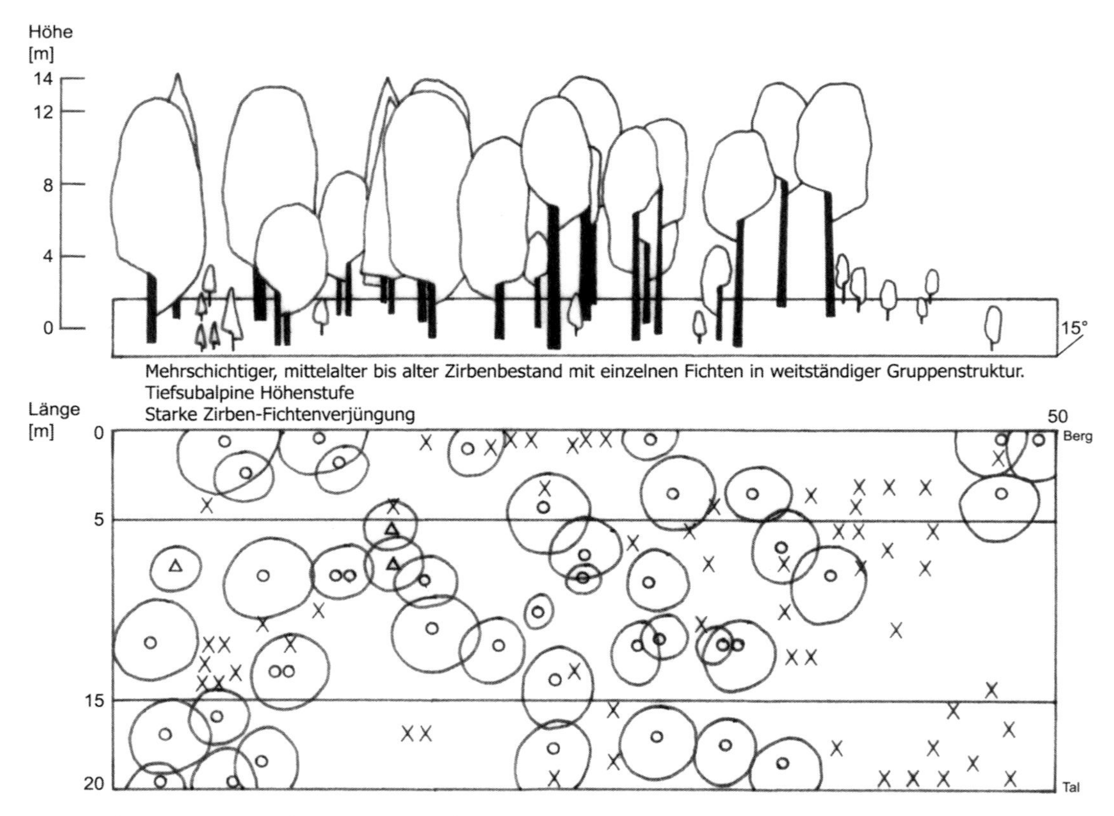

Abbildung 9: Aufriss- und Grundriss der Probefläche 2 - Grawandalm/Unten – 1740 m.ü.M., Exposition: S, Hangneigung; 15°.

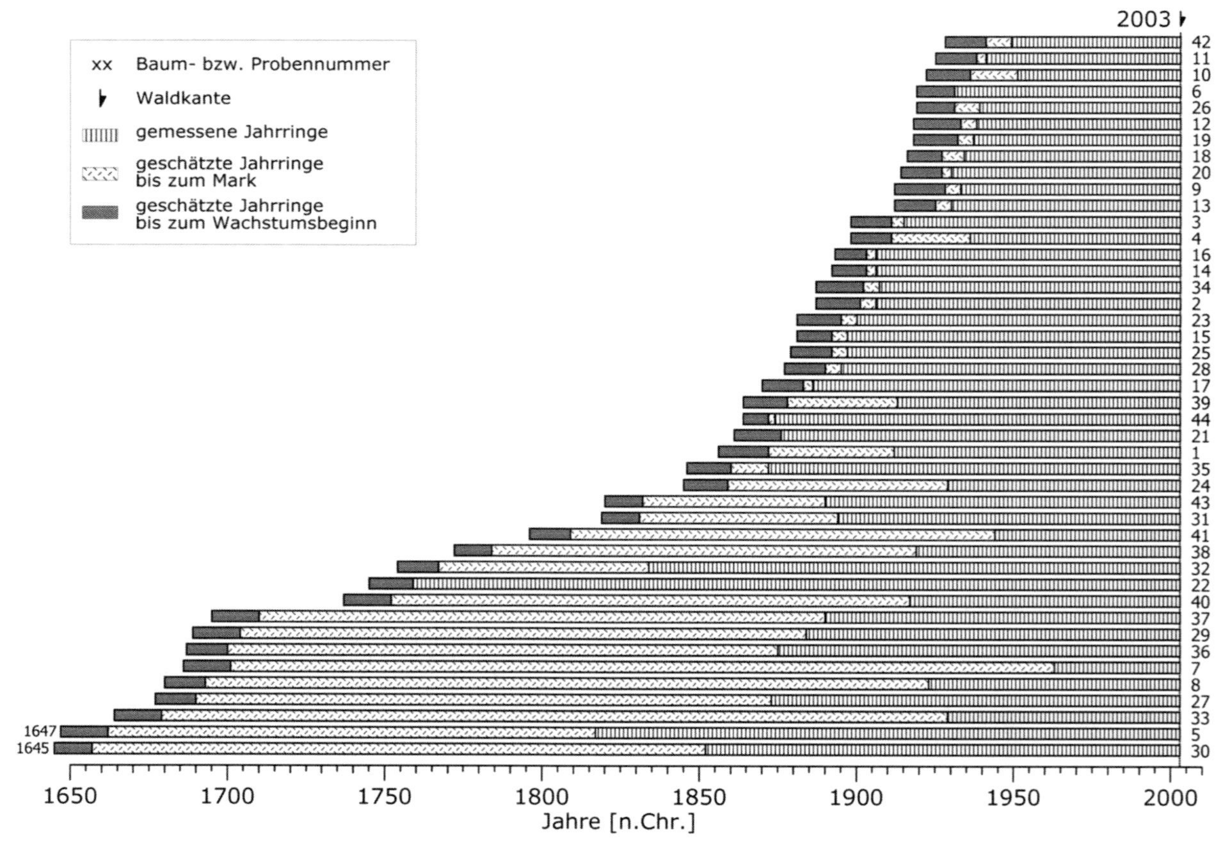

Abbildung 10: Wachstumszeiträume der beprobten Bäume in der Probefläche 2 - Grawandalm/Unten – 1740 m.ü.M., Jungwuchs (nach 1985): 51 Zirben, 10 Fichten.

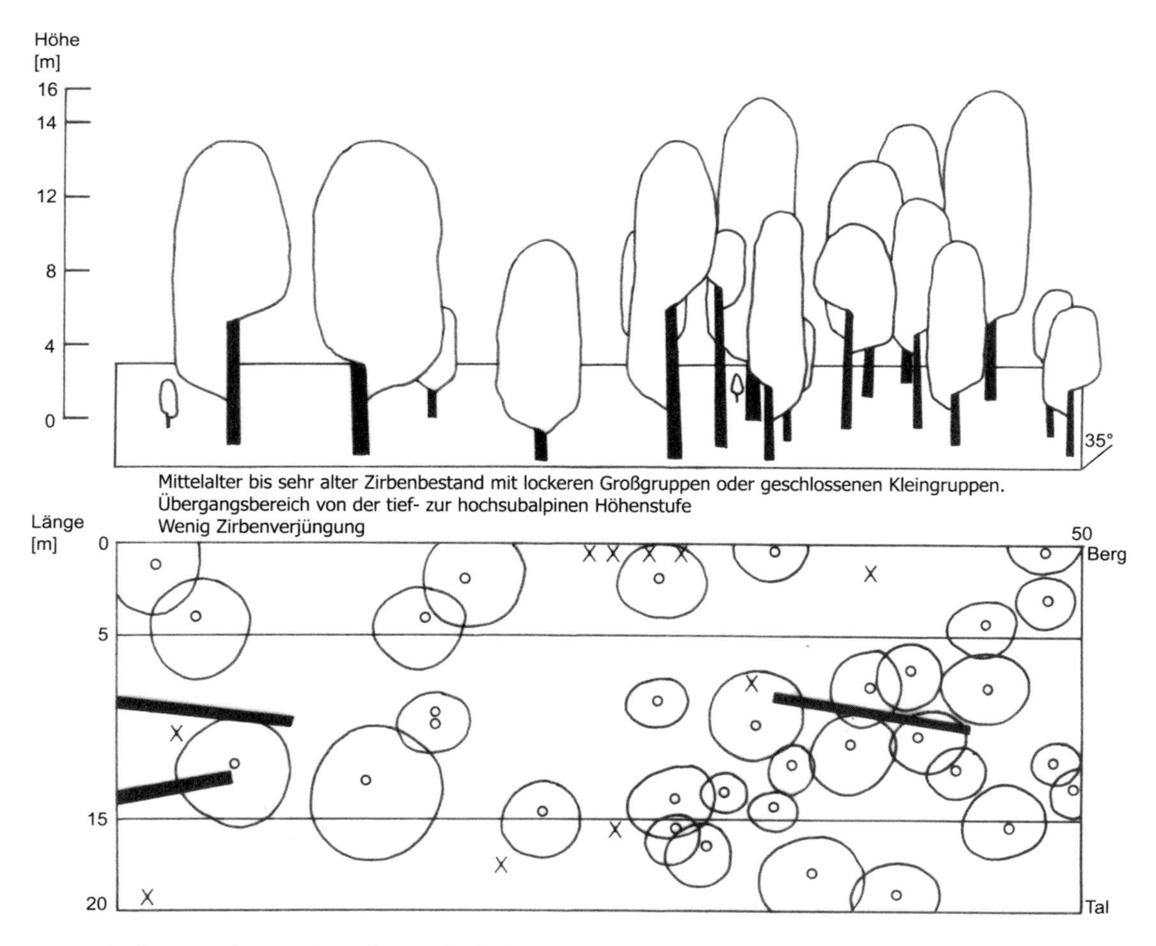

Abbildung 11: Aufriss- und Grundriss der Probefläche 3 - Grawandalm/Oben – 1890 m.ü.M., Exposition: S, Hangneigung: 35°

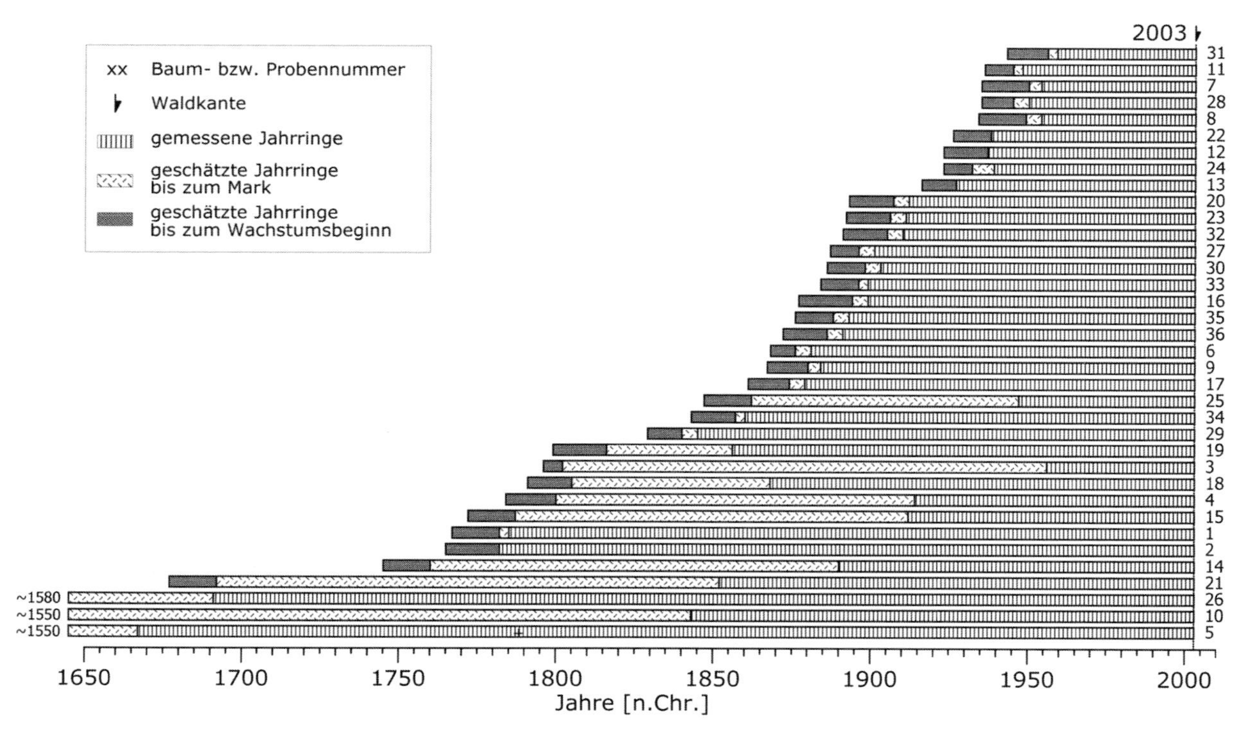

Abbildung 12: Wachstumszeiträume der beprobten Bäume in der Probefläche 3 - Grawandalm/Oben – 1890 m.ü.M., Jungwuchs (nach 1985): 12 Zirben.

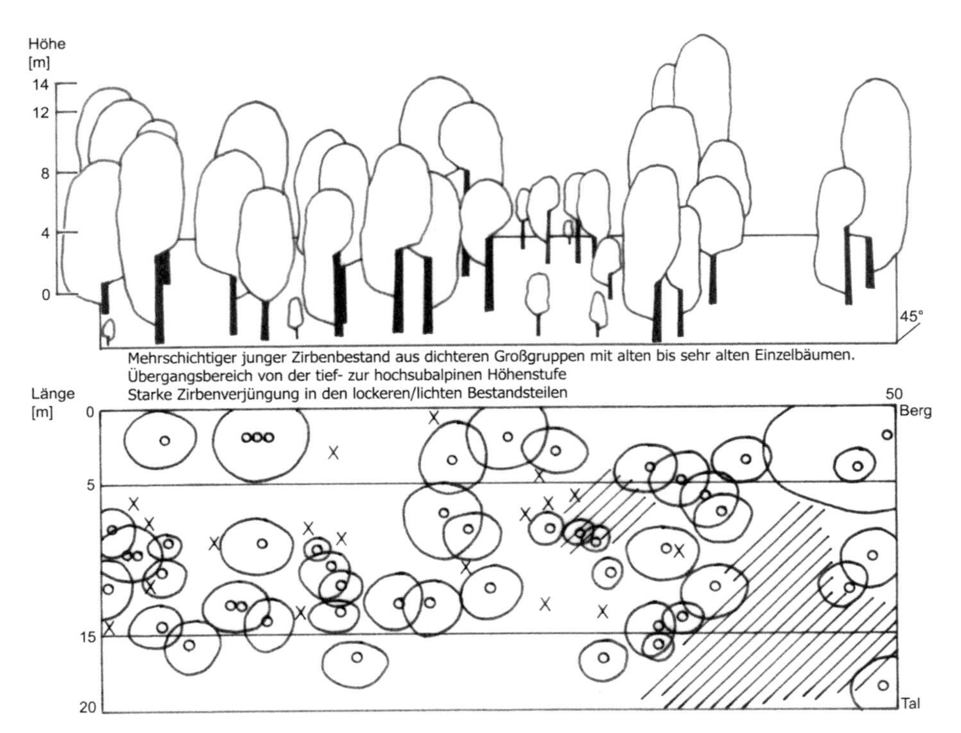

Abbildung 13: Aufriss- und Grundriss der Probefläche 4 - Waxeggalm/Saure Seite – 1900 m.ü.M., Exposition: NO, Hangneigung: 45°.

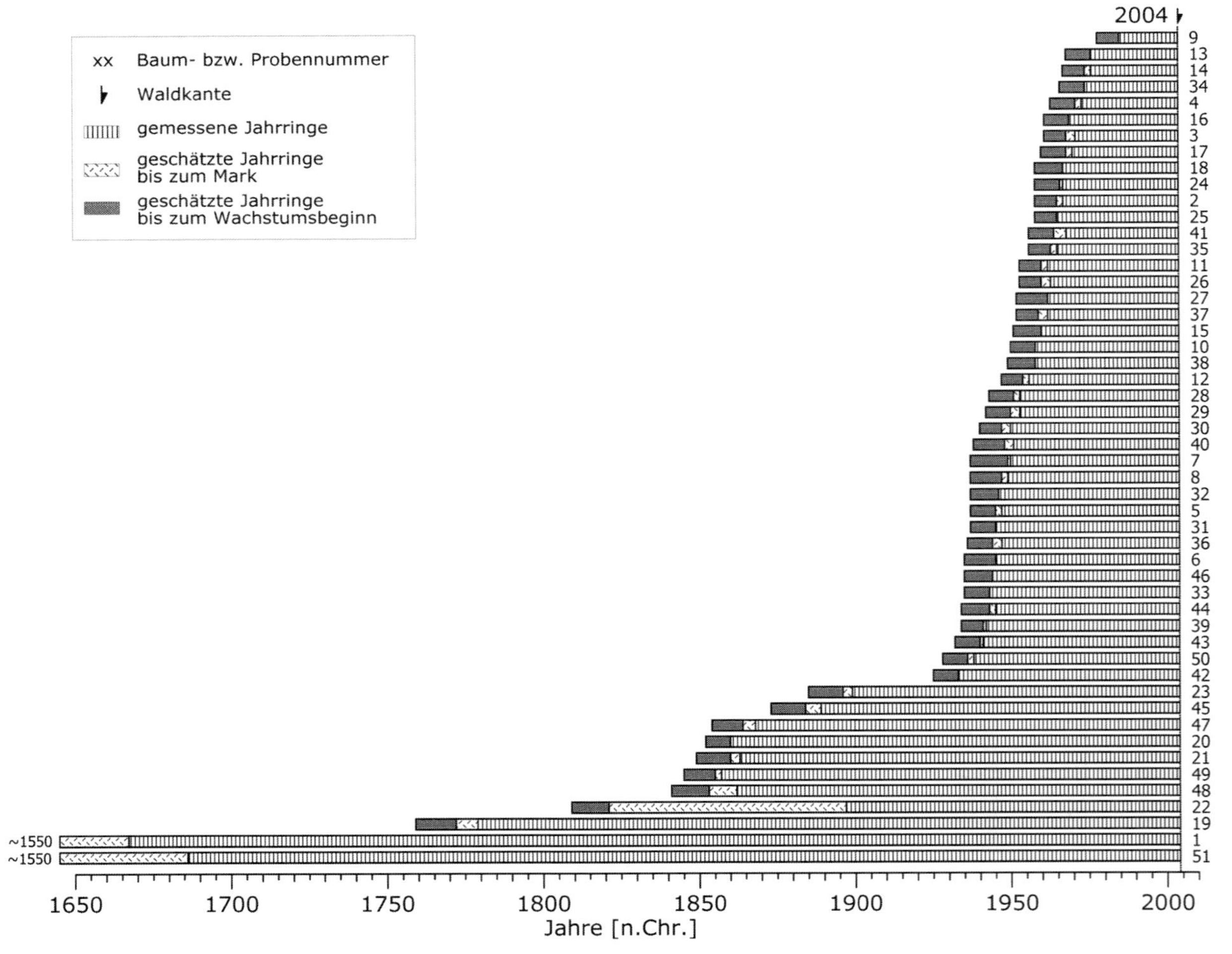

Abbildung 14: Wachstumszeiträume der beprobten Bäume in der Probefläche 4 - Waxeggalm/Saure Seite – 1900 m.ü.M., Jungwuchs (nach 1985): 18 Zirben.

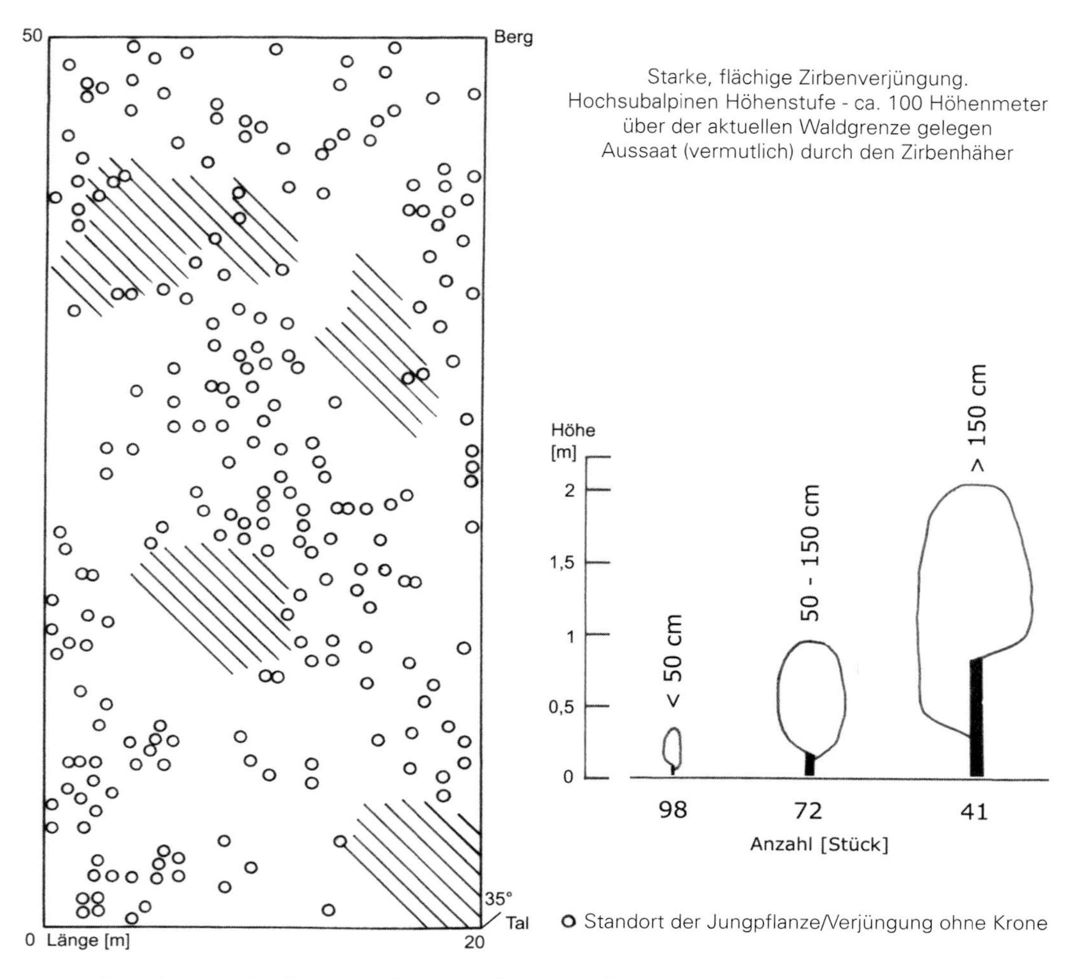

Abbildung 15: Grundriss und Altersverteilung in der Probefläche 5 - Waxeggalm/ Schönbichl – 2030 m.ü.M., Exposition: NO, Hangneigung: 35°.

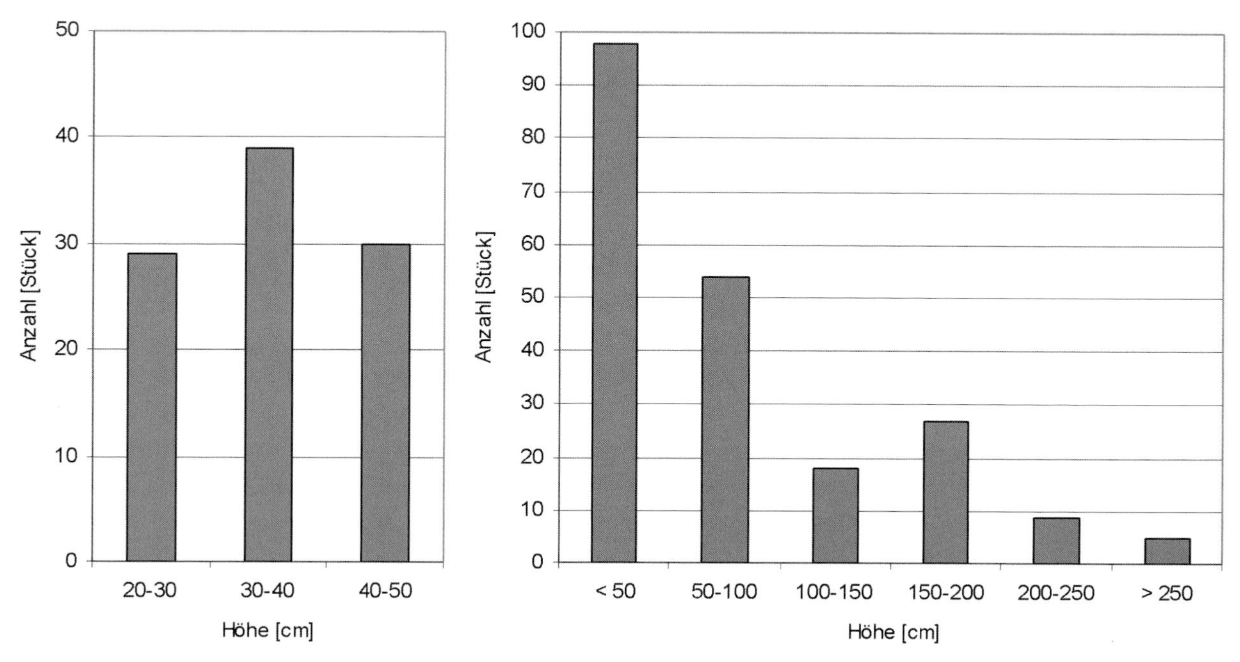

Abbildung 16: Anzahl der Bäume und Baumhöhenverteilung in der Probefläche 5 - Waxeggalm/Schönbichl – 2030 m.ü.M.

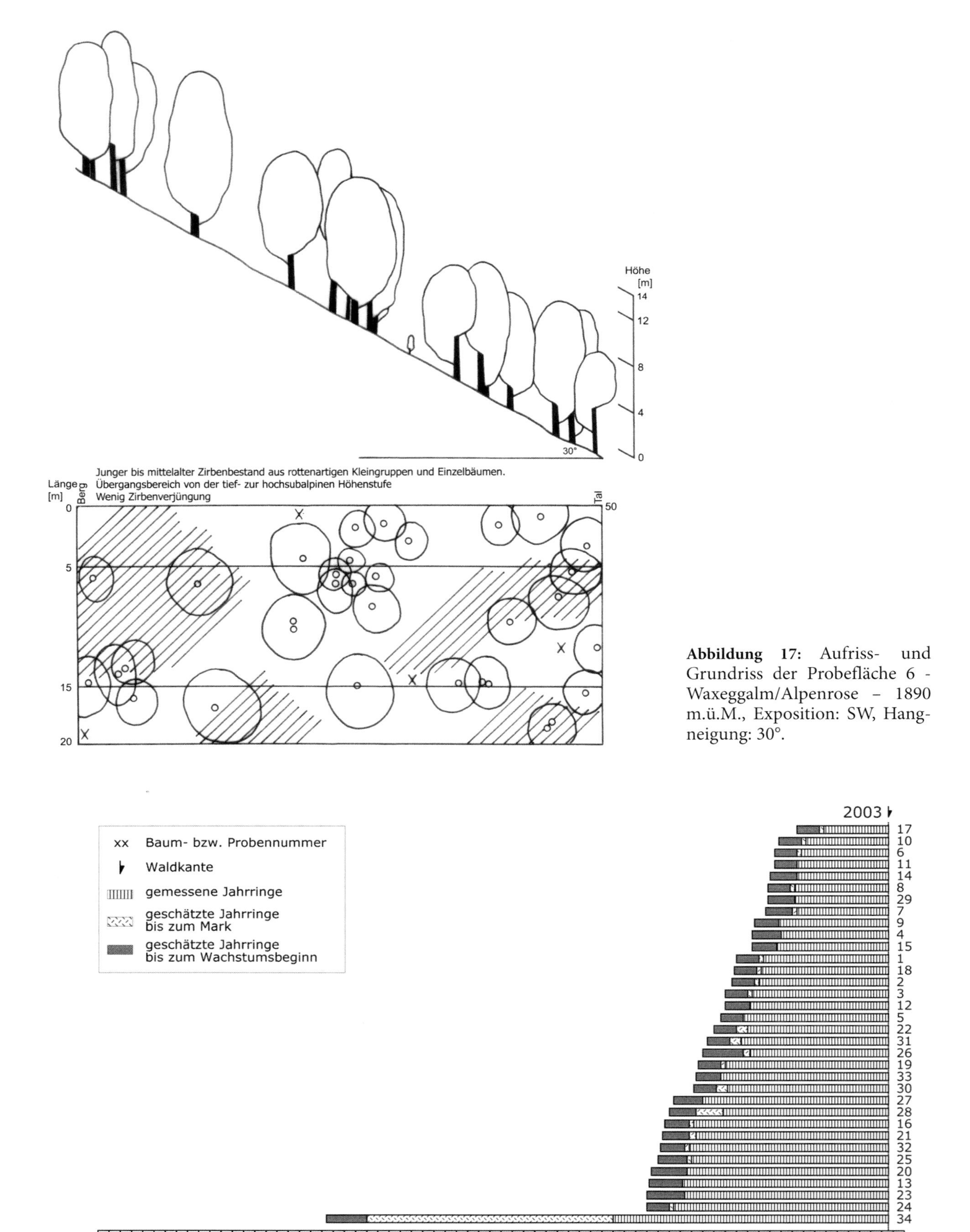

Abbildung 17: Aufriss- und Grundriss der Probefläche 6 - Waxeggalm/Alpenrose - 1890 m.ü.M., Exposition: SW, Hangneigung: 30°.

Abbildung 18: Wachstumszeiträume der beprobten Bäume in der Probefläche 6 - Waxeggalm/Alpenrose – 1890 m.ü.M., Jungwuchs (nach 1985): 5 Zirben.

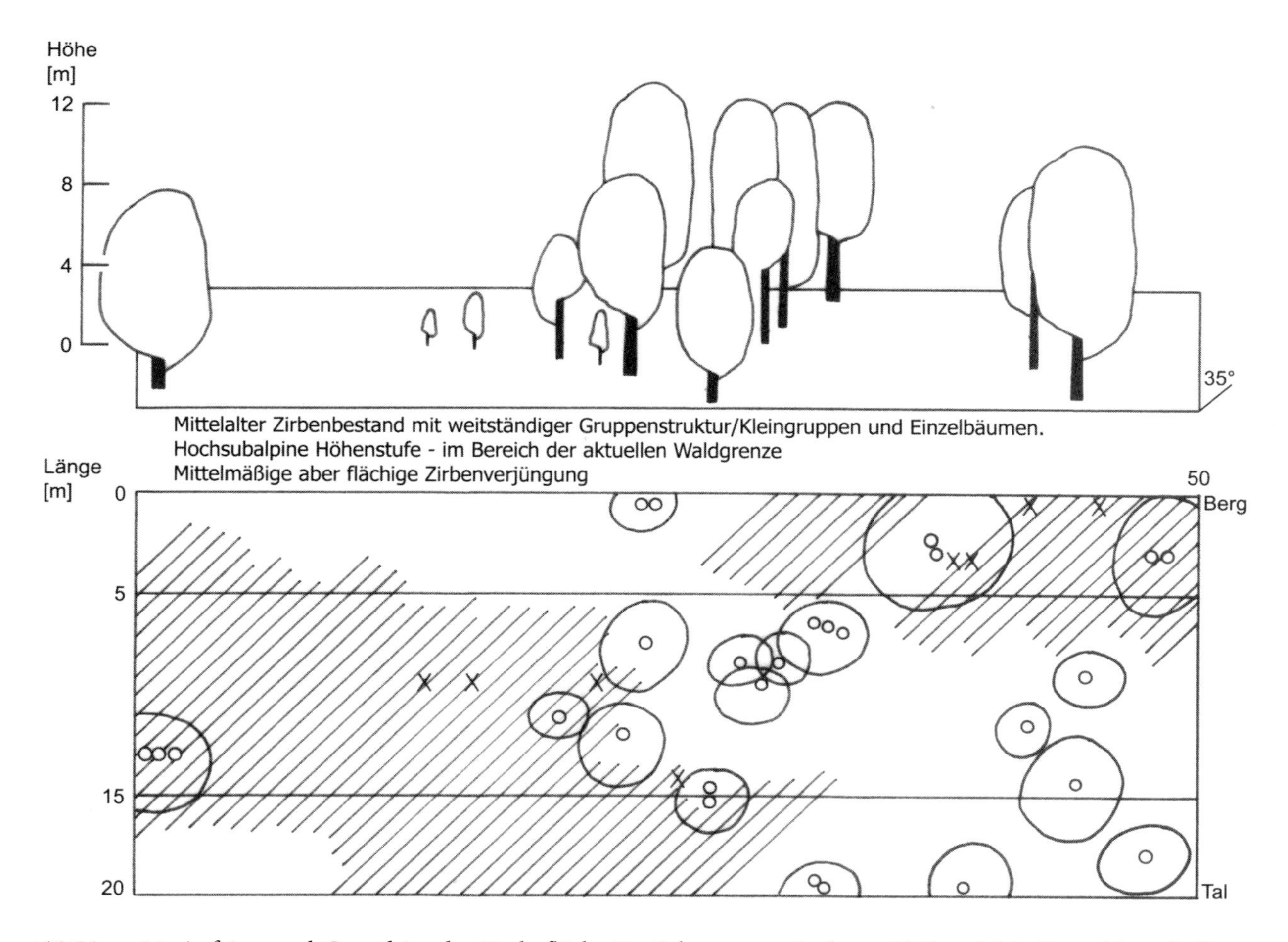

Abbildung 19: Aufriss- und Grundriss der Probefläche 7 - Schwarzensteinalm – 2110 m.ü.M., Exposition: S, Hangneigung: 35°.

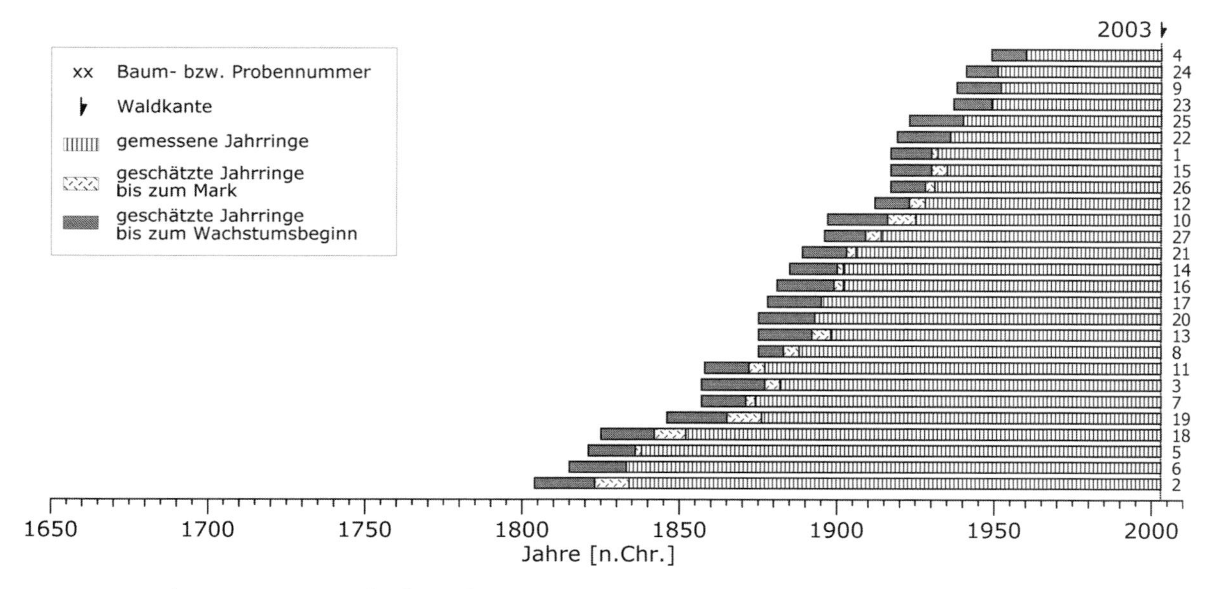

Abbildung 20: Wachstumszeiträume der beprobten Bäume in der Probefläche 7 - Schwarzensteinalm – 2110 m.ü.M., Jungwuchs (nach 1985): 11 Zirben.

Zur Flora des Zemmgrunds in den Zillertaler Alpen

Ein Auszug aus den Ergebnissen der Floristischen Kartierung Österreichs

Harald NIKLFELD & Luise SCHRATT-EHRENDORFER

NIKLFELD, H. & SCHRATT-EHRENDORFER, L., 2007. Zur Flora des Zemmgrunds in den Zillertaler Alpen – Ein Auszug aus den Ergebnissen der Floristischen Kartierung Österreichs. — BFW-Berichte **141**:99-108, Wien. — Mitt. Komm. Quartärforsch. Österr. Akad. Wiss., **16**:99-108, Wien

Kurzfassung

Für den Zemmgrund (Zillertaler Alpen, Tirol, Österreich) wird eine Liste der bisher festgestellten Taxa der Farn- und Blütenpflanzen (Gefäßpflanzen) vorgelegt. 379 Angaben beruhen auf Untersuchungen, die im Rahmen des Projekts „Floristische Kartierung Österreichs“ von den Autoren und vier weiteren Beobachtern im Gelände durchgeführt wurden. Zusammen mit ergänzenden Angaben aus der älteren und neueren botanischen Fachliteratur sind für das Gebiet 413 Taxa nachgewiesen (5 Artengruppen, 405 Arten, 4 zusätzliche Unterarten, 1 zusätzliche Varietät). 12 weitere Angaben aus alten Quellen werden als irrig oder zweifelhaft aus der Liste ausgeschlossen. Die reichhaltige Flora des Gebiets spiegelt seine Höhenamplitude (1320–3480 m), die geologischen Verhältnisse (vorwiegend saure, teilweise aber auch intermediäre Gesteine) und ein breites Spektrum an Biotop- und Vegetationstypen.

Schlüsselwörter:
Flora, floristische Kartierung, Gefässpflanzen, Zemmgrund, Zillertaler Alpen, Tirol, Österreich

Abstract

[On the flora of the Zemmgrund area, Zillertaler Alpen.] A list of the known vascular plant taxa from the Zemmgrund area in the Zillertaler Alpen (Tyrol, Austria) is presented. Field studies by the authors and four other collaborators of the project "Floristic Mapping of Austria" have resulted in 379 records. Together with supplementary literature records, 413 taxa are documented for the area (5 species groups, 405 species, 4 additional subspecies, 1 additional variety). 12 old records are considered erroneous or doubtful and are therefore excluded from the list. The great floristic diversity of the area is due to the considerable altitudinal range (1320–3480 m), the geological conditions (bedrocks mostly acid, but partly also intermediary), and a broad spectrum of habitat and vegetation types.

Keywords:
Flora, floristic mapping, vascular plants, Zemmgrund, Zillertaler Alpen, Tyrol, Austria

1. Einleitung

Zielsetzung

Für das interdisziplinäre Forschungsprojekt „HOLA - Nachweis und Analyse von prähistorischen Lawinenereignissen“ (Bundesforschungs- und Ausbildungszentrum für Wald, Naturgefahren und Landschaft) wurde der Obere Zemmgrund in den Zillertaler Alpen (Abbildung 1 und 2) als Modellgebiet gewählt. In diesem Rahmen wurde aus der Datenbank der „Floristischen Kartierung Österreichs“ die Artenliste des Kartierungsquadranten 8936/4 als Arbeitsgrundlage für palynologische Untersuchungen verwendet (vgl. HAAS et al., 2007). Aufbauend auf diese Originaldaten wird nun hier eine Florenliste der Farn- und Blütenpflanzen des Zemmgrunds Interessierten allgemein zugänglich gemacht, da bis heute neben gelegentlichen Angaben in großräumig angelegten

UNIV. PROF. DR. HARALD NIKLFELD, Department für Biogeographie, Universität Wien, A – 1030 Wien,
E-Mail: Harald.Niklfeld@univie.ac.at

DR. LUISE SCHRATT-EHRENDORFER, Department für Biogeographie, Universität Wien, A – 1030 Wien,
E-Mail: Luise.Ehrendorfer@univie.ac.at

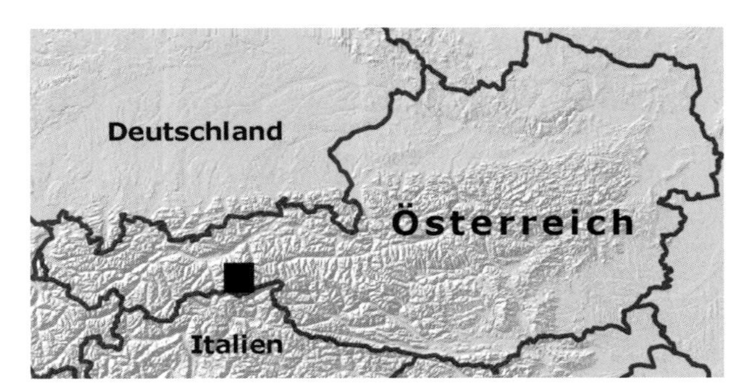

Abbildung 1: Lage des Untersuchungsgebietes; zur Abgrenzung vgl. PINDUR & LUZIAN (2007).

Florenwerken (DALLA TORRE & SARNTHEIN, 1906-1913 für das historische Tirol, Vorarlberg und Liechtenstein, POLATSCHEK, 1997-2001 und MAIER et al., 2001 für die österreichischen Bundesländer Tirol und Vorarlberg) sowie in einzelnen älteren Schriften nur die Beobachtungen von SUESSENGUTH (1952) aus der ersten Hälfte des 20. Jahrhunderts publiziert vorliegen.

Einen ausgezeichneten Überblick über die Zusammensetzung der Vegetation und die morphologische Situation im Oberen Zemmgrund bietet die von H. Friedel in der Mitte des 20. Jahrhunderts aufgenommene Vegetationskarte im Maßstab 1:25.000 (vgl. PINDUR et al., 2006). Auch Klima, Geologie, Klimageschichte sowie Vegetations- und Nutzungsgeschichte, insgesamt also die wichtigsten auf die Zusammensetzung der Flora einwirkenden Faktoren, sind in anderen Kapiteln des vorliegenden Sammelbandes (PINDUR & LUZIAN, 2007) dargestellt.

Die Floristische Kartierung Österreichs

Das Forschungsprojekt „Floristische Kartierung Österreichs" widmet sich seit 1967 der flächendeckenden Erfassung der Verbreitung der wildwachsenden Farn- und Blütenpflanzen (auch Gefäß- bzw. Höhere Pflanzen) in Österreich (NIKLFELD, 1969, 1971, 1999). Dabei wird das Vorkommen der Arten und Unterarten für das gesamte Staatsgebiet nach einem Rasterverfahren in einem Netz von so genannten Kartierungsquadranten erhoben. Diese Quadranten sind in Übereinstimmung mit der internationalen „Kartierung der Flora Mitteleuropas" (EHRENDORFER & HAMANN, 1965; NIKLFELD, 1971, 1994) durch das geographische Längen- und Breitennetz definiert: Jeder „Quadrant" besitzt in Österreich eine Ausdehnung von 5' geogr. Länge × 3' geogr. Breite und deckt damit eine Fläche von ca. 35 km^2 ab (vgl. Abbildung 2).

An der Geländearbeit beteiligen sich neben Angehörigen von Universitäten und naturkundlichen Museumseinrichtungen auch zahlreiche ehrenamtliche Mitarbeiter. In einigen Bundesländern arbeiten regionale Institutionen und Arbeitsgemeinschaften an einschlägigen Teilprojekten. Das Gesamtprogramm hat seinen Sitz seit 1971 am Institut für Botanik bzw. seit dessen Teilung im Jahr 2005 am nunmehrigen Department für Biogeographie der Universität Wien, wo es von den Verfassern dieses Beitrags geleitet wird.

2. Material und Methoden

Die in der Florenliste des Zemmgrunds angeführten Pflanzentaxa (Arten, Unterarten und Varietäten) stammen zum überwiegenden Teil (379 Taxa) aus der Datenbank der Floristischen Kartierung Österreichs. Sie beruhen auf Geländebegehungen von:

- F. Engel und K. Engel (Wiesbaden) aus den Jahren zwischen 1963 und 1970 (164 Taxa),
- H. Niklfeld am 14. Juli 1985 und L. Schratt-Ehrendorfer am 15. Juli 1985 (zusammen ca. 330 Taxa) und
- R. Alge undm. Wöhrer-Alge (Lustenau) am 5. Oktober 1987 (56 Taxa).

Eine weitere wichtige Quelle stellt für den Bereich des oberen Zemmgrunds die Publikation von SUESSENGUTH (1952) dar (147 Taxa, davon 21 im Rahmen der floristischen Kartierung nicht erfasste Taxa). Sie bringt unter anderem Hinweise auf bemerkenswerte Fundorte (auch von Moosen), Beobachtungen über Standorts- und Vegetationsverhältnisse, über die Auswirkung verschiedener geologischer Substrate sowie über die Sukzession des Bewuchses in den Vorfeldern sich zurückziehender Gletscher. Suessenguth hatte seine Untersuchungen im Rahmen von Münchner Universitätsexkursionen in den Jahren zwischen 1920 und 1943 durchgeführt. Andere Ergänzungen konnten den Florenwerken von DALLA TORRE & SARNTHEIN (1906-1913) und von POLATSCHEK (1997-2001) bzw. MAIER, NEUNER & POLATSCHEK (2001) entnommen werden, außerdem einem Beitrag von HANDEL-MAZZETTI (1943); die Auswertung dieser Werke ist jedoch nicht ganz vollständig. Als irrig oder zumindest fraglich sind einige in den Floren zitierte sehr alte Angaben zu betrachten, die meist auf die Zeit vor 1850, im Extremfall sogar bis zum Jahr 1785 zurückgehen, aber seither weder für den Zemmgrund noch für seine Nachbarschaft bestätigt wurden: sie werden aus der eigentlichen Florenliste weggelassen, aber in einem Anhang dokumentiert.

Im Vergleich zu benachbarten Gebieten ist der Durchforschungsgrad als durchschnittlich einzuschätzen. Von weiteren Begehungen sind zwar noch Funde zusätzlicher Arten zu erwarten, aber keine Änderung des grundsätzlichen Bildes der Flora. Sehr unvollständig erfasst sind allerdings, wie fast überall, die Vertreter einiger spezieller Verwandtschaftsgruppen mit agamospermer, d.h. ohne Fremdbefruchtung erfolgender Fortpflanzung, in denen die Bestimmung der „Kleinarten" und Unterarten oft nur wenigen Spezialisten möglich ist. Dies betrifft vor allem die Gattungen *Alchemilla, Hieracium* und *Taraxacum*.

In Bezug auf die Abgrenzung des berücksichtigten Gebiets sind erklärende Hinweise nötig (vgl. dazu Abbildung 2). Der für das Projekt HOLA als Bezugsraum gewählte obere Zemmgrund wird auf drei Seiten von Bergkämmen umrahmt, die ihn von den Nachbartälern trennen. Gegen Nordwesten schneidet die Grenze des HOLA-Gebiets jedoch den unteren Zemmgrund in der Verbindungslinie zwischen Kote 2891 (nordwestlich der Hennsteigenspitze) und dem Kleinen Greiner, und zwar etwa 0,7 km ober der Schwemmalm in 1370 m Höhe. Die im Zug der floristischen Kartierung im Quadranten 8936/3 begangenen Streckenabschnitte greifen zwar nirgends über die umrahmenden Bergkämme hinweg (Beobachtungen aus dem jenseits zum Schlegeisgrund abdachenden Furtschaglkar wurden getrennt registriert und bleiben hier ausgeschlossen). Im äußeren Talabschnitt schließen unsere Angaben jedoch ohne Unterscheidung noch eine Strecke von 1,5 km Länge jenseits der genannten Linie ein, bis 0,8 km unter der Schwemmalm in 1320 m Höhe die nördliche Quadrantengrenze (47°03' nördl. Breite) erreicht wird. Hier greift unsere Florenliste also etwas über das Projektgebiet von HOLA hinaus. (Die bei Polatschek (1997-2001) bzw. Maier et al. (2001) mehrfach angeführten Angaben für die noch weiter talauswärts reichende Wegstrecke „Breitlahner bis Grawandalm" sind jedoch nicht berücksichtigt.) Umgekehrt liegen aus dem östlichen und dem südlichen Nachbarquadranten (8937/3, 9036/2) Kartierungsdaten nur für diejenigen Anteile vor, die auf den Floitengrund, den Schlegeisgrund und auf das Südtiroler Gebiet um Nöfesalm und Nöfesjoch entfallen: alle diese Daten bleiben hier gleich denen aus dem Furtschaglkar ausgeschlossen. Nur die Veröffentlichungen von Handel-Mazzetti und Suessenguth enthalten auch einige Angaben aus dem hochalpinen östlichsten Teil des Zemmgrundes (Saurüssel mit Umgebung, Westhänge und Gipfelbereich des Großen Mörchner); die wenigen daraus resultierenden zusätzlichen Arten sind – unter Nennung der Quelle – ebenso in die Florenliste aufgenommen, wie die Angabe von *Potentilla frigida* aus der Südwand der Zsigmondyspitze (= Feldkopf, Quadrant 8937/1, aus Handel-Mazzetti). Aus dem kleinen, weitgehend vergletscherten österreichischen Teil des Quadran-

Abbildung 2: Die Lage der Kartierungsquadranten in Bezug zum Untersuchungsgebiet „Oberer Zemmgrund" (BEV 1999).

ten 9037/1 an der IV. und V. Hornspitze liegen keine botanischen Beobachtungen vor.
Soweit den Pflanzentaxa in der Florenliste keine Quellenhinweise beigefügt sind, stammen die Angaben aus den Geländebegehungen zur floristischen Kartierung in den Jahren 1962-1987, und zwar ausnahmslos aus dem zum Zemmgrund gehörenden Anteil des Kartierungsquadranten 8936/4 (11°45' - 11°50' E, 47°00' - 47°03' N). Andere Quellen sind nur für diejenigen Taxa zitiert, die im Zug der floristischen Kartierung nicht beobachtet wurden; nur diese Angaben können sich auch auf die Zemmgrund-Anteile der oben erwähnten Nachbarquadranten beziehen.
Die vorgestellte Florenliste des Zemmgrunds deckt somit den gesamten Talschluss des Zemmgrunds ab einer Höhe von 1320 m ab.

3. Die Florenliste

Systematik (Taxonomie) und Nomenklatur der folgenden Florenliste folgen dem neuen Katalog von WILHALM, NIKLFELD & GUTERMANN, 2006, der sich zwar primär auf das Gebiet Südtirols bezieht, aber auch alle in unserer Florenliste aufscheinenden Arten und Unterarten in einer dem gegenwärtigen Wissensstand entsprechenden Weise verzeichnet. Auch die 3. Auflage der österreichischen Exkursionsflora (FISCHER et al., 2008) wird dazu weitgehend konform sein. Wo zum leichteren Verständnis sinnvoll, sind im folgenden außerdem Synonyme angegeben und (in Kursivschrift) Querverweise zu den akzeptierten Namen eingefügt.
Soweit taxonomisch schwierige Artengruppen nur summarisch, ohne Aufschlüsselung der „Kleinarten", angeführt sind, ist dies durch den Namenszusatz „agg." (Aggregat) gekennzeichnet.
Der Zusatz „adventiv" bezeichnet vier Taxa, die im Gebiet vermutlich nicht einheimisch sind, sondern erst in neuerer Zeit – vor allem am Rand des Fahrwegs – aus tieferen Lagen unabsichtlich eingeschleppt oder mit Begrünungs-Saatgut eingebracht worden sein dürften.

Die Quellenhinweise bei den aus der Literatur übernommenen Arten und Unterarten (jeweils mit Jahreszahl) haben folgende Bedeutung:

D DALLA TORRE & SARNTHEIN, 1906-1913
HM HANDEL-MAZZETTI, 1943
S SUESSENGUTH, 1952
P POLATSCHEK, 1997-2001
M MAIER, NEUNER & POLATSCHEK, 2001

Acer pseudoplatanus
Achillea millefolium subsp. *millefolium*
Achillea millefolium subsp. *sudetica*
Achillea moschata
    Acinos alpinus: siehe *Clinopodium*
Aconitum lycoctonum (= *A. vulparia*)
Aconitum napellus agg.
Adenostyles alliariae
    Agropyron caninum: siehe *Elymus*
Agrostis agrostiflora (= *A. schraderiana*) (D 1906 nach Herbar Kerner, M 2001)
Agrostis alpina
Agrostis capillaris (= *A. tenuis*)
Agrostis rupestris
Agrostis stolonifera
Ajuga pyramidalis
Alchemilla alpina
Alchemilla fissa (P 2000)
Alchemilla glabra (P 2000)
Allium lusitanicum (= *A. senescens* subsp. *montanum*)
Alnus alnobetula (= *A. viridis*)
Alnus incana
Androsace alpina (D 1909 nach MOLL, 1785 und anderen, S 1952)
Androsace obtusifolia (S 1952)
Angelica sylvestris
Antennaria carpatica
Antennaria dioica
Anthoxanthum alpinum
Anthyllis vulneraria subsp. *alpestris*
Arabidopsis halleri (= *Cardaminopsis halleri*)
Arabidopsis thaliana
Arabis alpina
Arabis ciliata
Arabis hirsuta
Arctostaphylos uva-ursi
Arenaria biflora
Arenaria ciliata
(D 1909, LECHNER in HM 1943, S 1952)
Arnica montana
Artemisia genipi
(D 1912, LECHNER in HM 1943, S 1952)
Asplenium trichomanes
Aster alpinus
    Aster bellidiastrum: siehe *Bellidiastrum michelii*
Astragalus australis
Astragalus penduliflorus
Athyrium distentifolium
Athyrium filix-femina
Atocion rupestre (= *Silene rupestris*)
Avenella flexuosa
Avenula versicolor
Ballota nigra
Bartsia alpina

Bellidiastrum michelii (= *Aster bellidiastrum*)
Bellis perennis
Berberis vulgaris
Betula pendula
Betula pubescens
Biscutella laevigata
Blechnum spicant
Blysmus compressus
Botrychium lunaria
Calamagrostis villosa
Calamintha alpina: siehe *Clinopodium*
Callianthemum coriandrifolium (S 1952)
Calluna vulgaris
Caltha palustris
Calycocorsus stipitatus: siehe *Willemetia*
Campanula barbata
Campanula cochleariifolia
Campanula scheuchzeri
Cardamine alpina
Cardamine amara
Cardamine impatiens
Cardamine resedifolia
Cardaminopsis halleri: siehe *Arabidopsis*
Carduus defloratus subsp. *viridis*
Carduus personata
Carex atrata (P 2001)
Carex brunnescens (P 2001)
Carex canescens
Carex capillaris
Carex curvula subsp. *curvula*
Carex digitata
Carex echinata
Carex flava
Carex frigida
Carex lachenalii (S 1952)
Carex leporina
Carex nigra
Carex pallescens
Carex paupercula
Carex rostrata
Carex sempervirens
Carex sylvatica
Carlina acaulis
Carum carvi
Centaurea pseudophrygia
Cerastium alpinum (D 1909 nach Arnold, 1874)
Cerastium arvense
Cerastium cerastoides
Cerastium fontanum
Cerastium holosteoides
Cerastium uniflorum
Chaerophyllum hirsutum
Chaerophyllum villarsii
Chamorchis alpina (D 1906, S 1952)
Chenopodium bonus-henricus
Chrysosplenium alternifolium
Cicerbita alpina
Circaea alpina
Cirsium arvense
Cirsium heterophyllum
Cirsium palustre
Cirsium spinosissimum
Clematis alpina
Clinopodium alpinum
(= *Acinos alpinus*, *Calamintha alpina*)
Clinopodium vulgare
Coeloglossum viride
Corylus avellana
Crepis aurea
Crepis conyzifolia
Crocus albiflorus
Cynosurus cristatus
Cystopteris fragilis
Dactylis glomerata
Dactylorhiza fuchsii (= *D. maculata* subsp. *fuchsii*)
Deschampsia cespitosa
Dianthus glacialis (D 1909, S 1952)
Digitalis grandiflora
Diphasiastrum alpinum (= *Lycopodium alpinum*) (D 1906 nach Herbar Kerner, S 1952)
Doronicum clusii
Draba dubia
Dryopteris dilatata
Dryopteris expansa
Dryopteris filix-mas
Elymus caninus (= *Agropyron caninum*)
Empetrum hermaphroditum
Epilobium alpestre
Epilobium alsinifolium
Epilobium anagallidifolium (S 1952)
Epilobium angustifolium
Epilobium collinum
Epilobium fleischeri
Epilobium montanum
Epilobium nutans
Epilobium palustre
Epipactis helleborine agg.
Equisetum arvense
Equisetum palustre
Equisetum sylvaticum
Equisetum variegatum
Erigeron acris
Erigeron alpinus
Erigeron glabratus (= *E. polymorphus*) (D 1912 nach Vierhapper, 1906)
Erigeron uniflorus
Eriophorum angustifolium
Eriophorum scheuchzeri (D 1906 nach Herbar Kerner)

Eriophorum vaginatum
Euphrasia minima
Euphrasia officinalis subsp. *picta* (= *E. picta*)
Euphrasia officinalis subsp. *rostkoviana* (= *E. rostkoviana* s. str.)
Euphrasia salisburgensis (D 1912 nach Kerner 1871)
Festuca nigrescens
Festuca pratensis agg.
Festuca rubra
Fragaria vesca
Galeobdolon flavidum (= *Lamiastrum flavidum*)
Galeopsis speciosa
Galeopsis tetrahit
Galium album (adventiv)
Galium anisophyllon
Gentiana acaulis
Gentiana asclepiadea
Gentiana bavarica
Gentiana brachyphylla (S 1952)
Gentiana nivalis
Gentiana punctata (S 1952)
Gentianella rhaetica (= *G. germanica* pro parte)
Geranium sylvaticum
Geum montanum
Geum reptans (D 1909, S 1952)
Glyceria notata (= G. plicata)
Gnaphalium norvegicum
Gnaphalium supinum
Gnaphalium sylvaticum
Gymnadenia conopsea
Gymnocarpium dryopteris
Gypsophila repens
Hedysarum hedysaroides
Helianthemum nummularium subsp. *grandiflorum* (= *H. grandiflorum*)
Heliosperma pusillum (= *Silene pusilla*) (D 1909 nach Schaubach, 1866, P 1999)
Heracleum sphondylium subsp. *elegans*
Hieracium alpinum
Hieracium glanduliferum (= *H. piliferum*) (D 1912)
Hieracium intybaceum (D 1912)
Hieracium lactucella
Hieracium murorum (= *H. sylvaticum*)
Hieracium pilosella
Hieracium sphaerocephalum (P 1999)
Hieracium villosum
Homogyne alpina
Hornungia alpina subsp. *brevicaulis* (= *Pritzelago a.* subsp. *brevicaulis*) (S 1952)
Huperzia selago
Hypericum maculatum
Hypochaeris uniflora
Impatiens noli-tangere
Juncus articulatus
Juncus filiformis
Juncus jacquinii
Juncus trifidus
Juncus triglumis
Juniperus communis subsp. *nana*
Kalmia procumbens (= *Loiseleuria procumbens*)
Knautia maxima (= *K. dipsacifolia*)
    Lamiastrum flavidum: siehe *Galeobdolon*
Lamium maculatum
Larix decidua
Laserpitium latifolium
Leontodon hispidus
Leontodon: siehe *auch Scorzoneroides*
Leontopodium alpinum
Leucanthemopsis alpina (= *Tanacetum alpinum*)
Leucanthemum ircutianum
    Ligusticum mutellina: siehe *Mutellina*
Lilium martagon
Linaria alpina
Linum catharticum
Loiseleuria procumbens: siehe *Kalmia*
Lonicera alpigena
Lonicera caerulea
Lonicera nigra
Lonicera xylosteum
Lotus corniculatus var. *corniculatus* (adventiv)
Lotus corniculatus var. *alpicola* (= *L. alpinus auct.*)
Luzula alpinopilosa
Luzula luzulina
Luzula luzuloides
Luzula multiflora s. lat.
Luzula pilosa
Luzula spicata
Luzula sudetica
    Lycopodium alpinum: siehe *Diphasiastrum*
Lycopodium annotinum
Lycopodium clavatum
Maianthemum bifolium
Matteuccia struthiopteris
Melampyrum pratense
Melampyrum sylvaticum
Melica nutans
Milium effusum
Minuartia gerardii
Minuartia sedoides
Moehringia muscosa
Moneses uniflora
Montia fontana
Mutellina adonidifolia (= *Ligusticum mutellina*)
Myosotis alpestris
Myosotis decumbens
Myosotis nemorosa
Nardus stricta
Nigritella rhellicani (= *N. nigra pro parte*)

Oreochloa disticha
Orthilia secunda
Oxalis acetosella
Oxyria digyna
Oxytropis campestris subsp. *campestris* (S 1952)
Oxytropis campestris subsp. *tiroliensis*
Paris quadrifolia
Parnassia palustris
Pedicularis aspleniifolia (Lechner in HM 1943, S 1952)
Pedicularis recutita
Pedicularis tuberosa
Persicaria vivipara (= *Polygonum viviparum*)
Petasites albus
Petasites hybridus
Peucedanum ostruthium
Phegopteris connectilis
Phleum commutatum
(= *P. alpinum subsp. commutatum*)
Phleum hirsutum
Phleum pratense (adventiv)
Phleum rhaeticum (= *P. alpinum* subsp. *rhaeticum*)
Phyteuma betonicifolium
Phyteuma globulariifolium (S 1952)
Phyteuma hemisphaericum
Phyteuma ovatum
Picea abies
Picris hieracioides subsp. *villarsii* (= *P. crepoides*)
Pinguicula alpina
Pinguicula leptoceras
Pinguicula vulgaris
Pinus cembra
Pinus mugo
Plantago major
Poa annua
Poa cenisia (D 1906 nach Tagebuch Kerner)
Poa hybrida
Poa laxa (D 1906, S 1952)
Poa nemoralis
Poa pratensis
Poa supina
Poa trivialis
Polygala alpestris
Polygonum viviparum: siehe *Persicaria*
Polypodium vulgare
Polystichum aculeatum
Polystichum lonchitis
Potentilla aurea
Potentilla erecta
Potentilla frigida (Lechner in HM 1943)
Potentilla grandiflora
Prenanthes purpurea
Primula farinosa
Primula glutinosa
Primula halleri
Primula hirsuta (D 1909 nach Schrank 1792 und Vierthaler 1816)
Primula minima
Pritzelago: siehe *Hornungia*
Prunella vulgaris
Prunus padus
Pseudorchis albida
Pulsatilla alpina subsp. *apiifolia*
Pyrola minor
Ranunculus acris
Ranunculus glacialis
Ranunculus lanuginosus
Ranunculus montanus
Ranunculus nemorosus
Ranunculus platanifolius
Ranunculus repens
Rhinanthus alectorolophus
Rhinanthus glacialis
Rhododendron ferrugineum
Ribes petraeum
Rosa pendulina
Rubus idaeus
Rumex acetosella
Rumex alpestris
Rumex alpinus
Rumex crispus
Rumex scutatus
Sagina procumbens
Sagina saginoides
Salix appendiculata
Salix hastata
Salix helvetica
Salix herbacea
Salix reticulata (D 1909 nach Kerner 1871)
Salix retusa
Salix serpyllifolia (D 1906 nach Kerner 1871; aus dem benachbarten Furtschaglkar auch rezent nachgewiesen)
Salix waldsteiniana
Sambucus racemosa
Saussurea alpina
Saxifraga aizoides
Saxifraga androsacea
Saxifraga aspera
Saxifraga bryoides
Saxifraga moschata
Saxifraga oppositifolia
Saxifraga paniculata
Saxifraga stellaris
Scabiosa lucida
Scorzoneroides autumnalis (= *Leontodon autumnalis*)
Scorzoneroides helvetica (= *Leontodon helveticus*)
Scorzoneroides montana (= *Leontodon montanus*) (S 1952)

Sedum album
Sedum alpestre (S 1952)
Selaginella selaginoides
Sempervivum arachnoideum
Sempervivum montanum
Senecio carniolicus (S 1952)
Senecio doronicum
Senecio ovatus (= *S. fuchsii*)
Sesleria caerulea (= *S. albicans, S. varia*)
Sibbaldia procumbens
Silene acaulis subsp. *exscapa* (= *S. exscapa*)
Silene dioica
Silene nutans subsp. *nutans*
  Silene rupestris: siehe *Atocion*
Silene vulgaris subsp. *vulgaris*
Solanum dulcamara
Soldanella pusilla subsp. *alpicola*
Solidago virgaurea
Sorbus aucuparia
Stachys alpina (D 1912 nach SARNTHEIN, P 2000)
Stachys sylvatica
Stellaria graminea
Stellaria media
Stellaria nemorum
  Tanacetum alpinum: siehe *Leucanthemopsis*
Taraxacum alpinum agg. (unter anderem mit *T. venustum*: S 1952)
Taraxacum cucullatum agg.
Taraxacum fontanum agg. (unter anderem mit *T. fontanicola*: P 1999)
Taraxacum officinale agg.
Thalictrum aquilegiifolium
Thalictrum minus
Thelypteris limbosperma
Thesium alpinum
Thymus praecox subsp. *polytrichus*
Thymus pulegioides
Tofieldia calyculata
Tofieldia pusilla
Traunsteinera globosa (D 1906 nach SCHRANK 1792)
Trichophorum cespitosum
Trifolium badium
Trifolium hybridum (adventiv)
Trifolium medium
Trifolium pallescens
Trifolium pratense subsp. *nivale*
Trifolium pratense subsp. *pratense*
Trifolium repens
Trisetum spicatum (S 1952)
Trollius europaeus
Tussilago farfara
Urtica dioica
Vaccinium gaultherioides
Vaccinium myrtillus
Vaccinium vitis-idaea
Valeriana officinalis s. lat.
Valeriana tripteris
Veronica alpina
Veronica beccabunga
Veronica bellidioides
Veronica chamaedrys
Veronica fruticans
Veronica officinalis
Veronica serpyllifolia
Veronica urticifolia
Viola biflora
Viola canina
Viola palustris
Viola reichenbachiana
Willemetia stipitata (= *Calycocorsus stipitatus*)

Ergänzend seien noch zwölf weitere Arten der Gattung *Hieracium* genannt, die POLATSCHEK (1999) – wohl teilweise nach Bestimmungen durch den *Hieracium*-Spezialisten G. Gottschlich – entweder für den Zemmgrund im allgemeinen oder für „Zemmgrund, 1300-1700 m" anführt. Dieser Bereich überschreitet zwar das hier definierte Bezugsgebiet im unteren Talabschnitt um etwa 1 km nach NNW, doch ist die Wahrscheinlichkeit hoch, dass sich die Angaben dennoch auf unser Gebiet beziehen. In unsere Zählungen sind diese Arten nicht eingerechnet:

Hieracium atratum (P 1999)
Hieracium bifidum (P 1999)
Hieracium bocconei (P 1999)
Hieracium brachycomum (P 1999)
Hieracium caesium (P 1999)
Hieracium jurassicum (P 1999)
Hieracium lachenalii (P 1999)
Hieracium laevigatum (P 1999 nach ZAHN)
Hieracium macilentum (P 1999)
Hieracium rapunculoides (P 1999 nach ZAHN)
Hieracium rohacsense (P 1999 nach ZAHN)
Hieracium vulgatum (= *H. laevicaule*) (P 1999)

Als irrig oder zumindest zweifelhaft sind folgende von DALLA TORRE & SARNTHEIN aus meist sehr alten Quellen zitierte Angaben anzusehen, die teilweise auch noch von POLATSCHEK bzw. MAIER et al. wiederholt wurden:

Achillea clavennae
Allium schoenoprasum
Astragalus alpinus
Draba tomentosa
Gentiana lutea
Gentiana pannonica
Globularia cordifolia
Juncus monanthos
Ribes alpinum
Saxifraga cuneifolia

Sedum atratum
Sesleria ovata
Die von Polatschek der Veröffentlichung von Suessenguth zugeschriebene Angabe des *Astragalus alpinus* vom Schönbichler Horn findet sich in der zitierten Quelle nicht; tatsächlich ist dort vom genannten Berg stattdessen *Aster alpinus* angegeben.

Nachtrag:
Am 31.8. und 1.9.2007 wurde der obere Zemmgrund von P. Schönswetter, K. Bardy und D. Reich (alle Wien) neuerlich floristisch untersucht, wobei vor allem der Bereich Schönbichler Kar – Greinersonnwand – Ostsüdostgrat des Großen Greiner Neues brachte (besonders Arten basischer Substrate). Andere neue Funde betreffen hohe Lagen im östlichen Quadranten (8937/3, vgl. Abbildung 2).
Für das gesamte Gebiet neu sind 37 Arten (Zusatz * = nur im östlichen Quadranten):
Achillea atrata
Alchemilla flabellata
*Arabis caerulea**
Arctostaphylos alpinus
Artemisia mutellina
Asplenium ruta-muraria
Asplenium viride
Carex ferruginea
Carex fuliginosa
Carex ornithopodoides
Carex parviflora
Carex rupestris
Cerastium pedunculatum
*Comastoma tenellum**
Doronicum glaciale
Dryas octopetala
*Festuca halleri**
Festuca norica
Festuca pumila
Gentiana orbicularis
Gentiana verna
Helianthemum alpestre
Hieracium glanduliferum (= *H. piliferum*)
Hieracium pilosum (= *H. morisianum*)
Kobresia myosuroides (= *Elyna* m.)
Luzula alpina
Luzula sylvatica subsp. sieberi
Molinia caerulea
Pachypleurum mutellinoides (= *Ligusticum* m.)
Pedicularis rostratocapitata
Poa alpina
Poa minor
Potentilla crantzii
Pulsatilla vernalis
Ranunculus breyninus (= *R. oreophilus*)
Saxifraga biflora
Soldanella alpina
Zwei bezweifelte Angaben wurden bestätigt:
Sedum atratum
Sesleria ovata
Bestätigt wurden auch 21 weitere Literaturangaben (davon 2 nur für den östlichen Quadranten).
Damit sind nunmehr aus der floristischen Kartierung 439 und insgesamt 450 Taxa nachgewiesen.

4. Schlussfolgerungen und Ausblick

Die vorgestellte Florenliste umfaßt 413 im Zemmgrund (Zillertaler Alpen, Tirol) nachgewiesene Taxa der Farn- und Blütenpflanzen (5 Artengruppen, 405 Arten, 4 zusätzliche Unterarten, 1 zusätzliche Varietät). Sie stellt ein repräsentatives Beispiel für die Zusammensetzung der Flora in einem stark vergletscherten Talschluss dar, der nördlich des Ostalpen-Hauptkamms im Bereich saurer bis „intermediärer“ Gesteine des westlichen Tauernfensters eine Höhenamplitude von 1320-3480 m umspannt und somit von der obermontanen bis in die nivale Höhenstufe reicht. Die Liste bietet zwar keine auffallenden Vorkommen sehr seltener Arten, ist aber insgesamt reichhaltig und enthält ein voll entwickeltes Spektrum von Pflanzen aller wesentlichen Biotop- und Vegetationstypen dieses Bereichs. Neben den in den zentralen Ketten der Ostalpen allgemein verbreiteten azidiphilen Arten saurer Substrate sind infolge des Auftretens intermediärer Gesteine, namentlich der Hornblendegarbenschiefer der Greinerserie, auch neutrophile bis basiphile Arten vertreten, die in den zentralen Ostalpen lückigere Verbreitungsmuster aufweisen. Einige Arten befinden sich nahe an lokalen oder globalen Grenzen ihres Areals, so *Senecio carniolicus* (Nordgrenze) sowie *Pulsatilla alpina* subsp. *apiifolia* und die freilich nur aus der Zeit vor 1900 angegebene *Primula hirsuta* (Ostgrenze). Als gefährdet gelten laut der Roten Liste gefährdeter Farn- und Blütenpflanzen Österreichs (Niklfeld & Schratt-Ehrendorfer, 1999) *Betula pubescens, Carex paupercula, Epilobium fleischeri* und *Picris hieracioides* subsp. *villarsii (= P. crepoides)* (alle in Gefährdungsstufe 3). Seit langem verschollen und wieder zu bestätigen sind *Primula hirsuta* und *Traunsteinera globosa.*
Eine neuerliche und detailliertere geobotanische Untersuchung des Zemmgrunds wäre eine lohnende Aufgabe. Genaue floristische Aufnahmen unter Verwendung eines verfeinerten Bezugsrasters und unter

Einbeziehung schwerer erreichbarer, bisher nicht begangener Gebietsteile lassen im Hinblick auf die große Höhenamplitude und auf die geologisch-geomorphologische Mannigfaltigkeit des Gebiets aufschlussreiche Muster der Feinverbreitung der Arten erwarten. Auch eine pflanzensoziologische Analyse der Vegetation fehlt noch. Überdies wäre die von Suessenguth stammende Dokumentation der Vegetationsverhältnisse auf den Gletschervorfeldern in den Jahren zwischen 1920 und 1943 eine gute Grundlage für einen Vergleich mit der heutigen, durch den starken weiteren Rückzug der Gletscherzungen geschaffenen Situation.

5. Dank

Herzlicher Dank gilt den ehrenamtlichen Mitarbeitern bei den Aufnahmearbeiten zur floristischen Kartierung, im Fall des Zemmgrundes Fritz Engel (†) und Käte Engel in Wiesbaden (Deutschland) sowie Rudolf Alge und Margarete Wöhrer-Alge in Lustenau (Vorarlberg). Dank gilt auch Thorsten Englisch (Wien), der in den vergangenen Jahren die Floristische Datenbank Österreichs weiterentwickelt und betreut hat, sowie Peter Pindur (Wien), der den Anstoß zur Publikation der vorliegenden Florenliste gegeben, die Arbeit daran tatkräftig unterstützt und die beiden Kartengraphiken angefertigt hat.

6. Literatur

BEV, Bundesamt für Eich- und Vermessungswesen, 1999. SW-Orthophotos. - Blattnummer 3321-101, 3322-103, 3421-100, 3421-101, 3422-102 und 3422-103. Wien.

Dalla Torre, K.W. & Sarnthein, L., 1906-1913: Flora der gefürsteten Grafschaft Tirol, des Landes Vorarlberg und des Fürstenthumes Liechtenstein. - VI. Band: Die Farn- und Blütenpflanzen (Pteridophyta et Siphonogama), 4 Teile. — Innsbruck.

Ehrendorfer, F. & Hamann, U., 1965. Vorschläge zu einer floristischen Kartierung von Mitteleuropa. - [in:] Ber. Deutsch. Bot. Ges. — **78**:35-50.

Fischer,M.A., Adler, W. & Oswald, K., 2008. Exkursionsflora für Österreich, Liechtenstein und Südtirol. - 3. Aufl. der „Exkursionsflora für Österreich". Linz (im Druck).

Haas, J.N., Walde, C. & Wild, V., 2007. Holozäne Schneelawinen und prähistorische Almwirtschaft und ihr Einfluss auf die subalpine Flora und Vegetation der Schwarzensteinalm im Zemmgrund (Zillertal, Tirol, Österreich). In diesem Band.

Handel-Mazzetti, H., 1943. Zur floristischen Erforschung des ehemaligen Landes Tirol und Vorarlberg. - [in:] Ber. Bayer. Bot. Ges. — **26**:56-80.

Maier,M., Neuner, W. & Polatschek, A., 2001. Flora von Nordtirol, Osttirol und Vorarlberg. - Band 5. Innsbruck.

Niklfeld, H., 1969. Die kartographische Erfassung der Flora Österreichs. - [in:] Natur und Land. — **55**:137-138.

Niklfeld, H., 1971. Bericht über die Kartierung der Flora Mitteleuropas. - [in:] Taxon. — **20**:545-574.

Niklfeld, H., 1994. Der aktuelle Stand der Kartierung der Flora Mitteleuropas und angrenzender Gebiete. - [in:] Floristische Rundbriefe — **28**:200-220.

Niklfeld, H., 1999. Mapping the Flora of Austria and the Eastern Alps. - [in:] Rev. Valdôtaine Hist. Nat. — **51**:53-62.

Niklfeld, H. & Schratt-Ehrendorfer, L., 1999. Rote Listen gefährdeter Farn- und Blütenpflanzen (Pteridophyta und Speratophyta) Österreichs. 2. Fassung. - [in:] Niklfeld, H. (Hrsg.). Rote Listen gefährdeter Pflanzen Österreichs, (= Grüne Reihe Bundesmin. Umwelt Jugend Familie, 10).— 2. Auflage, 33-130, Graz.

Pindur, P. & Luzian R., 2007. Der Obere Zemmgrund - Ein geographischer Einblick. In diesem Band.

Pindur, P., Zwerger, P., Luzian, R. & Stern, R., 2006. Die Vegetation im Oberen Zemmgrund in der Mitte des 20. Jahrhunderts. Ein Auszug aus Helmut Friedels Vegetationskartierung 1953-55 in den Zillertaler Alpen für aktuelle Untersuchungen. - [in:] Berichte des Naturwissenschaftlich-Medizinischen Vereins in Innsbruck. — **93**:43-50.

Polatschek, A., 1997-2001. Flora von Nordtirol, Osttirol und Vorarlberg. - Bände 1-4. Innsbruck.

Suessenguth, K., 1952. Zur Flora des Gebietes der Berliner Hütte in den Zillertaler Alpen. - [in:] Ber. Bayer. Bot. Ges. — **29**:72-82.

Wilhalm, Th., Niklfeld, H. & Gutermann, W., 2006. Katalog der Gefäßpflanzen Südtirols. - Veröffentlichungen des Naturmuseums Südtirol. — 3, Wien und Bozen.

Die Vegetationskartierung im Zemmgrund aus den 1950er Jahren – Grundlage für aktuelle Vergleichsstudien.

Ein Ergebnis der Vegetationskartierung von Helmut Friedel in den Zillertaler Alpen

Peter PINDUR[1)], Peter ZWERGER[2)], Roland LUZIAN[3)] & Roland STERN[4)]

PINDUR, P., ZWERGER, P., LUZIAN, R. & STERN, R., 2007. Die Vegetationskartierung im Zemmgrund aus den 1950er Jahren – Grundlage für aktuelle Vergleichsstudien. Ein Ergebnis der Vegetationskartierung von Helmut Friedel in den Zillertaler Alpen. — BFW-Berichte **141**:109-115, Wien. — Mitt. Komm. Quartärforsch. Österr. Akad. Wiss., **16**:109-115, Wien

Kurzfassung

Dieser Beitrag wurde im Zuge des interdisziplinären Forschungsprojektes „HOLA – Nachweis und Analyse von holozänen Lawinenereignissen" (Bundesforschungs- und Ausbildungszentrum für Wald, Naturgefahren und Landschaft) erarbeitet und berichtet über die Ergebnisse der Vegetationsaufnahmen von Helmut Friedel in den Zillertaler Alpen der frühen 1950er Jahre. Dabei wird erstmals ein Kartenausschnitt aus Friedels Originalaufnahmen für den Oberen Zemmgrund im Maßstab 1:25.000 der Öffentlichkeit zugänglich gemacht. Außerdem wurden die kartierten Vegetationsflächen planimetriert und Flächenbilanzen erstellt. Diese brachten folgendes Ergebnis: In der Mitte des 20. Jahrhunderts waren rund 26% (11,5 km²) des Oberen Zemmgrunds (43,8 km²) mit Vegetation bedeckt, den Rest teilten sich zur Hälfte Eis bzw. Fels und Schutt. Alpine Grasheide, Alpine und Subalpine Zwergstrauchheide und Pioniervegetation nahmen 77% der Vegetationsfläche ein. Dabei stellte die Zwergstrauchheide mit über 26% Anteil an der Gesamtfläche die dominierende Vegetationsgruppe dar. Der Wald stockte auf 16% und auf 7% wurde in diesem stark vergletscherten Talschluss intensive Almwirtschaft betrieben. Zwischen 1955 und 2004 vergrößerte sich das Zirbenverbreitungsareal von ca. 90 auf 390 ha.

Schlüsselwörter:
Vegetationsaufnahmen, Flächenbilanzen, Vergrößerung, Zirbenverbreitungsareal

Abstract

[Vegetation of the Upper Zemmgrund in the Middle of the 20th century. An Excerpt of Helmut Friedel's Vegetation Mapping 1953-55 in the Zilleral Alps as Basis for Recent Investigations.] This article has been elaborated in the course of the interdisciplinary research projekt "HOLA - Evidence and Analysis of Holocene Avalanche Events" (Federal Research and Training Centre for Forests, Natural Hazards and Landscape) and reports the findings of the vegetation surveying and mapping of the early 1950s by Helmut Friedel in the Zillertal Alps. For the first time, a map excerpt from Friedel's original surveyings of the 'Oberen Zemmgrund' in the scale of 1:25.000 has been made public. Furthermore, the collected vegetation areas have been plani-metered including the generation of area balances. This resulted in the following: in the middle of the 20th century, approx. 26% (11, 5 km²) of the Upper Zemmgrund (43, 8 km²) was covered with vegetation; the remaining area was divided up half by glaciers and/or by rocks and debris. Alpine grass heath, alpine and sub-alpine dwarf-shrub heather and pioneer vegetation possessed 77% of the vegetation area. The dwarf-shrub heather presented the dominating vegetation group with a percentage of over 26% of the total area. The forest covered 16% and there was intensive farming carried out on 7% of this predominantly glaciered valley. The area of

[1)]ING. MAG. PETER PINDUR, Institut für Stadt- und Regionalforschung, Österreichische Akademie der Wissenschaften, A – 1010 Wien, E-Mail: Peter.Pindur@oeaw.ac.at

[2)]ING. PETER ZWERGER, Institut für Naturgefahren und Waldgrenzregionen, Bundesforschungs- und Ausbildungszentrum für Wald Naturgefahren und Landschaft, A - 6020 Innsbruck, E-Mail: Peter.Zwerger@uibk.ac.at

[3)]MAG. ROLAND LUZIAN, Institut für Naturgefahren und Waldgrenzregionen, Bundesforschungs- und Ausbildungszentrum für Wald, Naturgefahren und Landschaft, A - 6020 Innsbruck, E-Mail: Roland.Luzian@uibk.ac.at

[4)]DR. ROLAND STERN, Botanikerstraße 5, A - 6020 Innsbruck

the Stone pine (*Pinus cembra*) spreading increased between 1955 and 2004 from approx. 90 ha to 390 ha.

Keywords:
vegetation surveying, area balances, area of stone pine spreading increase

1. Einleitung

Für das interdisziplinäre Forschungsprojekt „HOLA - Nachweis und Analyse von prähistorischen Lawinenereignissen" (Bundesforschungs- und Ausbildungszentrum für Wald, Naturgefahren und Landschaft, BFW) wurden die Vegetationsaufnahmen von **Helmut Friedel** (*1901 Innsbruck, †1975 ebenda) aus den Zillertaler Alpen der frühen 1950er Jahre als Arbeitsgrundlage für Untersuchungen zur aktuellen Waldverbreitung verwendet. Dabei entstand die Idee, ein eigenes Kartenblatt von der Vegetation im Oberen Zemmgrund von diesen überaus wertvollen und bis heute nicht publizierten Originalkarten Friedels, die im Maßstab 1:25.000 vorliegen, der Öffentlichkeit zugänglich zu machen. Des weiteren wurden die kartierten Vegetationsgruppen planimetriert und Flächenbilanzen erstellt. Exemplarisch wird zudem die Veränderung des Zirbenbestandes während der vergangenen 50 Jahre anhand der aktuellen Studie von ZWERGER & PINDUR, 2007 dargestellt. Um die Leistung von Helmut Friedel an dieser Stelle entsprechend aufzuzeigen, sind einige ausgewählte Aufsätze im Literaturverzeichnis angeführt (FLIRI, 1979).
Eine allgemeine Beschreibung und die Abgrenzung des Oberen Zemmgrunds, des Untersuchungsgebiets von HOLA, findet sich bei PINDUR & LUZIAN, 2007.

Die Entwicklung der Vegetationskartierung in Tirol

Folgende Ausführungen beziehen sich auf die umfassende Darstellung zur Entwicklung der Vegetationskartierung in Österreich von SCHIECHTL & STERN (1974).
Die ersten Vegetationskarten im mittleren Maßstab (1:75.000) wurden in Österreich von EBERWEIN & HAYEK (1904) für das Gebiet um Schladming in der Steiermark am Beginn des 20. Jahrhunderts veröffentlicht. In den 1930er Jahren erschien die erste Vegetationskarte von Tirol über das obere Isartal im Maßstab 1:25.000 (VARESCHI, 1931). GAMS (1936) veröffentlichte eine Vegetationskarte der Glocknergruppe auf Basis der damals neuen Alpenvereinskarte „Glocknergruppe" (1:25.000, 1. Ausgabe 1928). Die Feldaufnahmen und der Kartenentwurf stammten von Helmut Gams und Helmut Friedel. Diese Aufnahme der Vegetation gilt heute noch als Meilenstein auf dem Gebiet der Vegetationskartierung.
Naturkatastrophen im österreichischen Alpenraum in den frühen 1950er Jahren forderten nachhaltige Schutzmaßnahmen. Um diese vernünftig realisieren zu können, wurde vom Forsttechnischen Dienst für Wildbach- und Lawinenverbauung (WLV) Grundlagenmaterial gefordert – unter anderem Vegetationskarten in großem Maßstab. Unter Beratung von H. Gams wurde an der Außenstelle für Subalpine Waldforschung der Forstlichen Bundesversuchsanstalt (FBVA) in Innsbruck ein Kartierungsprogramm für das Bundesland Tirol ausgearbeitet.
Im Jahr 1953 konnte mit den Arbeiten im Gelände begonnen werden. Als Kartengrundlagen wurden die besten verfügbaren Karten im Maßstab 1:25.000 verwendet: die „Neue Österreichische Landesaufnahme" bzw. die Messtischblätter der „Alten Österreichischen Landesaufnahme" und, wo vorhanden, wurde auf die Alpenvereinskarten zurückgegriffen. Die fachliche Gesamtleitung für das Tiroler Projekt lag in den erfahrenen Händen von H. Friedel und H. Gams. Kartiert wurde die aktuelle Vegetation durch mehrere Arbeitsgruppen unter Wahrung eines verbindlichen Kartierschlüssels. Die erzeugten Vegetationskarten im Maßstab 1:25.000 zeigen die Darstellung von Gebietsvegetationen. Nach 1955 wurden die weiteren Aufnahmen zu diesem Vegetationskartierungsprojekt ausschließlich von Hugo Meinhard Schiechtl durchgeführt, wobei auch Teile des Bundeslandes Salzburg miteinbezogen wurden, um den Zusammenhang der Vegetationsgliederung über Nord- und Osttirol nach Kärnten zu sichern. Hier war ab 1965 Roland Stern hauptverantwortlich (STERN, 1977).
Aus budgetären Gründen war es der FBVA leider nicht möglich, die Vegetationskarten im Maßstab 1:25.000 drucken zu lassen. In den frühen 1970er Jahren wurde schließlich von Paul Ozenda, dem Vorstand der französischen Zentralstelle für die Vegetationskartierung des Alpenraums am Botanischen Institut der Universität Grenoble, die Möglichkeit geschaffen, das Kartenwerk „Karte der aktuellen Vegetation Tirols in zwölf Blättern 1:100.000" ohne Kosten für die FBVA zu veröffentlichen (SCHIECHTL, 1969-1983). Die originalen Kartenblätter der großmaßstäbigen Vegetationsaufnahmen, die die Grundlage für das oben

erwähnte Kartenwerk darstellten, sind übrigens am Institut für Naturgefahren und Waldgrenzregion des Bundesforschungs- und Ausbildungszentrums für Wald, Naturgefahren und Landschaft (ehem. Außenstelle für subalpine Waldforschung der FBVA) in Innsbruck archiviert.

2. Material und Methoden

Die Vegetationskartierung in den Zillertaler Alpen

Die Vegetationskartierung in den Zillertaler Alpen wurde von Helmut Friedel und seinen Mitarbeitern in den Jahren 1953 bis 1955 durchgeführt. Als Kartengrundlage dienten die drei Blätter der Alpenvereinskarte „Zillertaler Alpen" im Maßstab 1:25.000. Die Reinzeichnung der Vegetationskarten – Tusche mit Handkolorierung – wurde von H. Friedel in Zusammenarbeit mit einem Grafiker auf Leinen aufgezogenen Blättern der Alpenvereinskarten vorgenommen (DuOeAV 1930/1932; Biersack, 1934).

Zur Kartenerstellung und Flächenberechnung

Da sich das Gebiet des Oberen Zemmgrunds über die Blätter West und Mitte der Alpenvereinskarte „Zillertaler Alpen" erstreckt, wurden beide Blätter gescannt und mit einer Bildbearbeitungssoftware zusammengesetzt. Das neu entstandene Kartenblatt wurde anschließend in ein Geographisches Informationssystem (GIS) integriert und in das Bundesmeldenetz (Meridionalstreifen 28, BMN-M28) projiziert. Da keine gedruckte Legende verfügbar war, musste diese unter Zuhilfenahme des originalen Kartierschlüssels nach Schiechtl & Stern (1974:279) für das dargestellte Gebiet rekonstruiert werden. Die Flächenanteile der jeweiligen Vegetationsgruppen wurden am Bildschirm digitalisiert und mit Hilfe des GIS automatisch berechnet.

3. Ergebnisse

Die Vegetationskarte „Oberer Zemmgrund"

Abbildung 1 zeigt die aktuelle Vegetation in Form von Vegetationsgruppen im Oberen Zemmgrund der frühen 1950er Jahre im Maßstab 1:25.000. Die Vegetationsbedeckung ist in 22 Gruppen untergliedert. Die Hauptgruppen (inkl. Farbschlüssel) lauten:

- Alpine Grasheide – hellgelb
- Alpine und Subalpine Zwergstrauchheide – karminrot
- Pioniervegetation - hellbraun
- Legföhren-Krummholz (*Pinetum mugi*) – dunkelbraun
- Lärchen-Zirben-Wald (*Larici-Cembretum*) – dunkelgrün
- Subalpiner und Montaner Fichtenwald (*Piceetum subalpinum* und *Piceetum montanum*) – mittelgrün
- Grünerlen-Gebüsch (*Alnetum viridis*) – olivgrün
- Aue (*Alnetum incanae*) – grau
- Niedermoor (*Cariceta, Eriophoreta*) – blau
- Viehweide, Mähwiese (Grünland) – hellrot gepunktet bzw. gestrichelt

Als Grundlage für die Interpretation des Kartenblattes, die dem Betrachter vorbehalten bleibt, wird auf die umfangreichen Ausführungen von Pitschmann et al. (1971) verwiesen. Diese bieten sowohl einen Einblick in die Genese der aktuellen und potentiellen Vegetationsverhältnisse der Zillertaler Alpen als auch einen Ausblick in zukünftig zu erwartende Entwicklungen.

Flächenbilanzierungen im HOLA - Untersuchungsgebiet „Oberer Zemmgrund"

Oberflächenbedeckung 1955

Tabelle 1 zeigt die von H. Friedel aufgenommene Vegetationsbedeckung aus den Jahren 1953 - 55 – als Konstante mit rund 26% (11,5 km²) Flächenanteil – im Vergleich mit den kartographisch erfassten Gletscherständen von 1925 und 1969. Daraus wird ersichtlich, dass die Eisbedeckung im Jahr 1925, die den Gletscherstand etwa 30 Jahre vor der Vegetationsaufnahme widerspiegelt und in der Karte

Tabelle 1:
Oberflächenbedeckung im Oberen Zemmgrund in der Mitte des 20. Jahrhunderts. Gletscherstände für 1925 und 1969 nach Schwendinger & Pindur (2007).

Oberflächen-bedeckung	Gletscherstand 1925		Gletscherstand 1969	
	Fläche [ha]	Anteil [%]	Fläche [ha]	Anteil [%]
Vegetation 1955	1149,08	26,3	1149,08	26,3
Gletscher	1834,06	41,9	1423,30	32,5
Fels/Schutt	1393,64	31,8	1804,40	41,2
Oberer Zemmgrund	**4376,78**	**100,0**	**4376,78**	**100,0**

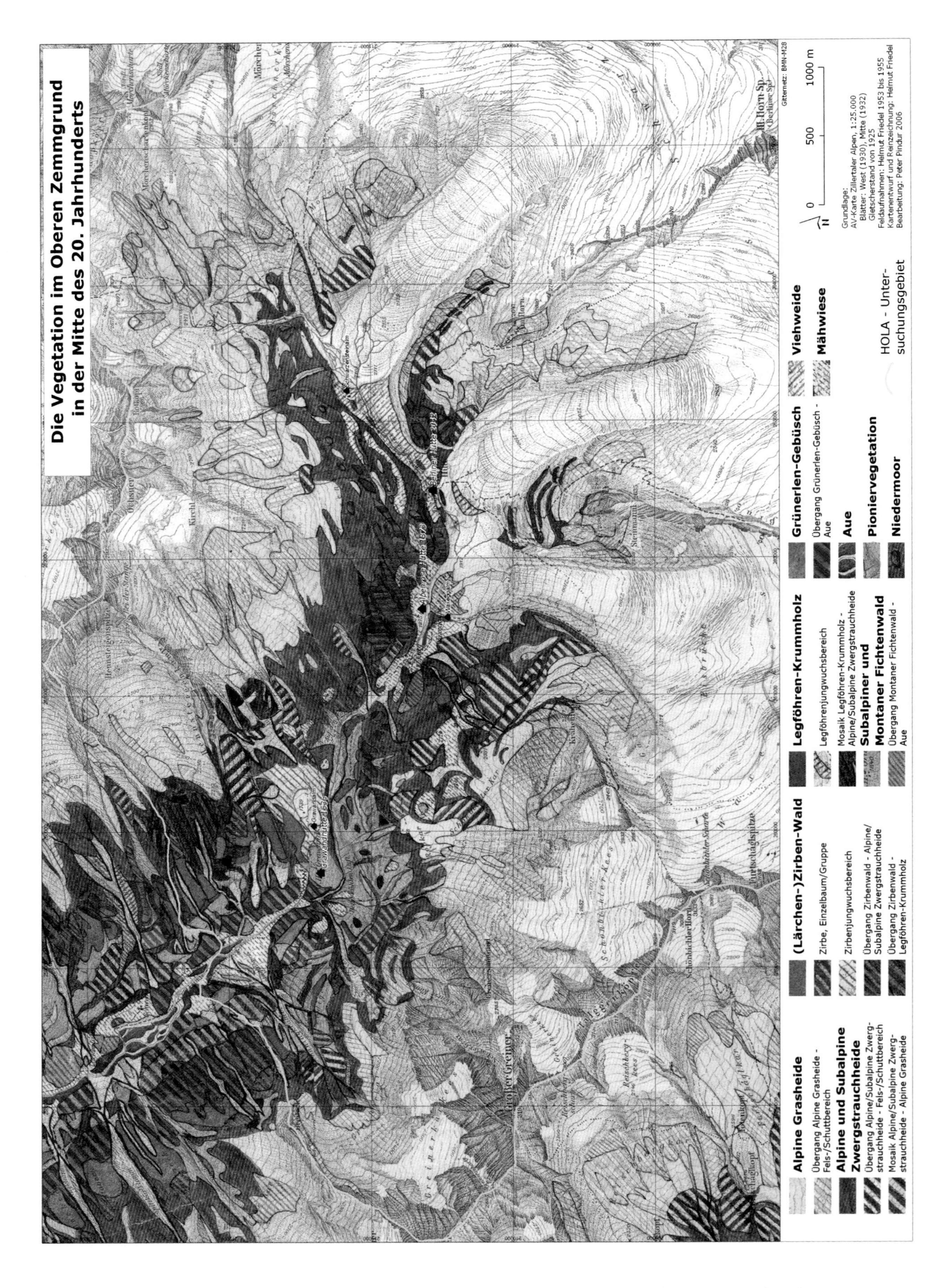

Abbildung 1: Die Vegetation im Oberen Zemmgrund in der Mitte des 20. Jahrhunderts. (Originalgröße 35,5 x 25 cm → Maßstab 1:25.000, 67% verkleinert).

Tabelle 2:
Flächenverteilung der Vegetationsgruppen im Oberen Zemmgrund in der Mitte des 20. Jahrhunderts.

Vegetationsgruppen	Fläche [ha]	Anteil [%]
Alpine Grasheide, Alpine und Subalpine Zwergstrauchheide:	**839,59**	**73,07**
Alpine und Subalpine Zwergstrauchheide	302,71	26,34
Übergang Alpine Grasheide – Fels-/Schuttbereich	273,44	23,80
Alpine Grasheide	183,41	15,96
Mosaik Alpine/Subalpine Zwergstrauchheide – Alpine Grasheide	62,19	5,41
Übergang Alpine/Subalpine Zwergstrauchheide – Fels-/Schuttbereiche	17,83	1,55
Pioniervegetation:	**46,28**	**4,03**
Legföhren-Krummholz:	**59,45**	**5,17**
Mosaik Legföhren-Krummholz – Alpine/Subalpine Zwergstrauchheide	28,83	2,51
Legföhren-Krummholz	27,68	2,41
Legföhrenjungwuchsgebiet	2,94	0,26
(Lärchen-)Zirben-Wald:	**88,79**	**7,73**
(Lärchen-)Zirben-Wald	29,48	2,57
Übergang Zirbenwald – Legföhren-Krummholz	25,42	2,21
Zirbenjungwuchsbereich	14,95	1,30
Übergang Zirbenwald – Alpine/Subalpine Zwergstrauchheide	9,99	0,87
Zirbe, Einzelbaum/Gruppe	8,96	0,78
Subalpiner und Montaner Fichtenwald:	**12,01**	**1,05**
Subalpiner und Montaner Fichtenwald	9,42	0,82
Übergang Montaner Fichtenwald – Aue	2,59	0,23
Grünerlen-Gebüsch:	**18,26**	**1,59**
Übergang Grünerlen-Gebüsch – Aue	14,88	1,29
Grünerlen-Gebüsch	3,38	0,29
Aue:	**1,98**	**0,17**
Grünland (Viehweide, Mähwiese):	**82,72**	**7,20**
Oberer Zemmgrund:	**1149,08**	**100,00**

Tabelle 3:
Entwicklung der Zirbenbestockung im Oberen Zemmgrund während der letzten 50 Jahre. Zirbenverbreitung für 2004 nach Zwerger & Pindur (2007).

Bestandesart	Zirben-verbreitung 1955 Fläche [ha]	Zirben-verbreitung 2004 Fläche [ha]	Veränderung [Faktor]
Wald	29,48	80,46	2,73
Einzelbaum/Gruppe	44,37	20,24	0,46
Jungwuchsbereich	14,95	288,42	19,29
Oberer Zemmgrund	**88,80**	**389,12**	**4,38**

abgebildet ist, mit fast 42% noch dominiert. Im Jahr 1969, also etwa 15 Jahre nach der Vegetationsaufnahme, hatte sich das Flächenverhältnis infolge des Eisrückgangs von über 4 km² eindeutig zugunsten des Fels- und Schuttgeländes, mit einem Flächenanteil von rund 41%, verändert. Demzufolge kann für den Zeitpunkt der Vegetationsaufnahme eine Gleichverteilung zwischen Eisbedeckung und Fels-/Schuttgelände von jeweils ca. 37% (rund 16 km²) angenommen werden.

Vegetationsbedeckung 1955

Die Analyse der Flächenverteilung der kartierten Vegetationsgruppen von 1955, die in Tabelle 2 detailliert aufgeschlüsselt ist, brachte folgendes Ergebnis: Alpine Grasheide, Alpine und Subalpine Zwergstrauchheide und Pioniervegetation inklusive deren Übergangsbereich nehmen rund 77% der mit Vegetation bedeckten Fläche ein. Dabei stellt die Zwergstrauchheide mit über 26% Flächenanteil die dominierende Vegetationsgruppe dar. Dies ist als Folge der teilweisen Entwaldung der hochmontanen und subalpinen Stufe durch den Menschen zur Gewinnung von Almweiden zu sehen. Durch diese z.T. massiven anthropogenen Eingriffe in die natürlichen Vegetationsverhältnisse wurde das Wachstum der Zwergstrauchheide besonders gefördert (vgl. Stern, 1968; Pitschmann et al., 1971). Der Wald ist dadurch in dieser Höhenstufe lediglich mit rund 16% vertreten. Zirben und Legföhren-Krummholzbestände stocken auf etwa 13%, Subalpiner und Montaner Fichtenwald, Grünerlengebüsch und Auenvegetation auf weniger als 3%. Vom Menschen wurden für die Almwirtschaft rund 7% der Vegetationsfläche im Oberen Zemmgrund intensiv – in Form von Fettwiesen, Mähwiesen und Bergmähdern – genutzt.

Entwicklung der Zirbenverbreitung zwischen 1955 und 2004

In Tabelle 3 sind die in der Mitte des 20. Jahrhunderts von Friedel aufgenommenen Zirbenwald-Flächenanteile aktuellen Kartierungsergebnissen von ZWERGER & PINDUR (dieser Band) gegenübergestellt. Um die Zahlen direkt vergleichbar zu machen wurden die Vegetations-Untergruppen aus Tabelle 2 „Übergang Zirbenwald – Legföhren-Krummholz“ und „Übergang Zirbenwald – Alpine/Subalpine Zwergstrauchheide“ der Kategorie „Zirbe, Einzelbaum/Gruppe“ zugeordnet.

Während der vergangenen 50 Jahre zeigt sich eine umfangreiche Flächenvergrößerung des Zirbenareals im Oberen Zemmgrund von ca. 90 auf 390 ha. Hauptverantwortlich dafür ist die Vergrößerung des Zirbenjungwuchsbereichs um den Faktor 19. Der geschlossene Zirbenwald erweiterte sich in diesem Zeitraum von knapp 30 ha auf über 80 ha. Dies ist als Folge einer Verdichtung von Einzelbäumen und Baumgruppen, welche Initialstandorte für zukünftige Waldentwicklungen darstellen, zu geschlossenen Zirbenwaldbeständen zu sehen. Diese Entwicklung zeigt sich besonders im Bereich der oben erwähnten Übergangszonen (vgl. SCHIECHTL & STERN, 1983; ZWERGER, 1983 und 1988).

Die wesentliche Ursache dieser rasanten Waldentwicklung in der subalpinen Stufe ist vor allem der günstige Klimawandel hinsichtlich Erwärmung und die allgemein ausgewogene Niederschlagsverteilung. Auch der veränderte anthropogene Einfluss im Oberen Zemmgrund, insbesondere die verminderte und auf Weidegunstlagen konzentrierte Almbewirtschaftung, ermöglichte diese Entwicklung.

4. Resümee

Die Vegetationskarte von Helmut Friedel bietet einerseits einen detaillierten Einblick in die Zusammensetzung der Vegetation der 1950er Jahre und andererseits, da sie auf der Grundlage der Alpenvereinskarte erstellt wurde, einen ausgezeichneten Überblick über die morphologische Situation im Oberen Zemmgrund.

Das vorliegende Kartenblatt regt gerade zu einer neuerlichen Aufnahme der Vegetation und zu einer Vergleichsstudie an. Damit könnten die Veränderung bzw. die Entwicklung der Vegetationsbedekkung unter sich ändernden Klima- und Nutzungsverhältnissen während der vergangenen 50 Jahre in einem stark vergletscherten Talschluss nördlich des Alpenhauptkammes detailliert erfasst werden.

5. Literatur

BIERSACK, H., 1934. Begleitworte zum Kartenwerk der Zillertaler Alpen. – [in:] Zeitschrift des Deutschen und Oesterreichischen Alpenvereins, **65**:1-11.

DuOeAV - Deutscher und Oesterreichischer Alpenverein, 1930/1932. Alpenvereinskarte Zillertaler Alpen 1:25.000, 35/1: Westliches Blatt (1930); 35/2: Mittleres Blatt (1932). München.

EBERWEIN, R. & HAYEK, A., 1904. Die Vegetationsverhältnisse von Schladming in der Obersteiermark. – Abhandlungen der Zoologisch-Botanischen Gesellschaft Wien. — 2 (3):1-28.

FLIRI, F., 1979. Zum Gedenken an Helmut Friedel. – Wetter und Leben. — **31**:112-113.

FRIEDEL, H., 1952. Gesetze der Niederschlagsverteilung im Hochgebirge. – [in:] Wetter und Leben. — **4**:73-86.

FRIEDEL, H., 1956. Die Vegetation des Obersten Mölltals (Hohe Tauern). Erläuterung zur Vegetationskarte der Umgebung der Pasterze (Großglockner). – [in:] Wissenschaftliche Alpenvereinshefte. — **16**:153 pp., Innsbruck.

FRIEDEL, H., 1962. Forschung für Land- und Forstwirtschaft der Hochlagen. – [in:] Berichte der Landesforschung und Landesplanung. — **6**:25-56.

FRIEDEL, H., 1963a. Aufgabe und Aufbau angewandter Ökologie. – [in:] Berichte des Naturwissenschaftlich-Medizinischen Vereins in Innsbruck, (Festschrift Helmut Gams). — **53**:57-70.

FRIEDEL, H., 1963b. Schneedeckendauer und Vegetationsverteilung im Gelände. – [in:] Mitteilungen der Forstlichen Bundesversuchsanstalt Wien. — **59** (2. Auflage): 319-369.

FRIEDEL, H., 1965. Kleinklima-Kartographie. – [in:] Mitteilungen der Forstlichen Bundesversuchsanstalt Wien. — **66**:13-32.

FRIEDEL, H., 1967. Verlauf der Waldgrenze im Rahmen anliegender Gebirgsgelände. – [in:] Mitteilungen der Forstlichen Bundesversuchsanstalt Wien (Ökologie der alpinen Waldgrenze). — **75**:81-172.

FRIEDEL, H., 1969. Die Pflanzenwelt im Banne des Großglockners. – [in:] Wissenschaftliche Alpenvereinshefte. — **21**:233-252.

GAMS, H., 1936. Die Vegetation des Großglocknergebietes, Abhandlungen der Zoologisch-Botanischen Gesellschaft in Wien. — 16, 2. 79 pp., Wien.

PINDUR, P., ZWERGER, P., LUZIAN, R. & STERN, R., 2006. Die Vegetation im Oberen Zemmgrund in der Mitte des 20. Jahrhunderts.Ein Auszug aus Helmut FRIEDEL'S Vegetationskartierung 1953-55 in den Zillertaler Alpen für aktuelle Untersuchungen. – [in:] Berichte des naturwissenschaftlich-medizinischen Vereins in Innsbruck. — 43-50.

PINDUR, P. & LUZIAN, R., 2007. Der Obere Zemmgrund - Ein geographischer Einblick. In diesem Band.

PITSCHMANN, H., REISIGL, H., SCHIECHTL H.M. & STERN, R., 1971. Karte der aktuellen Vegetation von Tyrol 1/100.000. II. Teil: Blatt 7, Zillertaler und Tuxer Alpen. – Documents pour la carte de la Végétation des Alpes. — **9**:109-132, Grenoble.

SCHIECHTL, H.M., (Bearb.), 1969-1983. Karte der aktuellen Vegetation Tirols 1:100.000. — 12 Blätter. Wien.

SCHIECHTL, H.M. & STERN, R., 1974. Vegetationskartierung - Durchführung und Anwendung in Forschung und Praxis. Eine Dokumentation mit Beispielen aus der Arbeit der Außenstelle für subalpine Waldforschung. – [in:] Forstliche Bundesversuchsanstalt (Hrsg.). 100 Jahre Forstliche Bundesversuchsanstalt. — 273-308, Wien

SCHIECHTL, H.M. & STERN, R., 1983. Die Zirbe (*Pinus cembra* L.) in den Ostalpen. III. Teil. Stubaier Alpen, Wipptal, Zillertaler Alpen. – Angewandte Pflanzensoziologie, **27**:110 pp., Wien.

SCHWENDINGER, G. & PINDUR, P., 2007. Die Entwicklung der Gletscher im Oberen Zemmgrund seit dem Hochstand in der Mitte des 19. Jahrhunderts. Flächenverlust, Volumenverlust und Schneegrenzanstieg. In diesem Band.

STERN, R., 1968. Der Waldrückgang im Zillertal. – Centralblatt für das gesamte Forstwesen. — **85**:32-42.

STERN, R., 1977. Die Vegetation des Nationalparks Hohe Tauern. Vegetationskarte 1:50.000 Blatt Krimml. – [in:] Nationalpark Hohe Tauern - Berichte und Informationen. — **2**:5-19, Matrei i. Osttirol.

VARESCHI, V., 1931. Die Gehölztypen des obersten Isartals. – Berichte des Naturwissenschaftlichen-Medizinischen Vereins in Innsbruck. — **42**:79-184.

ZWERGER, P., 1983. Verbreitung und Bestandesaufbau von Zirbenwäldern in den Ostalpen. – Tiroler Forstdienst. — **26** (2): 4-5.

ZWERGER, P., 1988. Die Zirbe im hinteren Zillertal. – Tiroler Forstdienst. — **31** (2): 6-7.

ZWERGER, P. & PINDUR, P., 2007. Waldverbreitung und Waldentwicklung im Oberen Zemmgrund, Zillertaler Alpen. In diesem Band.

Subfossile Arthropodenfunde (Acari: Oribatida, Insecta: Coleoptera) in Mooren bei der Schwarzensteinalm im Oberen Zemmgrund in den Zillertaler Alpen (Österreich)

Verena WILD[1)], Irene SCHATZ[2)] & Heinrich SCHATZ[3)]

WILD, V., SCHATZ, I. & SCHATZ, H., 2007. Subfossile Arthropodenfunde (Acari: Oribatida, Insecta: Coleoptera) in Mooren bei der Schwarzensteinalm im Oberen Zemmgrund in den Zillertaler Alpen (Österreich). — BFW-Berichte **141**:117-131, Wien. — Mitt. Komm. Quartärforsch. Österr. Akad. Wiss., **16**:117-131, Wien

Kurzfassung

Im Zuge des interdisziplinären Forschungsprojektes „HOLA - Nachweis und Analyse von holozänen Lawinenereignissen" (Bundesforschungs- und Ausbildungszentrum für Wald, Naturgefahren und Landschaft) wurden im Oberen Zemmgrund in den Zillertaler Alpen subfossile Arthropodenreste aus zwei Sedimentbohrkernen der Moore „Schwarzensteinalpe" und „Schwarzensteinboden" analysiert.
Insgesamt wurden in beiden Bohrkernen 112 Oribatidenindividuen ausgewertet, die 15 Arten aus zehn Familien angehören. Außerdem wurden 67 größere Fragmente von Käfern (Coleoptera) eindeutig bestimmt, die 18 Arten aus vier Familien zugeordnet werden konnten.
Sowohl bei den Oribatida als auch bei den Coleoptera lässt sich aufgrund der geringen Probenmenge keine schwerpunktmäßige Verteilung feststellen. Der Großteil der determinierten Käferarten kann mit einer Vegetation der Zwergstrauchheiden und alpinen Grasheiden assoziiert werden. Feuchte- und moorliebende Hornmilbenarten wurden ebenfalls in fast allen Tiefen der Bohrkerne und somit über die gesamten letzten 4000 Jahre vorgefunden. Somit stehen die an Oribatida und Coleoptera gewonnenen Ergebnisse bezüglich früherer Vegetationsbedingungen mit der Pollenanalyse in Einklang.

Schlüsselwörter:
Acari, Oribatida, Coleoptera, Moor, subfossil, Alpen, Österreich

Abstract

[Subfossil arthropod fragments (Insecta: Coleoptera, Acari: Oribatida) from peat bogs in the Zillertaler Alps (Austria).] Two sediment cores from the peat bogs "Schwarzensteinalpe" and "Schwarzensteinboden" were analyzed for arthropod fragments as part of the interdisciplinary research project on avalanche events during the Holocene. In both cores a total of 112 specimens of oribatid mites (Acari) belonging to 15 species (ten families) were found. Also 18 species (four families) of beetles (Coleoptera) could be identified from 67 fragments. Due to small sample size no clear pattern could be detected in the distribution of fragments from both taxa within the past 4000 years. Most of the beetle species are associated with a vegetation of alpine dwarf shrub and grassland. Hygrophilous and tyrphophilous oribatid species were found in most layers of the sediment cores corresponding to an occurrence throughout the covered time scale. Indications from both oribatid mites and beetles agree with results from pollen analysis concerning the past vegetation types.

Keywords:
Acari, Oribatida, Coleoptera, peat bogs, subfossil, Alps, Austria

[1)]MAG.A VERENA WILD, Department für medizinische Genetik und molekulare und klinische Pharmakologie, Medizinische Universität Innsbruck, A – 6020 Innsbruck
E-Mail: Verena.Wild@i-med.ac.at

[2)]DR. IRENE SCHATZ, Institut für Ökologie, Universität Innsbruck, A - 6020 Innsbruck,
E-Mail: Irene.Schatz@uibk.ac.at

[3)]DR. HEINRICH SCHATZ, Institut für Ökologie, Universität Innsbruck, A - 6020 Innsbruck
E-Mail: Heinrich.Schatz@uibk.ac.at

1. Einleitung

Um die holozäne Klima- und Vegetationsgeschichte im Oberen Zemmgrund in den Zillertaler Alpen rekonstruieren zu können, wurden im Rahmen des interdisziplinären Forschungsprojektes „HOLA - Nachweis und Analyse von holozänen Lawinenereignissen" (Bundesforschungs- und Ausbildungszentrum für Wald, Naturgefahren und Landschaft, BFW) – neben dem Pollenprofil „Schwarzensteinmoor" (SWM) (WALDE & HAAS, 2004) – zwei weitere Sedimentbohrkerne aus den Mooren „Schwarzensteinalpe" und „Schwarzensteinboden" palynologisch analysiert (Abbildung 1). Bei der Analyse dieser Bohrkerne wurde von WILD (2005), neben der Bestimmung der pflanzlichen Reste, besonderes Augenmerk auf die Arthropodenreste gelegt. In beiden Bohrkernen wurden eine größere Anzahl von Käfern und Hornmilben gefunden. Über die

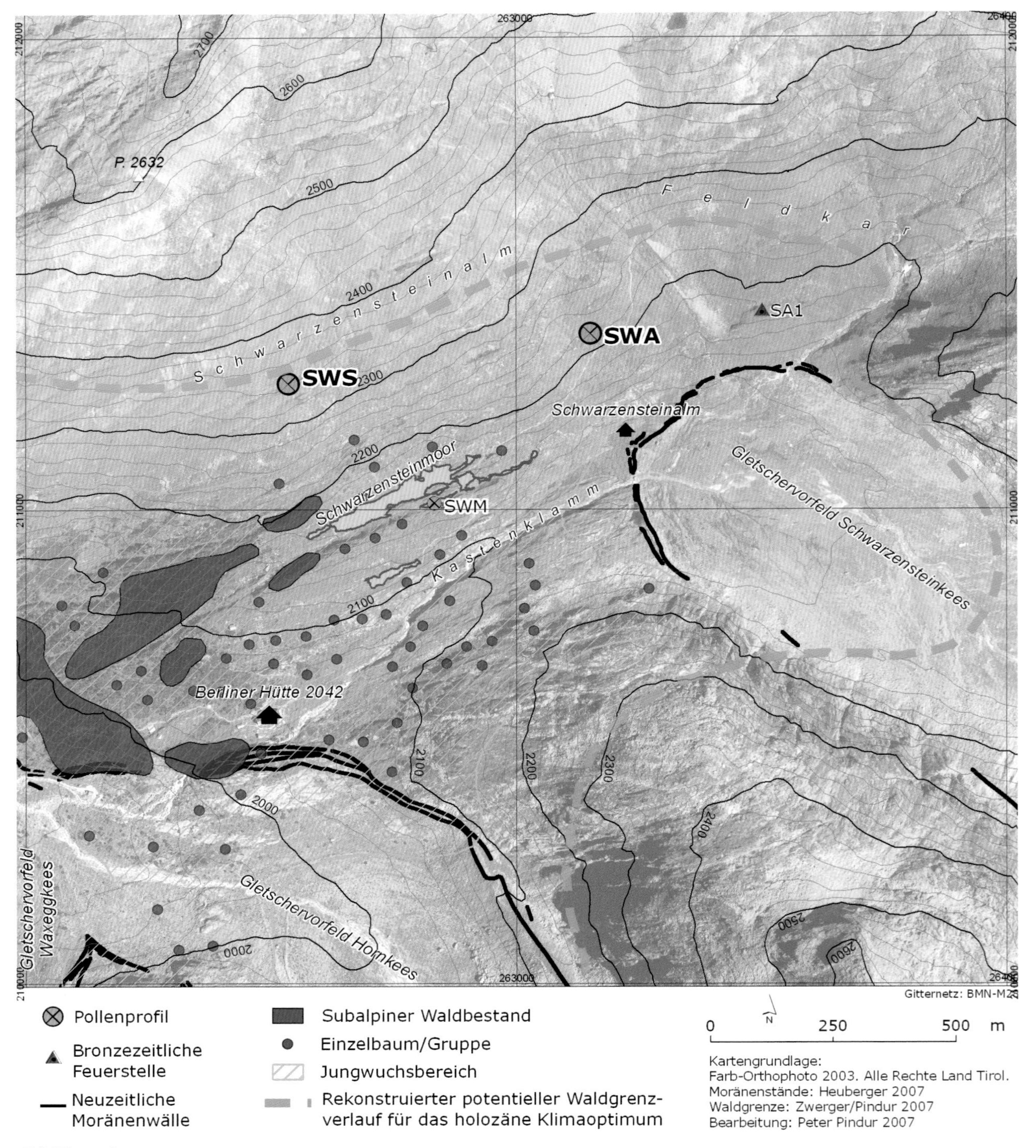

Abbildung 1:
Die untersuchten Sedimentbohrkerne im Bereich der Schwarzensteinalm.

Auswertung der subfossilen Arthropodenresten wird in diesem Beitrag berichtet.

Ablagerungen in Mooren mit darin enthaltenen Resten von Gliederfüßern (Arthropoden) stellen eine wichtige Dokumentation für vergangene Umweltbedingungen und für die Faunengeschichte dar, da viele Arten eine enge Habitatbindung aufweisen (z.B. Schelvis, 1990; Schmidt, 1995; Geiser, 2003). Aus dem Alpenraum liegen nur wenig Informationen über subfossile Arthropoden vor (vgl. Schatz et al., 2002). Arthropodenreste sind dank des harten Exoskeletts insbesondere von Käfern (Coleoptera), wie Kopfkapseln, Flügeldecken (Käfer-Elytren), Thorax, bzw. von ganzen Hornmilben (Oribatida) oder deren -teilen oft sehr gut erhalten. Charakteristische Strukturen erlauben eine Determination auf Artniveau (Klausnitzer, 1969). Die Käferrestanalyse hat neben der botanischen Methode der Pollenanalyse bereits wertvolle Erkenntnisse bei der Rekonstruktion der postglazialen Wiederbesiedlung in den Alpen geliefert (Geiser, 2003). Bei der neolithischen Gletscherleiche aus den Ötztaler Alpen, dem Eismann vom Tisenjoch („Ötzi", 3300 v. Chr.), konnten mehr als 5000 Jahre alte Reste von verschiedenen Insektenordnungen gedeutet und bestimmten Taxa, teilweise auf Artniveau, zugeordnet werden. Darunter befanden sich u.a. auch Reste von Käfern, Ameisen und Hornmilben (Schedl, 2000). Aufgrund ihrer relativ geringen Mobilität erlauben vor allem Oribatiden Rückschlüsse auf damalige kleinräumige Umweltbedingungen (Schelvis, 1990; Schelvis & van Geel, 1989).

Die zur Untersuchung herangezogenen Moore liegen im Gebiet der südexponierten Schwarzensteinalm und befinden sich heute deutlich außerhalb des aktuellen subalpinen Wald und Jungwuchsbereichs. Beide Moore liegen aber noch innerhalb des für das holozäne Klimaoptimum rekonstruierten potentiellen Waldgrenzverlaufes (Zwerger & Pindur, dieser Band) und befanden sich während solcher holozäner Klima-Gunstphasen (z.B. Patzelt, 2000) im oberen Bereich des Waldgrenzökotons.

Das Moor „Schwarzensteinalpe (SWA)" liegt in einer Höhe von 2225 m ü.d.M. (BMN-M28 x: 263152, y: 211372; 47°01,92'N 11°49,33'E) nordöstlich der Berliner Hütte. Der Moorkörper hat sich zwischen dem Hang im Norden und einer Rundbuckelrippe im Süden gebildet. Im Westen wird er durch einen Bach begrenzt. Die Abmessungen des Moores betragen ca. 15 x 15 m.

Rund 350 m Luftlinie östlich davon konnte von Pindur et al. (2007) eine bronzezeitliche Feuerstelle (SA1) nachgewiesen werden. Die Feuerstelle datiert nach der ^{14}C-Methode in den Zeitraum zwischen 1740 und 1520 v. Chr., dem Übergang von der älteren zur mittleren Bronzezeit, und fällt damit in die sogenannte „Löbbenschwankung". Dabei handelt es sich um eine ausgeprägte Klimaungunstphase die durch mehrfache Gletscherhochstände, vergleichbar mit denen der neuzeitlichen Klimadepression („Little Ice Age"), gekennzeichnet ist.

Das Moor „Schwarzensteinboden (SWS)" befindet sich nördlich der Berliner Hütte und rund 600 m Luftlinie westlich des Moores „Schwarzensteinalpe" in einer Höhe von 2340 m. (BMN-M28 x: 262536, y: 211267; 47°01,86'N 11°48,82'E). Es liegt rund 100 Höhenmeter oberhalb der derzeit höchstgelegenen Baumgruppe (2250 m, vgl. Zwerger & Pindur, dieser Band). Die Abmessungen betragen 10 x 50 m. Bei dem langgestreckten, stark vernässten Moorkörper könnte es sich um einen verlandeten See handeln. Er wird im Norden durch den Hang und im Süden durch eine kleine Felsrippe begrenzt.

2. Material und Methoden

Nach Ermittlung der tiefsten Stelle des jeweiligen Moores mittels Sondierung wurden die Sedimentbohrkerne mit einem sog. „Russischen Kammerbohrer" entnommen. Der Bohrkern aus dem Moor Schwarzensteinalpe wurde im Juni 2003 im westlichen Bereich geborgen, aus dem Moor Schwarzensteinboden im September 2003 in der Mitte der Seeverlandung. Die Bohrkerne wurden bis zur Bearbeitung im Labor bei ca. 4°C im Kühlraum aufbewahrt. Im Labor wurden mit einem Stechbohrer alle 2-4 cm 1 cm^3 Teilproben entnommen. Das Material wurde mit einem 250 µm feinem Sieb geschlämmt. Der Überstand der Schlämmung wurde zur Makrorestanalyse weiterverwendet, wobei die Arthropodenreste mit einem Olympus® SZ60 Stereomikroskop bei 10-40facher Vergrößerung ausgezählt wurden.

Die Fragmente der Käfer wurden von Irene Schatz, die Hornmilben von Heinrich Schatz größtenteils bis zur Art bestimmt. Die Determination erfolgte durch Vergleich mit Sammlungen der Autoren und des Instituts für Zoologie der Universität Innsbruck.

Die ^{14}C-Datierungen (AMS-Radiokarbondatierungen) der Makrorestproben der Bohrkerne wurden am Institut für Isotopenforschung und Kernphysik der Universität Wien durchgeführt.

Die Kalibrierung der ^{14}C-Daten erfolgte mit der Software *OxCal Version 3.10* (2005) unter Ver-

Tabelle 1:
^{14}C-Datierungen aus dem Sedimentbohrkern SWA.

Probenbezeichnung	SWA A-2003-2	SWA A-2003-3
Probenentnahme	2003	2003
Material	Holz	Blätter, Blütenstand, Holz
Entnahmetiefe	42 cm	65 cm
Labornummer	VERA-3110	VERA-3111
^{14}C-Alter (1σ-Bereich)	635±35 BP	1595±35 BP
Kalibriertes Alter (2σ-Bereich)	1280–1400 cal AD 670–550 cal	BP 390–550 cal AD 1560–1400 cal BP
Mittelwert (2σ-Bereich)	1340 cal AD 610 cal BP	470 cal AD 1480 cal BP

Tabelle 2:
^{14}C-Datierungen aus dem Sedimentbohrkern SWS.

Probenbezeichnung	SWS-C-2003-1	SWS-C-2003-2	SWS-C-2003-3
Probenentnahme	2003	2003	2003
Material	Stängel, Holz	Holz	Rindenstück
Entnahmetiefe	15 cm	43,5 cm	75 cm
Labornummer	VERA-3112	VERA-3113	VERA-3114
^{14}C-Alter (1σ-Bereich)	785±35 BP	2425±35 BP	2994±35 BP
Kalibriertes Alter (2σ-Bereich)	1185–1285 cal AD 765–665 cal BP	750–400 cal BC 2700–2350 cal BP	1380–1120 cal BC 3330–3070 cal BP
Mittelwert (2σ-Bereich)	1235 cal AD 715 BP	575 cal BC 2525 BP	1250 cal BC 3200 BP

wendung der Kalibrierungskurve *IntCal04* (BRONK RAMSEY, 1995; REIMER et al., 2004) (Tabelle 1, Tabelle 2).
Die im Text und in den Tabellen verwendeten Altersangaben wurden durch Interpolation der vorhandenen ^{14}C-Datierungen errechnet.
Die Profile der Bohrkerne wurden in Zonen gegliedert, die sich durch einen konstanten Fossilgehalt auszeichnen, der sie von den angrenzenden Sedimentbereichen unterscheidet (HEDBERG, 1972). Diese Makrofossilzonen wurden für die Beschreibung der Vertikalverteilung der Arthropodenreste herangezogen (siehe Tabelle 3 und 4).

Bohrkern Schwarzensteinalpe (SWA)
Der 93 cm lange Sedimentbohrkern besteht aus unterschiedlich stark zersetztem Cyperaceen-Moostorf und weist eine relativ gleichmäßige Sedimentation auf. Der Beginn des Moorwachstums wurde durch Extrapolation auf 500 v. Chr. festgestellt.

Bohrkern Schwarzensteinboden (SWS)
Der 114 cm lange Sedimentbohrkern besteht aus unterschiedlich stark zersetztem Cyperaceen-Moostorf und weist eine relativ gleichmäßige Sedimentation auf. Der Beginn des Moorwachstums wurde durch Extrapolation auf 2000 v. Chr. festgestellt.

3. Ergebnisse und Diskussion

Artenspektrum
Bei der Analyse der Makroreste wurden, neben den am häufigsten vorgefundenen Oribatiden und Chitin-Bruchstücken (meistens Coleoptera), zahlreiche andere tierische Reste – darunter Heliozoa, Rotatoria, Turbellaria, Bryozoa-Statoblasten, Chironomidae-Larven sowie Eier von *Daphnia* sp. – gefunden (WILD, 2005). Über die determinierten Oribatiden und Coleoptera wird im Folgenden berichtet. Dabei werden die vorliegenden Funde aus beiden Mooren, einschließlich der Altersbestimmung für die entsprechende Tiefe, in der Rubrik „Schwarzensteinalm" präsentiert. Zudem werden für alle Arten neben fallweisen taxonomischen Bemerkungen die Habitatbindung – auf rezenten Daten beruhend – die Verbreitung in den Alpen sowie die allgemeine rezente Verbreitung gegenübergestellt.

Oribatida (Hornmilben)
Oribatiden oder Hornmilben sind vorwiegend Bewohner von Blatt- und Nadelstreu, Moos und Flechten. Die meisten Arten weisen eine Länge von ca. 0,2-1 mm auf. Viele Adulte besitzen einen festen Chitinpanzer, der unter bestimmten Bedingungen (z.B. in Mooren) auch nach dem Tod des Individuums lange erhalten bleiben kann. Im Gegensatz zu größeren, „gut sichtbaren" Tieren sind Hornmilben vergleichsweise wenig bekannt. Dennoch können sie in großen Dichten vorkommen; in Waldböden werden bis zu 100.000 Individuen pro m^2 gefunden, womit die Oribatiden zu den häufigsten Vertretern der Mesofauna zählen. Sie spielen eine große Rolle beim Abbau toter pflanzlicher Substanz, bei der

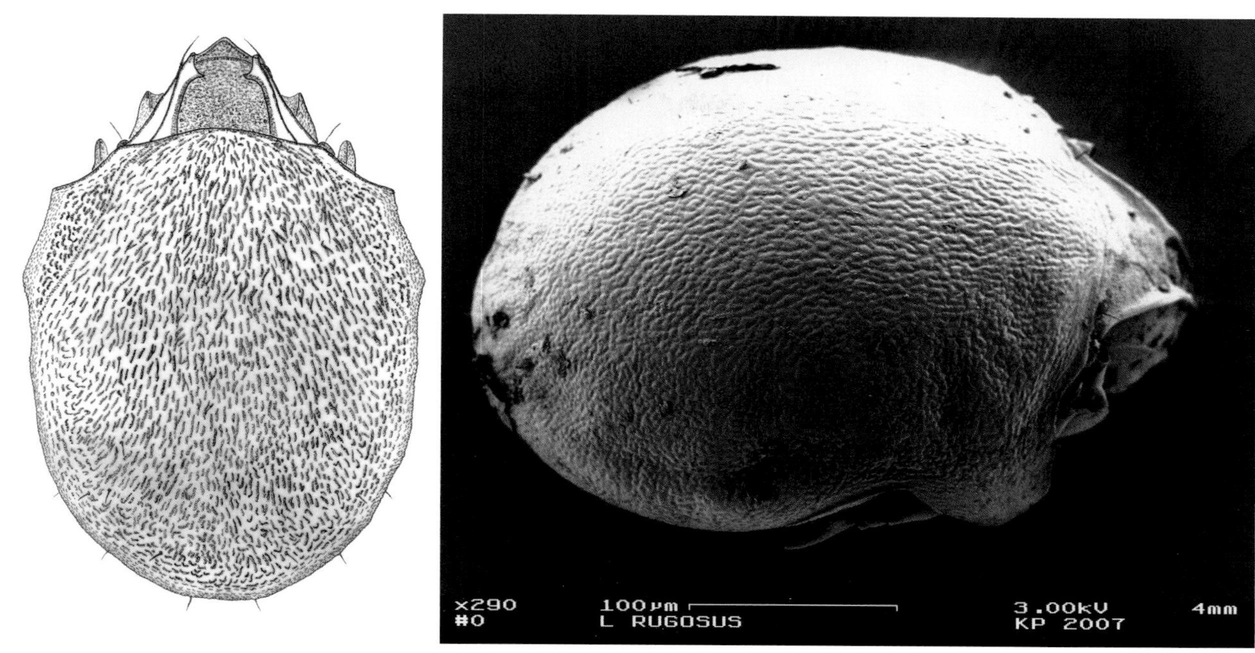

Abbildung 2: Die Hornmilbe *Limnozetes rugosus* (SELLNICK, 1923) (Acari, Oribatida) aus dem Moor Schwarzensteinboden, Schwarzensteinalm, Zillertal (79 cm, 2154 cal BP), ein Neufund für Tirol. Foto Rasterelektronenmikroskop: K. Pfaller.

Bodenbildung, bei der Verbreitung von Pilzen und im Nährstoffkreislauf. Weltweit sind nahezu 10.000 Oribatidenarten beschrieben worden (SCHATZ, 2002), aus Österreich sind bisher 609 Arten bekannt (SCHATZ, 1983, aktualisiert).
Insgesamt wurden in beiden Bohrkernen 112 Oribatidenindividuen ausgewertet, die 15 Arten aus 10 Familien angehören. Oribatiden konnten in fast allen Tiefen der Bohrkerne gefunden werden.

▶ Fam. Achipteriidae

Parachipteria willmanni VAN DER HAMMEN, 1952
Taxonomische Bemerkung: vgl. WEIGMANN (2006).
Habitatbindung: hygrophil, tyrphophil, in Mooren, in feuchten Wiesen und Wäldern.
Schwarzensteinalm:
- SWA: 1 Individue in 46 cm (752 cal BP).

Alpen: weit verbreitet, planar bis alpin. Moore in Nordtirol (SCHATZ, 2005c) und in der Schweiz (BORCARD, 1991).
Allgemeine Verbreitung: Europa, Kaukasus, Nordasien, Nordamerika, Mittelamerika; holarktisch.

▶ Fam. Carabodidae

Carabodes labyrinthicus (MICHAEL, 1879)
Habitatbindung: euryök, in Mooren, Quellen, in Waldböden, auch arboricol. Auch subfossil in bronzezeitlichen Ablagerungen gefunden (SCHATZ et al., 2002).
Schwarzensteinalm:
- SWS: 1 Individue in 31 cm (1754 cal BP)

Alpen: weit verbreitet, planar bis alpin, Quellen in Berchtesgaden und in den Südalpen (SCHATZ & GERECKE, 1996), Moore in der Schweiz (BORCARD, 1991).
Allgemeine Verbreitung: Mittel-, Nord-, Westeuropa, Kaukasus, Nordasien, Japan, Nordamerika; holarktisch.

▶ Fam. Ceratozetidae

Fuscozetes fuscipes (C.L. KOCH, 1844)
Habitatbindung: hygrophil, tyrphophil, in Mooren und Gewässern, in feuchten Wäldern.
Schwarzensteinalm:
- SWA: 1 Individue in 77 cm (1932 cal BP).

Alpen: weit verbreitet, planar bis hochalpin. Moore in Südtirol (SCHATZ, 2005a, 2005b) und in der Schweiz (BORCARD, 1991).
Allgemeine Verbreitung: Mittel-, Nord-, Nordosteuropa, Kaukasus, Nordasien, Nordamerika; holarktisch.

Fuscozetes setosus (C.L. KOCH, 1839)
Habitatbindung: hygrophil, tyrphophil, in Mooren und feuchten Wäldern.
Schwarzensteinalm:
- SWA: 1 Individue in 46 cm (752 cal BP).

Alpen: weit verbreitet, planar bis hochalpin. Moore in Nordtirol (SCHATZ, 2005c) und in der Schweiz (BORCARD, 1991).
Allgemeine Verbreitung: Europa, Kaukasus, Nordasien, Nordamerika, Westliche Orientalis; holarktisch.

Melanozetes meridianus SELLNICK, 1929
Habitatbindung: hygrophil, tyrphophil, in Mooren und Quellen, in feuchten Wäldern.
Schwarzensteinalm:
- SWS: 1 Individue in der Oberflächenschichte.
Alpen: verbreitet, planar bis alpin. Moore in Südtirol (SCHATZ, 2005a), Quelle in Südtirol (SCHATZ, unpubl.).
Allgemeine Verbreitung: Mittel-, Nordeuropa, Nordasien, Japan, Nordamerika; holarktisch.

Oromurcia sudetica WILLMANN, 1939
Habitatbindung: hygrophil, tyrphophil, in Wiesen und Mooren.
Schwarzensteinalm:
- SWS: 1 Individue in 33 cm (1884 cal BP).
Alpen: verbreitet, meist montan bis alpin. Moore in Nordtirol (SCHATZ, 2005c).
Allgemeine Verbreitung: Mittel-, Südosteuropa, Kaukasus.

Sphaerozetes piriformis (NICOLET, 1855)
Habitatbindung: euryök, in feuchten Wäldern, in Quellen häufig angetroffen, auch arboricol.
Schwarzensteinalm:
- SWA: 41,5 bis 85 cm (593 bis 2236 cal BP)
- SWS: 1 bis 91,5 cm (48 bis 3535 cal BP).
Alpen: weit verbreitet, planar bis alpin. Quellen in Berchtesgaden und in den Südalpen (SCHATZ & GERECKE, 1996).
Allgemeine Verbreitung: Mittel-, West-, Nordeuropa, Kaukasus, Westsibirien; paläarktisch.

▶ Fam. Hydrozetidae
Hydrozetes lacustris (MICHAEL, 1882)
Habitatbindung: limnisch, in Mooren und Quellen.
Schwarzensteinalm:
- SWA: 41,5 bis 85 cm (593 bis 2236 cal BP)
- SWS: Oberfläche bis 77 cm (48 bis 3236 cal BP)

Insgesamt stellt diese Art 46,4% der Gesamtindividuen der Oribatiden in beiden Mooren und ist in beiden Mooren mit Abstand die häufigste Oribatidenart, im Moor Schwarzensteinalpe sind es sogar 54,8%.
Alpen: verbreitet, planar bis alpin, lokal. Quellen in den Südalpen (SCHATZ & GERECKE, 1996).
Allgemeine Verbreitung: Mittel-, Nordost-, Westeuropa, Japan, Nordamerika; holarktisch.

▶ Fam. Limnozetidae
Limnozetes ciliatus (SCHRANK, 1803)
Habitatbindung: muscicol, hygrophil bis limnisch, in Mooren und Quellen.
Schwarzensteinalm:
- SWA: 46 bis 85 cm (752 bis 2236 cal BP)
- SWS: 37 bis 69 cm (2144 bis 3071 cal BP)

Insgesamt stellt diese Art 8,0% der Gesamtindividuen der Oribatiden in beiden Mooren.
Alpen: verbreitet, planar bis alpin, lokal. Moore in der Schweiz (BORCARD, 1991).
Allgemeine Verbreitung: Mittel-, Nordeuropa.

Limnozetes rugosus (SELLNICK, 1923) (Abbildung 2)
Habitatbindung: hygrophil bis limnisch, auch in Mooren und Naßwiesen.
Schwarzensteinalm:
- SWA: 1 Individue in 85 cm (2236 cal BP)
- SWS: 1 bis 91,5 cm (48 bis 3535 cal BP)

Insgesamt stellt diese Art 14,3% der Gesamtindividuen der Oribatiden in beiden Mooren.
Alpen: planar bis alpin, lokal. Steiermark, Osttirol (SCHATZ, 1983), **Neumeldung für Nordtirol**. Da Individuen im obersten Teil des Bohrkerns vom Moor Schwarzensteinboden angetroffen wurden (48 cal BP), ist auch ein rezentes Vorkommen in Tirol anzunehmen.
Allgemeine Verbreitung: Mittel-, Nordeuropa. Aus Südeuropa nicht bekannt.

▶ Fam. Malaconothridae
Trimalaconothrus novus (SELLNICK, 1921)
Habitatbindung: hygrophil bis limnisch, tyrphophil, in Mooren und Quellen, in feuchten Wäldern.
Schwarzensteinalm:
- SWA: 1 Individue in 77 cm (1932 cal BP)
- SWS: 13 Individuen in 31 cm (1754 cal BP), 1 Individue in 34,5 cm (1982 cal BP).

Insgesamt stellt diese Art 13,4% der Gesamtindividuen der Oribatiden in beiden Mooren.
Alpen: selten, planar bis alpin, lokal. Quellfluren in Berchtesgaden (SCHATZ & GERECKE, 1996), Moore in Südtirol (SCHATZ, 2005a, sub *T. maior*) und in der Schweiz (BORCARD, 1991).
Allgemeine Verbreitung: Mittel-, Nord- Südosteuropa, Kaukasus, Nordasien, Nordamerika, Mittel- und Südamerika, Neuseeland, Subantarktische Inseln; nicht in der Äthiopis gefunden.

▶ Fam. Mycobatidae
Mycobates alpinus (WILLMANN, 1951)
Habitatbindung: muscicol, eher xerobiont, auch arboricol.
Schwarzensteinalm:
- SWA: 1 Individue in 77 cm (1932 cal BP)
- SWS: 2 Individuen in 21 und 49 cm (1103 bzw. 2659 cal BP).

Alpen: selten, subalpin bis alpin.
Allgemeine Verbreitung: Mittel-, Südosteuropa.

▶ Fam. Phenopelopidae
Eupelops plicatus (C.L. KOCH, 1835)
Habitatbindung: mesohygrophil, in Mooren und Quellen, in feuchten Wäldern.
Schwarzensteinalm:
- SWS: 1 Individue in der Oberflächenschichte.

Alpen: weit verbreitet, planar bis montan. Quellen in Berchtesgaden (SCHATZ & GERECKE, 1996) und in Südtirol (SCHATZ, unpubl.), Moore in der Schweiz (BORCARD, 1991).
Allgemeine Verbreitung: Europa, Kaukasus, Nordasien, Nordamerika; holarktisch.

▶ Fam. Scheloribatidae
Liebstadia similis (MICHAEL, 1888)
Habitatbindung: heliophil, in nassen Lebensräumen, Mooren und Quellfluren, auch in feuchten Wäldern.
Schwarzensteinalm:
- SWA: 1 Individue in 81 cm (2084 cal BP).

Alpen: weit verbreitet, planar bis alpin. Quellen in Berchtesgaden (SCHATZ & GERECKE, 1996) und in Südtirol (SCHATZ, unpubl.), Moore in Südtirol (SCHATZ, 2005a, 2005b).
Allgemeine Verbreitung: Europa, Kaukasus, Nordasien, Japan, Nordamerika, Pazifische Inseln, Orientalis.

▶ Fam. Tectocepheidae
Tectocepheus sarekensis (TRÄGARDH, 1910)
Taxonomische Bemerkung: siehe WEIGMANN (2006, als ssp. von *T. velatus*).
Habitatbindung: euryök, auch häufig in Mooren angetroffen.
Schwarzensteinalm:
- SWS: 1 Individue in 53 cm (2741 cal BP)

Alpen: sehr weit verbreitet, planar bis alpin. Moore in Südtirol (SCHATZ, 2005b) und in der Schweiz (BORCARD, 1991).
Allgemeine Verbreitung: Europa, Kaukasus, Nord-Afrika, Nordasien, Orientalis, Äthiopis, Nordamerika, Mittelamerika, Pazifische Inseln, Australien; (semi)kosmopolitisch (außer Antarktis).

Coleoptera (Käfer)
Die meisten Fragmente gehören zu Arten der Kurzflügelkäfer (Staphylinidae). Diese Familie ist in Mitteleuropa die artenreichste – besonders in manchen Habitaten der Hochgebirgslagen übertreffen die Kurzflügelkäfer an Diversität und Abundanz alle übrigen Käferfamilien. Die meisten Arten sind zoophag und sehr aktiv (lauf- oder flugaktiv).
Insgesamt konnten in beiden Bohrkernen 67 größere Fragmente eindeutig bestimmt und 18 Arten aus vier Familien zugeordnet werden. Innerhalb der Gattung *Oreina* sowie zwischen nahe verwandten Arten (*Amphichroum canaliculatum* / *A. hirtellum*) war eine eindeutige Artdetermination nicht immer möglich. Zahlreiche kleinere Bruchstücke konnten nicht zugeordnet werden.
Im Folgenden werden die identifizierten Käferarten vorgestellt und durch Angaben zu Verbreitung, ökologischen Ansprüchen und Lebensweise charakterisiert (COMELLINI, 1974; DE ZORDO, 1979; HORION, 1963-1967; KAHLEN, 1987; KOCH 1989; LOHSE, 1964; PEEZ & KAHLEN, 1977; SCHEERPELTZ, 1968; WÖRNDLE, 1950; ZANETTI, 1987).

▶ Fam. Chrysomelidae, Blattkäfer
Oreina cacaliae (SCHRANK, 1758)
Habitatbindung: stenotop, Hochstaudenfluren. Oligophag an *Senecio, Adenostyles.*
Schwarzensteinalm:
- Schwarzensteinmoor: 45 cm. Aedaeagus und zahlreiche Cuticulabruchstücke aus Kot oder Gewölle außerhalb der Bohrkerne (WALDE & HAAS, 2004)

Alpen: Verbreitet. Montan bis subalpin.
Allgemeine Verbreitung: höhere Gebirge Mittel- und Südeuropas.

Oreina sp. (? *cacaliae* (SCHRANK, 1758)
Schwarzensteinalm:
- SWA: 37, 5 cm (536 cal BP), 41,5 cm (593 cal BP), 52 cm (980 cal BP)
- SWS: 95 cm (3608 cal BP).

Oreina sp. (? *frigida* WEISE, 1883)
Schwarzensteinalm:
- SWA: 41,5 cm (593 cal BP)
- SWS: 41 cm (2405 cal BP).

▶ Fam. Hydrophilidae, Wasserkäfer
Helophorus glacialis VILLA, 1833
Habitatbindung: stenotop, hygrophil. Schneeränder, Schmelzwassertümpel auf Matten. Larven zoophag.
Schwarzensteinalm:
- SWA: 26 cm (372 cal BP), 64 cm (1437 cal BP)
- SWS: 5 cm (238 cal BP), 25 cm (1363cal BP), 91,5 cm (3535 cal BP).

Alpen: im gesamten Gebiet, subalpin bis alpin.
Allgemeine Verbreitung: Arktoalpin. Skandinavien, hohe Gebirge Europas.

Abbildung 3: Subfossile Fragmente von *Anthophagus alpinus* (Coleoptera, Staphylinidae) aus Mooren bei der Schwarzensteinalm im Oberen Zemmgrund (Zillertaler Alpen, Österreich).
a: im Uhrzeigersinn von links: linke Elytre (SWS, 53 cm, 2741 cal BP), Kopfkapsel ohne Mundwerkzeuge (SWS, 79,5 cm, 3288 cal BP), Pronotum (SWA, 48 cm, 828 cal BP), Maßstäbe: 0,5 mm. b: Vergleich: rezentes Exemplar, Männchen, Maßstab: 5 mm. Foto: I. Schatz.

Helophorus nivalis GIRAUD, 1851
Habitatbindung: stenotop, hygrophil. Schneeränder, Schmelzwassertümpel auf Matten. Larven zoophag.
Schwarzensteinalm:
- SWS: 9 cm (428 cal BP).

Alpen: im gesamten Gebiet, subalpin bis alpin.
Allgemeine Verbreitung: Alpen, Sudeten, Beskiden.

Helophorus glacialis VILLA, 1833 oder *Helophorus nivalis* GIRAUD, 1851
Schwarzensteinalm:
- SWA: 31, 5 cm (450 cal BP), 56 cm (1133 cal BP), 74,5 cm (1836 cal BP), 77 cm (1932 cal BP).

▶ Fam. Scarabaeidae, Blatthornkäfer
Aphodius abdominalis BONELLI, 1812
Habitatbindung: Zwergstrauchheiden, alpine Rasen, Schneeböden. Herbivor.
Schwarzensteinalm:
- SWS: 31 cm (1754 cal BP), 33 cm (1884 cal BP), 37 cm (2144 cal BP), 61 cm (2906 cal BP); 77 cm (3236 cal BP).

Alpen: Verbreitet. Subalpin bis hochalpin.
Allgemeine Verbreitung: höhere Gebirge Mittel- und Südosteuropas.

▶ Fam. Staphylinidae, Kurzflügelkäfer
Amphichroum canaliculatum (ERICHSON, 1840)
Habitatbindung: silvicol: Wälder, Hochstaudenfluren. Auf blühenden Sträuchern und Bäumen, in Laub und Nadelstreu.
Schwarzensteinalm:
- SWS: 65 cm (2989 cal BP), 73 cm (3154 cal BP).

Alpen: im ganzen Gebiet, montan bis subalpin, auch alpin.
Allgemeine Verbreitung: Gebirge Mittel-, Süd- und Südosteuropas. In Mitteleuropa im Gebirge häufig. Nordasien, Nordamerika; holarktisch.

Amphichroum hirtellum (HEER, 1839)
Habitatbindung: Grünerlen-, Lärchenbestände, Latschen, blühende Wiesen, Matten, Bachufer. Auf blühenden Bäumen, Sträuchern und Kräutern (*Alnus viridis, Larix, Rhododendron, Primula*), Streu (unter *Dryas, Primula glutinosa*), unter Steinen, in Moorbulten.

Schwarzensteinalm:
- SWS: 61 cm (2906 cal BP).

Alpen: im ganzen Gebiet, nicht selten. In Nordtirol überall, aber seltener als *A. canaliculatum*, eher alpin auf *Primula glutinosa*, montan bis alpin.

Allgemeine Verbreitung: Alpen. Alpes Maritimes bis Karawanken.

Amphichroum canaliculatum (ERICHSON, 1840) oder *Amphichroum hirtellum* (HEER, 1839)

Schwarzensteinalm:
- SWA 39,5 cm (564 cal BP), SWS 31 cm (1754 cal BP).

Anthophagus alpestris HEER, 1839

Habitatbindung: eurytop. Mischwälder bis alpine Zwergstrauchheide, Auengebüsche. Auf Bäumen, Sträuchern, Gräsern, Kräutern, Moos. Zoophag, räuberisch / flugaktiv.

Schwarzensteinalm:
- SWA: 41,5 cm (593 cal BP), 46 cm (752 cal BP)
- SWS: 5 cm (238 cal BP), 69 cm (3071 cal BP).

Alpen: überall häufig, montan bis alpin.

Allgemeine Verbreitung: Gebirge Mittel-, Süd- und Südosteuropas: Alpen, Beskiden, Sudeten, Karpaten, Balkan, Apennin; Französicher und Schweizer Jura, Gebirge Süddeutschlands; Baden, Württemberg, Sachsen, Schlesien.

Anthophagus alpinus (PAYKULL, 1790) (Abbildung 3)

Habitatbindung: stenotop. Waldränder, Moorwiesen, Krummholzzone, Matten. Auf blühenden Kräutern und Gebüsch (*Gentiana, Cirsium, Trollius, Rhododendron, Alnus*). Zoophag, räuberisch / flugaktiv.

Schwarzensteinalm:
- SWA: 41,5 cm (593 cal BP), 48 cm (828 cal BP), 56 cm (1133 cal BP)
- SWS: 53 cm (2741 cal BP), 73 cm (3154 cal BP), 79,5 cm (3288 cal BP).

Alpen: überall sehr häufig, montan bis subalpin und alpin.

Allgemeine Verbreitung: Boreoalpin: Nordeuropa und Gebirge Mitteleuropas, Italien, Balkan.

Atheta tibialis (HEER, 1839)

Habitatbindung: stenotop. Grünerlen-Region, Schneeränder, Grasheiden. Im Moos, unter Steinen, in der Bodenstreu.

Schwarzensteinalm:
- SWS: 79,5 cm (3288 cal BP).

Alpen: im gesamten Gebiet, subalpin bis alpin.

Allgemeine Verbreitung: Nord- und Mitteleuropa, boreomontan.

Bryophacis maklini (J. SAHLBERG, 1871) [= *B. tirolensis* (JATZENKOVSKY, 1910)]

Habitatbindung: stenotop. Zwergstrauchheide, alpine Grasheide. Unter Steinen.

Alpen: Verbreitet. Nordtirol: Silvretta bei Samnaun, Ötztaler Alpen, Weißkugelgebiet, Kühtai, Zillertaler Alpen. Osttirol. Subalpin bis alpin.

Allgemeine Verbreitung: Hochgebirge Mitteleuropas, Karpathen, Nordeuropa.

Eusphalerum alpinum (HEER, 1839)

Habitatbindung: eurytop. Waldwege, Bergwiesen, Hochmoore, Matten, Latschen, Felsenheide. In Blüten. Imagines pollinivor, Larvennahrung unbekannt, spezialisiert?

Schwarzensteinalm:
- SWA: 31,5 cm (450 cal BP)
- SWS: 65 cm (2989 cal BP), 95 cm (3608 cal BP).

Alpen: überall häufig, montan bis alpin.

Allgemeine Verbreitung: Mitteleuropa: Alpen, Nordbalkan.

Eusphalerum anale (ERICHSON, 1840)

Habitatbindung: stenotop. Wiesen, Matten, Grasheiden. In Blüten (*Primula, Ranunculus, Solidago, Sorbus aucuparia, Rhododendron, Dryas*). Imagines pollinivor, Larvennahrung unbekannt, spezialisiert?

Schwarzensteinalm:
- SWS: 69 cm (3071 cal BP).

Alpen: weit verbreitet, in Nordtirol auf allen Bergen, montan bis alpin.

Allgemeine Verbreitung: Gebirge Mitteleuropas.

Lesteva monticola (KIESENWETTER, 1847) (= *nivicola* FAUVEL, 1871)

Habitatbindung: stenotop, ripicol, hygrophil. An Quellrieseln, Bachufern, Wasserfällen, in Mooren, Schluchtwäldern. Unter Steinen, in nassem Moos, *Sphagnum*, Genist, Detritus. Zoophag, räuberisch.

Schwarzensteinalm:
- SWA: 83 cm (2160 cal BP), 85 cm (2236 cal BP).

Alpen: im ganzen Gebiet, in Nordtirol nicht häufig, aber in jeder Gebirgsgruppe. Collin bis montan, auch subalpin bis alpin.

Allgemeine Verbreitung: Gebirge Europas: Skandinavien, Alpen, Pyrenäen, Apennin, Sizilien, Sudeten, Beskiden, Karpaten, Balkan.

Quedius alpestris (HEER, 1839)
Habitatbindung: eurytop. Grasheiden, Zwergstrauch-, Flechten-, Felsenheiden, Blockfelder. In Moos, Flechten, Latschen-, Laub-, Nadelstreustreu, unter Steinen. Zoophag, räuberisch.
Schwarzensteinalm:
- SWA: 39,5 cm (564 cal BP), 48 cm (828 cal BP), 90 cm (2426 cal BP)
- SWS: 21 cm (1103 cal BP).

Alpen: im gesamten Gebiet, subalpin bis hochalpin.
Allgemeine Verbreitung: Höhere Gebirge Mitteleuropas: Alpen, Sudeten, Beskiden, Karpaten. Schwarzwald (Eislöcher, Blockfeld mit Permafrost als Reliktstandort).

Quedius punctatellus (HEER, 1839)
Habitatbindung: eurytop, sivicol. Wälder, Latschen-, Grünerlen-Region, Grasheiden, Schneetälchen. In Moos, Laub, Streu, unter Steinen, Rinde, in Bauen von *Arctomys*. Zoophag, räuberisch.
Schwarzensteinalm:
- SWA: 41,5 cm (593 cal BP)
- SWS: 21 cm (1103 cal BP), 79,5 cm (3288 cal BP).

Alpen: im gesamten Gebiet, subalpin bis alpin (selten montan).
Allgemeine Verbreitung: Gebirgsart in Mitteleuropa: Alpen, Karpaten, Beskiden, Sudeten, Vogesen, Auvergne, Pyrenäen.

Philonthus montivagus HEER, 1839
Habitatbindung: stenotop. Grasheiden, Matten, Schneetälchen. Unter Steinen, in Moos und Detritus. Zoophag, räuberisch.
Schwarzensteinalm:
- SWA: 44 cm (676 cal BP).

Allgemeine Verbreitung: Zentral- und Ostalpen. In Nordtirol hauptsächlich in den Zentralalpen, montan bis alpin.

Tachinus elongatus GYLLENHAL, 1810
Habitatbindung: eurytop. Flussauen, Ufer, feuchte Wälder und Waldränder. In den Alpen an Schneerändern, Bachrieseln und in Matten. Unter Steinen, in Laub, Moos, Flechten, Genist, Aas, Kot. Sehr vagil und flugaktiv. Zoophag, teilweise herbivor.
Schwarzensteinalm:
- SWS: 45 cm (2576 cal BP).

Alpen: gesamtes Gebiet, subalpin bis alpin, auch hochalpin.
Allgemeine Verbreitung: Nordpaläarktis-Holarktis: Nord-, Mitteleuropa, Kaukasus, Sibirien, Mongolei, Alaska. Planar bis montan selten, in höheren Lagen häufiger.

Vertikalverteilung innerhalb der Moore

Oribatida
Nur wenige Arten wurden in größeren Individuenzahlen gefunden. Die vier limnischen Arten *H. lacustris* (52 Individuen, 46%), *Limnozetes rugosus* (16 Individuen, 14%), *Trimalaconothrus novus* (15 Individuen, 13%), *Limnozetes ciliatus* (9 Individuen, 8%) stellen mehr als 80% aller Individuen. Von den übrigen Arten wurden nur *Sphaerozetes piriformis* (euryök, silvicol) und *Mycobates alpinus* in mehr als einem Individuum angetroffen.
Im Bohrkern des Moores Schwarzensteinalpe (SWA) wurden Hornmilben ab einer Tiefe von 41,5 cm bis 85 cm (593-2236 cal BP) angetroffen (Tabelle 3). Die Makrofossilzone SWA 2 (Tiefe 23,5-5 cm, 336-72 cal BP) enthielt keine auswertbaren Oribatiden-Reste. Eine Zunahme der Dichte zwischen 46 und 77 cm (752-1932 cal BP) basiert vor allem auf dem Vorkommen der dominanten Art *Hydrozetes lacustris*.
Im Bohrkern des Moores Schwarzensteinboden (SWS) kommen Hornmilben von der Oberfläche bis 91,5 cm (rezent bis 3535 cal BP) vor, mit einer Häufung sowohl bei 1 bis 5 cm (48-238 cal BP) als auch von 31 bis 34,5 cm (1754-1982 cal BP) (Tabelle 3). Auch in dieser Tiefe wird das Artenspektrum von *Hydrozetes lacustris* dominiert. Diese Art kommt, ebenso wie die dominate Art *Limnozetes rugosus* in fast allen Tiefen vor. Dagegen ist *Trimaloconothrus novus* ausschließlich auf die Tiefenstufe von 31 bis 34,5 cm (1754-1982 cal BP) beschränkt. Die übrigen Arten treten in beiden Mooren in allen Tiefen vereinzelt auf.
Für viele Oribatida gibt es Beobachtungen über Habitatbindung und ihre besonderen Lebensansprüche (SCHATZ, 1983). Der Großteil der in dieser Studie angetroffenen Arten ist aus Mooren bekannt (tyrphophil 13 spp.), etliche Arten sind Feuchte liebend bzw. aquatisch (hygrophil 9 spp., limnisch 4 spp., krenophil 8 spp.). Waldarten und auf Bäumen lebende Arten (silvicol 9 spp., arboricol 3 spp.) sind ebenfalls vertreten, als ausgesprochen trockenresistent ist nur 1 Art (*Mycobates alpinus*) bekannt.
Für die Makrofossilzonen der Bohrkerne ergibt sich trotz der vielen Einzelfunde folgendes Bild: Moor- und Feuchte liebende Hornmilben-Arten kommen in allen Horizonten vor, im Moor Schwarzensteinalpe ab 24 cm (372 cal BP) im Moor Schwarzen-

steinboden von der Oberfläche bis 91,5 cm (rezent bis 3535 cal BP). Eine Häufung von ausgesprochen limnischen Arten findet sich im Moor Schwarzensteinalpe von 41,5 bis 77 cm (593-1932 cal BP) im Moor Schwarzensteinboden an der Oberfläche sowie von 31 bis 34,5 cm (1754-1982 cal BP). Zur Zeit dieser Horizonte dürften feuchtere Verhältnisse geherrscht haben. Waldarten treten fast immer nur in Einzelfunden auf. Im Moor Schwarzensteinalpe wurden einige silvicole Arten in größeren Horizonttiefen (41,5-81 cm, 593-2084 cal BP), im Moor Schwarzensteinboden vor allem in den Oberflächenschichten bis 49 cm (rezent bis 2659 cal BP) gefunden. Dies widerspricht nicht den obigen Angaben; Waldarten werden von der weiteren Umgebung in die Moore eingebracht (SCHATZ & GERECKE, 1996).

Tabelle 3:
Oribatida in Mooren bei der Schwarzensteinalm - nach Bohrkernen und Makrofossilzonen gegliedert.

	Schwarzensteinalpe		Schwarzensteinboden		
Makrofossilzonen	**SWA1a**	**SWA1b**	**SWS1**	**SWS2a**	**SWS2b**
Tiefe [cm]	93-59,5	59,5-24	114-80	80-34	34-1
Zeitstellung [cal BP]	2426-1300	1300-372	3958-3300	3300-1900	1900-48
Carabodes labyrinthicus					1
Eupelops plicatus					1
Fuscozetes fuscipes	1				
Fuscozetes setosus		1			
Hydrozetes lacustris	11	6		13	18
Liebstadia similis	1				
Limnozetes ciliatus	3	1		5	
Limnozetes rugosus	1		1	3	11
Melanozetes meridianus					1
Mycobates alpinus	1			1	1
Oromurcia sudetica					1
Parachipteria willmanni		1			
Sphaerozetes piriformis	2	1	1		2
Tectocepheus sarekensis				1	
Trimalaconothrus novus	1			1	13
Summe	**21**	**10**	**2**	**24**	**49**

Coleoptera

Die meisten in den Bohrkernen festgestellten Käferarten sind stenotope Gebirgsbewohner, deren Höhenverbreitung auf montane bis alpine oder hochalpine Lagen beschränkt ist. Eine schwerpunktmäßige Verteilung lässt sich aus den wenigen Proben geringer Größe nicht ablesen. Die Makrofossilzone SWA 2 (Tiefe 23,5-5 cm, 336-72 cal BP) enthielt keine auswertbaren Käfer-Reste. Die Habitatbindung der einzelnen Arten erlaubt Rückschlüsse auf das Vorkommen folgender Habitattypen als Lebensraum (Tabelle 4):

1. Schneeränder, Ufer von Schmelzwassertümpeln, nasses Moos:
   Drei Arten sind hygrophile, stenotope Bewohner von Schneerändern, Ufern von Schmelzwassertümpeln und Bachufern mit durchrieseltem Moos (*Helophorus glacialis, H. nivalis, Lesteva monticola*).
2. Zwergstrauchheiden, alpine Grasheiden:
   Die meisten Arten der alpinen Gras- und Zwergstrauchheiden oberhalb der Baumgrenze zeigen im Vorkommen keine scharfe Abgrenzung zwischen den Vegetationstypen. Es können zwei Straten unterschieden werden, wobei manche Arten mehrere Straten besiedeln:
   2a. Wurzelhorizont, Bodenoberfläche und Streu: *Aphodius abdominalis, Tachinus elongatus, Philonthus montivagus, Quedius punctatellus, Quedius alpestris, Bryophacis maklini, Atheta tibialis, Amphichroum hirtellum.*
   2b. Kraut- und Strauchschicht, Blüten: *Eusphalerum anale, E. alpinum, Anthophagus alpestris, A. alpinus, Amphichroum hirtellum.*
3. Hochstaudenfluren, Waldränder, Wälder: Krautige Pflanzen: *O. cacaliae* auf *Senecio, Adenostyles.* Auf blühenden Sträuchern und Bäumen: *Amphichroum canaliculatum.*

Schwarzensteinmoor (außerhalb der Bohrkerne)

Der Nachweis der oligophag-phytophagen *Oreina cacaliae* aus 45 cm Tiefe (Zeitraum von 1500 bis 3000 BP) im Schwarzensteinmoor (in Kot oder Gewölle außerhalb der Bohrkerne) weist auf Hochstaudenfluren mit *Senecio* und / oder *Adenostyles* hin (GEISER, 1998).

Das Vorkommen von *Amphichroum canaliculatum* (3154 und 2989 cal BP) könnte als Hinweis auf eine geschlossene Vegetation gewertet werden.

Tabelle 4:
Coleoptera (Fragmente) in Mooren bei der Schwarzensteinalm - nach Habitattypen, Bohrkernen und Makrofossilzonen gegliedert.

	Schwarzensteinalpe		Schwarzensteinboden		
Makrofossilzonen	**SWA1a**	**SWA1b**	**SWS1**	**SWS2a**	**SWS2b**
Tiefe [cm]	93-59,5	59,5-24	114-80	80-34	34-1
Zeitstellung [cal BP]	2426-1300	1300-372	3958-3300	3300-1900	1900-48
Schnee-, Tümpelränder:					
Lesteva monticola	2				
Helophorus glacialis	1	5	1		2
Helophorus nivalis					4
Helophorus glacialis/nivalis	3	2			
Zwergstrauch-, Grasheiden:					
Atheta tibialis				1	
Bryophacis maklini	1	1		1	
Quedius alpestris	1	2			1
Quedius punctatellus		1		1	1
Philonthus montivagus		1			
Tachinus elongatus				1	
Aphodius abdominalis				4	4
Kräuter, Sträucher:					
Eusphalerum alpinum		1	1	1	
Eusphalerum anale				1	
Amphichroum hirtellum				1	
Amphichroum hirtellum / canaliculatum		1			1
Anthophagus alpestris		3		1	1
Anthophagus alpinus		3		3	
Oreina sp. (? frigida)		1		1	
Hochstauden, Waldränder:					
Amphichroum canaliculatum				2	
Oreina sp. (? cacaliae)		3	1		

4. Schlussfolgerungen und Ausblick

Die Probenentnahme war in erster Linie auf die Pollenanalyse zugeschnitten. Die Funde von tierischen Fragmenten, insbesondere Käfer, sind nicht quantitativ auswertbar und eher als zufällig zu bezeichnen. Dennoch erlauben einige stenotope Arten Rückschlüsse auf frühere Vegetationsverhältnisse.

Die geringen Funde von Arthropodenresten vom Beginn der Sedimentablagerung vor 3950 cal BP des Moores „Schwarzensteinboden (SWS)" bis zum Übergang zur Spät-Bronzezeit untermauern die durch die Pollenanalyse erhaltenen Ergebnisse, die auf ungünstige klimatische Verhältnisse zu dieser Zeit (Löbbenschwankung) hinweisen. Mit Beginn der Spät-Bronzezeit nimmt die Menge und die Artenvielfalt der Käfer und Hornmilben zu, und somit kann eine Besserung des Klimas angenommen werden. Die Artenzusammensetzung der Käfer deutet auf eine Vegetation der Zwergstrauchheiden und der alpinen Grasheiden hin, was mit den gewonnenen Resultaten der Pollenanalyse (WILD, 2005) gut übereinstimmt. Weiters sind sowohl bei Käfern als auch bei Hornmilben Arten vorhanden, die im Bereich von Mooren und Schmelzwassertümpeln zu finden sind.

Neben euryöken Ubiquisten sind die meisten Oribatiden eng an bestimmte Lebensräume gebunden. Viele Arten kommen vorwiegend in feuchten Böden vor, wobei einige vor allem in Mooren große Abundanzen aufweisen können. Wenige Arten haben eine ausgesprochen aquatische Lebensweise und leben in Quellbereichen (z.B. SCHATZ & GERECKE, 1996) oder sogar in langsam fließenden oder stehenden Gewässern (WEIGMANN & DEICHSEL, 2006, SCHATZ & BEHAN-PELLETIER, 2007). Meist sind die in Gewässern angetroffenen Oribatiden als Irrgäste aus der Umgebung hineingeraten und können längere Zeit im Wasser überleben. Etliche Tiere dürften jedoch auch in totem Zustand durch Wind oder Regen in Gewässer eingespült bzw. dort bald abgestorben sein, wie der schlechte Erhaltungszustand mancher Individuen zeigt. Häufig sind die Beine abgebrochen oder es sind nur leere Chitinhüllen vorhanden.

Die rezente Faunistik und Zönotik der Käfer in alpinen Vegetationsstufen der Tiroler Zentralalpen ist gut untersucht (Lang, 1975; Christandl-Peskoller & Janetschek, 1976; De Zordo, 1979; Kaufmann, 2001). Das Artenspektrum aus den Moorproben stellt einen kleinen Ausschnitt aus der rezenten Fauna alpiner Lagen dar. In allen Zeithorizonten sind sowohl stenotop-hygrophile Elemente aus Schneeböden oder von Gewässerufern als auch Arten der trockeneren Zwergstrauchheiden und Matten vertreten. Der Nachweis einer oligophag-phytophagen Art weist auf Hochstaudenfluren mit *Senecio* und/oder *Adenostyles* hin (Geiser, 1998).

Die Analyse subfossiler Arthropodenreste, in diesem Beitrag im Besonderen Oribatida und Coleoptera, weist ein großes Potential zur Rekonstruktion vergangener Umweltbedingungen auf. Um die lokale Fauna jedoch besser erfassen zu können, müssten in Zukunft größere Mengen an Sediment-Material zu Untersuchungen herangezogen werden.

5. Dank

Mag. Roland Luzian, Institut für Naturgefahren und Waldgrenzregionen, Bundesforschungs- und Ausbildungszentrum für Wald, Naturgefahren und Landschaft, wird für die Anregung zu dieser Arbeit gedankt. Das rasterelektronenmikroskopische Foto der Hornmilbe wurde freundlicherweise von Univ. Prof. Dr. Kristian Pfaller, Institut für Histologie und Embryologie der Medizinischen Universität Innsbruck, angefertigt.

6. Literatur

Borcard, D., 1991. Les Oribates des tourbières du Jura suisse (Acari, Oribatei): Ecologie III. Comparaison a posteriori de nouvelles récoltes avec un ensemble de données de référence. - [in:] Rev. Suisse Zool. — **98**:521-533.

Bronk Ramsey, C., 1995. Radiocarbon Calibration and Analysis of Stratigraphy: The OxCal Program. - Radiocarbon. — 37 (2):425-430.

Christandl-Peskoller, H. & Janetschek, H., 1976. Zur Faunistik und Zoozönotik der südlichen Zillertaler Hochalpen. - Veröff. Univ. Innsbruck, Alpin-Biologische Studien. — **7**:1-134.

Comellini, A., 1974. Notes sur les Coléoptères Staphylinides de haute altitude. - [in:] Rev. Suisse Zool. — **81**:511-539.

De Zordo, I., 1979. Ökologische Untersuchungen an Wirbellosen des zentralalpinen Hochgebirges (Obergurgl, Tirol). III. Lebenszyklen und Zönotik von Coleopteren. - Veröff. Univ. Innsbruck, Alpin-Biologische Studien. — **11**:1-131.

Geiser, E., 1998. 8000 Jahre alte Reste des Bergblattkäfers *Oreina cacaliae* (Schrank) von der Pasterze. - [in:] Wiss. Mitt. Nationalpark Hohe Tauern. — **4**:41-46.

Geiser, E., 2003. Käfer aus Gletschern und als Moorleichen - zur Erforschung der nacheiszeitlichen Wiederbesiedlung. - [in:] Entomologica Austriaca. — **9**:13-19.

Hedberg, H.D., 1972. Summary of an International Guide to Stratigraphic Classification. - [in:] Terminology and Usage. Boreas. — **1**:213-239.

Horion, A., 1963-1967. Faunistik der mitteleuropäischen Käfer. - Überlingen, Bd. 9-11.

Kahlen,M., 1987. Nachtrag zur Käferfauna Tirols. - Tiroler Landesmuseum Ferdinandeum, Innsbruck, 1-288.

Kaufmann, R., 2001. Invertebrate succession on an alpine glacier foreland. - [in:] Ecology. — **82**:2261-2278.

Klausnitzer, B., 1969. Bedeutung und Problematik der Insektenbruchstückbestimmung. - [in:] Ber. 10. Wandervers. Deutsch. Ent. — 263-267.

Koch, K., 1989. Ökologie 1. - [in:] Die Käfer Mitteleuropas. Goecke und Evers, Krefeld. — **1**:1-440.

Lang, A., 1975. Koleopterenfauna und -faunation in der alpinen Stufe der Stubaier Alpen (Kühtai). - Veröff. Univ. Innsbruck, Alpin-Biologische Studien. — **1**:1-80.

Lohse, G.A., 1964. Staphylinidae I. - [in:] Freude, H., Harde, K.W. & Lohse, G.A. (eds.). Die Käfer Mitteleuropas. - Goecke und Evers, Krefeld. — **4**:1-264.

Patzelt G. (2000), Natürliche und anthropogene Umweltveränderungen im Holozän der Alpen. - [in:] Kommission für Ökologie der Bayerischen Akademie der Wissenschaften (Hrsg.). Entwicklung der Umwelt seit der letzten Eiszeit. Rundgespräche der Kommission für Ökologie, München. — **18**:119-125.

PEEZ, A. VON & KAHLEN,m., 1977. Die Käfer von Südtirol. – Tiroler Landesmuseum Ferdinandeum, Innsbruck. — 1-525.

PINDUR, P. & LUZIAN, R., 2007. Der Obere Zemmgrund - Ein geographischer Einblick. In diesem Band.

PINDUR, P., SCHÄFER, D. & LUZIAN, R., 2007. Der Nachweis einer bronzezeitlichen Feuerstelle bei der Schwarzensteinalm im Oberen Zemmgrund. In diesem Band.

REIMER, P.J. et al., 2004. IntCal04 Terrestrial radiocarbon age calibration, 26-0 ka BP. – Radiocarbon. — **46**:1029-1058.

SCHATZ, H., 1983. U.-Ordn.: Oribatei, Hornmilben. – Catalogus Faunae Austriae, Wien. — Teil **IXi**:118 pp.

SCHATZ, H., 2002. Die Oribatidenliteratur und die beschriebenen Oribatidenarten (1758-2001) - Eine Analyse. – [in:] Abhandlungen und Berichte des Naturkunde Museums Görlitz. — **74**:37-45.

SCHATZ, H., 2005a. Hornmilben (Acari: Oribatida). – [in:] GEO-Tag der Artenvielfalt 2004 am Schlern (Südtirol), Gredleriana. — **5**:382-383.

SCHATZ, H., 2005b. Hornmilben (Acari, Oribatida). – [in:] GEO-Tag der Artenvielfalt 2005 auf der Hochfläche Natz-Schabs (Südtirol, Italien), Gredleriana. — **5**:429-431.

SCHATZ, H., 2005c. Hornmilben (Acari, Oribatida). – [in:] GEO-Tag der Artenvielfalt 2005 in Tirol. Erhebungen im Naturpark Kaunergrat. - Berichte des naturwissenschaftlich-medizinischen Vereins in Innsbruck. — **92**:261-264.

SCHATZ, H. & BEHAN-PELLETIER, V., 2007. Global diversity of oribatids (Oribatida; Acari - Arachnida) in freshwater. – Hydrobiologia (in press).

SCHATZ, H. & GERECKE, R., 1996. Hornmilben (Acari, Oribatida) aus Quellen und Quellbächen im Nationalpark Berchtesgaden (Oberbayern) und in den Südlichen Alpen (Trentino - Alto Adige). – [in:] Ber. nat.-med. Ver., Innsbruck. — **83**:121-144.

SCHATZ, I., SCHATZ, H., GLASER, F. & HEISS, A. , 2002. Subfossile Arthropodenfunde in einer bronzezeitlichen Grabungsstätte bei Radfeld (Tirol, Österreich) (Acari: Oribatida, Insecta, Coleoptera, Hymenoptera: Formicidae). – [in:] Ber. nat.-med. Verein, Innsbruck. — **89**:249-264.

SCHEERPELTZ, O., 1968. Catalogus Faunae Austriae. Teil XVfa: Coleoptera - Staphylinidae. – Wien, 1-279.

SCHEDL, W., 2000. Contribution to insect remains from the accompanying equipment of the Iceman from the Hauslabjoch (Ötztaler Alpen). – [in:] BORTENSCHLAGER, S. & OEGGL, K. (eds.). The Man in the Ice, Vol. IV. The Iceman and his Natural Environment. 151-155, Springer, Wien.

SCHELVIS, J., 1990. The reconstruction of local environments on the basis of remains of oribatid mites (Acari: Oribatida). – [in:] J. Archaeolog. Sci. — **17**:559-572.

SCHELVIS, J. & VAN GEEL, B., 1989. A palaeoecological study of the mites (Acari) from a Lateglacial deposit at Usselo (The Netherlands). – Boreas. —**18**:237-243.

SCHMIDT, E., 1995. Wirbellosenreste aus der Pfyn-Altheimer Moorsiedlung Ödenahlen im nördlichen Federseeried. – [in:] Siedlungsarchäologie im Alpenvorland III. Die neolithische Moorsiedlung Ödenahlen. — 285-304, Konrad Theiss, Stuttgart.

WALDE, C. & HAAS, J.N., 2004. Pollenanalytische Untersuchungen im chwarzensteinmoor, Zillertal, Tirol (Österreich). – Bericht zum HOLA Teil-Projekt Palynologie. Innsbruck, unveröffentlicht.

WEIGMANN, G., 2006. Hornmilben (Oribatida). – Die Tierwelt Deutschlands. — 76. Teil, 520 pp., Goecke und Evers, Keltern.

WEIGMANN, G. & DEICHSEL, R., 2006. Acari: Limnic Oribatida. – [in:] GERECKE, R. (eds.). Chelicerata: Araneae, Acari I. Süßwasserfauna von Mitteleuropa. — 7/2-1:89-112, Spektrum, München.

WILD, V., 2005. Anthropogener und klimatischer Einfluss auf das spätholozäne Waldgrenzökoton im Oberen Zemmgrund (Zillertaler Alpen, Österreich). – Diplomarbeit, Univ. Innsbruck. — 1-92.

WÖRNDLE, A., 1950. Die Käfer von Nordtirol. — 388 pp., Wagner, Innsbruck.

ZANETTI, A, 1987. Fauna d'Italia: Coleoptera Staphylinidae Omaliinae. – Calderini, Bologna. — 1-472.

ZWERGER P. & PINDUR, P., 2007. Waldverbreitung und Waldentwicklung im Oberen Zemmgrund. Aktueller Bestand, Strukturanalysen und Entwicklungsdynamik. In diesem Band.

7. Glossar

1σ-Bereich: statistisches Vertrauensintervall (68,3% aller Messwerte)
Abundanz: Individuendichte
Adulte: Erwachsene
arboricol: baumbewohnend
Bryozoa: Moostierchen
Chironomidae: Zuckmücken (Insekten)
Cyperaceen: Sauergräser
Daphnia: Wasserfloh (Krebstiere)
euryök: einen weiten Bereich von Umweltfaktoren tolerierend
eurytop: in vielen verschiedenen Lebensräumen vorkommend
heliophil: Sonne und Licht liebend
Heliozoa: Sonnentierchen (Einzeller)
herbivor: pflanzenfressend
holarktisch: in Europa, Nordafrika, Nordasien und Nordamerika vorkommend
Hornmilben (Oribatida): Unterordnung der Milben (Spinnentiere)
hygrophil: Feuchtigkeit liebend
Imago: fertig ausgebildetes, geschlechtsreifes Insekt
Käfer-Elytron: Deckflügel der Käfer
krenophil: bevorzugt in Quellen lebend
limnisch: im Süßwasser lebend
muscicol: in Moos lebend
oligophag: auf wenige, meist verwandte Pflanzen- oder Tierarten als Nahrung spezialisiert
paläarktisch: in der Paläarktis (Europa, Nordafrika, Asien) vorkommend
planar: in der Ebene (Tiefland) vorkommend
pollinivor: Pollen fressend
Reliktstandort: letzter verbliebener Lebensraum einer einstmals weiter verbreiteten Art
ripicol: uferbewohnend
Rotatoria: Rädertierchen (Einzeller)
silvicol: waldbewohnend
Statoblast: ungeschlechtlicher Fortpflanzungskörper der Moostierchen
stenotop: in wenigen, relativ gleichartigen Lebensräumen vorkommend
Thorax: Brustsegmente von Insekten
Turbellaria: Strudelwürmer
tyrphophil: bevorzugt in Mooren lebend
xerobiont: an trockenen Stellen lebend
zoophag: sich von lebenden Tieren ernährend

Dendrochronologische Analyse der Bauentwicklung von Gebäuden der Waxeggalm im Zemmgrund, Zillertaler Alpen

Kurt NICOLUSSI[1], Matthias KAUFMANN[2] & Peter PINDUR[3]

NICOLUSSI, K., KAUFMANN, M. & PINDUR, P., 2007. Dendrochronologische Analyse der Bauentwicklung von Gebäuden der Waxeggalm im Zemmgrund, Zillertaler Alpen. — BFW-Berichte **141**:133-142, Wien. — Mitt. Komm. Quartärforsch. Österr. Akad. Wiss., **16**:133-142, Wien

Kurzfassung

Die alte Waxeggalm im oberen Zemmgrund ist durch ihre relative Nähe zu den neuzeitlichen Endmoränen des Waxeggkeeses gekennzeichnet. Zur Erfassung der Bauentwicklung dieser Alm wurden am Wirtschaftsgebäude sowie an einem Stall, beides Holzgebäude, insgesamt 64 Proben für eine dendrochronologische Untersuchung gewonnen. An beiden Bauobjekten konnten Fälldaten ab der Mitte des 15. Jhdt. bis ins frühe 20. Jhdt. bestimmt werden. Allerdings datieren nur wenige Proben in den Zeitraum vom 15. bis. 18. Jhdt., die untersuchten Gebäude wurden im Wesentlichen mit Hölzern aus der ersten Hälfte des 19. Jahrhunderts errichtet. Der Stall erfuhr um 1811 nach der Zahl der damals geschlägerten Bauhölzer und unter Verwendung älterer Balken eine Neugestaltung, ähnliches ist für das Wirtschaftsgebäude für die Jahre 1842 bis 1846 abzuleiten. Bemerkenswert ist, dass zeitgleich auch am Stall Reparaturen erfolgten. Spätere Dendro-Daten belegen mehrfache Erneuerungs- bzw. Reparaturarbeiten bis 1922. Nicht eindeutig bestimmbar ist die Möglichkeit einer Beeinflussung der Bautätigkeit auf der Waxeggalm durch die Vorstoßaktivität des nahen Waxeggkeeses. Einzig für die Baumaßnahmen in den frühen 1840er Jahren erscheint dies begründbar. Hingegen ist eine Gefährdung des Gebäudebestandes durch Lawinen zeitgenössisch belegt. Die häufigen Reparaturhölzer sind möglicherweise auf solche Ereignisse zurückzuführen. Durch die Dendro-Daten kann jedenfalls für den oberen Zemmgrund eine Almnutzung ab zumindest 1451 n. Chr. und somit für die letzten 550 Jahre abgeleitet werden.

Schlüsselwörter:
Alpen, Dendrochronologie, Baugeschichte, Alm

Abstract

[Dendrochronological analysis of the building history of the mountain pasture Waxeggalm, Zemmgrund, Zillertal Alps.] The old Waxeggalm in the upper Zemmgrund is signified by its closeness to the LIA end moraines of the Waxeggkees glacier. To reconstruct the building history of this mountain pasture altogether 64 samples of the farm building and a stable, both wooden buildings, were taken. Cutting dates of these beam samples spread from the mid of the 15th to the early 20th century. However only few samples are dated to the time period from the 15th to 18th century, the buildings investigated were mainly built with beams cut in the first half of the 19th century. The stable was renewed around A.D. 1811 according to the number of felled trees at the time and under re-use of older material. A similar reconstruction happened with the farm building between A.D. 1842 and 1846. Later dendro-dates indicate frequent repairing until the year 1922. However, there is no clear relationship between these construction and repair phases, respectively, and the advance activities of the nearby Waxeggkees glacier. Only the construction in the early 1840ies might be influenced by glacier activity. However, a hazard to the buildings of the mountain pasture by snow avalanches is documented. The frequent repair phases are maybe a result of such events. The dendro-dates document the existence of buildings, used for a mountain pasture, since at least A.D. 1451 in the area of the upper Zemmgrund.

Keywords:
Alps, dendrochronology, building archaeology, mountain pasture

[1]A. UNIV. PROF. DR. KURT NICOLUSSI, Institut für Geographie, Universität Innsbruck, A - 6020 Innsbruck, E-Mail: Kurt.Nicolussi@uibk.ac.at

[2]MAG. MATTHIAS KAUFMANN, Institut für Geographie, Universität Innsbruck, A - 6020 Innsbruck, E-Mail: Matthias.Kaufmann@uibk.ac.at

[3]ING. MAG. PETER PINDUR, Institut für Stadt- und Regionalforschung, Österreichische Akademie der Wissenschaften, A – 1010 Wien, E-Mail: Peter.Pindur@oeaw.ac.at

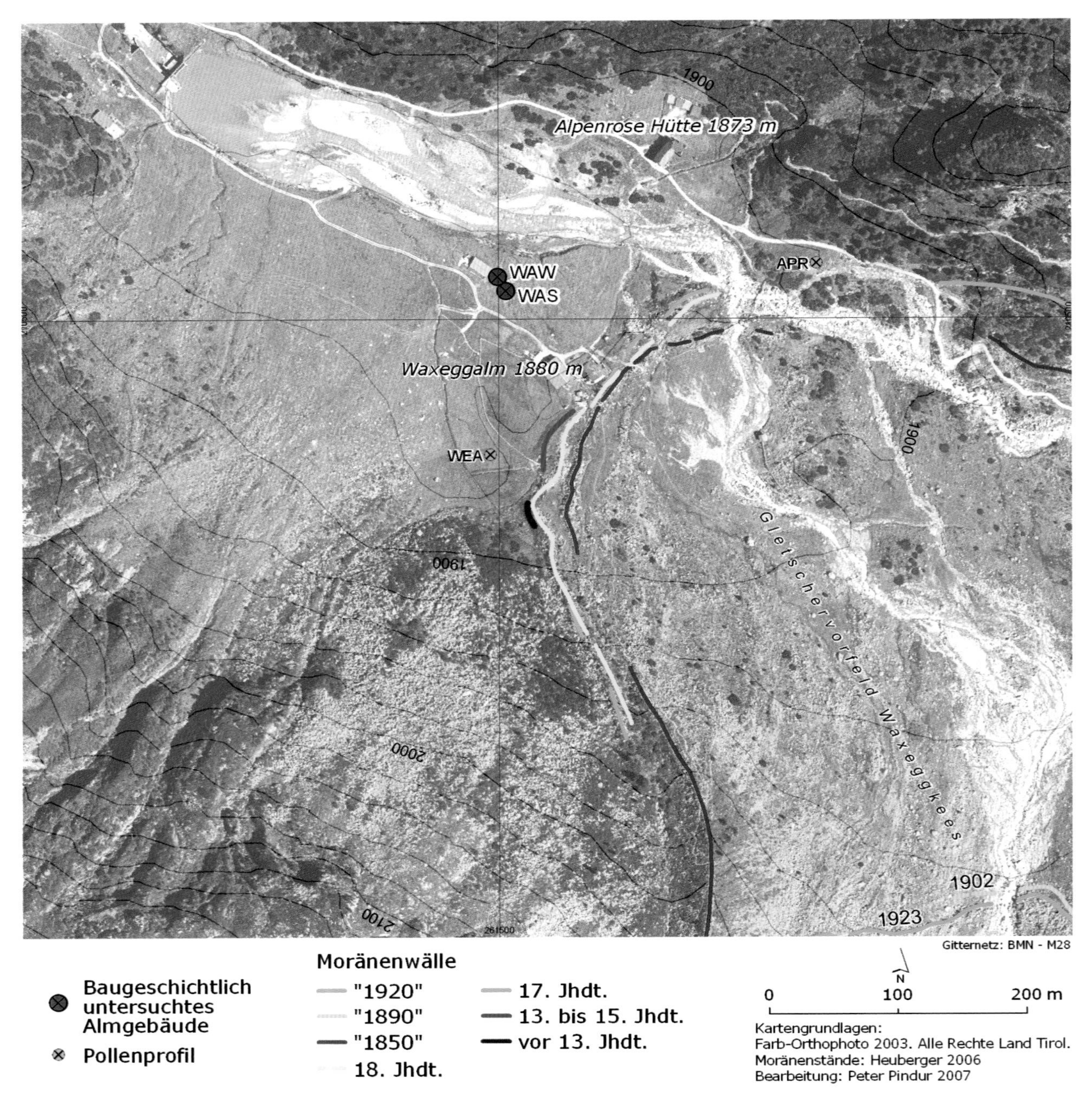

Abbildung 1: Luftbildkarte mit Waxeggalm und dem neuzeitlichen Moränenkomplex von Waxegg- und Hornkees (Ausführung: P. Pindur).

1. Einleitung

Die obersten Almen im Zemmgrund des Zillertales, Waxegg- und Schwarzensteinalm, die 1607 erstmals urkundlich erwähnt wurden (STOLZ, 1930), sind durch ihre besondere Lage, ihre Nähe zu den Gletschervorfeldern von Waxeggkees und Schwarzensteinkees gekennzeichnet. Die auf 1871m SH erbaute alte Waxeggalm steht etwa auf einer dem neuzeitlichen Moränenkranz des Waxeggkeeses vorgelagerten, leicht talauswärts fallenden Verflachung. Die Entfernung zu den Moränen beträgt rund 100 m. Gerade die Position der alten Waxeggalm ist überraschend, war doch die umgebende Wiesenfläche bei Vorstößen von Waxegg- bzw. Hornkees, die in Hochstandsphasen eine gemeinsame Zunge bildeten, direkt dem Gletschereinfluss ausgesetzt. In Gräben sichtbar sind mächtige glaziofluviale Sedimente, die während der Vorstoßperioden der Gletscher abgelagert worden waren. Darüber hinaus ist der Standort der Waxeggalm keineswegs lawinensicher. Die Almgebäude besitzen im Westen eine „Ebenhöh" (vgl. Abbildung 3). Sie unterliegen dem Lawinengeschehen von den Nordosthängen des Krähenfuß, 2588 m. Die Almgebäude waren nach schneereichen Wintern öfters unter Lawinenablagerungen begraben, in den 1950er Jahren überfuhr eine Lawine die Almgebäude und zerstörte sogar die Kapelle direkt vor der Alpenrosenhütte auf der nördlichen Talseite (freundl. pers. Mitt. K. Pecar). Zu dem muss bei extremen Schneeverhältnissen auch mit Lawinen von den Südwesthängen der Schwarzensteinalm gerechnet werden).

Abbildung 2: Das in Blockbauweise ausgeführte Wirtschaftsgebäude der alten Waxeggalm (Aufnahme P. Pindur, 2004).

Von den drei Hütten der alten Waxeggalm (Abbildung 1) existieren heute noch die zwei Stallgebäude. Das Wirtschaftsgebäude (Abbildung 2) wurde bis zum Sommer 1984 genutzt und 2006 abgerissen. Der gletscherwärts gelegene, bis 1994 verwendete Stall (Abbildung 3) steht leer und ist gleichfalls für den Abriss vorgesehen. Demgegenüber wurde der talauswärts gelegene zweite Stall nach 1984 erneuert und mit einem Blechdach versehen (freundl. pers. Mitt. K. Pecar, 3. 3. 2006).

Abbildung 3: Der Stall der alten Waxeggalm nach der Beprobung. Im Bildhintergrund ist die Rückseite des Wirtschaftsgebäudes zu sehen (Aufnahme P. Pindur, 2004).

Eine dendrochronologische und damit zeitlich gut aufgelöste Analyse der Bauentwicklung der Waxeggalm ist neben dem rein historischen, die Alm selbst betreffenden Aspekt, auch im Hinblick auf die Gletscherentwicklung im Zemmgrund und die mögliche Reaktion der Almnutzer auf diese von Interesse.

2. Material und Methoden

Im Sommer 2004 wurden zusammen mit Roland Luzian insgesamt 64 Balkenscheiben, 31 vom Wirtschaftsgebäude und 33 vom aufgelassenen Stall, gewonnen. Die Probennahme erfolgte verteilt an verschiedenen Konstruktionshölzern, meist an den Balkenenden der in Blockbauweise errichteten Holzgebäude. Die Probe WAS-33 stammt vom Firstbalken des Stallgebäudes.

Die dendrochronologische Analyse geschah in zwei Schritten: eine erste Ausmessung der Stammscheiben wurde am Institut für Waldwachstum und Waldbau des Bundesforschungs- und Ausbildungszentrum für Wald, Naturgefahren und Landschaft (BFW) in Wien durchgeführt. Zur Auswertung gelangte dabei jeweils ein Radius mit der Messauflösung 0.01 mm der zuvor durch Schleifen einer Oberfläche präparierten Proben. Durch diese Art der Probenpräparation konnten jedoch die engringigen Holzbereiche der Balkenscheiben nicht ausgewertet werden. Ergänzend erfolgte deshalb im Jahrringlabor des Instituts für Geographie der Universität Innsbruck an etwa der Hälfte der Waxeggalm-Hölzer eine Neuauswertung nach einer Präparation mit Klingen. Es wurden jeweils zwei oder mehr Radien je Probe mit einer Auflösung von 0.001 mm ausgemessen. Weiters beinhaltete die Zweitauswertung für alle Proben die Analyse der

Holzart sowie des Status der Waldkante. Letztere blieben an einem Teil der Holzscheiben erhalten und damit war bestimmbar, ob die Schlägerung der Bäume im Sommer oder während der Vegetationsruhe im Herbst/Winter durchgeführt worden war. An anderen, im Randbereich meist engringigen Balken war aufgrund der Verwitterung der Hölzer die Waldkante nur nahezu und in keinem Fall saisonal aufgelöst erfassbar. Nach Möglichkeit wurde auch die Zahl der Jahrringe im Splintholz vermerkt, allerdings war die farbliche Differenzierung von Kern- und Splintholz typischerweise gerade bei jung gefällten Bäumen nicht in jedem Fall möglich.
Bei Vorlage mehrere Einzelradien je Balkenscheibe wurde eine Probenmittelkurve für die weitere Bearbeitung erstellt. Die Datierung der Jahrringserien erfolgte unter Verwendung der im Bereich von Tirol erarbeiteten Referenzchronologie für Zirbe (NICOLUSSI, 1999; NICOLUSSI et al., 2004).

3. Ergebnisse

Die Holzart aller 64 Proben von der alten Waxeggalm ist Zirbe (*Pinus cembra* L.). Damit spiegelt das Baumaterial die Artenstruktur der Waldgesellschaft im oberen Zemmgrund wider, da die Umgebung der Alm von Zirbenreinbeständen dominiert (ZWERGER et al., 2007) wird. Die Altersstruktur der für die Almerrichtung geschlägerten Bäume ist durchaus unterschiedlich: die Länge der Jahrringserien der 31 Wirtschaftsgebäude-Proben liegt zwischen 52 und 176 Werten (Mittel: 98 Jahrringe), jene der 33 Hölzer vom Stall zwischen 57 und 371 Werten (Mittel: 126 Jahrringe).
Alle Jahrringserien der Waxeggalm-Proben konnten mit der Referenzchronologie für Zirbe synchronisiert und damit datiert werden (Tabelle 1 und 2, Abbildung 5). Die Mittelkurve dieser Jahrringserien deckt den Zeitraum von 1344 bis 1922 n. Chr. durchgehend ab und zeigt eine hohe Übereinstimmung mit der Referenzchronologie (Abbildung 4), was auf die waldgrenznahe Herkunft der für den Almhüttenbau verarbeiteten Bäume hinweist.

Wirtschaftsgebäude
Die älteste Probe des Wirtschaftsgebäudes der alten Waxeggalm (WAW-220, Tabelle 1) wurde, belegt auch durch das erfasste Splintholz (Abbildung 5), kurz nach dem bestimmten Endjahr 1451 n. Chr. geschlägert. Das Endjahr einer weiteren Probe, allerdings ohne Waldkante und Splint, datiert gleichfalls in die zweite Hälfte des 15. Jahrhunderts. Die nächst jüngere Gruppe von Proben vom Wirtschaftsgebäude fällt bereits in das 17. Jhdt, im Sommer 1654 (WAW-230, Tabelle 1) wurden vergleichsweise junge Zirben geschlägert und als Baumaterial verwendet.
Nach einem völligen Fehlen von Holzmaterial und Daten aus dem 18. Jahrhundert, ist eine massive Umbau- bzw. Neuerrichtungsphase für die frühen 1840er Jahre belegbar. Insgesamt 10 Balken datieren mit Fälldaten zwischen Sommer 1842 und Sommer 1845 (Tabelle 1, Abbildung 5). Die verarbeiteten Zirben wurden überwiegend während der Vegetationszeit und damit während der Almauftriebszeit geschlägert. Darüber hinaus zeigen eine Reihe von weiteren Proben Endjahre in der

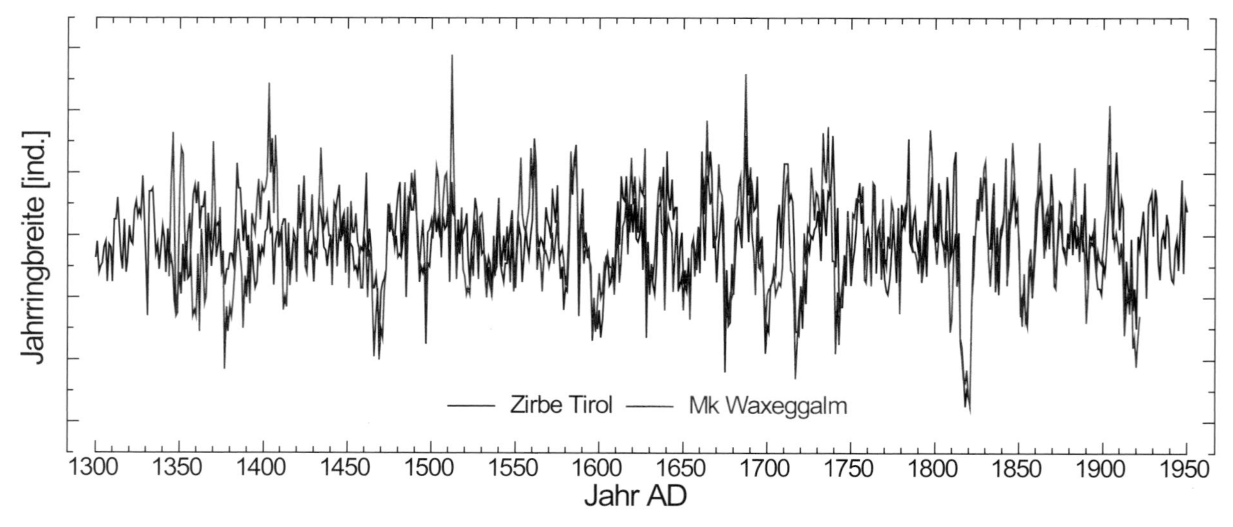

Abbildung 4: Die Jahrringbreiten-Mittelkurve der Waxeggalm-Hölzer in Synchronlage mit der Standardchronologie Zirbe-Tirol. Die hohe Übereinstimmung ist auch statistisch belegt: Überlappung: 579 Jahre, Gleichläufigkeit 75%, Weiserintervall-Gleichläufigkeit: 88%, t-Wert BP: 19.8, t-Wert H: 22.0.

Tabelle 1:
Die analysierten und datierten Holzproben vom Wirtschaftsgebäude der Waxeggalm (Probenbezeichnung WAW). WKS: Waldkante mit ausgebildetem Spätholz, Schlägerung Herbst/Winter. WKF: Waldkante mit Frühholz, Sommerschlägerung. (WK): Waldkante nahe bzw. saisonal nicht differenzierbar.

Probe	Balkenformat [cm]	Jahrringe [n]	mittlere Jahrringbreite [mm]	Splintholz-jahrringe [n]	Wald-kante	Datierung Jahrringserie [n. Chr.]
WAS-301	21x19	100	1,010	26	WKS	1823-1922
WAS-302	23x19	120	0,974	44	WKS	1803-1922
WAS-303	28x22	85	1,873	19	(WK)	1724-1808
WAS-304	20x15	122	0,989	–	–	1345-1466
WAS-305	23x15	79	1,593	–	–	1749-1827
WAS-306	24x15	127	1,015	23	(WK)	1610-1736
WAS-307	23x20	147	1,016	–	WKF	1656-1802
WAS-308	21x20	103	1,359	–	-	1565-1667
WAS-309	20x19	59	1,977	–	(WK)	1752-1810
WAS-310	21x20	98	1,519	–	–	1570-1667
WAS-311	25x23	326	0,483	30	–	1545-1870
WAS-312	31x22	154	1,310	43	(WK)	1526-1679
WAS-313	16x14	78	1,388	35	(WK)	1760-1837
WAS-314	15x15	156	1,007	27	(WK)	1684-1839
WAS-315	19x15	55	1,830	24	WKF	1788-1842
WAS-316	20x17	108	1,038	31	(WK)	1701-1808
WAS-317	20x16	192	0,559	40	-	1613-1804
WAS-318	14x11	123	1,166	7	(WK)	1687-1809
WAS-319	28x15	69	2,394	–	–	1844-1912
WAS-320	17x13	68	1,339	–	–	1758-1825
WAS-321	20x15	222	0,554	–	–	1456-1677
WAS-322	23x21	57	2,172	21	WKS	1754-1810
WAS-323	26x15	184	0,805	–	-	1382-1565
WAS-324	24x21	89	1,611	26	WKS	1799-1887
WAS-325	19x15	104	1,302	–	–	1734-1837
WAS-326	29x20	119	1,303	–	–	1672-1790
WAS-327	17x14	69	1,413	–	–	1752-1820
WAS-328	22x15	94	1,758	–	–	1746-1839
WAS-329	20x14	118	0,913	46	WKF	1677-1794
WAS-330	18x17	72	1,918	-	(WK)	1739-1810
WAS-331	24x23	102	1,450	-	WKS	1820-1921
WAS-332	23x18	371	0,630	52	–	1422-1792
WAS-333	39x36	188	1,087	–	–	1608-1795

ersten Hälfte des 19. Jhdt., jedoch nahezu ausnahmslos ohne Waldkante und zumindest teilweise Splint. Unter Berücksichtigung der für Zirben zu erwartenden Splintjahrringzahl von 39.5 ± 12.6 (Nicolussi, 2001) ergeben sich jedoch auch für diese Proben Fälldaten um bzw. kaum nach 1840/45. Ausnahmen stellen die Proben WAW-201 (Schlägerungsdatum Sommer 1825) und WAW-218 (Schlägerungsdatum Herbst/Winter 1837/38) dar. Hier ist von einzelnen Reparaturmaßnahmen am Gebäude auszugehen.

Durchwegs als Reparaturhölzer anzusprechen dürften hingegen jene Proben sein, deren Endjahre bzw. Fälldaten zwischen 1868 (WAW-231) und 1917 (WAW-203, Sommerschlägerung) streuen. Die mit diesen Proben bestimmte Baumaßnahme dürfte in den Sommer 1917 bzw. kurz danach datieren.

Tabelle 2:
Die analysierten und datierten Holzproben vom Stallgebäude der Waxeggalm (Probenbezeichnung WAS). WKS: Waldkante mit ausgebildetem Spätholz, Schlägerung Herbst/Winter. WKF: Waldkante mit Frühholz, Sommerschlägerung. (WK): Waldkante nahe bzw. saisonal nicht differenzierbar.

Probe	Balkenformat [cm]	Jahrringe [n]	mittlere Jahrringbreite [mm]	Splintholz-jahrringe [n]	Wald-kante	Datierung Jahrringserie [n. Chr.]
WAW-201	28x15	84	1,630	13	WKF	1742-1825
WAW-202	21x16	137	1,268	20	–	1773-1909
WAW-203	19x15	122	1,345	30	WKF	1796-1917
WAW-204	26x17	176	0,894	37	WKF	1667-1842
WAW-205	22x16	129	1,037	39	WKF	1714-1842
WAW-206	25x15	133	1,102	–	–	1698-1830
WAW-207	24x18	74	2,299	22	WKF	1772-1845
WAW-208	26x24	107	1.,727	–	-	1717-1823
WAW-209	16x13	59	1,618	29	WKF	1784-1842
WAW-210	30x16	102	1,391	–	–	1709-1810
WAW-211	16x15	85	0,941	32	WKF	1758-1842
WAW-212	15x14	95	1,272	–	–	1727-1821
WAW-213	19x14	52	2,013	–	WKF	1791-1842
WAW-214	21x20	119	1,314	–	–	1795-1913
WAW-215	22x16	140	1,117	26	WKF	1706-1845
WAW-216	22x16	99	1,766	–	–	1716-1814
WAW-217	22x14	89	1,600	–	–	1722-1810
WAW-218	17x16	125	1,154	46	WKS	1713-1837
WAW-219	17x14	100	0,921	–	WKF	1745-1844
WAW-220	29x15	91	1,591	21	(WK)	1361-1451
WAW-221	22x16	110	1,207	23	(WK)	1806-1915
WAW-222	17x13	83	1,245	34	–	1753-1835
WAW-223	17x14	78	1,899	–	–	1568-1645
WAW-224	22x15	74	1,793	–	–	1577-1650
WAW-225	20x15	83	1,358	–	WKS	1760-1842
WAW-226	20x17	70	1,712	–	–	1738-1807
WAW-227	25x15	88	1,860	–	–	1718-1805
WAW-228	19x15	139	1,034	–	–	1344-1482
WAW-229	17x14	81	1,190	40	-	1825-1905
WAW-230	18x17	59	2,782	–	WKF	1596-1654
WAW-231	24x23	114	2,819	–	–	1755-1868

Stallgebäude

Die älteste Probe vom untersuchten Stallgebäude der Waxeggalm stammt wie beim Wirtschaftsgebäude aus dem späten 15. Jhdt. (Probe WAS-304, Endjahr der Reihe: 1466 n. Chr.) Wegen fehlender Waldkante bzw. Splint muss das Fälldatum offen bleiben, das Endjahr 1466 stellt nur einen terminus post quem dar. Gleiches gilt für die einzige Stallprobe (WAS-323) mit einem Reihenende im 16. Jhdt. (Endjahr 1565). Erst in der zweiten Hälfte des 18. Jhdt. ist eine Gruppe von vier Proben mit ähnlichen Endjahren zu verzeichnen, für den Zirbenbalken WAS-312 kann ein Fälldatum um 1680 belegt werden (Tabelle 2, Abbildung 5). Ein Schlägerungsdatum um 1740 ist hingegen für die Einzelprobe WAS-306 nachweisbar.

Gegen Ende des 18. Jhdt. geschahen weitere Schlägerungen von im Stallgebäude verbauten Hölzern: im Sommer 1794 fand die Fällung des Baumes WAS-329 statt, nach der Zahl der Splintholzjahrring wohl gleichzeitig auch jene von WAS-332 (Tabelle 2, Abbildung 5). Im Sommer 1802 erfolgte die Schlägerung einer weiteren Einzelprobe (WAS-307).

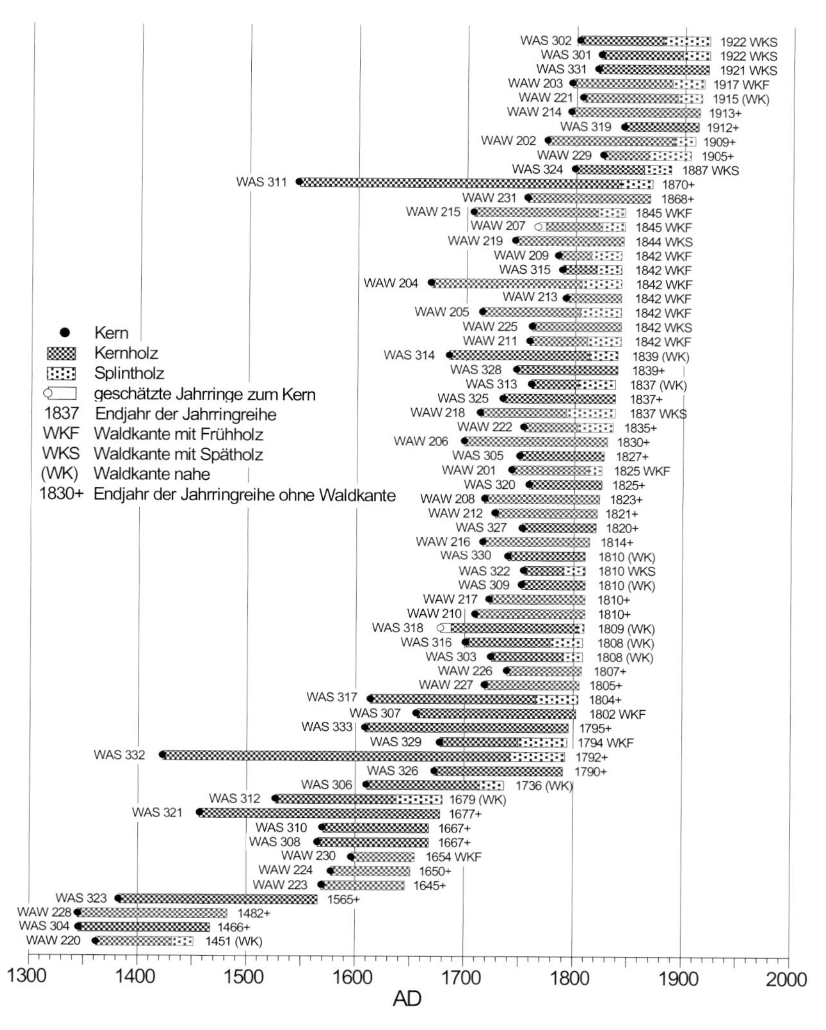

Abbildung 5: Die zeitliche Verteilung der Jahrringserien der Waxeggalm-Hölzer. Rot: Proben vom Wirtschaftsgebäude, blau: Proben vom Stall. Die Länge der Balken zeigt jeweils die Länge der Jahrringreihen an.

Eine grundlegende Erneuerung erfuhr das Stallgebäude im frühen 19. Jahrhundert. An mehreren angewitterten Proben waren Endjahre nahe der Waldkante für den Zeitraum 1808 und 1810 bestimmbar, der Zirbenstamm WAS-322 wurde im Herbst/Winter 1810/11 geschlägert. Dieser Bauphase um 1811 ist wohl auch der Firstbalken des Stalles (WAS-333) zuordenbar, dessen Jahrringreihe ohne Waldkante und erkennbarem Splintbereich 1794 endet.

Das nächst jüngere Fälldatum für eine Probe vom Stallgebäude datiert in den Sommer 1842 (WAS-315). Wahrscheinlich gehören jedoch weitere acht Proben mit Endjahren zwischen 1820 und 1839, darunter fünf Proben ohne Splint, aber auch drei Hölzer mit Endjahren nahe der Waldkante (WAS-313/314/325, Reihenenden 1837 bzw. 1839) zu dieser Erneuerungsphase (Tabelle 2, Abbildung 5). In das ausgehende 19. Jahrhundert datieren nur zwei Zirbenstämme. Die Schlägerung der Probe WAS-324 geschah im Herbst/Winter 1887/88, nach der Anzahl der Splintholzjahrringe dürfte auch der Balken WAS-311 ein synchrones Fälldatum aufweisen. Die nach den Schlagdaten jüngste Gruppe von Hölzern stammt aus den frühen 1920er Jahren (Herbst/Winter 1921/22 bzw. 1922/23), eine weitere Probe mit Endjahr 1912, jedoch ohne Waldkante erhalten, gehört wohl auch zu diesen Schlägerungsdaten.

4. Diskussion

Die Zirbenbalken des Wirtschafts- und Stallgebäudes der alten Waxeggalm aus dem 15. Jhdt. belegen wahrscheinlich bereits frühe Almgebäude im Bereich der heutigen Objekte. Diese Datierungen weisen eine ähnliche Zeitstellung wie die bisher älteste dendro-datierte Alm des Tiroler Raumes, die Obermairalm im Schnalstal (Pichler & Nicolussi, 2006; Daten ab 1444 n. Chr.), auf. Im Gegensatz zur Obermairalm, deren Originalbestand mit späteren Ergänzungen bis heute großteils erhaltend blieb, lässt die geringe Zahl der Proben von der Waxeggalm aus dem 15. und den folgenden drei Jahrhunderten eher annehmen, dass diese alten Hölzer heute sekundär verbaut, wieder verwendet bei grundlegenden Gebäudeerneuerungen, sind. Einen Hinweis für die mehrfache Verwendung stellen auch etliche, heute funktionslose Ausnehmungen in den Balken dar.

Die Dendro-Daten ab etwa 1451 n. Chr. lassen insgesamt eine Almnutzung zumindest in den letzten 550 Jahren ableiten. Dieses Ergebnis wird auch durch die historischen Nachrichten bestätigt. Das Gebiet der Waxeggalm gehörte, nach dem Güterverzeichnis des Erzstifts Salzburg, zumindest seit 1318 n. Chr. zur im Zemmtal gelegenen " Schwaige zu Leiten" (Stolz, 1930). Die Dendro-Daten der Bauhölzer liegen darüberhinaus deutlich vor der 1607 zu datierenden ersten urkundlichen Erwähnung der Waxeggalm (Stolz, 1930). Auch das in unmittelbarer Nähe zu den Almhütten entnommene Pollenprofil *Waxeck-Alm* (Hüttemann/Bortenschlager 1987) lässt eine intensive Rodungstätigkeit und folgende Nutzung im Zemmgrund am Ende des Hoch- bzw. Beginn des Spätmittelalters ableiten. Die Kartendarstellungen aus dem frühen 19. Jhdt. (Abbildung 6 und 7) stellen die Waxeggalm als Siedlung mit insgesamt sechs Bauobjekten auf der Verebnung vor dem Gletschervorfeld des Waxeggkeeses dar, darunter sind, allerdings ohne genaue Lokalisierbarkeit, wohl auch die untersuchten Gebäude zu finden. Die Katasteraufnahme aus der Mitte des 19. Jhdt. zeigt sogar sieben, allerdings meist kleine Gebäude.

Die untersuchten Gebäude der alten Waxeggalm datieren in ihrem Bestand im Wesentlichen in die erste Hälfte des 19. Jahrhunderts. Das Stallgebäude erfuhr um 1811 nach der Zahl der geschlägerten Bauhölzer und unter Verwendung älterer Balken eine Neugestaltung, ähnliches ist für das Wirtschaftsgebäude für die Jahre 1842/46 abzuleiten. Bemerkenswert ist, dass zeitgleich auch am Stall Reparaturen erfolgten. Die späteren Dendro-Daten belegen weitere Erneuerungsarbeiten.

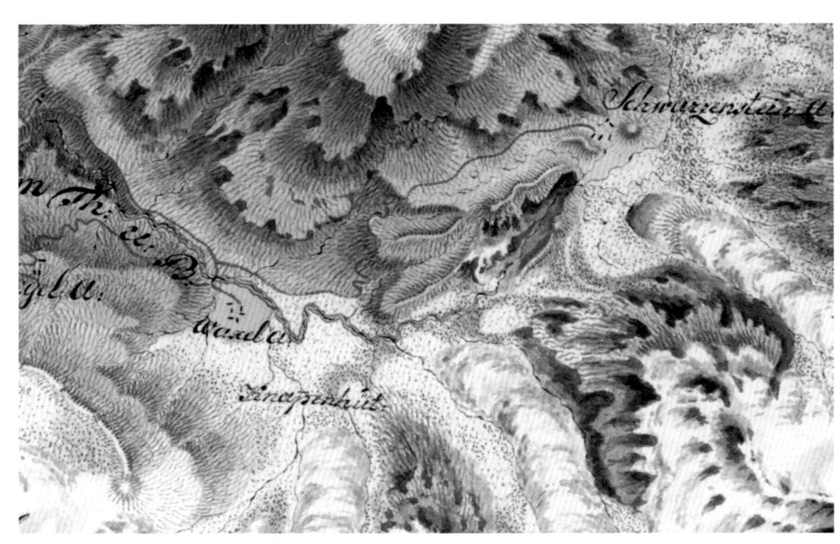

Abbildung 6: Ausschnitt aus dem den oberen Zemmgrund zeigenden Blatt der Franziszeischen Landesaufnahme von Salzburg. Originalmaßstab 1: 28.800; aufgenommen laut Vermerk 1807; Österreichisches Staatsarchiv, Wien.

Abbildung 7: Ausschnitt aus dem den oberen Zemmgrund zeigenden Blatt der Franziszeischen Landesaufnahme von Tirol. Originalmaßstab 1:28.800; aufgenommen laut Vermerk 1817; Österreichisches Staatsarchiv, Wien. Die Situationsdarstellung, erkennbar an den Gletschern, beruht auf der zehn Jahre älteren Kartenaufnahme von Salzburg (siehe Abbildung 6).

Bereits früh als Besonderheit beschrieben wurde die Gletschernähe der Waxeggalm (vergl. Zusammenstellung von zeitgenössischen Berichten in JÄGER, 2007). Die Kartendarstellungen aus den Jahren 1807 bzw. 1817 (Abbildung 6 und 7) zeigen die Lage der Almsiedlung auf der Talverebnung vor den neuzeitlichen Endmoränen des Waxeggkeeses. Die Situierung dieses Gebäudekomplexes während einer der neuzeitlichen Hochstandsphasen der Zemmgrund-Gletscher (HEUBERGER, 1977; HEUBERGER & TÜRK, 2004) erscheint unwahrscheinlich. Vergleichsweise wurde die Schwarzensteinalm in der ersten Hälfte des 19. Jhdt., wohl als Konsequenz der Gletscherentwicklung des Schwarzensteinkeeses, verlegt (vgl. Abbildung 6, 7 und 8).

Hochstände des Waxeggkeeses führten zu Sedimentablagerungen in den der Moränen vorgelagerten Bereichen, wodurch auch die Almgebäude betroffen gewesen sein könnten. Auffallend in diesem Zusammenhang sind die zeitgleichen Umbauten an Wirtschafts- und Stallgebäude der alten Waxeggalm in den 1840er Jahren und damit nur drei Jahrzehnte nach einem grundlegenden Umbau des Stalles. Diese Erneuerungsarbeiten von 1842/46 könnten als Reaktion auf Schäden durch einen wahrscheinlichen Hochstand der Zemmgrund-Gletscher nach der allgemeinen Klimastörung um 1820 (z.B. NICOLUSSI, 1995) bzw. einem bereits erfolgten Rückzug kurz vor 1840 interpretiert werden. Gegen diese These spricht allerdings, dass in Reaktion auf den bekannten Gletscherhochstand von ca. 1850 keine vergleichbaren Baumaßnahmen ergriffen wurden. Damit muss die Möglichkeit einer Verknüpfung der Bauentwicklung der Waxeggalm und Gletscherschwankungen im Zemmgrund als vergleichsweise unsicher eingeschätzt werden.

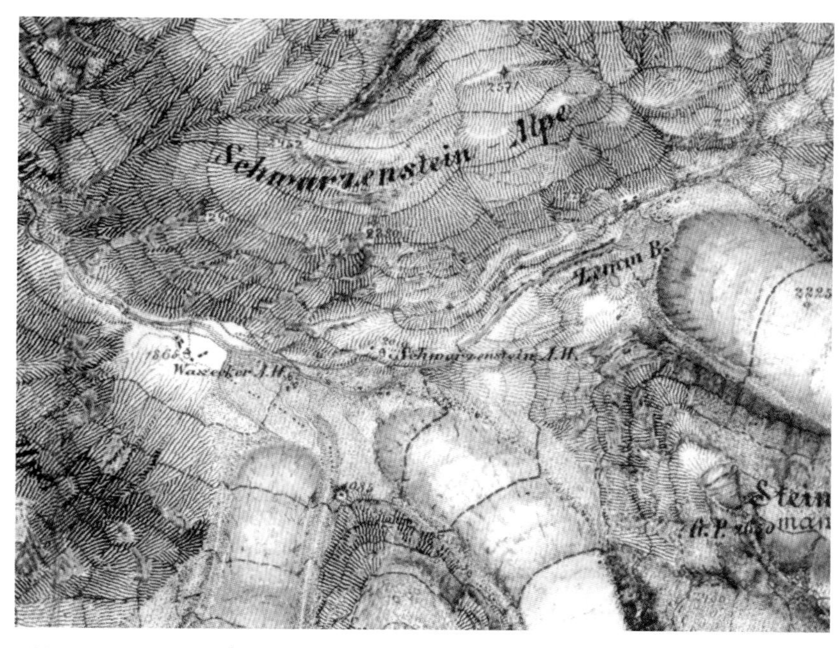

Abbildung 8: Ausschnitt aus der den Zemmgrund zeigenden Originalzeichnung der Dritten oder Franzisko-Josephinischen Landesaufnahme. Aufgenommen 1871, Originalmaßstab 1:25.000, BEV - Bundesamt für Eich- und Vermessungswesen, Wien. Bemerkenswert ist die durch den Vergleich mit der Franziszeischen Aufnahme (Abbildung 7) ersichtliche Verlegung der Schwarzensteinalm vom alten, sehr gletschernahe gelegenen Standort in jenen Geländebereich, in dem später auch die Berliner Hütte errichtet wurde (Abbildung 9).

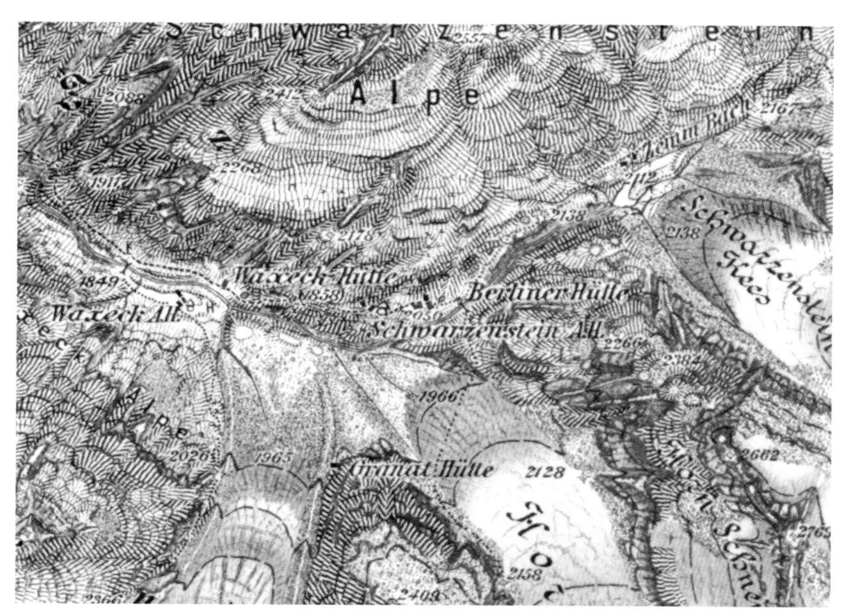

Abbildung 9: Ausschnitt aus der den Zemmgrund zeigenden Originalkarte der reambulierten Dritten Landesaufnahme. Aufgenommen 1888, Originalmaßstab 1:25.000, BEV - Bundesamt für Eich- und Vermessungswesen, Wien. Der Kartenausschnitt zeigt bereits die frühen touristischen Stützpunkte im Zemmgrund, die Waxeck-Hütte (heute: Alpenrose Hütte) und die Berliner Hütte.

Eine einleuchtende Erklärung für die Vielzahl von zeitlich eng gestaffelten Reparaturhölzern bzw. Bauphasen, die gerade im Vergleich zu anderen Gebäuden auffällt, ist hingegen die bekannte Lawinengefährdung der alten Waxeggalm. Beschädigungen durch solche Ereignisse wurden wohl unter Verwendung der alten Bauhölzer und offensichtlich auch unter Einbezug von einzelnen neuen Balken repariert. Allerdings fehlen hier wiederum entsprechende Holzreparaturen aus der Zeit nach 1922, in der nach zeitgenössischen Beobachtungen (freundl. pers. Mitt. K. Pecar) auch große Lawinenabgänge zu beobachten waren.

5. Literatur

Heuberger, H., 1977. Gletscher- und klimageschichtliche Untersuchungen im Zemmgrund. – [in:] Zeitschrift des Deutschen und Österreichischen Alpenvereins (Alpenvereinsjahrbuch). — **102**:39-50.

Heuberger, H. & Türk R., 2004. Gletscherweg Berliner Hütte, Zillertaler Alpen. Naturkundliche Führer - Bundesländer 13.

Jäger, G., 2007. Hochweidewirtschaft, Klimaverschlechterung („Kleine Eiszeit") und Gletschervorstöße in Tirol zwischen 1600 und 1850. – [in:] Tiroler Heimat. — **70** (2006):5-84.

Nicolussi, K., 1995. Jahrringe und Massenbilanz. Dendroklimatologische Rekonstruktion der Massenbilanzreihe des Hintereisferners bis zum Jahr 1400 mittels *Pinus cembra*-Reihen aus den Ötztaler Alpen, Tirol. – [in:] Zeitschrift für Gletscherkunde und Glazialgeologie. — **30**(1994):11-52.

NICOLUSSI, K., 1999. 10 Jahre Dendrochronologie am Institut für Hochgebirgsforschung. – [in:] Institut für Hochgebirgsforschung. — Jahresbericht 1998:27-46.

NICOLUSSI, K., 2001. Sapwood dating of the „Augustinus-Altar" of the „Master of Uttenheim". – [in:] Eurodendro 2001 - Book of abstracts. — S. 38. Gozd Martuljek, Slovenia.

NICOLUSSI, K., LUMASSEGGER, G., PATZELT G., PINDUR P. & SCHIESSLING, P., 2004. Aufbau einer holozänen Hochlagen-Jahrring-Chronologie für die zentralen Ostalpen: Möglichkeiten und erste Ergebnisse. – [in:] Innsbrucker Geographische Gesellschaft (Hrsg.). Innsbrucker Jahresbericht 2001/2002. —**16**:114-136.

PICHLER, T. & NICOLUSSI, K., 2006. Zur Bauentwicklung der Obermairalm am Fuchsberg - Ergebnisse dendrochronologischer Analysen. – [in:] Der Schlern. — 80/4:4-11.

STOLZ, O., 1930. Die Schwaighöfe in Tirol. Ein Beitrag zur Siedlungs- und Wirtschaftsgeschichte der Hochalpentäler. – Wissenschaftliche Veröffentlichungen des Deutschen und Österreichischen Alpenvereins 5.

ZWERGER, P. & PINDUR, P., 2007. Waldverbreitung und Waldentwicklung im Oberen Zemmgrund, Zillertaler Alpen. In diesem Band.

Der Nachweis einer bronzezeitlichen Feuerstelle bei der Schwarzensteinalm im Oberen Zemmgrund

Peter PINDUR[1)], Dieter SCHÄFER[2)] & Roland LUZIAN[3)]

PINDUR, P., SCHÄFER, D. & LUZIAN, R., 2007. Der Nachweis einer bronzezeitlichen Feuerstelle bei der Schwarzensteinalm im Oberen Zemmgrund. — BFW-Berichte **141**:143-154, Wien. — Mitt. Komm. Quartärforsch. Österr. Akad. Wiss., **16**:143-154, Wien

Kurzfassung
Im Zuge des interdisziplinären Forschungsprojektes „HOLA - Nachweis und Analyse von holozänen Lawinenereignissen" (Bundesforschungs- und Ausbildungszentrum für Wald, Naturgefahren und Landschaft) konnte erstmals für das Gebiet der Zillertaler Alpen der Nachweis einer bronzezeitlichen Feuerstelle erbracht werden. Mit diesem Ergebnis findet der pollenanalytisch festgestellte massive Eingriff des Menschen in den subalpinen Wald des Oberen Zemmgrunds durch die zeitgleiche Feuerstelle seine archäologische Bestätigung.
Der Fundplatz liegt auf einem Geländerücken nordöstlich vom Stallgebäude der Schwarzensteinalm auf 2185 m. Er befindet sich außerhalb der neuzeitlichen Moränenwälle und innerhalb des klimatisch bedingten holozänen Waldgrenzschwankungsbereiches. Der Fundplatz ist charakterisiert durch eine ausgezeichnete Geländeübersicht in Verbindung mit Zugänglichkeit zu potentiellen Wasser- und Holzressourcen. Die Feuerstelle datiert nach der ^{14}C-Methode in den Zeitraum zwischen 1740 und 1520 v. Chr., dem Übergang von der älteren zur mittleren Bronzezeit, und fällt damit in die sogenannte „Löbbenschwankung". Dabei handelt es sich um eine ausgeprägte Klimaungunstphase die durch mehrfache Gletscherhochstände, vergleichbar mit denen der neuzeitlichen Klimadepression („Little Ice Age"), gekennzeichnet ist. Im Bereich der untersuchten Feuerstelle konnten zudem ca. 30 Bergkristallobjekte – hauptsächlich Trümmerstücke, jedoch auch eindeutige Abschläge – geborgen werden.

Schlüsselwörter:
subalpine Höhenstufe, Bergkristallobjekte, holozäner Waldgrenz-Schwankungsbereich, Löbbenschwankung

Abstract
[Evidence of a Bronze Age Fireplace at the Schwarzensteinalm in the Upper Zemmgrund, Zillertal Alps (Austria).] In the course of the interdisciplinary research projekt "HOLA - Evidence and Analysis of Holocene Avalanche Events" (Federal Research and Training Centre for Forests, Natural Hazards and Landscape) for the first time a Bronze Age fireplace could be proved for the area of the Zillertal Alps. Due to the findings of contemporaneous fireplace, this result archaeologically confirms the massive human intervention into the subalpine forest of the Upper Zemmgrund determined by means of pollen analysis.
The fireplace which has been found is on an open-country back to the north-east of the stables of the "Schwarzensteinalm" at 2,185 m above sea level. It lies outside the Little Ice Age morains and within the area of climatically conditioned holocene timberline variations. The place of findings is characterised by an excellent open-country panorama in connection with access to potential water and wood resources. The fireplace is dated by means of the ^{14}C method in the time frame between 1,740 and 1,520 BC, the transition from the ancient to the middle Bronze Age; therefore it falls into the

[1)]ING. MAG. PETER PINDUR, Institut für Stadt- und Regionalforschung, Österreichische Akademie der Wissenschaften, A – 1010 Wien, E-Mail: Peter.Pindur@oeaw.ac.at

[2)]A. UNIV. PROF. DR. DIETER SCHÄFER, Institut für Geologie und Paläontologie, Universität Innsbruck, A - 6020 Innsbruck, E-Mail: Dieter.Schaefer@uibk.ac.at

[3)]MAG. ROLAND LUZIAN, Institut für Naturgefahren und Waldgrenzregionen, Bundesforschungs- und Ausbildungszentrum für Wald, Naturgefahren und Landschaft, A - 6020 Innsbruck, E-Mail: Roland.Luzian@uibk.ac.at

so-called "Löbbenschwankung". This is a distinct climatic depression period marked by multiple great extentions of glaciers, comparable with those of the "Little Ice Age" In addition, there could be gathered about 30 mountain-crystal objects – mainly debitages but also unambiguous flakes – in the area of the fireplace examined.

Keywords:
subalpine forest, holocene timberline variations, mountain-crystal objects

1. Einleitung

Die Entdeckung von Silexartefakten aus dem Mesolithikum (Mittelsteinzeit, 9500 bis 5600/5200 v. Chr.) im Bereich des Tuxer Jochs, 2338 m, (Bundesdenkmalamt 1989) sowie weiterer Fundplätze nördlich (z.B. Rofan, Loas Sattel, Sidanjoch; KOMPATSCHER & KOMPATSCHER, 2005) und südlich (z.B. Jochtal, Gsieser Törl, Staller Sattel; LUNZ, 1986) des Alpenhauptkammes lassen vermuten, dass auch das Gebiet der Zillertaler Alpen im frühen Holozän begangen wurde.
Ebenfalls im Bereich des Tuxer Jochs wurde – bereits in der ersten Hälfte des 20. Jahrhunderts – ein bronzezeitlicher Gegenstand entdeckt (STOLZ, 1941). Dieser Fund gilt bis heute als erster und einziger archäologischer Nachweis der Anwesenheit bronzezeitlicher Menschen im Bereich der Zillertaler Alpen. Urkundlich belegt ist hingegen die Besiedlung des hinteren Zillertals im Zuge der bajuwarischen Landnahme, die im 6. Jhdt. n. Chr. einsetzte. Orts- und Flurnamen deuten aber bereits auf vorrömische (z.B. Zams, Zemm, Floite) bzw. römische (z.B. Furtschagl, Ingent, Gunggl) Siedlungsspuren hin (FINSTERWALDER, 1934 und 1961; STOLZ, 1949).
Durch die palynologischen Untersuchungen von WEIRICH & BORTENSCHLAGER (1980) und HÜTTEMANN & BORTENSCHLAGER (1987) im oberen Zemmgrund konnte erstmalig der pollenanalytische Nachweis der Anwesenheit des Menschen im hintersten Zillertal während der Bronzezeit (2000 bis 800 v. Chr., vgl. URBAN, 2000) belegt werden. Weiterführende pollenanalytische Untersuchungen fanden in den Jahren 2002 bis 2004 im Zuge des interdisziplinären Forschungsprojekts „HOLA - Nachweis und Analyse von prähistorischen Lawinenereignissen" des Bundesforschungs- und Ausbildungszentrums für Wald, Naturgefahren und Landschaft ebenfalls im oberen Zemmgrund statt. Dabei wurden mehrere Sedimentbohrkerne aus dem Waldgrenzbereich entnommen und die drei hoffnungsvollsten von WALDE & HAAS (2004) und WILD (2005) analysiert. Mit den daraus gewonnenen neuen Erkenntnissen zur Nutzungsgeschichte – der Anwesenheit des Menschen mit seinen Nutztieren seit dem Neolithikum (Jungsteinzeit, 5600/5200 bis 2000 v. Chr.) ab ca. 4100 v. Chr. im Waldgrenzbereich der Schwarzensteinalm – und den im Laufe der Jahre gesammelten Gebietskenntnissen konnte im Sommer 2004 von D. Schäfer, R. Luzian und P. Pindur gezielt nach prähistorischen Feuerstellen bzw. Lagerplätzen im Bereich der Schwarzensteinalm und des Feldkars gesucht werden. Die Prospektoren wurden auf einer Kuppe im Feldkar, nordöstlich vom Stallgebäude der Schwarzensteinalm, fündig. Die Fundstelle – Schwarzensteinalm 1 (SA1) – wurde unter der Leitung von D. Schäfer in den Jahren 2004 und 2005 analysiert. Über das Ergebnis dieser Untersuchung, den Nachweis einer bronzezeitlichen Feuerstelle und somit die archäologische Bestätigung des pollenanalytisch festgestellten menschlichen Eingriffs in den Waldgrenzbereich des Oberen Zemmgrunds, wird im Folgenden berichtet.

Abbildung 1: Blick Richtung Westen auf den Geländerücken mit der bronzezeitlichen Fundstelle SA1 (SWM = Pollenprofil Schwarzensteinmoor; Foto: W. Ungerank 2005).

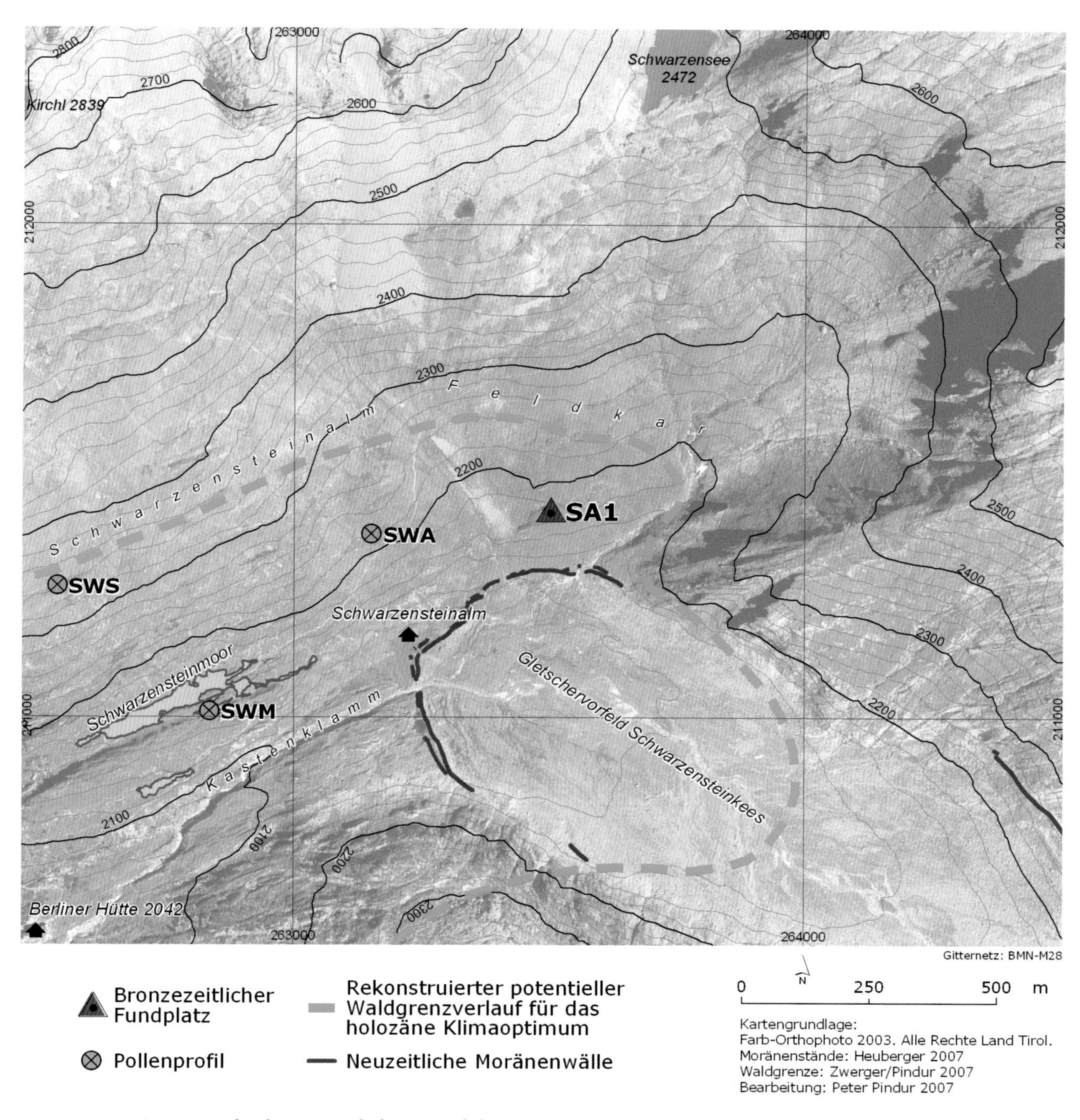

Abbildung 2: Die Lage des bronzezeitlichen Fundplatzes SA1 im Bereich des Feldkars und der Schwarzensteinalm (SWS, SWA, SWM = Entnahmestellen von Pollenprofilen)

2. Material und Methoden

Die methodische Grundlage für diese Untersuchung bildet die stratigraphische Analyse von Böden. Dabei wurden mit einem Erdbohrstock (Typ „Geolog", Fa. Gruber) im Bereich potentieller Lagerplätze prähistorischer Jäger bzw. Hirten Bodenhorizonte nach dem Gehalt von markanten Holzkohlelagen untersucht. Im Fall eines positiven Befundes wurde die Vegetationsdecke geöffnet, ein Bodenprofil ergraben und die stratigraphischen Verhältnisse aufgenommen. Um die Brandschichten zeitlich einzuordnen, wurden Holzkohlepartikel entnommen und diese an der Universität Utrecht in den Niederlanden mit Hilfe der Radiokarbonmethode (^{14}C-Methode) datiert.

Die Kalibrierung der ^{14}C-Daten erfolgte mit der Software *OxCal Version 3.10* (2005) unter Verwendung der Kalibrierungskurve *IntCal04* (Bronk Ramsey, 1995, Reimer et al., 2004). In der Tabelle 1 wurde der 1σ-Bereich (68,2%-Wahrscheinlichkeitsbereich) und der 2σ-Bereich (95,4%-Wahrscheinlichkeitsbereich) angegeben.

Die Koordinaten für die Verortung der Fundstelle Schwarzensteinalm 1 (SA 1) wurden aus dem Projekt GIS ermittelt (vgl. Abbildung 3). Sie entsprechen dem BMN-M28 und weisen eine Genauigkeit von ±10 m auf.

Der Fundplatz Schwarzensteinalm 1 (SA1)

Lage

Ein Geländerücken nordöstlich vom Stallgebäude der Schwarzensteinalm erwies sich bei der Prospektion als ergiebig. Es konnten mit der Sonde an mehreren Stellen kleinräumig verteilte Holzkohlehorizonte festgestellt werden. Eine der positiv befundeten Bohrpositionen – Schwarzensteinalm 1 (SA1) – wurde aufgegraben und analysiert (Abbildung 2).
Der untersuchte Fundplatz SA1 liegt auf 2185 m ü.d.M. (BMN-M28 x: 263505, y: 211417) etwa 380 m nordöstlich vom Stallgebäude der Schwarzensteinalm. Er befindet sich knapp außerhalb der neuzeitlichen Moränenwälle des Schwarzensteinkees und rund 70 m über dem Talboden erhöht auf einer Kuppe. Diese Situation bietet heute einerseits einen perfekten Überblick über das eisfreie Gletschervorfeld des Schwarzensteinkees und andererseits einen (wald-)freien Blick talauswärts in Richtung Kastenklamm/Berliner Hütte bzw. Schwarzensteinmoor. Nördlich und östlich vom Fundplatz tritt Wasser infolge von Stauhorizonten an die Oberfläche und es haben sich mehrere kleine vermoorte Bereiche gebildet. Zudem befinden sich einige Wasserläufe in unmittelbarer Umgebung. Heute findet sich kein brennbares Material in der Nähe der untersuchten Lokalität. Auf das nächstgelegene Brennmaterial, junge Bäume bzw. Latschen, trifft man gehäuft im Bereich des Schwarzensteinmoors und somit etwa 800 m Luftlinie talauswärts vom Fundplatz SA1 entfernt (Abbildung 3).
Während ungünstiger Klimaphasen im Holozän (z.B. VEIT, 2002) erreichte das Schwarzensteinkees mehrfach Ausdehnungen vergleichbar mit denjenigen der neuzeitlichen Klimadepression (1600-1850 n. Chr.). Die neuzeitliche Maximalausdehnung des Gletschers, der heute in Abbildung 2 nicht mehr sichtbar ist, wird durch die schwarze Liniensignatur gekennzeichnet. Weiters zeigt die Abbildung 2, dass der untersuchte Fundstellenbereich im natürlichen, d.h. im klimatisch gesteuerten und nicht vom Menschen beeinflussten, Schwankungsbereich der Waldgrenze – und zwar an deren Obergrenze – liegt und dass während Klimagunstphasen im Holozän (z.B. PATZELT, 1999) hier mit lichtem Baumbestand und somit lokal vorhandenem Brennmaterial in unmittelbarer Nähe der untersuchten Lokalität gerechnet werden darf (vgl. ZWERGER & PINDUR, 2007).

Tabelle 1:
^{14}C-Datierungen aus dem Brandhorizont SA1, Entnahmestelle vgl. Abbildung 4. Beide ^{14}C-Datierungen aus dem Brandhorizont SA1 ergeben mit den identen kalibrierten Werten von 1740–1520 v. Chr. (2σ-Bereich) Hinweise auf ein Feuer, das hier während des Überganges von der älteren zur mittleren Bronzezeit brannte.

Probe	Probenmaterial	Probenentnahme	Labornummer	^{14}C-Alter	kalibriertes Alter	
					1σ-Bereich	2σ-Bereich
SA1-a	Holzkohle	2004	UtC-13887	3340±40 BP	1690–1530 cal BC	1740–1520 cal BC
SA1-b	Holzkohle	2004	UtC-13888	3340±39 BP	1690–1530 cal BC	1740–1520 cal BC

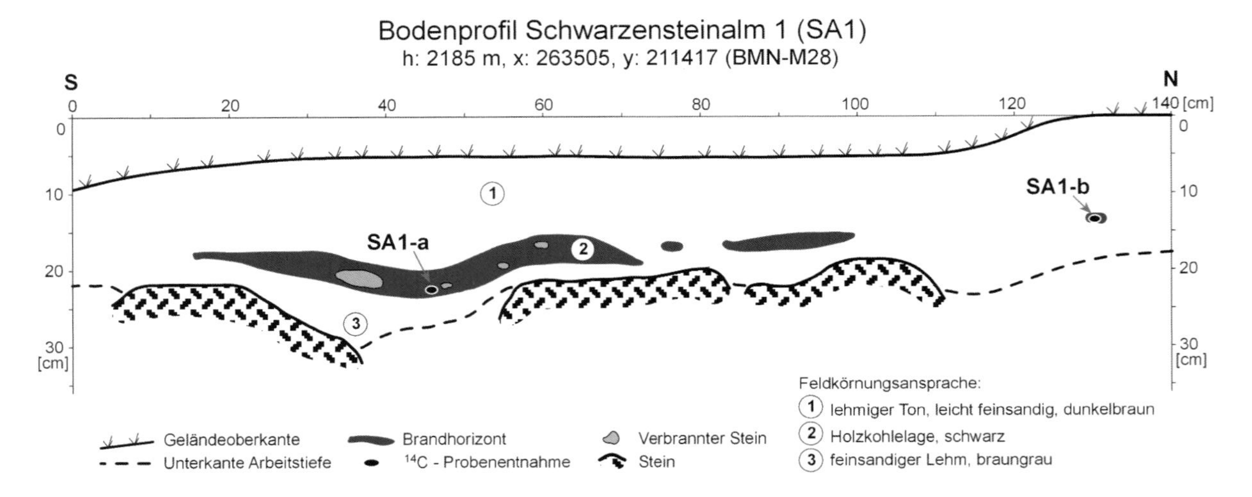

Abbildung 3: Bodenprofil SA1

Bodenprofil, ^{14}C-Datierungen und Holzartbestimmung

Das Bodenprofil SA1 wurde im Sommer 2004 von D. Schäfer, R. Luzian und P. Pindur aufgenommen. Es zeigt einen sowohl horizontal als auch vertikal deutlich abgrenzbaren Brandhorizont (= intensive Holzkohlelage). Dieser wird von einem dunkelbraunen, leicht feinsandigen, lehmigen Ton über- sowie von braungrauem, feinsandigem Lehm unterlagert. Im Brandhorizont, der z.T. noch kompakte größere Holzkohlestükke enthält, sind kleine verbrannte Steine eingeschlossen. Dem Horizont wurde an zwei Stellen Holzkohle für die ^{14}C-Datierung entnommen (Abbildung 3, SA1-a und -b). Diese lieferten das in Tabelle 1 dargestellte Ergebnis.

Die entnommenen Holzkohlestücke wurden von A.G. Heiss und J.N. Haas am Institut für Botanik der Universität Innsbruck als „*Pinus-non-cembra*" (Kiefer, jedoch keine Zirbelkiefer bzw. Zirbe) identifiziert, was gleichbedeutend mit *Pinus mugo* (Bergkiefer bzw. Latsche) ist, da alle anderen in Frage kommenden Kieferngewächse in dieser Höhenlage nicht vorgekommen (freundl. Mitteilung J.N. Haas, vgl. Zwerger & Pindur, 2007). Dieses Ergebnis lässt den Schluss zu, dass im 17./16. Jhdt. v. Chr. im Bereich der Feuerstelle – im Gegensatz zu heute – zumindest Latschen gewachsen sein sollten, da Feuerholz in der Regel nicht von weit her geholt wird.

Abbildung 4: Sondierung der Feuerstelle SA1 (Foto: D. Schäfer 2005).

Abbildung 5: Bergkristallabschlag während der Auffindung in der Feuerstelle SA1; Maßstabsleiste in mm (77 % verkleinert) (Foto: D. Schäfer 2005).

Die flächige Erweiterung des Profiles um etwa 1,8 m^2 nach Osten im Sommer 2005 durch D. Schäfer (zeitweise unterstützt von R. Luzian und W. Ungerank) erbrachte folgendes Ergebnis: Das Liegende des Fundbereiches wird von Gesteinsblöcken gebildet, zwischen denen sich eine natürliche Senke befindet. Innerhalb dieser Senke wurde ein Feuer angelegt und unterhalten (ca. 90 x 100 cm Durchmesser, Abbildung 4).

Das Feuer muss zeitweise intensiver bzw. länger gebrannt haben, da die unmittelbar im Zentrum der natürlichen Depression befindlichen Gesteinsblöcke durch die Hitzeeinwirkung zum Teil in eine grusige Substanz zerfallen waren (Abbildung 4, Bildmitte). Sowohl der Durchmesser als auch das im Westen der Brandschicht aufgenommene Profil (Abbildung 3) sprechen für einen anthropogenen Befund in Form einer Feuerstelle. An diese Feuerstelle schließen unmittelbar nördlich zwei größere Steinblöcke an (Abbildung 4, links), die ihrerseits wiederum von einer dünnen Holzkohlelage umgeben waren. Auch in der Nordostecke der geöffneten Fläche schließt im Profil eine dünne Holzkohlelage an, die mit dem Bohrstock auch in der näheren Umgebung der Sondierung angetroffen wurde.

3. Archäologische Befunde

Im Bereich der untersuchten Feuerstelle SA1 wurden im gleichen Tiefenniveau ca. 30 Bergkristallobjekte geborgen. Die meisten von ihnen können nomenklatorisch lediglich als Trümmerstücke angesprochen werden, jedoch sind auch eindeutige Abschläge mit ausgeprägten Ventralflächenmerkmalen sowie dorsalen Negativen (mehrerer Abbaurichtungen) vorhanden [Bei der Herstellung von Silexartefakten – vom Menschen hergestellte Gegenstände aus Gesteinen mit muscheligen Brucheigenschaften (Hornsteine im weiteren Sinne) – werden von einem als Kernstein angesprochenen Gestein Splitter abgetrennt (meist Silexartefakte in Form sog. Abschläge). Diejenige Fläche der Abschläge, welche an dem Kernstein saß, wird als Ventralfläche bezeichnet. Die gegenüberliegende Fläche (Dorsalfläche) an den Abschlägen kann die Negative der zuvor erfolgten Abtrennungen an den Kernsteinen zeigen. Sie werden auch als dorsale Negative bezeichnet und geben Hinweise auf die Systematik bei der Herstellung von Silexartefakten.] (z.B. Abbildung 5).

Die Bergkristallobjekte befanden sich im Holzkohle-Erde-Gemenge, eindeutig jedoch nicht im Liegenden der Brandschichtbefunde. Berücksichtigt man die durchschnittlich sehr geringen Humusakkumulationsraten im alpinen Höhenbereich des Fundstellengebietes, so könnten die (formenkundlich unspezifischen) Stücke durchaus auch älter als bronzezeitlich sein. Allerdings lässt die Begrenztheit der Aufschlussverhältnisse hierzu keine wirklich weiterführenden Aussagen zu.

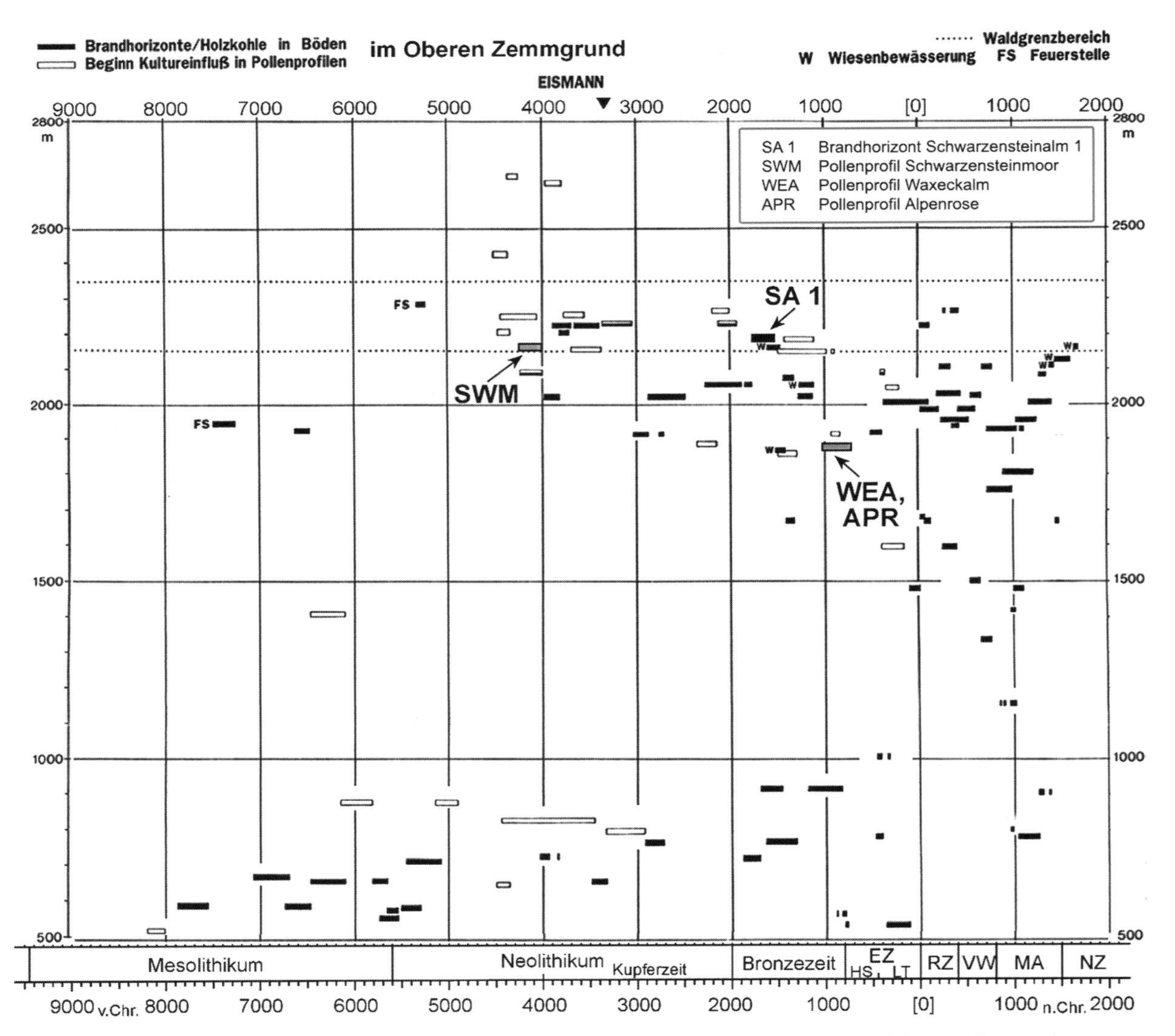

Abbildung 6: Beginn und Verlauf anthropogener Naturraumnutzung im tirolerisch-salzburgischen Gebirgsraum im Vergleich mit den Ergebnissen aus den Zillertaler Alpen (nach PATZELT, 2000, modifiziert und ergänzt).

4. Diskussion

Für die ostalpinen Hochlagen konnte bereits an mehreren Stellen (z.B. Hohe Tauern, Ötztaler Alpen) mit Hilfe von Boden- und Moorprofilen nachgewiesen werden, dass die Nutzung auf den natürlich waldfreien Weideflächen oberhalb der Waldgrenze bereits im Neolithikum, ab dem 5. Jahrtausend vor Christus, begonnen hatte und von oben her in den Waldgürtel eingedrungen ist (z.B. Patzelt, 1996).
Während der Bronzezeit wurde durch Brandrodung in den Zentralalpen zusätzliches Weideland gewonnen. Auf diese Weise drang der Mensch mit seinen Nutztieren immer tiefer in die subalpine Waldstufe ein. In den Ötztaler Alpen konnte Patzelt (2000) an mehreren Stellen bronzezeitliche Landnutzungsmaßnahmen feststellen. Diese fanden gehäuft in der mittleren Bronzezeit statt. Interessanterweise tauchen bei diesen Untersuchungen, denen 20 Pollenanalysen und 32 stratigraphisch untersuchte Bodenprofile zu Grunde liegen, erste Hinweise auf künstliche Wiesenbewässerung, als Maßnahme zur Ertragssteigerung, auf. Abbildung 7 zeigt die ersten anthropogenen Spuren in verschiedenen Höhenlagen im oberen Zemmgrund im Vergleich mit den Befunden aus dem benachbarten tirolerisch-salzburgischen Gebirgsraum.

Vergleichende Ergebnisse aus den pollenanalytischen und dendrochronologischen Untersuchungen im oberen Zemmgrund
Mit ihrer Hilfe konnte im oberen Zemmgrund ein bronzezeitlicher anthropogener Eingriff in den subalpinen Waldbestand an zwei unterschiedlichen Lokalitäten festgestellt werden:

- Im Pollenprofil „Schwarzensteinboden (SWS)" (vgl. Abbildung 2) – ca. 1000 m westlich von SA1 im obersten Bereich des Waldgrenzökotons auf 2340 m gelegen – stellt Wild (2005:73) am Beginn der Spätbronzezeit (ab 1300 v. Chr.) einen signifikanten Anstieg von Weidezeigern und Holzkohlepartikeln fest und schließt auf Einsatz von „(...) Feuer zum Offenhalten der Weiden für das Vieh".
- Diese signifikante Zunahme von Weidezeigern und Holzkohlepartikeln wurde auch von Walde & Haas (2004) im Pollenprofil „Schwarzensteinmoor (SWM)" (vgl. Abbildung 2) – ca. 800 m südwestlich von unserem Fundplatz SA1 auf 2155 m gelegen - festgestellt. Sie folgern, dass während der Bronze- und Eisenzeit eine „(...) Beweidung der Wiesen um das Schwarzensteinmoor" erfolgte und die lokalen Gehölze vom Menschen zurückgedrängt wurden „(...) um Platz für Weideflächen zu schaffen" (Walde & Haas, 2004:22 f.).
- Weiters zeigen die von Pindur (2001) dendrochronologisch analysierten Zirbenstämme aus dem Schwarzensteinmoor (Abbildung 2) für den Zeitraum von 5000 bis 1750 v. Chr. und von 650 v. Chr. bis 800 n. Chr. eine fast durchgehend hoch gelegene Waldgrenze an. Für den dazwischen liegenden Zeitraum von 1750 bis 650 v. Chr. konnte jedoch kein einziger datierbarer Baumstamm im Moor gefunden werden. Da dieser Zeitraum nicht nur durch ungünstige Klimaverhältnisse (u.a. Löbbenschwankung, siehe unten) gekennzeichnet ist – man demnach zumindest zeitweise Waldbestand in Moornähe erwarten muss – darf für diese Zeit mit starken anthropogenen Eingriffen in den Waldgrenzbereich der Schwarzensteinalm gerechnet werden (vgl. Haas, Walde & Wild, dieser Band).

In der Nähe der Waxeggalm und der Alpenrose Hütte, auf ca. 1880 m inmitten der subalpinen Stufe gelegen, wurden ebenfalls zwei Sedimentbohrkerne analysiert. Hüttemann & Bortenschlager (1987:100) vermerkten für das Profil „Waxeckalm (WEA)": „(...) gegen Ende des Subboreals [ca. 3750 bis 650 v. Chr.] treten wie im Profil Alpenrose [APR] (Weirich & Bortenschlager, 1980) zum ersten Mal die Kulturzeiger einschließlich der Cerealia [Getreide] und Secale [Roggen] auf." Die Getreidepollen entstammen mit großer Wahrscheinlichkeit Siedlungen aus den nahen Tallagen und wurden durch Fernflug in die analysierten Pollenprofile eingeblasen.
Während der Eisenzeit (800 bis 15. v. Chr.) scheint die Intensität der anthropogenen Einflussnahme im oberen Zemmgrund wieder zurückzugehen. Wild (2005) beobachtet einen verstärkten Eintrag von Baumpollen am Beginn der Eisenzeit im Pollenprofil „Schwarzensteinboden (SWS)" auf 2340 m (vgl. Abbildung 3) und weist auf ein deutliches Ansteigen der Baumgrenze hin. Pindur (2001) stellt einen fast durchgehend hoch gelegenen Waldgrenzverlauf für den Zeitraum von 650 v. Chr. bis 800 n. Chr. fest. Am Beginn der Römerzeit (15 v. Chr. bis 400 n. Chr.) verzeichnen alle im Zemmgrund gelegenen Pollenprofile erstmals den Eintrag von Getreidepollen (Wild, 2005).

Klimageschichtliche Aspekte
Über die klimatischen Verhältnisse zum Zeitpunkt der Datierung der Feuerstelle am Fundplatz SA1

geben die gletschergeschichtlichen Untersuchungen im oberen Zemmgrund von HEUBERGER (2007) klare Auskunft. Heuberger konnte am Hornkees – indirekt somit auch für das Schwarzensteinkees – einen Gletscherhochstand mit neuzeitlicher Dimension mittels ^{14}C-Datierungen um 1500 v. Chr. belegen. Dieser Gletscherhochstand fällt in den Zeitraum der nach PATZELT & BORTENSCHLAGER (1973) bezeichneten Löbbenschwankung, die zwischen 1900 und 1300 v. Chr. (3500-3100 BP) datiert. Dieser Gletscherhochstand am Hornkees wird durch ein ausgeprägtes NBP-Maximum (Nichtbaumpollen-Maximum) im Pollenprofil „Waxeckalm (WEA)", das knapp außerhalb der neuzeitlichen Endmoränenwälle des benachbarten Waxeggkees liegt, bestätigt. HÜTTEMANN & BORTENSCHLAGER (1987:100) datieren diese Klimadepression auf 1980-1520 v. Chr. (2σ-Bereich) und vermerken, dass „(...) im Zuge dieses Gletscherhochstandes die Waldgrenze abgesenkt wurde".

Unsere Feuerstelle am Fundplatz SA1 fällt mit ihrem kalibrierten Alter von 1740-1520 v. Chr. (2σ-Bereich) in den mittleren Abschnitt der Löbbenschwankung. Die Gletscher im oberen Zemmgrund bedeckten in diesem Zeitraum weite Teile potentieller Weideflächen und zwangen den Menschen möglicherweise zur Neuerschließung anderweitig verfügbarer Wirtschaftsflächen. Allerdings muss für die Unterhaltung der Feuerstelle noch genügend (?Tot-)Holz, in der nahen Umgebung vorhanden gewesen sein.

Auch in den Schweizer Zentralalpen finden sich während dieser Zeit Entsprechungen in Form von Waldgrenzabsenkungen, Seespiegel-Hochständen, Gletschervorstößen sowie Dichtezunahmen im Baumringwachstum (BURGA & PERRET, 1998). Ergänzend gelang NICOLUSSI & PATZELT (2001) am Gepatschferner in den Ötztaler Alpen der Nachweis von zwei dendrochronologisch datierten Gletscherhochständen um 1626 und um 1500 v. Chr. Demzufolge muss es sich beim Zeitraum zwischen 1800 und 1300 v. Chr. um eine länger andauernde Klimaungunstphase mit mehrfachen Gletscherhochständen – vergleichbar mit denen der neuzeitlichen Klimadepression („Little Ice Age") – gehandelt haben.

Vergleichende Feuerstellenbefunde aus dem Tiroler und Schweizerischen Zentralpenraum

Sieht man einmal von der Untersuchung bronzezeitlicher Hüttenstrukturen im Dachsteingebirge (siehe unten) sowie einzelnen montanarchäologischen Projekten (z.B. GOLDENBERG & RIESER, 2004) ab, so fehlt bislang eine systematische Erforschung zur bronzezeitlichen Bewirtschaftung alpiner Höhenbereiche in Österreich. Dennoch gibt es mittlerweile einige Angaben aus dem Zentralalpenbereich, welche die Befunde auf der Schwarzensteinalm (SA1) ergänzen können. Hierzu gehören zunächst allgemeine Hinweise von PATZELT et al. (1997:52), die Ötztaler Alpen betreffend, auf neun Lokalitäten mit bronzezeitlicher Landnutzung bei „einer Häufung in der Hochbronzezeit", von denen drei Orte mit „Hinweise[n] auf künstliche Wiesenbewässerung" kurz angesprochen werden. Eine chronologische Entsprechung zu unserem Fundplatz SA1 bietet hierbei das Bergmahd „Löble" (2150 m) am Beilstein bei Obergurgl. Hier sieht Patzelt im kalibrierten Zeitraum 1600-1450 v. Chr. (1σ-Bereich) Anzeichen einer beginnenden Wiesenbewässerung. Allerdings ist quellenkritisch anzumerken, dass die Absicherung der im Gelände als Wiesenbewässerung angesehenen Befunde durch bodenkundlich-laboranalytische Untersuchungen bislang fehlt.

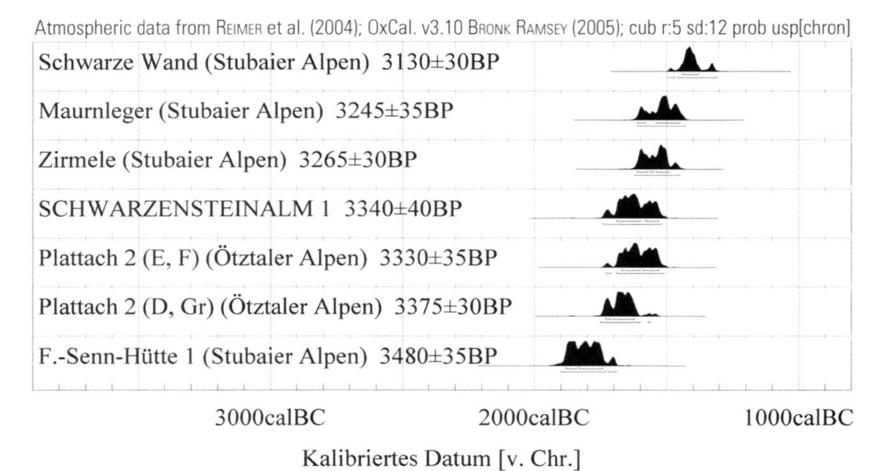

Abbildung 7: ^{14}C-Daten (links) und Wahrscheinlichkeitsverteilungen von Feuerstellen-Befunden der Stubaier und Ötztaler Alpen im Vergleich zur Datierung der Fundstelle Schwarzensteinalm 1 (SA1) [OxCal 3.10], Fundstellenbezeichnungen siehe Text.

Weitere, bislang unveröffentlichte Ergebnisse von D. Schäfer, die von Begehungen und Sondierungen im inneren Ötztal sowie begleitenden Untersuchungen zum Mittelsteinzeit-Projekt „Ullafelsen" in den nördlichen Stubaier Alpen entstammen, können angefügt werden: Abbildung 7 zeigt hier zunächst die Wahrscheinlichkeitsverteilungen der hinzugezogenen kalibrierten ^{14}C-Daten. So gibt es vom Fundplatz „Franz-Senn-Hütte 1" (FSH1) im Oberbergtal (Stubaier

Alpen) ein frühes Datum zur Anlage einer Feuerstelle im 19./18. Jhdt. v. Chr. (3480±35 BP). Unmittelbar chronologisch benachbart zu unserem SA1-Befund ist ein aus dem hinteren Gurgler Tal (inneres Ötztal) von der Fundstelle „Plattach 2" (PL2) zusammengehöriger Feuerstellen-Gruben-Befund (PL2, D und E) aus dem 17. Jhdt. v. Chr. Zeitlich anschließende Feuerstellen-Befunde stammen im Bereich der nördlichen Stubaier Alpen von den Fundstellen „Zirmele" (Fotschertal), „Maurnleger" (Oberbergtal) sowie „Schwarze Wand" (Senderstal) – letzterer als jüngster Befund aus dem 14. Jhdt. v. Chr. (Manner. 2005). Sicher stehen diese Befunde in einem generellen Zusammenhang mit der bronzezeitlichen Nutzungsintensivierung alpiner Bereiche. Mangels weitergehender Flächenuntersuchungen können jedoch über den jeweils einzelnen Befund derzeit meist keine Angaben zum funktionalen Hintergrund gemacht werden. Einzige Ausnahme bildet unter den erwähnten Sondierungen der lehmversiegelte Feuerstellen-Gruben-Befund von der Fundstelle „Plattach 2" bei Obergurgl mit einem vermutlich kultischen Hintergrund (vgl. Gamper & Steiner, 2002; Mahlknecht, 2006). Bemerkenswert ist die chronologische Position der meisten dieser Befunde im Bereich der Löbbenschwankung.

Ähnliche Abläufe im vergleichbaren Zeitraum deuten sich nunmehr auch aus dem ostschweizerischen Oberengadin (Graubünden) in vegetationsgeschichtlicher Hinsicht an: „Im Bereich zwischen 2000 und 1500 v. Chr. zeichnet sich eine tiefgreifende Veränderung der Vegetation ab (...) gehen alle Vertreter der Waldvegetation zurück (...) Kurve der Baumpollen fällt auf Werte von 50% (...). Weidezeiger (erreichen) Werte von ca. 20% (...). [höhere] Prozentwerte der Grünerle (...) höhere Konzentration der mikroskopischen Holzkohlepartikel (...)" (Gobet et al., 2004:264). Die botanischen Bearbeiter sehen als Ursache Brandrodungen der frühbronzezeitlichen Bevölkerung, die nach Rageth (2000) möglicherweise mit der Nutzungsintensivierung der Kupferabbau betreibenden Bevölkerung der Region in Verbindung zu bringen sind. Argumente hierfür könnten in der benachbarten Talschaft des Oberhalbsteins, ebenfalls in Graubünden, gesehen werden, wo ackerbauliche Siedlungen in Verbindung mit Kupferbearbeitung zumindest seit der älteren Bronzezeit nachweisbar sind (Rageth, 2001). Diese anthropogenen Eingriffe in die Waldvegetation des Oberengadins „fällt aber zur Grenze der Spätbronzezeit markant ab" (Gobet et al., 2004:264). Sichere Schlussfolgerungen aus diesem vegetationsgeschichtlichen Befund auf mögliche veränderte Wirtschafts- bzw. Siedlungsmuster sind in Anbetracht der unbefriedigenden archäologischen Quellensituation des Schweizer Gebietes derzeit freilich kaum zu treffen.

Auch im Tiroler Gebirgsraum wird während der Bronzezeit intensiver Bergbau betrieben. Im Bereich der Mündung des Zillertals in das Unterinntal befindet sich, im sogenannten Schwazer Dolomit, eine der bedeutendsten Fahlerzlagerstätten des gesamten Alpenraums. Diese Lagerstätte war bereits der prähistorischen Bevölkerung bekannt, wie umfangreiche bronzezeitliche Bergbauspuren belegen. Nach Goldenberg & Rieser (2004:49) handelt es sich beim prähistorischen Bergbaugebiet von Schwaz-Brixlegg um ein „(...) weiteres bedeutendes Zentrum der urgeschichtlichen Kupfergewinnung in Alpenraum". Übrigens konnte der Beginn der Verhüttung von Fahlerzen in Brixlegg von Huijsmanns (2001) anhand von Holzkohlenproben aus Kupferschlacke um 3960-3650 v. Chr. (2σ-Bereich), somit einige Jahrhunderte vor der Lebenszeit des Eismannes vom Tisenjoch („Ötzi", um 3300 v. Chr.), nachgewiesen werden.

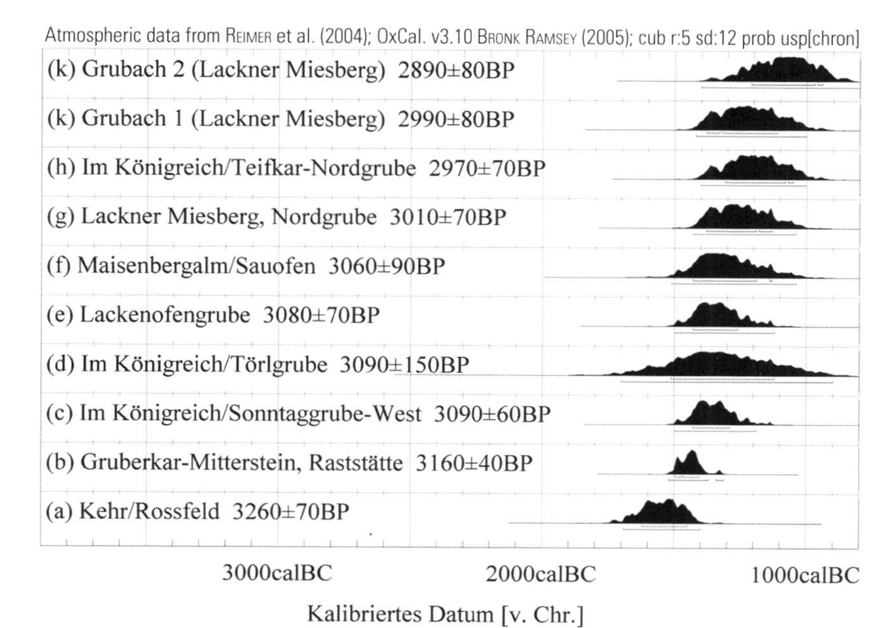

Abbildung 8: ^{14}C-Daten (links) und Wahrscheinlichkeitsverteilungen von Feuerstellen-Befunden des Dachsteingebirges, Daten aus Mandl, 1996 [OxCal 3.10].

Die ausgeprägte bronzezeitliche Bergbautätigkeit im Alpenraum hatte eine nachhaltige Nutzungsintensivierung zur Folge, die durch Siedlungsverdichtung und teils massive Eingriffe in den Waldbestand gekennzeichnet war (z.B. BURGA & PERRET, 1998).

Vergleichende Ergebnisse aus dem Dachsteingebirge

Im Dachsteingebirge (Nördliche Kalkalpen) konnten in der Almstufe – zwischen 1500 und 2100 m – vom Verein ANISA unter der Leitung von F. Mandl zwischenzeitlich 24 prähistorische Almhütten bzw. deren Reste erforscht werden. Mit diesen umfangreichen Untersuchungen gelang Mandl der Nachweis einer intensiven menschlichen Nutzung in der subalpinen und alpinen Stufe des östlichen Dachsteinplateaus während der Bronzezeit (siehe hierzu zusammenfassend die Grafik bei MANDL, 1996:29, Nachtrag MANDL, 1998:236).
Im östlichen Dachsteinplateau setzt mit dem 16. Jhdt. v. Chr. – bei einer Häufung im 15./14. Jhdt. v. Chr. – der Nachweis von Hüttenfundamenten ein, die von MANDL (1996) primär in einen Zusammenhang mit der Weidewirtschaft gestellt werden. Die Nutzung dieser Almhütten scheint jedoch einigermaßen kontinuierlich in die späte Bronzezeit überzugehen. Dies verdeutlichen die in der Abbildung 8 dargestellten Wahrscheinlichkeitsverteilungen kalibrierter ^{14}C-Daten von insgesamt zehn Feuerstellenbefunden (acht davon stammen aus Hüttenstrukturen, 1 Feuerstelle ohne Struktur, 1 Befund unter Abri [Halbhöhle]). Ein wichtiger Aspekt der bronzezeitlichen Almnutzung des Dachsteinplateaus wird von F. Mandl in den dort besonders fettreichen und würzigen Kräutern und Gräsern gesehen – im Unterschied zu den benachbarten Niederen Tauern (Zentralalpen) mit ihren sauren Gräsern, denen entsprechende urgeschichtliche Streufunde in alpinen Höhenlagen fehlen (MANDL, 1998:234). Im tatsächlich multivariaten Zusammenspiel urgeschichtlicher Nutzungsmuster mit naturräumlichen Rahmenbedingungen kommen in diesem Gebiet inzwischen weitere Erkenntnisse hinzu. Hierzu gehören z. B.:

- ein besonderes Kleinklima in den größeren nutzbaren Almflächen über 1600 m (den sog. „Gruben“) sowie
- die Hypothese, dass zumindest im nördlichen Dachsteingebirge eine höhere Funddichte an mittel- bis spätbronzezeitlichen Baustrukturen der Hochweidenutzung mit dem Beginn des benachbarten Hallstätter Bergbaubetriebes in einen Zusammenhang zu stellen sein dürfte.

5. Schlussfolgerungen

Das hervorstechendste Merkmal des Fundplatzes SA1 ist seine ausgezeichnete Geländeübersicht über die weitere Umgebung in Verbindung mit der Zugänglichkeit potentieller Wasser- und Holzressourcen.
Der pollenanalytisch festgestellte starken Eingriff bronzezeitlicher Menschen in die subalpine Waldstufe des Oberen Zemmgrunds findet durch den Nachweis einer zeitgleichen Feuerstelle (17./16. Jhdt. v. Chr.) seine archäologische Bestätigung.
Zugleich kann damit für einen Teilabschnitt des Zeitraumes zwischen 1750 und 650 v. Chr. (keine Lawinenhölzer im „Schwarzensteinmoor“) der Mensch mit seinen Eingriffen in den umgebenden Waldbestand verantwortlich gemacht werden.
Da in der näheren Umgebung des bronzezeitlichen Feuerstellen-Befundes SA1 weitere Brandhorizonte bei den Prospektionen im Jahr 2004 vorgefunden wurden, wären weitere archäologische Untersuchungen – kombiniert mit pollenanalytischen Begleituntersuchungen – sinnvoll.
Schließlich lassen sich aus den pollenanalytisch begründeten Angaben zur Nutzungsgeschichte des hinteren Zillertals Hinweise auf weitere, u.a. neolithische, Aktivitäten ableiten, die bislang nicht durch archäologische Forschungsergebnisse abgesichert werden konnten.

6. Dank

Ein herzliches Dankeschön gebührt Herrn Jean-Nicolas Haas für die Abwicklung der ^{14}C-Datierungen in Utrecht und das zur Verfügung gestellte (während des Einsatzes vom Sturm zerstörte) Grabungszelt sowie Herrn Walter Ungerank für das Einbringen seiner hervorragenden regional-mineralogischen Kenntnisse und die Mithilfe bei der Geländearbeit.

7. Literatur

BRONK RAMSEY, C., 1995. Radiocarbon Calibration and Analysis of Stratigraphy: The OxCal Program. – [in:] Radiocarbon. — 37, 2:425-430.
Bundesdenkmalamt (Hrsg.), 1989. Fundberichte aus Österreich. — 17 (1988), Wien.

Burga, C.A. & Perret, R., 1998. Vegetation und Klima der Schweiz seit dem jüngeren Eiszeitalter. Thun.

Finsterwalder, K., 1934. Zillertaler Berge und „Gründe". Einblicke in die älteste Gebirgsanschauung und -besiedelung von den Namen der Karte aus. – [in:] Ölberger, H.M. & Grass, N. (Hrsg.), 1990. Tiroler Ortsnamenkunde. Gesammelte Aufsätze und Arbeiten, 2. Einzelne Landesteile betreffende Arbeiten: Inntal und Zillertal, S. 585-601 (= Forschung zur Rechts- und Kulturgeschichte, 16; Schlern-Schriften, 286). Innsbruck.

Finsterwalder, K., 1961. Zur Namenskunde und Geschichte des Ober-Zillertales. – [in:] Ölberger, H.M. & Grass N. (Hrsg.), 1990. Tiroler Ortsnamenkunde. Gesammelte Aufsätze und Arbeiten, 2. Einzelne Landesteile betreffende Arbeiten: Inntal und Zillertal, S. 581-584 (= Forschung zur Rechts- und Kulturgeschichte, 16; Schlern-Schriften, 286). Innsbruck.

Gamper, P. & Steiner, H., 2002. Archäologische Untersuchungen am Ganglegg bei Schluderns.. – [in:] Der Schlern. — 76, **4**:4-38.

Gobet, E., Hochuli, P. A., Ammann, B. & Tinner, W., 2004. Vom Urwald zur Kulturlandschaft des Oberengadins. Vegetationsgeschichte der letzten 6200 Jahre. – [in:] Jahrbuch der Schweizerischen Gesellschaft für Ur- und Frühgeschichte. — **87**:255-270.

Goldenberg, G. & Rieser, B., 2004. Die Fahlerzlagerstätten von Schwaz/Brixlegg (Nordtirol). Ein weiteres Zentrum urgeschichtlicher Kupferproduktion in den österreichischen Alpen. – [in:] Weisgerber, G. & Goldenberg, G. (Hrsg.). Alpenkupfer - Rame delle Alpi, S. 37-52 (= Der Anschnitt, Beiheft, 17). Bochum.

Haas, J.N., Walde, C. & Wild, V., 2007. Holozäne Schneelawinen und prähistorische Almwirtschaft und ihr Einfluss auf die subalpine Flora und Vegetation der Schwarzensteinalm im Zemmgrund (Zillertal, Tirol, Österreich). In diesem Band.

Hüttemann, H. & Bortenschlager, S., 1987. Beiträge zur Vegetationsgeschichte Tirols VI: Riesengebirge, Hohe Tatra - Zillertal, Kühtai. Ein Vergleich der postglazialen Vegetationsentwicklung und Waldgrenzschwankungen. – [in:] Berichte des Naturwissenschaftlichen-Medizinischen Vereins in Innsbruck. — **74**:81-112.

Huijsmans,M., 2001. Mariahilfbergl. Ein Beitrag zum Neolithikum in Tirol. – Archäologische Dissertation, Universität Innsbruck.

Kompatscher, K. & Kompatscher, N., 2005. Steinzeitliche Feuersteingewinnung. Prähistorische Nutzung der Radiolarit- und Hornsteinvorkommen des Rofangebirges. – [in:] Der Schlern. — 79, **2**:24-35.

Lunz, R., 1986. Vor- und Frühgeschichte Tirols, 1. Steinzeit. Bruneck.

Mahlknecht,M., 2006. Der Brandopferplatz am Grubensee (Vinschgau-Südtirol). Prähistorische Weidewirtschaft in einem Hochtal. – [in:] Mandl F. (Hrsg.). Alpen. Festschrift 25 Jahre ANISA Verein für alpine Forschung. Mitteilungen der ANISA. — **25/26**:92-121, Haus i. Ennstal.

Mandl, F., 1996. Das östliche Dachsteinplateau. 4000 Jahre Geschichte der hochalpinen Weide- und Almwirtschaft. – [in:] Cerwinka, G. & Mandl, F. (Hrsg.). Dachstein. Vier Jahrtausende Almen im Hochgebirge. Das östliche Dachsteinplateau. 4000 Jahre Geschichte der hochalpinen Weide- und Almwirtschaft, 1. Mitteilungen der ANISA. — 17, **2/3**:7-165, Gröbming.

Mandl, F., 1998. Nachträge zur Geschichte der Weidewirtschaft auf dem östlichen Dachsteinplateau. – [in:] Cerwinka, G. & Mandl, F. (Hrsg.). Dachstein. Vier Jahrtausende Almen im Hochgebirge. Das östliche Dachsteinplateau. 4000 Jahre Geschichte der hochalpinen Weide- und Almwirtschaft, 2. Mitteilungen der ANISA. —18, **1/2**:232-251, Haus i. Ennstal.

Manner, H., 2005. Ein Konzept zur Erfassung siedlungsarchäologischer Befunde im Hochgebirge und ihrer räumlichen Beziehungen - Darstellung an einem Fallbeispiel in den Stubaier Alpen. – Archäologische Diplomarbeit, Universität Kiel.

Nicolussi, K. & Patzelt, G., 2001. Untersuchungen zur holozänen Gletscherentwicklung von Pasterze und Gepatschferner (Ostalpen). – [in:] Zeitschrift für Gletscherkunde und Glazialgeologie. — **36** (2000):1-87.

Patzelt, G., 1996. Modellstudie Ötztal - Landschaftsgeschichte im Hochgebirgsraum. – [in:] Mitteilungen der Österreichischen Geographischen Gesellschaft. — **138**:53-70.

Patzelt, G., 1999. „Global warming" - im Lichte der Klimageschichte. – [in:] Löffler, H. & Streissler, W. (Hrsg.). Sozialpolitik und Ökologieprobleme der Zukunft. Festsymposium der Österreichischen Akademie der Wissenschaften anläßlich ihres 150jährigen Jubiläums 14. bis 16. Mai 1997. — 395-406, Wien.

Patzelt, G., 2000. Natürliche und anthropogene Umweltveränderungen im Holozän der Alpen. - [in:] Kommission für Ökologie der Bayerischen Akademie der Wissenschaften (Hrsg.). Entwicklung der Umwelt seit der letzten Eiszeit. Rundgespräche der Kommission für Ökologie. —**18**:119-125, München.

Patzelt, G. & Bortenschlager, S., 1973. Die postglazialen Gletscher- und Klimaschwankungen in der Venediger Gruppe (Hohe Tauern, Ostalpen). - [in:] Zeitschrift für Geomorphologie N.F., Suppl. — **16**:25-72.

Patzelt, G., Kofler W. & Wahlmüller B., 1997. Die Ötztalstudie - Entwicklung der Landnutzung. - [in:] Universität Innsbruck (Hrsg.). Alpine Vorzeit in Tirol. Begleitheft zur Ausstellung. Arbeiten und erste Ergebnisse, vorgestellt vom Forschungsinstitut für Alpine Vorzeit, vom Institut für Botanik und vom Forschungsinstitut für Hochgebirgsforschung, Innsbruck. — 29-44.

Pindur, P., 2001. Der Nachweis von prähistorischen Lawinenereignissen im Oberen Zemmgrund, Zillertaler Alpen. - [in:] Mitteilungen der Österreichischen Geographischen Gesellschaft. —**143**:193-214.

Pindur P. & Luzian R., 2007. Der Obere Zemmgrund - Ein geographischer Einblick. In diesem Band.

Rageth, J., 2000. Kleine Urgeschichte Graubündens. - [in:] Archäologie der Schweiz. —23, **2**:32-46.

Rageth, J., 2001. Zur Ur- und Frühgeschichte des Oberhalbsteins. - [in:] Minaria Helvetica. — **21b**:9-33.

Reimer, P.J. et al., 2004. IntCal04 Terrestrial radiocarbon age calibration, 26-0 ka BP. - [in:] Radiocarbon. — **46**:1029-1058.

Stolz, O., 1941: Die Zillertaler Gründe, geschichtlich betrachtet. - [in:] Zeitschrift des Deutschen Alpenvereins. — **72**:106-115.

Stolz, O., 1949. Geschichtskunde des Zillertals. - Schlernschriften, 63, Innsbruck.

Urban, O.H., 2000. Der lange Weg zur Geschichte. Die Urgeschichte Österreichs. - Österreichische Geschichte, Erg.-Bd. 1, bis 15. v. Chr., Wien.

Veit, H., 2002. Die Alpen. - Geoökologie und Landschaftsentwicklung (= UTB, 2327). Stuttgart.

Walde, C. & Haas, J.N., 2004. Pollenanalytische Untersuchungen im Schwarzensteinmoor, Zillertal, Tirol (Österreich). - Bericht zum HOLA Teil-Projekt Palynologie. Innsbruck, unveröffentlicht.

Wild, V., 2005. Anthropogener und klimatischer Einfluss auf das spätholozäne Waldgrenzökoton im Oberen Zemmgrund (Zillertaler Alpen, Österreich). - Botanische Diplomarbeit, Universität Innsbruck.

Weirich, J. & Bortenschlager, S., 1980. Beiträge zur Vegetationsgeschichte Tirols III: Stubaier Alpen - Zillertaler Alpen. - [in:] Berichte des Naturwissenschaftlichen-Medizinischen Vereins in Innsbruck. — **67**:S. 7-30.

Zwerger, P. & Pindur P., 2007. Waldverbreitung und Waldentwicklung im Oberen Zemmgrund. Aktueller Bestand, Strukturanalysen und Entwicklungsdynamik. In diesem Band.

Holozänes Lawinengeschehen

Nachweis, Simulation und Analyse

Holozänes Lawinengeschehen – Nachweis, Simulation und Analyse

Waldzerstörende Lawinenereignisse während der letzten 9000 Jahre im Oberen Zemmgrund, Zillertaler Alpen, Tirol

Kurt NICOLUSSI[1)], Peter PINDUR[2)], Peter SCHIESSLING[3)], Matthias KAUFMANN[4)], Andrea THURNER[5)] & Roland LUZIAN[6)]

NICOLUSSI, K., PINDUR, P., SCHIESSLING, P., KAUFMANN, M., THURNER, A. & LUZIAN, R., 2007. Waldzerstörende Lawinenereignisse während der letzten 9000 Jahre im Oberen Zemmgrund, Zillertaler Alpen, Tirol. — BFW-Berichte **141**:157-176, Wien. — Mitt. Komm. Quartärforsch. Österr. Akad. Wiss., **16**:157-176, Wien

Kurzfassung

Die Entdeckung subfossiler Hölzer, die sich als Reste von durch Lawinen zerstörten Bäumen erwiesen, in einem Moor ermöglichte die zeitlich präzise Rekonstruktion großer Lawinenereignisse während des Holozäns. Das so genannte Schwarzensteinmoor liegt auf 2150 m SH im Waldgrenzökoton der Zillertaler Alpen nahe dem Alpenhauptkamm. Die Datierung der subfossilen Hölzer beruht mit wenigen Ausnahmen auf der ostalpinen Jahrringchronologie, die den Zeitraum der letzten ca. 9100 Jahre durchgehend abdeckt. 180 Holzproben wurden in den Zeitraum zwischen ca. 9000 und 700 BP (vor heute) datiert. An vielen Proben (n=53) blieb eine voll entwickelte und meist breite Waldkante erhalten, die jeweils ein Absterben der Bäume durch Lawineneinwirkung während der Vegetationsruhe im Winterhalbjahr belegen. Wir konnten insgesamt 21 waldzerstörende Lawinenereignisse basierend auf der Erfassung von Waldkanten datieren. Das älteste Ereignis datiert in den Winter 6255/54 v. Chr. Weitere sechs waldzerstörende Lawinenereignisse wurden nach Häufungen von Proben mit nahezu übereinstimmenden Endjahren abgeleitet. Waldzerstörende Lawinenereignisse traten überwiegend während kurzfristigen kühlen Phasen der Nacheiszeit ein. Aber ebenfalls in manchen Perioden des Klimaoptimums kam es zu großen Lawinenabgängen auf das Schwarzensteinmoor, wenn auch in offensichtlich größeren Abständen.

Schlüsselwörter:
Alpen, Holozän, Dendrochronologie, *Pinus cembra* L., Lawinen

[1)]A. UNIV. PROF. DR. KURT NICOLUSSI, Institut für Geographie, Universität Innsbruck, A - 6020 Innsbruck E-Mail: Kurt.Nicolussi@uibk.ac.at

[2)]ING. MAG. PETER PINDUR, Institut für Stadt- und Regionalforschung, Österreichische Akademie der Wissenschaften, A – 1010 Wien, E-Mail: Peter.Pindur@oeaw.ac.at

[3)]MAG. PETER SCHIESSLING, Landwirtschaftskammer Tirol, A - 6020 Innsbruck, E-Mail: Peter.Schießling@lk-tirol.at

[4)]MAG. MATTHIAS KAUFMANN, Institut für Geographie, Universität Innsbruck, A - 6020 Innsbruck, E-Mail: Matthias.Kaufmann@uibk.ac.at

[5)]MAG.A ANDREA THURNER, Institut für Geographie, Universität Innsbruck, A - 6020 Innsbruck, E-Mail: Andrea.Thurner@uibk.ac.at

[6)]MAG. ROLAND LUZIAN, Institut für Naturgefahren und Waldgrenzregionen, Bundesforschungs- und Ausbildungszentrum für Wald, Naturgefahren und Landschaft A - 6020 Innsbruck, E-Mail: Roland.Luzian@uibk.ac.at

Abstract

[Forest-destroying snow avalanche events in the Upper Zemmgrund, Zillertal Alps, Tyrol, during the last 9000 years.] With sub-fossil remains of trees killed by snow avalanches and found in a peat bog, the so-called Schwarzensteinmoor, we could establish a record of Holocene snow avalanche events. The peat bog is located at 2150 m a.s.l. in the timberline ecotone of the Zillertal Alps in the Central Eastern Alps. The dating of the sub-fossil samples is mainly based on the East-Alpine tree-ring chronology that covers the last approx. 9100 years continuously. 180 logs from the Schwarzensteinmoor were dated to the period between approx. 9000 to 700 BP. Many samples (n=53) had a fully developed, usually wide terminal ring indicating a sudden tree death caused by snow avalanches. We found 21 forest-destroying avalanche events based on samples with terminal rings. So far the oldest event occurred in winter 6255/54 BC. Additional six forest-destroying avalanche events have been deduced from accumulations of samples with similar end years. Forest-destroying avalanche events occurred predominantly during short term cool periods of the Holocene. However, various large avalanche events also occurred during some periods in the Holocene climatic optimum, even though in obviously larger time lags.

Keywords:
Alps, Holocene, dendrochronology, *Pinus cembra* L., snow avalanches

1. Einleitung

Lawinen sind eine der wesentlichen Naturgefahren in alpinen Gebieten. Dabei sind nicht die in vielen Regionen regelmäßig nach jedem größeren Schneefallereignis abgehenden Kleinlawinen von Bedeutung, vielmehr stellen die nach außergewöhnlichen, mit großen Neuschneemengen verbundenen Witterungslagen abgehenden Großlawinen eine wesentliche Gefahrenquelle für Menschen und Siedlungsräume dar. In den Alpen trat solch eine Situation großräumig letztmals im Winter 1998/99 auf, als viele Schadenslawinen abgingen und in der Schweiz 17, in Österreich 50 Tote forderten (z.B. BÄTZING, 1999; LUZIAN & ELLER, 2007). Nicht nur Menschen waren von den Ereignissen betroffen, es kam auch zu schwerwiegenden Zerstörungen von Häusern und Infrastruktureinrichtungen. Als unmittelbare Folge dieses so genannten Lawinenwinters 1999 wurden umfangreiche Schutzverbauungen von Siedlungsgebieten und Verkehrswegen begonnen beziehungsweise intensiviert und bis heute fortgeführt, so dass die wirtschaftlichen Konsequenzen der damaligen Ereignisse bis heute fortdauern.
Der Lawinenwinter 1999 warf die Frage nach den Ursachen und der Häufigkeit solcher Ereignisse auf (BÄTZING, 1999). Voraussetzung für die extreme Lawinengefährdung im Winter 1999 waren große Neuschneemengen, die in drei Perioden zwischen Anfang Jänner und Ende Februar 1999 bei anhaltenden Nordwest-Wetterlagen abgelagert wurden (WIESINGER, 2000; GABL, 2000a). Ähnliche Situationen traten allerdings auch in früheren Jahren auf. Vergleichbar ist der Lawinenwinter 1999 mit zwei extremen Lawinensituationen in den 1950er Jahren. Der Lawinenwinter 1954 forderte in Österreich 143 Tote mit Schwerpunkt in Vorarlberg. Im Winter 1951, als etwa in den Schweizer Alpen sowie im italienischen und slowenischen Alpenbereich mehr als 1000 Schadlawinen abgingen, wurden in der Schweiz 98 sowie in Österreich 135 Personen getötet. Geschehnisse, die mit jenen der Lawinenwinter 1999, 1954 und 1951 vergleichbar sind, gab es auch 1888, 1808, 1720 und 1689. Im letztgenannten Jahr wurden im Vorarlberger Montafon 120 Tote verzeichnet (BÄTZING, 1999; LATERNSER & PFISTER, 1997; GABL, 2000b).
Die Kenntnis über das Auftreten, die Frequenz und die Stärke von Lawinen in den Alpen beruht im Wesentlichen auf aktuellen Beobachtungen sowie historischen Berichten und ist damit auf die letzten Jahrhunderte beschränkt (z.B. LATERNSER & PFISTER, 1997; FLIRI, 1998). Im jüngsten, teilweise auch mehrere Jahrhunderte umfassenden Zeitabschnitt kann zudem auf die Analyse der Beschädigung von lebenden Bäumen für die Dokumentation der Lawinentätigkeit und -häufigkeit zurückgegriffen werden. Von Lawinenabgängen betroffene Bäume zeigen über Verletzungen, Druckholzbildung beziehungsweise abrupte Wachstumsreduktionen diese Ereignisse teilweise an (z.B. BURROWS & BURROWS, 1976; CARRARA, 1979; BUTLER & MALANSON, 1985; STÖCKLI, 1998; ZROST, 2004; KASBAUER, 2006; CASTELLER et al., 2007). Für frühere Abschnitte des Holozäns liegen nur wenige Untersuchungen zu Lawinenaktivitäten vor. Diese basieren vor allem auf der Analyse von mit Schneelawinen abgelagertem Schuttmaterial (BORTENSCHLAGER, 1984; BLIKRA & NEMEC, 1993; BLIKRA & NESJE, 1997; NESJE et al., 2007) beziehungsweise Bäumen (SMITH et al., 1994). Die Datierungen der Lawinenereignisse beruhte dabei auf Radiokarbondaten, wodurch aufgrund der methodenbedingten zeitlichen Unschärfe dieser Daten eine genaue Verbindung von Ereignissen an verschiedenen Lokalitäten nicht möglich ist.
BLIKRA & NESJE (1997) diskutieren die Abhängigkeit von Lawinenereignissen von längerfristigen Klimaschwankungen und verweisen auf eine Synchronität von gehäuften Lawinenereignissen und Gletschervorstoßphasen, und damit kühl/feuchten

Abbildung 1: Lage des oberen Zemmgrundes mit dem Untersuchungsgebiet Schwarzensteinmoor.

Klimaperioden, während des Holozäns. Diese Frage nach der Klimaabhängigkeit ist speziell für die Einschätzung des in Zukunft zu erwartenden Auftretens von Lawinen von Bedeutung, da aktuelle Modellrechnungen und Klimaprognosen von einer deutlichen Erwärmung (IPCC, 2001) im 21. Jahrhundert ausgehen.

In der vorliegenden Arbeit diskutieren wir kalenderdatierte, waldzerstörende Lawinenereignisse im Zeitraum der letzten knapp 9000 Jahre. Dieser Datensatz beruht auf der dendrochronologischen Analyse und Datierung von inzwischen rund 180 Holzproben von subfossilen Stämmen aus einem Moor im Waldgrenzbereich des am Alpenhauptkamm gelegenen oberen Zemmgrundes, Zillertaler Alpen, dem so genannten Schwarzensteinmoor. Erste Teilergebnisse der 1999 begonnen Untersuchungen (Pindur, 2000) wurden bereits publiziert (Pindur, 2001; Pindur et al., 2001; Nicolussi et al., 2004), zusätzliche, über den vorliegenden Aufsatz hinausgehende jahrringanalytische Resultate zu den Schwarzensteinmoor-Hölzern sind in einem weiteren Abschnitt (Zrost et al., dieser Band) des vorliegenden Bandes enthalten.

Untersuchungsgebiet

Das Schwarzensteinmoor (47°01´40´´ N, 11°49´00´´ E), befindet sich im oberen Zemmgrund, einem der Seitentäler des Zillertales, Tirol, und damit im Bereich der Zillertaler Alpen unmittelbar nördlich des Alpenhauptkammes. Es liegt großteils an einem süd- bis südostexponierten Hang in einer Hohlform zwischen diesen Hang und einem zu diesem parallel streifenden, bis zu 25 m hohen Felsrücken (Abbildung 2) in 2150 m SH. Das Schwarzensteinmoor umfasst neben einem großflächig vernässten Bereich, durch den mehrere kleinere Bäche fließen, auch mehrere kleine Teilareale (Abbildung 4), ein kleinerer Moorbereich befindet sich zudem jenseits des Felsrückens (Bereich H, Abbildung 4).

Die klimatischen Bedingungen in den Zillertaler Alpen sind durch Nordstaulagen gekennzeichnet und für eine Gebirgsgruppe am Alpenhauptkamm vergleichsweise niederschlagsreich. Der Bereich des Zemmgrundes ist darüber hinaus stark durch Südföhnlagen beeinflusst (F. Fliri, freundl. pers. Mitt.). Da sich keine Wetterstation im Bereich des Schwarzensteinmoores befindet, können die lokalen Klimabedingungen nur abgeschätzt werden. Es ist von einer Jahresmitteltemperatur von 0° C und einer Jahresniederschlagssumme von über 1500 mm auszugehen (Fliri, 1975).

Das Schwarzensteinmoor liegt im Bereich der alpinen Waldgrenze innerhalb des Waldgrenzökotons. Nach Mayer (1974) erstreckt sich der alpine Lärchen-Zirbenwald (*Larici-Cembretum*), der die Waldgrenze der zentralen Ostalpen bildet, im hinteren Zillertal von 1800 - 2200 m SH. Als Baumart an der Waldgrenze dominiert in den zentralen Ostalpen die Zirbe (z.B. Mayer, 1974; Schiechtl & Stern, 1983). Karteneintragungen von Schiechtl & Stern (1983) zeigen, dass die potentielle Waldgrenze zum Aufnahmezeitpunkt (ca. 1970) unterhalb des Schwarzensteinmoores lag. Rund 100 Jahre alte Zirben bilden etwas talauswärts des Moores einen geschlossenen Bestand bis in ca. 2170 m SH. Mehrere hundert Jahre alte Zirben, und damit Bäume, die während der neuzeitlichen Gletscherhochstandsperiode aufkamen oder diese überdauerten, finden sich im Bereich des Schwarzensteinmoores nur an Standorten, die höhenmäßig unterhalb des Moorniveaus liegen.

In der unmittelbaren Umgebung des Moores findet sich bis heute hingegen kein geschlossener Waldbestand. Einzelne, offensichtlich nur wenige Jahrzehnte alte Zirben stocken am Hang über dem

Abbildung 2: Das Schwarzensteinmoor und der darüber liegende Waldgrenzbereich mit einzelstehendem Zirbenjungwuchs. Blick nach Osten (Aufnahme K. Nicolussi, 4. 9. 2002).

Moor bis zu einer Baumgrenze in ca. 2250 m SH (ZWERGER & PINDUR, 2007). Diese Bäume stehen am Hang oftmals im Schutz von Geländekanten. Der Hang weist eine Neigung von etwa 30° auf und ist damit ein potentielles Lawinenanbruchgebiet. Kleinere Lawinen treten an diesem mehr oder weniger regelmäßig in zwei Rinnen (SAILER et al, 2007) die auch durch kleine Bäche gekennzeichnet sind, auf. Die Geländesituation zeigt, dass es sich beim Schwarzensteinmoor um ein „Auffangbecken“ für alle abgehenden Lawinen handelt. Der aufkommende Jungwuchs wird von kurzfristig wiederkehrenden Lawinenereignissen zerstört.

Diese Lawinentätigkeit bezeugt auch ein dendrochronologisch untersuchter Wipfelabschnitt einer Zirbe mit 33 Jahrringen und dem Endjahr 1998, das als Lawinenholz aus dem Winter 1998/99 bei den Feldarbeiten im Sommer 1999 auf der Mooroberfläche liegend gefunden wurde. Bei einem weiteren Lawinenabgang im Winter 2002/03 wurde ein noch jüngeres Bäumchen (geschätzt ca. 12 - 17 Jahre alt) auf der Mooroberfläche abgelagert.

2. Material und Methoden

Im Schwarzensteinmoor sind eine Reihe von Baumstämmen oberflächennahe und damit leicht auffindbar eingebettet (Abbildung 3). Weitere, vollkommen zugewachsene und somit oberflächlich nicht sichtbare Stämme wurden mit Hilfe von Metallsonden im obersten Moorbereich (bis zu einer maximalen Tiefe von 1.3 m) während mehrerer Feldkampagnengesucht und anschließend partiell freigelegt. Die Probennahmen erfolgten in den Jahren 1999 („Beprobung Pindur“, Abbildung 1; PINDUR, 2000) und 2000 („Beprobung Schießling“, Abbildung 1) im Rahmen des Projektes für den Aufbau einer holozänen Hochlagen-Jahrringchronologie (NICOLUSSI & SCHIESSLING, 2002; NICOLUSSI et al., 2004), in weiterer Folge wurden 2002 und 2003 Feldarbeiten zur Probengewinnung als Teil des HOLA-Projektes (LUZIAN, 2007) durchgeführt.

Subfossile Stämme fanden sich nicht nur im Randbereich des bis zu 50 m breiten Moores (während der Probennahmen der Jahre 2002/03 wurden in einem randlichen, 6 m breiten Streifen von Moorabschnitt B lediglich 13 Hölzer geborgen) sondern vor allem auch im uferfernen beziehungsweise zentralen Bereich (Abbildung 5). Die Stämme waren in unterschiedliche Richtungen orientiert und belegen damit, dass die Bäume nach einem Absterben nicht einfach in den Randbereich des Moores gestürzt sind und dort erhalten blieben, sondern hauptsächlich im Zuge von Lawinenereignissen ins Moor transportiert wurden.

Abbildung 3: Ein großteils in Torfmaterial eingebetteter, an der Oberseite abgewitterter Zirbenstamm im Schwarzensteinmoor (Aufnahme K. Nicolussi, 4. 9. 2002).

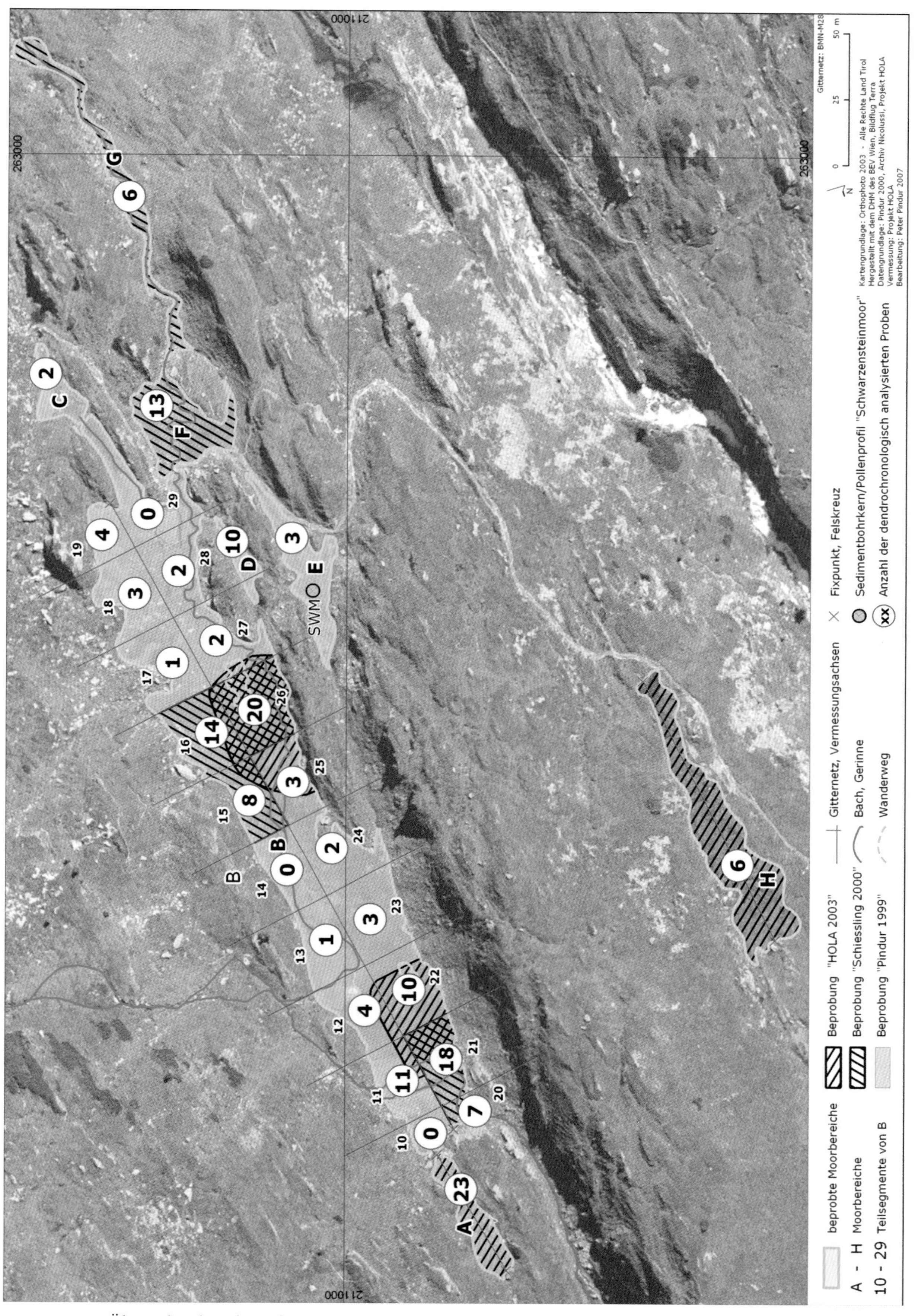

Abbildung 4: Übersicht über das Schwarzensteinmoor. Eingetragen sind die verschiedenen Moorbereiche (A bis H, für das Hauptmoor B auch die einzelnen Fundbereiche: 10 bis 29) sowie die Anzahl der in den jeweiligen Sektoren geborgenen Proben.

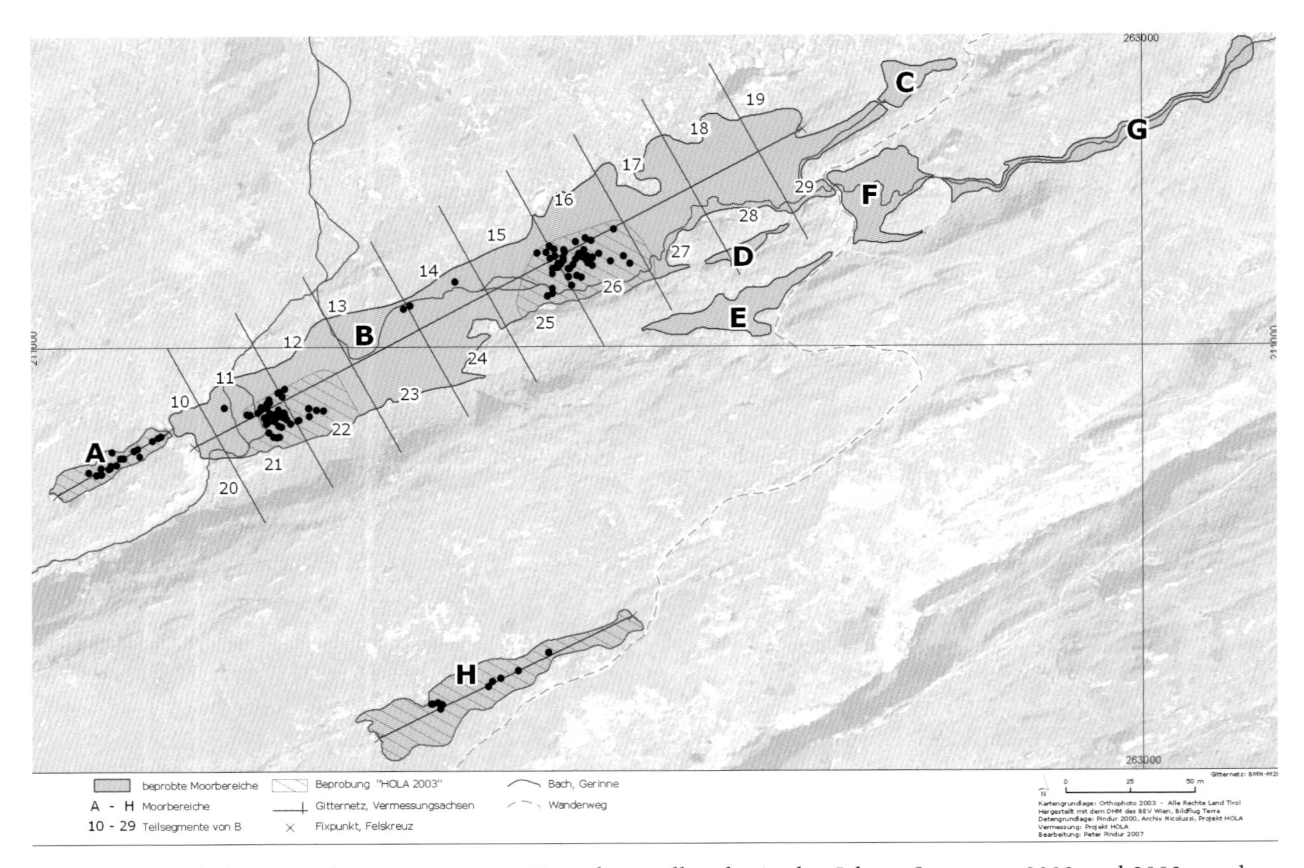

Abbildung 5: Lokalisierung der eingemessenen Entnahmestellen der in den Jahren Sommern 2002 und 2003 aus dem Schwarzensteinmoor geborgenen Holzproben.

An den gefundenen Stämmen wurde mittels Motorsäge jeweils eine Probenscheibe entnommen. Um die Position der beprobten Hölzer im Moor festzulegen, wurde das Schwarzensteinmoor in seine natürlichen Teilbereiche (A - H) gegliedert und der über 300 m lange und bis zu 50 m breite Hauptmoorbereich B in weitere 20 Segmente (B10 - B29) unterteilt (vgl. Abbildung 4). Neben der Position der Stämme im angelegten Gitternetz wurde deren Lagetiefe und teilweise deren Orientierung (PINDUR, 2000) festgehalten. Bei den Geländearbeiten in den Sommern 1999 bis 2003 erfolgte die Bergung von insgesamt 217 subfossilen Holzproben aus dem Schwarzensteinmoor. Davon erwiesen sich 211 als geeignet für eine dendrochronologische Auswertung. Darüber hinaus wurden in anderen Mooren des oberen Zemmgrundes für Vergleiche weitere subfossile Hölzer geborgen. Von diesen Proben konnten insgesamt 20 dendrochronologisch datiert werden.

Hauptkriterium für die Klassifizierung der subfossilen Stämme als von Lawinen ins Moor transportierte Hölzer war die Erfassung der Waldkante, des letzten vor dem Absterben des Baumes gebildeten Jahrringes. Typischerweise weisen die lawinentransportierten Stämme, an denen fallweise sogar noch die Rinde vorhanden war, eine Waldkante mit einer ähnlichen Ringbreite wie die davor ausgebildeten Jahrringe auf. Somit sind diese Hölzer durch ein abruptes Wachstumsende oder Absterben gekennzeichnet (Abbildung 8). Demgegenüber sind Bäume, die langsam, etwa nach klimatischen Störungen absterben, durch sehr schmale äußerste Jahrringe ausgezeichnet, meist werden nur mehr ein oder zwei Zellreihen pro Jahr gebildet und zusätzlich treten häufig partielle Jahrringausfälle auf (z.B. OBERHUBER, 2001). Dagegen ist die Waldkante der als Lawinenhölzer klassifizierten Stämme jeweils vollständig, d.h. mit voll entwickeltem Spätholz, ausgebildet, womit die Absterbezeit ins folgende Winterhalbjahr fällt. Waldzerstörende Lawinenereignisse (WLE) werden folglich über die Erfassung von Stämmen mit Waldkante beziehungsweise einem abrupten Absterben definiert. Im Idealfall weisen mehrere subfossile Stämme das gleiche Absterbedatum auf und belegen so ein größeres waldzerstörendes Lawinenereignis.

Allerdings kann mit diesem Ansatz nur eine Minimumzahl der waldzerstörenden Lawinenereignisse bestimmt werden. Es ist davon auszugehen, dass die Frequenz dieser Art von Lawinen deutlich höher war und vor allem mangelnde Erhaltung der Splintholzbereiche mit Waldkante die eindeutige Erfassung weiterer Abgänge auf der Basis der bereits vorhandenen Proben verhindert. Typischerweise ist der Pro-

Tabelle 1:
^{14}C-Daten von Hölzern des Schwarzensteinmoores und Umgebung. Mit Ausnahme der Probe ssm-106 liegen alle dendrochronologischen Daten für die ^{14}C-datierten Holzteile innerhalb zumindest des 2σ-Bereiches des kalibrierten Radiokarbon-Ergebnisses. BC: v. Chr., AD: n. Chr. ^{14}C-Kalibrierung mit OxCal 3.1 (Bronk Ramsey 2001) unter Verwendung von IntCal2004 Datensatz (Reimer et al., 2004).

Probenbezeichnung	Reihenlänge [n]	^{14}C Probe [Nr. der Jahrringreihe]	Labor-Nummer	^{14}C Datum [Jahre BP]	Kalibriertes ^{14}C-Alter (1σ)	Kalibriertes ^{14}C-Alter (2σ)	Absolutes Alter der Jahrringserie
ssm-1	124	60-65	GrN-25269	7980±40	7040-6820 BC	7050-6700 BC	7038-6915 BC
ssm-3	188	53-59	GrN-25270	3600±20	2010-1920 BC	2030-1890 BC	1972-1784 BC
ssm-7	71	35-49	GrN-29533	2835±20	1015-935 BC	1050-920 BC	1066-995 BC
ssm-20	146	138-143	GrN-25271	2045±20	90 BC- 1 AD	160 BC-20 AD	230-85 BC
ssm-32	175	42-50	GrN-25272	5640±20	4495-4450 BC	4540-4390 BC	4515-4341 BC
ssm-48	205	62-67	GrN-25273	2205±25	360-200 BC	370-190 BC	372-168 BC
ssm-55	100	76-91	GrN-29534	3475±25	1880-1740 BC	1890-1690 BC	1926-1827 BC
ssm-57	107	37-56	GrN-26455	1350±25	650-680 AD	640-770 AD	637-743 AD
ssm-59	169	21-40	GrN-25274	4340±30	3010-2900 BC	3030-2890 BC	2972-2804 BC
ssm-66	207	32-41	GrN-25275	5165±20	3985-3955 BC	4040-3950 BC	4064-3858 BC
ssm-68	163	37-49	GrN-25276	5290±20	4230-4040 BC	4230-4040 BC	4252-4090 BC
ssm-71	171	16-68	GrN-25277	6030±30	4990-4850 BC	5010-4830 BC	4961-4791 BC
ssm-76	128	49-83	GrN-25278	4450±30	3320-3020 BC	3340-2960 BC	3076-2949 BC
ssm-79	197	23-33	GrN-25279	5320±25	4240-4060 BC	4240-4050 BC	4206-4010 BC
ssm-80	108	70-89	GrN-26456	4820±25	3650-3530 BC	3660-3520 BC	3705-3597 BC
ssm-83	159	128-136	GrN-25280	4740±30	3640-3380 BC	3640-3370 BC	–
ssm-85	181	23-38	GrN-25281	3890±25	2460-2340 BC	2470-2290 BC	2390-2210 BC
ssm-93	147	58-73	GrN-25282	3480±20	1880-1750 BC	1880-1740 BC	1871-1725 BC
ssm-94	158	37-44	GrN-25283	2460±20	815-795 BC	830-790 BC	736-579 BC
ssm-106	141	56-101	GrN-29535	7260±30	6210-6060 BC	6220-6050 BC	6395-6255 BC
ssm-218	120	32-68	GrN-28704	4960±35	3780-3695 BC	3900-3650 BC	3833-3714 BC
ssm-233	347	142-185	GrN-28705	7470±40	6400-6250 BC	6430-6240 BC	6440-6089 BC
ssm-235	127	81-104	GrN-28706	4850±35	3700-3540 BC	3710-3530 BC	3652-3526 BC
ssm-352	81	71-81	GrN-29537	765±15	1250-1280 AD	1225-1280 AD	–
ssm-412	131	27-46	GrN-28707	5805±35	4715-4610 BC	4770-4540 BC	4746-4616 BC
ssm-414	76	28-44	GrN-28708	6865±40	5795-5705 BC	5840-5660 BC	5766-5691 BC
ssm-418	48	27-38	GrN-29538	5770±40	4690-4550 BC	4720-4520 BC	4663-4616 BC
ssm-437	60	29-40	GrN-29539	3350±30	1690-1600 BC	1740-1530 BC	–

zentsatz der Hölzer mit Waldkante aus dem Zeitraum vor rund 4000 Jahren und damit erheblich längerer Abbauzeit deutlich geringer als der Vergleichswerte für die letzten vier Jahrtausende (Abbildung 7). Als Beleg für weitere, abgeleitete waldzerstörende Lawinenabgänge (aWLE) werden daher auffallende Häufungen von Proben (mindestens drei) mit einer Streuung der Endjahre, die innerhalb des zu erwartenden Splintholzbereiches liegt, gewertet. Der Splintholzabschnitt bei Zirben umfasst im Mittel 39,5 ± 12,6 Jahrringe, wobei die Zahl der Splintholzjahrringe mit zunehmenden Wuchsalter auch klar steigt (Nicolussi, 2001). Bei den vergleichsweise geringen Wuchsaltern der Schwarzensteinmoor-Hölzer (Abbildung 7) erscheint daher ein Zeitraum von 30 Jahren, innerhalb dessen die Endjahre von mindestens drei Proben liegen müssen, als sinnvolles Abgrenzungskriterium für die Bestimmung der abgeleiteten waldzerstörenden Lawinenereignisse (aWLE).

Für die dendrochronologische Analyse wurden an den Stammproben jeweils die Jahrringbreiten von zumindest zwei Radien mit einer Auflösung von 1/1000 mm ausgemessen. Die Auswertung erfolgte unter Verwendung der Jahrringmess- und Analyse-Software TSAP (Rinn, 1996). Auf Basis der Messserien der Einzelradien wurden Probenmittelreihen erstellt, die die Grundlage für die weiteren Analysen bildeten.

An Holzproben, denen der Kernbereich fehlte, erfolgte eine Schätzung des Ausmaßes des nicht erhaltenen gebliebenen Radiusabschnittes sowie der Zahl der fehlenden Jahrringe, um eine Mindestwachstumszeit für diese Hölzer zu erfassen.

Datierung

Als Grundlage für die dendrochronologische Datierung der Schwarzensteinmoor-Hölzer diente weitgehend eine neue, zwischenzeitlich durchgehend die letzten ca. 9100 Jahre (zurück bis 7108 v. Chr.) abdeckende Jahrringbreiten-Chronologie, die auf Hölzern von Waldgrenz- und waldgrenznahen Standorten (über ca. 2000 m SH) der zentralen Ostalpen basiert (NICOLUSSI et al., 2004). Diese Nadelholzchronologie beruht derzeit auf 1380 untereinander synchronisierten Einzelproben, wovon 82% der Baumart Zirbe (*Pinus cembra* L.), hingegen nur rund 16% beziehungsweise 2% den Arten Lärche (*Larix decidua* Mill.) sowie Fichte (*Picea abies* L.) zuzuzählen sind. Die Synchronisation bzw. Datierung der Schwarzensteinmoor-Proben erfolgte dabei auf der Basis statistischer Kriterien (Gleichläufigkeit, Weiserintervall-Gleichläufigkeit, t-Werte, Cross-Date-Index, siehe RINN, 1996) sowie einer visuellen Beurteilung.

An einer Reihe von Proben ohne vorerst eindeutige Synchronposition wurden für eine erste zeitliche Einordnung ^{14}C-Daten erarbeitet. Die Entnahme der für die ^{14}C-Datierung bestimmten Holzstücke geschah jahrringmäßig definiert an den subfossilen Stammscheiben. Die ^{14}C-Ergebnisse (Tabelle 1) wurden unter Verwendung der IntCal04-Kalibrationskurve (REIMER et al., 2004) mit der Software OxCal 3.1 (BRONK RAMSEY, 2001) in Kalenderjahre umgerechnet.

3. Ergebnisse

Von den 217 dem Schwarzensteinmoor entnommenen subfossilen Holzproben konnten 211 dendrochronologisch analysiert werden. Dabei wurde an allen Stammscheiben die Holzart *Pinus cembra* L. festgestellt. Diese Baumart bildet typischerweise im zentralalpinen Bereich die Waldgrenze aus. Exemplare dieser Kiefernart erreichen im Hochlagenbereich Baumhöhen von 15 bis 20 m und Alter von gut 400, in Ausnahmefällen auch über 800 Jahren.

Insgesamt konnten bisher 177 Holzproben aus dem Schwarzensteinmoor dendrochronologisch datiert werden. Diese Hölzer fallen dabei in den Zeitraum zwischen ca. 7000 v. Chr. und 800 n. Chr. (Abbildung 5). Die mittlere Länge der dendro-datierten Jahrringserien liegt bei 141.5 Jahrringen. Für weitere drei Hölzer sind nur ^{14}C-Daten vorhanden. Damit summiert sich die Gesamtzahl der datierten Holzproben aus dem Schwarzensteinmoor auf 180. Vergleichsweise gering ist mit 58.4 Jahrringen die mittlere Reihenlänge der bislang undatierten Hölzer. Hauptgrund für das Fehlen sicherer Synchronisationsdaten für diese Proben sind somit diese geringen Jahrringzahlen, bei einzelnen Proben war weiters auch ein sehr unregelmäßiges, offensichtlich gestörtes Wachstum zu beobachten.

Die Verteilung der datierten Proben über den gesamten erfassten Zeitraum ist sehr ungleichmäßig. Aus dem vergangenen Jahrtausend fehlen mit Ausnahme der 72 Jahrringe zählenden, ^{14}C-datierten Holzprobe ssm-352 (Lawinenereignis zwischen 1230 und 1285 n. Chr.) und dem auf der Mooroberfläche gefundenen rezenten Stammstück ssm-41 (Lawinenwinter 1998/99 n. Chr.) bisher Holzproben. Der Zeitraum zwischen rund 5000 und 2200 v. Chr. ist hingegen nahezu lückenlos mit Proben belegt. Zwei Maxima der Belegung mit jeweils über 15 Jahrringserien pro Kalenderjahr datieren um 3900 sowie um 2850 v. Chr. Dem Abschnitt zwischen rund 2100 und 400 v. Chr. konnten nur vergleichsweise wenige Proben zugeordnet werden. Für die folgenden Jahrhunderte bis knapp 800 n. Chr. liegt wiederum eine nahezu lükkenlose Abdeckung mit Proben vor, erneut zwei Maxima datieren um 200 v. und um 500 n. Chr.

Etwas mehr als die Hälfte der datierten Proben fallen dabei in den Zeitraum zwischen ca. 7000 und 2200 v. Chr. Diese Zirbenproben aus dem Zeitraum zwischen 7000 und ca. 2200 v. Chr. (n=95) weisen, unter Addition geschätzter Jahrringzahlen eventuell fehlender Probenkernbereiche, mit im Mittel 184.8 Jahrringen auch deutlich höhere Wuchsalter auf als die jüngeren, nach 2200 v. Chr. zu datierenden Hölzer (n=85), für die eine mittlere Jahrringzahl von 124.0 bestimmt werden konnte. Damit zeigen die Proben aus dem früheren und mittleren Holozän um rund die Hälfte höhere Werte an als jene der letzten ca. 4000 Jahre, die Lebenszeit dieser älteren Bäume war somit deutlich länger. Klar zeigt dies auch ein Vergleich von Holzproben mit Waldkante: die 16 mit diesem Merkmal erfassten Zirben aus dem Zeitraum vor 2200 v. Chr. zählen durchschnittlich 173,6 Jahre, die 37 entsprechenden Holzproben aus dem jüngeren Abschnitt hingegen im Mittel nur 104,1 Jahre. Dass aus dem Zeitraum nach 2200 v. Chr. deutlich mehr Proben mit Waldkante – immerhin nahezu die Hälfte – voliegen, kann am ehesten durch den stärkeren Abbau gerade

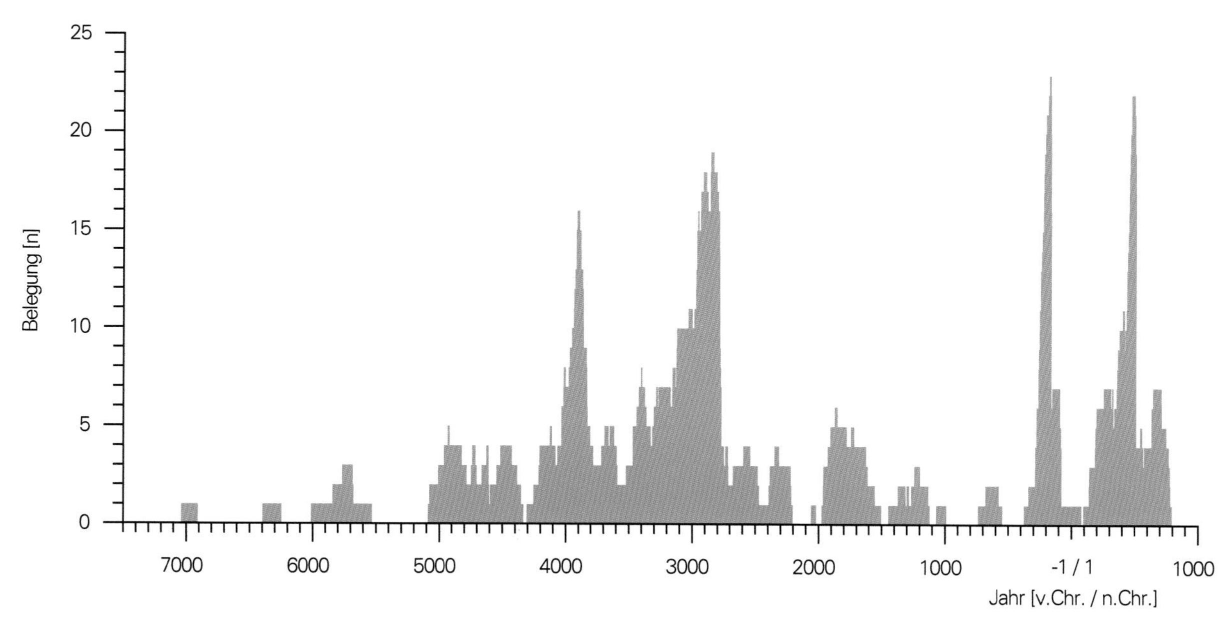

Abbildung 6:
Zeitliche Verteilung der subfossilen Proben aus dem Schwarzensteinmoor für den Zeitraum der letzten 9000 Jahre.

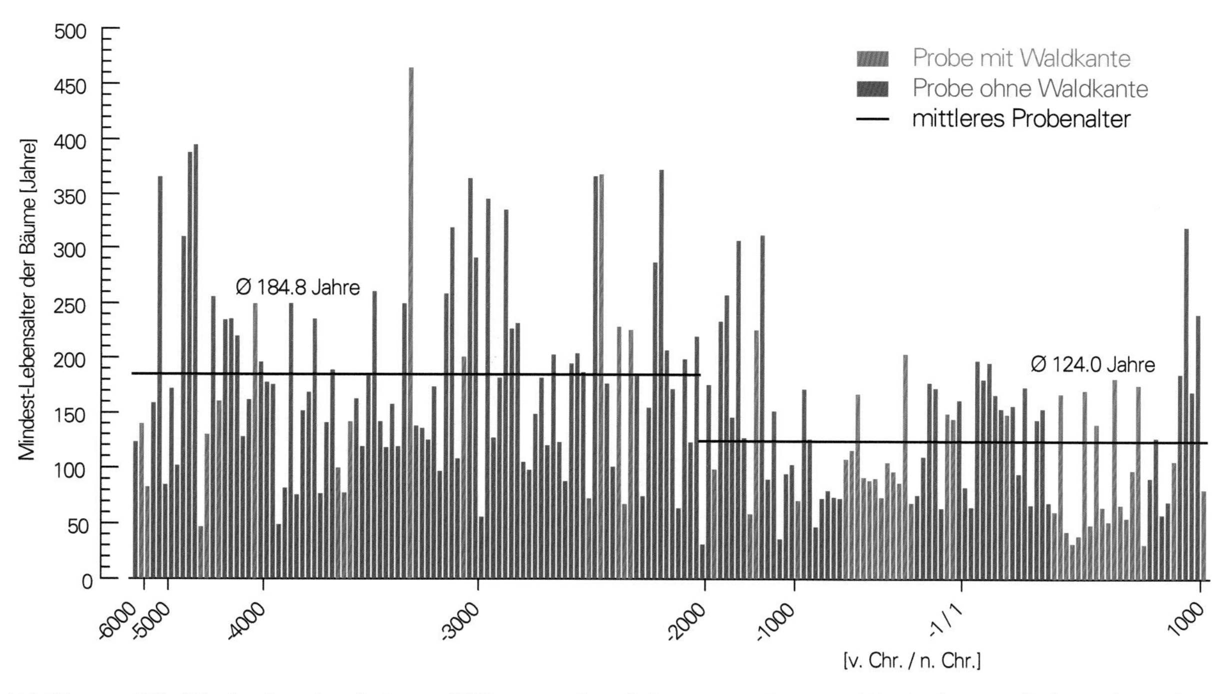

Abbildung 7: Die Wuchsalter der datierten Hölzer aus dem Schwarzensteinmoor. Die Proben sind chronologisch nach den Endjahren der Jahrringserien geordnet. Die Länge der Balken stellt jeweils die Mindestlebensdauer der Bäume dar, bei Hölzern ohne erhaltenen Kernbereich wurde die fehlende Jahrringzahl geschätzt.

des Splintholzes bei den mehr als 4000 Jahre alten Stämmen erklärt werden. Gleichzeitig fehlen damit aber auch in der Gruppe der vor 2200 v. Chr. gewachsenen Hölzern an einer größeren Anzahl an Proben Jahrringe zwischen dem letzten gemessenen Ring und der Waldkante. Wären diese erhalten, würde das durchschnittliche Lebensalter dieser älteren Hölzer noch merklich höher als 184.8 Jahre ausfallen.

Waldzerstörende Lawinenereignisse (WLE)
Bisher konnten 21 Lawinenereignisse, die Hölzer mit Waldkante im Schwarzensteinmoor ablagerten, im Zeitraum zwischen ca. 6200 v. Chr. und 1300 n. Chr. belegt und dendrochronologisch beziehungsweise mit ^{14}C-Daten datiert werden (Tabelle 2). Das älteste Ereignis (WLE-1, Winter 6255/54 v. Chr., Abbildung 8) ist bisher nur mit einer einzelnen Probe (ssm-106, 141 Jahrringe) aus dem Moorbe-

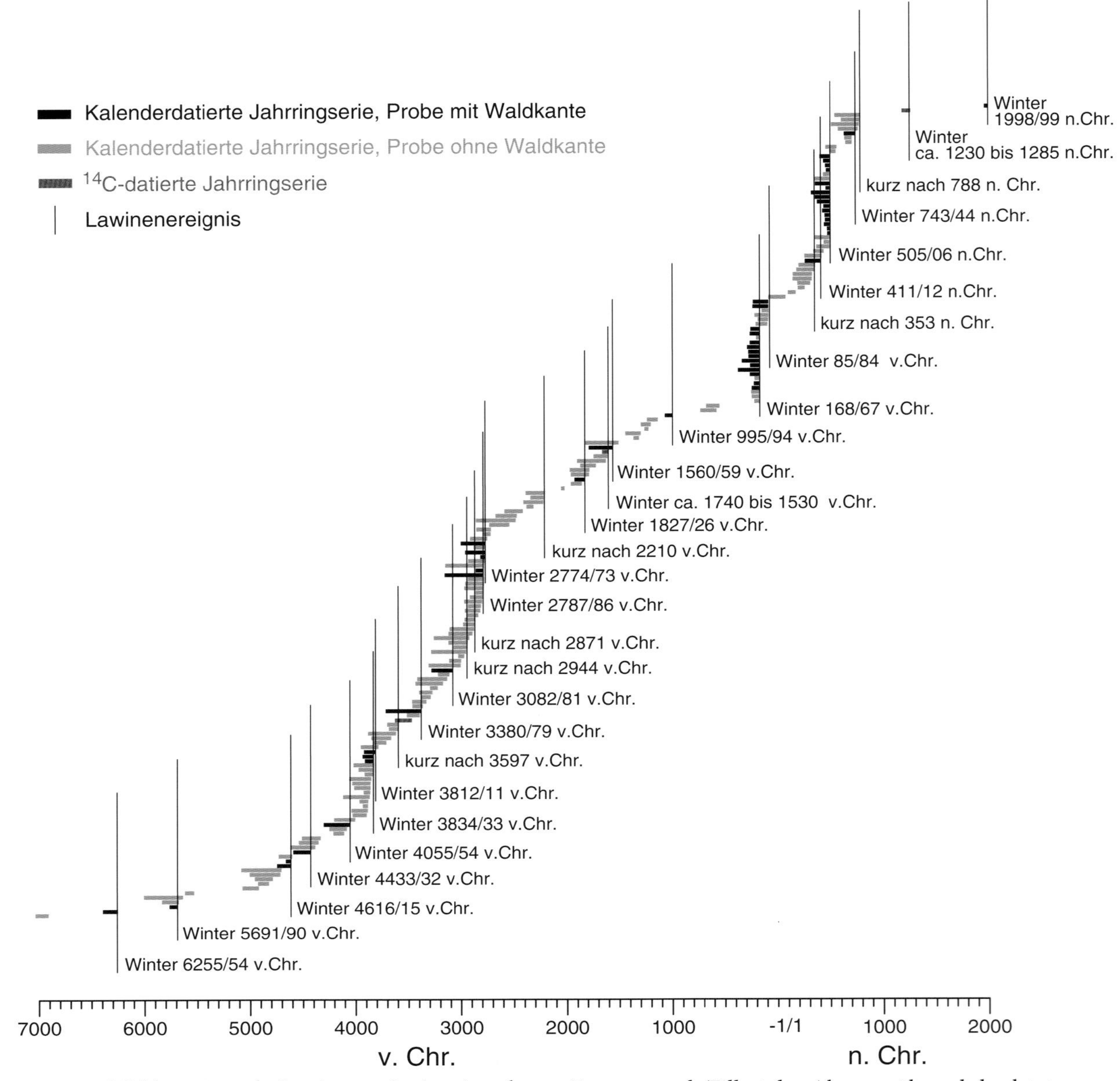

Abbildung 8: Waldzerstörende Lawinenereignisse im oberen Zemmgrund, Zillertaler Alpen, während der letzten ca. 9000 Jahre. Dargestellt ist die zeitliche Verteilung der datierten Proben, basierend auf Dendro-Daten (Proben ohne Waldkante: blau, Proben mit Waldkante: schwarz) beziehungsweise ^{14}C-Messungen (rot). Die Länge der Balken entspricht jeweils der Länge der Jahrringserie. Bei Dendro-Daten ist der Ereigniswinter, bei ^{14}C-Daten der kalibrierte Zeitbereich (2σ) der Waldkante der Probe und bei abgeleiteten Lawinenereignissen (aWLE) der terminus post quem genannt.

reich F belegt. Ebenfalls mit einer einzelnen Zirbenprobe (ssm-414, Mindestbaumalter 84 Jahre) aus dem Quadranten B26 kann ein Lawinenabgang (WLE-2) im Winter 5691/90 v. Chr. nachgewiesen werden. Zwei weitere, zeitgleiche Zirbenstämme, gefunden in den Moorbereichen F und H, zeigen keine Hinweise auf WLE-2.

Mit zwei Stammhölzern, beide gefunden im Quadranten B26, ist ein weiteres Lawinenereignis (WLE-3) für den Winter 4616/15 v. Chr. belegbar. WLE-4 sowie WLE-5 sind wiederum nur durch Einzelstämme, gefunden in den Bereichen D und B15, für die Winterhalbjahre 4433/32 und 4055/54 v. Chr. nachgewiesen.

Ein Lawinenereignis im frühen 4. Jahrtausend v. Chr. (WLE-6) ist mit deutlich mehr Hölzern belegbar, die alle im nordöstlichen Abschnitt des Schwarzensteinmoores abgelagert wurden (Abbildung 9). An zwei Proben mit Waldkante konnte das Absterbedatum Winter 3834/33 v. Chr. übereinstimmend bestimmt werden. Weitere analysierte Stämme, die teilweise bis zu etwa 250 Jahrringe aufweisen, fielen wahrscheinlich dem gleichen Ereignis zum Opfer. Nur zwei Jahrzehnte

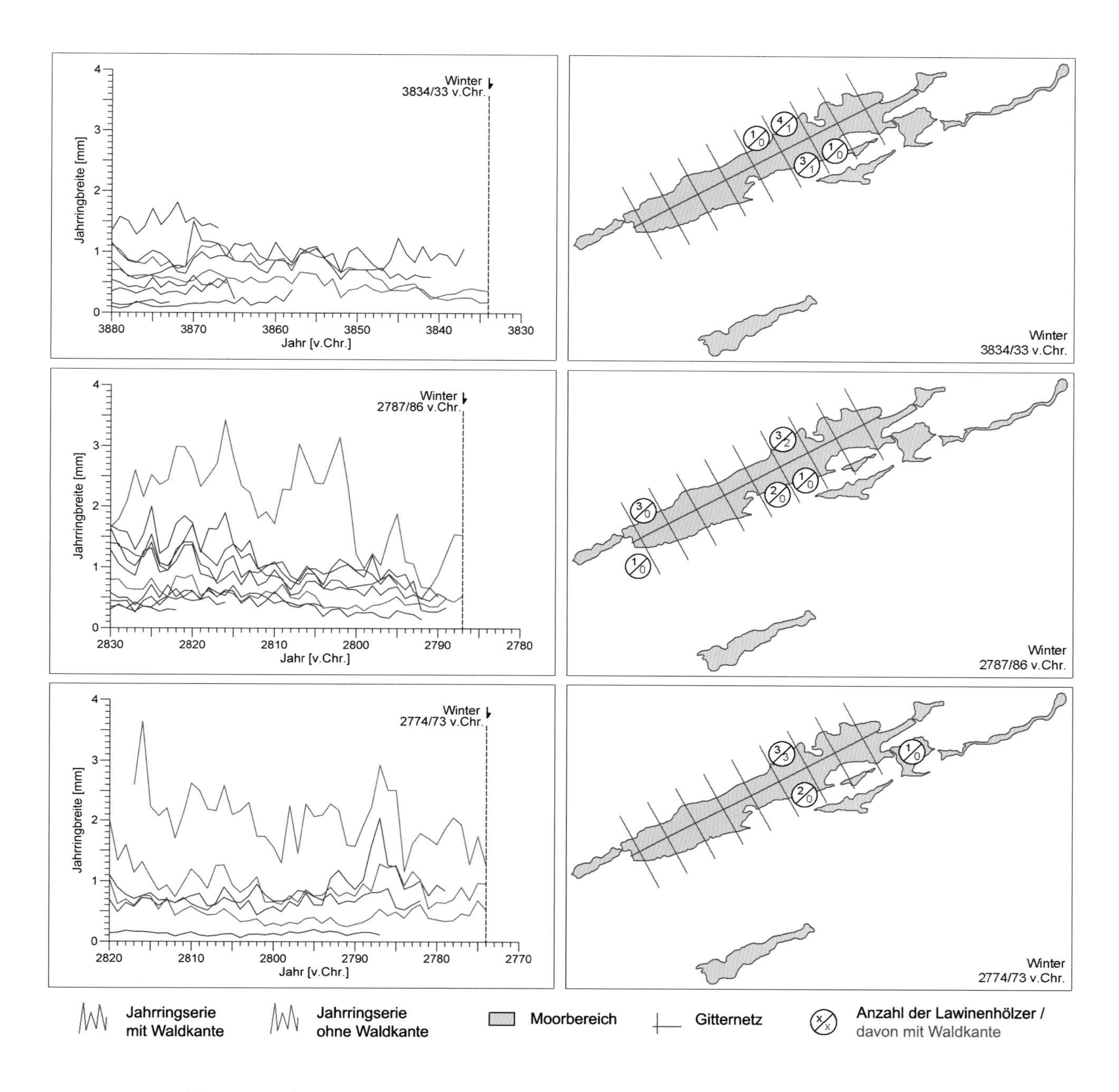

Abbildung 9: Waldzerstörende Lawinenereignisse im Schwarzensteinmoor im mittleren Holozän. Abgebildet sind die Jahrringserien der betroffenen Bäume sowie die jeweils dazugehörigen Fundbereiche im Moor.

später, im Winter 3812/11 v. Chr., ereignete sich ein weiterer Lawinenabgang (WLE-7), der über einen einzelnen Stamm mit Waldkante nachgewiesen ist. Dieser knapp 150 Jahre alt gewordene Baum blieb im Moorabschnitt E (Abbildung 4) erhalten.

Das Lawinenereignis WLE-8 ist durch einen im Bereich A gefundenen Stamm (ssm-214) in den Winter 3380/79 v. Chr. datiert. Die Jahrringserie dieser Probe ist 336 Jahre lang, zählt man noch die für den nicht erhalten gebliebenen Kernbereich geschätzte Jahrringzahl hinzu, so kann für diesen Baum eine Mindestlebensdauer von rund 465 Jahren angegeben werden. Einen weiteren Lawinenabgang (WLE-9) im Winterhalbjahr 3082/81 v. Chr. datiert der ebenfalls im Moorbereich A gefundene Stamm ssm-215, dessen Serie mit 202 Jahrringen auch überdurchschnittlich lang ausfällt.

Weitere waldzerstörende Lawinenereignisse (WLE-10 und WLE-11) sind für die Winter 2787/86 und 2774/73 v. Chr. festzuhalten. Diese Abgänge sind durch zwei beziehungsweise drei Proben mit Waldkante belegt. Bei diesen zwei vergleichsweise kurz aufeinander folgenden Lawinenereignissen wurde jedoch noch eine Reihe von weiteren Stämmen, die teilweise über 350 Jahrringe aufweisen, an denen jedoch keine Waldkanten erhalten blieben, im

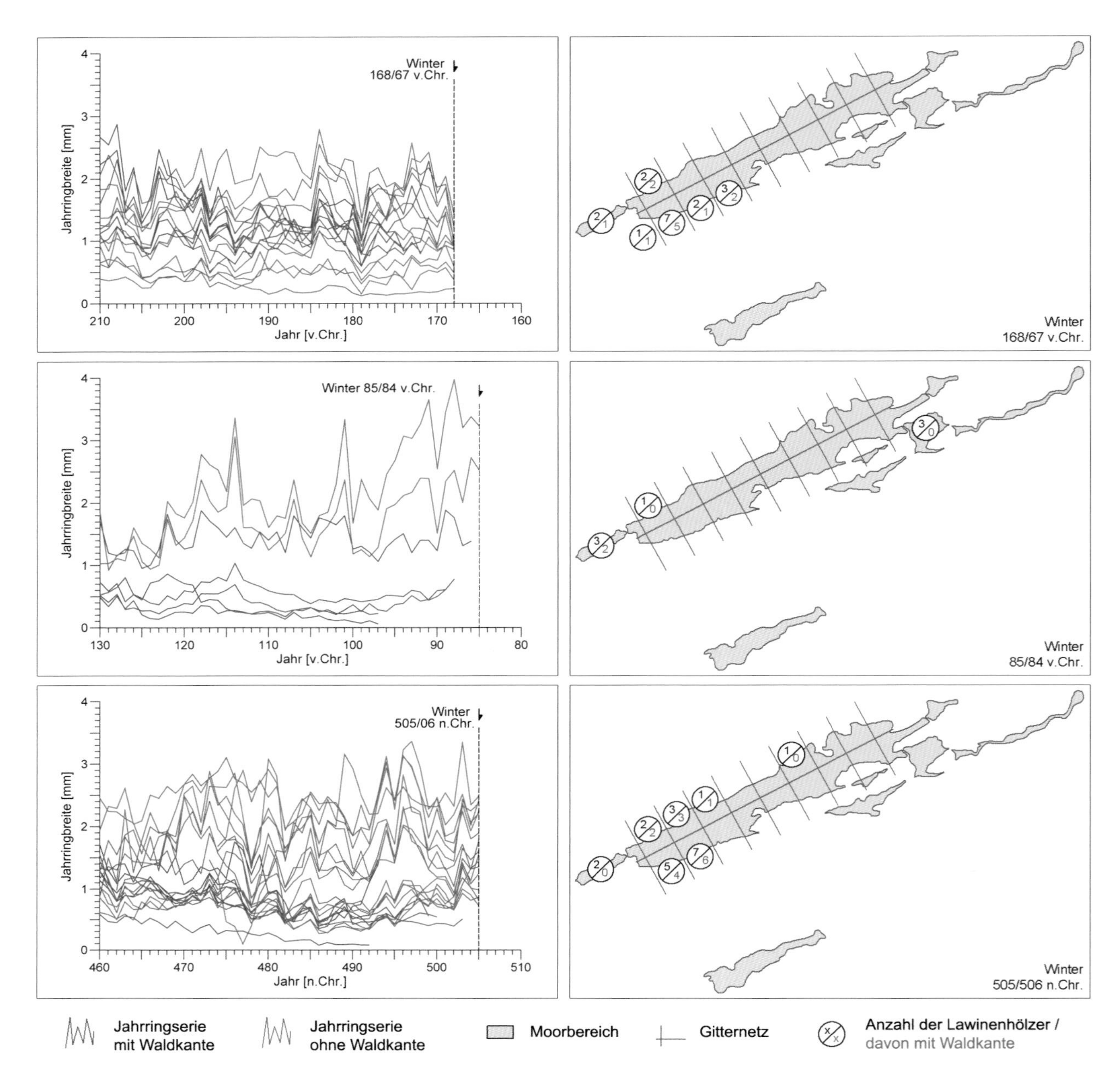

Abbildung 10: Waldzerstörende Lawinenereignisse im Schwarzensteinmoor um die Zeitenwende. Abgebildet sind die Jahrringserien der betroffenen Bäume sowie die jeweils dazugehörigen Fundbereiche im Moor.

Moor abgelagert. Während sich der Lawinenabgang im Winter 2787/86 v. Chr. im gesamten Moorbereich nachweisen lässt, konnten Proben vom Ereignis im Winterhalbjahr 2774/73 v. Chr. nur im nordöstlichen Abschnitt gefunden werden (Abbildung 9).

Nach WLE-11 lässt die Zahl an erfassten Hölzern aus dem Schwarzensteinmoor für längere Zeit deutlich nach. Erst knapp 1000 Jahre später datiert auch der nächste, mit einem Waldkanten-Datum dokumentierte Lawinenabgang (WLE-12). Dieser ist wiederum nur durch eine Einzelprobe (ssm-55, Bereich B15) nachgewiesen, die im Winterhalbjahr 1827/26 v. Chr. abstirbt. Nach einem ^{14}C-analysierten Stamm (ssm-437, 60 Jahrringe) aus dem Moorabschnitt B26 trat das Lawinenereignis WLE-13 zwischen 1740 und 1530 v. Chr. ein (Tabelle 1). Ein wohl vergleichsweise großer, da auch den Moorabschnitt H erreichender Lawinenabgang (WLE-14) datiert in den Winter 1560/59 v. Chr. (Stamm ssm-523, 227 Jahrringe). Ein weiteres waldzerstörendes Lawinenereignis (WLE-15, Winter 995/94 v. Chr.) im mit Proben schlecht belegten Zeitabschnitt der Bronze- und Hallstatt-Zeit ist wiederum nur mit einer Einzelprobe (ssm-7, 72 Jahrringe, Moorbereich D) belegt.

Mit der Latènezeit (450-15 v. Chr.) steigen die Probenzahlen und teilweise auch die Nachweise für einzelne Lawinenereignisse deutlich an. Für den Lawinenabgang WLE-16 belegen 12 Stämme übereinstimmend das Absterbedatum Winterhalbjahr

168/67 v. Chr. (Abbildung 10). Die älteste bei diesem Ereignis erfasste und im Moor abgelagerte Zirbe wurde über 200 Jahre alt. Zwei Stämme mit Waldkante dokumentieren einen knapp 100 Jahre späteren, im Winter 85/84 v. Chr. erfolgten Lawinenabgang (WLE-17, Abbildung 10). Auch hier waren bis zu rund 150 Jahre alte Bäume (ssm-208, 151 Jahrringe) betroffen. Nach WLE-17 setzen die Proben wiederum weitgehend aus, erst ab dem 2. Jhdt. n. Chr. ist wiederum eine stärkere Waldbestockung im Bereich des Schwarzensteinmoores auf der Basis subfossiler Hölzer nachweisbar. Mit einer Einzelprobe (ssm-123, 150 Jahrringe) aus dem Moorbereich B21 ist ein Lawinenabgang im Winter 411/12 n. Chr. belegbar (WLE-18). Deutlich mehr Zirben wurden von einer Lawine im Winter 505/06 n. Chr. erfasst (WLE-19, Abbildung 10). An 16 Stammproben war die Waldkante, und damit das präzise Absterbedatum, bestimmbar. Der älteste Zirbenstamm (ssm-44) zählte 183 Jahrringe, die Mehrzahl der Hölzer (11 von 16) weist allerdings Jahrringzahlen unter 100 auf.

In den folgenden Jahrhunderten sinkt die Probenzahl wiederum deutlich ab. Ein weiteres waldzerstörendes Lawinenereignis ist im 8. Jhdt. n. Chr. (WLE-20, 743/44 n. Chr.) mit einer Einzelproben (ssm-57, Moorbereich B15) dokumentiert. Basierend auf einer ^{14}C-Datierung erfolgt die zeitliche Einordnung eines weiteren Lawinenabganges (WLE-21) ins 13. Jhdt. n. Chr. Danach ist ein Ereignis zwischen 1230 und 1285 n. Chr. (Probe ssm-352, 81 Jahrringe), das den Moorbereich B11 betraf, nachweisbar.

Abgeleitete waldzerstörende Lawinenereignisse (aWLE)

Unter den 180 dendrochronologisch und ^{14}C-datierten Zirbenhölzern aus dem Schwarzensteinmoor befinden sich 53 Proben mit Waldkante, auf denen die Bestimmung von 21 waldzerstörenden Lawinenereignissen beruht. Es ist jedoch klar, dass die Zahl der großen, zerstörerischen Lawinenereignisse deutlich höher war. Aus der Zusammenstellung von Hölzern mit nahezu übereinstimmenden Endjahren wurden weitere waldzerstörende Lawinenereignisse abgeleitet (aWLE). Ein entsprechender Lawinenabgang ist kurz nach 3597 v. Chr. (aWLE-1) erfolgt, dem Proben mit bis zu 262 Jahrringen (ssm-219) aus den Moorbereichen A, B18 und B28 zuzuordnen sind. Vier Proben mit Endjahren innerhalb eines Zeitraumes von 30 Jahren dokumentieren einen Lawinenabgang kurz nach 2944 v. Chr. (aWLE-2). Dabei wurden Bäume mit Mindestlebensdauern von bis zu knapp 350 Jahren in den Moorbereichen A, B19, D und G abgelagert. Vergleichsweise wenige Jahrzehnte spä-

Tabelle 2:
Zusammenstellung der waldzerstörenden Lawinenereignisse (WLE) und der abgeleiteten waldzerstörenden Lawinenereignisse (aWLE).

Lawinenereignis (WLE / aWLE)	Datierung	Proben mit Waldkante [n]	Proben ohne Waldkante (Bereich 30 Jahre) [n]	Baumalter (inkl. ev. Kernschätzung, min. – max. Alter)
WLE-1	6255/54 v. Chr.	1	–	141
WLE-2	5691/90 v. Chr.	1	–	84
WLE-3	4616/15 v. Chr.	2	–	48-131
WLE-4	4433/32 v. Chr.	1	–	162
WLE-5	4055/54 v. Chr.	1	–	251
WLE-6	3834/33 v. Chr.	2	7	77-251
WLE-7	3812/11 v. Chr.	1	–	143
aWLE-1	kurz nach 3597 v. Chr.	–	3	119-262
WLE-8	3380/79 v. Chr.	1	1	120-466
WLE-9	3082/81 v. Chr.	1	–	202
aWLE-2	kurz nach 2944 v. Chr.	–	4	57-347
aWLE-3	kurz nach 2871 v. Chr.	–	4	99-233
WLE-10	2787/86 v. Chr.	2	8	74-370
WLE-11	2774/73 v. Chr.	3	3	69-368
aWLE-4	kurz nach 2210 v. Chr.	–	3	124-200
WLE-12	1827/26 v. Chr.	1	1	100-107
WLE-13	ca.1740 bis 1530 v. Chr.	1	–	60
WLE-14	1560/59 v. Chr.	1	–	227
WLE-15	995/94 v. Chr.	1	–	72
WLE-16	168/67 v. Chr.	12	5	48-205
WLE-17	85/84 v. Chr.	2	5	65-151
aWLE-5	kurz nach 353 n. Chr.	–	4	142-182
WLE-18	411/12 n. Chr.	1	–	150
WLE-19	505/06 n. Chr.	16	5	32-183
WLE-20	743/44 n. Chr.	1	-	107
aWLE-6	kurz nach 788 n. Chr.	–	4	171-321
WLE-21	ca. 1230 bis 1285 n. Chr.	1	–	81

ter, kurz nach 2871 v. Chr. (aWLE-3), ist ein zusätzliches Lawinenereignis, dokumentiert mit wiederum vier Proben (Moorbereiche B15, B20 und D), zu bestimmen. Nahezu übereinstimmend sind die Endjahre von drei, bis zu rund 200 Jahre alten Zirbenstämmen, gefunden in den Moorbereichen B15, B18 und C, die einen Lawinenabgang kurz nach 2210 v. Chr. (aWLE-4) ableiten lassen. Bereits ins 1. Jahrtausend n. Chr. fallen zwei weitere waldzerstörende Lawinenabgänge: vier Proben aus den Moorbereichen B11 und B21 mit bis zu 182 Jahrringen weisen auf ein Ereignis kurz nach 353 n. Chr. (aWLE-5) hin, ein neuerlicher Lawinenabgang erfolgte wohl etwas nach 788 n. Chr. (aWLE-6), belegt durch Zirben mit bis zu rund 320 Jahrringen, die in den Moorabschnitten E und F ergraben wurden. Mit den aus den Probenhäufungen abgeleiteten Ergebnissen erhöht sich die Zahl der waldzerstörenden Lawinenereignissen im Schwarzensteinmoor um 6 auf insgesamt 27.

4. Diskussion

Waldentwicklung

Die Auffindung von subfossilen Baumstämmen in einem Moorareal setzt voraus, dass einerseits in der Moorumgebung ehemals Bäume wuchsen und deren Reste andererseits auch erhalten blieben. Erste Bedingung für die Ablagerung von Hölzern im Schwarzensteinmoor ist somit eine ehemals vorhandene Bestockung des Areals um beziehungsweise oberhalb der Moorflächen mit Bäumen. Das Untersuchungsgebiet ist innerhalb des holozänen Waldgrenzschwankungsbereiches lokalisiert. Daher ist in klimatisch ungünstigen Perioden der Nacheiszeit mit einem Verschwinden oder einer starken Reduktion des Waldbestandes in unmittelbarer Moorumgebung zu rechnen, im 19. Jhdt. lag die Baumgrenze erwiesenermaßen unterhalb des Moores (Pindur, 2001). Belege für Lawinenabgängen sind in solchen Zeitabschnitten daher nur in reduziertem Ausmaß zu erwarten. Dies trifft vor allem auf Zeiten mit ausgeprägten und lange andauernden kühleren Klimaverhältnissen zu.

Auffallend ist in diesem Kontext das nahezu vollständige Fehlen von datierten beziehungsweise dendrochronologisch datierbaren Hölzern aus dem vergangenen Jahrtausend. Dieses war geprägt durch im Vergleich zur Gegenwart überwiegend ungünstige sommerliche Temperaturverhältnisse (Büntgen et al., 2005), markant belegt durch die bekannten Gletscherhochstände etwa in der Neuzeit, und dementsprechende schlechte Wachstumsverhältnisse an der alpinen Waldgrenze. Die Nutzung der Hochlagen als Weidegebiet, für die jüngste Vergangenheit gut dokumentiert durch die im Nahbereich des Schwarzensteinmoores befindlichen Almen Schwarzenstein sowie Waxegg, und die damit verbundene Zurückdrängung von Baumbeständen dürfte neben den Klimabedingungen ein wesentlicher Grund für das weitgehende Fehlen von (datierten) Moorhölzern – und damit auch Lawinenereignissen – aus den letzten rund 1200 Jahren sein.

Ebenfalls bemerkenswert wenige Stämme ließen sich in den Zeitraum zwischen ca. 1500 und 400 v. Chr. einordnen. Zwar sind in diesem Zeitabschnitt phasenweise über Gletschervorstöße (z.B. Holzhauser et al., 2005) deutliche Klimarückschläge dokumentiert, wohl wesentlicher für die Waldentwicklung im Bereich des Schwarzensteinmoores dürften jedoch vergleichsweise frühe menschliche Aktivitäten im oberen Zemmgrund gewesen sein. Für den ersten Abschnitt dieser Periode (um ca. 1740 bis 1520 v. Chr.) nachgewiesen ist eine Feuerstelle in rund 800 m Entfernung zum Schwarzensteinmoor (Pindur et al., 2007). Dieses Datum bestätigt frühere, pollenanalytisch bestimmte Belege für eine anthropogene Nutzung des oberen Zemmgrundes während der Bronzezeit (Weirich & Bortenschlager, 1980; Hüttemann & Bortenschlager, 1987). Zwischen diesen beiden Perioden, der Bronze- sowie Hallstattzeit beziehungsweise dem ausgehenden Frühmittelalter, konnten sich jedoch wiederum Baumbestände in der Umgebung des Schwarzensteinmoores, begünstigt wohl durch die Latène- und römerzeitliche Wärmephase, entwickeln. Auch das Schwarzensteinmoor-Pollenprofil (Walde & Haas, 2004; Haas et al., 2005; 2007) dokumentiert am Ende der Eisenzeit sowie während der Römerzeit ein Ausbreiten von Baumbeständen.

Bemerkenswert ist die vergleichsweise hohe Zahl an Hölzern aus den 2000 Jahren vor Beginn der Bronzezeit. In diesem Zeitraum ist eine zeitlich nahezu durchgehende Bestockung des Areals um beziehungsweise über dem Schwarzensteinmoor mit Bäumen dendrochronologisch nachweisbar. Hier spiegeln sich die lang andauernden waldgünstigen Klimabedingungen im mittleren Holozän wider (Jörin et al., 2006; Nicolussi et al., 2005). Zwar weisen die Ergebnisse des Schwarzensteinmoor-Pollenprofils (Walde & Haas, 2004) bereits auf menschliche Aktivitäten hin, diese verursachten jedoch keine Waldvernichtung in der Moorumgebung. Der Beginn dieser Phase mit einer

Vielzahl von subfossilen Hölzern (um 4300 v. Chr.) fällt nahezu mit dem um 4100 v. Chr. datierten abrupten Anstieg des Auftretens der Trauben-Grünalge (*Botryococcus*) zusammen, was als Hinweis auf veränderte hydrologische Verhältnisse zu werten ist (WALDE & HAAS, 2004). Für das Schwarzensteinmoor ist das weit verbreitete Auftreten von stehendem Wasser anzunehmen. Neben dem Vorhandensein von Bäumen begünstigten nun entsprechend günstige Umweltbedingungen die Konservierung der ins Moor gelangten Lawinenhölzer.

Aus dem Zeitabschnitt älter als ca. 4100 v. Chr. haben sich hingegen nur wenige Stämme erhalten. Dies muss vor allem als Hinweis auf ungünstige Konservierungsbedingungen, gesteuert durch andere hydrologische Verhältnisse als in der Folgezeit, vielleicht auch auf eine nur geringe Anzahl waldzerstörender Lawinenereignisse und weniger auf das prinzipielle Fehlen von Bäumen in der Moorumgebung gewertet werden, denn besonders für den Zeitraum um 5000 v. Chr. ist eine sehr große Waldverbreitung beziehungsweise extrem hohe Lage der Baum- und Waldgrenze gerade im zentralalpinen Bereich belegt (NICOLUSSI et al., 2005). Eine auffallende Probenhäufung fehlt hingegen im Untersuchungsgebiet (Abbildung 8). Da ZROST et al. (dieser Band) zeigen, dass in der Zeit des postglazialen Klimaoptimums, um 5000 v. Chr., doch vereinzelt Lawinenereignisse im Bereich des Schwarzensteinmoores stattfanden und Bäume beschädigten, dürften auch ungünstige Erhaltungsbedingungen für die Probenarmut in diesem Zeitraum verantwortlich sein.

Insgesamt ist die zeitlich sehr ungleiche Verteilung der subfossilen Hölzer aus dem Schwarzensteinmoor somit einerseits auf die Baumverbreitung, die, abgesehen von den Lawinenereignissen, geprägt wurde durch die wechselnden klimatischen Verhältnisse sowie die anthropogene Beeinflussung, andererseits aber durch die Konservierungsverhältnisse bedingt.

Lawinenereignisse

Die belegten (n=21) und abgeleiteten (n=6) waldzerstörenden Lawinenabgänge stellen nur eine Minimalzahl der tatsächlich vorgekommenen Ereignisse dar. Die Mehrzahl der im Moor gefundenen Baumreste ist Lawinen zum Opfer gefallen. Dies machen bereits die teilweise mitten im großen Moor (Bereich B) entdeckten, in verschiedenste Richtungen orientierten Stämme deutlich. Allerdings kann nicht mit jedem Enddatum einer Holzprobe ohne Waldkante ein bestimmter Lawinenabgang verbunden beziehungsweise datiert werden, da bei fehlender Waldkante verschiedene Hölzer ähnlicher Zeitstellung durchaus einem übereinstimmenden oder aber auch verschiedenen Ereignissen zuordenbar wären. Außerdem kann für manche Hölzer mit gänzlich oder teilweise verwittertem Splintholzbereich aus dem Randbereich der Moorflächen ein natürliches, langsames Absterben mit späterem Sturz ins Moor nicht ausgeschlossen werden. Allerdings wurden nur wenige Hölzer in diesem ufernahen Bereich von Moorabschnitt B gefunden sowie beprobt (siehe oben).

Da die vorliegende Studie aufgrund ihrer zeitlichen Tiefe und Präzision bisher praktisch ohne Vergleiche ist, sind auch kaum Gegenüberstellungen mit Ergebnissen aus anderen Alpengebieten möglich. Eine Ausnahme bildet ein im Ötztaler Rotmoos nach Sedimentablagerungen bestimmtes prähistorisches Lawinenereignis, das zwischen ca. 2800 und 2400 cal BC (zwischen 4110+-90 und 3880±120 uncal. BP; Bortenschlager, 1984) beziehungsweise um 2800/2600 cal BC (4330±60 und 3930±60 mit Abschätzung der Sedimentationsraten; NOTHEGGER, 1997) datiert. Durch den großen in Frage kommenden Zeitraum für diesen Lawinenabgang ist eine eindeutige Synchronisation mit einem der Schwarzensteinmoor-Ereignisse nicht möglich. Bemerkenswert ist allerdings, dass gerade die beiden Großlawinen um 2780 v. Chr. (WLE-10 und WLE-11), die durch besonders viele Lawinenhölzer dokumentiert sind, in diese Periode fallen.

Lawinengeschehen und Klimaentwicklung

Die Ergebnisse aus dem Schwarzensteinmoor lassen erstmals die Diskussion der Klimaabhängigkeit des Auftretens von Großlawinen, die auch Waldareale betrafen sowie zerstörten, über nahezu die gesamte Nacheiszeit zu. Zwar ist das Lawinengeschehen stark von vergleichsweise kurzen, oftmals nur Tage umfassenden Witterungsepisoden gesteuert, offen ist jedoch, inwieweit die längerfristige klimatische Variabilität im Gebirgsraum sich nicht nur in der Waldgrenz- sowie Gletscherentwicklung niederschlägt, sondern auch das Lawinengeschehen prägt. Abbildung 11 vergleicht die belegten und abgeleiteten waldzerstörenden Lawinenereignisse im oberen Zemmgrund mit mehreren neuen Datensätzen aus dem Alpenraum. Eine kontinuierliche Kurve stellt die ^{18}O-Schwankungskurve nach Tropfsteinen der Spannagel-Höhle, Zillertaler Alpen (VOLLWEILER et al., 2006), dar, die vor allem durch die winterlichen Temperatur- und Niederschlagsverhältnisse gesteuert wird (MANGINI et al., 2005). Niedrige ^{18}O-Werte spiegeln dabei relativ günstige Klimaverhältnisse wider. Dargestellt ist auch die Zusammenstellung von ^{14}C-Daten von Holz- und Torffunden in verschiedenen Gletschervorfeldern der Schweizer Alpen nach JÖRIN et al. (2006). Diese Daten dokumentieren für die jeweiligen Gletscher eine geringere Ausdehnung als gegenwärtig. Gegenübergestellt sind diesen Gletscherschwunddaten nachgewiesene ostalpine Gletschervorstöße und ihre Ausdehnungen (NICOLUSSI & PATZELT, 2006, ergänzt).

Die ^{18}O-Kurve und die Verteilung der Gletscher-Minima-Daten stimmen mehrfach gut überein, speziell ist dies beim holozänen Klimaoptimum um 5000 v. Chr. deutlich ersichtlich. Die Gletschervorstöße fallen hingegen überwiegend mit Lücken der Gletscherschwundbelege zusammen. Die nachgewiesenen Lawinenereignisse liegen oftmals in oder um Phasen hoher ^{18}O-Werte, wenn auch eine solche Kongruenz nicht in jedem Fall vorliegt. Auffallend sind die Synchronitäten zwischen waldzerstörenden Lawinenereignissen und hohen ^{18}O-Werten im Abschnitt vor ca. 3000 v. Chr., z.B. um 5700 und außerdem um 3800 v. Chr. (Abbildung 11), weniger klar sind die Übereinstimmungen in den letzten 5000 Jahren. Ähnliches zeigt der Vergleich der nachgewiesenen waldzerstörenden Lawinen mit den holozänen Gletschermininum-Phasen: gehäuft fallen waldzerstörende Lawinenereignisse in Perioden weniger oder fehlender Belege für kleine Gletscherausdehnungen. Sowohl kleinere Gletscherstände als auch niedere ^{18}O-Werte der Spannagel-Kurve lassen mittelfristig warm-trockene (Winter)Verhältnisse (MANGINI et al., 2007) annehmen. In solchen Phasen dürfte es zu einer Reduktion des Lawinengeschehens im oberen Zemmgrund gekommen sein, der Wald konnte sich stärker ausbreiten. Speziell die höheren durchschnittlichen Lebensalter der analysierten Bäume im frühen und mittleren Holozän weisen auch auf ein relativ ungestörtes, durch weniger Großlawinen beeinträchtiges Wachstum im genannten Zeitabschnitt hin.

Hingegen dürfte in kühl/feuchten, durch Gletschervorstöße gekennzeichneten Phasen es eher zu großen Lawinenabgängen gekommen sein (Abbildung 11). Einzelne Ereignisse fallen zeitlich mit markanten Vorstoßphasen zusammen, z.B. WLE-13 und WLE-14 mit der Löbbenschwankung um 1600 v. Chr. (PATZELT & BORTENSCHLAGER, 1973; NICOLUSSI & PATZELT, 2001). Dieser Befund bestätigt die Einschätzung von BLIKRA & NESJE (1997), dass Perioden erhöhter Lawinenaktivität synchron mit verstärkter

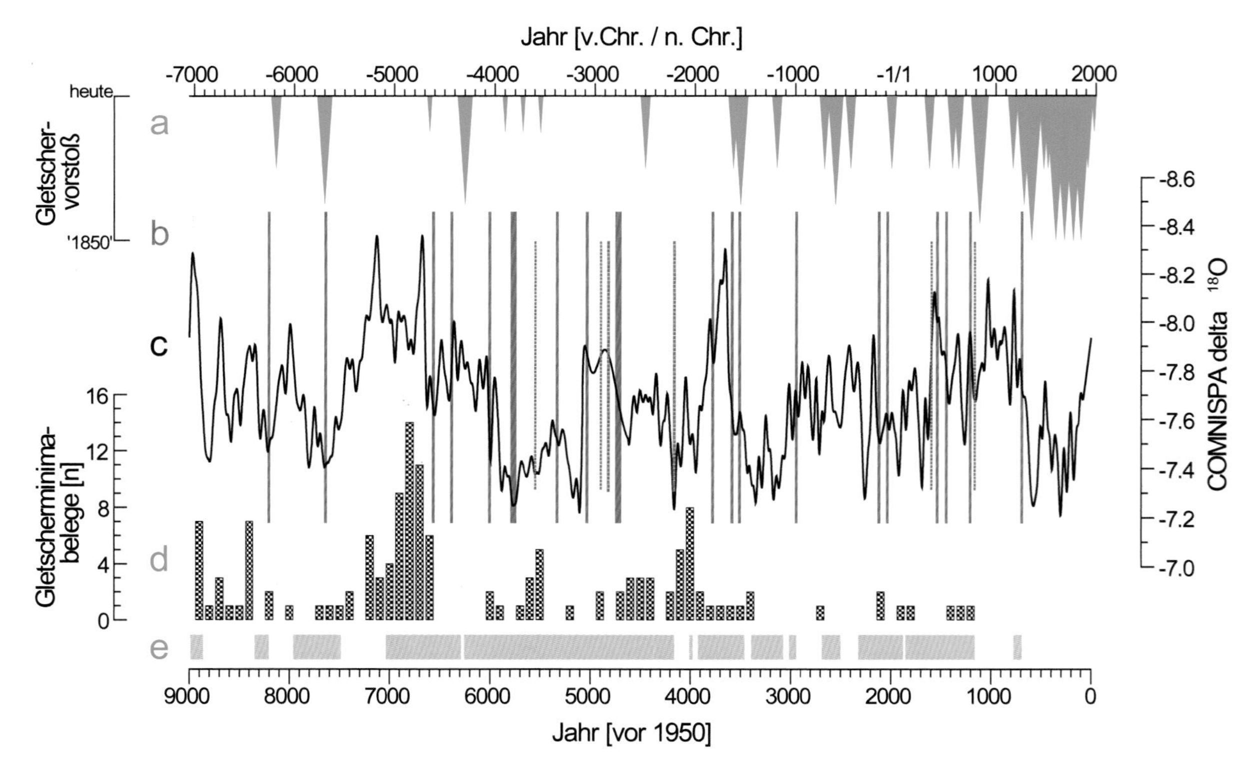

Abbildung 11: Waldzerstörende Lawinenereignisse auf der Basis subfossiler Hölzer aus dem Schwarzensteinmoor (b: durchgezogene Linie: mit Proben mit Waldkante belegte Abgänge (WLE), strichliert: abgeleitete Ereignisse (aWLE); e: mit subfossilen Hölzern aus dem Schwarzensteinmoor erfasste Zeitbereiche) im Vergleich mit (a) ostalpinen Gletschervorstößen (NICOLUSSI & PATZELT, 2006, ergänzt), der (c) ^{18}O-Kurve aus der Spannagel-Höhle, Zillertaler Alpen (VOLLWEILER et al., 2006) und (d) der Anzahl von ^{14}C-Belegen für kleinere Gletscherausdehnungen als gegenwärtig in den Schweizer Alpen (JÖRIN et al., 2006).

Gletschervorstoßaktivität datieren. Der jüngst nachgewiesene Anstieg der Lawinenaktivität in den letzten Jahrtausenden in West-Norwegen (Nesje et al., 2007) deutet sich in den Ergebnissen aus dem Schwarzensteinmoor, wenn auch zeitlich höher variabel, an.
Die Klimaentwicklung im Alpenraum in den letzten 150 Jahren ist durch einen klaren Trend zu höheren Temperaturen (Böhm et al., 2001) gekennzeichnet, der sich besonders anschaulich im massiven Rückzug der alpinen Gletscher zeigt. Analog dazu ist ein Anstieg der Waldgrenze im zentralalpinen Bereich zu beobachten (Nicolussi et al., 2005). Treffen die vorliegenden Prognosen für die weitere Klimaentwicklung zu (IPCC, 2001), so kann mit einer Fortsetzung dieser Trends gerechnet werden. Damit dürften früh- beziehungsweise mittelholozäne Klima- und Umweltverhältnisse zumindest wieder erreicht, wohl aber übertroffen werden. Basierend auf den Paläo-Befunden kann dann deshalb eine im Vergleich zu den vergangenen Jahrhunderten generell geringere Lawinenaktivität im Alpenraum angenommen werden. Aber gerade die Schwarzensteinmoor-Resultate zu Ereignissen im mittleren und frühen Holozän zeigen, dass große Lawinenabgänge zwar seltener, aber durchaus auch in durch vergleichsweise hohe Temperaturen ausgezeichneten Abschnitten auftreten können.

5. Fazit

Die Verteilung der im Schwarzensteinmoor geborgenen und datierten Hölzer (n=180) über die letzten rund 9000 Jahre ist sehr ungleichmäßig und spiegelt einerseits die durch die holozäne Klimaentwicklung und auch die anthropogene Einflussnahme bedingte Waldverbreitung, andererseits die wechselnden Erhaltungsbedingungen für im Moorbereich abgelagerte Bäume wider. Zumindest für den Großteil der geborgenen Hölzer kann eine lawinenbedingte Einbringung ins Moor gefolgert werden.
Die abgeleiteten und dendrochronologisch datierten Lawinenabgänge, der älteste erfasste datiert in den Winter 6255/54 v. Chr., stellen einen einmaligen Datensatz zur Analyse des langfristigen Lawinengeschehens dar.
Die nachgewiesenen großen Lawinenereignisse (n=27) verteilen sich, ähnlich der Probenzahl, unregelmäßig über die Zeit. Tendenziell sind diese waldzerstörenden Lawinenabgänge jedoch an kühlere, oft auch durch Gletschervorstöße bekannte Abschnitte der Nacheiszeit gebunden. Dies wird vor allem durch die markant kürzeren Lebenszeiten der von Lawinen überschütteten Bäume in den letzten knapp 4000 Jahren deutlich. Umgekehrt scheinen große Lawinenabgänge in klimatisch günstigeren Abschnitten des Holozäns zwar durchaus aufgetreten zu sein, dies geschah jedoch in größeren Intervallen beziehungsweise seltener.
Unter der Annahme, dass sich die derzeitig beobachtbare Erwärmung im Alpenraum weiter fortsetzt und damit früh- und mittelholozäne Klimaverhältnisse zumindest erreicht werden, kann auch auf eine analoge Entwicklung des Lawinengeschehens geschlossen werden. Ereignisse dieser Art werden zwar keineswegs ausbleiben, wohl aber in tendenziell größeren Abständen vorkommen.

6. Dank

Die Untersuchungen wurden durch den österreichischen Wissenschaftsfonds FWF (Projekte P-13065 und P15828 - ExPICE) bzw. das Bundesforschungs- und Ausbildungszentrum für Wald, Naturgefahren und Landschaft (BFW) (Projekt 2002-125: HOLA) unterstützt. Zu danken ist Johannes van der Plicht, CIO Universität Groningen, für die Durchführung der ^{14}C-Analysen.

7. Literatur

Bätzing, W., 1999. Der Lawinenwinter 1999 in den Alpen. Ursachen und Konsequenzen eines Jahrhundertereignisses. – [in:] Kommune - Forum für Politik - Ökonomie - Kultur (Frankfurt). — **17**/4:26-29, Frankfurt.

Böhm, R., Auer, I., Brunetti, M., Maugeri, M., Nanni, T. & Schöner, W., 2001. Regional temperature variability in the European Alps 1760-1998 from homogenized instrumental time series. – [in:] International Journal of Climatology. — **21**:1779-1801.

Bortenschlager, S., 1984. Beiträge zur Vegetationsgeschichte Tirols. I. Inneres Ötztal und unteres Inntal. – [in:] Berichte des Naturwiss.-Medizin. Vereins in Innsbruck. —**71**:19-56.

Blikra, L. H., Nemec, W., 1993. Postglacial avalanche activity in western Norway: depositional facies sequences, chronostratigraphy and palaeo-climatic implications. – [in:] FRENZEL, B., MATTHEWS, J.A. & GLÄSER, B. (eds.). Solifluction and climatic variations in the Holocene. Paläoklimaforschung/Palaeoclimate Research. — **11**:143-162.

BLIKRA, L.H. & NESJE, A., 1997. Holocene avalanche activity in western Norway: chronostratigraphy and palaeoclimatic implications. – [in:] MATTHEWS, J.A., BRUNSDEN, D., FRENZEL, B., GLÄSER, B. & WEISS, M.M. (eds.). Rapid mass movement as a source of climatic evidence for the Holocene. Paläoklimaforschung/Palaeoclimate Research. — **19**:299-312.

BRONK RAMSEY, C., 2001. Development of the Radiocarbon Program OxCal. – [in:] Radiocarbon. — **43**:355-363.

BÜNTGEN, U., ESPER, J., FRANK, D.C., NICOLUSSI, K. & SCHMIDHALTER, M., 2005. A 1052-year tree-ring proxy for Alpine summer temperatures. – Climate Dynamics, doi: 10.1007/s00382-005-0028-1.

BURROWS, C.J. & BURROWS, V.L., 1976. Procedures for the study of snow avalanche chronology using growth layers of woody plants. – [in:] Institute of Arctic and Alpine Research, Occasional Paper no. 23, University of Colorado, 13-24.

BUTLER, D.R. & MALANSON, G.P., 1985. A history of high-magnitude snow avalanches, southern Glacier National Park, Montana, U.S.A. – [in:] Mountain Research and Development. — **5(2)**: 175-182.

CARRARA, P.E., 1979. The determination of snow avalanche frequency through tree-ring analysis and historical records at Ophir, Colorado. – [in:] Geological Society of America Bulletin. — **90**:773-780.

CASTELLER, A., STÖCKLI, V., VILLALBA, R. & MAYER, A.C., 2007. An Evaluation of Dendroecological Indicators of Snow Avalanches in the Swiss Alps. – [in:] Alpine, Arctic and Antarctic Research. — **39/2**:218-228.

FLIRI, F., 1975. Das Klima der Alpen im Raume von Tirol. – Monographien zur Landeskunde Tirols 1, Innsbruck.

FLIRI, F., 1998. Naturchronik von Tirol. – Beiträge zur Klimatographie von Tirol. Innsbruck (Universitätsverlag Wagner), 1-370.

GABL, K., 2000a. Der Schnee im Februar 1999 im Westen Österreichs aus meteorologischer und klimatologischer Sicht. – [in:] Wildbach- und Lawinenverbau. — **141**:69-79.

GABL, K., 2000b. Historische Übersicht. – [in:] Lawinenhandbuch. — **9**:14.

HAAS, J.N., WALDE, C., WILD, V., NICOLUSSI, K., PINDUR, P. & LUZIAN, R., 2005. Holocene Snow Avalanches and their impact on Subalpine Vegetation. – [in:] Late Glacial and Holocene Vegetation, Climate and Anthropogenic History of the Tyrol and Adjacent Areas (Austria, Switzerland, Italy). Palyno-Bulletion. — **1**:107-119.

HAAS, J.N., WALDE, C. & WILD, V., 2007. Holozäne Schneelawinen und prähistorische Almwirtschaft und ihr Einfluss auf die subalpine Flora und Vegetation der Schwarzensteinalm im Zemmgrund (Zillertal, Tirol, Österreich). In diesem Band.

HOLZHAUSER, H., MAGNY, M. & ZUMBÜHL, H.J., 2005. Glacier and lake-level variations in west-central Europe over the last 3500 years. – [in:] The Holocene. — **15/6**:789-801.

HÜTTEMANN, H. & BORTENSCHLAGER, S., 1987. Beiträge zur Vegetationsgeschichte Tirols VI: Riesengebirge, Hohe Tatra - Zillertal, Kühtai. Ein Vergleich der postglazialen Vegetationsentwicklung und Waldgrenzschwankungen. – [in:] Berichte des Naturwiss.-Medizin. Vereins in Innsbruck. — **74**:81-112.

IPCC, 2001. IPCC Third Assessment Report: Climate Change 2001: The Scientific Basis. – Cambridge Univ. Press, Cambridge, UK.

JÖRIN, U.E., STOCKER, T.F. & SCHLÜCHTER, C., 2006. Multicentury glacier fluctuations in the Swiss Alps during the Holocene. – [in:] The Holocene. — **16/5**:697-704.

KASBAUER, D. 2006. Rekonstruktion von Lawinenereignissen durch die Kombination von Lawinensimulation und dendrogeomorphologischen Methoden. Das Beispiel Hüttnertobel-Lawine 1999. Geographische Diplomarbeit, Universität Innsbruck, 1-110.

LATERNSER, M. & PFISTER, C., 1997. Avalanches in Switzerland 1500 - 1990. – [in:] FRENZEL, B., MATTHEWS, J. A., GLÄSER, B. & WEISS, M. M. (eds.). Rapid mass movement as a source of climatic evidence for the Holocene. Paläoklimaforschung/Palaeoclimate Research **19**:241-266.

LUZIAN, R. & ELLER, M., 2007. Dokumentation von Lawinenschadereignissen. Lawinenberichte der Winter von 1998/99 bis 2003/2004. – Berichte des Bundesforschungs- und Ausbildungszentrums für Wald, Naturgefahren und Landschaft, **140**:1-65.

LUZIAN, R. & PINDUR, P. (Hrsg.), 2007. Das Forschungsprojekt HOLA - Projektskizze. In diesem Band.

MANGINI, A., SPÖTL, C. & VERDES, P., 2005. Reconstruction of temperature in the Central Alps during the past 2000 yr from a $d^{18}O$ stalagmite record. – [in:] Earth Planet. Sci. Lett. **235**:741-751.

MANGINI, A., VERDES, P., SPÖTL, C., SCHOLZ D., VOLLWEILER, N. & KROMER B., 2007. Persistent influence of the North Atlantic hydrography on central European winter temperature during the last 9000 years. – Geophysical Research Letters 34, L02704, doi:10.1029/2006GL028600.

MAYER, H., 1974. Wälder des Ostalpenraumes. Standort, Aufbau und waldbauliche Bedeutung der wichtigsten Waldgesellschaften in den Ostalpen samt Vorland. – Ökologie der Wälder und Landschaften 3, Stuttgart.

NESJE, A., BAKKE, J., DAHL, S.O., LIE, O. & BOE, A.-G., 2007. A continuous, high-resolution 8500-yr snow-avalanche record from western Norway. – [in:] The Holocene **17/2**:269-277.

NICOLUSSI, K., 2001. Sapwood dating of the „Augustinus-Altar" of the „Master of Uttenheim". – [in:] Eurodendro 2001, 6.-10.6.2001, Gozd Martuljek, Slowenien, Abstracts, 1 S.

NICOLUSSI, K. & PATZELT, G., 2001. Untersuchungen zur holozänen Gletscherentwicklung von Pasterze und Gepatschferner (Ostalpen).. – [in:] Zeitschrift für Gletscherkunde und Glazialgeologie **36**:1-87.

NICOLUSSI, K. & SCHIESSLING P., 2002. A 7000-year-long continuous tree-ring chronology from high-elevation sites in the central Eastern Alps. – [in:] Dendrochronology, Environmental Change and Human History - 6th International Conference on Dendrochronology, 22.-27.8.2002, Quebec, Canada, Abstracts. — 251-252.

NICOLUSSI, K., LUMASSEGGER, G., PATZELT, G., PINDUR, P. & SCHIESSLING, P., 2004. Aufbau einer holozänen Hochlagen-Jahrring-Chronologie für die zentralen Ostalpen: Möglichkeiten und erste Ergebnisse. – [in:] Innsbrucker Geographische Gesellschaft (Hrsg.). Innsbrucker Jahresbericht 2001/2002. — **16**:114-136.

NICOLUSSI, K., KAUFMANN, M., PATZELT, G., VAN DER PLICHT, J. & THURNER A., 2005. Holocene treeline variability in the Kauner Valley, Central Eastern Apls, indicated by dendrochronological analysis of living trees and subfossil logs. – [in:] Vegetation History and Archaeobotany. — **14/3**:221-234.

NICOLUSSI, K. & PATZELT, G., 2006. Klimawandel und Veränderungen an der alpinen Waldgrenze - aktuelle Entwicklungen im Vergleich zur Nacheiszeit. – [in:] BFW-Praxisinformation 2006. — **10**: 3-5.

NOTHEGGER, B., 1997. Palynologische Untersuchungen zur Ermittlung von Waldgrenz- und Klimaschwankungen in den Ostalpen anhand der Profile Schönwies und Rotmoos. – Botanische Diplomarbeit, Universität Innsbruck. — 1-54.

OBERHUBER, W., 2001. The role of climate in the mortality of Scots pine (*Pinus sylvestris* L.) exposed to soil dryness. – [in:] Dendrochronologia. — **19(1)**:45-55.

PATZELT, G. & BORTENSCHLAGER, S., 1973. Die postglazialen Gletscher- und Klimaschwankungen in der Venedigergruppe (Hohe Tauern, Ostalpen). – [in:] Zeitschrift für Geomorphologie N.F., Suppl.Bd. — **16**:25-72.

PATZELT, G., 1996. Modellstudie Ötztal - Landschaftsgeschichte im Hochgebirgsraum. – [in:] Mitteilungen der Geographischen Gesellschaft Wien. — **138**:53-70.

PINDUR, P., 2000. Dendrochronologische Untersuchungen im Oberen Zemmgrund, Zillertaler Alpen. Eine Analyse rezenter Zirben (*Pinus cembra* L.) und subfossiler Moorhölzern aus dem Waldgrenzbereich und deren klimageschichtliche Interpretation. – Geographische Diplomarbeit, Universität Innsbruck, 1-122.

PINDUR, P., 2001. Der Nachweis von prähistorischen Lawinenereignissen im Oberen Zemmgrund, Zillertaler Alpen. – [in:] Mitteilungen der Österreichischen Geographischen Gesellschaft. — **143**:193-214.

PINDUR, P., SCHIESSLING, P. & NICOLUSSI, K., 2001. Mid- and Late-Holocene avalanche events indicated by subfossil logs. – [in:] EuroDendro 2001 - Book of abstracts, S. 37. Gozd Martuljek, Slovenia.

PINDUR, P., SCHÄFER, D. & LUZIAN, R., 2007. Der Nachweis einer bronzezeitlichen Feuerstelle bei der Schwarzensteinalm im Oberen Zemmgrund, Zillertaler Alpen. – Mitteilungen der Österreichischen Geographischen Gesellschaft 148.

REIMER, P.J., BAILLIE, M.G.L., BARD, E., BAYLISS, A., BECK, J.W., BERTRAND, C., BLACKWELL, P.G., BUCK, C.E., BURR, G., CUTLER, K.B., DAMON P.E., EDWARDS, R.L., FAIRBANKS, R.G., FRIEDRICH, M., GUILDERSON, T.P., HUGHEN, K.A., KROMER, B., MCCORMAC, F.G., MANNING, S., BRONK RAMSEY, C., REIMER, R.W., REMMELE, S., SOUTHON, J.R., STUIVER, M., TALAMO, S., TAYLOR, F.W., VAN DER PLICHT, J. & WEYHEN-

MEYER, C.E., 2004. IntCal04 Terrestrial Radiocarbon Age Calibration, 0-26 cal kyr BP. Radiocarbon **46**:1029-1058.

RINN. F., 1996. TSAP Version 3.0. Reference Manual. Heidelberg.

SAILER, R., LUZIAN, R. & WIATR, TH., 2007. Simulation als Basis für die Rekonstruktion holozäner, waldzerstörender Lawinenereignisse. In diesem Band.

SCHIECHTL, H. M. & STERN, R., 1983. Die Zirbe (*Pinus cembra* L.) in den Ostalpen. III. Teil. - Angewandte Pflanzensoziologie **27**:1-110.

SMITH, D.J., MCCARTHY, D.P. & LUCKMAN, B.H., 1994. Snow avalanche impact pools in the Canadian Rocky Mountains. - [in:] Arctic and Alpine Research. — **26(2)**:116-127.

STÖCKLI, V., 1998. Physical interaction between snow and trees: dendroecology as a valuable tool for their interpretation. - [in:] URBINATI, C. & CARRER, M. (eds.). Dendroecologia - una scienza per l´ambiente fra passato e presente. Corso di Cultura in Ecologia, S. Vito di Cadore/Italia, 1-5 Sept. 1997. — Padova, 79-85.

VOLLWEILER, N., SCHOLZ, D., MÜHLINGHAUS, C., MANGINI, A. & SPÖTL, C., 2006. A precisely dated climate record for the last 9 kyr from three high alpine stalagmites, Spannagel Cave, Austria. - Geophysical Research Letters 33, L20703, doi:10.1029/2006GL027662.

WALDE, C. & HAAS, J.N., 2004. Pollenanalytische Untersuchungen im Schwarzensteinmoor, Zillertal, Tirol (Österreich). - Unveröff. Bericht zum HOLA Teil-Projekt Palynologie.

WEIRICH, J. & BORTENSCHLAGER, S., 1980. Beiträge zur Vegetationsgeschichte Tirols III: Stubaier Alpen - Zillertaler Alpen. - [in:] Berichte des Naturwiss.-Medizin. Vereins in Innsbruck. — **67**:7-30.

WIESINGER, T., 2000. Die Wetter- Schnee- und Lawinensituation. - [in:] Der Lawinenwinter 1999. Eidgenössisches Institut für Schnee- und Lawinenforschung. — **27**:156.

ZROST, D., 2004. Lawinenereignisse des späten und mittleren Holozäns in den zentralen Ostalpen: dendrochronologische Untersuchungen rezenter und subfossiler Zirbenhölzer im Kaunertal und Zillertal. - Geographische Diplomarbeit, Universität Innsbruck, 1-126.

ZROST, D., NICOLUSS,I K. & THURNER, A., 2007. Holozäne Lawinenereignisse im Jahrringbild der subfossilen Hölzer des Schwarzensteinmoores, Zillertaler Alpen. In diesem Band.

Holozäne Lawinenereignisse im Jahrringbild der subfossilen Hölzer des Schwarzensteinmoores, Zillertaler Alpen

David ZROST[1)], Kurt NICOLUSSI[2)] & Andrea THURNER[3)]

ZROST, D., NICOLUSSI, K. & THURNER, A., 2007. Holozäne Lawinenereignisse im Jahrringbild der subfossilen Hölzer des Schwarzensteinmoores, Zillertaler Alpen. — BFW-Berichte **141**:177-189, Wien. — Mitt. Komm. Quartärforsch. Österr. Akad. Wiss., **16**:177-189, Wien

Kurzfassung
Es wurden 177 dendrochronologisch datierte Stammquerschnitte aus dem Schwarzensteinmoor, Zillertaler Alpen, auf jahrringinterne Indikatoren für frühere Lawinenereignisse untersucht. Die Hölzer stammen (Baumart jeweils *Pinus cembra* L.) aus dem Zeitraum der letzten 9000 Jahre. Als Indikatoren für baumbeschädigende Lawinenabgänge wurden Stammverletzungen, Druckholzbildungen, abrupte negative Wachstumsänderungen und, nur in Kombination mit einem anderen Indikator, negative Ereignisjahre verwendet. Insgesamt konnten 357 mögliche Lawinenereignisse bestimmt werden, davon gelten 64 Ereignisse, da zumindest an zwei Stammproben nachgewiesen, als gesichert rekonstruiert. Die Anzahl der erfassbaren Ereignisse korreliert deutlich mit der Probenmenge und schwankt insgesamt erheblich. Im jüngeren Holozän zeichnet sich eine Zunahme der Lawinenabgänge ab.

Schlüsselwörter:
Alpen, Holozän, Dendrochronologie, *Pinus cembra* L., Lawinen

Abstract
[Holocene snow avalanche events by means of tree-ring analysis of subfossil samples from the Schwarzensteinmoor, Zillertal Alps.] A total number of 177 dendrochronologically dated samples from subfossil logs found in the Schwarzensteinmoor, Zillertal Alps, were investigated for indicators of past snow avalanche events. The samples (species: *pinus cembra* L.) are up to approx. 9000 years old. Different indicators for tree-damaging avalanche events were used: scars, compression wood, abrupt negative growth change and, only in combination with one of the other indicators, negative event years. Out of 357 dated possible snow avalanche events 64 events are reconstructed and verified with a replication of at least two samples. The number of events correlates clearly with the number of samples available and fluctuates over time. However, the results indicate an increase of snow avalanche events during the younger part of the Holocene.

Keywords:
Alps, dendrochronology, *Pinus cembra* L., snow avalanches

1. Einleitung

Auf Baumbestände niedergehende Lawinenereignisse können unterschiedliche, überwiegend negative Effekte an den betroffenen Bäumen bewirken. Beschädigungen reichen vom Abreißen einzelner Äste, über Stammverletzungen, Schiefstellung, Wipfel- beziehungsweise Stammbruch bis zur Entwurzelung und Absterben der von den Schneemassen erfassten Bäume (z.B. BURROWS & BURROWS, 1976; SCHÖNENBERGER, 1978; SCHWEINGRUBER, 1996; BEBI et al., 2004). Je nach Grad der Betroffenheit wird die physiologische Aktivität der Bäume beeinflusst oder beeinträchtigt, was sich auch im Jahrringbild niederschlagen kann. Stammverletzungen mit einer Zerstörung des Kambiums

[1)]MAG. DAVID ZROST, Institut für Geographie, Universität Innsbruck, A - 6020 Innsbruck,
E-Mail: David.Zrost@uibk.ac.at

[2)]A. UNIV. PROF. DR. KURT NICOLUSSI, Institut für Geographie, Universität Innsbruck, A - 6020 Innsbruck
E-Mail: Kurt.Nicolussi@uibk.ac.at

[3)]MAG.A ANDREA THURNER, Institut für Geographie, Universität Innsbruck, A - 6020 Innsbruck,
E-Mail: Andrea.Thurner@uibk.ac.at

führen zu einem Aussetzten des Wachstums am betroffenen Baumabschnitt. Solche scars (SCHWEINGRUBER, 1996) und die im Folgenden zu beobachtenden Überwallungen lassen eine Datierung des Schadereignisses zu. Schiefstellungen führen zur Ausbildung von Reaktionsholz, z.B. bei Nadelhölzern zur Druckholzausbildung an der Stammunterseite. Ast- oder Wipfelbrüche können, abhängig von der Intensität der Beschädigung (ZROST & NICOLUSSI, in Vorb.) eine mehr oder weniger deutliche Reduktion des Jahrringwachstums in Form von abrupten negativen Wachstumsänderungen oder Ereignisjahren (z.B. SCHWEINGRUBER, 1996) bewirken. Indirekt kann ein Lawinenereignis auch einen positiven Effekt auf das Wachstum eines Einzelbaumes haben, wenn ein bisher in der Bestandesstruktur unterdrückter Baum freigestellt und damit u.a. zu erhöhtem Lichtgenuss kommt (z.B. POTTER, 1969; BURROWS & BURROWS, 1976).

Sowohl negative als auch positive Auswirkungen von rezenten Lawinenereignissen auf Bäume sind beobachtet und wiederholt dendrochronologisch analysiert worden. POTTER (1969) untersuchte die äußeren und internen Erkennungsmerkmale von Bäumen in Lawinenzügen. Ein detailliertes Handbuch über die dendrochronologische Analyse von Lawinenhölzern erstellten BURROWS & BURROWS (1976). CARRARA (1979) glich aus dem Jahrringmuster gewonnene Ereignisjahre mit empirischen Daten ab. Diese Ergebnisse fanden auch Eingang in die Gefahrenzonenplanung des Untersuchungsortes (Ophir, Colorado, USA). Das Hauptaugenmerk auf die Auswirkungen von Lawinen auf das Jahrringbild legte WAHL (1996). Voran stellt er einen Vergleich der Beprobungsmöglichkeiten mittels Bohrkernen und Stammscheibe; danach stellen vier gleichmäßig verteilt genommene Bohrkerne einen nahezu vollwertigen Ersatz für die Analyse von Stammscheiben dar. STÖCKLI (1998) erarbeitete eine Zusammenschau von Auswirkungen unterschiedlicher Schneeereignisse auf Bäume. MUNTÁN et al. (2004) analysierten Bäume, die in den Pyrenäen im Lawinenwinter 1996 beschädigt worden waren. Die Auswirkungen des Lawinenwinters 1999 in zwei Gebieten der Alpen verwendeten CASTELLER et al. (2007) zur Evaluierung dendrochronologischer Ansätze zur Lawinenanalyse.

Bäume reagieren einerseits art-, alters- und gestaltspezifisch auf Lawineneinwirkung, andererseits sind im Jahrringbild von Bäumen widergespiegelte Ereignisse unspezifisch (BEBI et al., 2004), d.h. unterschiedliche Wirkungskomplexe können zu den gleichen Erscheinungsmustern führen. So können z.B. Stammverletzungen (scars) nicht nur durch Lawinen, sondern auch durch Steinschlag verursacht werden. Insgesamt gelten die beiden

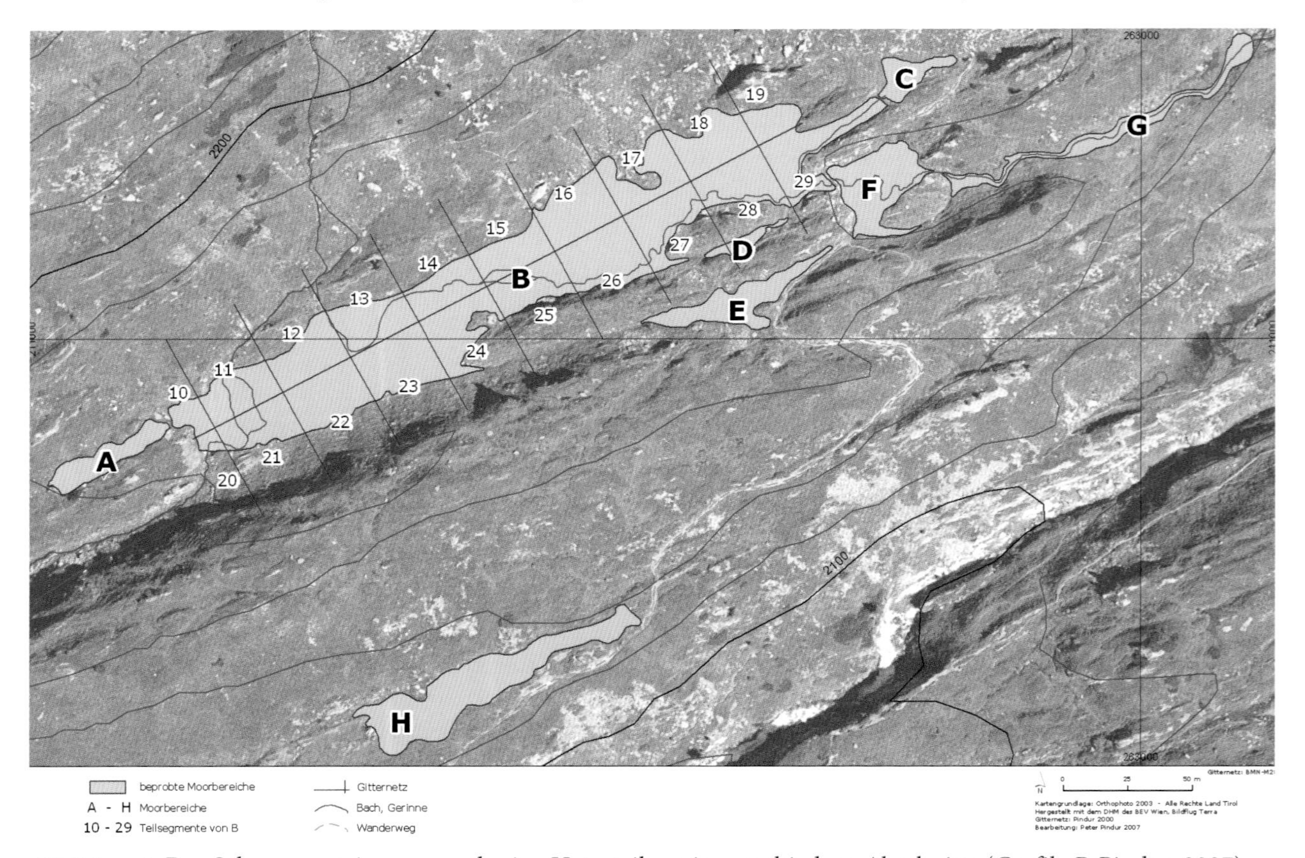

Abbildung 1: Das Schwarzensteinmoor und seine Unterteilung in verschiedene Abschnitte (Grafik: P. Pindur, 2007).

anatomischen Indikatoren, scar und Druckholz, in den oben angeführten Studien, die jeweils an rezenten Bäumen durchgeführten worden sind, als zuverlässige Indikatoren für Lawinenereignisse. Abrupte Wachstumsänderungen, sowohl positive als auch negative, werden hingegen teilweise kontroversiell diskutiert (Potter, 1969; Carrara, 1979). Die Festsetzung der Schwellenwerte (vgl. Schweingruber et al., 1990) wird auch unterschiedlich behandelt (z.B. Kasbauer, 2006).
Mit der Bearbeitung von rezenten Bäumen ist allerdings die Rekonstruktion der Lawinenaktivität auf die letzten Jahrzehnte und Jahrhunderte beschränkt (z.B. Kasbauer, 2006), ein Zeitbereich, der in besiedelten Gebirgsräumen meist auch durch zeitgenössische Beobachtungen abgedeckt wird. Die Erfassung von Lawinenereignissen auf der Basis der Auswertung subfossiler Hölzer ist bisher sehr beschränkt (z.B. Smith et al., 1994), Kalenderdatierungen von Lawinenereignissen, die über den rezenten Zeitraum hinausgehen, fehlten bislang jedoch völlig.
Damit stellt das absolut datierte Probenmaterial aus dem Schwarzensteinmoor (47°01´40´´ N, 11°49´00´´ E, 2150 m SH) im oberen Zemmgrund, Zillertaler Alpen, eine Ausnahme dar. Die subfossilen Hölzer aus diesem Moor (Abbildung 2) mit ihren vielfach genau bestimmten Absterbedaten belegen eine Reihe von waldzerstörenden Großlawinenabgängen im Zeitraum der letzten knapp 9000 Jahre (Nicolussi et al., dieser Band). Über diese durch Absterbedaten der Lawinenhölzer datierten Ereignisse hinausgehend, analysierten wir das Probenmaterial auf die angeführten jahrringinternen Merkmale, die auf baumbeschädigende Lawinenabgänge schließen lassen. Damit sollen auch kleinere Ereignisse, die die Bäume zwar erreichten und verletzten, allerdings nicht zu deren Absterben führten, erkannt und datiert werden. Im Wesentlichen beruht die vorliegende Studie auf einer 2004 abgeschlossenen Diplomarbeit (Zrost, 2004). Ergänzend wurden die zwischenzeitlich neu bearbeiteten oder neu datierten Hölzer aus dem Schwarzensteinmoor hinzugefügt und auch einzelne Kriterien zur Lawinenbestimmung enger gefasst. Dadurch ergeben sich fallweise Abweichungen zum Katalog der Lawinenereignisse im Bereich des Schwarzensteinmoores nach Zrost (2004).

2. Material und Methoden

Für diese Studie wurden insgesamt 177 absolut datierte Stammproben (Nicolussi et al., dieser Band) aus dem Schwarzensteinmoor verwendet. Ausschließlich ^{14}C-datierte Hölzer (Nicolussi et al., dieser Band) wurden für die Analyse nicht verwendet. Das Schwarzensteinmoor liegt im Waldgrenzökoton der Zentralalpen auf 2150 m SH. Die gefundenen Stämme waren jeweils Zirben (*Pinus cembra* L.), die für die Zentralalpen typische Baumart an der Waldgrenze.
Für die Analyse der baumschädigenden Lawinenereignisse im Zemmgrund konnten auf die vorhandenen Messungen der gesamten Jahrringbreiten (Pindur, 2000; Nicolussi et al., dieser Band) zurückgegriffen werden. Für die Bestimmungen verwendet wurden dabei jene Probenmittelkurven, die jeweils auf zumindest zwei Einzelradiusmessungen aufbauen. Für die in den Jahren 1999 und 2000 von P. Pindur (Pindur, 2000) und P. Schießling im Rahmen des Ostalpinen Jahrringchronologie-Projektes (Nicolussi et al., 2004) geborgenen und ausgewerteten Hölzer wurden nachträglich Stammverletzungen sowie Druckholzjahrringe bestimmt (Zrost, 2004). Für die bei den Feldarbeiten des HOLA-Projektes beprobten Hölzer wurden diese Parameter im Zuge der Jahrringbreitenmessungen aufgezeichnet (Nicolussi et al., dieser Band). Nicht berücksichtigt wurde die Exzentrizität des Zuwachses der Bäume, da aufgrund der Verwitterung teilweise nur Teilabschnitte von Stammquerschnitten für die dendrochronologischen Auswertungen zur Verfügung standen, so dass eine konsequente Auswertung gegenüberliegender Radien (Casteller et al., 2007) nicht möglich war.
Zur zeitlichen Erfassung der Lawinenereignisse wurden (a) die datierten Stammverletzungen (scar), (b) ein einzelner Jahrring oder der erste Jahrring einer Sequenz mit Druckholzbildung bzw. (c) der Beginn einer abrupten negativen Wachstumsänderung (AWÄ) verwendet. Druckholz wurde visuell anhand der scheinbaren starken Verbreiterung des Spätholzbereiches sowie der entsprechenden Zellformen bestimmt. Da die Baumart *Pinus cembra* L. charakteristisch einen geringen Spätholzanteil zeigt, fällt die Druckholzbildung besonders auf. Als abrupte negative Wachstumsänderung (AWÄ) gilt ein Wachstumseinbruch, der durch mindestens drei aufeinander folgende Jahrringe mit Breitenwerten, die über 40 Prozent unter dem Breitenmittel der vier vorhergehenden Jahrringe liegen, gekennzeichnet ist (Schweingruber et al., 1983; Schweingruber et al., 1990; Wahl, 1996)

$$[JR_n < 0.6 \bullet ((JR_{-1}+JR_{-2}+JR_{-3}+JR_{-4})/4),\ n = 0 \text{ bis } 2].$$

Zusätzlich wurden (d) Ereignisjahre (EJ), basierend wiederum auf den Jahrringbreitenmessungen,

Tabelle 1:
Gesichert rekonstruierte Lawinenereignisse nach jahrringinternen Merkmalen im Bereich des Schwarzensteinmoores. Angegeben sind der Lawinenwinter, die Gesamtzahl der diesen Zeitbereich betreffenden Proben, die Zahl und Art des Lawinennachweises (Druckholz; AWÄ: abrupte negative Wachstumsänderung; EJ: Ereignisjahr) sowie die Moorbereiche, aus denen die Lawinenhölzer stammen.

Ereignis	Proben gesamt	Belege Lawinenereignis					Anteil Lawinenhölzer [%]	Moorbereich
		scar [n]	Druck-Holz [n]	AWÄ [n]	EJ [n]	gesamt [n]		
Winter 748/749 AD	4	–	–	3	–	3	75	E, F
Winter 711/712 AD	5	–	1	1	1	3	60	F
Winter 688/689 AD	7	–	1	1	–	2	28,6	B24, F
Winter 481/482 AD	22	–	–	1	5	6	27,3	A, B12, B13, B21, B22
Winter 479/480 AD	22	–	1	1	–	2	9,1	B13, B22
Winter 477/478 AD	22	–	1	1	3	5	22,7	B11, B12, B21, B22, B26
Winter 447/448 AD	14	–	2	–	1	3	21,4	B16, B21, B22
Winter 325/326 AD	5	–	1	–	2	3	60	B11, B21
Winter 303/304 AD	7	–	1	1	–	2	28,6	B11, B21
Winter 217/218 AD	6	–	–	2	–	2	33,3	A, B21
Winter 204/205 AD	6	–	–	3	–	3	50	B11, B21
Winter 171/172 AD	2	–	–	2	–	2	100	B21
Winter 126/125 BC	6	–	1	1	–	2	33,3	A, F
Winter 174/173 BC	22	–	1	–	1	2	9,1	B20, B21
Winter 180/179 BC	22	–	1	–	6	7	31,8	B11, B20, B21, B22, B23, F
Winter 224/223 BC	15	–	1	1	–	2	13,3	B11, B23
Winter 225/224 BC	15	–	–	1	2	3	20	B21, B22, B23
Winter 236/235 BC	13	–	1	–	1	2	15,4	A, B21
Winter 245/244 BC	11	–	2	3	–	5	45,5	B11, B20, B21, B22
Winter 248/247 BC	11	–	1	3	–	4	36,4	B11, B21, B22
Winter 249/248 BC	11	–	–	2	–	2	18,2	B11
Winter 251/250 BC	11	–	2	–	–	2	18,2	B11, B21
Winter 584/583 BC	2	–	1	–	1	2	100	A, G
Winter 601/600 BC	2	–	–	2	–	2	100	A, G
Winter 631/630 BC	2	1	–	–	1	2	100	A, G
Winter 1738/37 BC	5	–	–	1	2	3	60	G, H
Winter 2288/87 BC	3	–	–	1	1	2	66,7	B18, C
Winter 2320/19 BC	4	–	2	–	–	2	50	B15, B18
Winter 2325/24 BC	4	–	1	–	1	2	50	B15, F
Winter 2337/36 BC	4	–	1	–	1	2	50	B18, F
Winter 2573/72 BC	4	–	–	4	–	4	100	A, D
Winter 2820/19 BC	17	–	–	1	2	3	17,7	B16, B26
Winter 2859/58 BC	18	–	–	1	1	2	11,1	B16, B25
Winter 2861/60 BC	16	–	1	2	–	3	18,8	B16, B26
Winter 2865/64 BC	15	–	–	4	–	4	26,7	B16, B26
Winter 2882/81 BC	15	–	1	–	1	2	13,3	B11, B16
Winter 2892/91 BC	17	–	–	3	–	3	17,7	B15, B16, B20
Winter 2959/58 BC	10	–	–	2	–	2	20	B15, B16
Winter 2985/84 BC	10	–	1	1	–	2	20	B15, B19
Winter 3039/38 BC	10	–	1	–	1	2	20	B15, H
Winter 3058/57 BC	10	–	2	–	–	2	20	A, B15

Ereignis	Proben gesamt	Belege Lawinenereignis					Anteil Lawinenhölzer [%]	Moorbereich
		scar [n]	Druck-Holz [n]	AWÄ [n]	EJ [n]	gesamt [n]		
Winter 3097/96 BC	10	–	–	2	–	2	20	A
Winter 3103/02 BC	10	–	–	1	1	2	20	A, D
Winter 3116/15 BC	9	1	–	–	2	3	33,3	B15, G, H
Winter 3146/45 BC	8	–	–	1	1	2	25	A, G
Winter 3152/51 BC	8	–	–	1	2	3	37,5	A, H
Winter 3197/96 BC	7	–	1	–	1	2	28,6	A, H
Winter 3242/41 BC	7	–	1	1	–	2	28,6	A, H
Winter 3291/90 BC	5	–	–	1	1	2	40	A, B19
Winter 3302/01 BC	5	–	–	1	2	3	60	B19, F, H
Winter 3433/32 BC	5	–	2	–	–	2	40	F, G
Winter 3457/56 BC	4	–	–	3	1	4	100	A, C, G
Winter 3786/85 BC	3	–	1	–	1	2	66,7	A, F
Winter 3892/91 BC	15	–	1	2	–	3	20	A, B26, E
Winter 3894/93 BC	15	–	–	2	2	4	26,7	A, B16, B26, E
Winter 3899/98 BC	15	–	1	–	1	2	13,3	B16, B26
Winter 3905/04 BC	16	–	–	2	–	2	12,5	B26, B27
Winter 3907/06 BC	16	–	–	1	1	2	12,5	B16, B27
Winter 3962/61 BC	9	–	–	2	–	2	22,2	B26, B27
Winter 3965/64 BC	9	–	1	1	–	2	22,2	B26, B27
Winter 4001/00 BC	7	–	2	–	–	2	28,6	B16, B26
Winter 4102/01 BC	7	–	–	1	1	2	28,6	B16, B19
Winter 4835/34 BC	4	–	–	2	–	2	50	B26, B27
Winter 5069/68 BC	2	–	2	–	–	2	100	B26

berechnet. Für die Festsetzung als EJ darf der Jahrringbreitenwert (JR_0) maximal bis 60% der Breite des Mittels der beiden vorangegangenen Jahrringe (JR_{-1}, JR_{-2}) aufweisen, wobei der unmittelbare Vorjahreswert (JR_{-1}) doppelt gewichtet wird

$$[JR_0 < 0.6 \bullet ((2 \bullet JR_{-1}+JR_{-2})/3)]$$

(Wahl, 1996).

Auf der Basis einzelner Nachweise von scars (a), Druckholz (b) oder AWÄ (c) konnten aufgrund der unspezifischen Ursachen für diese Erscheinungen jedoch nur mögliche Lawinenereignisse bestimmt werden. Als gesichert rekonstruiert betrachten wir hingegen nur jene Lawinenereignisse, für die (1) zumindest zwei Belege (vgl. Smith et al., 1994) an unterschiedlichen Proben für scars, Druckholz und/oder AWÄ vorliegen. Als gesichert rekonstruiert gelten in dieser Studie darüber hinaus auch (2) jene Lawinenabgänge, falls zwar nur ein einzelner Nachweis für ein scar, eine Druckholzbildung oder

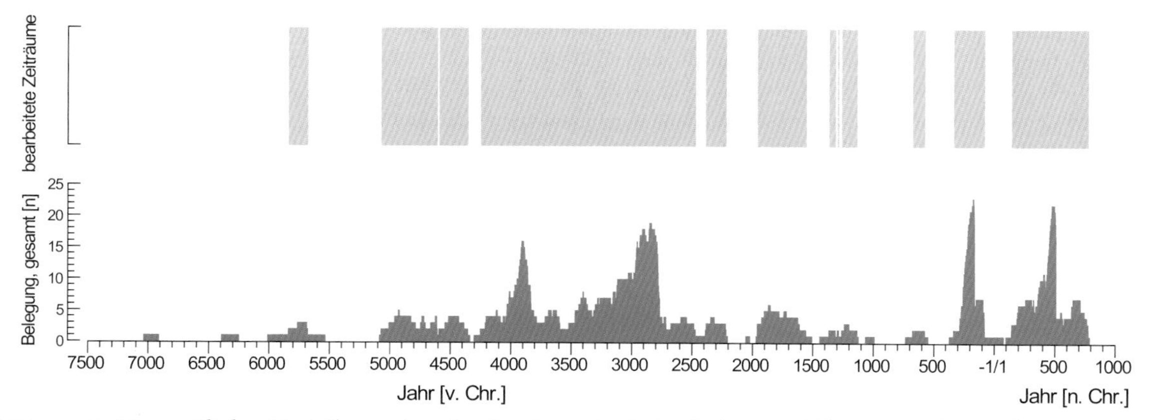

Abbildung 2: Die zeitliche Verteilung der dendrochronologisch datierten Hölzer aus dem Schwarzensteinmoor (unten) und die Zeitperioden mit einer Mindestbelegung von zwei (oben).

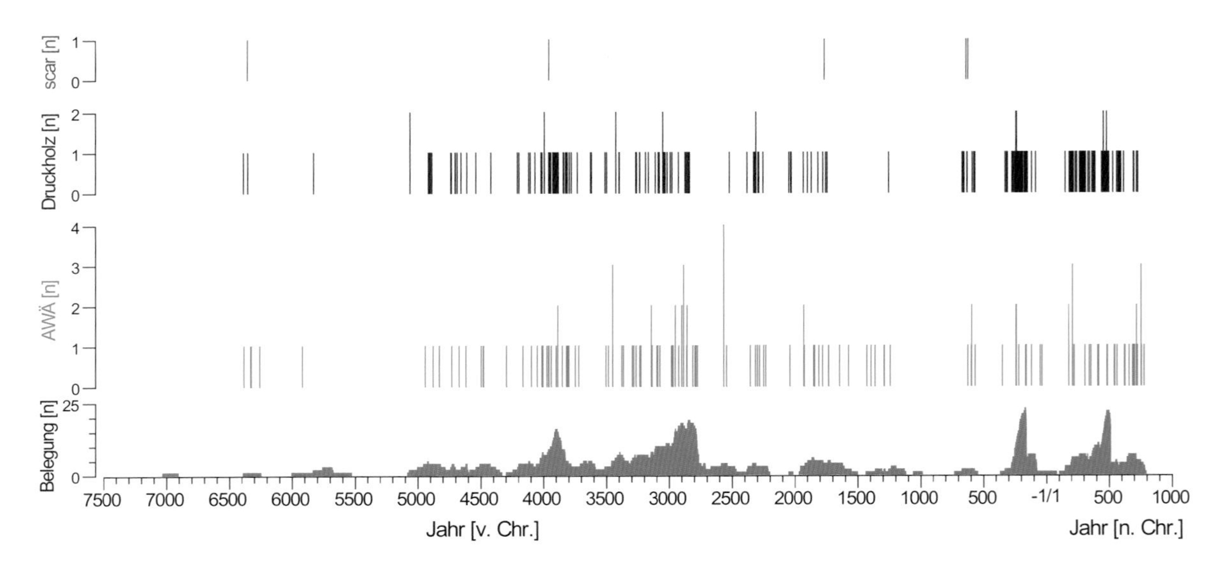

Abbildung 3: Die zeitliche Verteilung und die Zahl der jahrringinternen Indikatoren (Druckholz, AWÄ: abrupte negative Wachstumsänderung, scar) für Lawinenabgänge je Kalenderjahr sowie die Probenbelegung.

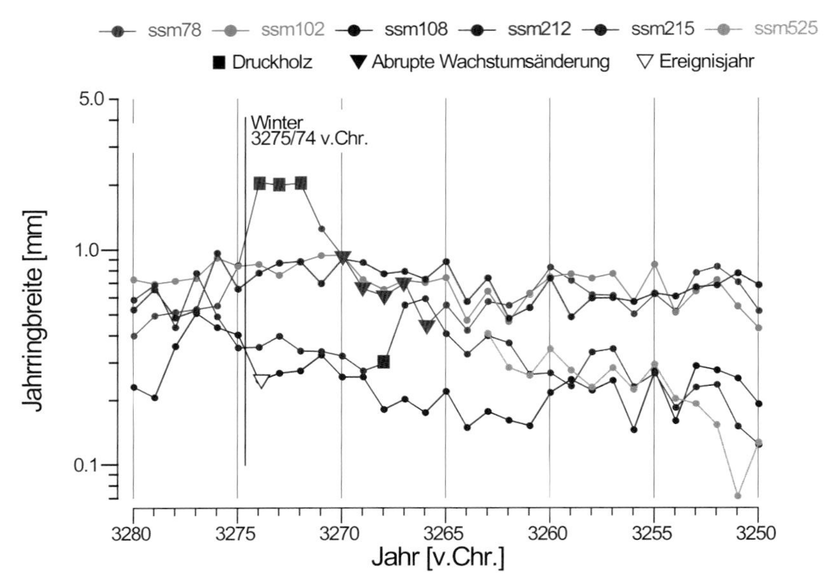

Abbildung 4: Der gesichert rekonstruierte Lawinenabgang im Winter 3275/74 v. Chr. und seine Belege.

AWÄ gegeben ist, jedoch an zumindest einer weiteren Probe ein Ereignisjahr (d) belegbar ist (Tabelle 1). Damit können wir gesichert Lawinenereignisse im Bereich des Schwarzensteinmoores nur für jene Zeitabschnitte bestimmen, deren Probenreplikation bei zumindest 2 liegt.

3. Ergebnisse und Diskussion

Die bislang geborgenen und dendrochronologisch datierten Hölzer aus dem Schwarzensteinmoor fallen in den Zeitraum der letzten 9000 Jahre, decken diesen allerdings nicht geschlossen ab. Beispielsweise fehlen entsprechende subfossile Stämme aus dem vergangenen Jahrtausend (Abbildung 2). Für die Festlegung von abgesicherten Lawinenereignissen, belegt durch eine Mindestzahl von zeitgleichen jahrringinternen Merkmalen von zwei, wird der Zeitraum nochmals eingeengt (Abbildung 2). Insgesamt liegen für 4386 Jahre Messwerte von zumindest zwei Proben aus dem Schwarzsteinmoor vor.

Das Potential für die Bestimmung von Lawinenabgängen auf der Basis von jahrringinternen Indikatoren ist vergleichsweise hoch. Die Proben lassen in 224 unterschiedlichen Kalenderjahren ein Einzeljahr oder den Beginn einer Jahrringsequenz mit Druckholzbildung erkennen (Abbildung 3). Mit 136 Fällen ist die Zahl der Jahre mit negativer AWÄ deutlich geringer. Nur für fünf Kalenderjahre liegen Belege für ein scar vor. Damit liegt die Zahl der möglichen Lawinenabgänge deutlich über jener der gesichert rekonstruierten Ereignisse (Tabelle 1). Die Abbildungen 4 bis 8 präsentieren beispielhaft abgesicherte Lawinenereignisse im Schwarzensteinmoor. Aus dem Zeitraum um 3270 v. Chr. liegen fünf Proben vor. Mit zwei Proben ist ein Lawinenereignis im Winter 3275/74 v. Chr. erfasst. Eine Probe bildet im Sommer 3274 v. Chr. den ersten von insgesamt drei Jahrringen mit Druckholz aus, eine weitere Probe zeigt zeitgleich ein Ereignisjahr an.

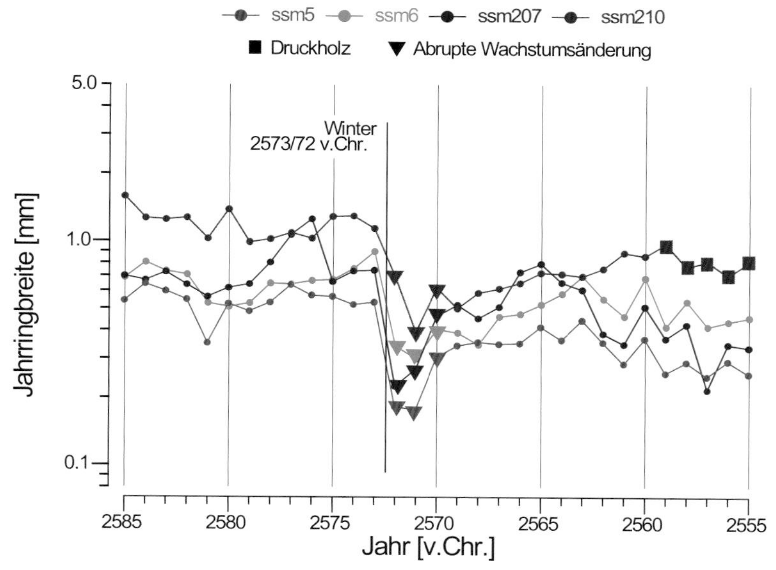

Abbildung 5: Der gesichert rekonstruierte Lawinenabgang im Winter 2573/72 v. Chr. und seine Belege.

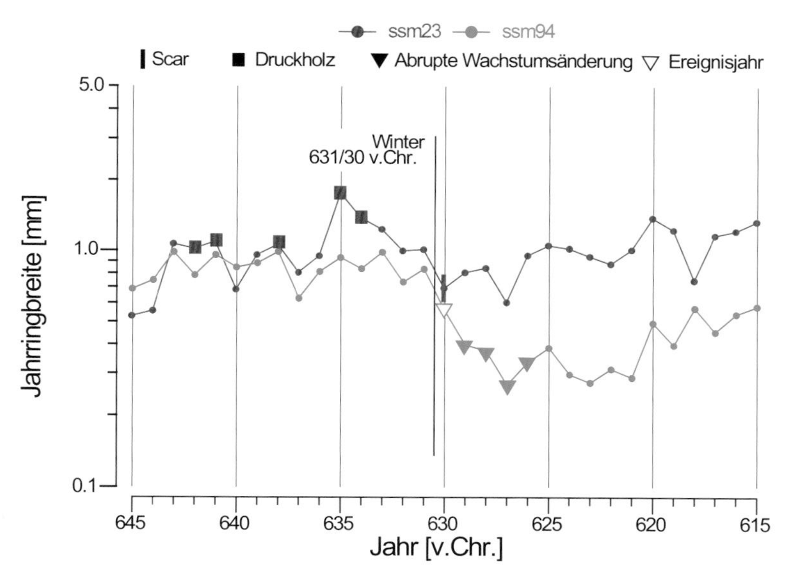

Abbildung 6: Der gesichert rekonstruierte Lawinenabgang im Winter 631/30 v. Chr. und seine Belege.

Eine AWÄ ab 3270 v. Chr. kann nicht als gesichertes Lawinenereignis eingestuft werden, da keine weiteren zeitgleichen Belege vorliegen.

Der Zeitabschnitt um 2570 v. Chr. ist mit vier Schwarzensteinmoor-Proben abgedeckt (Abbildung 5). Alle vier Serien weisen eine AWÄ, die 2572 v. Chr. beginnt und einen Lawinenabgang im vorhergehenden Winterhalbjahr bestimmt, auf. Drei der vier Proben zeigen das Wachstumsminimum im 2. Jahr der AWÄ, was typisch für solche, durch Lawinen verursachte Zuwachseinbrüche erscheint (Zrost & Nicolussi, in. Vorb.). Der Beginn einer Druckholzsequenz ab 2559 v. Chr. kann wiederum nur als Hinweis auf einen möglichen Lawinenabgang gewertet werden. Zwar zeigen die übrigen Proben eine synchrone Wachstumsreduktion an, diese fällt jedoch zu schwach aus, um zumindest als EJ bestimmt werden zu können.

Der einzige Lawinenabgang, der auch auf einer scar-Datierung beruht, fällt in den Winter 631/30 v. Chr. und ist durch insgesamt zwei Hölzer belegt. Die Probe ssm23 weist diese Stammverletzung auf, zeitgleich beginnt bei Stamm ssm94 eine stark wachstumsreduzierte Phase, gekennzeichnet am Anfang durch ein Ereignisjahr, fortgesetzt mit einer AWÄ. Wiederum kann die wiederholte Druckholzbildung in der Probe ssm23 nur als Hinweis auf mögliche weitere Lawinenabgänge in diesem Zeitabschnitt angesehen werden.

Im frühen 2. Jhdt. v. Chr. war der Hang über dem Schwarzensteinmoor von einer größeren Baumpopulation bestockt, ein Teil der Bäume wurde bei einem Lawinenabgang im Winter 168/67 v. Chr. zerstört (Nicolussi et al., dieser Band), andere Bäume überstanden jedoch dieses Ereignis (Abbildung 7). Diese überlebenden Bäume dürften allerdings zumindest zum Teil beschädigt worden sein, die meisten Jahrringserien zeigen in Folge jedenfalls ein reduziertes Wachstum. Die Probe ssm92 reagiert sogar, verzögert um ein Jahr, mit einer AWÄ. Der bei Lawinenstudien an rezenten Bäumen immer wieder beobachtete Effekt einer Wachstumszunahme von zuvor unterdrückten Bäumen (z.B. Schweingruber et al., 1990; Kasbauer, 2006), ausgelöst durch verringerte Wachstumskonkurrenz, ist hingegen an der Probe ssm350 zu beobachten. Deren Jahrringserie, bis 168 v. Chr. durch ein extrem geringes Wachstumsniveau gekennzeichnet, zeigt in Folge deutlich größere, den übrigen Serien entsprechende Jahrringbreiten. Ein weiterer, vor der Großlawine des Winters 168/67 v. Chr. zu datierender Abgang fällt in den Winter 174/73 v. Chr. und ist an zwei Proben durch eine Druckholzbildung sowie ein EJ bestimmt.

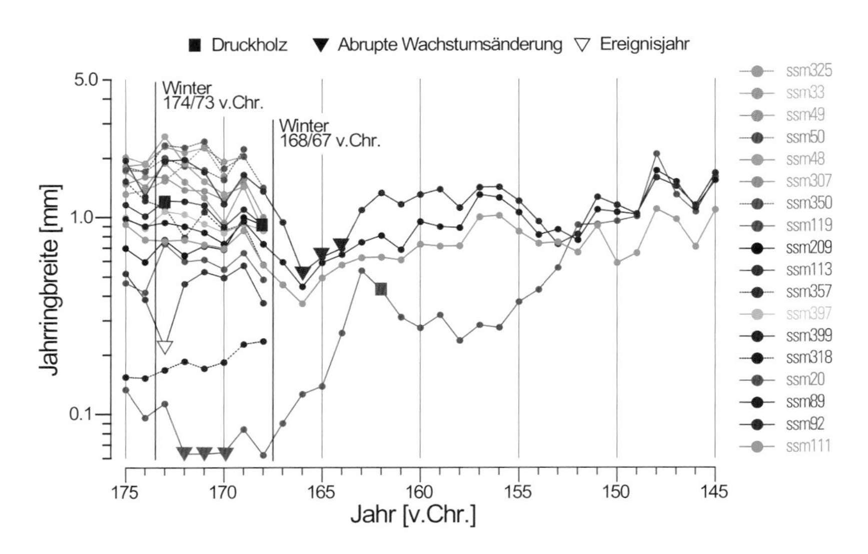

Abbildung 7: Die gesichert rekonstruierten Lawinenabgänge in den Wintern 174/73 und 168/67 v. Chr. und ihre Belege.

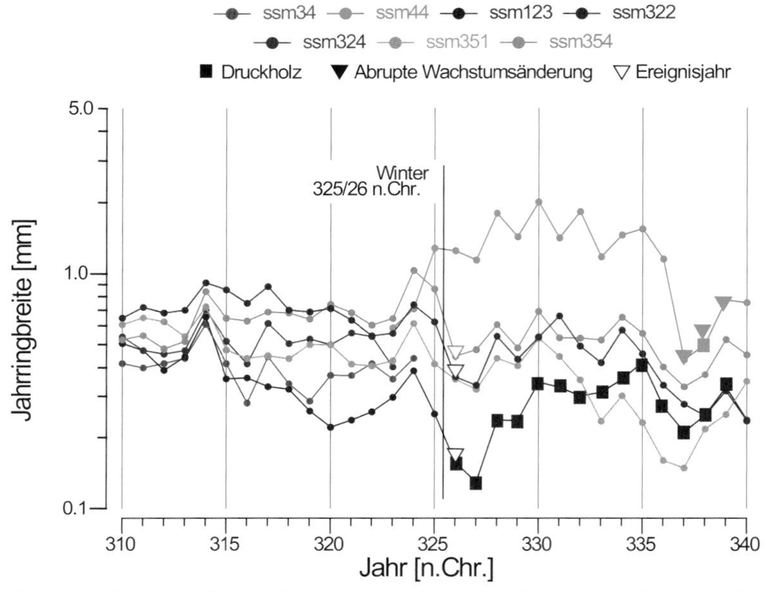

Abbildung 8: Der gesichert rekonstruierte Lawinenabgang im Winter 325/26 n. Chr. und seine Belege.

Das Lawinenereignis im Winter 325/26 n. Chr. (Abbildung 8) ist durch eine Probe mit Beginn einer Sequenz von Druckholzjahrringen sowie mit zwei weiteren Proben, deren Jahrringserien Ereignisjahre anzeigen, belegbar. Die beiden übrigen Hölzer, die in diesen Zeitabschnitt fallen, zeigen keine, beziehungsweise keine eindeutige Reaktion. Der Wachstumseinbruch der Probe ssm44 nach dem Winter 336/37 n. Chr. ist wiederum, da nur einfach belegt, mit einem möglichen Lawinenabgang in Verbindung zu bringen.

Tabelle 1 listet die gesichert rekonstruierten 64 Lawinenereignisse, bestimmt nach jahrringinternen Merkmalen und belegt in zumindest zwei Proben, auf. Am stärksten vertreten sind dabei die AWÄ mit 43 Belegen, gefolgt von Druckholz (n=33) und den Ereignisjahr-Nachweisen (n=32). Lediglich ein Beleg fällt in die Rubrik scars, was letztlich auf die Art des Vorgehens bei der Probenbergung zurückzuführen ist. Da dabei aus Naturschutz- und Arbeitsgründen nur ein möglichst kleiner Abschnitt des im Moor erhaltenen Stammes freigelegt wurde, ist eine entsprechende Erfassung einer typischerweise begrenzten Stammverletzung als Zufall zu betrachten. Dies ist bei subfossilen Proben als wesentlicher Unterschied zu Lawinenstudien an rezenten Bäumen zu sehen, wo eine entsprechend orientierte Beprobung leicht durchführbar ist (z.B. MUNDO et. al, 2007).

Der Großteil der Ereignisse, rund zwei Drittel, beruht auf einer Kombination unterschiedlicher Indikatoren, beispielsweise auf einer Kombination zwischen Druckholz und AWÄ (Tabelle 1, Abbildung 9). Ausschließlich auf dem Merkmal AWÄ beruhen 15 sowie nur auf Druckholzbestimmungen weitere 6 gesicherte baumbeschädigende Lawinenabgänge auf das Schwarzensteinmoor (Tabelle 1).

Bei einem Vergleich der nachgewiesenen Lawinenabgänge nach jahrringinternen Indikatoren beziehungsweise aufgrund der Absterbedaten von Bäumen wird deutlich, dass es kaum Ergebnisse gibt, die zeitlich übereinstimmen. Dies ist vor allem auf die schwierige Bestimmung der Ereignisse aufgrund von Jahrringmerkmalen an subfossilen Hölzern zurückzuführen. Die Baumart *Pinus cembra* L. ist zudem vergleichsweise robust, reagiert manchmal verzögert (z.B. Abbildung 7) und erholt sich meist schnell von Schäden, was durch die Analyse rezenten Materials (ZROST, 2004) belegbar ist. Auch das waldzerstörende Lawinenereignis im Winter 168/67 v. Chr. (Abbildung 7) zeigt zwar klare Reaktionen in den überlebenden Bäumen, diese sind jedoch nicht stark genug oder setzen nur verzögert ein, so dass kein eindeutiges Signal entsteht.

Die Bestimmung von Lawinenereignissen auf der Basis jahrringinterner Merkmale von subfossilen Hölzern ist deutlich erschwert gegenüber entsprechenden Studien an rezenten Bäumen. Bei subfossilen Holzproben, speziell wenn sie in Mooren eingebettet sind, kann die Beprobungsstelle meist nicht im Hinblick auf die Erfassung von Lawinenindikatoren, wie scars, ausgesucht werden. Dies schlägt sich auch in der Zahl von nur fünf registrierten Stammverletzungen an Schwarzensteinmoor-Hölzern (Abbildung 3) nieder. Darüber hinaus scheint manchmal die Druckholzbildung verzögert einzusetzen, wodurch eine klare Zuordnung zu einem bestimmten Ereigniswinter schwieriger wird. Starke negative Wachstumsreaktionen, wie AWÄ oder Ereignisjahre, sind an sich gute Lawinenindikatoren, durch die Festlegung von hohen Schwellwerten werden allerdings wohl nur vergleichsweise starke Beschädigungen erkannt. Dies gilt speziell für die Baumart Zirbe (Zrost, 2004). Ereignisjahre können auch durch allgemeine Klimastörungen hervorgerufen werden, weshalb eine Ausweisung von Lawinenabgängen nur auf der Basis von Ereignisjahren zu Fehlschlüssen führen könnte.

Die Anforderung, dass zumindest zwei Proben Indikatoren für Lawinenabgänge aufweisen, reduziert die Zahl der gesichert rekonstruierten Ereignisse deutlich. Die Indikatoren scar, AWÄ und Druckholz zeigen in 357 Jahren mögliche Lawinenabgänge auf das Schwarzensteinmoor, doch nur für nur 64 Winter liegen im Minimum zwei Indikatoren, und dies auch nur bei einer zusätzlichen Mitberücksichtigung von negativen Ereignisjahren, vor. So beruhen 33 der 64 der hier als gesichert rekonstruiert eingestuften Lawinenabgänge gänzlich oder teilweise auf der Erfassung von Druckholz, an den Schwarzensteinmoor-Hölzern ist jedoch für 224 Kalenderjahre der Beginn einer Druckholzbildung belegt. Diese Anforderung einer doppelten Belegung für eine gesicherte Einstufung als nachgewiesenes Lawinenereignis ist allerdings notwendig, da alle jahrringinternen Merkmale nicht monokausal sind und daher auch anderen Ereignisarten, wie z.B. Schneekriechen bei der Druckholzbildung beziehungsweise Steinschlag bei scars, zuordenbar sind.

Mit 64 gesichert rekonstruierten Lawinenabgängen ist die Zahl der nach internen Jahrringindikatoren bestimmten Ereignisse mehr als doppelt so groß wie jene der auf der Basis zerstörter Bäume festgelegte (n=27; Nicolussi et al., 2007). Dies erscheint durchaus sinnvoll, da in letzterem Fall gerade die Erhal-

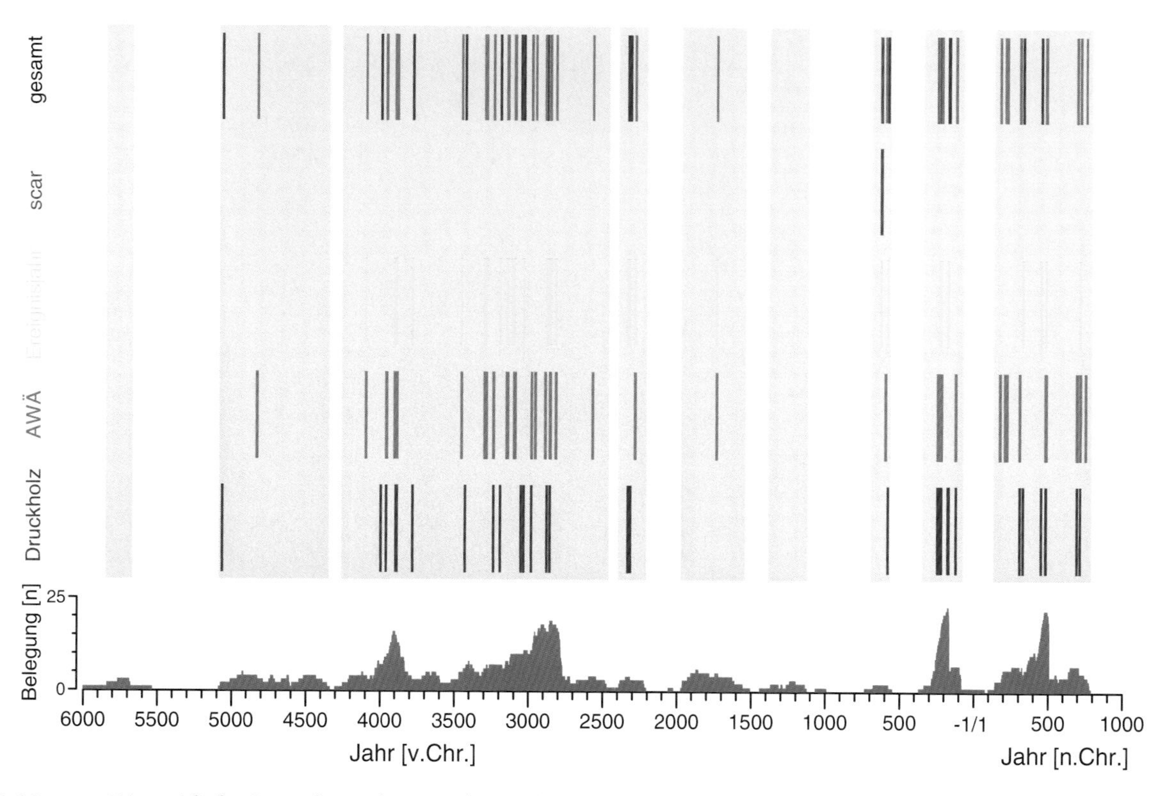

Abbildung 9: Die zeitliche Verteilung der gesichert rekonstruierten Lawinenereignisse nach den Indikatoren Druckholz, abrupte negative Wachstumsänderung (AWÄ), scar und – in Kombination mit eine der anderen Indikatoren – auch negative Ereignisjahre. Die grau hinterlegten Bereiche zeigen die analysierten Zeitabschnitte (Mindestbelegung zwei Proben) an. Gezeigt wird zusätzlich die Zahl der Proben pro Kalenderjahr (Belegung).

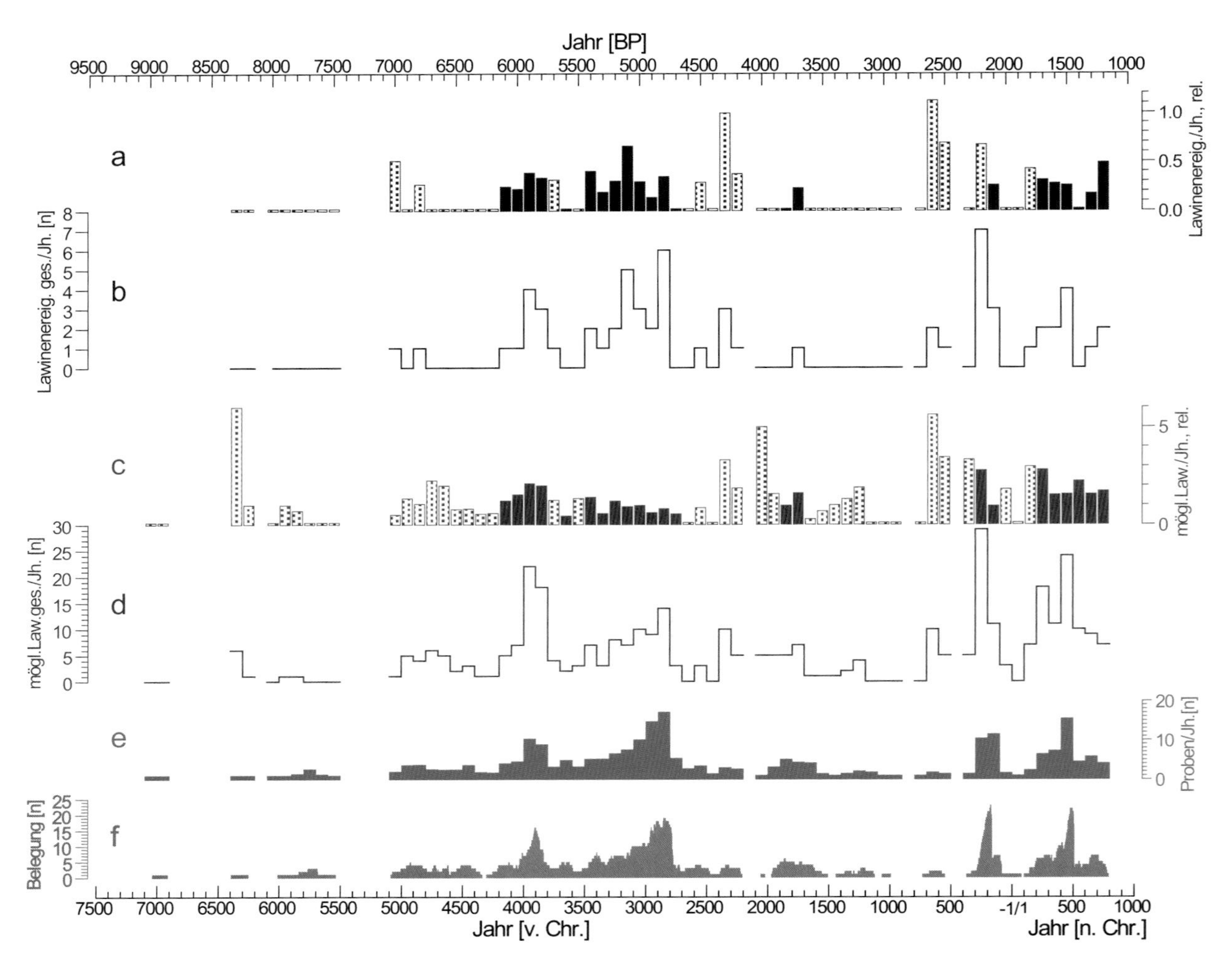

Abbildung 10: Die relative Zahl von (c) möglichen und (a) gesichert rekonstruierten Lawinenabgängen nach jahrringinternen Indikatoren je Jahrhundert, berechnet auf der Basis der absoluten Anzahl der (d) möglichen und (b) gesichert rekonstruierten Lawinenabgänge nach Jahrhunderten und (e) der mittleren Probenzahl je Jahrhundert. Gezeigt wird zusätzlich die Gesamtbelegung an Proben (f). a/c: punktiert: Probenmittel unter 4; volle Farbe: Mittel der Probenzahl zumindest 4.

tungsbedingungen (die Waldkante muss bestimmbar sein) auch eine wesentliche Rolle spielen.
Die Zahl der rekonstruierten baumbeschädigenden Lawinenabgänge variiert über die Jahrhunderte hinweg deutlich (Abbildung 9). Häufungen ergeben sich um etwa 4000, 3000 und 300 v. Chr. sowie um ca. 500 n. Chr.
Ganz offensichtlich ist die Korrelation der Zahl der gesichert rekonstruierten Lawinenabgänge mit der Anzahl der dendrochronologisch datierten Proben (Abbildung 10/b und e). Je mehr datierte Hölzer vorliegen, desto mehr Lawinenereignisse lassen sich generell nachweisen. Bei einer Zusammenfassung der Lawinen nach Jahrhunderten fällt die höchste Zahl an gesichert rekonstruierten Lawinenabgängen (n=7) in das 3. Jhdt. v. Chr., gefolgt vom Zeitraum 2900 bis 2801 und dem 32. Jhdt. v. Chr. mit sechs beziehungsweise fünf Ereignissen (Abbildung 10b). Liegen im Mittel zumindest 10 Proben je Jahrhundert vor (Abbildung 10/e), ist die Summe der gesichert rekonstruierten Lawinenabgänge, mit einer Ausnahme (30. Jhdt. v. Chr.), zumindest bei drei (Abbildung 10b). Auffallend ist, dass für etwas mehr als die Hälfte der Jahrhunderte zwar Proben vorliegen, jedoch keine Lawinenabgänge rekonstruiert wurden. Ähnlich ist das Bild bei einem Vergleich der möglichen Lawinenereignisse (Abbildung 10d) mit den mittleren Probenzahlen je Jahrhundert (Abbildung 10e). Die höchsten Zahlen liegen hier wiederum für das 3. Jhdt. v. Chr. sowie das 5. Jhdt. und 40. Jhdt. v. Chr. vor. Gleichzeitig geht die Zahl der Jahrhunderte ohne Lawinenindikatoren stark zurück (Abbildung 10d). Diese Jahrhunderte fallen auch durchwegs mit geringen Probenzahlen auf (Abbildung 10e und f).

Die Berechnung des Verhältnisses der gesichert rekonstruierten Lawinenabgänge, nachgewiesen mittels jahrringinternen Merkmalen (Abbildung 10a), und der mittleren Probenzahl (Abbildung 10e) zeigt eine ungleiche Verteilung über die Jahrtausende hinweg. In Relation zur Zahl der Hölzer lassen sich viele Lawinen für das 71., 32., 24., 7., 6. und 3. Jhdt. v. Chr. beziehungsweise das 8. Jhdt. n. Chr. belegen. Allerdings datieren in die Jahrhunderte mit den höchsten relativen Nachweisen (24. und 7. Jhdt. v. Chr.) geringe absolute Zahlen an Proben (Abbildung 10a, punktiert). Umgekehrt zeigt der Zeitraum kurz nach 3000 v. Chr. zwar eine hohe Probenreplikation jedoch eine im Verhältnis geringe Zahl an Lawinenabgängen. Dagegen sind nur das 32. und 3. Jhdt. v. Chr. sowie das 8. Jhdt. n. Chr. mit mittleren Probenzahlen über vier ausgezeichnet (Abbildung 10a, volle Farbe).

Die zeitliche Verteilung der möglichen Lawinenabgänge in Relation zu den Probenzahlen zeigt ein etwas anderes Bild (Abbildung 10c). Die höchsten Werte werden wiederum bei vergleichsweise geringen Zahlen an Hölzern (64., 7. und 21. Jhdt. v. Chr.) erreicht, bei den mit Proben besser belegten Jahrhunderten häufen sich hingegen die Lawinen im Zeitraum zwischen etwa 300 v. Chr. und 800 n. Chr. (Abbildung 10c).

Bei einer Unterteilung der letzten 9000 Jahre in einen jüngeren (nach ca. 2200 v. Chr.) und älteren Abschnitt (vor 2200 v. Chr.), fallen in die jüngere Periode rund 47% der Proben (gesamt 177) und 41% der gesichert rekonstruierten Ereignisse. Allerdings zählen die Proben aus diesem späten Abschnitt des Holozäns im Mittel deutlich weniger Jahrringe (Nicolussi et al., 2007). Bei einer Berücksichtigung der Jahrringzahl der datierten Hölzer ereigneten sich im späten Holozän (hier ab ca. 2200 v. Chr.) 9.0% mehr gesichert rekonstruierte Lawinenabgänge als im Zeitraum davor. Bei den möglichen Ereignissen ist das Verhältnis noch betonter, auf die Zahl der gemessenen Jahrringwerte umgelegt fallen in den Zeitraum ab ca. 2200 v. Chr. relativ 62.0% mehr Lawinenwinter als in den älteren Abschnitt. Dies bestätigt den visuellen Eindruck der Zeitreihe in Abbildung 10c.

Die Periode des alpinen Klimaoptimums, etwa das Jahrtausend um 5000 v. Chr., gekennzeichnet durch eine hohe Baum- und Waldgrenze sowie weite zurückgezogene Alpengletscher (Nicolussi et al., 2005; Jörin et al., 2006) ist im Schwarzensteinmoor durch vergleichsweise wenige Proben belegt. Trotzdem sind vereinzelte Lawinenabgänge und damit eine entsprechende Winterschneemenge auch in diesem Zeitabschnitt nachweisbar (Abbildung 10). Die zeitliche Verteilung der Lawinenabgänge, bestimmt nach jahrringinternen Faktoren, lassen keine einfache Zuordnung zu bekannt klimagünstigen beziehungsweise -ungünstigen Perioden des Holozäns, unterteilt nach Waldgrenz- und Gletscherbefunden (Nicolussi & Patzelt, 2001; Nicolussi et al. 2005; Nicolussi & Patzelt, 2006; Jörin et al., 2006) zu. Vielmehr belegen die erfassten Abgänge eine gewisse gleichmäßige Streuung über die untersuchten Zeiträume. Allerdings deutet sich durch die Analyse der möglichen Lawinenabgänge, unterstützt auch durch die synchrone, auffallende Verkürzung der Lebensdauer der betroffenen Bäume, eine erhöhte Zahl von Lawinen in klimaungünstigen, feucht-kühlen Abschnitten des Holozäns an.

4. Fazit

Die möglichen (n=357) und gesichert rekonstruierten (n=64) baumbeschädigenden Lawinenabgänge auf das Schwarzensteinmoor belegen auch Phasen der Lawinentätigkeit in nacheiszeitlichen Perioden, in denen vergleichsweise günstige Klimaverhältnisse herrschten. Diese Gunstphasen sind ganz lokal ableitbar aufgrund der Ausbreitung der Zirbenwälder am Hang über dem Schwarzensteinmoor, dokumentiert durch die später im Moor eingeschlossenen Hölzer. Damit ist jeweils auch eine ausreichende Schneeakkumulation für solche Ereignisse, auch in durch höhere Temperaturen gekennzeichneten Abschnitten des Holozäns, belegt.

Der Zeitraum der letzten rund 4000 Jahre ist am Schwarzensteinmoor derzeit nur lückenhaft mit Hölzern belegt, was auf eine deutliche Reduktion im Waldaufkommen hindeutet. Hier spielt sicherlich die anthropogene Nutzung und Vegetationsbeeinflussung im oberen Zemmgrund eine wesentliche Rolle (z.B. Pindur et al., 2007). Hauptsächlich dürfte die verringerte Waldverbreitung jedoch klimatisch gesteuert gewesen sein. Dieser im postglazialen Kontext durchschnittlich vergleichsweise kühle Zeitabschnitt nach rund 2200 v. Chr. weist, bezogen auf die Jahrringzahlen der Hölzer, deutlich mehr mögliche (+62%) sowie etwas mehr gesichert rekonstruierte (+9%) baumbeschädigende Lawinenereignisse auf. Somit sind tendenziell mehr und auch stärkere Lawinenabgänge in Zeiten relativer Klimaungunst, abgrenzbar durch die postglazialen Gletschervorstoßperioden, erfolgt.

5. Dank

Zu danken ist Peter Pindur, Peter Schießling und Matthias Kaufmann für die Jahrringbreitenmessungen an einem Teil der Schwarzensteinmoor-Proben sowie Johannes van der Plicht, CIO Universität Groningen, für die Durchführung der ^{14}C-Analysen.
Die Untersuchungen wurden durch den österreichischen Forschungsfonds FWF (Projekte P-13065 und P15828 - EXPICE) bzw. das BFW - Bundesforschungs- und Ausbildungszentrum für Wald, Naturgefahren und Landschaft (Projekt 2002-125: HOLA) unterstützt.

6. Literatur:

BEBI, P., CASTELLER, A., MAYER, A.C. & STÖCKLI, V., 2004. Jahrringe als Indikatoren für extreme Standortbedingungen im Gebirge: Schnee, Lawinen und Permafrost. - [in:] Schweizerische Zeitschrift für Forstwesen. — **155**:208-212.

BURROWS, C.J. & BURROWS, V.L., 1976. Procedures for the study of snow avalanche chronology using growth layers of woody plants. - Institute of Arctic and Alpine Research, Occasional Paper no. 23, University of Colorado, 13-24.

CARRARA, P.E., 1979. The determination of snow avalanche frequency through tree-ring analysis and historical records at Ophir, Colorado. - [in:] Geological Society of America Bulletin. — **90**:773-780.

CASTELLER, A., STÖCKLI, V., VILLALBA, R. & MAYER, A.C., 2007. An Evaluation of Dendroecological Indicators of Snow Avalanches in the Swiss Alps. - [in:] Alpine, Arctic and Antarctic Research. — **39/2**:218-228.

JÖRIN, U.E., STOCKER, T.F. & SCHLÜCHTER, C., 2006. Multicentury glacier fluctuations in the Swiss Alps during the Holocene. - [in:] The Holocene. — **16/5**:697-704.

KASBAUER, D., 2006. Rekonstruktion von Lawinenereignissen durch die Kombination von Lawinensimulation und dendrogeomorphologischen Methoden. Das Beispiel Hüttnertobel-Lawine 1999. - Geographische Diplomarbeit, Universität Innsbruck, 1-110.

MUNDO, I. A., BARRERA, M. D. & ROIG, F. A., 2007. Testing the utility of *Nothofagus pumilio* for dating a snow avalanche in Tierra del Fuego, Argentina. - [in:] Dendrochronologia. — **25**:19-28.

MUNTÁN, E., ANDREU, L., OLLER, P., GUTIÉRREZ, E. & MARTÍNEZ, P., 2004. Dendrochronological study of the Canal del Roc Roig avalanche path: first results of the Aludex project in the Pyrenees. - [in:] Annals of Glaciology. — **38**:173-179.

NICOLUSSI, K. & PATZELT, G., 2001. Untersuchungen zur holozänen Gletscherentwicklung von Pasterze und Gepatschferner Ostalpen). - [in:] Zeitschrift für Gletscherkunde und Glazialgeologie. — **36**:1-87.

NICOLUSSI, K., LUMASSEGGER, G., PATZELT, G., PINDUR, P. & SCHIESSLING, P., 2004. Aufbau einer holozänen Hochlagen-Jahrring-Chronologie für die zentralen Ostalpen: Möglichkeiten und erste Ergebnisse. - [in:] Innsbrucker Geographische Gesellschaft (Hrsg.). Innsbrucker Jahresbericht 2001/2002. —**16**:114-136.

NICOLUSSI, K., KAUFMANN, M., PATZELT, G., VAN DER PLICHT, J. & THURNER A., 2005. Holocene treeline variability in the Kauner Valley, Central Eastern Apls, indicated by dendrochronological analysis of living trees and subfossil logs. - [in:] Vegetation History and Archaeobotany. — **14/3**:221-234.

NICOLUSSI, K. & PATZELT, G., 2006. Klimawandel und Veränderungen an der alpinen Waldgrenze - aktuelle Entwicklungen im Vergleich zur Nacheiszeit. - [in:] BFW-Praxisinformation 2006. — **10**:3-5.

NICOLUSSI, K., PINDUR, P., SCHIEZLING, P., KAUFMANN, M., THURNER A. & LUZIAN R., 2007. Waldzerstörende Lawinenereignisse während der letzten 9000 Jahre im Zemmgrund, Zillertaler Alpen, Tirol. In diesem Band.

PINDUR, P., 2000. Dendrochronologische Untersuchungen im Oberen Zemmgrund, Zillertaler Alpen. Eine Analyse rezenter Zirben (*Pinus cembra* L.) und subfossiler Moorhölzern aus dem Waldgrenzbereich und deren klimageschichtliche Interpretation. - Geographische Diplomarbeit, Universität Innsbruck, 1-122.

PINDUR, P., SCHÄFER, D. & LUZIAN, R., 2007. Der Nachweis einer bronzezeitlichen Feuerstelle bei der Schwarzensteinalm im Oberen Zemmgrund, Zillertaler Alpen. In diesem Band.

POTTER, N., 1969. Tree-ring dating of snow avalanche tracks and the geomorphic activity of avalanches, northern Absaroka Mountains, Wyoming. - [in:] Geological Society of America Special Paper. — **123**:141-165.

Schönenberger, W., 1978. Ökologie der natürlichen Verjüngung von Fichte und Bergföhre in Lawinenzügen der nördlichen Voralpen. - [in:] Mitteilungen Eidgenössische Anstalt für forstl. Versuchswesen. — **54/3**:217-361.

Schweingruber, F. H., Eckstein D., Serre-Bachet F. & Bräker, O. U., 1990. Identification, presentation and interpretation of event years and pointer years in dendrochronology. - [in:] Dendrochronologia. — **8**:9-38.

Schweingruber, F.H., Kontic, R. & Winkler-Seifert, A., 1983. Eine jahrringanalytische Studie zum Nadelbaumsterben in der Schweiz. - [in:] Eidgenössische Anstalt für das forstliche Versuchswesen. — Bericht **253**:1-29.

Schweingruber, F.H.,1996. Tree Rings and Environment. - [in:] Dendroecology. (Paul Haupt). — 1-609, Birmensdorf/Bern.

Smith, D.J., McCarthy, D.P. & Luckman, B.H., 1994. Snow avalanche impact pools in the Canadian Rocky Mountains. - [in:] Arctic and Alpine Research. — **26(2)**:116-127.

Stoeckli, V., 1998. Physical interactions between snow and trees: Dendroecology as a valuable tool for their interpretation. - [in:] Urbinati C. & Carter, M. (eds.). Dendrocronologia: una scienza per l'ambiente tra passato e presente: 79-85. Atti del XXXIV Corso di Cultura in Ecologia, San Vito di Cadore, Italy, September 1-5, 1997. Dipartimento Territorio e Sistemi Agroforestali, Universita degli Studi di Padova.

Wahl, H.. 1996. Lawinenereignisse im Jahrringbild. Methodische Überlegungen und eine Rekonstruktion von Ereignissen im Umfeld des Riedgletschers (VS). - Diplomarbeit am Geographischen Institut der Universität Zürich. Zürich.

Zrost, D., 2004. Lawinenereignisse des späten und mittleren Holozäns in den zentralen Ostalpen: dendrochronologische Untersuchungen rezenter und subfossiler Zirbenhölzer im Kaunertal und Zillertal. - Geographische Diplomarbeit, Universität Innsbruck, 1-126.

Zrost, D. & Nicolussi, K., 2007. Lawinenereignisse im Jahrringbild rezenter Zirben. In diesem Band.

Holozäne Schneelawinen und prähistorische Almwirtschaft und ihr Einfluss auf die subalpine Flora und Vegetation der Schwarzensteinalm im Zemmgrund (Zillertal, Tirol, Österreich)

Jean Nicolas HAAS[1], Carolina WALDE[2] & Verena WILD[3]

HAAS, J.N., WALDE, C. & WILD, V., 2007. Holozäne Schneelawinen und prähistorische Almwirtschaft und ihr Einfluss auf die subalpine Flora und Vegetation der Schwarzensteinalm im Zemmgrund (Zillertal, Tirol, Österreich). — BFW-Berichte **141**:191-226, Wien. — Mitt. Komm. Quartärforsch. Österr. Akad. Wiss., **16**:191-226, Wien

Kurzfassung

Die an Torfsedimenten aus dem Schwarzensteinmoor, sowie den Kleinstmooren Schwarzensteinalpe und Schwarzensteinboden erarbeiteten Pollen-, Extrafossilien- und Großrestanalysen erlauben die detaillierte Rekonstruktion der Vegetationsgeschichte, des Klimaverlaufs, der Großlawinenereignisse sowie der anthropogenen Nutzung der Schwarzensteinalm im Zemmtal für die letzten 10.000 Jahre. Die ältesten Ablagerungen des Schwarzensteinmoores stammen aus der Mittelsteinzeit (Mesolithikum). An Hand im Torf vorgefundenen Zirbenstämmen (*Pinus cembra*) konnten 26 Großlawinenereignisse dendrochronologisch erfasst werden, die seit 6255 v. Chr. in relativ regelmäßigen Abständen aufgetreten sind und ihre Spuren in der Vegetation hinterliessen. Auf Grund der palynostratigraphischen Veränderungen müssen diese Ereignisse nicht nur und erwartungsgemäß kurzzeitige Rückschläge in den Zirbenpopulationen bewirkt haben, sondern teilweise – und möglicherweies je nach Lawinentyp – auch die als lawinentolerant geltenden Grünerlen (*Alnus viridis*) und Latschen (*Pinus mugo*) zumindest kurzfristig in ihrer Blühfähigkeit und Populationsdichte getroffen haben. Auf Grund der Vegetationsrekonstruktion konnte in diesem Zusammenhang die anteilsmäßige Bedeutung der beteiligten Lawinentypen nach dem Kriterium ihrer Bewegungsform (vorwiegend staubförmig, vorwiegend fließend oder in einer Mischform) eingeschätzt werden. In der Jungsteinzeit (Neolithikum) zeigen sich ab ca. 4100 v. Chr. die ersten anthropogenen Eingriffe im Pollenprofil des Schwarzensteinmoores, die sich mit Hilfe typischer Zeigerpflanzen als mensch- bzw. haustierbedingt nachweisen lassen. Wir müssen demnach davon ausgehen, dass der Mensch mit seinen Haustieren seit über 6.000 Jahren, wenn auch mit unterschiedlicher Intensität, zwecks Weide- und Almwirtschaft in unserem Forschungsgebiet weilte. Eine in unmittelbarer Nähe der Schwarzensteinalm ausgegrabene archäologische Fundstelle (Lagerplatz mit Feuerstellen) aus der mittleren Bronzezeit (datiert auf 1610 v. Chr.) zeigt, dass diese frühen Hirten das Tal damals auch besiedelt haben.

Spezifische, bisher für diese Höhenlagen wenig beachtete und quantifizierte Extrafossilien (Non-pollen-palynomorphs, wie etwa Pilzsporen und Schneealgenzysten) erlauben z.B. Rückschlüsse auf das holozäne Schneevorkommen. Das regelmässige, massive Auftreten der Traubengrünalge *Botryococcus* vom Neolithikum bis zur späten Eisenzeit ist zudem wohl mehrheitlich auf einen starken, erosions- und exkrementbedingten Nährstoffeintrag (Eutrophierung) in das Schwarzensteinmoor auf Grund der nachgewiesenen, prähistorischen Brandrodung und Beweidung zurückzuführen. Sporen von obligat koprophilen Pilzen weisen zusammen mit den palynologisch nachgewiesenen Weide- und Siedlungszeigern auf die steigende almwirtschaftliche Bedeutung des Zemmtals (bzw. der Schwarzensteinalm) seit der Bronzezeit hin. Unsere Pollenanalysen erlauben auch einen stetigen Roggenanbau (*Secale cereale*) seit etwa 150 n. Chr. (Römerzeit) für die Tal- und Montanlagen im hinteren Zillertal und/oder Ahrntal (Südtirol) nachzuweisen.

[1]AO. UNIV. PROF. DR. JEAN-NICOLAS HAAS, Institut für Botanik, Universität Innsbruck, A-6020 Innsbruck, E-Mail: Jean-Nicolas.Haas@uibk.ac.at

[2]MAG.A CAROLINA WALDE, Institut für Botanik, Universität Innsbruck, A-6020 Innsbruck,
E-Mail: Carolina.Walde@uibk.ac.at

[3]MAG.A VERENA WILD, Department für medizinische Genetik und molekulare und klinische Pharmakologie, Medizinische Universität Innsbruck, A-6020 Innsbruck, E-Mail: Verena.Wild@i-med.ac.at

Im Mittelalter wurden die Almen wohl ebenfalls relativ stark bewirtschaftet und die Weidewirtschaft intensiviert. In der Neuzeit kann dann der Einfluss der Klimadepression der sogenannten Kleinen Eiszeit auf die lokale Vegetation nachgewiesen werden, obwohl die Almbewirtschaftung wohl nicht nachgelassen hat, sondern gemäss den historischen Quellen wohl flächenmässig sogar zugenommen haben dürfte, vielleicht um talseitige Ernteausfälle auszugleichen. Seit der maximalen Gletscherausbreitung um 1850 n. Chr. ist ein verstärkter anthropogener Eingriff im Untersuchungsgebiet zu erkennen, der bis in die Mitte des 20. Jahrhunderts angedauert hat. Seitdem hat die Haustierbestossung des Zemmtals und der Schwarzensteinalm sukzessive abgenommen, und gleichzeitig der Wander-, Bergsteiger-, und Mineralientourismus zugenommen.

Schlüsselwörter
Spätquartär, Palynologie, Alpen, Almwirtschaft, Phytodiversität

Abstract

[Holocene Snow Avalanches and Pastural Impacts on Subalpine Flora and Vegetation of Schwarzensteinalm in the Zemmgrund-Valley (Ziller-Valley, Tyrol, Austria).] The pollen, extrafossil and macrofossil results from three bog localities Schwarzensteinmoor, Schwarzensteinalpe and Schwarzensteinboden permit detailed reconstruction of vegetation, climate, avalanche frequency and agro-pastoral activities for the last 10.000 years. The oldest peat sediments from Schwarzensteinmoor date to the Mesolithic Period. Twentysix snow avalanche events (dendrochronologically dated on Arolla Pine (*Pinus cembra*) logs found in the peat) were reconstructed since 6255 BC. These regular events left traces in the surrounding vegetation succession. Pollen stratigraphy shows that these events not only affected the populations of Arolla Pine, but also – depending on the avalanche type – affected at least on a short-term the so-called avalanche-tolerant species such as Green Alder (*Alnus viridis*) and Mountain Pine (*Pinus mugo*) by reducing their flowering and population density. According to the vegetation reconstruction, the probable importance of avalanche types involved (powder avalanches, flow avalanches, mixed types) was estimated. During the Neolithic Period, the first signs of anthropogenic impact of pastoral activities are recorded at Schwarzensteinmoor starting around 4100 BC. We therefore have to consider that man and his livestock were continuously present in the area for more than 6.000 years; people also settled the area as shown by the excavated archaeological site (camp site with fire places dated to 1610 BC) located just below the nearby glacier of Schwarzensteinkees. Specific extrafossils (non-pollen-palynomorphs) such as fungal spores and algal cysts – so far overlooked in palaeoecological research done in these altitudes – also allow the reconstruction of Holocene snow amounts by the quantification of snow algae. The regular presence and abundance of the algae *Botryococcus* from the Neolithic Period up to the Iron Age also reflects the high nutrient input (eutrophication) in the catchment of Schwarzensteinmoor due to erosional and excremental input from pastoral and burning activities. Spores from obligate coprophilous fungi as well as pollen indicators for pastoral and settlement activities show the rising agro-pastoral importance of the Upper Zemm valley since the Bronze Age. Our pollen analytical results also point to the regular cultivation of rye (*Secale cereale*) within the lower and montane zones of the Ziller Valley and/or Ahrntal (South Tyrol) since about 150 AD (Roman Period). During the Medieval Period, alpine pastures were also intensively used. Since then, the impact of the Little Ice Age climatic deterioration on the local vegetation is shown, even if the agro-pastoral use of the area was not reduced but may even have increased according to the written historical sources, possibly because of downslope losses in cultivated plant yields. This human and agro-pastoral impact has risen since the peak glacier expansion of 1850 AD and lasted up to the mid-20th century. Since then, livestock numbers have declined in the valley of Zemm and on the alpine pasture of Schwarzensteinalm. Today, there is increasing interest in hiking, mountain climbing, as well as in the tourist's quest for minerals.

Keywords
Late Quaternary, Palynology, Alps, Agro-pastoral activity, Phytodiversity

1. Einleitung

Klima und Mensch beeinflussen seit Jahrtausenden die Vegetation des Alpenraums in direkter und indirekter Art und Weise. Betrachten wir die Klimaseite, so können Schneelawinen eine aussergewöhnlich große zerstörerische Wirkung auf Vegetationseinheiten und auf vom Menschen Geschaffenes haben. Auch wenn uns entsprechende historische Lawinenereignisse und ihre Auswirkung auf den subalpinen Wald und auf alpine Wiesen und Weiden überliefert sind (Abbildung 1; siehe auch z.B. Schoeneich & Busset-Henchoz, 1999; Jäger 2005; Casteller et al., 2007; Haid, 2007), so war bisher über das prähistorische Lawinengeschehen und dessen Auswirkung auf die langfristige, (spät-) holozäne Pflanzendiversität weltweit nur aus einigen wenigen Gebirgsregionen (Norwegen, Kanada, USA) etwas bekannt (Nesje et al., 1994 und 1995; Caterino, 1998; Waythomas et al., 2000; Nesje, 2002; Seierstad et al., 2002; Dubé et al., 2004; Nesje et al., 2007).

Die hier im Rahmen des HOLA-Projektes („Nachweis und Analyse von holozänen Lawinenereignissen"; Luzian & Pindur, dieser Band) durchgeführten Untersuchungen aus dem Bereich der Schwarzensteinalm in den Zillertaler Alpen zeichnen somit weltweit erstmalig den Einfluss von holozänen Großlawinen auf die vergangene, lokale Vegetation auf, mit Hilfe eines Vergleiches zwischen den jahrgenau dendrochronologisch datierten Lawinenereignissen (Nicolussi et al., dieser Band) und deren in der pollenanalytischen Vegetationsrekonstruktion erkennbaren Auswirkungen.

Die pollenanalytischen Untersuchungen von Moor- und Seesedimenten stellen dabei eine der wesentlichsten Methoden zur Beschreibung und Quantifizierung solcher lokaler bis regionalen Veränderungen dar. Im Waldgrenzökoton unseres Forschungsgebietes im Zillertal verbreiten viele bestandesbildende Pflanzenarten ihren Pollen (Blütenstaub) durch den Wind, durch Tiere oder durch das Wasser. Nur ein geringer Anteil dieses Blütenstaubs trifft hierbei auf die Narben der entsprechenden Blüten, wo es zur Bestäubung kommt. Der Großteil des Pollens hingegen wird, ohne dessen Funktion erfüllt zu haben, auf der Erdoberfläche abgelagert, wo er jedoch innerhalb weniger Wochen durch das Vorhandensein von Sauerstoff zersetzt und zerstört wird. Gelangt dieser Blütenstaub jedoch auf die Oberfläche von Seen und Mooren, kann er in das im Wasser abgelagerte Sediment oder in den wassergesättigten Torf eingebettet werden. Dort erhält sich der Blütenstaub – genau wie viele andere botanische und tierische Reste – unter Luftab-

Abbildung 1: Aufnahme eines historischen Lawinenereignisses im Tiroler Alpenraum (Österreich). Postkartenarchiv J.N. Haas.

schluss über Jahrtausende hinweg. Die Analyse solcher Archive, bzw. dieser Sedimente und der darin eingebetteten Pollen und Sporen erlaubt somit die vergangene, langzeitliche Vegetationsentwicklung im näheren und weiteren Umkreis einer Untersuchungsstelle in chronologischer Abfolge zu untersuchen, und sie gleichsam wie in einem Buch zu lesen und zu verstehen. Dies erlaubt natürlich nicht nur die Vegetation außerhalb eines Ablagerungsortes zu rekonstruieren, sondern auch Veränderungen innerhalb eines Sedimentationsbeckens zu klären. Hierzu dienen neben dem Blütenstaub von Sumpf- und Wasserpflanzen v.a. auch die sogenannten Extrafossilien (engl. non-pollen-palynomorphs), die in den allermeisten Fällen lokal produziert und in der näheren Umgebung abgelagert werden, wie zum Beispiel Mikroalgen, Eier von aquatischen Würmern oder Pilzsporen.

Eine Reihe von palynologisch unterscheidbaren Zeigerarten aus dem gesamten Pflanzen- und Tierreich erlaubt somit die Charakterisierung und Quantifizierung von Vegetationseinheiten und Ökosystemen, wie z.B. von Wald- und Strauchgesellschaften, Siedlungs- und Kulturfolgegesellschaften, Wiesen, Feuchtgebieten und von anderen Mikrohabitaten. Für unser Forschungsprojekt besonders wichtig sind dabei die ersten zwei Kategorien, da sie es uns erlauben, die Zerstörung bzw. Regeneration der Waldbestände nach einem massiven Schneelawinenabgang zu rekonstruieren, und andererseits den Einfluss des prähistorischen Menschen und dessen Haustieren auf die vergangene Flora und Vegetation eines Lawinengebietes zu verstehen. In diesem Zusammenhang von großer Bedeutung sind Siedlungszeiger, die nur unter dem Einfluss des Menschen und dessen Haustieren vermehrt auftreten, wie z.B. der Spitzwegerich (*Plantago lanceolata*), der Große Wegerich (*Plantago major*), der Mittlere Wegerich (*Plantago media*), der Alpen-Wegerich (*Plantago alpina*), Ampferarten (*Rumex* spec.) oder stickstoffliebende Pflanzen wie Brennnesselgewächse (Urticaceae), Gänsefußgewächse (Chenopodiaceae) und Beifuss (*Artemisia* spec.), die gedüngten Boden, Viehweiden, Äcker und Brachflächen anzeigen (IVERSEN, 1941; BEHRE 1981; BORTENSCHLAGER, 2000; COURT-PICON et al., 2005). Großen Indikatorwert besitzt hier auch speziell der Spitzwegerich (*Plantago lanceolata*), eine lichtbedürftige Art, die nur dann aufkommt, wenn die Krone des Waldes offen ist oder Trittrasengesellschaften vorliegen. Ampferarten (*Rumex*) kommen vor allem auf Ruderalstandorten oder auf landwirtschaftlich genutzten Flächen vor. All diese Arten sind natürliche Bestandteile der heimischen Flora, die aber unter dem Einfluss von Mensch und Haustieren viel häufiger auftreten als ohne. Im Gegensatz dazu werden Kulturzeiger ausschließlich vom Menschen angebaut, verbreitet oder z.B. durch Transhumanz bzw. durch entsprechende Haustiere in ein Gebiet eingeschleppt. Als häufigste Kulturzeiger müssen hier für den Alpenraum Pollenfunde diverser Getreide z.B. von Weizen (*Triticum aestivum*), von Gerste (*Hordeum vulgare*), von Hafer (*Avena sativa*) und von Roggen (*Secale cereale*) bezeichnet werden (Sammelbegriff: Cerealia), von weiteren Kulturpflanzen wie dem Lein (*Linum usitatissimum*), sowie von Fruchtbäumen wie der Edelkastanie (*Castanea sativa*) und der Walnuss (*Juglans regia*). Das Auftreten solcher Funde in Stratigraphien und dazugehörigen Pollendiagrammen weist somit ganz signifikant auf die unmittelbare, regionale Anwesenheit des Menschen und/ oder dessen Haustieren hin, da solche Pollenfunde entweder durch ihre natürliche Verbreitung oder durch die Ablagerung von Exkrementen in solche Ablagerungsbecken gelangen (MOE, 1983, 2000, 2005; MOE & VAN DER KNAAP, 1990). Vorausgesetzt eine natürliche Verbreitung findet statt, so weisen einige Kulturpflanzen-Pollentypen (u.a. Cerealia, *Secale cereale*) zudem durch ihren Befruchtungs- und Verbreitungsmechanismus, bzw. durch ihre eigentliche Pollengrösse eine relativ eingeschränkte Verbreitung und Transportfähigkeit auf, und weisen daher auf die Kultivierung der entsprechenden Nutzpflanzen in einem Abstand von wenigen hundert Metern (in Einzelfällen und je nach Geomorphologie und Luft-/Wasserverhältnissen von bis zu wenigen Kilometern) hin (BEHRE & KUČAN, 1986).

Die Pollenanalyse erlaubt somit neben der eigentlichen Rekonstruktion von natürlich bedingten Vegetationsveränderungen auch die Quantifizierung eines prähistorischen menschlichen Einflusses auf Vegetationseinheiten zu erfassen (IVERSEN, 1941, 1949, 1969; HAAS, 1996a) und bei Verwendung von Resultaten aus mehrere Profilen eine ungefähre Lage von prähistorischen Siedlungen und den dazugehörige Ackerflächen zu ermitteln (HAAS & HADORN, 1998; CASPARIE & HAAS 2006; HAAS et al., 2007). Rodungen von Baum- bzw. Strauchbeständen sind zudem pollenanalytisch meistens relativ deutlich durch einen prozentualen und absoluten Rückgang von Baumpollenwerten erkennbar bei gleichzeitigem Anstieg von Kräuterwerten. Eine solche Landnahme wird nachfolgend oft durch das Auftreten von Weidezeigern und Kulturpflanzenfunden charakterisiert, wobei das Erkennen einer solchen Inkulturnahme im Alpenraum selbstverständlich auch abhängig ist von der Distanz und

Höhenlage zwischen Almen, Ackerflächen und Untersuchungsstellen. Auf unbeschatteten und offenen, nur kurzzeitig brachliegenden Flächen breiten sich zudem oft gleichzeitig typische Arten der Trittrasengesellschaften oder Ruderalarten aus, wie Gräser (Gramineae/Poaceae) und der Spitzwegerich (*Plantago lanceolata*), die neben spezifischen Pollenzeigern für alpine Weidetätigkeit (z.B. Alpen-Wegerich *Plantago alpina* und Alpen-Mutterwurz *Ligusticum mutellina*) ebenfalls zur guten Erkennung und Quantifizierung einer menschlichen, bzw. haustiertechnischen Tätigkeit genutzt werden können (Bortenschlager, 2000; Court-Picon et al., 2005). Als weitere Phase kann nach einer längeren Bracheperiode oder nach kompletter Aufgabe von prähistorischen Acker- und Weideflächen dann auch das Aufkommen von lichtliebenden, konkurrenzstarken Pioniergehölzen wie Birken (*Betula* spec.) und Haseln (*Corylus avellana*) als sozusagen abschliessende Phase eines Nutzungszyklus pollenanalytisch erkannt und definiert werden. Bleibt dann der Einfluss des Menschen und seiner Haustiere längerfristig aus, so gehen logischerweise auch in den Pollendiagrammen die Kultur- und Siedlungszeiger relativ schnell zurück. Am Ende einer Siedlungs- bzw. Nutzungsphase breitet sich somit wieder das gesamte, adaptierte Baum-/Strauchspektrum aus, sodass Lichtungen bzw. Feld-/Weideflächen innerhalb weniger Jahrzehnte wiederbewaldet werden und die pflanzensoziologisch beschreibbare Grundsukzession abgeschlossen wird. In gewisser Weise gilt diese Pflanzensukzession in ihren Grundzügen (und ohne die entsprechenden Kulturpflanzenaspekte) auch für die Öffnung eines Waldes bzw. Beanspruchung einer alpinen Matte durch Großlawinenereignisse, und kann daher zur Rekonstruktion der sich dadurch verändernden Pflanzendiversität genutzt werden.

Betrachten wir die geographische Lage der hier vorgestellten und paläoökologisch analysierten Ablagerungsbecken im hintersten Zillertal (Tirol, Österreich), so dürfen wir festhalten, dass wohl in keinem anderen Gebiet Tirols auf einer so kleinen Fläche einer einzigen Alm (Abbildung 2) eine solch große Anzahl von nun publizierten, paläoökologischen Untersuchungen vorliegt. Tirol gehört, wenn wir

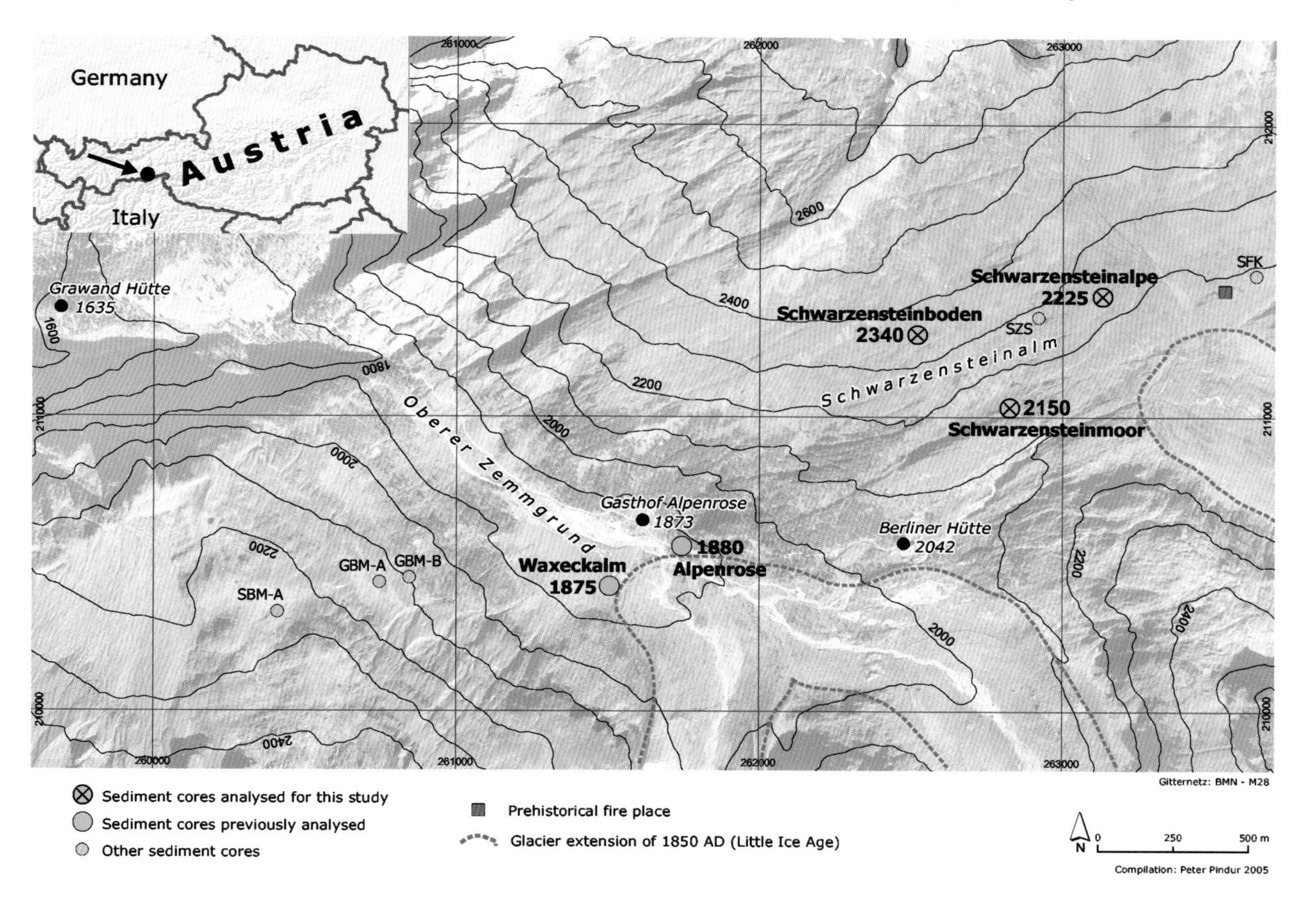

Abbildung 2: Die Lage des Untersuchungsgebietes im Bereiche der Schwarzensteinalm und des Oberen Zemmgrundes (Tirol, Österreich) mit den Entnahmestellen aller bearbeiteten und unbearbeiteten Sediment-Stratigraphien und der Lage der prähistorischen Siedlungsstelle aus der Bronzezeit (1611 ± 75 v. Chr.; siehe dazu auch Pindur et al., dieser Band). Man beachte auch die unmittelbare Nähe der Gletschergebiete während ihrer Maximalausdehnung am Ende der Kleinen Eiszeit (1850 n. Chr.). Zusammenstellung: P. Pindur, 2005.

dies in Bezug zur Fläche setzen, zu den palynologisch am besten untersuchten Gebieten Europas, wo seit fast 90 Jahren einige hundert Lokalitäten pollen- und großrestanalytisch untersucht und publiziert wurden (WAHLMÜLLER, 1993; BORTENSCHLAGER et al., 1996). Die nun hier für das hintere Zillertal vorgestellten pollen- und großrestanalytischen Ergebnisse aus drei, die Sedimentation der letzten 10.000 Jahre abdeckenden Mooren aus dem Gebiete der Schwarzensteinalm (WALDE et al., 2003 und 2004; HAAS et al., 2004 und 2005; WILD, 2005) erlauben somit zusammen mit der Neuinterpretation von zwei bereits vor einigen Jahren im Oberen Zemmgrund erarbeiteten Stratigraphien (WEIRICH, 1977; WEIRICH & BORTENSCHLAGER, 1980; HÜTTEMANN, 1983; HÜTTEMANN & BORTENSCHLAGER, 1987) einen exzellenten, kleinräumigen Einblick in die Geschichte der Flora, Vegetation und Siedlungskammer dieses seit der Jungsteinzeit begangenen Tales der Zillertaler Alpen am Alpenhauptkamm und historischen Übergang zwischen Österreich und Italien.

Eine erste menschliche Siedlungstätigkeit kann in unserem Untersuchungsgebiet für die Bronzezeit für den Zeitraum um 1610 v. Chr. belegt werden, sowohl archäologisch im Bereich der hintersten Schwarzensteinalm (Feuerstellenbefunde, Bergkristallabschläge etc.; siehe PINDUR et al., dieser Band) wie auch pollenanalytisch in den hier vorgestellten Arbeiten (siehe unten). Allerdings ist auf Grund der in der gleichen Region am Tuxer Joch (Hintertuxertal) in 2338 m Meereshöhe entdeckten Silex-Artefakte aus dem Mesolithikum (Mittelsteinzeit, ca. 9500-5500 v. Chr.) davon auszugehen, dass die entsprechenden Passübergänge der Zillertaler Alpen schon seit jeher vom Menschen begangen worden sind, so wie dies auch vom Fund des jungsteinzeitlichen, ca. 5300 Jahre alten Eismannes („Ötzi“) her bekannt geworden ist (BUNDESDENKMALAMT 1988; DICKSON et al., 2003; PINDUR et al., dieser Band).

Wie die archäologischen Funde von bronzezeitlichen Bergkristallabschlägen im Talschluss der Schwarzensteinalm (PINDUR et al., dieser Band) und deren 200 m entfernten Abbaustelle (UNGERANK, pers. Mitteil.) zeigen, reicht der Abbau von Mineralien in Höhen weit über 2200 m ü.M. in unserem Untersuchungsgebiet somit mindestens bis in die Bronzezeit zurück. Die bereits früher erstellten Pollenanalysen aus den nahegelegenen Sedimentprofilen Alpenrose und Waxeckalm (Abbildung 2) weisen zudem ebenfalls klar auf eine prähistorische Nutzung dieser etwas tiefer (ca. 1900 m ü.M.) liegenden Weidegebiete seit der Jungsteinzeit und vor allem während der Bronzezeit hin, sowie auf einen Getreideanbau in den nahen Tälern des Zemmtals (bei Ginzling) bzw. Südtirols (Ahrental) ab der Römerzeit (WEIRICH, 1977; WEIRICH & BORTENSCHLAGER, 1980; HÜTTEMANN, 1983; HÜTTEMANN & BORTENSCHLAGER, 1987; LUZIAN & PINDUR, dieser Band). Auch die auf vorrömische und römische Namen und Bezeichnungen zurückzuführenden Almbezeichnungen deuten auf die Nutzung dieser Hochlagen hin (PINDUR, 2000). Im Mittelalter wurden zudem Schwaighöfe im hintersten Zillertal errichtet, die eine Intensivierung der Weidewirtschaft und der Nutzung landwirtschaftlicher Flächen zur Folge hatten. Ab dem 15. Jahrhundert ist dann für das Zillertal neben einem Mineralienabbau auch die Gewinnung von Erzen schriftlich belegt. Urkundlich erwähnt wurden die Almen Waxeck und Schwarzenstein erstmals dann im Jahre 1607 (STOLZ, 1930 und 1949; PINDUR, 2000; NICOLUSSI et al., dieser Band).

Wie alt die Nutzung der Passübergänge vom Zemmtal nach Südtirol ins Ahrental ist, lässt sich zur Zeit nur vermuten, doch dürften gemäß heutiger Kenntnisse die Überwindung des Schwarzensteinkees mit Haustieren seit der Jungsteinzeit kaum ein Problem gewesen sein. Die archäologisch nun belegte Ausbeutung der Bergkristallvorkommen am Fusse des Schwarzensteinkees (PINDUR et al., dieser Band) während der Bronzezeit dürfte somit für eine alte Nutzung dieses Pass- bzw. Gletscherübergangs sprechen, wie wir sie auch aus dem Ötztal oder der Schweiz her kennen (DICKSON et al., 2003, SUTER et al., 2005a und b). Schriftlich ist allerdings die Nutzung der Verbindung vom Zillertal nach Südtirol erst im 14. Jahrhundert historisch belegt (PINDUR, 2000).

2. Material und Methoden

Um Vegetationsveränderungen auf Grund von holozänen Großlawinen qualitativ und quantitativ zu erschliessen, wurden im Bereich der Schwarzensteinalm (Abbildung 3) in den Jahren 2002-2005 drei hier näher vorgestellte Moore und Bohrlokalitäten ausgewählt, im Hinblick auf eine palynologische Bearbeitung durch C. Walde und V. Wild (Tabelle 1, Abbildung 2 und 3).

Die untersuchten Lokalitäten

Das etwa 1,3 ha große **Schwarzensteinmoor** liegt im unteren Bereich der Schwarzensteinalm, nördlich der Berliner Hütte, auf 2150 m Meereshöhe

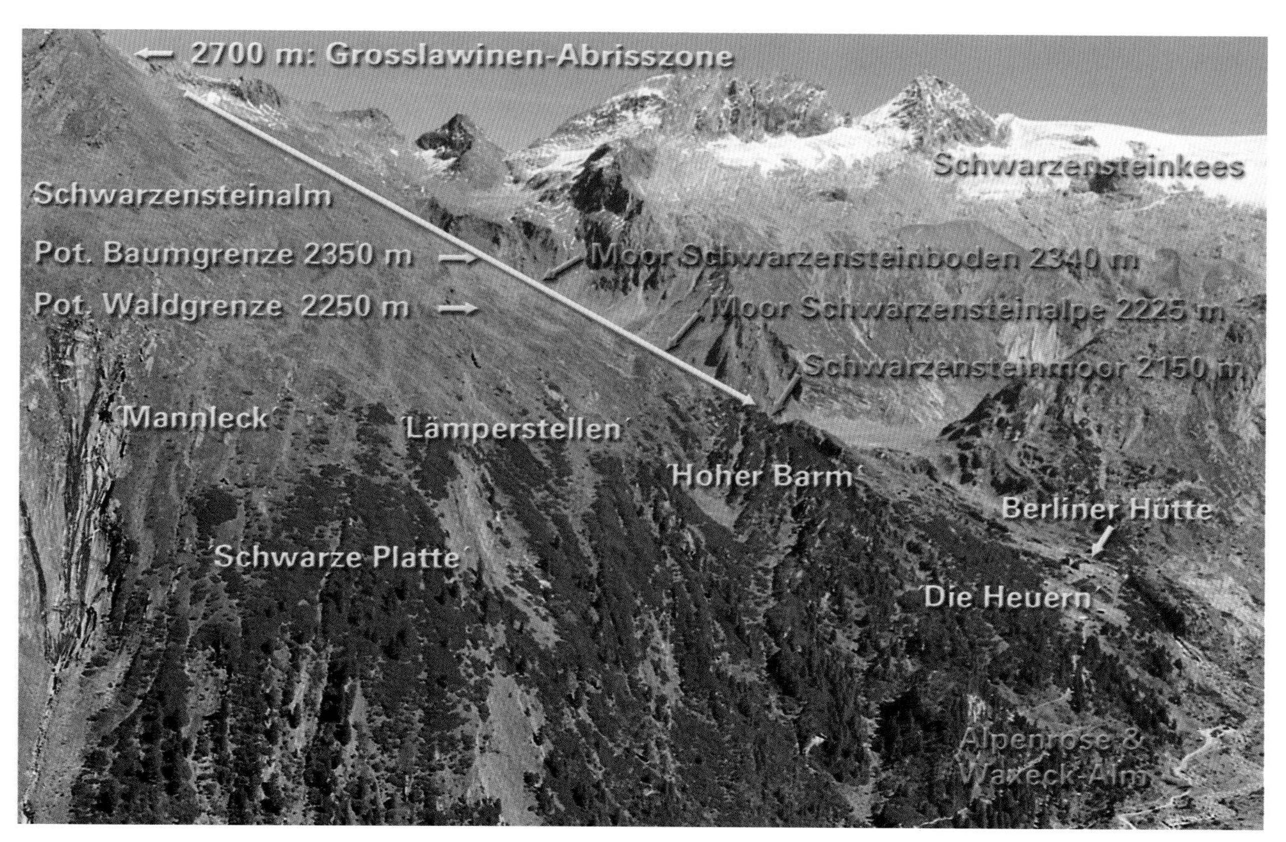

Abbildung 3: Das Gebiet der Schwarzensteinalm mit der Lage der drei entnommenen Bohrkerne aus den Mooren Schwarzensteinboden (2340 m ü.M.), Schwarzensteinalpe (2225 m ü.M.) und dem Schwarzensteinmoor (2150 m ü.M.). Man beachte auch die Lage der heutigen, potentiellen Wald- (2350 m ü.M.) und Baumgrenze (2300 m ü.M.), die Steilheit des darüberliegenden Lawinenhangs, sowie die mannigfaltig vorhandenen Flurnamen, die alle auf die uralte Beweidung dieses Gebietes hinweisen. Photo: J.N. Haas.

(Abbildung 2-4). Das Untersuchungsgebiet befindet sich im Bereich von kristallinen Gesteinen, vor allem von Schiefergneisen (Abbildung 4a). Die umliegende Vegetation (Tabelle 2; vgl. dazu auch SUESSENGUTH, 1952; NIKLFELD & SCHRATT-EHRENDORFER, 2007) wird heute von einer Zwergstrauchheide dominiert und ist mit vereinzelten Zirben (*Pinus cembra*) durchsetzt. Das Schwarzensteinmoor befindet sich somit im Bereich der potentiellen, natürlichen Waldgrenze. Auf Grund der Geo-

Tabelle 1:
Übersicht über die im Untersuchungsgebiet der Schwarzensteinalm und des Oberen Zemmgrundes (Tirol, Österreich) bearbeiteten Sediment-Stratigraphien, und der Lage der archäologischen Fundstelle (siehe zu Letzterem auch PINDUR et al., dieser Band).

Lokalität	Bezeichnung	Bohrkern-Länge [cm] / Proben	Höhe [m ü. M.]	Koordinaten (BMN-M28)	Literatur
Schwarzensteinmoor	SWM-EP3	280	2150	x: 262835 y: 211013	WALDE & HAAS, 2004; HAAS et al. 2005 und diese Arbeit
Schwarzensteinalpe	SWA-A	93	2225	x: 263152 y: 211372	WILD, 2005
Schwarzensteinboden	SWS-C	114	2340	x: 262536 y: 211267	WILD, 2005
Waxeckalm	WEA	250	1875	x: 261493 y: 210390	HÜTTEMANN, 1983; HÜTTEMANN & BORTENSCHLAGER, 1987
Alpenrose	APR	200	1880	x: 261747 y: 210545	WEIRICH, 1977; WEIRICH & BORTENSCHLAGER, 1980
Schwarzensteinalm	SA1	Archäologische Fundstelle	2185	x: 263505 y: 211417	PINDUR et al., 2007; SCHÄFER et al., 2007

Tabelle 2:
Typische, im Gebiet der Schwarzensteinalm und des Schwarzensteinmoores vorgefundene Pflanzenarten (Bestandsaufnahmen im Juni und September 2003 bzw. Juni und August 2004 von V. WILD, C. WALDE und J.N. HAAS).

Familie	Art	Deutscher Name
Asteraceae	*Achillea moschata* WULF.	Moschus-Schafgarbe
Asteraceae	*Cirsium spinosissiumum* (L.) SCOP.	Stachelige Kratzdistel
Betulaceae	*Alnus viridis* (CHAIX) DC.	Grün-Erle
Boraginaceae	*Myosotis alpestris* F.W.SCHM.	Alpen-Vergissmeinnicht
Caryophyllaceae	*Cerastium fontanum* BAUMG. s.l.	Gewöhnliches Hornkraut
Crassulaceae	*Sempervivum montanum* L	Berg-Hauswurz
Ericaceae	*Loiseleuria procumbens* (L.) DESV.	Alpenheide
Fabaceae	*Lotus alpinus* (DC.) RAMOND	Alpen-Hornklee
Lamiaceae	*Ajuga pyramidalis* L.	Pyramiden-Günsel
Lamiaceae	*Thymus praecox* OPIZ	Frühblühender Thymian
Pinaceae	*Pinus cembra* L.	Arve
Pinaceae	*Pinus mugo* TURRA	Berg-Kiefer
Polygonaceae	*Rumex alpestris* JACQ.	Berg-Ampfer
Ranunculaceae	*Trollius europaeus* L.	Trollblume
Rosaceae	*Alchemilla vulgaris* L.	Gewöhnl. Frauenmantel
Salicaceae	*Salix* sp.	Weide
Saxifragaceae	*Saxifraga exarata* ssp. *moschata* (WULF.) CAVILLIER	Moschus-Steinbrech
Saxifragaceae	*Saxifraga paniculata* MILL.	Trauben-Steinbrech
Scrophulariaceae	*Bartsia alpina* L.	Alpenhelm
Urticaceae	*Urtica dioica* L.	Große Brennessel

morphologie auf der Schwarzensteinalm, der regelmäßigen Beweidung sowie auf Grund der häufigen Lawinenereignisse (die v.a. den Zirbenjungwuchs vernichten) entwickelt sich der Zirbenwald in diesem Bereich nur sehr langsam.
Im Hauptmoor des Schwarzensteinmoores wurden verschiedene Bohrkerne entnommen (Abbildung 4b), die jedoch alle für eine detaillierte Untersuchung verworfen werden mussten, da wegen der darin enthaltenen, sehr wahrscheinlich lawinenbedingten Sand- und Geröllschichten mit Hiaten und sedimentologischen Störungen gerechnet werden musste. Aus diesem Grunde wurde die pollenanalytische Arbeit auf den Bohrkern SWM-E-P3 konzentriert, der aus einem lawinengeschützten Bereich des Schwarzensteinmoores stammt (Abbildung 4a). Der im Jahre 2002 mit Hilfe eines sogenannten „Russischen Kammerbohrers" entnommene Bohrkern (Abbildung 4c) ist 280 cm lang und besteht aus regelmäßig abgelagertem Cyperaceen- (Seggen-) und Moostorf ohne nennenswerten anorganischen Anteil (Tabelle 3). Die Entnahmestelle ist durch eine Geländerippe geschützt und daher vom Fließanteil von Großlawinenereignissen nicht oder allenfalls nur sehr selten betroffen.
Das Moor **Schwarzensteinalpe** (informell vergebener Name) liegt in einer Höhe von 2225 m ü.d.M. und befindet sich nordöstlich der Berliner Hütte und des Schwarzensteinmoores nahe dem Alpenvereinsweg 502, der von der Berliner Hütte Richtung Greizer Hütte (im Floitengrund) führt (Abbildungen 2, 3 und 5). Die Abmessung des an diesem Nordhang der Schwarzensteinalm und von einer Rundbuckelrippe und einem Bach im Süden bzw. Westen abgeschlossenen Moores beträgt nur etwa 15 x 15 m (= 0,02 ha). Der hier vorgestellte, aus Cyperaceen-Moostorf bestehende Bohrkern SWA-A (Tabelle 1) ist 93 cm lang und wurde im Juni 2003 im westlichen Zentralbereich des Moores entnommen (Abbildung 5).
Tabelle 4 gibt die heute auf dem Moor dominierenden Pflanzenarten wieder: Kräutermäßig sind dies: *Carex nigra*, *Eriophorum vaginatum* und *Trichophorum caespitosum*. Moose sind durch *Calliergon stra-*

Abbildung 4: a. Blick auf das 1.3 ha große Schwarzensteinmoor mit der Entnahmestelle des von C. Walde pollenanalytisch bearbeiteten Bohrkerns SWM-E-P3 im äussersten Westen des Moores hinter einer kleinen Geländerippe, die diesen Teilbereich des ansonsten bachdurchflossenen und lawinengeschädigten Moores (siehe Steinbrocken) vor Lawinen weitestgehend schützt (Photo: J.N. Haas, 2003). b. Manuelle Entnahme eines Sedimentbohrkernes durch J.N. Haas und P. Pindur mit Hilfe eines „Russischen Kammerbohrers" (Photo: H. Wild, 2003). c. Bohrkernabschnitt (Torf) mit Entnahmestellen der palynologischen Proben. d. Zirben-(*Pinus cembra*-)Pollen (unten links) und Kiefern-(*Pinus*-)Holzkohle (Mitte) im mikroskopischen Bild (Photos: V. Wild, 2004).

Tabelle 3:
Sedimentologische Beschreibung der Bohrkerne Schwarzensteinmoor, Schwarzensteinalpe und Schwarzensteinboden.

Bohrkern	Tiefe [cm]	Sedimentbeschreibung	Klassifizierung nach TROELS-SMITH (1955)	Farbgebung nach MUNSELL COLOR (1990)
Schwarzen-steinmoor	1-24	Cyperaceen-Moostorf (fasrig, leicht zersetzt)	$Tb^1 2\ Th^1 1$	10YR - 2/2
	24-75	Moos-Cyperaceentorf (leicht zersetzt)	$Th^1 2\ Tb^1 1$	5 YR - 2/1
	75-140	Moos-Cyperaceentorf (mittel zersetzt, Holz bei 111-113 cm)	$Th^2 2\ Tb^2 1$	5 YR - 2/1
	140-280	Moos-Cyperaceentorf (stark zersetzt, Holz bei 239 und 271 cm)	$Th^3 2\ Tb^3 1$	N2
Schwarzen-steinalpe	1-14	Cyperaceen-Moostorf (mittel zersetzt)	$Tb^2 2\ Th^2 1$	10 YR - 2/2
	14-26	Torf (minerogen)	$Tb^2 1\ Th^2 1$ Ga1	N2
	26-59	Cyperaceen-Moostorf (mittel zersetzt)	$Tb^2 2\ Th^2 1$	5 YR - 2/1
	59-93	Cyperaceen-Moostorf (stark zersetzt)	$Tb^3 2\ Th^3 1$	N2
Schwarzen-steinboden	1-24	Cyperaceen-Moostorf (leicht zersetzt)	$Tb^1 2\ Th^1 1$	10YR - 2/2
	24-35	Cyperaceen-Moostorf (mittel zersetzt)	$Tb^2 2\ Th^2 1$	5 YR - 2/1
	35-80	Cyperaceen-Moostorf (stark zersetzt)	$Tb^3 2\ Th^3 1$	N2
	80-114	Cyperaceen-Moostorf (mittel zersetzt)	$Tb^2 2\ Th^2 1$	5 YR - 2/1

Abbildung 5:
Blick auf das 0,02 ha grosse Moor Schwarzensteinalpe. Photo: J.N. Haas.

mineum, *Drepanocladus exannulatus* und *Sphagnum subsecundum* dominant vertreten. Am Rande des Moores sind *Nardus stricta*, *Euphrasia minima*, *Homogyne alpina* und *Soldanella pusilla* ebenfalls prominent vorhanden. Bei den die Moorfläche umgebenden subalpinen Zwergsträuchern sind *Juniperus communis* ssp. *alpina*, diverse *Vaccinium*-Arten sowie *Empetrum hermaphroditum* und *Calluna vulgaris* anzutreffen. Dieses Artenspektrum reiht sich ausgezeichnet in die aus dem gesamten Tal her bekannte Artenliste (SUESSENGUTH, 1952; PITSCHMANN et al., 1971; NIKLFELD & SCHRATT-EHRENDORFER, dieser Band). Der Moorbereich umfasst hingegen heute ansonsten keine weiteren Bäume oder Sträucher, ein ganz in der Nähe auf 2230 m ü. M. vorgefundener, auf dendrochronologisch 3649-3399 v. Chr. datierter subfossiler Zirbenstamm (SSM 800, siehe NICOLUSSI et al., dieser Band) zeigt jedoch, dass das Moor Schwarzensteinalpe früher im Bereich der potentiell natürlichen Wald/Baumgrenze (Waldgrenzökoton) gelegen hat.

Das Moor **Schwarzensteinboden** (informell vergebener Name) liegt in einer Höhe von 2340 m ü.d.M. (Abbildung 6), nordwestlich der Berliner Hütte und nördlich des Schwarzensteinmoores (Abbildungen 2 und 3).

Bei diesem lang gestreckten, stark vernässten Moorkörper von etwa 10 x 50 m Grösse (= 0,05 ha) handelt es sich um einen ehemaligen, verlandeten See mit einer noch heute mittig vorhandenen, kleinen Seefläche. Das Moor ist durch den Südhang der Schwarzensteinalm begrenzt und wird im Süden durch eine kleine Geländerippe umrahmt (Abbildung 6). Der Bohrkern SWS-C von 114 cm Länge wurde im September 2003 im östlichen Bereich der Seeverlandung entnommen (Abbildung 6). Die dominierende lokale Flora der Lokalität Schwarzensteinboden wird ebenfalls durch Cyperaceae (*Carex nigra*, *Carex echinata*, *Eriophorum vaginatum* und *Trichophorum caespitosum*), Moosen (*Calliergon stramineum*, *Drepanocladus exannulatus* und *Sphagnum subsecundum*) sowie durch *Euphrasia minima* und *Homogyne alpina* charakterisiert (Tabelle 4). *Juniperus communis* ssp. *alpina* und *Vaccinium*-Arten sind um das Moor reichlich zu finden, weitere Baum- oder Straucharten fehlen jedoch, auch wenn generell auf der Schwarzensteinalm in dieser Höhenlage manchmal 2-5 jährige Jungbäume der Zirbe (*Pinus cembra*) vorgefunden werden können (ZWERGER & PINDUR, 2007).

Entnahme und chemische Aufbereitung der Proben

Die Bohrkerne aus den drei Mooren Schwarzensteinmoor, Schwarzensteinalpe und Schwarzensteinboden wurden zunächst im Labor nach der

Tabelle 4:
Florenliste der im Juni und September 2003 bzw. Juni und August 2004 von V. Wild & J.N. Haas im Bereiche der Moore Schwarzensteinalpe (SWA) und Schwarzensteinboden (SWS) gefundenen Pflanzenarten.

Familie	Art	Deutscher Name	Lokalität
Amblystegiaceae	*Calliergon stramineum* (BRID.) KINDB.	Gestreiftes Spießmoos	SWA, SWS
Amblystegiaceae	*Drepanocladus exannulatus* (B. S. G.) WARNST.	Hakiges Sichelmoos	SWA, SWS
Asteraceae	*Crepis aurea* (L.) CASS	Gold-Pippau	SWA, SWS
Asteraceae	*Calycocorsus* (= *Willemetia*) *stipitata* (JACQ.) RAUSCH	Kronenlattich	SWA
Asteraceae	*Carlina acaulis* L.	Silberdistel	SWA
Asteraceae	*Homogyne alpina* (L.) CASS.	Gemeiner Alpenlattich	SWA, SWS
Asteraceae	*Leontodon helveticus* MER. em. WIDDER	Schweizer Löwenzahn	SWA
Campanulaceae	*Campanula scheuchzeri* VILL.	Scheuchzer's Glockenblume	SWA, SWS
Campanulaceae	*Phyteuma hemisphaericum* L.	Halbkugelige Teufelskralle	SWA, SWS
Cupressaceae	*Juniperus communis* L. ssp. *alpina* (SUTER) CEL.	Zwerg-Wacholder	SWA, SWS
Cyperaceae	*Carex echinata* MURR.	Igel-Segge	SWA, SWS
Cyperaceae	*Carex nigra* (L.) REICH.	Wiesen-Segge	SWA, SWS
Cyperaceae	*Eriophorum vaginatum* L.	Schmalblättriges Wollgras	SWA, SWS
Cyperaceae	*Trichophorum caespitosum* (L.) HARTM.	Alpen-Haarbinse	SWA, SWS
Empetraceae	*Empetrum hermaphroditum* (LGE.) HAG.	Zwittrige Krähenbeere	SWA
Ericaceae	*Calluna vulgaris* (L.) HULL.	Besenheide	SWA
Ericaceae	*Rhododendron ferrugineum* L.	Rostblättrige Alpenrose	SWA, SWS
Ericaceae	*Vaccinium myrtillus* L.	Heidelbeere	SWA, SWS
Ericaceae	*Vaccinium uliginosum* L.	Moorbeere	SWA, SWS
Ericaceae	*Vaccinium vitis-idaea* L.	Preiselbeere	SWA, SWS
Gentianaceae	*Gentiana acaulis* L.	Stengelloser Enzian	SWA
Iridaceae	*Crocus vernus* ssp. *albiflorus* (KIT.) A. & GR.	Krokus	SWA
Juncaceae	*Juncus filiformis* L.	Faden-Binse	SWA, SWS
Jungermanniaceae	*Nardia compressa* (HOOK.) S. GRAY	Gemeines Mantelmoos	SWA, SWS
Lentibulariaceae	*Pinguicula alpina* L.	Alpen-Fettkraut	SWA
Lycopodiaceae	*Huperzia selago* (L.) BERNH. ex SCHR. & MART.	Tannenbärlapp	SWA
Orchidaceae	*Pseudorchis albida* (L.) SEG.	Weißzüngel	SWA
Plantaginaceae	*Plantago major* L.	Großer Wegerich	SWA
Poaceae	*Deschampsia flexuosa* (= *Avenella flexuosa* (L.) TRIN.	Geschlängelte Schmiele	SWA, SWS
Poaceae	*Festuca violacea* SCHLEICH. ex GAUD. (s.l.)	Violetter Schwingel	SWA
Poaceae	*Nardus stricta* L.	Borstgras	SWA
Polytrichaceae	*Polytrichum commune* HEDW.	Gemeines Frauenhaar	SWA, SWS
Primulaceae	*Primula minima* L.	Zwerg-Primel	SWA
Primulaceae	*Soldanella pusilla* BAUMG.	Zwerg-Alpenglöckchen	SWA
Ranunculaceae	*Pulsatilla alpina* ssp. *apiifolia* (SCOP.) NYM.	Alpen-Küchenschelle	SWA
Rosaceae	*Alchemilla alpina* L.	Alpen-Frauenmantel	SWA, SWS
Rosaceae	*Alchemilla fissa* G. & SCH.	Kahler Frauenmantel	SWA
Rosaceae	*Geum montanum* L.	Berg-Nelkenwurz	SWA, SWS
Rosaceae	*Potentilla aurea* TORN.	Gold-Fingerkraut	SWA
Rosaceae	*Potentilla erecta* (L.) RAEUSCH.	Aufrechtes Fingerkraut	SWA
Saxifragaceae	*Saxifraga stellaris* L.	Stern-Steinbrech	SWS
Scrophulariaceae	*Euphrasia minima* JACQ. ex LAM. (s.str.)	Zwerg-Augentrost	SWA, SWS
Scrophulariaceae	*Pedicularis tuberosa* L.	Knollen-Läusekraut	SWA
Sphagnaceae	*Sphagnum subsecundum* NEES s. str.	Einseitswendiges Torfmoos	SWA, SWS
Violaceae	*Viola biflora* L.	Zweiblütiges Veilchen	SWA

Abbildung 6: Blick auf das 0,05 ha große Moor Schwarzensteinboden mit der Entnahmestelle des von V. Wild pollenanalytisch bearbeiteten Bohrkerns SWS-C in der östlich eines kleinen Seebeckens gelegenen Verlandungszone (Photo: J.N. Haas, 2003).

von TROELS-SMITH (1955) beschriebenen Methode sedimentologisch und farblich charakterisiert (MUNSELL COLOR, 1990) (Tabelle 3). Zur Bestimmung der organischen und karbonatischen Anteile in den Sedimenten wurde eine Glühverlustbestimmung (engl. loss-on-ignition) durchgeführt. Dabei werden die Sedimentproben mit einer Reihe von unterschiedlichen, aufsteigenden Temperaturen erhitzt (105, 550 und 950°C), und der Gewichtsverlust vor und nach der jeweiligen Exposition bestimmt. Dieser korreliert mit dem organischen bzw. karbonatischen Anteil der Sedimente (HEIRI et al., 2001). Der Glühverlust wurde als Prozentwert des Trockengewichtes berechnet und ist jeweils als Prozentkurve in den Pollendiagrammen der Schwarzensteinalpe und des Schwarzensteinbodens aufgeführt (siehe Abbildung 13 und 16) bzw. ist für das Schwarzensteinmoor in Tabelle 5 zusammengestellt.

Für die Extrahierung der Pollen und Sporen aus den Torfsedimenten wurde eine chemische Aufbereitung durchgeführt. Teilproben von jeweils 1 cm^3 Volumen wurden dabei mit einem Stechbohrer aus der Mitte des jeweiligen Bohrkerns in Abständen von 2-4 cm entnommen (Abbildung 4c). Zur Berechnung der vorhandenen Pollen- und Sporenkonzentrationen wurde den Proben vor Beginn des

Tabelle 5:
Glühverlust bezogen auf das Trockengewicht im Schwarzensteinmoor.

Tiefe (cm)	LOI 550 (%) Organisches Material	LOI 950 (%) Karbonat
1	81,14	0,43
16	66,85	0,27
32	69,63	1,07
48	67,47	1,05
80	70,24	0,95
96	71,24	0,27
112	76,12	0,56
128	77,95	0,47
144	77,23	0,57
160	76,21	0,26
176	73,21	0,67
192	74,64	0,72
208	78,77	1,03
224	77,06	0,65
240	71,93	0,56
256	77,10	0,47
272	60,85	0,65
279	70,16	1,21

chemischen Aufschlusses eine bekannte Konzentration von exotischen Rezentpollen (*Impatiens walleriana*) in Eisessig zugegeben (STOCKMARR, 1971). Nach dem Schlämmen der Proben mit einem 250 µm feinen Sieb wurden die Siebreste zur Pflanzengroßrestanalyse weiterverwendet. Das übrige Sedimentmaterial wurde danach mechanisch mit einem 6 µm Sieb gesiebt, um Partikel, die kleiner als Pollen bzw. Sporen sind (z.B. Schluffpartikel), zu beseitigen. Die chemische Aufbereitung der Proben wurde nach der am Botanischen Institut der Universität Innsbruck üblichen Methode, einem modifizierten Acetolyse-Verfahren, durchgeführt, inklusive eines Chlorierungsschrittes (SEIWALD, 1980; siehe auch MOORE et al., 1991). Auf eine Behandlung der Proben mit Flusssäure wurde jedoch verzichtet, um einen möglichst kompletten Extrafossiliengehalt zu gewährleisten (Abbildungen 4d und 7). Nach der Auswaschung der Proben wurden mit Fuchsin gefärbte Dauerpräparate in Glycerin hergestellt.

Pollen-, Sporen- und Extrafossilienanalyse

Sämtliche Pollenpräparate des Schwarzensteinmoores wurden mikroskopisch und unter Nutzung von Phasenkontrasttechnik auf mindestens 1000 Pollen pro Probentiefe ausgezählt, die Proben der Moore Schwarzensteinalpe und Schwarzensteinboden wurden auf mindestens 500 Pollen ausgezählt. Die Auszählung erfolgte mit Hilfe eines Olympus® BX50 Durchlichtmikroskops bei 400-facher Vergrößerung. Für die detaillierte Bestimmung kritischer Pollentypen wurde eine 1000-fache Vergrößerung verwendet. Zur Pollenidentifizierung wurde Referenzmaterial des Institutes für Botanik der Universität Innsbruck und entsprechende Bestimmungsliteratur verwendet (PUNT, 1976; PUNT & CLARKE 1980, 1981, 1984; PUNT et al., 1988; MOORE et al., 1991; PUNT & BLACKMORE, 1991; REILLE, 1992; FÆGRI & IVERSEN, 1993; BEUG, 2004). Zu den Bestimmungen einiger Pollentypen ist im Einzelnen noch Folgendes zu erwähnen: Bei der Bestimmung der Kiefernpollen (*Pinus*) wurde, soweit dies möglich war, zwischen dem *Pinus cembra*-Typ und dem *Pinus* non-*cembra*-Typ (hier handelt es sich somit mehrheitlich um *Pinus mugo*) unterschieden. Die Bestimmung der Erlenpollen (*Alnus*) erfolgte in die zwei Gruppen von *Alnus viridis* und *Alnus* non-*viridis* (*Alnus glutinosa, Alnus incana*). Zudem kann die Bestimmung des *Typha angustifolia*-Pollentyps (der mehrere Pflanzenarten umfasst) aufgrund der Höhenverbreitung der in Frage kommenden Arten nur auf das frühere Vorhandensein von *Sparganium angustifolium* im Oberen Zemmgrund hinweisen. Die Zuordnung der Kräuterpollenfunde als Weidezeiger erfolgte nach BORTENSCHLAGER (2000).

Besonderes Augenmerk wurde bei der Untersuchung der Bohrkerne auch auf sogenannte Extrafossilien (engl. „non-pollen-palynomorphs"), also Pilzsporen, Algenzysten, zoologische Objekte und Holzkohlepartikel gelegt, die für diese Höhenlagen der Alpen bisher wenig beachtet und quantifiziert wurden (Abbildung 7). Diese Extrafossilien können zusätzliche Informationen über die lokalen ökologischen Bedingungen in einem Moor bzw. über den menschlichen Einfluss in diesen Höhenlagen liefern, wie zum Beispiel die Algenzysten von *Botryococcus* spec., die auf erhöhten Nährstoffeintrag hinweisen können (DULHUNTY, 1944; BATTEN & GRENFELL, 1996; VAN GEEL, 2001) und somit indirekt Schlüsse auf Erosionsphänomene oder auf einen möglichen Nährstoffeintrag durch lokale Weidewirtschaft zulassen. Ein Vorkommen von Sporen der obligat-koprophilen Pilze wie *Cercophora*, *Podospora* und/oder *Sporormiella* kann ebenfalls wichtige Hinweise auf einen früheren Fäkalieneintrag durch Haustiere bzw. auf prähistorische Landwirtschaftssysteme liefern. Durch diese Beispiele soll verdeutlicht werden, wie wichtig und informativ die Bestimmung, Auszählung, und Interpretation der Extrafossilien sein kann. Die Identifizierung und Typenbezeichnung der Extrafossilien erfolgte nach entsprechender Bestimmungsliteratur (DULHUNTY, 1944; VAN GEEL, 1978; VAN GEEL et al., 1981, 1983, 1989; STREBLE & KRAUTER, 1988; KRAMMER & LANGE-BERTALOT, 1991; KOMÁREK & MARVAN, 1992; BATTEN & GRENFELL, 1996; HAAS 1996b; KUHRY, 1997; CARRION & VAN GEEL, 1999; VAN GEEL, 2001).

Analyse der pflanzlichen und tierischen Großreste

Die Makrorestbestimmung (Abbildung 8) erfolgte für die Torf-Proben aus den Profilen Schwarzensteinalpe und Schwarzensteinboden an einem Olympus® SZ60 Stereomikroskop bei 10-40facher Vergrößerung mit Hilfe der Referenzsammlung des Instituts für Botanik der Universität Innsbruck und entsprechender Bestimmungsliteratur (BERTSCH, 1941; BROUWER & STÄHLIN, 1955; BERGGREN, 1969; SMITH, 1978; KÖRBER-GROHNE, 1991; ANDERBERG, 1994). Bei den Moos-Stängeln, Moos-Blättern, Wurzeln, Moostierchen-(Bryozoa-)Statoblasten und Glimmer-Bruchstücken wurde die jeweilige Summe geschätzt. Die Bestimmung der Arthropodenreste wurde von Frau Dr. I. Schatz und Herrn Dr. H. Schatz (Institut für Zoologie und Limnologie, Universität Innsbruck) durchgeführt (siehe dazu auch WILD et al., dieser Band).

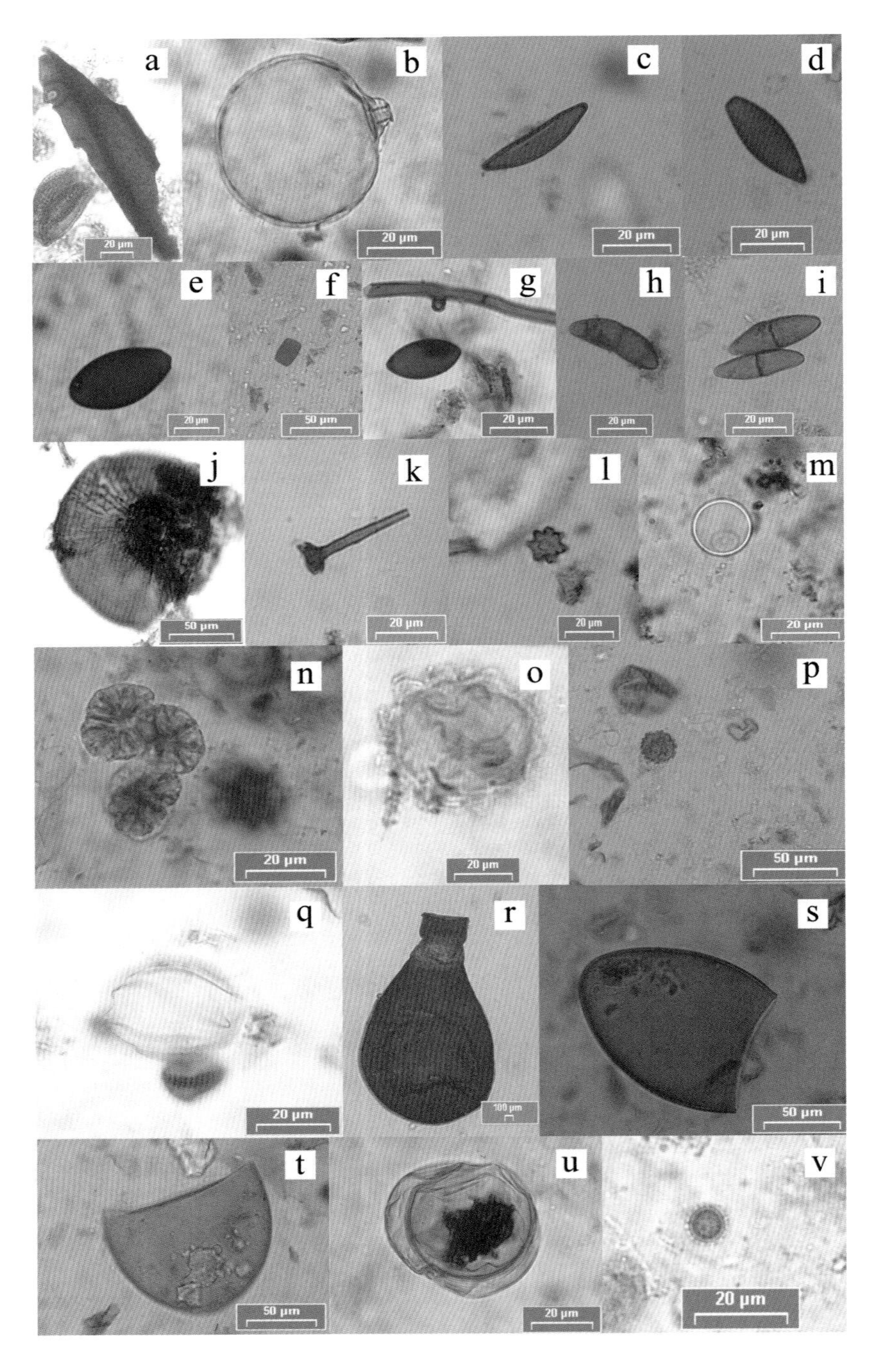

Abbildung 7: Extrafossilien (Non-pollen-palynomorphs) aus den analysierten Sedimentstratigraphien Schwarzensteinmoor, Schwarzensteinalpe und Schwarzensteinboden. (a) *Pinus* spec. Holzkohlepartikel, (b) *Glomus* spec. Chlamydospore, (c) *Ustulina deusta* Pilzspore, (d) *Cercophora*-Typ Pilzspore, (e) *Podospora*-Typ Pilzspore, (f) *Sporormiella*-Typ Pilzspore, (g) *Sordaria*-Typ Pilzspore, (h) Pilzspore indet. (cf. Typ HdV-17), (i) Pilz-Ascosporen indet., (j) *Microthyrium*-Pilzfruchtkörper, (k) Unbekanntes Object (Typ HdV-96A), (l) Unbekanntes Object (Typ HdV-365), (m) Chrysophyceen-Alge, (n) *Botryococcus* spec. Algenkolonie, (o) *Macrobiotus* spec. (Tardigrada), (p) *Chlamydomonas nivalis* Zygote (Schneealge), (q) *Chloromonas nivalis* Ruhestadium (Schneealge), (r) *Callidina angusticollis* (Rotifera), (s) *Microdalyellia armigera* Wurm-Ei, (t) *Strongylostoma radiatum* Wurm-Ei, (u) *Peridinium* spec. Zyste (Dinoflagellat), (v) Heliozoa (Sonnentierchen). Photos C. Walde & V. Wild. Abkürzung: HdV = Im Hugo-de-Vries-Laboratorium (HdV) Amsterdam (Niederlande) definierte Extrafossiltypen.

Ergebnisdarstellung

Die numerische Auswertung der durch die Pollen- und Makrorestanalyse gewonnen Daten erfolgte mit dem am Institut für Botanik entwickelten Computerprogramm Fagus 4. Die Ergebnisse der Pollenanalyse wurden in Form von Schattenrissdiagrammen dargestellt. Die relative Anzahl eines Pollentyps wird dabei als Prozentwert der Gesamtpollensumme (100%-Summe) ausgedrückt (= Relativdiagramm). Die Gesamtpollenzahl setzt sich aus Baumpollen- und Nichtbaumpollentypen zusammen. Ausgeschlossen wurden jedoch dominante, lokale Komponenten, wie Sauergräser (Cyperaceae), Farn- und Moossporen sowie Extrafossilien und auf die definierte 100%-Gesamtsumme bezogen, damit die generelle Vegetation um das jeweilige Moor entsprechend der früheren Florenbestandteile realitätsnahe quantifiziert werden konnte. Jedes Relativdiagramm (siehe unten) gliedert sich somit von links nach rechts und beginnt mit der Tiefenangabe in cm. Anschließend ist der Glühverlust in Prozentwerten dargestellt (für die Pollenanalysen der Moore Schwarzensteinalpe und Schwarzensteinboden). Weiter rechts folgen die chronostratigraphische Einteilung nach MANGERUD et al. (1974), die Kulturepochen und die biostratigraphische Zonierung (lpaz = local pollen assemblage zones, lmaz = local macrofossil assemblage zones) nach HEDBERG (1972). Des Weiteren sind von links nach rechts die Baumpollen, dann das Hauptdiagramm (mit einer linienförmigen Gegenüberstellung des Baum-/Strauch-Totals im Verhältnis zum Kräutertotal), die Kräuter-(Nichtbaum-)pollen, Farn- und Moossporen und schließlich die Extrafossilien zu finden. Ganz rechts im Diagramm ist die

Pollensumme angegeben. Im Hauptdiagramm sind zudem links die wichtigsten Baumpollen (*Pinus cembra* und *Pinus* non-*cembra*) und rechts die Süßgräser aufgetragen. Die Schattenrissdiagramme weisen schwarz ausgefüllte Flächen auf, die die Prozentwerte wiedergeben. Ein Teilstrich der Messskala beträgt 5%. Die weißen Flächen, die mit einer Linie begrenzt sind, entsprechen einer 10-fach überhöhten Darstellung von geringen Pollenprozentwerten. In diesem Fall entspricht ein Teilstrich 0,5%. Die Influxdiagramme zeigen andererseits die Absolutwerte der sedimentierten Pollen an, und zwar als Pollen-/Sporen-/Extrafossilienzahl pro cm^2 Landefläche und Jahr. Aufgrund eines methodischen Fehlers bei der chemischen Aufbereitung sind die Influxwerte des Profils Schwarzensteinalpe mit Vorbehalt zu interpretieren. Die Ergebnisdarstellung der Großrestanalysen an den Bohrkernen Schwarzensteinalpe und Schwarzensteinboden erfolgte im Balkendiagrammformat als Absolutwerte pro cm^3 Sedimentvolumen (für eine übersichtlichere Darstellung wurde teilweise die Wurzelberechnung verwendet).

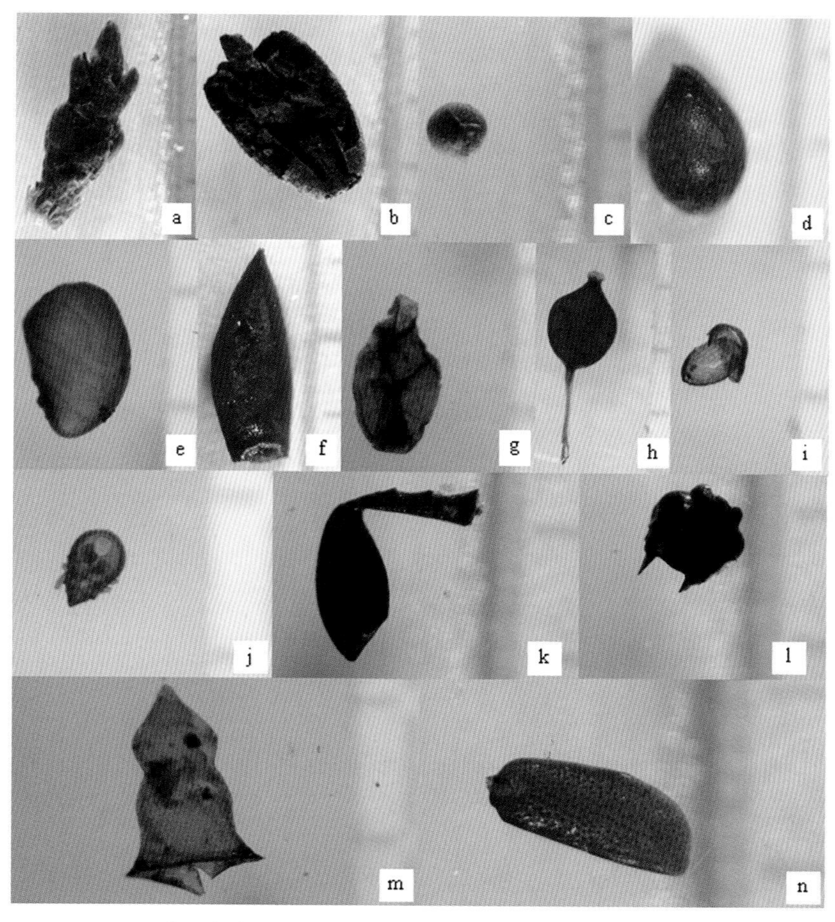

Abbildung 8: Pflanzliche und tierische Großreste aus den Sedimentproben der Moore Schwarzensteinalpe und Schwarzensteinboden (Photos: V. Wild 2003/04). (a) *Calluna vulgaris* Apex, (b) *Loiseleuria procumben* Blatt, (c) *Selaginella selaginoides* Makrospore, (d) *Viola* cf. *bifora* Same, (e) *Potentilla* cf. *frigida* Frucht, (f) *Juniperus communis* Nadel, (g) Poaceae Frucht, (h) Cyperaceae Frucht, (i) *Loiseleuria procumbens* Same, (j) Oribatida-Acari (Hornmilbe), (k) *Aphodius abdominalis* (Scarabaeidae, Insecta) Metafemur und -tibia, (l) *Anthophagus alpinus* (Staphylinidae, Insecta) Caput, (m) Trichoptera (Köcherfliegenlarve) Kopfschild, (n) *Eusphalerum anale* (Staphylinidae, Insecta) Elytrum. Der Abstand zwischen den horizontalen Linien entspricht 1 mm.

Datierungen und Sedimentationsrate

Für das Schwarzensteinmoor liegen für den 280 cm langen Bohrer insgesamt neun Radiokarbondatierungen vor (Tabelle 6). Um den oben erwähnten Vergleich zwischen Vegetationsveränderungen und den im Schwarzensteinmoor dendrochronologisch rekonstruierten, jahresgenau datierten Lawinenereignissen zu gewährleisten, wurde eine Absolutchronologie erstellt, die auf die Kalibrierung der physikalischen Daten abstellt (Bronk Ramsey, 1995; Reimer et al., 2004) und den jeweiligen Mittelwert des 1σ-Bereiches nutzt. Das Radiokarbondatum 2745 BP (VERA-2713) erscheint im palynostratigraphischen Vergleich (siehe unten) zu den übrigen Datierungen als geringfügig zu alt und wurde daher nicht weiter verwendet. Betrachtet man die Sedimentationsrate für den gesamten Torfkörper (Abbildung 9), so fällt die gute Übereinstimmung der Datierungen mit der totalen Sedimentationsrate auf, mit einem sehr gleichmäßigen Sedimentwachstum von 34,45 Jahren pro cm Torfablagerung für das Profil Schwarzensteinmoor (Abbildung 9).

Die für die Moore Schwarzensteinalpe bzw. Schwarzensteinboden durchgeführten Radiokarbondatierungen sind in Tabelle 7 bzw. 8 aufgeführt.

Lawinenereignisse

Das Schwarzensteinmoor ist, wie bereits erwähnt, besonders wegen der in großen Teilen des Hauptmoores im Torfkörper in großer Anzahl gefundenen Zirben-(*Pinus cembra*-)stämme (Abbildung 10) äußerst interessant (Nicolussi et al., dieser Band). Laut den durchgeführten dendrochronologischen

Tabelle 6:
Radiokarbondaten an Pflanzengroßresten aus dem Schwarzensteinmoor (SWM-E-P3). Die Datierung VERA-2713 wurde aus palynostratigraphischen Gründen verworfen (für Erklärungen siehe Text).
Labor-Abkürzungen: UtC= R.J. Van de Graaff Laboratorium der Faculteit Natuur- en Sterrenkunde der Universität Utrecht; VERA= Institut für Isotopenforschung und Kernphysik der Universität Wien, Österreich.
Abkürzungen: KS=Knospenschuppe, KT=Knospenteil, N=Nadel, SL=Substantia lignosa

Labor Nr.	Tiefe (cm)	Material	^{14}C-Alter BP	Kalibriertes Alter (Mittelwert)	Cal BP 1950 Mittelwert 1σ-Bereich
VERA-2711	245	1 *Pinus cemra* N, SL	7605±30	6440 BC	8390 cal. BP
UtC Nr. 12682	208	10 *Pinus* KS, 1 *Pinus* N, 1 SL	5810±70	4610 BC	6560 cal. BP
UtC Nr. 12683	180	1 *Pinus* KS, 2 *Pinus* N, 2 SL	5230±60	4610 BC	6041 cal. BP
UtC Nr. 12683	148	2 *Pinus* KS, 5 *Pinus* N, 1 SL	4200±60	2780 BC	4730 cal. BP
UtC Nr. 12686	124	6 *Pinus* N, 1 SL	3340±60	1606 BC	3556 cal. BP
UtC Nr. 12688	104	5 *Pinus* KS, 6 *Pinus* N, 1 SL	2950±60	1153 BC	3103 cal. BP
VERA-2713	*80*	8 Moosstängel *(cf. Drepanocladus* spec.*)*	*2745±30*	*900 BC*	*2850 cal BP*
UtC Nr. 12685	68	4 *Pinus* KS, 4 *Pinus* N, 1 SL	1863±47	152 AD	1798 cal. BP
UtC Nr. 12687	44	5 *Pinus* N, 1 *Pinus* KT, 1 SL	983±47	1102 AD	848 cal. BP

Tabelle 7:
Radiokarbondaten an Pflanzengroßresten aus dem Moor Schwarzensteinalpe (SWA; für Erklärungen siehe Text und Wild, 2005).
Labor-Abkürzung: VERA= Institut für Isotopenforschung und Kernphysik der Universität Wien

Labor Nr.	Tiefe (cm)	Material	^{14}C-Alter BP	Kalibriertes Alter (Mittelwert 2σ-Bereich)	Cal BP(1950 (Mittelwert 2σ-Bereich)
VERA-3110	42	Holz indet.	635±35	1350 ± 60 AD	600 cal. BP
VERA-3111	65	Blätter, Blütenstand, Holz indet.	1595±35	475 ± 85 AD	1475 cal. BP

Tabelle 8:
Radiokarbondaten an Pflanzengroßresten aus dem Moor Schwarzensteinboden (SWS-C). Für Erklärungen siehe Text und Wild (2005).
Labor-Abkürzung: VERA= Institut für Isotopenforschung und Kernphysik der Universität Wien

Labor Nr.	Tiefe (cm)	Material	^{14}C-Alter BP	Kalibriertes Alter (Mittelwert 2σ-Bereich)	Cal BP(1950 (Mittelwert 2σ-Bereich)
VERA-3112	15	Stängel, Holz indet.	785±35	1237 ± 52 AD	713 cal. BP
VERA-3113	43,5	Holz indet.	2425±35	585 ± 185 BC	2535 cal. BP
VERA-3114	75	Rindenstück indet.	2994±35	1245 ± 135 BC	3195 cal. BP

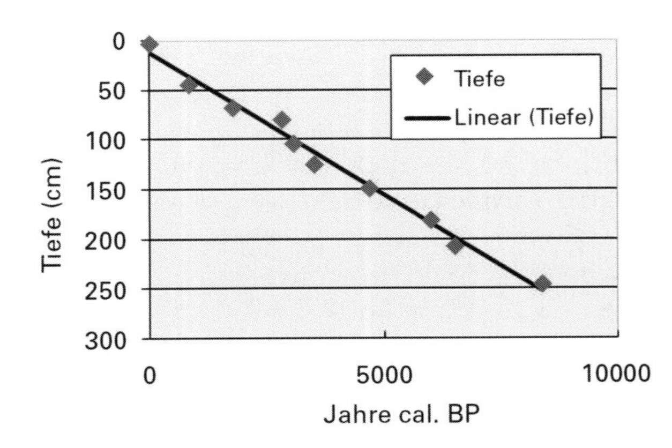

Untersuchungen konnten zwanzig gesicherte, holozäne Großlawinenereignisse jahrgenau rekonstruiert werden, wobei diese auf die Winter 6255/54, 5691/90, 4616/15, 4433/32, 4055/54, 3834/33, 3812/11, 3380/79, 3082/81, 2787/86, 2774/73, 1827/26, 1560/59, 995/994, 168/67, 85/84 vor Christus und auf die Winter 411/12, 505/06, 743/744 und 1998/99 nach Christus datierten Hauptlawinenereignisse meistens mit einer Vielzahl von Baum-

Abbildung 9: Die Darstellung der aus den Radiokarbondatierungen errechneten, sehr gleichmäßigen, durchschnittlichen Sedimentationsrate von 34,45 Jahren pro cm Torfablagerung für das Profil Schwarzensteinmoor.

Abbildung 10: a. Beispiel eines beprobten, aus dem Mittelalter stammenden Zirbenstammes (*Pinus cembra*) auf der Oberfläche (Pfeil) des Schwarzensteinmoores. b. Die Beprobung aller subfossilen Stammscheiben (c.) erfolgte mit Hilfe einer Motorsäge (siehe dazu auch PINDUR, 2000 und NICOLUSSI et al., dieser Band). Photos: J.N. Haas, 2003.

stämmen belegt sind, und demnach von außergewöhnlich großer, lokaler Tragweite gewesen sein dürften (LUZIAN & PINDUR, 2000; PINDUR, 2001; NICOLUSSI et al., 2004; NICOLUSSI et al., dieser Band). Weitere sechs Lawinenereignisse konnten nicht jahresgenau, sondern nur für einen ungefähren Winterzeitraum datiert werden und fallen auf die Winter kurz nach 3597, 2944, 2871, 2210 vor Christus, sowie auf die Winter 353 und 788 nach Christus (NICOLUSSI et al., dieser Band).
Aus Gründen der Übersichtlichkeit wurden die erwähnten Lawinengroßereignisse als horizontale Linien im Pollendiagramm des Schwarzensteinmoores dargestellt (siehe unten) um die direkten Auswirkungen der Lawinenereignisse auf die lokale Flora, Vegetation, Pollenproduktion, Pflanzenreproduktion und -regeneration darzustellen. Es bleibt hier jedoch anzumerken, dass der Vergleich der zwei dafür benutzten Zeitskalen, einerseits der jahresgenau datierten Lawinenereignisse, und andererseits der durch Interpolation von Radiokarbondatierungen erhaltenen Vegetationschronologie mit einer gewissen Unsicherheit behaftet bleibt, da bei Letzterem mit einer definierten Datierungsbandbreite von 50-100 Jahren als potentiellem Datierungsfehler gerechnet werden muss.

3. Resultate

Schwarzensteinmoor

Im Pollenprofil des Schwarzensteinmoores (Abbildung 11 und 12) fällt auf, dass gleichzeitig mit den oben beschriebenen Lawinenereignissen die Pollenkurven der Zirben (*Pinus cembra*) und/oder der Grünerlen (*Alnus viridis*) Rückgänge zeigen, die auf die Beschädigung der Zirben und Grünerlen durch die Lawinen (also auf eine mechanische Zerstörung des Blätter- und Astwerkes und/oder eine damit einhergehende reduzierte Blühfähigkeit bzw. Pollenproduktion) hinweist. Dies ist bei der Zirbe natürlich keineswegs überraschend, finden wir doch deren lawinengeschädigten Stämme zahlreich im Torfkörper. Bei der Grünerle erstaunt jedoch dieses Ergebnis, gilt doch die Grünerle als ausgesprochen lawinentolerant (siehe dazu auch die Diskussion unten). Interessanterweise ist generell auch eine nach den Großlawinenereignissen nur langsame, langfristige Regeneration der Zirben- und Grünerlenbestände festzustellen (Abbildung 11). Im Einzelnen lassen sich für das Pollenprofil aus dem Schwarzensteinmoor die folgenden Lokalen Pollenzonen (LPAZ) beschreiben (Abbildungen 11 und 12):

LPAZ SWM-1: *Pinus-Picea-Alnus* Zone; 280-180 cm; 10.000-6050 cal. BP, 8050-4100 BC (Mittelsteinzeit bis Jungsteinzeit 1. Teil); Stark zersetzter, schwarzer Moos-Cyperaceentorf; Obergrenze: Beginn der Kurve von Spitzwegerich (*Plantago lanceolata*-Typ); Rückgang von Birke (*Betula*); Anstieg von *Botryococcus*.
Unter den Baumpollen dominiert die Föhre (*Pinus*) mit 30-40%, was auch auf die lokale Dominanz der Latsche (*Pinus mugo*) hinweisen dürfte. Die Werte der Fichte (*Picea abies*) erreichen ca. 20%, wohingegen die Werte der Erle (*Alnus* spec.) 5-20% betragen. Die Birke (*Betula*) bleibt unter 5% und dürfte wohl nur in Einzelbäumen vorgekommen sein. Die Zirbe (*Pinus cembra*) schwankt mit ihren relativen Pollenwerten zwischen 1 und 11%. Wacholder (*Juniperus communis*), Heidekraut (*Calluna vulgaris*), Erikagewächse (Ericaceae) und Krähenbeere (*Empetrum*-Typ) treten durchgängig auf. Die Hahnenfußgewächse (Ranunculaceae), die Wiesenraute (*Thalictrum* spec.), die Doldenblütler (Umbelliferae), die Nelkengewächse (Caryophyllaceae), die Zungenblütler (Cichoriaceae), das Greiskraut (*Senecio* spec.) und die Rosengewächse (Rosaceae) sind durchgehend vorhanden. Monolete Sporen (Farne), Schneealgen (*Chlamydomonas nivalis*, *Chloromonas nivalis*), Strudelwürmer (*Microdalyellia armigera*), Kieselalgen (*Diatomeae*) und die Trauben-Grünalge (*Botryococcus*) sind ebenfalls durchgehend vorhanden. Die Holzkohlepartikel (Grössenklasse >25 μm) zeigen vergleichsweise Prozentwerte. Sporen von koprophilen Pilzen (Sordariaceae) sind sporadisch vertreten.

LPAZ SWM-2: *Botryococcus*-Zone; 180-124 cm; 6050-3550 cal. BP, 4100-1600 BC (Jungsteinzeit 2. Teil bis Bronzezeit 1. Teil); Stark zersetzter, schwarzer Moos-Cyperaceentorf (180-140 cm), zersetzter, schwarz-brauner Moos-Cyperaceentorf (140-124 cm); Obergrenze: Beginn der durchgehenden Kurve von Spitzwegerich (*Plantago lanceolata*-Typ); Einbruch von *Botryococcus*.
Auch in dieser Pollenzone dominieren die Föhrenpollenwerte (*Pinus*). Die Zirbe (*Pinus cembra*) schwankt zwischen 1 und 10%. Neu nehmen nun die Pollenwerte der Weißtanne (*Abies alba*) und die der Buche (*Fagus sylvatica*) stetig zu, sodass sie ab dieser Zone nun durchgehend in Prozentwerten vorhanden sind. Die Zwergsträucher Wacholder (*Juniperus communis*), Heidekraut (*Calluna vulgaris*), Erikagewächse (Ericaceae), Krähenbeere (*Empetrum*-Typ) und Heidelbeergewächse (*Vaccinium*-Typ) treten auf. Von den Pollenzeigern für anthropogenen bzw. haustiertechnischen Einfluss tritt nun erstmals der Spitzwegerich (*Plantago lanceolata*) auf. Weitere vorhandene anthropogene Zeiger sind der mittlere Wegerich (*Plantago media*), Zwerg-Sauerampfer (*Rumex acetosella*), Ampfer (*Rumex*), Gänsefußgewäche (Chenopodiaceae) und Beifuss (*Artemisia*). Die Hahnenfußgewächse (Ranunculaceae), Nelkengewächse (Caryophyllaceae), Zungenblütler (Cichoriaceae), das Greiskraut (*Senecio*) und Rosengewächse (Rosaceae) sind stetig vertreten. Der Adlerfarn (*Pteridium aquilinum*) als Zeigerart für Feuereinwirkung und Beweidung ist durchgehend vorhanden. Von Seiten der Extrafossilien springen die Massenvermehrung bzw. hohen Werte der Traubengrünalge (*Botryococcus*) ins Auge. Die Schneealgen (*Chloromonas nivalis*, *Chlamydomonas nivalis*) sind im unteren Drittel ebenfalls stark vorhanden. Sporadisch treten auch koprophile Pilze (Sordariaceae) auf.

LPAZ SWM-3: *Botryococcus-Gramineae-Cyperaceae* Zone; 124-62cm; 3550-1550 cal. BP, 1600 BC bis 400 AD (Bronzezeit 2. Teil, Eisenzeit, Römerzeit, Mittelalter 1. Teil); Zersetzter, schwarz-brauner Moos-Cyperaceentorf (124-75 cm), dunkelbrauner Moos-Cyperaceentorf (75-62 cm); Obergrenze: Einbruch von *Botryococcus*.
In dieser Pollenzone zeigt die Fichte (*Picea abies*) Werte von unter 30%. Die Grünerle (*Alnus viridis*) zeigt Werte zwischen ca. 1 und 10%, im oberen Drittel geht sie jedoch stark zurück und erreicht maximal 5%. Erstmals treten in dieser Pollenzone auch Walnuss (*Juglans regia*) und Edelkastanie (*Castanea sativa*) auf, die beide erst seit der Römerzeit in unser Gebiet eingeführt und kultiviert wurden. Unter den Zwergsträuchern findet man in dieser Zone den Wacholder (*Juniperus communis*), das Heidekraut (*Calluna vulgaris*), Erikagewächse (Ericaceae) und die Krähenbeere (*Empetrum*-Typ). Die Süßgräser (Gramineae/Poaceae) zeigen am Beginn der Zone eine Zunahme, genauso wie die Sauergräser (Cyperaceae), die eine leichte, stete Zunahme zeigen.

Der Spitzwegerich (*Plantago lanceolata*) ist nun durchgehend vorhanden. Daneben treten als anthropogene Zeiger der Alpen-Wegerich (*Plantago alpina*), der mittlere Wegerich (*Plantago media*), Zwerg-Sauerampfer (*Rumex acetosella*), Ampfer (*Rumex* spec.), Alpen-Mutterwurz (*Ligusticum mutellina*), Beifuss (*Artemisia*), Gänsefußgewächse (Chenopodiaceae) und Brennnesselgewächse (Urticaceae) auf, die in der oberen Hälfte der Zone Prozentwerte erreichen. Der Roggen (*Secale cereale*), der ebenfalls erst seit der Römerzeit in unserem Forschungsgebiet als Brotgetreide große Bedeutung erhält, tritt erstmals im oberen Drittel dieser Pollenzone auf. Die Trauben-Grünalge (*Botryococcus*) zeigt in der oberen Hälfte der Zone einen starken Rückgang und geht am Ende der Zone auf unter 10% zurück. Die monoleten Sporen (Farne), Chrysophyceae, Volvocaceae (apolare Algen), die Schneealgen (*Chlamydomonas nivalis*, *Chloromonas nivalis*), die Panzergeißler (*Dinoflagellatae*) und Kieselalgen (*Diatomeae*) zeigen Prozentwerte. Die Holzkohlepartikelwerte zeigen eine leichte, stete Zunahme. Koprophile Pilze (Sordariaceae) sind vereinzelt vorhanden.

LPAZ SWM-4: *Picea-Pinus-Botryococcus*-Zone; 62-1 cm; 400 AD bis heute (Mittelalter 2. Teil und Neuzeit; Dunkelbrauner Moos-Cyperaceentorf (62-24 cm), brauner, fasriger Cyperaceen- und Moostorf (24-1 cm); Obergrenze: Profilende.
In dieser Pollenzone nimmt die Birke (*Betula*) stetig ab und nimmt erst in der obersten Tiefenstufe wieder leicht zu. Die Erle (*Alnus*) und Grünerle (*Alnus viridis*) gehen hingegen generell leicht zurück. Die Walnuss (*Juglans regia*) und Edelkastanie (*Castanea sativa*) sind wiederum vorhanden. Die Prozentwerte der Föhre (v.a. *Pinus mugo*) liegen über 30%. Die Fichte (*Picea abies*) zeigt im oberen Drittel einen Einbruch, nimmt aber gegen Ende des Profils wieder zu. Das Heidekraut (*Calluna vulgaris*) ist im oberen Drittel in Prozentwerten vertreten. Die Süssgräser (Gramineae/Poaceae) nehmen in dieser Pollenzone leicht zu, wohingegen die Sauergräser (Cyperaceae) eine extreme Zunahme an der Obergrenze des Profils zeigen. Als anthropogene Zeiger sind der Roggen (*Secale cereale*), der durchgehend vorhandene Spitzwegerich (*Plantago lanceolata*), der Alpen-Wegerich (*Plantago alpina*), Mittlere Wegerich (*Plantago media*), Zwerg-Sauerampfer (*Rumex acetosella*), Ampfer (*Rumex*), Alpen-Mutterwurz (*Ligusticum mutellina*) und Gänsefußgewächse (Chenopodiaceae) sowie die durchgehend vorhandenen Beifuss (*Artemisia*) und Brennnesselgewächse (Urticaceae) vertreten. Die Cichoriaceae zeigen im obersten Drittel eine starke Zunahme auf fast 5% und sinken gegen Profilende wieder etwas ab. Koprophile Pilze (*Podospora*-Typ, *Sporormiella*-Typ, Sordariaceae) sind sporadisch vorhanden, genauso wie die Schneealgen (*Chlamydomonas nivalis* und *Chloromonas nivalis*). Die Panzergeissler (Dinoflagellatae) sind durchgehend vertreten. Die Trauben-Grünalgen (*Botryococcus*) steigen im Vergleich zur vorhergehenden Pollenzone wieder an, sinken mit ihren Werten jedoch im obersten Drittel der Zone stark ab. Die Holzkohlepartikel (Größenklasse >25µm) sind durchgehend mit Werten zwischen 2 und 13% vorhanden und zeigen v.a. im oberen Drittel Werte von über 10%.

Schwarzensteinalpe

Das Pollenprofil Schwarzensteinalpe (Abbildung 13 und 14) kann in drei lokale Pollenzonen eingeteilt werden:

LPAZ SWA-1: *Alnus viridis/non-viridis-Picea*-Zone; 93-59,5 cm; 2450-1250 cal. BP, 500 BC bis 700 AD (Eisenzeit bis Frühmittelalter); Stark zersetzter Cyperaceen-Moostorf; Obergrenze: Anstieg der Gramineae, Weidezeiger und von *Botryococcus*.
In dieser ersten Pollenzone dominiert unter den Baumpollen die Fichte (*Picea abies*) mit 12-23%. Die Zirbe (*Pinus cembra*) ist mit geringen Werten von nur 1-3% vorhanden. Kulturzeiger (*Castanea sativa*, *Vitis vinifera*, Oleaceae, *Juglans regia* und *Secale cereale*) sind in ersten Spuren vertreten und datieren somit den jüngeren Teil dieser Pollenzone in die Römerzeit, bzw. in jüngere Kulturepochen. Unter den Kräutern dominieren die Süssgräser (Gramineae 18-37%). Weidezeiger weisen Werte unter 5% auf. Trauben-Grünalgen (*Botryococcus*) sind in geringer Anzahl vertreten (<3%).

LPAZ SWA-2: *Plantago lanceolata-Botryococcus*-Zone; 59,5-35 cm; 1250-500 cal. BP, 700-1450 AD (Mittelalter); Stark bis Mittel zersetzter Cyperaceen-Moostorf; Obergrenze: Abfall *Picea abies* und *Botryococcus*.
Während der lokalen Pollenzone SWA 2, nimmt die Fichte (*Picea abies*) zu und die Zirbe (*Pinus cembra*) erreicht am Zonenende ein Maximum von 11%. Kulturzeiger sind sporadisch vorhanden und erreichen in der oberen Zonenhälfte zusammen 1%. Weidezeiger schwanken zwischen 2 und 5%. Neu kommt der *Typha angustifolia*-Pollentyp hinzu, wobei es sich auf Grund der Höhe wohl um das damalige Vorkommen von *Sparganium angustifolium* im Moorbereich Schwarzensteinalpe handeln dürfte. Interessanterweise kommt diese Art jedoch heute im Gebiet gemäß NIKLFELD & SCHRATT-

EHRENDORFER (2007) nicht vor oder wurde bisher übersehen. *Botryococcus*, *Chlamydomonas nivalis* und *Chloromonas nivalis* erreichen beide ein Maximum.

LPAZ SWA-3a: *Senecio-Typ-Cichoriaceae*-Zone; 35-16,5 cm; 500-250 cal. BP, 1450-1700 AD (Spätmittelalter bis Neuzeit); Mittel zersetzter Cyperaceen-Moostorf, teilweise minerogen; Obergrenze: Abfall von *Pinus cembra* und des *Senecio*-Typs, sowie Anstieg der Süßgräser (Gramineae).
In dieser lokalen Pollenzone SWA 3a sinken die Baumpollenwerte generell ab, besonders die der Fichte (*Picea abies*). Die Zirbenwerte (*Pinus cembra*) pendeln zwischen 1 und 3%. Kulturzeiger sind sporadisch vorhanden. Cichoriaceae und *Senecio*-Typ nehmen zu. *Botryococcus*, *Chlamydomonas nivalis* und *Chloromonas nivalis* sinken auf geringe Prozentwerte ab.

LPAZ SWA-3b: *Gramineae-Cichoriaceae*-Holzkohlepartikel-Zone; 16,5-1 cm; 250 cal. BP (1700 AD) bis heute (Neuzeit); Mittel zersetzter Cyperaceen-Moostorf, teilweise minerogen; Obergrenze: Profilende.
Diese Pollenunterzone zeigt ein weiteres Sinken der Fichte (*Picea abies*) und der Zirbe (*Pinus cembra*). Kulturzeiger kommen fast durchgehend vor. Die Kräuterpollenprozente steigen auf ein Maximum von 87%, besonders Süßgräser (Gramineae) und Cichoriaceae nehmen zu. Weidezeiger nehmen jedoch gleichzeitig ab (2-3%). Koprophile Pilze treten nun verstärkt hinzu, und die Holzkohlepartikel nehmen ebenfalls zu und steigen an der Zonenobergrenze auf 42% an.
Für die Moore Schwarzensteinalpe und Schwarzensteinboden wurden zusätzlich alle zur Pollenanalyse herangezogenen Sedimente auch auf Makroreste hin untersucht. Pflanzliche Reste (wie zum Beispiel Früchte, Samen und Blätter) weisen dabei aufgrund ihrer geringeren Verbreitungsdistanz im Vergleich zu Pollen auf ein lokales Vorkommen einer Pflanzenart hin. Gleiches gilt natürlich auch für die tierischen Großreste, wie zum Beispiel für die lokal vorhandenen Arthropodenarten. Abbildung 8 zeigt einen Ausschnitt der Vielfalt an pflanzlichen und tierischen Resten, die in den Mooren Schwarzensteinalpe und Schwarzensteinboden (siehe unten) in unterschiedlichen Sedimenttiefen gefunden und bestimmt wurden. Das Großrestprofil des Moores Schwarzensteinalpe (Abbildung 15) lässt sich im Folgenden in zwei lokale Makrorestzonen (LMAZ) gliedern:

LMAZ SWA-1a: *Poaceae*-Zone; 93-59,5 cm; 2450-1250 cal. BP, 500 BC-700 AD (Eisenzeit bis Frühmittelalter); Stark zersetzter Cyperaceen-Moostorf; Obergrenze: Anstieg der Moosreste (Bryophyta) und der Bryozoa (Moostierchen).
In dieser ersten, lokalen Makrorestunterzone treten Poaceae-Früchte vereinzelt auf. Cyperaceae-Früchte sind fast durchgehend vorhanden. Einzelfunde wie *Juniperus communis*-(Wacholder)Nadeln, *Vaccinium uliginosum*-(Moorbeeren-)Blätter, *Potentilla* cf. *frigida*-(Fingerkraut-)Früchte und von *Selaginella selaginoides*-(Dorniger Moosfarn-)Makrosporen kommen vor. *Viola* cf. *biflora*-(Veilchen-)Samen sind vereinzelt vorhanden. Moos-Blätter und Moos-Stängel sind stark vertreten. Chironomidae-(Zuckmücken-)Larven und Neorhabdocoela-(Turbellarien)Eier sind vereinzelt vertreten. Oribatida (Moosmilben) sind durchgehend vorhanden.

LMAZ SWA-1b: *Bryophyta-Bryozoa-Daphnia*-Zone; 59,5-24 cm; 1250-350 cal. BP, 700-1600 AD (Mittelalter bis Neuzeit); Stark bis Mittel zersetzter Cyperaceen-Moostorf; Obergrenze: Abfall der Moosreste und Anstieg der Wurzelreste.
In dieser Unterzone der lokalen Großrestzone 1 nehmen Cyperaceae-(Sauergräser-)Früchte zu. *Viola* cf. *biflora*-Samen treten häufiger auf. *Selaginella selaginoides*-Makrosporen kommen vereinzelt vor. Ein Einzelfund eines *Salix herbacea*-(Kraut-Weiden-)Blattes tritt auf. Moos-Blätter und Moos-Stängel steigen an. Chironomidae-Larven sind durchgehend vorhanden. Neorhabdocoela-Eier kommen vereinzelt vor. Oribatida (Moosmilben) sinken leicht ab, wohingegen die Bryozoa-Statoblasten verstärkt vorkommen. *Daphnia* spec.-(Wasserflöhe-)Epihippien (Cladoceren) kommen hinzu.

LMAZ SWA-2: Wurzel-Zone; 24-1 cm; 350 cal. BP (1600 AD) bis heute (Neuzeit), Mittel zersetzter Cyperaceen-Moostorf; Obergrenze: Profilende.
Während dieser zweiten Großrestzone nehmen die Cyperaceae-Früchte ab. Moos-Blätter und Moos-Stängel sind nur am Beginn der Zone vorhanden, genauso wie Chironomidae-Larven. Wurzelreste sind viele vorhanden. Neorhabdocoela-Eier und Oribatida sind hingegen nur vereinzelt vertreten.

Schwarzensteinboden

Das Pollenprofil Schwarzensteinboden (Abbildung 16 und 17) konnte ebenfalls in drei lokale Pollenzonen eingeteilt werden:

LPAZ SWS-1: *Picea abies-Cyperaceae-Dinoflagellatae*-Zone; 114-81 cm; 3950-3300 cal. BP, 2000-1350 BC (Bronzezeit); Mittel zersetzter Cyperaceen-Moostorf; Obergrenze: Abfall der *Picea abies*-,

Cyperaceae- und Dinoflagellaten-Werte, Anstieg der Diatomeenwerte.
In dieser ersten, lokalen Pollenzone des Schwarzensteinbodenmoores dominiert unter den Baumpollen die Fichte (*Picea abies*) mit Pollenwerten von 36 bis 60%, die jedoch als Fernflug zu betrachten sind, da die Fichte in dieser Höhe sicherlich nie vorgekommen ist. Die Zirbe (*Pinus cembra*) ist regelmäßig vorhanden und erreicht ein Maximum von 8% in der Zonenmitte. Süßgräser (Gramineae/Poaceae) dominieren bei den Kräutern. Weidezeiger sind in geringen Werten vorhanden (<5%). Cyperaceae und Dinoflagellatae weisen ein Maximum auf.

LPAZ SWS-2: *Gramineae-Diatomeae*-Zone; 81-34 cm; 3300-1950 cal. BP, 1350 BC bis 1 AD (Bronzezeit, Eisenzeit, Römerzeit 1. Teil); Stark zersetzter Cyperaceen-Moostorf; Obergrenze: Anstieg von *Pinus cembra* und der Weidezeiger.
Während dieser lokalen Pollenzone sinken die Baumpollenwerte, insbesondere die von *Picea abies* (15-29%) ab, genauso wie die der Cyperaceae. Süßgräser (Gramineae) (20-37%), Weidezeiger (Werte bis 9%) und *Botryococcus* nehmen generell zu. *Chlamydomonas nivalis* tritt hinzu. Kieselalgenarten (Diatomeae) erreichen ein Maximum, genauso wie die Holzkohlepartikel. Die Panzergeissler (Dinoflagellatae) nehmen ab und sind nur vereinzelt vertreten.

LPAZ SWS-3: Kulturzeiger-Weidezeiger-Zone; 34-1 cm; 1950 cal. BP (1 AD) bis heute (Römerzeit 2. Teil, Mittelalter, Neuzeit); Mittel bis leicht zersetzter Cyperaceen-Moostorf; Obergrenze: Profilende.
In dieser lokalen Pollenzone steigen die Werte von *Pinus cembra* zu Beginn auf 4% an, sinken jedoch anschließend wieder ab und schwanken zwischen 1-3%. Kulturzeiger kommen hinzu. Weidezeiger und Cichoriaceae steigen an, genauso wie die Holzkohlepartikel zum Zonenende. *Typha angustifolia*-Typ tritt hinzu. Diatomeae nehmen in dieser Zone generell ab.
Bezüglich der Großreste lässt sich das Profil Schwarzensteinboden in zwei lokale Makrorestzonen (LMAZ) einteilen (Abbildung 18).

LMAZ SWS-1: *Cyperaceae*-Moos-Wurzel-Zone; 114-80 cm; 3950-3300 cal. BP, 2000-1350 BC (Bronzezeit); Mittel zersetzter Cyperaceen-Moostorf; Obergrenze: Anstieg der Bryozoa- und Chironomidenreste bei gleichzeitiger Reduktion der Moose und Wurzelanteile.
Diese erste lokale Makrorestzone zeigt ein fast durchgehendes Vorkommen der Cyperaceae-Früchte. Moos-Blätter und Moos-Stengel erreichen ein Maximum. Wurzeln sind ebenfalls stark vertreten. Oribatida sind fast durchgehend, Neorhabdocoela-Eier nur vereinzelt vorhanden.

LMAZ SWS-2a: *Selaginella selaginoides*-Bryozoa-Zone; 80-34 cm; 3300-1950 cal. BP, 1350 BC bis 1 AD (Bronzezeit, Eisenzeit, Römerzeit 1. Teil); Stark zersetzter Cyperaceen-Moostorf; Obergrenze: Abfall der Bryozoa-Werte.
Während dieser Zone geht der Anteil an Cyperaceae-Früchte zurück. *Selaginella selaginoides*-Makrosporen sind andererseits häufiger vorhanden. Ein Einzelfund eines *Loiseleuria procumbens*-(Alpenazalee-)Blattes ist hervorzuheben. Moos-Blätter und Moos-Stängel nehmen ab. Oribatida sind durchgehend vorhanden. *Daphnia*-Eier und Chironomiden-Larven kommen hinzu. Bryozoa-Statoblasten nehmen stark zu. Neorhabdocoela-Eier sind fast durchgehend vertreten.

LMAZ SWS-2b: *Cyperaceae*-Moos-Zone (34-1 cm, 1950 cal. BP (1 AD) bis heute (Römerzeit 2. Teil, Mittelalter, Neuzeit); Mittel bis leicht zersetzter Cyperaceen-Moostorf; Obergrenze: Profilende.
In dieser Unterzone der lokalen Makrorestzone 2 sind Cyperaceae-Früchte verstärkt vorhanden. *Selaginella selaginoides*-Makrosporen sind bis zur Zonenmitte vereinzelt vertreten. Einzelfunde eines *Loiseleuria procumbens*-Samens und eines *Calluna vulgaris*-(Heidekraut)Apex treten auf. Moos-Blätter und Moos-Stängel steigen an. Wurzeln sind am Ende der Zone vorhanden. *Daphnia*-Eier, *Bryozoa*-Statoblasten und Neorhabdocoela-Eier sind fast durchgehend vorhanden, wohingegen Chironomidae-Larven nur vereinzelt vertreten sind.

4. Diskussion

Vegetationsentwicklung, Paläoklima und Großlawinenereignisse

Die Ablagerung der Schwarzensteinmoorsedimente beginnt vor ca. 10.000 Jahren in der **Mittelsteinzeit** (Mesolithikum; Abbildung 19). Die Zirbe (*Pinus cembra*) und Erle (*Alnus, Alnus viridis*) bilden zusammen mit der Latsche (*Pinus mugo*) die lokale Baum- und Strauchvegetation. Die Zirbe (*Pinus cembra*) ist mit Werten von bis zu 10% vertreten und weist dadurch auf ihr lokales Vorhandensein im Einzugsgebiet des Moores hin (HUNTLEY & BIRKS, 1983), was auf Grund einzelner, in die erste Holozänhälfte datierte Zirbenstämme (NICOLUSSI et al., dieser Band) aus dem Schwarzensteinmoor nicht weiters erstaunt. Die Pollenwerte der Zirbe übersteigen jedoch nie die Summe aller Krummholzarten, wie Erle (*Alnus*), Grünerle (*Alnus viridis*) und Latsche (*Pinus mugo*). Das Moor befindet sich daher wohl mitten im Waldgrenzökoton zwischen Wald- und Baumgrenze (KRAL, 1971; TINNER & THEURILLAT, 2003). Die für diese Höhenstufe typischen Zwergsträucher (Ericaceae, *Juniperus communis*, *Calluna vulgaris*, *Vaccinium*-Typ) sowie Kräuter der alpinen Vegetation treten im Pollenprofil ebenfalls auf. Die Fichte (*Picea abies*) stand wohl in unmittelbarer, jedoch tiefergelegener Umgebung des Schwarzensteinmoores, ihre relativ hohen Pollenwerte repräsentieren somit einen Fernflugeintrag ins Schwarzensteinmoor, genauso wie dies auch generell für die höher gelegenen Moore Schwarzensteinalpe und Schwarzensteinboden der Fall ist. Genauso werden auch die Pollen der Buche (*Fagus sylvatica*), der Weißtanne (*Abies alba*) und der Eichenmischwaldarten (*Quercus robur*-Typ, *Tilia* spec., *Acer* spec., *Fraxinus excelsior* und *Ulmus* spec.) aus nahen Tallagen des Zemmtales oder über den Alpenhauptkamm von Südtirol herkommend durch den Wind heraufgeweht bzw. in unser Untersuchungsgebiet hereingebracht (die Weißtanne z.B. kommt im Zemmtal vereinzelt bis auf ca. 1600 m ü. M. vor, wohingegen die Buche z.B. noch heute bei Finkenberg (auf Kalkglimmerschiefer) und knapp oberhalb von Ginzling nach eigenen Beobachtungen vorkommt, und dort bis in etwa 1000 m ü. M. vereinzelte, und somit an ihrer Tiroler Höhengrenze stehende, geschlossene Bestände aufweist). Für das Mesolithikum wurden zwei erste Großlawinenereignisse rekonstruiert, bzw. auf die Winter 6255/54 und 5691/90 v. Chr.

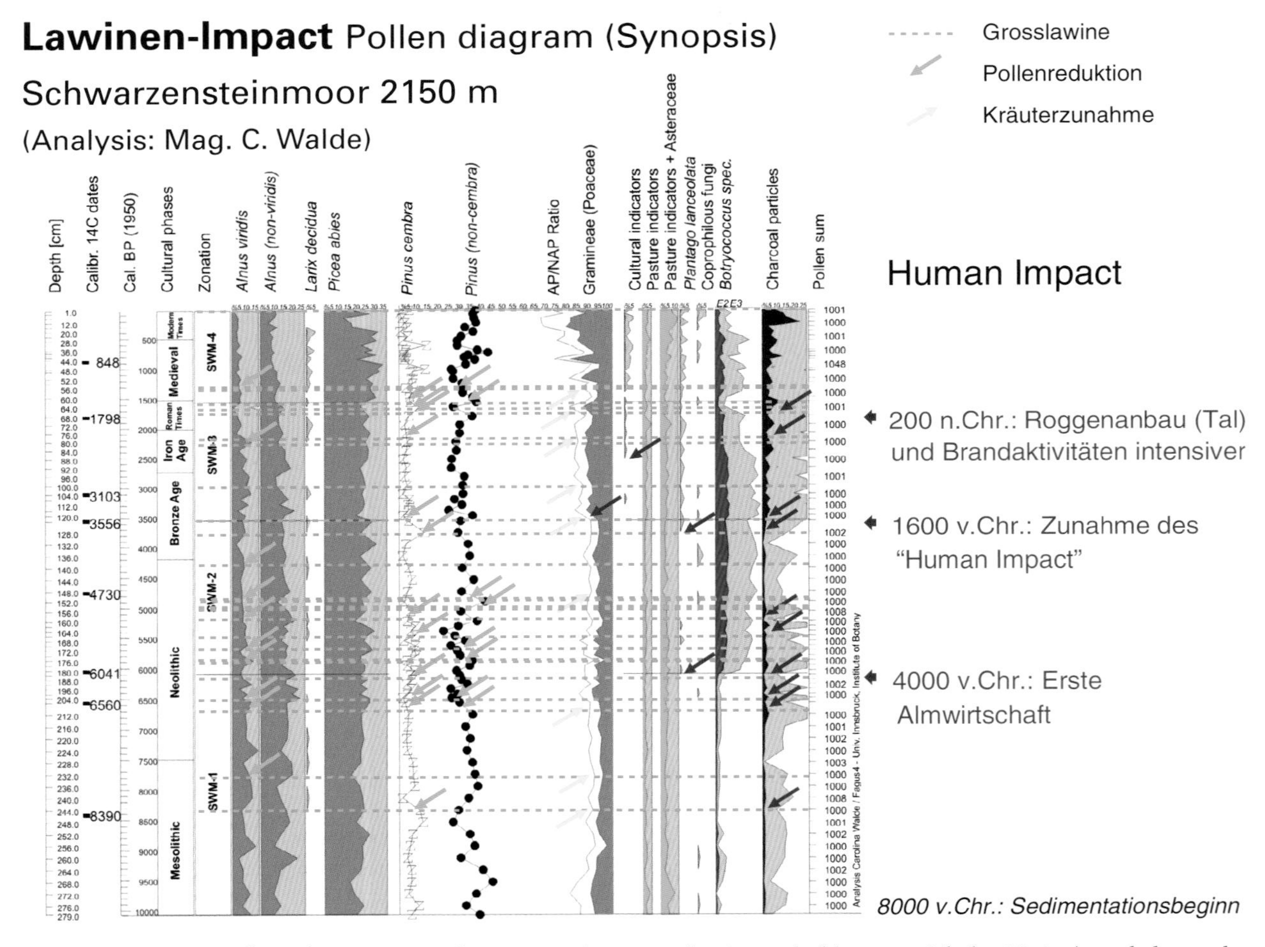

Abbildung 19: Der Einfluss der zwanzig jahresgenau datierten (horizontale blau gestrichelte Linien) und der sechs ungefähr datierten (horizontale breit-gestrichelte blaue Linien) Großlawinenereignisse (NICCOLUSSI et.al, dieser Band) auf die im Pollenprofil SWM-E-P3 aus dem Schwarzensteinmoor (2150 m ü. M.) erkennbare Florenentwicklung (grüne und gelbe Pfeile) dargestellt als Total-Pollenprozentdiagramm (Auswahl an Taxa) in zeitlinearer Darstellung. Die roten Pfeile zeigen eine jeweilige Zunahme der „Human-Impact"-Indikatoren an (man beachte, dass die Kurve von *Botryococcus* logarithmisch dargestellt ist; für weitere Angaben siehe Text).

Tabelle 9:
Der Einfluss der 26 datierten Großlawinenereignisse auf die Vegetationsentwicklung im Umfeld des Schwarzensteinmoores im Vergleich zu den Auswirkungen auf die in der Nähe liegenden Vegetationsgürtel um die Moore Schwarzensteinalpe und Schwarzensteinboden. Aufgeführt sind auch die wahrscheinlichen Lawinentypen auf Grund der spezifischen Vegetationsreaktion für die einzelnen Lawinenwinter. Abkürzung: n.b. = nicht bekannt.

Datiertes Lawinenereignis	Umgebung SWM: Vegetationsreaktion auf die Grosslawinenereignisse:					Wahrscheinlicher Lawinentyp	Auswirkung auf Pflanzenarten in der Umgebung von:		Regionale Lawinenereignisse wahrscheinlich	Regionale Feuer wahrscheinlich
	Reduktion von *Pinus cembra*	Reduktion von *Pinus non-viridis* (=Pinus mugo)	Reduktion von *Alnus viridis*	Zunahme Kräutertotal	Zunahme der Holzkohlepartikel (=lokale Feuerereignisse)		SWA	SWS		
1998/99 n. Chr.	n.b.	n.b.	n.b.	n.b.	n.b.	n.b.	n.b.	n.b.	JA (bekannt)	n.b.
Kurz nach 788 n.Chr.	NEIN	NEIN	JA	NEIN	NEIN	Fliesslawine	NEIN	NEIN	NEIN	Eventuell
743/44 n.Chr.	NEIN	JA	JA	JA	NEIN	Fliesslawine	NEIN	NEIN	NEIN	Eventuell
505/06 n.Chr.	JA	JA	NEIN	JA	JA	Fliess-Staublawine	NEIN	NEIN	NEIN	NEIN
411/12 n.Chr.	JA	JA	JA	NEIN	NEIN	Fliess-Staublawine	PiCe	(AlVi)	JA	Eventuell
Kurz nach 353 n.Chr.	JA	NEIN	NEIN	NEIN	JA	Staublawine	PiCe/PiMu	(AlVi/PiMu)	JA	Eventuell
85/84 v.Chr.	JA	NEIN	NEIN	JA	JA	Staublawine	NEIN	(PiCe/AlVi)	Eventuell	Eventuell
168/67 v.Chr.	NEIN	NEIN	JA	JA	JA	Fliesslawine	PiMu	(PiCe)	Eventuell	NEIN
995/94 v.Chr.	NEIN	NEIN	JA	JA	NEIN	Fliesslawine	—	PiMu	Eventuell	NEIN
1560/59 v.Chr.	JA	NEIN	NEIN	JA	JA	Staublawine	—	NEIN	NEIN	NEIN
1827/26 v. Chr.	JA	NEIN	NEIN	NEIN	JA	Staublawine	—	PiCe	JA	NEIN
Kurz nach 2210 v.Chr.	NEIN	NEIN	JA	NEIN	NEIN	Fliesslawine	—	—	—	—
2787/86 und 2774/73 v.Chr.	NEIN	NEIN	JA	JA	NEIN	Fliesslawine	—	—	—	—
Kurz nach 2871 v.Chr.	NEIN	JA	NEIN	NEIN	NEIN	Fliesslawine	—	—	—	—
Kurz nach 2944 v.Chr.	NEIN	JA	NEIN	NEIN	NEIN	Fliesslawine	—	—	—	—
3082/81 v.Chr.	JA	NEIN	NEIN	NEIN	JA	Staublawine	—	—	—	—
3380/79 v.Chr.	JA	NEIN	NEIN	NEIN	JA	Staublawine	—	—	—	—
Kurz nach 3597 v.Chr.	NEIN	JA	JA	NEIN	NEIN	Fliesslawine	—	—	—	—
3834/33 und 3812/11 v.Chr.	NEIN	JA	JA	NEIN	NEIN	Fliesslawine	—	—	—	—
4055/54 v.Chr.	JA	NEIN	NEIN	NEIN	JA	Staublawine	—	—	—	—
4433/32 v.Chr.	JA	JA	JA	NEIN	JA	Fliess-Staublawine	—	—	—	—
4616/15 v.Chr.	JA	JA	JA	JA	JA	Fliess-Staublawine	—	—	—	—
5691/90 v.Chr.	NEIN	NEIN	JA	JA	NEIN	Fliesslawine	—	—	—	—
6255/54 v.Chr.	JA	NEIN	NEIN	JA	JA	Staublawine	—	—	—	—

datiert. Ihre Auswirkung auf die Vegetationsentwicklung lässt sich im Pollenbild gut verfolgen (Abbildung 19, Tabelle 9), beim ersten Lawinenereignis werden offensichtlich die Zirbenbestände (*Pinus cembra*) massiv reduziert, während beim zweiten Ereignis dann vor allem die Grünerlenbestände (*Alnus viridis*) zurückgehen. Diese Unterschiede lassen sich möglicherweise auf unterschiedliche Lawinentypen zurückführen, dürften doch bei der längerfristigen, massiven Reduktion der Zirben Staublawinen, und bei der längerfristigen Zerstörung der niederliegenden Stäucher Fliesslawinen verantwortlich gezeichnet haben (Tabelle 9).

Für die **Jungsteinzeit** (Neolithikum; 5500-2200 v. Chr.) lassen sich im Schwarzensteinmoor insgesamt dreizehn Großlawinenereignisse dendrochronologisch datieren (LUZIAN & PINDUR, 2000; PINDUR, 2001; NICOLUSSI et al., 2004, dieser Band), was somit der Hälfte aller datierten Lawinenereignisse entspricht und sich durch die damals oberhalb des Schwarzensteinmoores ausgiebig vorhandenen Zirbenwälder erklären lässt. Im Pollenprofil des

Schwarzensteinmoores sind diese Lawinen mit horizontalen Linien markiert (Abbildung 19) und zeigen, dass diese Ereignisse ebenfalls teilweise mit einem Rückgang der Zirbenpollen (*Pinus cembra*) und teilweise auch mit dem Rückgang der eigentlich oft als lawinentolerant bezeichneten, niederliegenden Latschen (*Pinus mugo*) und Grünerlen (*Alnus viridis*) einhergehen, und somit den langfristigen Schaden an den lokal wachsenden Baum-/Staucharten, bzw. am Jungwuchsaufkommen direkt bestätigen (Tabelle 9).

Im Sedimentationsbereich zwischen ca. 210 und 148 cm Tiefe (4800-2800 v. Chr.) muss der Zirbenwald gemäß den relativ hohen Pollen- und Influxwerten (Abbildung 11 und 12) und der im Schwarzensteinmoor gefundenen und dendrochronologisch datierten Stämme (NICOLUSSI et al., dieser Band) zudem sicherlich weit oberhalb des Moores gelegen haben. Die Klimaxbaumarten erreichen hier fast die Werte der Krummhölzer (Abbildung 11 und 19), was auf ein generelles Höhersteigen der Waldgrenze hindeutet.

In der Jungsteinzeit tritt bereits auch der erste Pollen vom Spitzwegerich (*Plantago lanceolata*) auf (4100 v. Chr.), der klar auf Trittrasengesellschaften, Kulturlandschaft und den Einfluss des Menschen und dessen Haustiere hindeutet (IVERSEN, 1941; BEHRE, 1981; COURT-PICON et al., 2005), wobei hier festzuhalten ist, dass diese heute noch im Bereich der Alpenrose/Waxeggalm vorkommende Art möglicherweise nicht vor Ort um das Schwarzensteinmoor herum gewachsen ist, sondern durch Fernflug oder durch einen Haustiereintrag (Fellhaftung, Exkremente etc.) in das Sediment gelangt sein dürfte. Gleichzeitig finden sich auch vermehrt Schneealgenfunde (*Chloromonas nivalis*, *Chlamydomonas nivalis*), was auf steigende, größere Schneemengen in der Umgebung des Moores, bzw. auf der Mooroberfläche spricht (KOL, 1968; HAAS et al., 2005).

Etwa 4100 v. Chr. (6050 cal. BP) kommt auch die Trauben-Grünalge (*Botryococcus*) massiv auf. Dies weist auf eine Eutrophierung des wasserführenden Moores oder des moorigen Gewässers hin. Die Trauben-Grünalge bildet 100-500 μ große Kolonien und wächst in Süßwasserseen, Tümpeln und Mooren. Sie bevorzugt ruhige Habitate mit (leichtem) Nährstoffeintrag (DULHUNTY, 1944; BATTEN & GRENFELL, 1996). Interessant erscheint diese massive Zunahme von *Botryococcus* v.a. auch weil sie kurz vor dem ersten Spitzwegerich-Pollen (*Plantago lanceolata*) auftritt. Dies dürfte auf den Eintrag von Nährstoffen durch erosiv wirkende, lokale Beweidung hinweisen, wodurch sich diese Grünalgen in der Folge stark vermehrten und ausbreiteten. Zur gleichen Zeit steigen nämlich auch die Holzkohlepartikel (Particulae carbonae) an, was mit ziemlicher Sicherheit ebenfalls auf die Zunahme des lokalen, anthropogenen Eingriffes hinweist. Auch die koprophilen Pilze, die kurz zuvor auftreten, weisen zusammen mit den Zeigerpflanzen des anthropogenen Eingriffs auf verstärkten Dungeintrag durch Weidevieh hin. Allerdings wäre es auch möglich, dass ein Großteil des damaligen Schwarzensteinmoores durch größere Wasserstellen charakterisiert war, was wiederum den *Botryococcus*-Algen zugute gekommen wäre. Diese erhöhten (Winter-)Niederschläge (Regen, Schnee) könnten somit auch auf die zwischen 4100 und 3800 v. Chr. auftretende Rotmoos I-Klimaschwankung (CE-5 nach HAAS et al., 1998) zurückzuführen sein, die damals Europa generell mit niederschlagsreichem und kälterem Klima heimgesucht hat (BORTENSCHLAGER, 1972; HAAS et al., 1998; MAGNY et al., 2006). Die Kombination von haustierbedingter, sommerlicher Öffnung der Waldbestände im Umfeld des Schwarzensteinmoores und der klimatisch bedingten Niederschlagszunahme im Winter und Frühjahr würde einen massiven Nährstoffeintrag und den hier über die *Botryococcus*-Expansion erfassten Nährstoffanstieg gut erklären.

Interessant sind hier auch die kurz hintereinander datierten Großlawinenereignispaare (3834/33 und 3812/11 v. Chr. und 2787/86 und 2774/73 v. Chr.) während des Neolithikums, die offensichtlich innerhalb eines Zeitraumes von 12 bis 22 Jahren wiederkehren (LUZIAN & PINDUR, 2000; PINDUR, 2001; NICOLUSSI et al., 2004, dieser Band). Ein solch kurzer Zeitraum zwischen zwei Großlawinenereignissen entspricht gut den heute bekannten Lawinensituationen im Alpenraum, da sie innerhalb einer kürzeren Zeitraumes vorkommen, als die natürliche Wiederbewaldung normalerweise andauert (Minimum ca. 30 Jahre). Gleichzeitig zeigt die Kurve der Föhren-Pollen (*Pinus*), die hauptsächlich die Häufigkeit der Latschen (*Pinus mugo*) repräsentiert, einen Einbruch, was darauf hinweist, dass neben den Zirben (die als im Schwarzensteinmoor eingebettete, lawinenbeschädigte Baumstämme reichlich vorliegen) auch die Latschen durch diese Lawinen beschädigt, bzw. in ihrer langfristigen Blühfähigkeit eingeschränkt wurden. Zudem könnte auch ein durch die Lawinen erfolgtes Freilegen der niederliegenden Latschen ein nachträgliches Erfrieren der blühfähigen Zweige bzw. ein Fehlen von Verdunstungsschutz bewirkt haben, wie das auch aus heutigen Untersuchungen bekannt wurde (TRANQUILLINI, 1976; MAYR et al., 2003).

Für die **Bronzezeit** (2200-800 v. Chr.) konnten bisher nur drei gesicherte Großlawinenereignisse registriert werden (Abbildung 19), was nicht weiters erstaunt, da zu dieser Kulturepoche wegen der anthropogen nach unten verschobenen Baumgrenze wohl nur wenige Zirben oberhalb des Schwarzensteinmoores standen (Nicolussi et al., dieser Band), und damit Lawinenereignisse mit unserer „Erkennungsmethodik“ unentdeckt bleiben. Die Pollenwerte der Zirbe (*Pinus cembra*) bleiben zudem während der Bronzezeit nach einem anfänglichen Anstieg relativ niedrig (Abbildung 11), unabhängig ob als Relativwerte oder als Influxwerte berechnet (Abbildung 12), was auf ein stark reduziertes Vorkommen der Zirbe (*Pinus cembra*) im Untersuchungsgebiet hindeutet. Zirben standen zu dieser Zeit somit wohl bestandsbildend mehrheitlich unterhalb des Schwarzensteinmoores, vielleicht im Bereiche der Berliner Hütte (ca. 2000 m ü. M.). Dies könnte durchaus auch klimatisch bedingt gewesen sein, kennen wir doch für den Zeitraum zwischen 1800-1350 v. Chr. eine ausgeprägte Klima-Ungunstphase (Löbben- oder CE-7-Phase, siehe Haas et al., 1998) mit kälteren und feuchteren Bedingungen (Magny, 2004). Allerdings dürfte ein alleiniges Verschieben der natürlichen Wald- und Baumgrenze durch sich verschlechternde Klimabedingungen für unser Arbeitsgebiet ziemlich unwahrscheinlich sein, treten doch gleichzeitig und durchgehend viele anthropogene Zeigerpflanzen auf, wie Spitzwegerich (*Plantago lanceolata)*, Alpen-Wegerich (*Plantago alpina*), Mittlerer Wegerich (*Plantago media*), Kleiner Sauerampfer (*Rumex acetosella*), Gänsefußgewächse (Chenopodiaceae), Brennnesselgewächse (Urticaceae) und Beifuss (*Artemisia*). Die Gesamtkurve der anthropogenen Indikatorpflanzen weist nun sogar Prozentwerte auf (Abbildung 11). Ebenso steigt in der Bronzezeit die Kurve der Gräser (Gramineae) leicht an, und die Holzkohlepartikel (Particulae carbonae) nehmen ebenfalls zu. Dieser wesentlich intensivere Einfluss des Menschen und seiner Haustiere während der Bronzezeit dürfte somit sicherlich zum grossflächigen Alm-Abbrennen und zur zahlenmässigen Reduktion der Zirbenbestände oberhalb des Schwarzensteinmoores geführt haben, und v.a. auch das Aufkommen der Jungzirben erschwert haben.

Die Schneealgen (*Chloromonas nivalis* und *Chlamydomonas nivalis*) sind im Übrigen zu dieser Zeit auch wieder verstärkt vorhanden, was nicht erstaunt, da diese Arten lichterfüllte Schneehabitate brauchen und unter dichtem Baumbewuchs im Schnee nur wenig vorkommen (Kol, 1968). Dies deutet somit auch darauf hin, dass während der Bronzezeit im Winter ausgiebiger Schneefall existiert haben muss, der möglicherweise auch zu Lawinengroßereignissen geführt hat, die wir jedoch dendrochronologisch nicht nachweisen können.

In der **Eisenzeit** (800-15 v. Chr.) bleibt die Zirbe (*Pinus cembra*) auch weiterhin nur mit sehr geringen Pollenwerten erkennbar (Abbildung 11 und 19), stand aber als Baum wohl oberhalb des Moores. Gleichzeitig, insbesondere während der mittleren Eisenzeit, gehen die Werte der *Botryococcus*-Funde stark zurück, was auf eine merkliche Reduktion der Beweidung und des erosiven Nährstoffeintrags in das Schwarzensteinmoor schliessen lässt. Für die Winter 168/167 v. Chr. und 85/84 v. Chr. (Abbildung 19) lassen sich wiederum Großlawinen dendrochronologisch nachweisen (Nicolussi et al., dieser Band), die jedoch offensichtlich keine allzu große pollenanalytische Auswirkungen auf die Blühfähigkeit der Zirben hatten (Abbildung 19). Am Ende der Eisenzeit geht der anthropogene Einfluss zurück. Die Zeiger für offener Flächen (Gramineae) und andere Kräuterwerte gehen zurück, während die Baumpollenprozentwerte generell zunehmen.

Während der **Römerzeit** (15 v. Chr.-450 n. Chr.) steigen die Baumpollenwerte an, vor allem die der Zirbe (*Pinus cembra*), während die Gräser (Gramineae) anfangs, sowie die Vielfalt der Kräuter, die Holzkohlepartikel sowie die Kultur- und Weidezeiger zurückgehen. Die Grünerle (*Alnus viridis*) ist seit der Eisenzeit in wesentlich geringeren Werten vorhanden. Sie dürfte für die Alm- und Weidewirtschaft zurückgedrängt oder für die Gewinnung von Winterfutter geschneitelt worden sein (Haas & Rasmussen, 1993). Im gleichen Zeitraum nehmen auch die Holzkohlepartikelwerte (Particulae carbonae) zu, sodass angenommen werden kann, dass die Flächen abgebrannt wurden und dann in alpine Grasmatten umgewandelt wurden, wie dies auch in den zwei Profilen Schwarzensteinalpe und Schwarzensteinboden ersichtlich ist. Dass dies auch wirklich so gewesen sein dürfte, zeigt die hoch-signifikante, statistische Korrelation zwischen den Relativ- und Influxwerten der Mikro-Holzkohlepartikel und dem Total der Weidezeigerpollen im Profil Schwarzensteinboden (Abbildung 20; siehe auch Haas et al., 2005; Wild, 2005). Auch wenn solche statistischen Zusammenhänge in der Paläoökologie immer mit einer gewissen Vorsicht zu interpretieren sind, so spricht vieles dafür, dass zumindest seit der Bronzezeit zwecks besserer Weidenutzung das niederliegende, z.T. stachelige Buschwerk (z.B. *Juniperus communis*) an bzw. oberhalb der Baumgrenze (ca. 2350 m) von den damaligen Almhirten abgebrannt wurde, und somit die Präsenz von

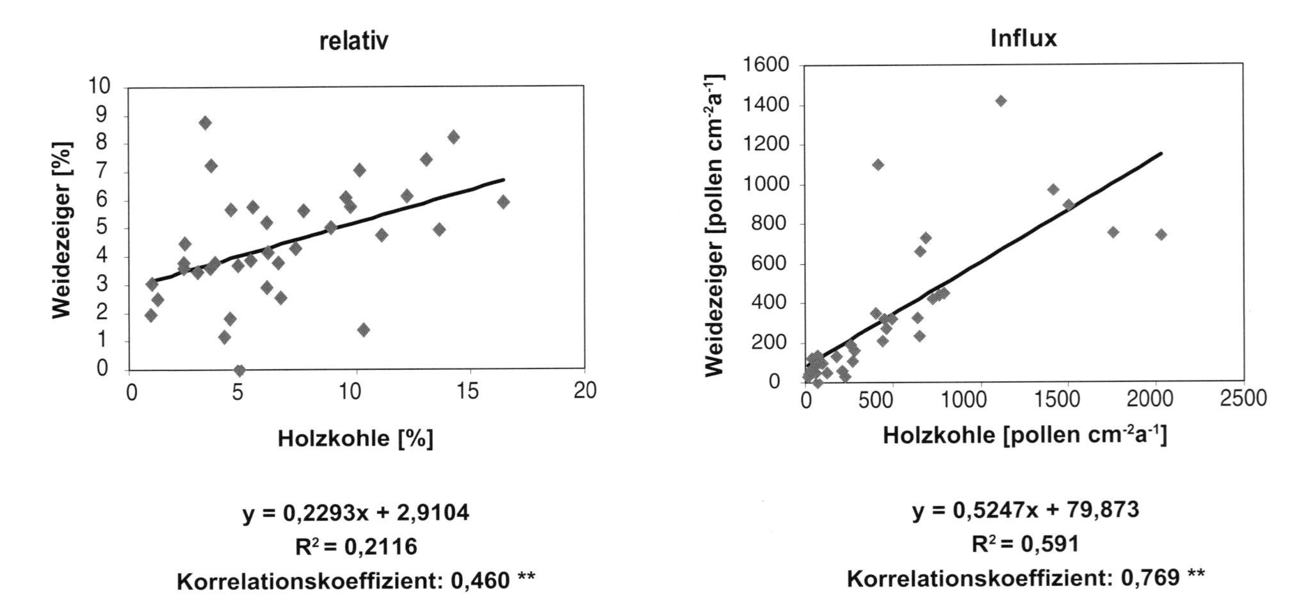

Abbildung 20: Positive Korrelation zwischen dem Aufkommen von Weidezeigern und der Menge an Mikro-Holzkohlepartikel im Schwarzensteinboden-Moor (2340 m) als Zeichen für ein althergebrachtes, seit der Bronzezeit durchgeführtes Feuermanagement der Gebiete an bzw. oberhalb der Baumgrenze (ca. 2350 m) zur Gewinnung von Weideflächen (siehe auch HAAS et al., 2005; WILD, 2005).

typischen, saftigen Weidepflanzen gefördert wurde. Um das Jahr 150 n. Chr. tritt im Schwarzensteinmoor auch der erste Roggen-Pollen (*Secale cereale*) auf, was auf den Anbau dieses Getreides in der näheren Talumgebung hindeutet. Nun verzeichnen auch die anderen zwei auf der Schwarzensteinalm gelegenen Sedimentbohrkerne (Abbildungen 13 und 16), sowie das Profil Waxeckalm den erstmaligen Eintrag von Getreidepollen, und zwar immer von Roggenpollen (*Secale cereale*). Diese Roggenpollen lassen sich im Moor Schwarzensteinboden um 50 n. Chr. und im Moor Schwarzensteinalpe um 200 n. Chr. (WILD, 2005), sowie im Moor Waxeweckalm um 230 n. Chr. (Neuberechnung und dahingehende Neuinterpretation der Daten aus HÜTTEMANN, 1983, sowie HÜTTEMANN & BORTENSCHLAGER, 1987) feststellen, was wegen der unterschiedlichen Pollensummen, und der methodisch bedingten Bandbreite der vorhandenen Radiokarbondatierungen und ihrer Kalibrierung bzw. Interpolierung auf die talseitige Anlage entsprechender Roggenfelder im Bereich des Zemmtales (Ginzling) oder dem Ahrental ab ca. 150 n. Chr. schliessen lässt. Die oberhalb von Ginzling noch vorhandenen Ackerterrassen (Abbildung 21), auf denen noch bis zum 2. Weltkrieg Roggen (*Secale cereale*) und Gerste (*Hordeum vulgare*) angebaut wurde (pers. Mitteil. H. Kröll, Oberböden bei Ginzling) käme hier sicherlich für den römerzeitlichen Getreideanbau als ideales Gelände in Frage, auch wenn bisherige, konkrete Nachweise dafür fehlen. Die Kurve der Trauben-Grünalgen (*Botryococcus*) nimmt interessanterweise in diesem Zusammenhang im Schwarzensteinmoor auch wieder zu, erreicht jedoch die Werte der Bronzezeit nicht mehr, und fällt am Übergang von der Römerzeit zum Mittelalter auf Minimalwerte zurück. Ganz offensichtlich wurde demnach das Gebiet der Schwarzensteinalm und die darunterliegenden Talschaften (ob auf beiden Seiten des Alpenhauptkammes lässt sich zum jetzigen Zeitpunkt nicht beurteilen) landwirtschaftlich regelmässig genutzt, wobei das zur Römerzeit trockenere und leicht wärmere Klima (HAAS et al., 1998) dies unterstützt haben dürfte. Generell dürften aber diese günstigen Bedingungen für den talseitigen Kulturpflanzenanbau dazu geführt haben, dass die Hochflächen weniger intensiv als z.B. zur Bronzezeit als Weideflächen und zur Almbewirtschaftung (inkl. Käse- und Milchproduktherstellung) genutzt worden sein dürften.

Bezüglich der Lawinengeschichte konnten bisher für die Römerzeit nur wenige Großlawinenereignisse für die Winter kurz nach 353 und für den Winter 411/12 n. Chr. nachgewiesen werden (Abbildung 19). Dass es zur Römerzeit jedoch im Winterhalbjahr auch grössere Mengen an Schnee gegeben haben muss, zeigen zweifelsohne auch die Schneealgen, die zu Beginn der Römerzeit Spitzenwerte aufweisen (Abbildung 11).

Im **Mittelalter** (450-1500 n. Chr.) finden drei weitere dendrochronologisch datierte Lawinenereignisse (505/06, 743/44 und kurz nach 788 n. Chr.) statt (LUZIAN & PINDUR, 2000; PINDUR, 2001; NICOLUSSI et al., 2004, dieser Band), die sich auch am Rückgang

Abbildung 21: Historische Ackerterrassen (1100-1550 m ü. M.) von „Inner- und Oberböden" oberhalb von Ginzling (Tirol, Österreich), die bis in die 1940er-Jahre für den Anbau von Roggen (*Secale cereale*), Gerste (*Hordeum vulgare*), Hafer (*Avena sativa*) und Kartoffeln (*Solanum tuberosum*) gedient haben (pers. Mitteilung H. Kröll, Oberbödenalm, 2005) und durchaus auch schon seit der Römerzeit für den Roggen- und Kulturpflanzenanbau gebraucht worden sein könnten (Photo: J.N. Haas, 2005).

der Föhrenkurve (*Pinus*), d.h. der Latschenkurve manifestieren. Offensichtlich sind nicht nur Zirben, sondern auch Latschen (*Pinus mugo*) von diesem Ereignis betroffen, was wiederum auf Fliess-Staublawineneinwirkung schliessen lassen könnte (Tabelle 9). Zu Beginn des Mittelalters sind die anthropogenen Zeigerpflanzen und die Holzkohlepartikel (Particulae carbonae) im Schwarzensteinmoor nur in geringen Werten vorhanden, steigen dann aber wieder an. Roggen (*Secale cereale*), der in wenigen Kilometern Entfernung angebaut worden sein dürfte, tritt weiterhin auf. Die Edelkastanie (*Castanea sativa*) ist nun in Tallagen durchgehend vorhanden. Ebenso treten nun auch wieder koprophile Pilze auf, die zusammen mit den Weidezeigern auf eine intensivere Weidewirtschaft hinweisen, wie sie auch historisch belegt ist (Abbildung 22). *Botryococcus* ist stark vertreten, sinkt aber im Spätmittelalter wieder ab. Der Zirbenbestand (*Pinus cembra*) verschiebt sich gemäss den fallenden Pollenwerten auf Grund der starken Beweidung und vielleicht auch auf Grund des sich verschlechternden Klimas in der zweiten Hälfte des Mittelalters in tiefere Lagen unterhalb des Schwarzensteinmoores.

In der **Neuzeit** (1500 n. Chr. bis heute) erleiden Fichte (*Picea abies*) und Erle (*Alnus*) einen Einbruch, während die Gräser (Gramineae) und die Zungenblüter (Cichoriaceae) zunehmen. Es kommt zu einem Rückgang der Fichte, was vielleicht auf eine durch die Kleine Eiszeit bedingte Extensivierung der Weidewirtschaft hindeutet. Dies würde zumindest gut mit den schriftlichen Quellen und der Gründung von Schwaighöfen etc. übereinstimmen (Pindur, 2000).

Interessant ist auch die spätneuzeitliche, massive Zunahme der wohl v.a. lokal auf dem Schwarzensteinmoor wachsenden Population der Sauergräser- (Cyperaceen-), die genauso wie die gleichzeitige starke Reduktion (bzw. das gänzliche Verschwinden) von wasserliebenden Algen-Arten auf eine Verlandung, bzw. auf ein Trockenfallen großer Teile des Schwarzensteinmoores vor ca. 100-150 Jahren hindeutet. Dies ist ein klarer Hinweis, dass das Schwarzensteinmoor so wie es sich heute darstellt, als Moorbiotop bedeutend trockener ist als Jahrhunderte zuvor. Dies könnte auch mit der Entnahme bzw. Umleitung von Wasser für die um 1880 gebaute Berliner Hütte zusammenhängen. Möglicherweise sind die stark erhöhten Cyperaceenwerte aber auch Ausdruck der in den letzten Jahrzehnten stark reduzierten Anzahl an Weidetieren auf der Schwarzensteinalm, und damit auch auf

Abbildung 22: Lithographie der „Alpe Schwarzenstein“ (Tirol, Österreich) mit Blickrichtung Mörchnerkees (Mitte) und Schwarzensteinkees (rechts oben) gezeichnet von A. Ziegler (1850). Man beachte die wohl lawinengeschädigte Zirbe (*Pinus cembra*), die abgesägten Zirben, die möglicherweise zum Aufbau der Schwarzensteinalmgebäude (oben links) gebraucht wurden, die reichlich vorhandenen Latschen (*Pinus mugo*) sowie die weidenden Kühe. Privatbesitz J.N. Haas.

dem Schwarzensteinmoor, bzw. des reduzierten Fraßdruckes (siehe dazu auch PINDUR & LUZIAN, dieser Band).

Das für den Winter 1998/99 datierte Lawinenereignis ist bisher das einzig dendrochronologisch datierte Absterben der Zirbe für die Neuzeit, spiegelt aber schön den bekannten, in Tirol und weit darüber hinaus verheerende Schäden hervorrufenden, Lawinenwinter von 1999 wider.

Der anthropogene Einfluss

Zusammenfassend lässt sich sagen, dass der erste anthropogene, bzw. weidewirtschaftlich bedingte Einfluss im Gebiet der Schwarzensteinalm und des Oberen Zemmgrundes sich schon in der **Jungsteinzeit** (Neolithikum) zeigt, und zwar ab 4100 vor Christus. Das Auftreten von Spitzwegerich (*Plantago lanceolata*) sowie des Mittleren Wegerich (*Plantago media*), von Ampfer (*Rumex* spec., *Rumex acetosella*) und von stickstoffliebenden Arten wie Gänsefußgewächsen (Chenopodiaceae), Beifuss (*Artemisia*) und Brennnesselgewächsen (Urticaceae) weist klar auf die Anwesenheit des Menschen und auf eine Beweidung der Hochtallagen oberhalb von 2000 m ü. M. durch seine Haustiere hin. Auch die leichte Zunahme der Holzkohlenpartikel (Particulae carbonae) deutet auf die anthropogene Nutzung oder auf entsprechende Feuer- und Siedlungsstellen im Umkreis des Schwarzensteinmoores hin. Diese frühe Nutzung von alpinen Flächen seit dem Neolithikum (Jungsteinzeit) ist auch aus anderen Tiroler Alpentälern bekannt und passt gut zum Fund des 5300 Jahre alten Eismannes „Ötzi/Homo tyroliensis“ (BORTENSCHLAGER, 2000). Archäologische Funde belegen, dass das Zillertal seit dem frühen Holozän begangen wurde, und dass unser Forschungsgebiet im oberen Bereich des Zemmtals bzw. die dortigen Almen mindestens seit der Bronzezeit besiedelt wurde (PINDUR et al., dieser Band).

In der **Bronzezeit** (2200-800 v. Chr.) und **Eisenzeit** (800-15 v. Chr.) intensiviert sich offensichtlich der Eingriff des Menschen (und von dessen Haustieren) auf die Vegetation, typische Weide- und Siedlungszeiger wie Alpen-Wegerich (*Plantago alpina*), Alpen-Mutterwurz (*Ligusticum mutellina*), Spitzwegerich (*Plantago lanceolata*), Ampfer (*Rumex*), Gänsefußgewächse (Chenopodiaceae), Beifuß (*Artemisia*) und Brennnesselgewächse (Urticaceae) zeigen sich in den Pollendiagrammen. Zusammen mit den obligat-koprophilen Pilzen (z.B. Sordariaceae) lässt sich somit die starke Beweidung der Schwarzensteinalm implizieren. Die Siedlungszeiger sind nun in weit höheren Prozentwerten vorhanden. Ab der Bronzezeit ist der Spitzwegerich (*Plantago lanceolata*) zudem durchgehend vorhanden, was gut auf die ebenfalls ununterbrochene anthropogene Beeinflussung hinweist. Ebenso sinken die Werte der Grünerle (*Alnus viridis*), was auf den lokalen anthropogenen Einfluss hinweist. Die lokalen Gehölze werden zurückgedrängt, um Platz für Weideflächen zu schaffen. Dies dürfte gemäß den in allen drei bearbeiteten Mooren auf der Schwarzensteinalm reichlich vorhandenen Holzkohlepartikel mit Hilfe von Feuer, d.h. in Form von Brandrodung, bewerkstelligt worden sein, wie sie auch aus den Schweizer Alpen für prähistorische Zeiten bekannt geworden ist (Gobet et al., 2003). Ausdruck dafür ist auch der gleichzeitig mit den Holzkohlsplittern auftretende Adlerfarn (*Pteridium aquilinum*), der als Feuerfolger und Weidezeiger bezeichnet werden kann. Zu diesem bronzezeitlichen Einfluss des Menschen und dessen Haustieren passt natürlich auch die auf 1610 v. Chr. datierte archäologische Siedlungsstelle im Talschlussbereich der Schwarzensteinalm (siehe oben).

Eine anthropogene Nutzung des Gebietes seit der Bronzezeit lässt sich auch für die Profile Alpenrose (Weirich, 1977; Weirich & Bortenschlager, 1980) und Waxeckalm (Hüttemann & Bortenschlager, 1987) postulieren, auch wenn auf Grund der Neuinterpretation des letzteren Pollenprofils sicherlich nicht mit einem damals publizierten, bereits bronzezeitlichen Roggenanbau gerechnet werden darf, da dieser wegen einer damaligen Fehlinterpretation einer entsprechenden Radiokarbondatierung sicherlich erst römerzeitlicher Natur ist, da bekanntermassen der großflächige Roggenanbau im Alpenraum erst im Verlaufe der Römerzeit beginnt.

Zu Beginn der **Römerzeit** (15 v. Chr. bis 450 n. Chr.) geht der anthropogene Einfluss im Pollendiagramm rund um das Schwarzensteinmoor zurück. Der Beweidungsdruck in der Umgebung des Schwarzensteinmoores verringert sich, wie aus der Kurve der Weidezeiger zu erkennen ist. Die Kultur- und Weidezeiger deuten allerdings darauf hin, dass das Untersuchungsgebiet in den ersten zwei Jahrhunderten der Römerzeit auch weiterhin vom Menschen genutzt wurde, allerdings mit viel geringerer Intensität als während der Bronzezeit. Ab etwa 150 n. Chr. treten nun in den vier Profilen Waxeggalm, Schwarzensteinmoor, Schwarzensteinalpe und Schwarzensteinboden innerhalb von weniger als 100 Jahren, also so ziemlich gleichzeitig die ersten Pollen vom Roggen (*Secale cereale*) auf, die damit auf den Anbau dieses Getreides in der näheren Umgebung unseres Forschungsgebietes hinweisen, ein Anbau der offensichtlich bis in die jüngere Neuzeit angehalten hat (Abbildung 21). Die entsprechenden Felder dürften dabei relativ nahe gelegen und am ehesten talseitig im Bereiche der obersten, noch heute bekannten (jedoch seit den 1940er Jahren nicht mehr angebauten) Getreidefelder und Ackerterrassen von Innerböden, Oberböden (bis auf eine Höhe von ca. 1550 m ü. M.) und von Ginzling (Abbildung 21) oder auf der anderen Seite des Alpenhauptkammes im Ahrntal (Südtirol) gelegen haben.

Im **Mittelalter** (450-1500 n. Chr.) zeigt die Zunahme der Kräuter und Siedlungszeiger, die auf bis zu 5% ansteigen, wieder eine Intensivierung der Weidewirtschaft an. Die Gräser (Gramineae), die Sauergräser (Cyperaceae) und die Holzkohlenpartikel (Particulae carbonae) steigen an und weisen auf offene Flächen hin. Nun sind auch wieder koprophile Pilze (*Sporormiella*, *Podospora*, Sordariaceae) verstärkt vorhanden, die im Zusammenhang mit den Weidezeigern wie Alpen-Wegerich (*Plantago alpina*), Alpen-Mutterwurz (*Ligusticum mutellina*), Spitzwegerich (*Plantago lanceolata*), Ampfer (*Rumex*), Gänsefußgewächse (Chenopodiaceae), Beifuß (*Artemisia*) und Brennnesselgewächse (Urticaceae) auf eine regelmäßige Weidenutzung hindeuten. Auch *Botryococcus* ist wieder vermehrt vorhanden, wenn auch nicht in dem Ausmaß, wie während der Jungsteinzeit (Neolithikum) und zur Bronzezeit. Während des Hoch- und Spätmittelalters wurde gemäss schriftlichen Quellen in den Zillergründen intensiv Almwirtschaft betrieben (Stolz 1941). Dies passt auch gut zu den Ergebnissen der pollenanalytischen Untersuchung des Waxeckmoores (Hüttemann & Bortenschlager, 1987). Es treten nun zudem die Edelkastanie (*Castanea sativa*) durchgehend und die Walnuss (*Juglans regia*) regelmäßig in den Pollendiagrammen der Schwarzensteinalm als Fernflug auf. Dies sind Arten, die vom Menschen seit der Römerzeit in tieferen Tallagen als Fruchtbäume eingeführt und angebaut worden sind. Am Ende des Mittelalters geht dann der anthropogene Einfluss wieder zu-

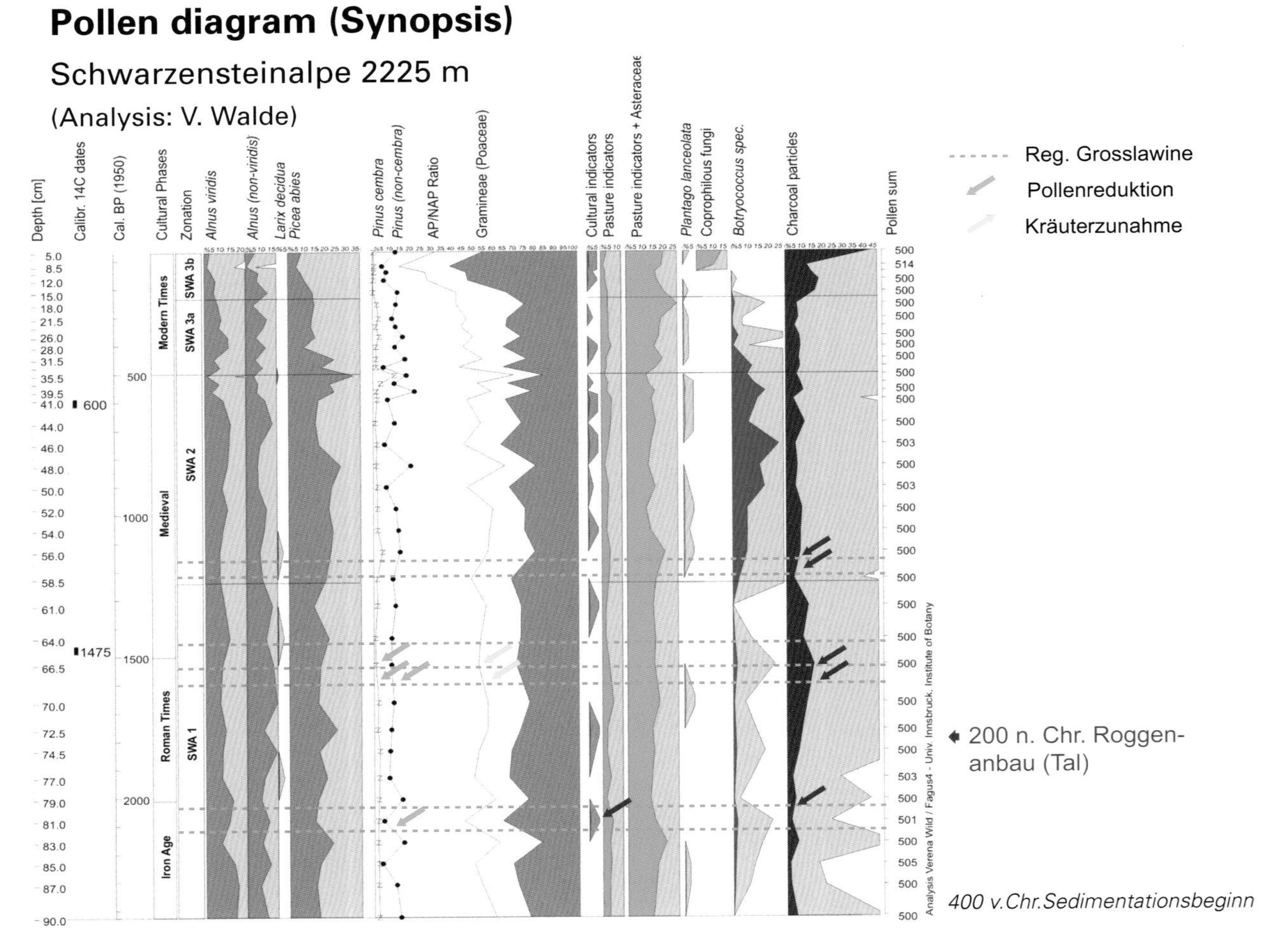

Abbildung 23: Der Einfluss der für das Schwarzensteinmoor rekonstruierten Großlawinenereignisse (horizontale blau-gestrichelte Linien) auf die Florenentwicklung (grüne und gelbe Pfeile) im Umfeld des Moores Schwarzensteinalpe (2225 m ü. M.) dargestellt als Total-Pollenprozentdiagramm (Auswahl an Taxa) in zeitlinearer Darstellung. Die roten Pfeile zeigen den „Human-Impact" und Anstiege der Holzkohlepartikel nach Lawinenereignissen an (das rezente Lawinenereignis aus dem Winter 1998/99 nach Chr. wurde nicht dargestellt; für weitere Angaben siehe Text).

rück, die Weidezeiger nehmen ab. Dies ist mit dem zeitgleichen Rückgang der Weidetätigkeit im Bereiche des Waxeckmoores (HÜTTEMANN & BORTENSCHLAGER, 1987) vergleichbar, und könnte neben klimatischen Ursachen auch mit den in Tirol für diesen Zeitraum bekannten Pestkatastrophen zu tun haben.

In der **Neuzeit** sinkt auffälligerweise die Kurve der Fichte (*Picea abies*) und anderer Baumpollen im relativ hochaufgelösten Profil des Schwarzensteinmoores ab, während die Kräuter zunehmen. Da es zu dieser Zeit erneut zu einer Klimaverschlechterung kommt (Kleine Eiszeit), ist dieser Rückgang der Bäume, bzw. ihrer Populationen möglicherweise auf diese Klimaschwankung zurückzuführen (siehe dazu auch HEUBERGER, 1977). Auch der kurzfristige Rückgang der anthropogenen Zeigerpflanzen gleichzeitig mit dem Einbruch der Fichten- (*Picea abies*), Erlen-(*Alnus*), und Zirbenkurven (*Pinus cembra*) kann auf die Kleine Eiszeit zurückgeführt werden. Der Nachweis der Kleinen Eiszeit erfolgte auch im Profil Waxeck, wo es zu einem Rückgang der Almweidewirtschaft auf Grund der Klimaverschlechterung kommt (HÜTTEMANN, 1983; HÜTTEMANN & BORTENSCHLAGER, 1987).

Später, während der Neuzeit, sind die Siedlungszeiger wieder in höheren Prozentwerten vorhanden. Die Holzkohlepartikel steigen auf 10-20%. Gleichzeitig nimmt die Kurve des Adlerfarns (*Pteridium aquilinum*) zu. Die Gräser (Gramineae) und die Siedlungszeiger sind stark vorhanden und weisen auf die offenen, vom Menschen genutzten Flächen hin. Die Weidezeiger (*Ligusticum mutellina*, *Plantago alpina*) und die koprophilen Pilze (*Sporormiella*, *Podospora*, Sordariaceae) belegen wiederum eine bis in die Mitte des 20. Jahrhunderts andauernde, intensive Weidewirtschaft mit Schafen, Kühen, Ziegen und Pferden (Abbildung 22), die auf Grund der für die Neuzeit bekannten schriftlichen Zahlenbelege v.a. auf der Haltung von Schafen beruht haben dürfte (PINDUR & LUZIAN, dieser Band).

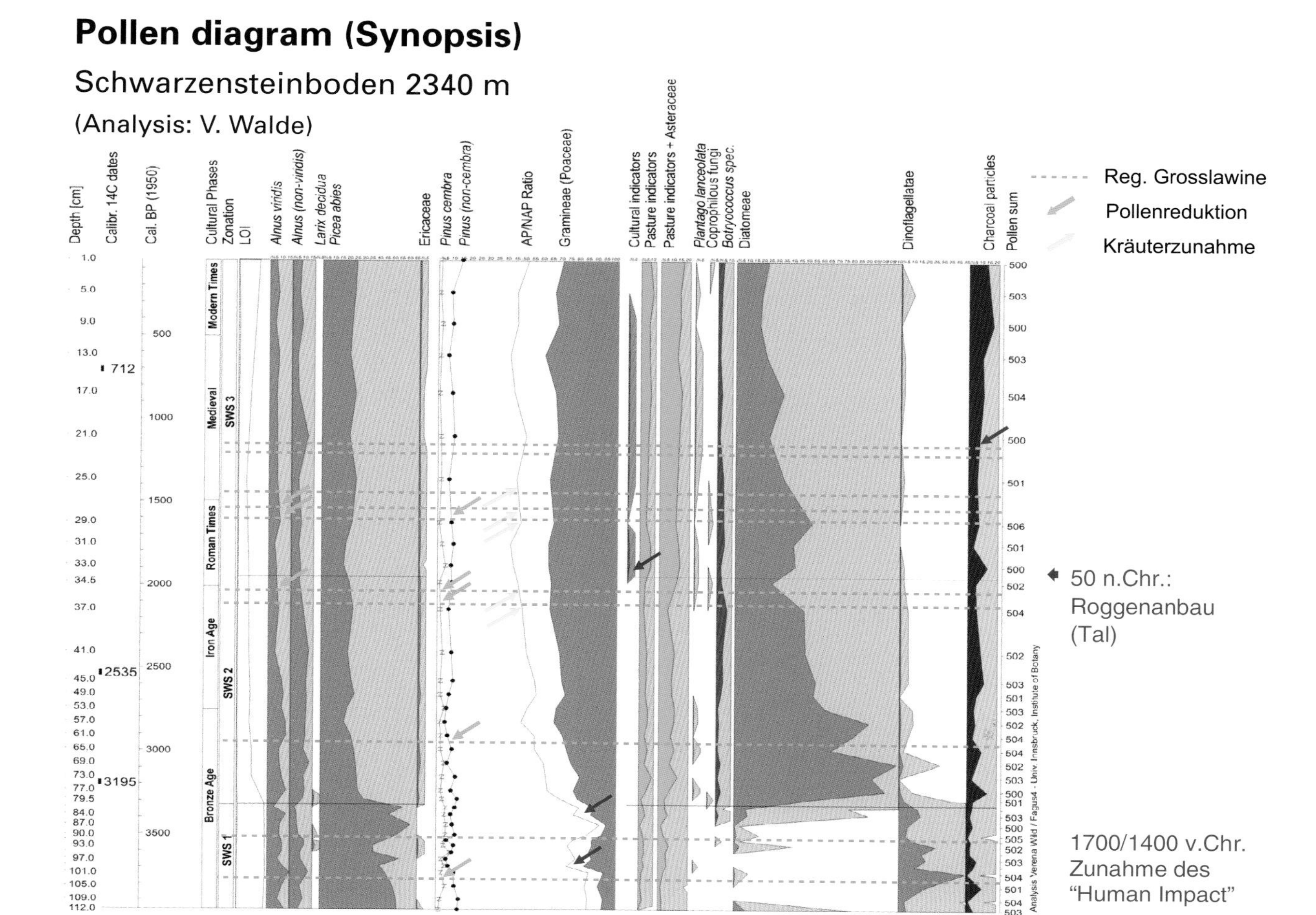

Abbildung 24: Der Einfluss der für das Schwarzensteinmoor rekonstruierten Großlawinenereignisse (horizontale blau-gestrichelte Linien) auf die Florenentwicklung (grüne und gelbe Pfeile) im Umfeld des Moores Schwarzensteinboden (2340 m ü. M.) dargestellt als Total-Pollenprozentdiagramm (Auswahl an Taxa) in zeitlinearer Darstellung. Die roten Pfeile zeigen den „Human-Impact" und den Anstieg der Holzkohlepartikel nach einem Lawinenereignis an (das rezente Lawinenereignis aus dem Winter 1998/99 nach Chr. wurde nicht dargestellt; für weitere Angaben siehe Text).

Zur Großlawinenproblematik

Betrachten wir den Vergleich zwischen dendrologisch datierten Lawinenereignissen und den paläoökologischen Vegetationsrekonstruktionen so ergeben sich interessante Trends (Tabelle 9, Abbildung 19, 23 und 24) die für zukünftige Forschungsansätze genutzt werden könnten. Auf Grund der palynologisch registrierten Reaktion der holozänen Schwarzensteinalmvegetation lässt sich zusammenfassen, dass wohl in mehr als der Hälfte aller datierten Großlawinenereignisse Fließlawinen mit nur geringem Staubanteil für die partielle Waldzerstörung verantwortlich waren (Tabelle 9). Staublawinen mit wenig Fließanteil hingegen scheinen weniger häufig gewesen zu sein, als das alleinige Vorkommen der vielen Zirbenstämme im Schwarzensteinmoor zu vermuten gab.

Im Zusammenhang mit der (partiellen) Zerstörung der Zirbenbestände oberhalb des Schwarzensteinmoores scheinen zudem die Kombination der beiden Lawinentypen, also Fließ-Staublawinen, eine gewisse Rolle gespielt zu haben (in 4 von 25 Lawinenfällen). Interessant erscheint zudem, dass der direkte Einfluss der Großlawinenereignisse auf die lokalen Baum- und Straucharten auch oberhalb des Schwarzensteinmoores im Umfeld des Schwarzensteinbodens pollenanalytisch nachzuweisen ist (Tabelle 9). Dies spricht stark für die großflächige Zerstörung auch der wohl lichten, klein- und niederwüchsigen Zirben-, Latschen- und Grünerlenbestände im oberen Hangbereich der Schwarzensteinalm, insbesondere im oberen Baumgrenzbereich auf ca. 2300 bis 2400 m Höhe, und dass im oberen Lawinenbereich die entsprechenden Lawinendruckwerte bei den oberhalb abreissenden Lawinen für eine entsprechende Zerstörung bereits hoch genug waren (vgl. Sailer et al., 2007).

Vergleichen wir die Vegetationsreaktion im Umfeld aller drei im Detail analysierten Pollenprofile auf der Schwarzensteinalm (Tabelle 9) miteinander, so fällt hingegen auf, dass in zumindest drei Fällen (d.h. 1827/26 v.Chr, kurz nach 353 n. Chr. und 411/12 n. Chr.) mit sehr großer Wahrscheinlichkeit, und in drei weiteren Fällen (d.h. 995/94, 168/67 und 85/84 v. Chr.) mit einer etwas geringeren Wahrscheinlichkeit) auf einer Breite von mindestens 700 m auf der ganzen Schwarzensteinalm Großlawinenereignisse existiert haben dürften. Dies deutet darauf hin, dass wir es zumindest zu diesen Jahren mit regionalen Großlawinenereignissen, bzw. mit auch aus der Neuzeit bekannt gewordenen, eigentlichen Lawinenwintern zu tun hatten, was eine wertvolle Ausgangslage für die zukünftige Erforschung prähistorischer Lawinenereignisse darstellen könnte.

5. Dank

Wir danken dem Bundeforschungs- und Ausbildungszentrum für Wald, Naturgefahren und Landschaft (BFW) für die Finanzierung der in Utrecht durchgeführten Radiokarbondatierungen und der Teilfinanzierung der palynologischen Arbeiten am Schwarzensteinmoor, sowie dem Institut für Botanik und der Österreichischen Akademie der Wissenschaften für die Finanzierung der in Wien durchgeführten Radiokarbondatierungen. Zu großem Dank verpflichtet sind wir auch allen voran Hrn. Gernot Patzelt, Hrn. Roland Luzian und Hrn. Peter Pindur, ohne deren lokales Fachwissen die interessanten Sedimentationsbecken auf der Schwarzensteinalm kaum zu finden gewesen wären, sowie den unermüdlichen Helfern bei den verschiedenen Moorbohrungen W. Wild, D. Bressan, C.J. Haas, S. Karg, R. Starnberger, W. Ungerank, F. Westreicher, H. Wild und P. Zwerger. Ganz herzlich danken wir zudem Hrn. D. Remias für die Hilfe bei der detaillierten Schneealgenidentifizierung, sowie A. Aptroot, J. Arnone, S. Bortenschlager, P. Caterino, F. Feigenwinter, A. Friedmann, A.G. Heiss, A. Hasenfratz, W. Kofler, H. Kröll, M. Magny, J.H. McAndrews, K. Nicolussi, K. Oeggl, J. Robrecht, R. Sailer, D. Schäfer, A. Schwalb, V. Stöckli, W. Tinner, K. van der Borg, B. van Geel und N. Wahlmüller für methodische Unterstützung, für die Kollaboration bei den Radiokarbondatierungen, für die Hilfe bei der Bestimmung schwieriger Pollen, Extrafossilien und Großreste, für Texthinweise sowie für interessante und ausgiebige Diskussionen über unsere Resultate.

6. Literatur

ANDERBERG, A.-L., 1994. Atlas of seeds and small fruits of Northwest-European plant species with morphological descriptions. Part 4 (Resedaceae-Umbelliferae). — 1-281, Swedish Museum of Natural History, Stockholm.

BATTEN D.J. & GRENFELL, H.R., 1996. Green and blue-green algae. 7D-Botryococcus. [in:] JANSONIUS J. & MCGREGOR D.C. (eds.). Palynology: principles and applications. American Association of Stratigraphic Palynologists Foundation. — **1**:205-214.

BEHRE, K.-E., 1981. The Interpretation of Anthropogenic Indicators in Pollen Diagrams. [in:] Pollen et Spores **23**:225-245.

BEHRE, K.-E. & KUČAN, D., 1986. Die Reflexion archäologisch bekannter Siedlungen in Pollendiagrammen verschiedener Entfernung - Beispiele aus der Siedlungskammer Flögeln, Nordwestdeutschland. [in:] BEHRE K.-E. (ed.). Anthropogenic Indicators in Pollen Diagrams. — 95-114.

BERGGREN, G., 1969. Atlas of seeds and small fruits of Northwest-European plant species with morphological descriptions. Part 2 (Cyperaceae). — 1-68, Swedish Natural Science Research Council, Stockholm.

BERTSCH, K., 1941. Früchte und Samen. Ein Bestimmungsbuch zur Pflanzenkunde der vorgeschichtlichen Zeit. — 1-247, Verlag Ferdinand Enke, Stuttgart.

BEUG, H.-J., 2004. Leitfaden der Pollenbestimmung für Mitteleuropa und angrenzende Gebiete. — 1-542, Verlag Dr. Friedrich Pfeil, München.

BORTENSCHLAGER, S., 1972. Der pollenanalytische Nachweis von Gletscher- und Klimaschwankungen in Mooren der Ostalpen. - [in:] Ber. Deutsch. Bot. Ges. — **85**:113-122.

BORTENSCHLAGER, S., 2000. The Iceman's environment. - [in:] BORTENSCHLAGER S. & OEGGL K. (eds.). The Iceman and his Natural Environment. The Man in the Ice. — **4**:11-24, Springer, Wien.

BORTENSCHLAGER, S., OEGGL, K. & WAHLMÜLLER, N., 1996. Austria. - [in:] BERGLUND B.E., BIRKS H.J.B. & RALSKA-JASIEWICZOWA M. (eds.). Palaeoecological Events during the Last 15 000 years: Regional Syntheses of Palaeoecological Studies of Lakes and Mires. — 665-683, Wiley & Sons, Chichester.

BRONK RAMSEY, C., 1995. Radiocarbon Calibration and Analysis of Stratigraphy: The OxCal Program. - [in:] Radiocarbon. — **37**:425-430.

BROUWER, W. & STÄHLIN, A., 1955. Handbuch der Samenkunde für Landwirtschaft, Gartenbau und Forstwirtschaft. — 1-656, DLG-Verlag, Frankfurt am Main.

BUNDESDENKMALAMT (Hrsg.), 1988. Fundberichte aus Österreich. — 24/25, 1985/86, Wien.

CARRIÓN, J.S. & VAN GEEL, B., 1999. Fine-resolution Upper Weichselian and Holocene palynological record from Navarrés (Valencia, Spain) and a discussion about factors of Mediterranean forest succession. - [in:] Review of Palaeobotany and Palynology. — **106**:209-236.

CASPARIE, W.A. & HAAS, J.N., 2006. Zur Vegetationsgeschichte im Umfeld der neolithischen Siedlung Gachnang TG, Niederwil-Egelsee. - [in:] Hasenfratz A. & RAEMAEKERS D.C.M. (eds.). Niederwil - eine Siedlung der Pfyner Kultur. Band V: Anorganische Funde, Palynologie und Synthese. Archäologie im Thurgau. — **13**:149-163.

CASTELLER, A., STÖCKLI, V., VILLALBA, R. & MAYER, A.C., 2007. An evaluation of dendroecological indicators of snow avalanches in the Swiss Alps. - [in:] Arctic, Antarctic and Alpine Research. — **39**:218-228.

CATERINO, P.R., 1998: Reconstructing ancient avalanches of the Sierra Nevada Range. -Online Publication. — http://www.avalanche.org/~moonstone/ISSW%2098/caterino.htm.

COURT-PICON, M., BUTTLER, A. & DE BEAULIEU, J.-L., 2005. Modern pollen-vegetation relationships in the Champsaur valley (French Alps) and their potential in the interpretation of fossil pollen records of past cultural landscapes. - [in:] Review of Palaeobotany and Palynology. — **135**:13-39.

DICKSON, J.H., OEGGL, K. & HANDLEY, L.L., 2003. The Iceman reconsidered. - [in:] The Scientific American. — **May-2003**:70-79.

DUBÉ, S., FILION, L. & HÉTU, B., 2004. Tree-ring reconstruction of high-magnitude snow avalanches in the Northern Gaspé Peninsula, Québec, Canada. - [in:] Arctic, Antarctic, and Alpine Research. — **36**:555-564.

DULHUNTY, J.A., 1944. Origin of New South Wales torbanites. - [in:] Proceedings of the Linnean Society of New South Wales. — **69**:26-48.

FÆGRI, K. & IVERSEN, J., 1993. Bestimmungsschlüssel für die nordwesteuropäische Pollenflora. — 1-85, Fischer, Jena.

GOBET, E., TINNER, W., HOCHULI, P.A., VAN LEEUWEN, J.F.N. & AMMANN, B., 2003. Middle to Late Holocene vegetation history of the Upper Engadine (Swiss Alps): the role of man and fire. - [in:] Vegetation History and Archaeobotany. — **12**:143-163.

HAAS, J.N., 1996a. Pollen and plant macrofossil evidence of vegetation change at Wallisellen-Langachermoos (Switzerland) during the Mesolithic - Neolithic transition 8500 to 6500 years ago. - [in:] Dissertationes Botanicae. — **267**:1-67.

HAAS, J.N., 1996b. Neorhabdocoela oocytes - palaeoecological indicators found in pollen preparations from Holocene freshwater lake sediments. - [in:] Review of Palaeobotany and Palynology. — **91**:371-382.

HAAS, J.N. & HADORN, P., 1998. Die Vegetations- und Kulturlandschaftsgeschichte des Seebachtals von der Mittelsteinzeit bis zum Frühmittelalter anhand von Pollenanalysen. - [in:] HASENFRATZ A. & SCHNYDER M. Das Seebachtal - Eine archäologische und paläoökologische Bestandesaufnahme. Forschungen im Seebachtal 1. - [in:] Archäologie im Thurgau. — **4**:221-255.

HAAS, J.N., KARG, S. & STARNBERGER, R., 2007. Vegetationswandel, Klima und prähistorische Landwirtschaftssysteme im Umfeld der Pfahlbausiedlung Pfyn Breitenloo. - [in:] LEUZINGER U. Pfyn Breitenloo - die jungsteinzeitliche Pfahlbausiedlung. - [in:] Archäologie im Thurgau. — **14**:111-133.

HAAS, J.N. & RASMUSSEN, P., 1993. Zur Geschichte der Schneitel- und Laubfutterwirtschaft in der Schweiz - Eine alte Landwirtschaftspraxis kurz vor dem Aussterben. - [in:] BROMBACHER C., JACOMET S. & HAAS J.N. (eds.). Festschrift Zoller. Cramer, Berlin-Stuttgart. - Dissertationes Botanicae. — **196**:469-489.

HAAS, J.N., RICHOZ, I., TINNER, W. & WICK, L., 1998. Synchronous Holocene climatic oscillations recorded on the Swiss Plateau and at timberline in the Alps. - [in:] The Holocene. — **8**:301-309.

HAAS, J.N., WALDE, C., WILD, V., NICOLUSSI, K., PINDUR, P. & LUZIAN, R., 2005. Holocene snow avalanches and their impact on subalpine vegetation. - [in:] Palyno-Bulletin. — **1(1-2)**:107-119.

HAAS, J.N., WALDE, C., WILD, V., PINDUR, P., NICOLUSSI, K., SAILER, R., ZWERGER, P. & LUZIAN, R., 2004. Extrafossils as palynological tool for the reconstruction of long-term Alpine vegetation change due to Holocene snow avalanches in Tyrol (Austria). - [in:] XI International Palynological Congress Granada. - Polen. — **14**:272-273.

HAID, H., 2007. Mythos Lawine - Eine Kulturgeschichte. — 1-264, Studienverlag Innsbruck.

HEDBERG, H.D. (ed.), 1972. Summary of an International Guide to Stratigraphic Classification, Terminology and Usage. Report 7b. - Boreas. — **1**:213-239.

HEIRI, O., LOTTER, A.F. & LEMCKE, G., 2001. Loss on ignition as a method for estimating organic and carbonate content in sediments: reproducibility and comparability of results. - [in:] Journal of Paleolimnology. — **25**:101-110.

HEUBERGER, H., 1977. Gletscher- und klimageschichtliche Untersuchungen im Zemmgrund. - [in:] Alpenvereins-Jahrbuch. — **102**:39- 50.

HÜTTEMANN, H., 1983. Postglaziale Vegetationsgechichte der Hohen Tatra, des Riesengebirges und der östlichen Zentralalpen im Schwankungsbereich der alpinen Waldgrenze. - Dissertation Universität Innsbruck. — 1-146, Innsbruck.

HÜTTEMANN, H. & BORTENSCHLAGER, S., 1987. Beiträge zur Vegetationsgeschichte Tirols VI: Riesengebirge, Hohe Tatra - Zillertal, Kühtai. - [in:] Ber. nat.-med. Ver. Innsbruck. — **74**:81-112.

HUNTLEY, B. & BIRKS, H.J.B., 1983. An atlas of past and present pollen maps for Europe: 0–13000 years ago. — 1-667, Cambridge University Press, Cambridge.

IVERSEN, J., 1941. Land Occupation in Denmark´s Stone Age. - [in:] Danmarks Geol. Unders. — **II**(**66**):1-68.

IVERSEN, J., 1949. The Influence of Prehistoric Man on Vegetation. - [in:] Danmarks Geol. Unders. — **IV**(**3/6**):1-25.

IVERSEN, J., 1969. Retrogressive development of a forest ecosystem demonstrated by pollen diagrams from fossil mor. - [in:] Oikos Suppl. — **12**:35-49.

JÄGER, G., 2005. Mittelalterliche Lawinenkatastrophen im „Land im Gebirge“ im Zeitraum zwischen 1250 und 1500. - [in:] Der Alm- und Bergbauer. — **1-2/05**:28-33.

KÖRBER-GROHNE, U., 1991. Bestimmungsschlüssel für subfossile Gramineen-Früchte. - [in:] Probleme der Küstenforschung im südlichen Nordseegebiet. — **18**:169-280.

KOL, E., 1968. Kryobiologie - Biologie und Limnologie des Schnees und Eises. 1. Kryovegetation. — 1-216, E. Schweizerbart´sche Verlagsbuchhandlung, Stuttgart.

KOMÁREK, J. & MARVAN, P., 1992. Morphological Differences in Natural Populations of the Genus Botryococcus (Chlorophyceae). - [in:] Arch. Protistenkd. — **141**:65-100.

KRAL, F., 1971. Pollenanalytische Untersuchungen zur Waldgeschichte des Dachsteinmassivs. Rekonstruktionsversuch der Waldgrenzdynamik. - [in:] Veröffentlichungen des Institutes für Waldbau an der Hochschule für Bodenkultur in Wien. — 1-145.

KRAMMER, K. & LANGE-BERTALOT, H., 1991. Bacillariophyceae. 3. Teil: Centrales, Fragilariaceae, Eunotiaceae. - [in:] ETTL H. et al. (Hrsg.). Süßwasserflora von Mitteleuropa. — Band **2/3**:1-576, Fischer, Stuttgart.

KUHRY, P., 1997. The palaeoecology of a treed bog in western boreal Canada: a study based on microfossils, macrofossils and physico-chemical properties. - [in:] Review of Palaeobotany and Palynology. — **96**:183-224.

LUZIAN, R. & PINDUR, P., 2000. Klimageschichtliche Forschung und Lawinengeschehen. - [in:] Wildbach- und Lawinenverbau. — **64**:85-92.

LUZIAN, R. & PINDUR, P. (Hrsg.), 2007. Prähistorische Lawinen. Nachweis und Analyse holozäner Lawinenereignisse in den Zillertaler Alpen, Österreich. Der Blick zurück als Schlüssel für die Zukunft. In diesem Band.

MAGNY, M., 2004. Holocene climatic variability as reflected by mid-European lake-level fluctuations, and its probable impact on prehistoric human settlements. - [in:] Quaternary International. — **113**:65-79.

MAGNY, M., LEUZINGER, U., BORTENSCHLAGER, S. & HAAS, J.N., 2006. Tripartite climate reversal in Central Europe 5600–5300 years ago. - [in:] Quaternary Research. — **65**:3-19.

MANGERUD, J., ANDERSEN, S.T., BERGLUND, B.E. & DONNER, J.J., 1974. Quaternary stratigraphy of Norden, a proposal for terminology and classification. - [in:] Boreas. — **3**:109-128.

MAYR, S., GRUBER, A., SCHWIENBACHER, F. & DÄMON, B., 2003. Winter-embolism in a „Krummholz“-Shrub (Pinus mugo) growing at the alpine timberline. - [in:] Centralblatt für das gesamte Forstwesen. — **120**:29-38.

MOE, D., 1983. Palynology of sheep's faeces: relationship between pollen content, diet and local pollen rain. - [in:] Grana. — **26**:1-9.

MOE, D., 2000. Examples of traffic in the Alps in the past elucidated by pollen analysis. - [in:] AmS-Varia (Stavanger). — **37**:99-102.

MOE, D., 2005. Endo- and epi-zoochori, advantage and disadvantage in vegetation historical studies - a review. - [in:] Palyno-Bulletin. — **1**:75-81.

MOE, D. & VAN DER KNAAP, P., 1990. Transhumance in mountain areas: Additional interpretation of three pollen diagrams from Norway, Portugal and Switzerland. - [in:] MOE, D. & HICKS, S. (eds.). Impact of Prehistoric and Medieval Man on the vegetation: Man at the forest limit. — PACT Vol. **31**:91-105.

MOORE, P.D., WEBB, J.A. & COLLINSON, M.E., 1991. Pollen analysis. — 1-216, Blackwell, Oxford.

MUNSELL COLOR, 1990. Munsell Soil Color Charts. - MacBeth Div. of Kollmorgen Instr. Co., Baltimore.

Abbildung 11: Das Pollenprofil SWM-E-P3 aus dem Schwarzensteinmoor (2150 m ü. M.) dargestellt als relatives Total-Pollenprozentdiagramm in zeitlinearer Darstellung. Von links nach rechts sind die Baum- und Straucharten, das Hauptdiagramm (mit *Pinus cembra*-Zirbe (Z), *Pinus* non-*cembra* (schwarzer Kreis), dem Baumpollen-Nichtbaumpollenverhältnis (Linie), sowie dem Poaceae-Total), die Kräuter, die Moor- und Wasserpflanzen, die Farnartigen, sowie die Extrafossilien dargestellt (Abkürzung: HdV=Hugo-de-Vries-Laboratorium-Amsterdam-Typennummern; für weitere Angaben siehe Text).

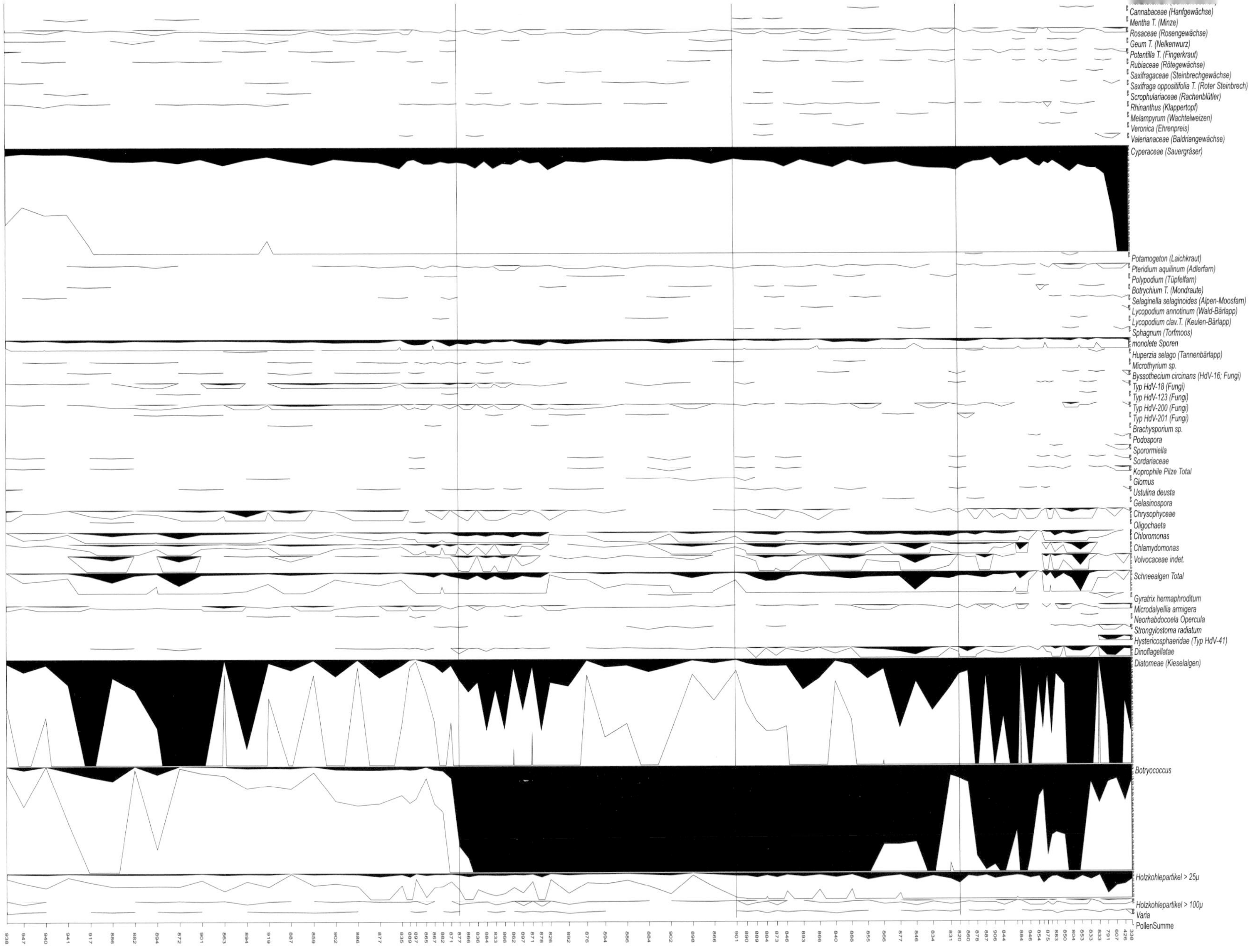

Cannabaceae (Hanfgewächse)
Mentha T. (Minze)
Rosaceae (Rosengewächse)
Geum T. (Nelkenwurz)
Potentilla T. (Fingerkraut)
Rubiaceae (Rötegewächse)
Saxifragaceae (Steinbrechgewächse)
Saxifraga oppositifolia T. (Roter Steinbrech)
Scrophulariaceae (Rachenblütler)
Rhinanthus (Klappertopf)
Melampyrum (Wachtelweizen)
Veronica (Ehrenpreis)
Valerianaceae (Baldriangewächse)
Cyperaceae (Sauergräser)
Potamogeton (Laichkraut)
Pteridium aquilinum (Adlerfarn)
Polypodium (Tüpfelfarn)
Botrychium T. (Mondraute)
Selaginella selaginoides (Alpen-Moosfarn)
Lycopodium annotinum (Wald-Bärlapp)
Lycopodium clav.T. (Keulen-Bärlapp)
Sphagnum (Torfmoos)
monolete Sporen
Huperzia selago (Tannenbärlapp)
Microthyrium sp.
Byssothecium circinans (HdV-16; Fungi)
Typ HdV-18 (Fungi)
Typ HdV-123 (Fungi)
Typ HdV-200 (Fungi)
Typ HdV-201 (Fungi)
Brachysporium sp.
Podospora
Sporormiella
Sordariaceae
Koprophile Pilze Total
Glomus
Ustulina deusta
Gelasinospora
Chrysophyceae
Oligochaeta
Chloromonas
Chlamydomonas
Volvocaceae indet.
Schneealgen Total
Gyratrix hermaphroditum
Microdalyellia armigera
Neorhabdocoela Opercula
Strongylostoma radiatum
Hystericosphaeridae (Typ HdV-41)
Dinoflagellatae
Diatomeae (Kieselalgen)
Botryococcus
Holzkohlepartikel > 25µ
Holzkohlepartikel > 100µ
Varia
PollenSumme
938 947 940 941 917 886 882 894 872 901 863 894 919 887 859 902 886 877 835 889 897 865 867 882 871 877 866 836 884 833 866 862 897 871 878 826 892 876 894 886 884 902 898 866 901 890 889 884 873 846 893 866 840 888 855 866 877 846 834 831 820 860 878 887 906 844 884 946 854 875 883 850 804 853 833 833 791 607 426 338

Botanik Innsbruck Fagus4 Schwarzensteinmoor relativ Carolina Walde

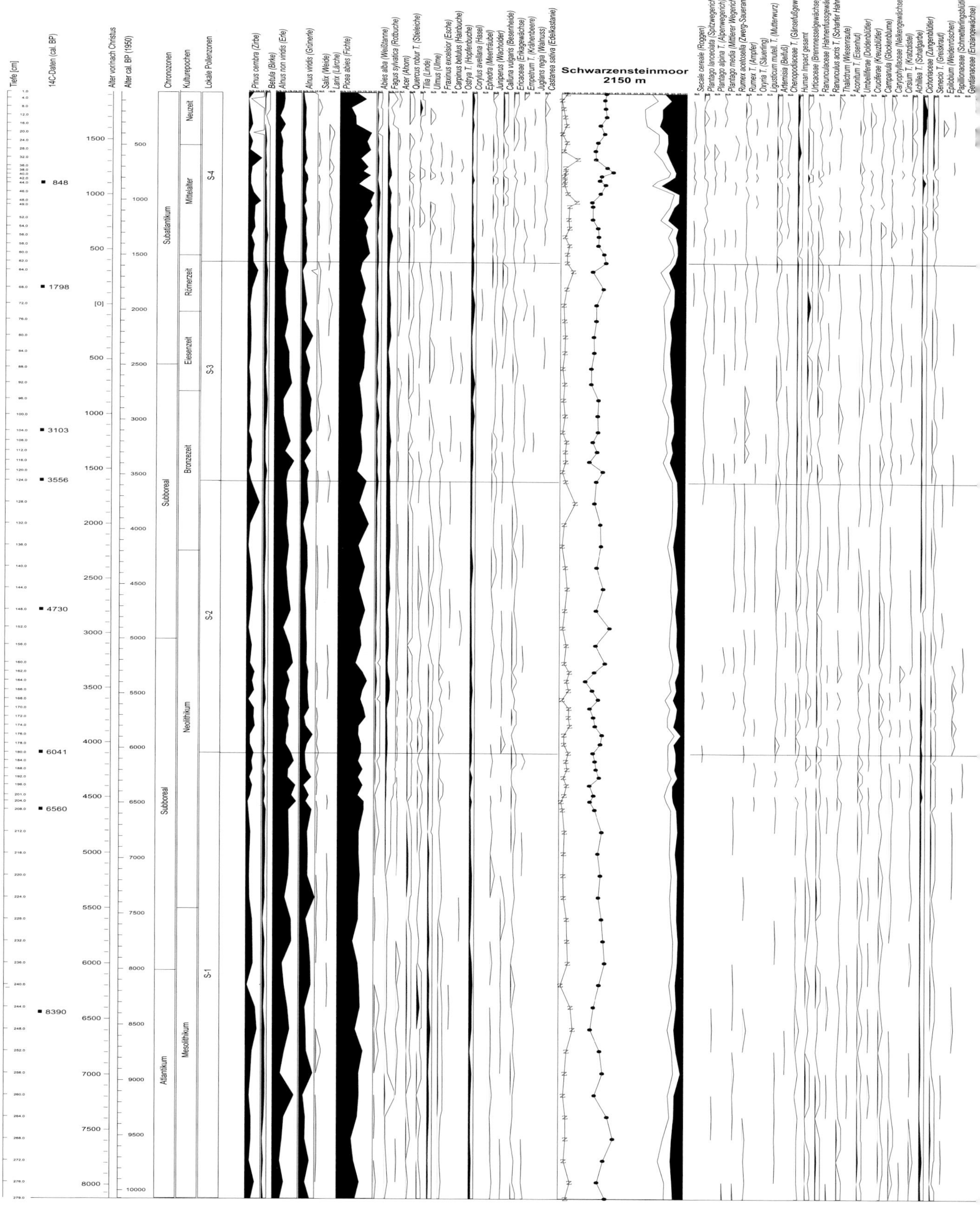

Tiefe [cm]
14C-Daten (cal. BP)
Alter vor/nach Christus
Alter cal. BP (1950)
Chronozonen
Kulturepochen
Lokale Pollenzonen

Pinus cembra (Zirbe)
Betula (Birke)
Alnus non viridis (Erle)
Alnus viridis (Grünerle)
Salix (Weide)
Larix (Lärche)
Picea abies (Fichte)
Abies alba (Weißtanne)
Fagus sylvatica (Rotbuche)
Acer (Ahorn)
Quercus robur T. (Stieleiche)
Tilia (Linde)
Ulmus (Ulme)
Fraxinus excelsior (Esche)
Carpinus betulus (Hainbuche)
Ostrya T. (Hopfenbuche)
Corylus avellana (Hasel)
Ephedra (Meerträubel)
Juniperus (Wacholder)
Calluna vulgaris (Besenheide)
Ericaceae (Erikagewächse)
Empetrum T. (Krähenbeere)
Juglans regia (Walnuss)
Castanea sativa (Edelkastanie)

Schwarzensteinmoor
2150 m

Secale cereale (Roggen)
Plantago lanceolata (Spitzwegerich)
Plantago alpina T. (Alpenwegerich)
Plantago media (Mittlerer Wegerich)
Rumex acetosella (Zwerg-Sauerampfer)
Rumex T. (Ampfer)
Oxyria T. (Säuerling)
Ligusticum mutell. T. (Mutterwurz)
Artemisia (Beifuß)
Chenopodiaceae T. (Gänsefußgewächse)
Human Impact gesamt
Urticaceae (Brennnesselgewächse)
Ranunculaceae (Hahnenfussgewächse)
Ranunculus acris T. (Scharfer Hahnenfuss)
Thalictrum (Wiesenraute)
Aconitum T. (Eisenhut)
Umbelliferae (Doldenblütler)
Cruciferae (Kreuzblütler)
Campanula (Glockenblume)
Caryophyllaceae (Nelkengewächse)
Cirsium T. (Kratzdistel)
Achillea T. (Schafgarbe)
Cichoriaceae (Zungenblütler)
Senecio T. (Greiskraut)
Epilobium (Weidenröschen)
Papilionaceae (Schmetterlingsblütler)
Gentianaceae (Enziangewächse)

14C-Daten: 848, 1798, 3103, 3556, 4730, 6041, 6560, 8390

Alter vor/nach Christus: 1500, 1000, 500, [0], 500, 1000, 1500, 2000, 2500, 3000, 3500, 4000, 4500, 5000, 5500, 6000, 6500, 7000, 7500, 8000

Alter cal. BP (1950): 500, 1000, 1500, 2000, 2500, 3000, 3500, 4000, 4500, 5000, 5500, 6000, 6500, 7000, 7500, 8000, 8500, 9000, 9500, 10000

Chronozonen: Subatlantikum, Subboreal, Subboreal, Atlantikum

Kulturepochen: Neuzeit, Mittelalter, Römerzeit, Eisenzeit, Bronzezeit, Neolithikum, Mesolithikum

Lokale Pollenzonen: S-4, S-3, S-2, S-1

Hauptdiagramm-Symbole
Z .... *Pinus cembra*
● .... *Pinus non cembra*
___ .... Baumpollen-Nichtbaumpollenverhältnis

Abbildung 12: Das Pollenprofil SWM-E-P3 aus dem Schwarzensteinmoor (2150 m ü. M.) dargestellt als Total-Influxdiagramm (Pollen/Mikrofossilien pro cm^2 und Jahr) in zeitlinearer Darstellung. (für weitere Angaben siehe Abbildung 11 und Text).

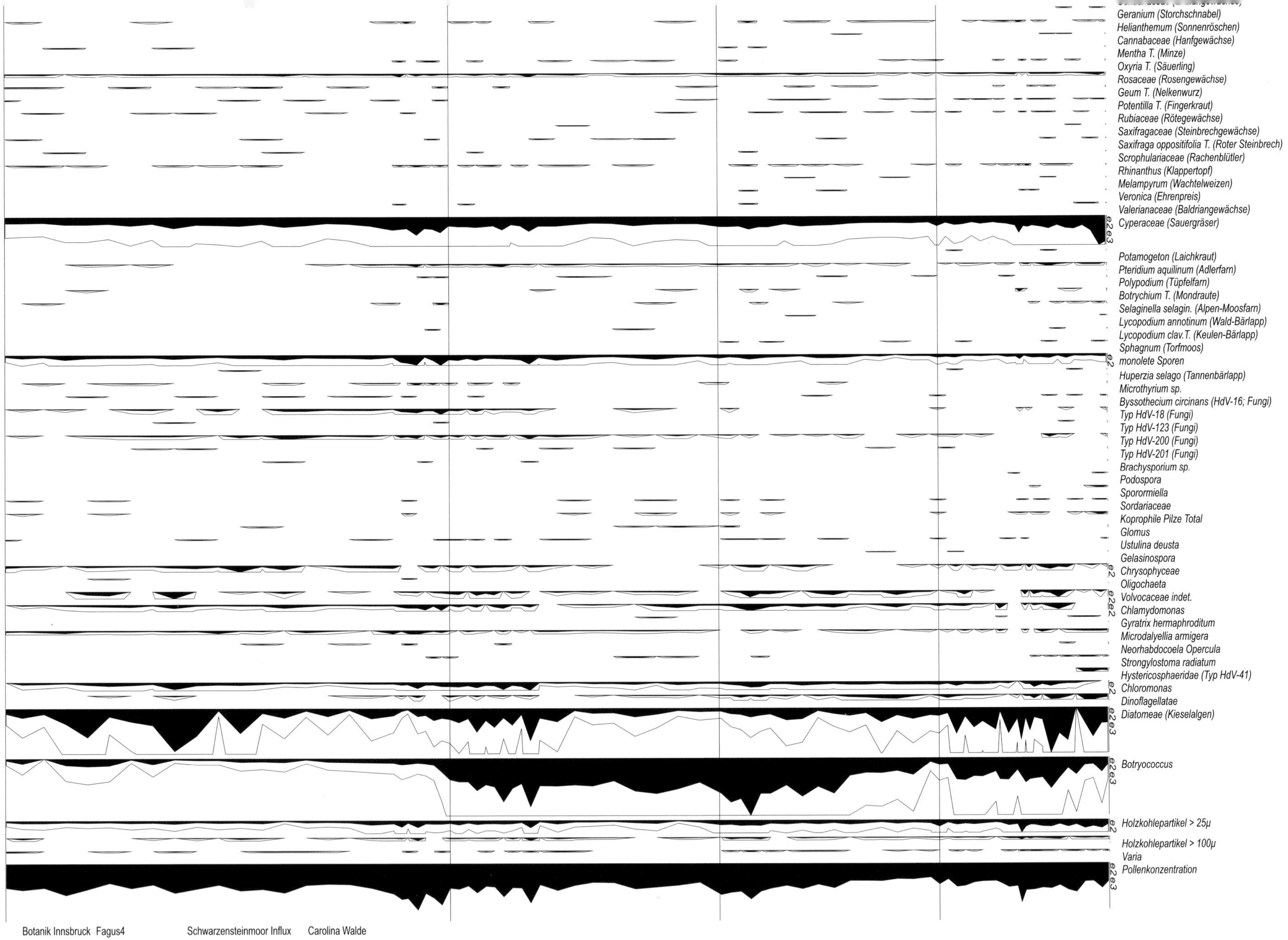

Geranium (Storchschnabel)
Helianthemum (Sonnenröschen)
Cannabaceae (Hanfgewächse)
Mentha T. (Minze)
Oxyria T. (Säuerling)
Rosaceae (Rosengewächse)
Geum T. (Nelkenwurz)
Potentilla T. (Fingerkraut)
Rubiaceae (Rötegewächse)
Saxifragaceae (Steinbrechgewächse)
Saxifraga oppositifolia T. (Roter Steinbrech)
Scrophulariaceae (Rachenblütler)
Rhinanthus (Klappertopf)
Melampyrum (Wachtelweizen)
Veronica (Ehrenpreis)
Valerianaceae (Baldriangewächse)
Cyperaceae (Sauergräser)
Potamogeton (Laichkraut)
Pteridium aquilinum (Adlerfarn)
Polypodium (Tüpfelfarn)
Botrychium T. (Mondraute)
Selaginella selagin. (Alpen-Moosfarn)
Lycopodium annotinum (Wald-Bärlapp)
Lycopodium clav.T. (Keulen-Bärlapp)
Sphagnum (Torfmoos)
monolete Sporen
Huperzia selago (Tannenbärlapp)
Microthyrium sp.
Byssothecium circinans (HdV-16; Fungi)
Typ HdV-18 (Fungi)
Typ HdV-123 (Fungi)
Typ HdV-200 (Fungi)
Typ HdV-201 (Fungi)
Brachysporium sp.
Podospora
Sporormiella
Sordariaceae
Koprophile Pilze Total
Glomus
Ustulina deusta
Gelasinospora
Chrysophyceae
Oligochaeta
Volvocaceae indet.
Chlamydomonas
Gyratrix hermaphroditum
Microdalyellia armigera
Neorhabdocoela Opercula
Strongylostoma radiatum
Hystericosphaeridae (Typ HdV-41)
Chloromonas
Dinoflagellatae
Diatomeae (Kieselalgen)
Botryococcus
Holzkohlepartikel > 25µ
Holzkohlepartikel > 100µ
Varia
Pollenkonzentration

e2 e3

Botanik Innsbruck Fagus4 Schwarzensteinmoor Influx Carolina Walde

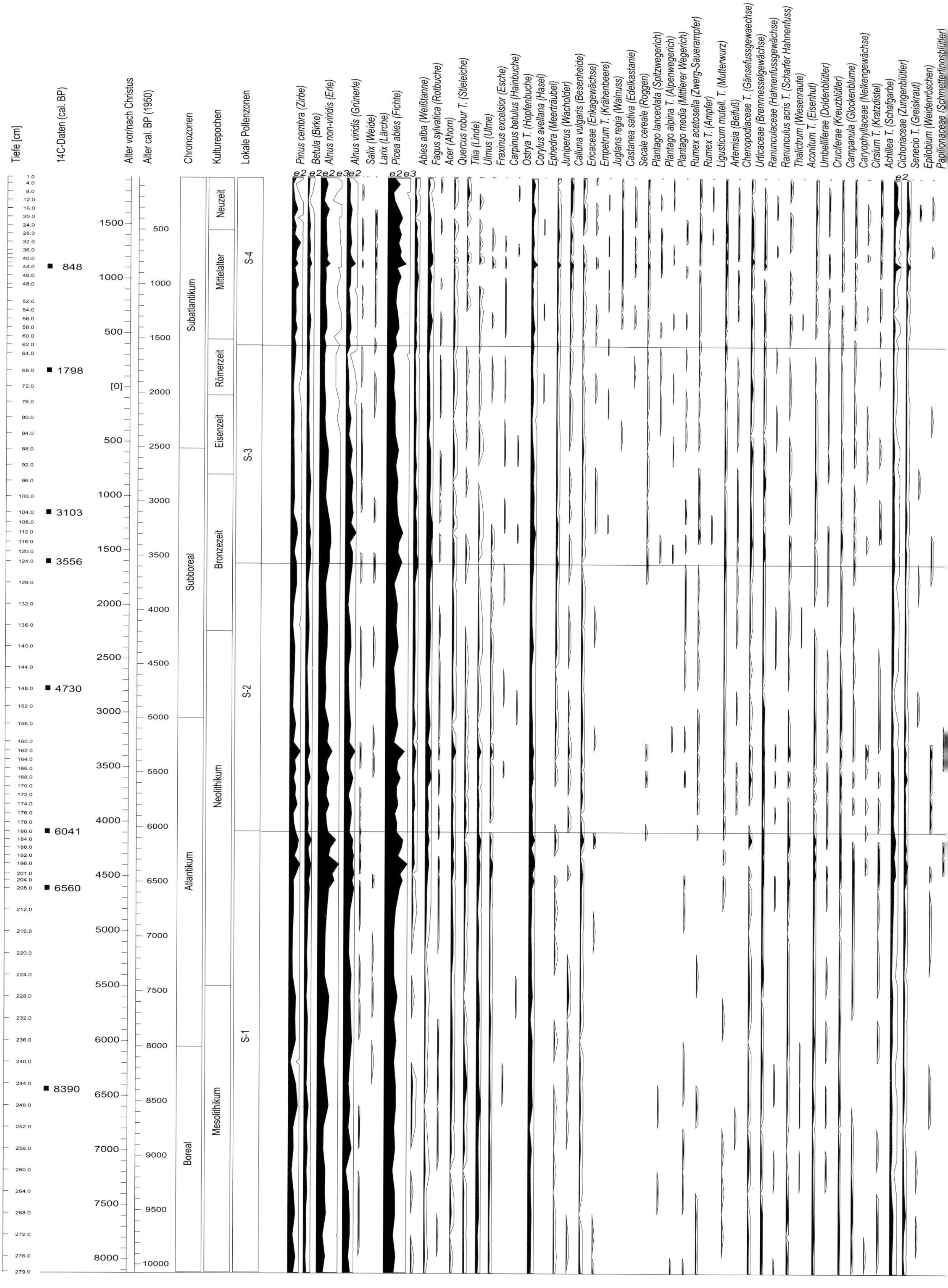

Tiefe [cm]

14C-Daten (cal. BP)

Alter vor/nach Christus

Alter cal. BP (1950)

Chronozonen

Kulturepochen

Lokale Pollenzonen

Pinus cembra (Zirbe)
Betula (Birke)
Alnus non-viridis (Erle)
Alnus viridis (Grünerle)
Salix (Weide)
Larix (Lärche)
Picea abies (Fichte)
Abies alba (Weißtanne)
Fagus sylvatica (Rotbuche)
Acer (Ahorn)
Quercus robur T. (Stieleiche)
Tilia (Linde)
Ulmus (Ulme)
Fraxinus excelsior (Esche)
Carpinus betulus (Hainbuche)
Ostrya T. (Hopfenbuche)
Corylus avellana (Hasel)
Ephedra (Meerträubel)
Juniperus (Wacholder)
Calluna vulgaris (Besenheide)
Ericaceae (Erikagewächse)
Empetrum T. (Krähenbeere)
Juglans regia (Walnuss)
Castanea sativa (Edelkastanie)
Secale cereale (Roggen)
Plantago lanceolata (Spitzwegerich)
Plantago alpina T. (Alpenwegerich)
Plantago media (Mittlerer Wegerich)
Rumex acetosella (Zwerg-Sauerampfer)
Rumex T. (Ampfer)
Ligusticum mutell. T. (Mutterwurz)
Artemisia (Beifuß)
Chenopodiaceae T. (Gänsefussgewaechse)
Urticaceae (Brennnesselgewächse)
Ranunculaceae (Hahnenfussgewächse)
Ranunculus acris T. (Scharfer Hahnenfuss)
Thalictrum (Wiesenraute)
Aconitum T. (Eisenhut)
Umbelliferae (Doldenblütler)
Cruciferae (Kreuzblütler)
Campanula (Glockenblume)
Caryophyllaceae (Nelkengewächse)
Cirsium T. (Kratzdistel)
Achillea T. (Schafgarbe)
Cichoriaceae (Zungenblütler)
Senecio T. (Greiskraut)
Epilobium (Weidenröschen)
Papilionaceae (Schmetterlingsblütler)

e2 e2 e2 e2 e3 e2 e2 e3 e2

Tiefe [cm]: 1.0, 4.0, 8.0, 12.0, 16.0, 20.0, 24.0, 28.0, 32.0, 36.0, 40.0, 44.0, 46.0, 48.0, 52.0, 54.0, 56.0, 58.0, 60.0, 62.0, 64.0, 68.0, 72.0, 76.0, 80.0, 84.0, 88.0, 92.0, 96.0, 100.0, 104.0, 108.0, 112.0, 116.0, 120.0, 124.0, 128.0, 132.0, 136.0, 140.0, 144.0, 148.0, 152.0, 156.0, 160.0, 162.0, 164.0, 166.0, 168.0, 170.0, 172.0, 174.0, 176.0, 178.0, 180.0, 184.0, 188.0, 192.0, 196.0, 201.0, 204.0, 208.0, 212.0, 216.0, 220.0, 224.0, 228.0, 232.0, 236.0, 240.0, 244.0, 248.0, 252.0, 256.0, 260.0, 264.0, 268.0, 272.0, 276.0, 279.0

14C-Daten (cal. BP): 848, 1798, 3103, 3556, 4730, 6041, 6560, 8390

Alter vor/nach Christus: 1500, 1000, 500, [0], 500, 1000, 1500, 2000, 2500, 3000, 3500, 4000, 4500, 5000, 5500, 6000, 6500, 7000, 7500, 8000

Alter cal. BP (1950): 500, 1000, 1500, 2000, 2500, 3000, 3500, 4000, 4500, 5000, 5500, 6000, 6500, 7000, 7500, 8000, 8500, 9000, 9500, 10000

Chronozonen: Subatlantikum, Subboreal, Atlantikum, Boreal

Kulturepochen: Neuzeit, Mittelalter, Römerzeit, Eisenzeit, Bronzezeit, Neolithikum, Mesolithikum

Lokale Pollenzonen: S-4, S-3, S-2, S-1

Abbildung 13: Das Pollenprofil SWA-A aus dem Moor Schwarzensteinalpe (2225 m ü. M.) dargestellt als relatives Total-Pollenprozentdiagramm in zeitlinearer Darstellung. Von links nach rechts sind die Baum- und Straucharten, das Hauptdiagramm (mit *Pinus cembra*-Zirbe (Z), *Pinus* non-*cembra* (schwarzer Kreis), dem Baumpollen-Nichtbaumpollenverhältnis (Linie), sowie dem Poaceae-Total), die Kräuter, die Moor- und Wasserpflanzen, die Farnartigen, sowie die Extrafossilien dargestellt (Abkürzungen: HdV=Hugo-de-Vries-Laboratorium-Amsterdam-Typennummern; VW=Verena Wild-Typennummern; für weitere Angaben siehe Abbildung 11 und Text).

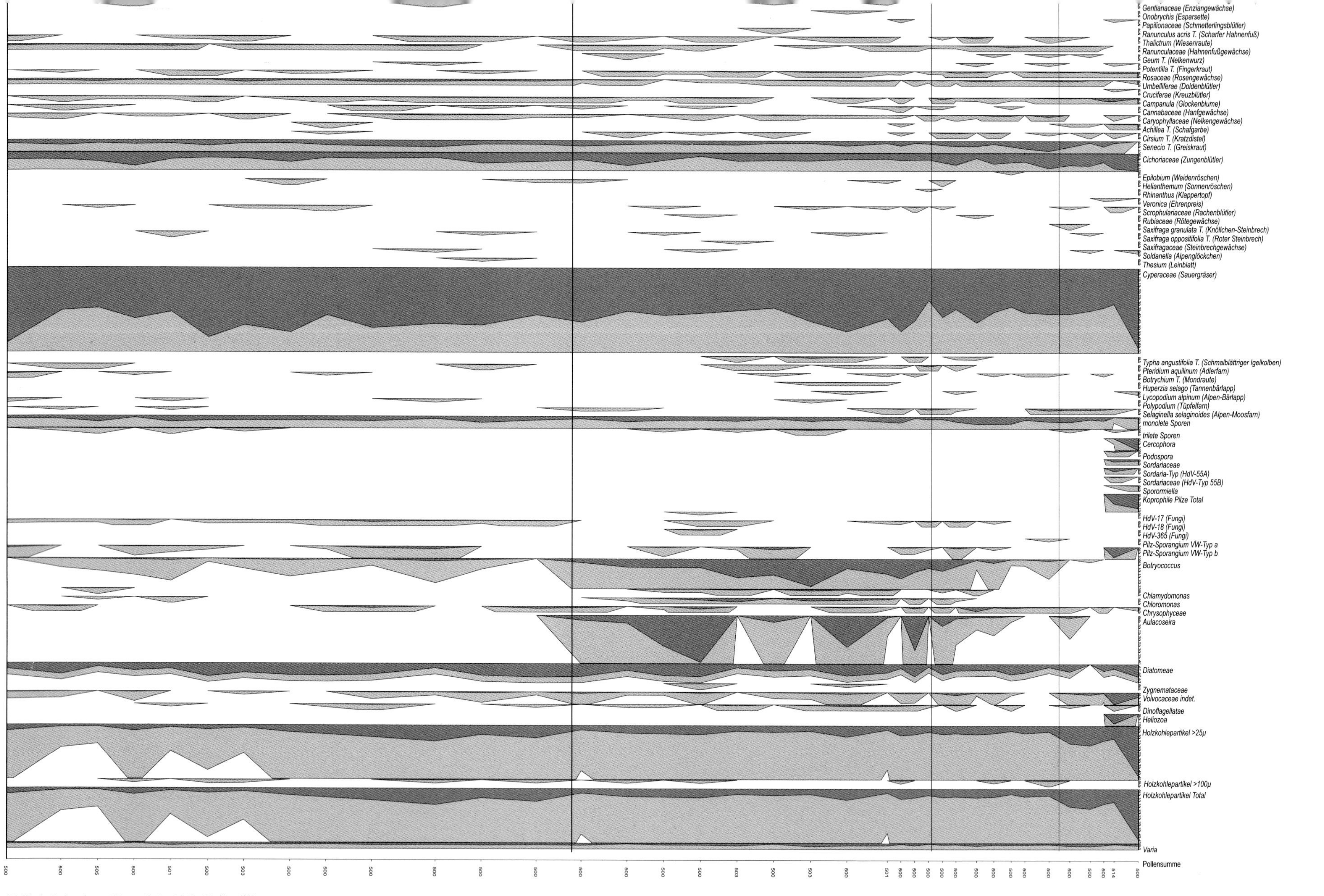

Botanik Innsbruck Fagus4 Schwarzensteinalpe, relativ; Nov. 04 Verena Wild

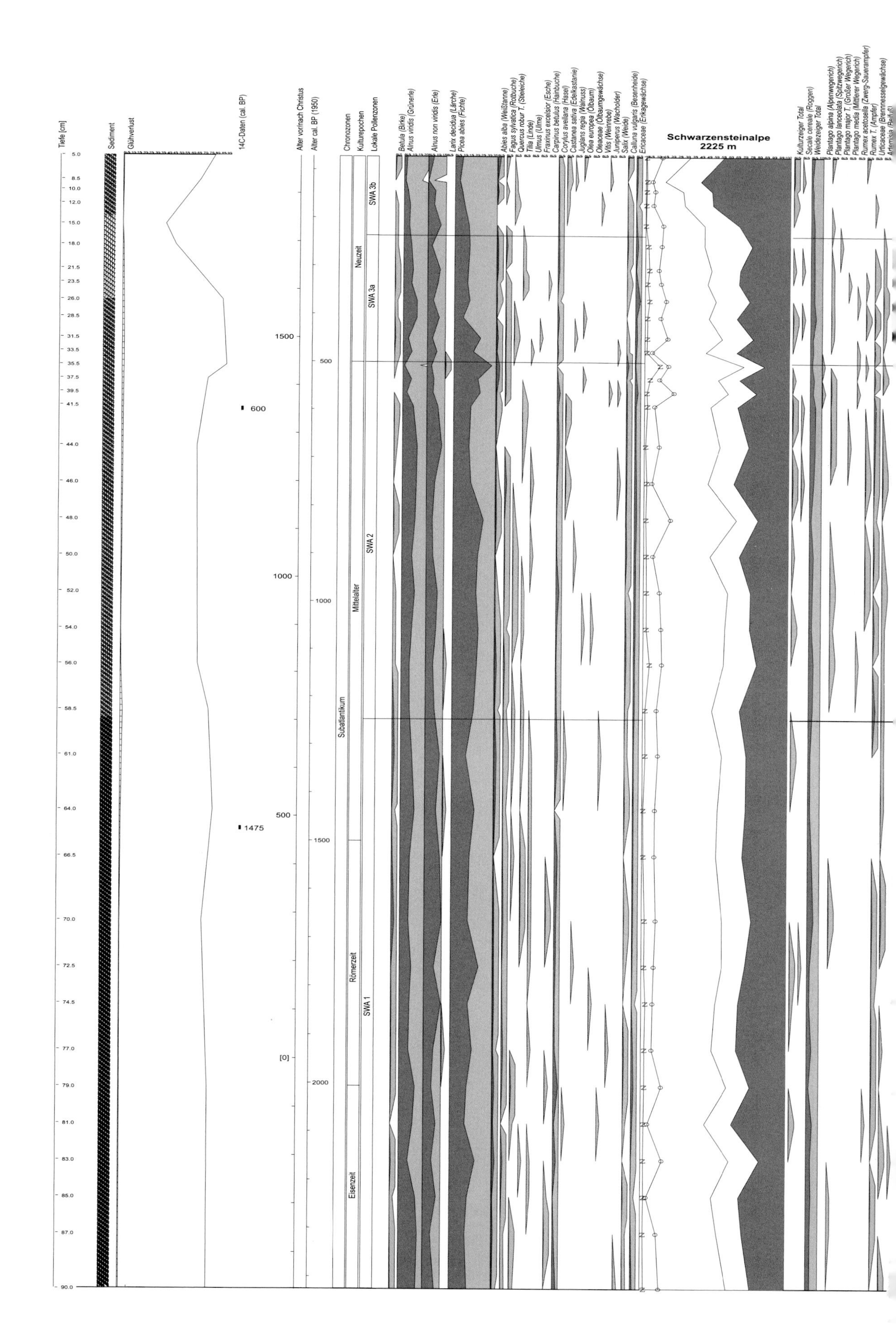
Schwarzensteinalpe
2225 m
Tiefe [cm]
Sediment
Glühverlust
14C-Daten (cal. BP)
600
1475
Alter vor/nach Christus
Alter cal. BP (1950)
Chronozonen
Kulturepochen
Lokale Pollenzonen
Subatlantikum
Neuzeit
Mittelalter
Römerzeit
Eisenzeit
SWA 3b
SWA 3a
SWA 2
SWA 1
Betula (Birke)
Alnus viridis (Grünerle)
Alnus non viridis (Erle)
Larix decidua (Lärche)
Picea abies (Fichte)
Abies alba (Weißtanne)
Fagus sylvatica (Rotbuche)
Quercus robur T. (Stieleiche)
Tilia (Linde)
Ulmus (Ulme)
Fraxinus excelsior (Esche)
Carpinus betulus (Hainbuche)
Corylus avellana (Hasel)
Castanea sativa (Edelkastanie)
Juglans regia (Walnuss)
Olea europea (Ölbaum)
Oleaceae (Ölbaumgewächse)
Vitis (Weinrebe)
Juniperus (Wacholder)
Salix (Weide)
Calluna vulgaris (Besenheide)
Ericaceae (Erikagewächse)
Kulturzeiger Total
Secale cereale (Roggen)
Weidezeiger Total
Plantago alpina (Alpenwegerich)
Plantago lanceolata (Spitzwegerich)
Plantago major T. (Großer Wegerich)
Plantago media (Mittlerer Wegerich)
Rumex acetosella (Zwerg-Sauerampfer)
Rumex T. (Ampfer)
Urticaceae (Brennnesselgewächse)
1500
1000
500
[0]
2000

Abbildung 14: Das Pollenprofil SWA-A aus dem Moor Schwarzensteinalpe (2225 m ü. M.) dargestellt als Total-Influxdiagramm (Pollen/Mikrofossilien pro cm^2 und Jahr) in zeitlinearer Darstellung. (für weitere Angaben siehe Abbildung 11 und Text).

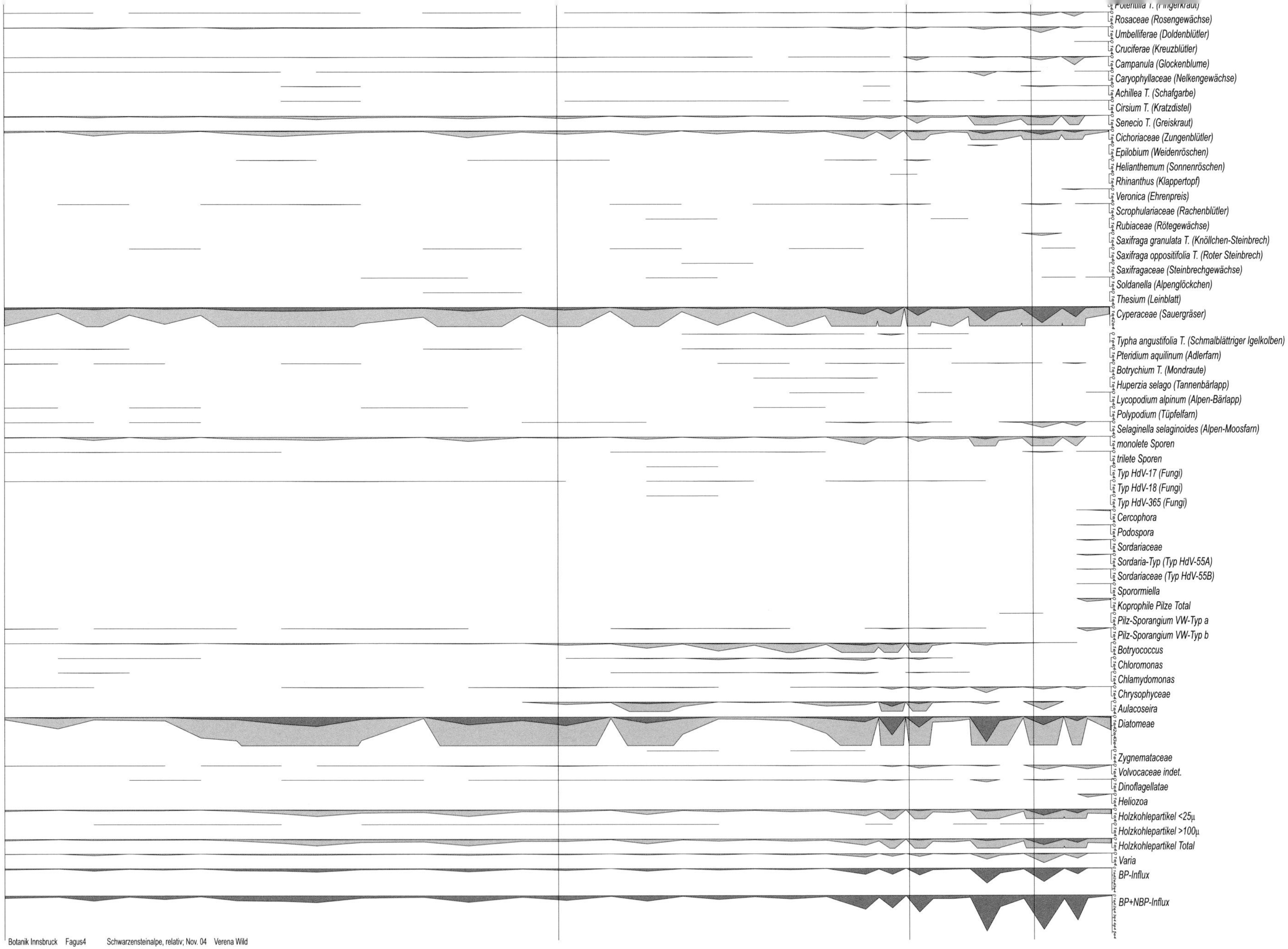

Potentilla T. (Fingerkraut)
Rosaceae (Rosengewächse)
Umbelliferae (Doldenblütler)
Cruciferae (Kreuzblütler)
Campanula (Glockenblume)
Caryophyllaceae (Nelkengewächse)
Achillea T. (Schafgarbe)
Cirsium T. (Kratzdistel)
Senecio T. (Greiskraut)
Cichoriaceae (Zungenblütler)
Epilobium (Weidenröschen)
Helianthemum (Sonnenröschen)
Rhinanthus (Klappertopf)
Veronica (Ehrenpreis)
Scrophulariaceae (Rachenblütler)
Rubiaceae (Rötegewächse)
Saxifraga granulata T. (Knöllchen-Steinbrech)
Saxifraga oppositifolia T. (Roter Steinbrech)
Saxifragaceae (Steinbrechgewächse)
Soldanella (Alpenglöckchen)
Thesium (Leinblatt)
Cyperaceae (Sauergräser)
Typha angustifolia T. (Schmalblättriger Igelkolben)
Pteridium aquilinum (Adlerfarn)
Botrychium T. (Mondraute)
Huperzia selago (Tannenbärlapp)
Lycopodium alpinum (Alpen-Bärlapp)
Polypodium (Tüpfelfarn)
Selaginella selaginoides (Alpen-Moosfarn)
monolete Sporen
trilete Sporen
Typ HdV-17 (Fungi)
Typ HdV-18 (Fungi)
Typ HdV-365 (Fungi)
Cercophora
Podospora
Sordariaceae
Sordaria-Typ (Typ HdV-55A)
Sordariaceae (Typ HdV-55B)
Sporormiella
Koprophile Pilze Total
Pilz-Sporangium VW-Typ a
Pilz-Sporangium VW-Typ b
Botryococcus
Chloromonas
Chlamydomonas
Chrysophyceae
Aulacoseira
Diatomeae
Zygnemataceae
Volvocaceae indet.
Dinoflagellatae
Heliozoa
Holzkohlepartikel <25μ
Holzkohlepartikel >100μ
Holzkohlepartikel Total
Varia
BP-Influx
BP+NBP-Influx

Botanik Innsbruck Fagus4 Schwarzensteinalpe, relativ; Nov. 04 Verena Wild

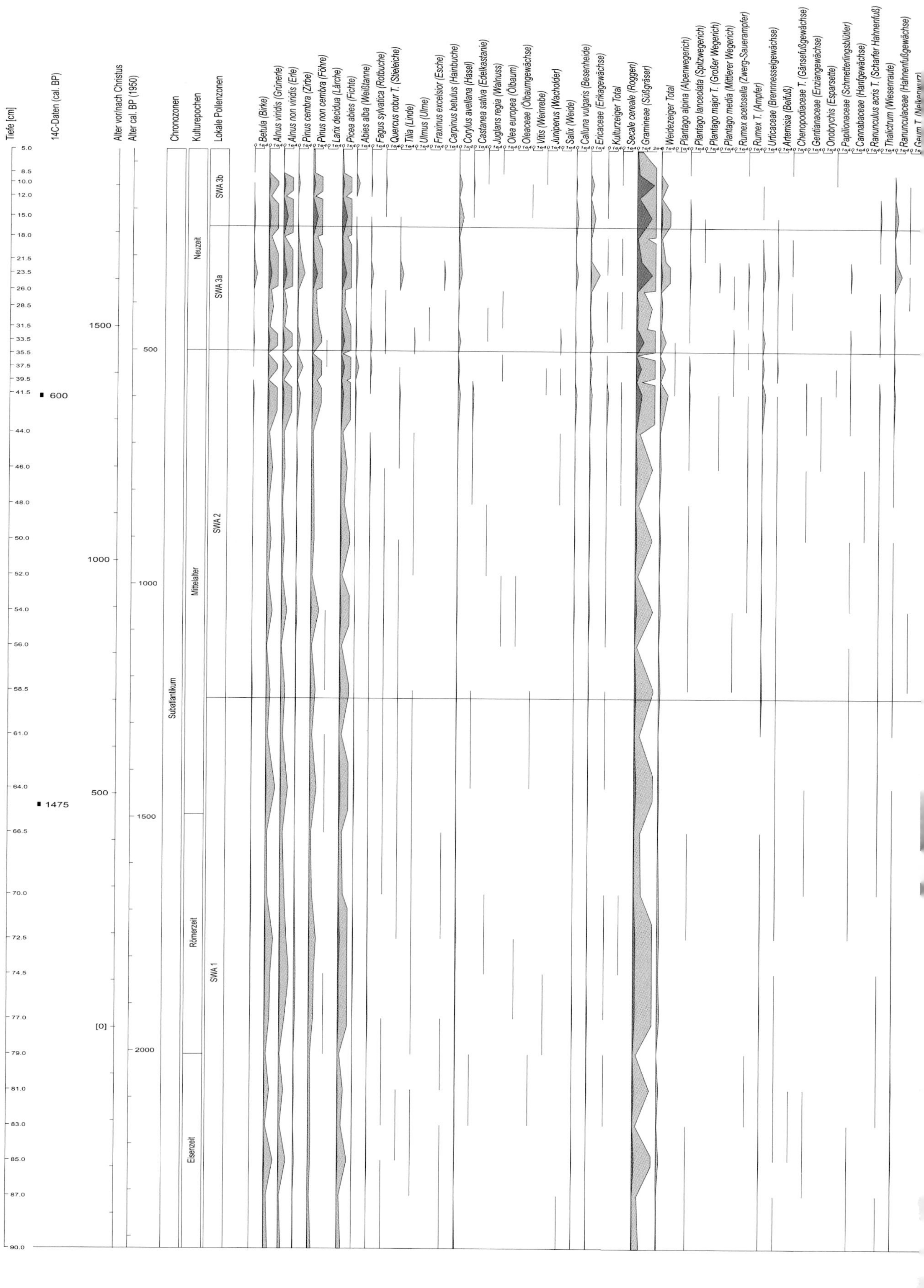

Tiefe [cm]
14C-Daten (cal. BP)
Alter vor/nach Christus
Alter cal. BP (1950)
Chronozonen
Kulturepochen
Lokale Pollenzonen

Betula (Birke)
Alnus viridis (Grünerle)
Alnus non viridis (Erle)
Pinus cembra (Zirbe)
Pinus non cembra (Föhre)
Larix decidua (Lärche)
Picea abies (Fichte)
Abies alba (Weißtanne)
Fagus sylvatica (Rotbuche)
Quercus robur T. (Stieleiche)
Tilia (Linde)
Ulmus (Ulme)
Fraxinus excelsior (Esche)
Carpinus betulus (Hainbuche)
Corylus avellana (Hasel)
Castanea sativa (Edelkastanie)
Juglans regia (Walnuss)
Olea europea (Ölbaum)
Oleaceae (Ölbaumgewächse)
Vitis (Weinrebe)
Juniperus (Wacholder)
Salix (Weide)
Calluna vulgaris (Besenheide)
Ericaceae (Erikagewächse)
Kulturzeiger Total
Secale cereale (Roggen)
Gramineae (Süßgräser)
Weidezeiger Total
Plantago alpina (Alpenwegerich)
Plantago lanceolata (Spitzwegerich)
Plantago major T. (Großer Wegerich)
Plantago media (Mittlerer Wegerich)
Rumex acetosella (Zwerg-Sauerampfer)
Rumex T. (Ampfer)
Urticaceae (Brennnesselgewächse)
Artemisia (Beifuß)
Chenopodiaceae T. (Gänsefußgewächse)
Gentianaceae (Enziangewächse)
Onobrychis (Esparsette)
Papilionaceae (Schmetterlingsblütler)
Cannabaceae (Hanfgewächse)
Ranunculus acris T. (Scharfer Hahnenfuß)
Thalictrum (Wiesenraute)
Ranunculaceae (Hahnenfußgewächse)
Geum T. (Nelkenwurz)

Tiefe [cm]: 5.0, 8.5, 10.0, 12.0, 15.0, 18.0, 21.5, 23.5, 26.0, 28.5, 31.5, 33.5, 35.5, 37.5, 39.5, 41.5, 44.0, 46.0, 48.0, 50.0, 52.0, 54.0, 56.0, 58.5, 61.0, 64.0, 66.5, 70.0, 72.5, 74.5, 77.0, 79.0, 81.0, 83.0, 85.0, 87.0, 90.0

14C-Daten (cal. BP): 600, 1475

Alter vor/nach Christus: 1500, 1000, 500, [0]

Alter cal. BP (1950): 500, 1000, 1500, 2000

Chronozonen: Subatlantikum

Kulturepochen: Neuzeit, Mittelalter, Römerzeit, Eisenzeit

Lokale Pollenzonen: SWA 3b, SWA 3a, SWA 2, SWA 1

Abbildung 15: Das Großrestprofil SWA-A aus dem Moor Schwarzensteinalpe (2225 m ü. M.) mit den Absolutwerten pro cm^3 Sediment (für weitere Angaben siehe Text).

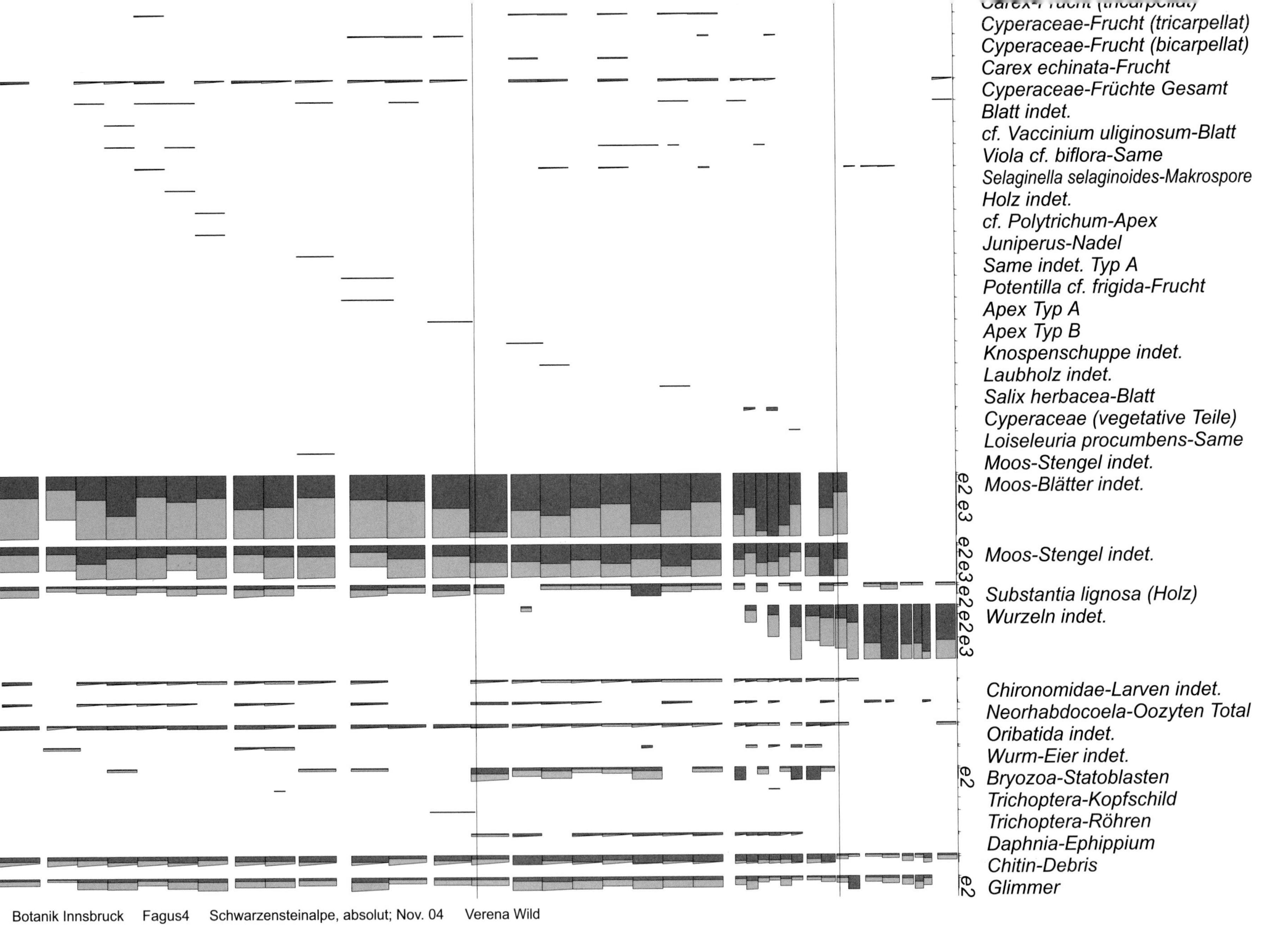
Cyperaceae-Frucht (tricarpellat)
Cyperaceae-Frucht (bicarpellat)
Carex echinata-Frucht
Cyperaceae-Früchte Gesamt
Blatt indet.
cf. Vaccinium uliginosum-Blatt
Viola cf. biflora-Same
Selaginella selaginoides-Makrospore
Holz indet.
cf. Polytrichum-Apex
Juniperus-Nadel
Same indet. Typ A
Potentilla cf. frigida-Frucht
Apex Typ A
Apex Typ B
Knospenschuppe indet.
Laubholz indet.
Salix herbacea-Blatt
Cyperaceae (vegetative Teile)
Loiseleuria procumbens-Same
Moos-Stengel indet.
Moos-Blätter indet.
Moos-Stengel indet.
Substantia lignosa (Holz)
Wurzeln indet.
Chironomidae-Larven indet.
Neorhabdocoela-Oozyten Total
Oribatida indet.
Wurm-Eier indet.
Bryozoa-Statoblasten
Trichoptera-Kopfschild
Trichoptera-Röhren
Daphnia-Ephippium
Chitin-Debris
Glimmer
Botanik Innsbruck
Fagus4
Schwarzensteinalpe, absolut; Nov. 04
Verena Wild

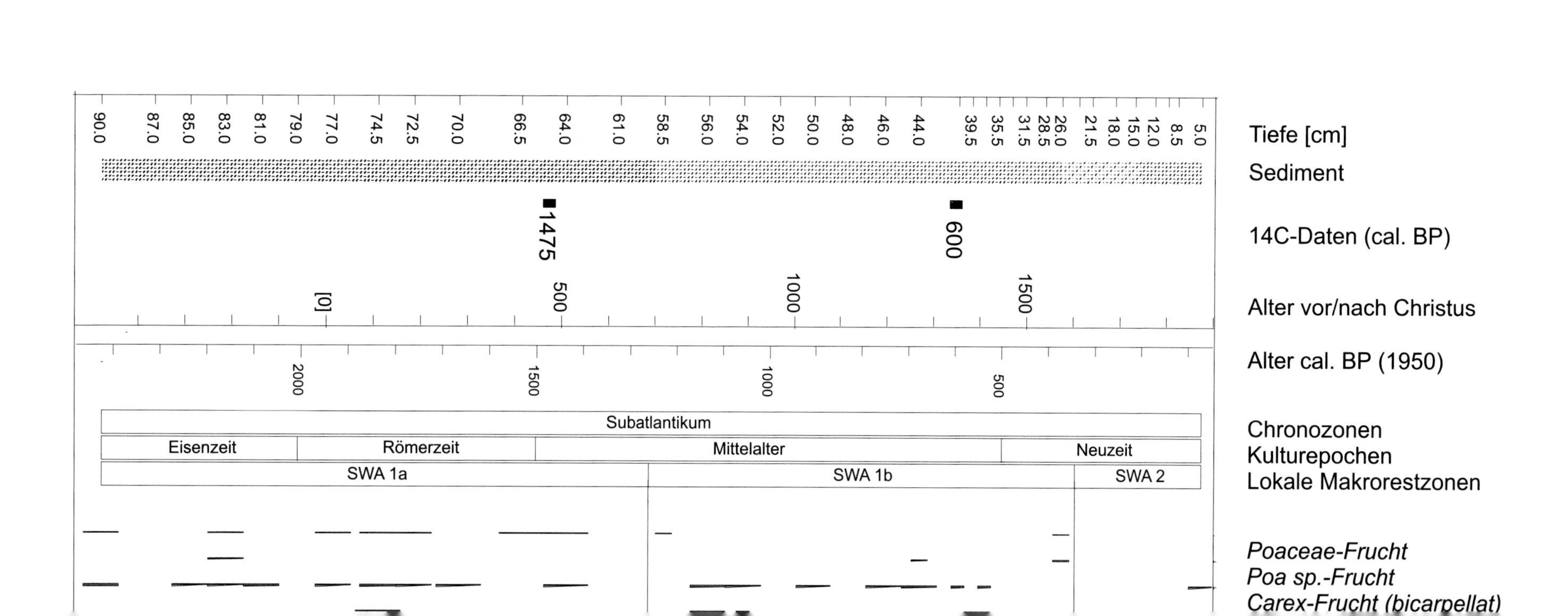

Tiefe [cm]
Sediment
14C-Daten (cal. BP)
Alter vor/nach Christus
Alter cal. BP (1950)
Chronozonen
Kulturepochen
Lokale Makrorestzonen
Poaceae-Frucht
Poa sp.-Frucht
Carex-Frucht (bicarpellat)
5.0
8.5
12.0
15.0
18.0
21.5
26.0
28.5
31.5
35.5
39.5
44.0
46.0
48.0
50.0
52.0
54.0
56.0
58.5
61.0
64.0
66.5
70.0
72.5
74.5
77.0
79.0
81.0
83.0
85.0
87.0
90.0
600
1475
1500
1000
500
[0]
500
1000
1500
2000
Subatlantikum
Neuzeit
Mittelalter
Römerzeit
Eisenzeit
SWA 2
SWA 1b
SWA 1a

Abbildung 16: Das Profil SWS-C aus dem Moor Schwarzensteinboden (2340 m ü. M.) dargestellt als relatives Total-Pollenprozentdiagramm in zeitlinearer Darstellung. Von links nach rechts sind die Baum- und Straucharten, das Hauptdiagramm (mit *Pinus cembra*-Zirbe (Z), *Pinus* non-*cembra* (schwarzer Kreis), dem Baumpollen-Nichtbaumpollenverhältnis (Linie), sowie dem Poaceae-Total), die Kräuter, die Moor- und Wasserpflanzen, die Farnartigen, sowie die Extrafossilien dargestellt (Abkürzungen: HdV=Hugo-de-Vries-Laboratorium-Amsterdam-Typennummern; VW=Verena Wild-Typennummern; für weitere Angaben siehe Abbildung 11 und Text).

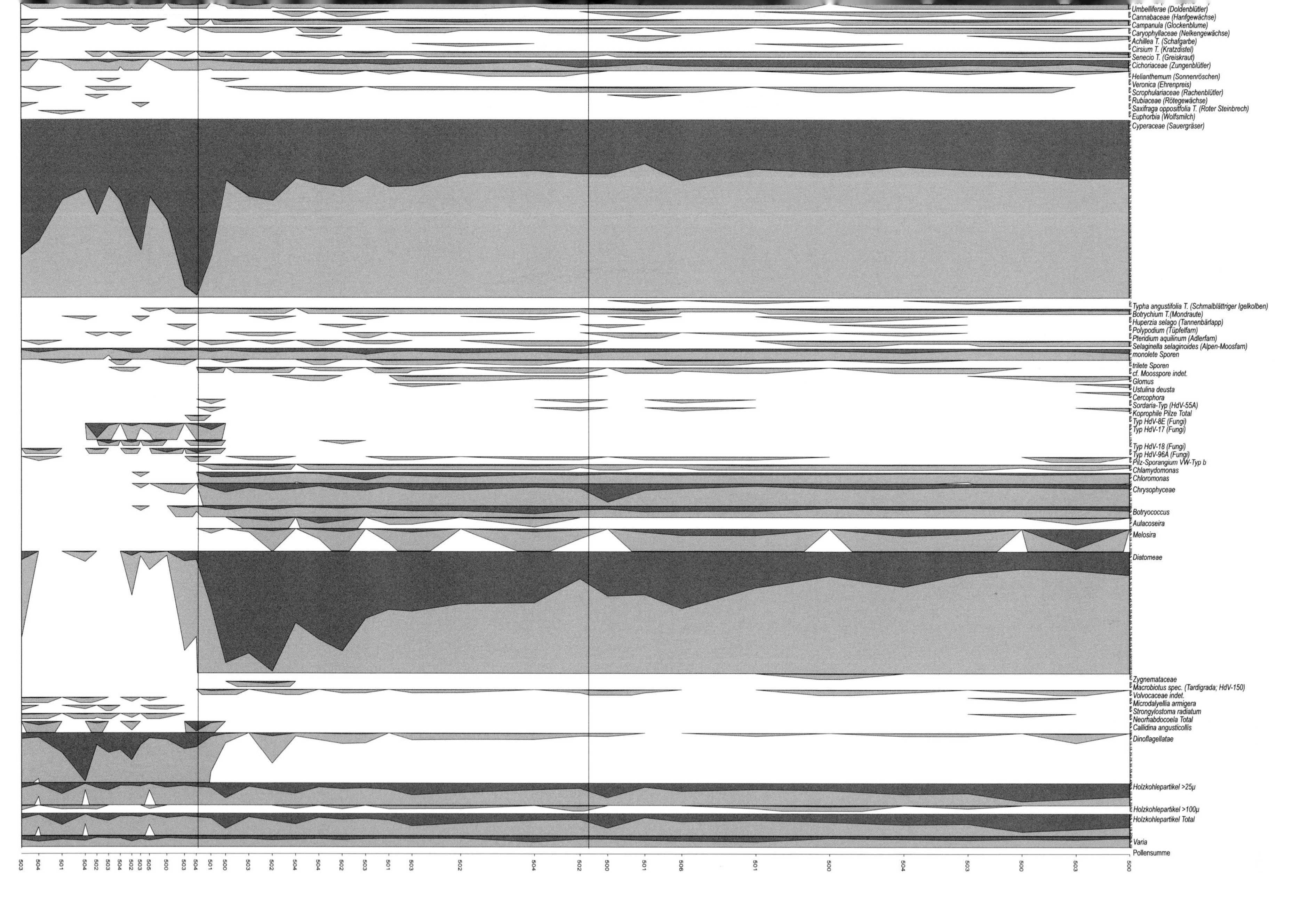
Umbelliferae (Doldenblütler)
Cannabaceae (Hanfgewächse)
Campanula (Glockenblume)
Caryophyllaceae (Nelkengewächse)
Achillea T. (Schafgarbe)
Cirsium T. (Kratzdistel)
Senecio T. (Greiskraut)
Cichoriaceae (Zungenblütler)
Helianthemum (Sonnenröschen)
Veronica (Ehrenpreis)
Scrophulariaceae (Rachenblütler)
Rubiaceae (Rötegewächse)
Saxifraga oppositifolia T. (Roter Steinbrech)
Euphorbia (Wolfsmilch)
Cyperaceae (Sauergräser)
Typha angustifolia T. (Schmalblättriger Igelkolben)
Botrychium T.(Mondraute)
Huperzia selago (Tannenbärlapp)
Polypodium (Tüpfelfarn)
Pteridium aquilinum (Adlerfarn)
Selaginella selaginoides (Alpen-Moosfarn)
monolete Sporen
trilete Sporen
cf. Moosspore indet.
Glomus
Ustulina deusta
Cercophora
Sordaria-Typ (HdV-55A)
Koprophile Pilze Total
Typ HdV-8E (Fungi)
Typ HdV-17 (Fungi)
Typ HdV-18 (Fungi)
Typ HdV-96A (Fungi)
Pilz-Sporangium VW-Typ b
Chlamydomonas
Chloromonas
Chrysophyceae
Botryococcus
Aulacoseira
Melosira
Diatomeae
Zygnemataceae
Macrobiotus spec. (Tardigrada; HdV-150)
Volvocaceae indet.
Microdalyellia armigera
Strongylostoma radiatum
Neorhabdocoela Total
Callidina angusticollis
Dinoflagellatae
Holzkohlepartikel >25µ
Holzkohlepartikel >100µ
Holzkohlepartikel Total
Varia
Pollensumme
Botanik Innsbruck Fagus4 Schwarzensteinboden, relativ; Nov 04 Verena Wild

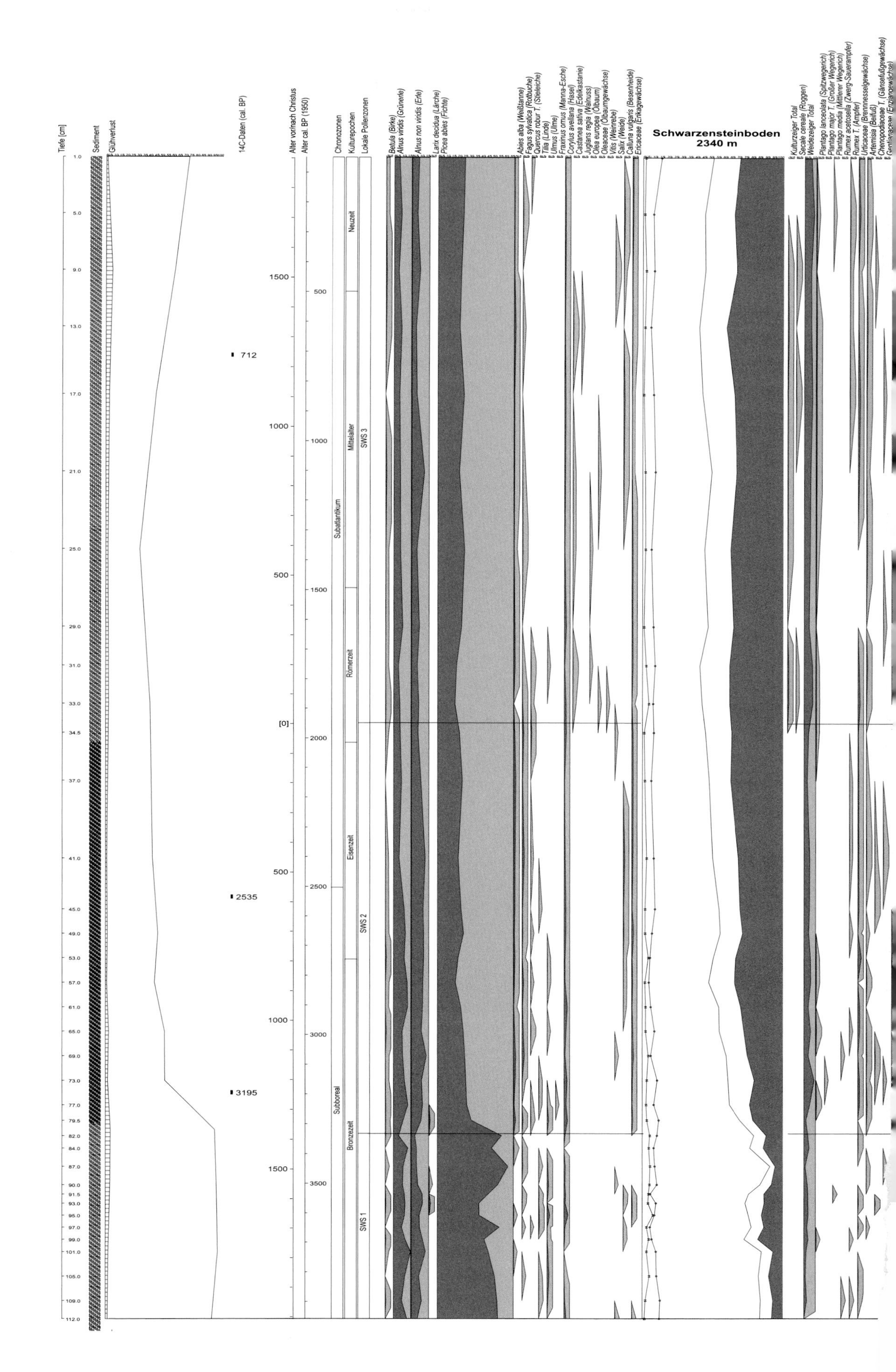

Schwarzensteinboden
2340 m
Tiefe [cm]
Sediment
Glühverlust
14C-Daten (cal. BP)
712
2535
3195
Alter vor/nach Christus
Alter cal. BP (1950)
Chronozonen
Kulturepochen
Lokale Pollenzonen
Subatlantikum
Subboreal
Neuzeit
Mittelalter
Römerzeit
Eisenzeit
Bronzezeit
SWS 3
SWS 2
SWS 1
Betula (Birke)
Alnus viridis (Grünerle)
Alnus non viridis (Erle)
Larix decidua (Lärche)
Picea abies (Fichte)
Abies alba (Weißtanne)
Fagus sylvatica (Rotbuche)
Quercus robur T. (Stieleiche)
Tilia (Linde)
Ulmus (Ulme)
Fraxinus ornus (Manna-Esche)
Corylus avellana (Hasel)
Castanea sativa (Edelkastanie)
Juglans regia (Walnuss)
Olea europea (Ölbaum)
Oleaceae (Ölbaumgewächse)
Vitis (Weinrebe)
Salix (Weide)
Calluna vulgaris (Besenheide)
Ericaceae (Erikagewächse)
Kulturzeiger Total
Secale cereale (Roggen)
Weidezeiger Total
Plantago lanceolata (Spitzwegerich)
Plantago major T. (Großer Wegerich)
Plantago media (Mittlerer Wegerich)
Rumex acetosella (Zwerg-Sauerampfer)
Rumex T. (Ampfer)
Urticaceae (Brennnesselgewächse)
Artemisia (Beifuß)
Chenopodiaceae T. (Gänsefußgewächse)
Gentianaceae (Enziangewächse)

Abbildung 17: Das Pollenprofil SWS-C aus dem Moor Schwarzensteinboden (2340 m ü. M.) dargestellt als Total-Influxdiagramm (Pollen/Mikrofossilien pro cm^2 und Jahr) in zeitlinearer Darstellung (für weitere Angaben siehe Abbildung 11 und Text).

Cannabaceae (Hanfgewächse)
Campanula (Glockenblume)
Caryophyllaceae (Nelkengewächse)
Achillea T. (Schafgarbe)
Cirsium T. (Kratzdistel)
Senecio T. (Greiskraut)
Cichoriaceae (Zungenblütler)
Helianthemum (Sonnenröschen)
Veronica (Ehrenpreis)
Scrophulariaceae (Rachenblütler)
Rubiaceae (Rötegewächse)
Saxifraga oppositifolia T. (Roter Steinbrech)
Euphorbia (Wolfsmilch)
Cyperaceae (Sauergräser)
Typha angustifolia T. (Schmalblättriger Igelkolben)
Botrychium T. (Mondraute)
Huperzia selago (Tannenbärlapp)
Polypodium (Tüpfelfarn)
Pteridium aquilinum (Adlerfarn)
Selaginella selaginoides (Aplen-Moosfarn)
monolete Sporen
trilete Sporen
cf. Moosspore indet.
Glomus
Ustulina deusta
Cercophora
Sordaria-Typ (HdV-55A)
Typ HdV-8E (Fungi)
Typ HdV-17 (Fungi)
Typ HdV-18 (Fungi)
Typ HdV-96A (Fungi)
Pilz-Sporangium VW-Typ b
Chlamydomonas
Chloromonas
Chrysophyceae
Botryococcus
Aulacoseira
Melosira
Diatomeae
Zygnemataceae
Macrobiotus spec. (Tardigrada; HdV-150)
Volvocaceae indet.
Microdalyellia armigera
Strongylostoma radiatum
Neorhabdocoela Total
Callidina angusticollis
Dinoflagellatae
Holzkohlepartikel >25μ
Holzkohlepartikel >100μ
Holzkohlepartikel Total
Varia
BP-Summe
BP+NBP-Summe

Botanik Innsbruck Fagus4 Schwarzensteinboden, relativ; Nov 04 Verena Wild

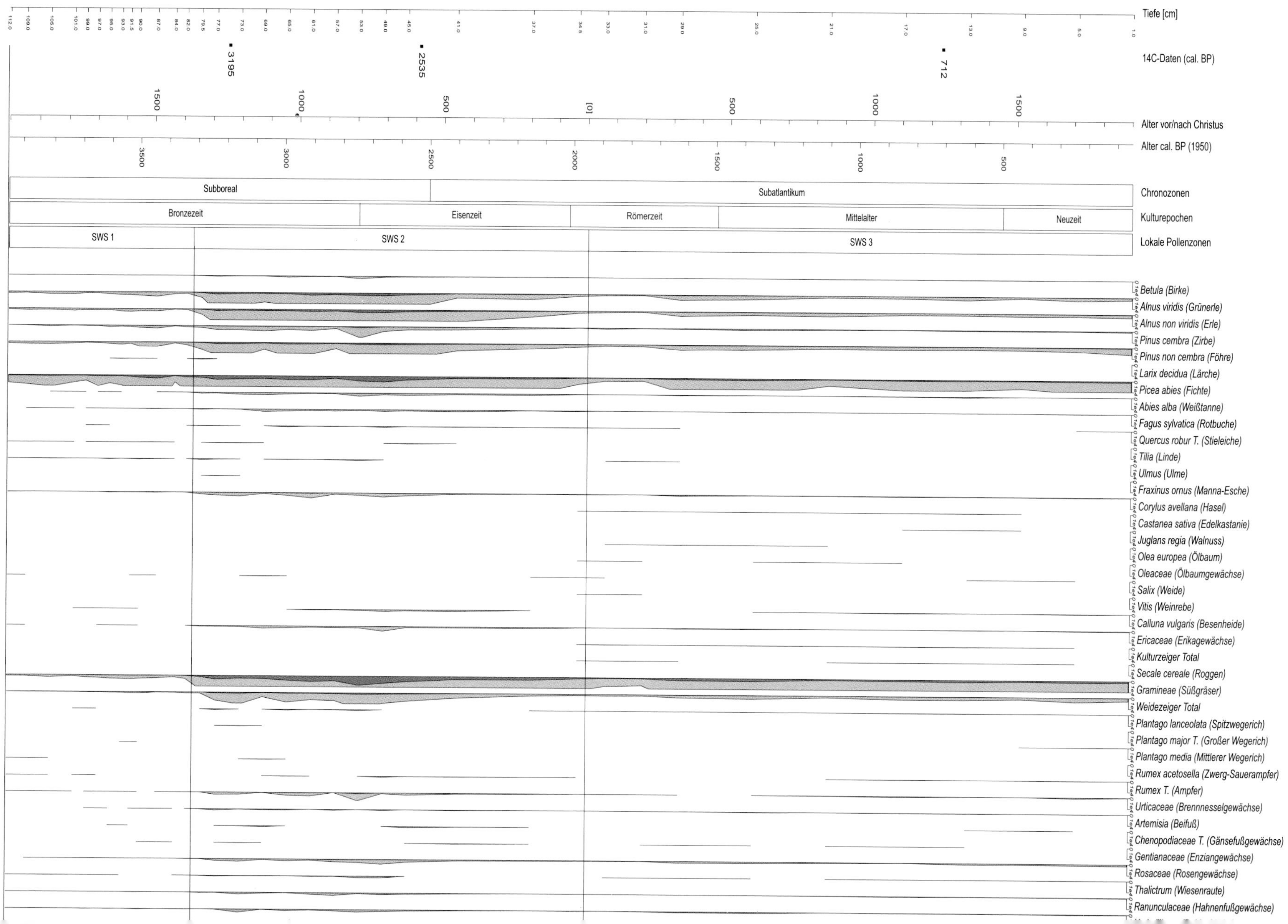

Tiefe [cm]
1.0
5.0
9.0
13.0
17.0
21.0
25.0
29.0
31.0
33.0
34.5
37.0
41.0
45.0
49.0
53.0
57.0
61.0
65.0
69.0
73.0
77.0
79.5
82.0
84.0
87.0
90.0
91.5
93.0
95.0
97.0
99.0
101.0
105.0
109.0
112.0
14C-Daten (cal. BP)
712
2535
3195
Alter vor/nach Christus
1500
1000
500
[0]
500
1000
1500
Alter cal. BP (1950)
500
1000
1500
2000
2500
3000
3500
Chronozonen
Subatlantikum
Subboreal
Kulturepochen
Neuzeit
Mittelalter
Römerzeit
Eisenzeit
Bronzezeit
Lokale Pollenzonen
SWS 3
SWS 2
SWS 1
0 1e4 Betula (Birke)
0 1e4 Alnus viridis (Grünerle)
0 1e4 Alnus non viridis (Erle)
0 1e4 Pinus cembra (Zirbe)
0 1e4 Pinus non cembra (Föhre)
0 1e4 Larix decidua (Lärche)
0 1e4 Picea abies (Fichte)
0 1e4 Abies alba (Weißtanne)
0 1e4 Fagus sylvatica (Rotbuche)
0 1e4 Quercus robur T. (Stieleiche)
0 1e4 Tilia (Linde)
0 1e4 Ulmus (Ulme)
0 1e4 Fraxinus ornus (Manna-Esche)
0 1e4 Corylus avellana (Hasel)
0 1e4 Castanea sativa (Edelkastanie)
0 1e4 Juglans regia (Walnuss)
0 1e4 Olea europea (Ölbaum)
0 1e4 Oleaceae (Ölbaumgewächse)
0 1e4 Salix (Weide)
0 1e4 Vitis (Weinrebe)
0 1e4 Calluna vulgaris (Besenheide)
0 1e4 Ericaceae (Erikagewächse)
0 1e4 Kulturzeiger Total
0 1e4 Secale cereale (Roggen)
0 1e4 Gramineae (Süßgräser)
0 1e4 Weidezeiger Total
0 1e4 Plantago lanceolata (Spitzwegerich)
0 1e4 Plantago major T. (Großer Wegerich)
0 1e4 Plantago media (Mittlerer Wegerich)
0 1e4 Rumex acetosella (Zwerg-Sauerampfer)
0 1e4 Rumex T. (Ampfer)
0 1e4 Urticaceae (Brennnesselgewächse)
0 1e4 Artemisia (Beifuß)
0 1e4 Chenopodiaceae T. (Gänsefußgewächse)
0 1e4 Gentianaceae (Enziangewächse)
0 1e4 Rosaceae (Rosengewächse)
0 1e4 Thalictrum (Wiesenraute)
0 1e4 Ranunculaceae (Hahnenfußgewächse)

Abbildung 18: Das Großrestprofil SWS-C aus dem Moor Schwarzensteinboden (2340 m ü. M.) mit den Absolutwerten pro cm^3 Sediment (für weitere Angaben siehe Text).

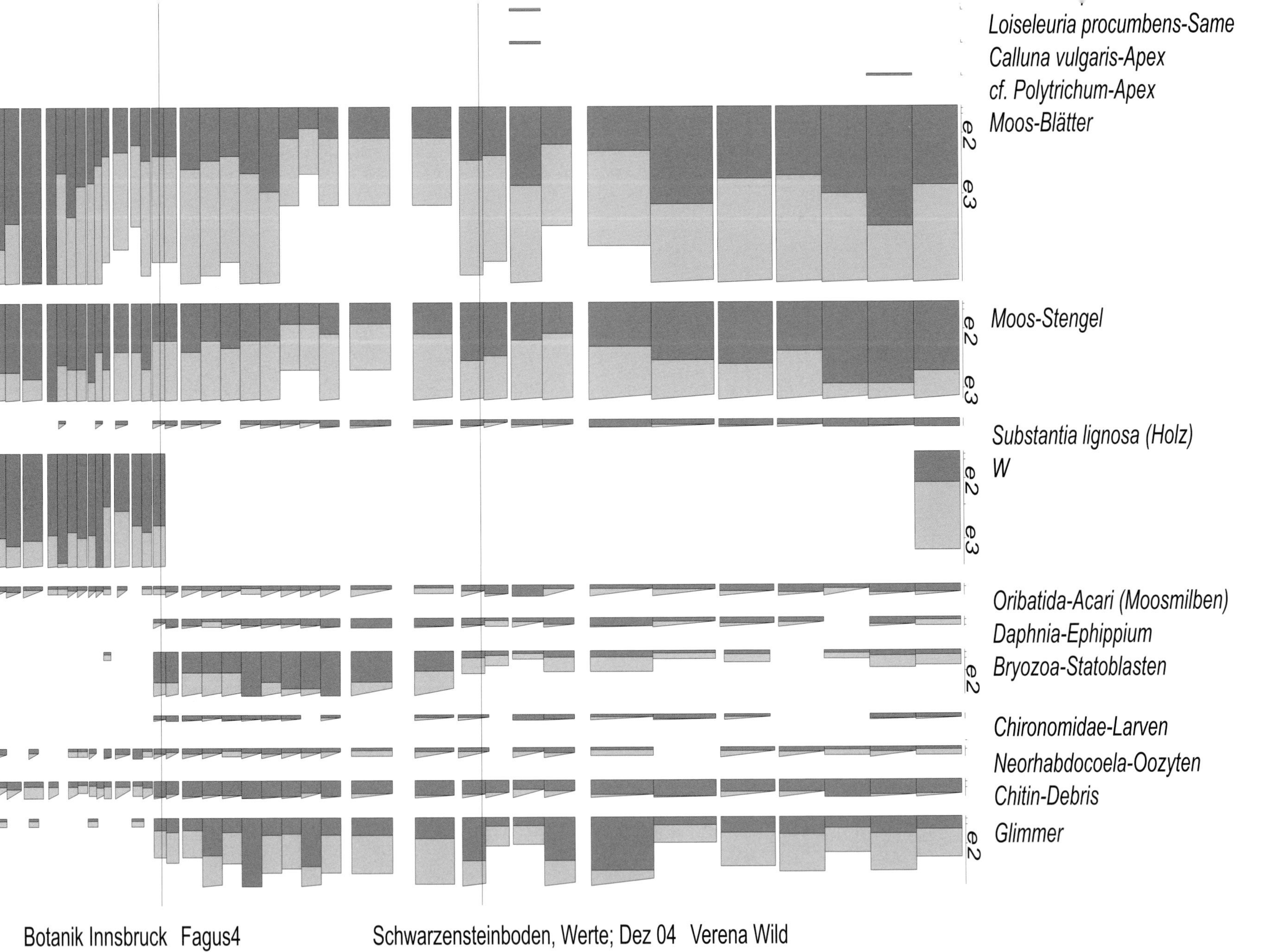

Botanik Innsbruck Fagus4 Schwarzensteinboden, Werte; Dez 04 Verena Wild

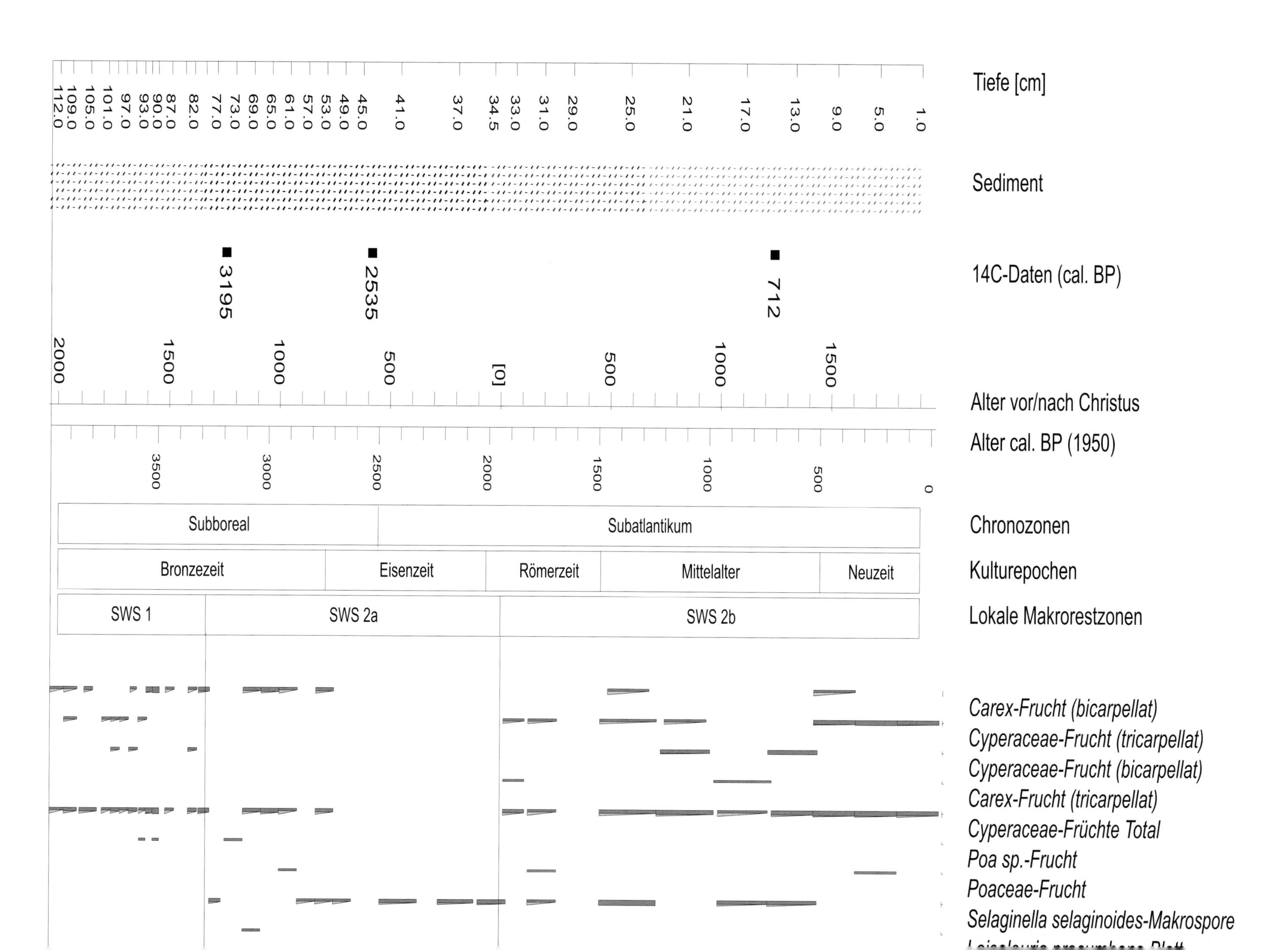

Tiefe [cm]
Sediment
14C-Daten (cal. BP)
Alter vor/nach Christus
Alter cal. BP (1950)
Chronozonen
Kulturepochen
Lokale Makrorestzonen
Carex-Frucht (bicarpellat)
Cyperaceae-Frucht (tricarpellat)
Cyperaceae-Frucht (bicarpellat)
Carex-Frucht (tricarpellat)
Cyperaceae-Früchte Total
Poa sp.-Frucht
Poaceae-Frucht
Selaginella selaginoides-Makrospore
1.0
5.0
9.0
13.0
17.0
21.0
25.0
29.0
31.0
33.0
34.5
37.0
41.0
45.0
49.0
53.0
57.0
61.0
65.0
69.0
73.0
77.0
82.0
87.0
90.0
93.0
97.0
101.0
105.0
109.0
112.0
712
2535
3195
1500
1000
500
[0]
500
1000
1500
2000
0
500
1000
1500
2000
2500
3000
3500
Subatlantikum
Subboreal
Neuzeit
Mittelalter
Römerzeit
Eisenzeit
Bronzezeit
SWS 2b
SWS 2a
SWS 1

NESJE, A., 2002. A large rockfall avalanche in Oldedalen, inner Nordfjord, western Norway, dated by means of a sub-avalanche Salix sp. tree trunk. – [in:] Norwegian Journal of Geology. — **82**:59-62.

NESJE, A., AA, A.R., KVAMME, M. & SØNSTEGAARD, E., 1994. A record of late Holocene avalanche activity in Frudalen, Sogndalsdalen, Western Norway. – [in:] Norsk Geologisk Tidsskrift. — **74**:71-76.

NESJE, A., BAKKE, J., DAHL, S.O., ØYVIND, L. & BØE A.-G., 2007. A continuous, high-reslolution 8500-yr snow-avalanche record from western Norway. – [in:] The Holocene. **17**:269-277.

NESJE, A., DAHL, S.O. & LØVLIE, R., 1995. Late Holocene glaciers and avalanche activity in the Ålfotbreen area, western Norway: evidence from a lacustrine sedimentary record. – [in:] Norsk Geologisk Tidsskrift. — **75**:120-126.

NICOLUSSI, K., LUMASSEGGER, G., PATZELT, G., PINDUR, P. & SCHIESSLING, P., 2004. Aufbau einer holozänen Hochlagen-Jahrring-Chronologie für die zentralen Ostalpen - Möglichkeiten und erste Ergebnisse. – [in:] Innsbrucker Jahresbericht der Innsbrucker Geographischen Gesellschaft — **2001/2002**:114-136.

NICOLUSSI, K., PINDUR, P., SCHIESSLING, P., KAUFMANN, M., THURNER, A. & LUZIAN, R., 2007. Waldzerstörende Lawinenereignisse während der letzten 9000 Jahre im Oberen Zemmgrund, Zillertaler Alpen, Tirol. In diesem Band.

NIKLFELD, H. & SCHRATT-EHRENDORFER, L., 2007. Zur Flora des Zemmgrunds in den Zillertaler Alpen. Ein Auszug aus den Ergebnissen der Floristischen Kartierung Österreichs. In diesem Band.

PINDUR, P., 2000. Dendrochronologische Untersuchungen im oberen Zemmgrund, Zillertaler Alpen. Eine Analyse rezenter Zirben (*Pinus cembra* L.) und subfossiler Moorhölzer aus dem Waldgrenzbereich und deren klimageschichtliche Interpretation. – Diplomarbeit Universität Innsbruck. — 1-122, Innsbruck.

PINDUR, P., 2001. Der Nachweis von prähistorischen Lawinenereignissen im Oberen Zemmgrund, Zillertaler Alpen. – [in:] Mitteilungen der Österreichischen Geographischen Gesellschaft. — **143**:193-214.

PINDUR, P. & LUZIAN, R., 2007. Der Obere Zemmgrund – ein geographischer Einblick. Das Untersuchungsgebiet von HOLA. In diesem Band.

PINDUR, P., SCHÄFER, D. & LUZIAN, R., 2007. Der Nachweis einer bronzezeitlichen Feuerstelle bei der Schwarzensteinalm im Oberen Zemmgrund, Zillertaler Alpen. In diesem Band.

PITSCHMANN, H., REISIGL, H., SCHIECHTL, H.M. & STERN, R., 1971. Karte der aktuellen Vegetation von Tirol 1:100.000, II. Teil: Blatt 7, Zillertaler und Tuxer Alpen. – [in:] Documents pour la carte de la végétation des Alpes. — **9**:113-132.

PUNT, W. (Hrsg.), 1976. The Northwest European Pollen Flora I. — 1-145, Elsevier, Amsterdam.

PUNT, W. & BLACKMORE, S. (eds.), 1991. The Northwest European Pollen Flora VI. — 1-275, Elsevier, Amsterdam.

PUNT, W., BLACKMORE, S. & CLARKE, G. C. S. (eds.), 1988. The Northwest European Pollen Flora V. — 1-154, Elsevier, Amsterdam.

PUNT, W. & CLARKE G. C. S. (eds.), 1980. The Northwest European Pollen Flora II. — 1-265, Elsevier, Amsterdam.

PUNT, W. & CLARKE, G. C. S. (eds.), 1981. The Northwest European Pollen Flora III. — 1-138, Elsevier, Amsterdam.

PUNT, W. & CLARKE, G. C. S. (eds.), 1984. The Northwest European Pollen Flora IV. — 1-369, Elsevier, Amsterdam.

REILLE, M., 1992. Pollen et spores d'Europe et d'Afrique du nord. — 1-520, Marseille.

REIMER, P.J. et al., 2004. IntCal04 Terrestrial radiocarbon age calibration, 26-0 ka BP. – [in:] Radiocarbon. — **46**:1029-1058.

SAILER, R., LUZIAN, R. & WIATR, T., 2007. Simulation als Basis für die Rekonstruktion holozäner, waldzerstörender Lawinenereignisse. In diesem Band.

SCHÖNEICH, P. & BUSSET-HENCHOZ, M.-C., 1999. Les Ormonans et les Leysenouds face aux risques naturels. — 1-228, VdF-Verlag , Zürich.

SEIERSTAD, J., NESJE, A., DAHL, S.O. & SIMONSEN, J.R., 2002. Holocene glacier fluctuations of Grovabreen and Holocene snow-avalanche activity reconstructed from lake sediments in Grøningstølsvatnet, western Norway. – [in:] The Holocene. — **12**:211-222.

SEIWALD, A., 1980. Beiträge zur Vegetationsgeschichte Tirols IV: Natzer Plateau - Villanderer Alm. – [in:] Ber. nat.-med. Ver. Innsbruck — **67**:31-72.

SMITH, A.J.E., 1978. The Moss Flora of Britain and Ireland. — 1-706, Cambridge University Press, London.

STOCKMARR, J., 1971. Tablets with spores used in absolute pollen analysis. – [in:] Pollen et Spores. — **13**:615-621.

STOLZ, O., 1930. Die Schwaighöfe in Tirol. Ein Beitrag zur Siedlungs- und Wirtschaftsgeschichte der Hochalpentäler. – [in:] Wissenschaftliche Veröffentlichungen des Deutschen und Österreichischen Alpenvereins. — 1-197, Innsbruck.

STOLZ, O., 1941. Die Zillertaler Gründe, geschichtlich betrachtet. – [in:] Zeitschrift des deutschen Alpenvereins. — **72**:106-115.

STOLZ, O., 1949. Geschichtskunde des Zillertals. – [in:] Schlernschriften. — **63**:1-269.

STREBLE, H. & KRAUTER, D., 1988. Das Leben im Wassertropfen. Mikroflora und Mikrofauna des Süßwassers. — 1-399, Kosmos.

SUESSENGUTH, K., 1952. Zur Flora des Gebietes der Berliner Hütte in den Zillertaler Alpen. – [in:] Ber. Bayer. Bot. Ges. — **29**:72-82.

SUTER, P.J., HAFNER, A. & GLAUSER, K., 2005a. Prähistorische und frühgeschichtliche Funde aus dem Eis - der wiederentdeckte Pass über das Schnidejoch. – [in:] Archäologie der Schweiz. — **28**:16-23.

SUTER, P.J., HAFNER, A. & GLAUSER, K., 2005b. Lenk-Schnidejoch. Funde aus dem Eis - ein vor- und frühgeschichtlicher Passübergang. – [in:] Archäologie im Kanton Bern. — **6B**:499-522.

TINNER, W. & THEURILLAT, J.-P., 2003. Uppermost limit, extent, and fluctuations of the timberline and treeline ecoline in the Swiss Central Alps during the past 11,500 years. – [in:] Arctic, Antarctic, and Alpine Research. — **35**:158-169.

TRANQUILLINI, W., 1976. Water relations and alpine timberline. – [in:] LANGE, O.L. et al. (eds.). Water and plant life. Ecological Studies. — **19**:473-491.

TROELS-SMITH, J., 1955. Characterization of Unconsolidated Sediments. – [in:] Danmarks Geologiske Undersøgelse IV: Raekke. — **IV(3/10)**:39-73.

VAN GEEL, B., 1978. A palaeoecological study of Holocene peat bog sections in Germany and the Netherlands, based on the analysis of pollen, spores and macro- and microscopic remains of fungi, algae, cormophytes and animals. – [in:] Review of Palaeobotany and Palynology. — **25**:1-120.

VAN GEEL, B., 2001. Non-Pollen Palynomorphs. – [in:] SMOL, J.P., BIRKS, H.J.B. & LAST, W.M. (eds.). Tracking Environmental Change Using Lake Sediments. Volume 3: Terrestrial, Algal and Siliceous Indicators. — 99-119, Kluwer, Dordrecht.

VAN GEEL, B., BOHNCKE, S.J.P. & DEE, H., 1981. A palaeoecological study of an upper late glacial and Holocene sequence from "De Borchert", The Netherlands. – [in:] Review of Palaeobotany and Palynology. — **31**:367-448.

VAN GEEL, B., COOPE, G.R. & VAN DER HAMMEN, T., 1989. Palaeoecology and stratigraphy of the lateglacial type section at Usselo (The Netherlands). – [in:] Review of Palaeobotany and Palynology. — **60**:25-129.

VAN GEEL, B. HALLEWAS, D.P. & PALS, J.P., 1983. A late Holocene deposit under the Westfriese Zeedijk near Enkhuizen (Prov. of Noord-Holland, The Netherlands): Palaeoecological and archaeological aspects. – [in:] Review of Palaeobotany and Palynology. — **38**:269- 335.

WAHLMÜLLER, N., 1993. Palynologische Forschung in den Ostalpen und ihren vorgelagerten Gebieten. – [in:] Ber. nat.-med. Verein Innsbruck. — **80**:81-95.

WALDE, C., PINDUR, P., NICOLUSSI, K., LUZIAN, R. & HAAS, J.N., 2003. Schwarzenstein-Bog in the Alpine Ziller Valley (Tyrol, Austria): A key site for the palynological detection of major avalanche events in mountainous areas. – [in:] C. RAVAZZI et al. (eds.). Penninic and Insubrian Alps - Excursion Guide 28th Moor-Excursion of the Institute of Plant Sciences, University of Bern. — 55-59.

WALDE, C., WILD, V., REMIAS, D., LÜTZ, C., LUZIAN, R. & HAAS, J.N., 2004. The abundance of snow algae (*Chloromonas* and *Chlamydomonas*) in Holocene bog sediments linked to shifts in Alpine timberline and snow-avalanche frequency in Tyrol, Austria. – [in:] XI International Palynological Congress Granada. – Polen. — **14**:573-574.

WAYTHOMAS, C. F., MILLER, T. P. & BEGET, J. E., 2000. Record of Late Holocene debris avalanches and lahars at Iliamna volcano. – [in:] Alaska J. Volcanol. Geotherm. Res. — **104**:97-130.

WEIRICH, J., 1977: Beiträge zur Vegetationsgeschichte Tirols III. Stubaier Alpen - Zillertaler Alpen. – Dissertation Universität Innsbruck. — 1-86, Innsbruck.

WEIRICH, J. & BORTENSCHLAGER, S., 1980. Beiträge zur Vegetationsgeschichte Tirols III: Stubaier Alpen - Zillertaler Alpen. – [in:] Ber. nat.-med. Ver. Innsbruck — **67**:7-30.

WILD, V., 2005. Anthropogener und klimatischer Einfluss auf das spätholozäne Waldgrenzökoton im Oberen Zemmgrund (Zillertaler Alpen, Österreich). – Diplomarbeit Institut für Botanik, Universität Innsbruck. — 1-118, Innsbruck.

WILD, V., SCHATZ, I. & SCHATZ, H., 2007. Subfossile Arthropodenfunde (Acari: Oribatida, Insecta: Coleoptera) in Mooren bei der Schwarzensteinalm im Oberen Zemmgrund in den Zillertaler Alpen (Österreich). In diesem Band.

ZWERGER, P. & PINDUR, P., 2007. Waldverbreitung und Waldentwicklung im Oberen Zemmgrund. Aktueller Bestand, Strukturanalysen und Entwicklungsdynamik. In diesem Band.

Simulation als Basis für die Rekonstruktion holozäner Lawinenereignisse

Rudolf SAILER[1)], Roland LUZIAN[2)] & Thomas WIATR[3)]

SAILER, R., LUZIAN, R. & WIATR, T., 2007. Simulation als Basis für die Rekonstruktion holozäner Lawinenereignisse. — BFW-Berichte **141**:227-238, Wien. — Mitt. Komm. Quartärforsch. Österr. Akad. Wiss., **16**:227-238, Wien

Kurzfassung

Mit der vorliegenden Arbeit kann die Bestätigung erbracht werden, dass die subfossilen Baumfunde im „Schwarzensteinmoor“ (Oberer Zemmgrund, Zillertal, Tirol) holozänen Lawinenereignissen zuzurechnen sind. Die Abgrenzung der für die Simulation mit SAMOS notwendigen Anbruchgebiete, die allesamt oberhalb der rekonstruierten holozänen Waldgrenze liegen, basiert auf Geländeanalysen und Beobachtungen aktueller Lawinenereignisse im Untersuchungsgebiet. Die Simulationsergebnisse bestätigen die Annahme, dass es sich bei den Fundobjekten um Lawinenholz handelt. Zudem ist es gelungen, die Ausdehnung der Lawinen und das Ausmaß der für die Baum- und Waldzerstörung und den Transport von Schadholz erforderlichen Drücke nachzuvollziehen.

Schlüsselwörter:
subfossil, Geländeanalyse, Lawinenholz

Abstract

This paper shows that the subfossile trees in "Schwarzensteinmoor“ (Oberer Zemmgrund, Zillertal, Tirol) are relicts of holocene avalanche activities. The delineation of the release areas, which are situated above the holocene timber line, is based on terrain analysis as well as on observation of acutal avalanches in the investigation area. The simulation results confirm the presumption that the tree fragments are relicts of avalanches. Furthermore it is possible to recalculate the shape, the run-out length and the according dynamic pressures, necessary to damage and transport the trees.

Keywords:
subfossil, terrain analysis, wood relicts of avalanches

1. Einleitung

Die Simulation von holozänen Lawinenereignissen ist ein wesentlicher methodischer Bestandteil des interdisziplinären Projektes „Neue Analysemöglichkeiten zur Bestimmung des Lawinengeschehens - Nachweis und Analyse von holozänen Lawinenereignissen“ des Bundesforschungs- und Ausbildungszentrums für Wald, Naturgefahren und Landschaft (BFW). Diese Lawinenereignisse sind wärmeren Klimaphasen der letzten Jahrtausende zuzuordnen, wobei die entsprechende holozäne Waldgrenze zum Teil deutlich über der rezenten Waldgrenze liegt. Der Nachweis, dass es sich tatsächlich um holozäne Lawinenereignisse handelt, wird mittels dendrochronologischer Befunde erbracht. Die Befunde beziehen sich auf Bäume, welche im „Schwarzensteinmoor“ (Oberer Zemmgrund, Zillertal, Tirol) unter Luftabschluss konserviert wurden (NICOLUSSI et al., 2007). Um die zur Zeit der Lawinenereignisse im holozänen Klimaoptimum möglichen, höchstgelegenen Baumstandorte zu rekonstruieren, wurden umfangreiche Erhebungen und Untersuchungen zur Entwicklungsdynamik des Waldes durchgeführt (ZWERGER & PINDUR, dieser Band).

[1)]MAG. DR. RUDOLF SAILER, Institut für Naturgefahren und Waldgrenzregionen, Bundesforschungs- und Ausbildungszentrum für Wald, Naturgefahren und Landschaft, A - 6020 Innsbruck, E-Mail: Rudolf.Sailer@uibk.ac.at

[2)]MAG. ROLAND LUZIAN, Institut für Naturgefahren und Waldgrenzregionen, Bundesforschungs- und Ausbildungszentrum für Wald, Naturgefahren und Landschaft A - 6020 Innsbruck, E-Mail: Roland.Luzian@uibk.ac.at

[3)]DIPL.GEOGR. THOMAS WIATR, Institut für Geographie, Friedrich-Schiller Universität Jena, D - 07745 Jena, E-Mail: Thomas.Wiatr@gmx.de

Beim gegenständlichen Projekt wird erstmals versucht, bewährte klimageschichtliche Methoden wie Dendrochronologie und Palynologie mit modernen Simulationsverfahren (SAMOS) zu kombinieren. Vorrangige Ziele der durchgeführten Analyse sind die Ermittlung von dynamischen Lawinen-Druckwerten und die Beantwortung der Fragen: a) Sind diese hoch genug um Bäume und den damals vorhandenen Waldbestand zu zerstören? b) Welche Schneemengen sind dazu erforderlich? Auch die Übereinstimmung von Anbruchgebiet, Lawinenbahn und Ablagerung mit den Fundstellen der Baumstämme im Moor wird in der vorliegenden Arbeit analysiert.

2. Methoden

Für die Simulation des Lawinenstriches wurde das dreidimensionale Lawinensimulationsprogramm SAMOS (**S**now **A**valanche **MO**delling and **S**imulation) verwendet. Samos wurde im Auftrag des Bundesministeriums für Land- Forstwirtschaft, Umwelt und Wasserwirtschaft (BMLFUW) in Kooperation mit dem Forsttechnischen Dienst für Wildbach- und Lawinenverbauung (WLV) und dem Bundesforschungs- und Ausbildungszentrum für Wald, Naturgefahren und Landschaft (BFW) von der Firma AVL-List in Graz entwickelt (BRANDSTÄTTER et al., 1992). Gegenüber ein- und zweidimensionalen Lawinensimulationsmodellen haben SAMOS99 und die neueste Modellversion SamosAT den Vorteil, dass es den Fließ- und Staubanteil einer Lawine gekoppelt berechnen kann (SAMPL & ZWINGER, 2004). Die Simulationen basieren auf einem zweidimensionalen granularen Fließmodell und einem dreidimensionalen turbulenten gasdynamischen Staubmodell. Diese zwei Komponenten werden mit einem Resuspensionsmodell gekoppelt.

Es wird angenommen, dass sich eine Trockenschneelawine aus kohäsionslosen Eispartikeln zusammensetzt. Jede Lawine der definierten Art startet als Fließlawine (Abbildung 1) mit Schneedichten zwischen 100 kg m^{-3} und 400 kg m^{-3}. Sowohl in der Natur als auch im Modell suspensieren, aufgrund hoher Geschwindigkeiten bei genügend steilem Gelände, nach wenigen Sekunden kleine Eispartikel in die Luft (Abbildung 2). Die Verzögerung mit der dies geschieht hängt in erster Linie von der Schneequalität (Dichte, freies Wasser) und der Topographie (Steilheit, Krümmung) ab. Der Fließanteil der Lawine ist im Allgemeinen nur wenige Meter mächtig und weist im Gegensatz zur Staublawine eine wesentlich höhere Fließdichte auf. Der Staubkörper einer Lawine kann mehrere 10er Meter Höhe erreichen (SAMPL et al., 2000).

Das Simulationsmodell SAMOS wurde gemeinsam mit und für den Forsttechnischen Dienst für Wildbach- und Lawinenverbauung entwickelt und ist dort seit mehreren Jahren erfolgreich im operativen Einsatz. Eine permanente Weiterentwicklung des Modells findet statt, sodass bei den neueren Versionen sowohl eine Schneeaufnahme durch Einpflügen von Schnee aus der Lawinenbahn (Entrainment, SAILER et al., 2002) als auch die Auslösung von sekundären Anbruchgebieten berücksichtigt werden kann.

Bei den vorliegenden Berechnungen wurde mit der SAMOS99-Version gerechnet. Neben dem Einsatz im operativen Bereich wird SAMOS vor allem für die Nachrechnung großer Lawinen verwendet (SAMPL et al., 2000), die aufgrund ihrer Bedeutung oder des zugrundeliegenden Datenmaterials (Beobachtungen, Messungen, Schadensrekonstruk-

Abbildung 1: Künstliche Lawinenauslösung, die Lawine startet als Schneebrett mit großer Fließdichte (Photo: Tobias Hafele, Arlberger Bergbahnen)

Abbildung 2: Nach wenigen Sekunden werden Staubpartikel in die Luft suspensiert. (Photo: Tobias Hafele, Arlberger Bergbahnen)

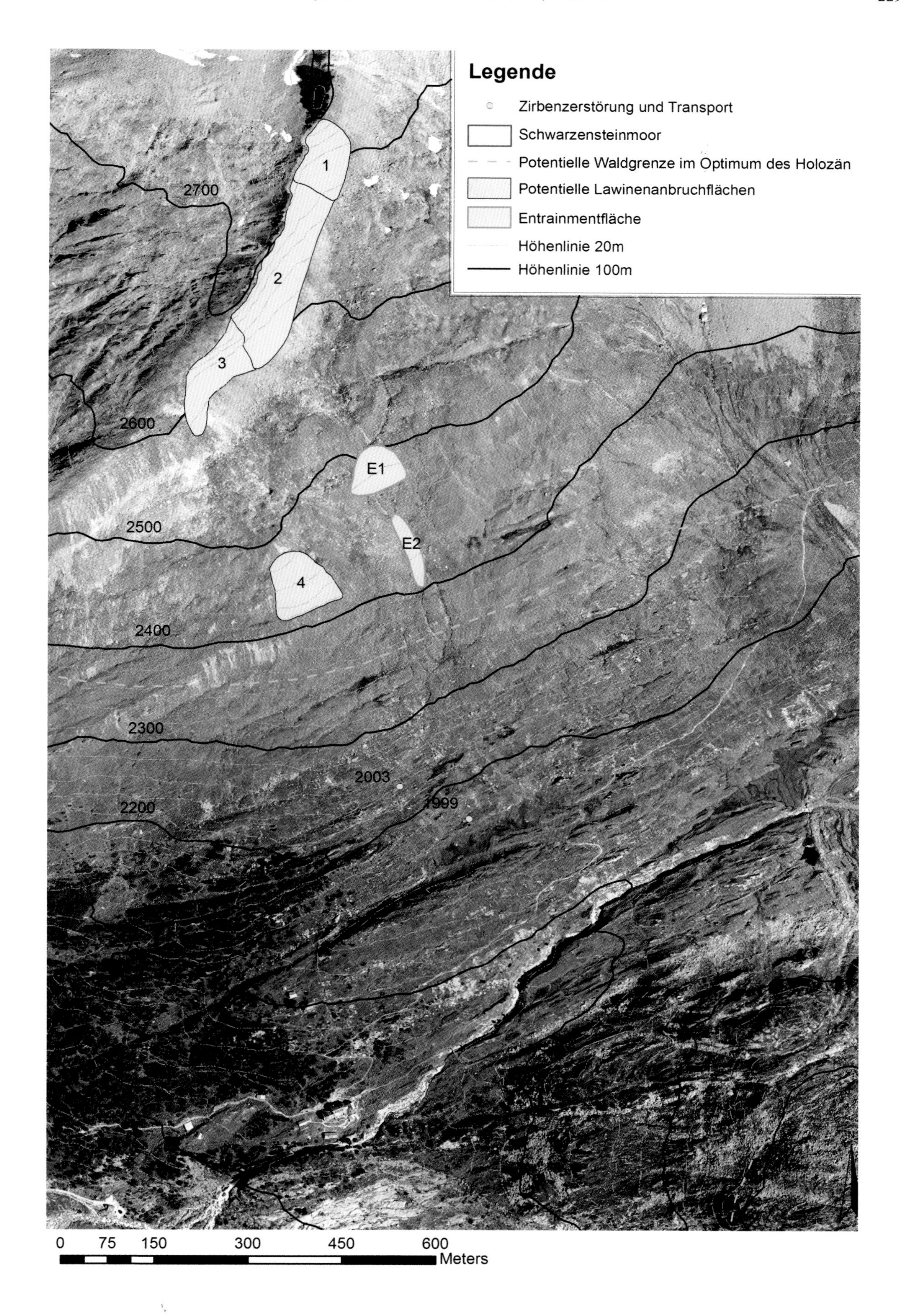

Abbildung 3: Übersichtskarte mit Anrissgebieten und Entrainmentflächen. Orthofoto: BEV, 2003; bearbeitet von Pindur, 2004 und Wiatr, 2007

tionen) für die Weiterentwicklung von besonderer Bedeutung sind (SAILER, 2003).
Einem hochauflösenden, digitalen Geländemodell kommt neben den maßgeblichen Eingabegrößen Schneehöhe und Schneedichte eine entscheidende Bedeutung zu. Insbesondere die Entwicklung und Fortpflanzung der Fließlawine ist an vorhandene Geländestrukturen gebunden. Untersuchungen haben gezeigt, dass das österreichweit verfügbare Digitale Geländemodell des Bundesamtes für Eich- und Vermessungswesen mit 10 m Bodenauflösung nur mit großen Einschränkungen für Lawinensimulationen geeignet ist (SCHMIDT et al., 2003, SCHMIDT et al., 2005). Aus diesem Grund wurde für die vorliegende Studie das 10 m Geländemodell mit Hilfe geodätischer Verfahren verbessert (vgl. dazu den Beitrag von SCHMIDT, R.). Dieses adaptierte Geländemodell entspricht den Anforderungen moderner Simulationstechniken und wurde daher den hier vorliegenden Simulationen zugrunde gelegt. Da der Lawinenhang keine prägenden Reliefformen (Gräben, Tälchen, Rücken, Grate) aufweist, ist die Verwendung eines gut aufgelösten digitalen Geländemodells von besonderer Bedeutung. Erst durch den höheren Detaillierungsgrad im verbesserten Geländemodell werden kleine Geländepartien, die unter Umständen für die Ausbreitung der Lawine maßgeblich sein können, genau genug abgebildet.
Aufgrund der großen Entfernung der Forschungslokalität „Schwarzensteinmoor" zum Dauersiedlungsraum sind nur wenige Beobachtungen von Lawinen dokumentiert. Die Abgrenzung der Anbruchgebiete und Entrainmentgebiete erfolgte auf Basis von Geländebegehungen, Luftbildauswertungen und der Auswertung dokumentierter Lawinen aus den Jahren 1999 und 2003. Alle Anbruchgebiete liegen oberhalb der für das holozäne Klimaoptimum rekonstruierten Waldgrenze (ZWERGER & PINDUR, dieser Band). Die rekonstruierte Waldgrenze und die Höhenlage der Anbruchgebiete sind in Abbildung 4 eingetragen. An Hand der photographischen Aufnahmen aus dem Winter 2002/2003 (Lawinenabgänge im Februar 2003) und vom Gelände vorgegebener Strukturen im Lawinenanbruchgebiet konnte vier Anbruchflächen abgegrenzt werden (Abbildung 3). Bei den ersten Berechnungen hat sich gezeigt, dass Lawinen aus der Anbruchfläche 3 das direkt daran

Tabelle 1:
Beschreibende Größen der Anbruchgebiete 1 bis 4.

Anbruchgebiet	projizierte Fläche [ha]	geneigte Fläche [ha]	durchschnittliche Neigung	Masse [kt]	Kubatur [m³]
1	0,8	1,2	47	2,2	17450
2	2,1	3,3	51	6,2	49400
3	0,9	1,5	54	2,9	23200
4	0,9	1,0	32	2,0	15600

Tabelle 2:
Ausgewählte Varianten für die Rechenläufe der Simulation.

Anbruchgebiete der Lawine	Anrissmächtigkeiten der simulierten Lawinenabgänge in m			
1	–	1,0	1,5	2,0
2	–	1,0	1,5	2,0
3	–	1,0	1,5	2,0
4	0,5	1,0	1,5	2,0
1 + 2	0,5	1,0	1,5	2,0
1 + 2 + 3	0,5	1,0	1,5	2,0
1 + 2 + E1 + E2	0,5	1,0	1,5	2,0
2 + E1 + E2	0,5	1,0	1,5	2,0

anschließende Flachstück nicht überwinden. Aus diesem Grund wird das Anbruchgebiet 3 in den weiteren Berechnungen nicht mehr berücksichtigt.
Für die Simulation werden zwei Kombinationen (siehe Abbildung 5 bis 9) unter Einbeziehung der photographischen Informationen ausgewählt und in jeweils drei Varianten (mit 0,5 m, 1,0 m und 1,5 m Schneemächtigkeit) berechnet: i) für die Haupt-

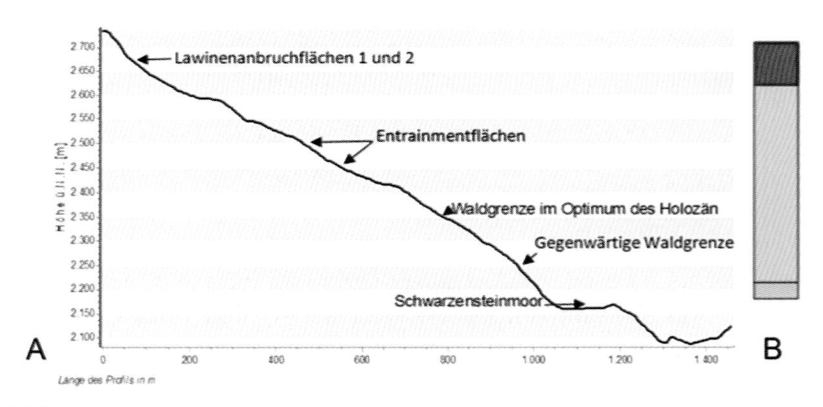

Abbildung 4: Längsprofil des Lawinenhanges Schwarzensteinalm - Profilverlauf siehe Abbildung 5

lawinenbahn die Anbruchflächen 1 und 2 mit den Entrainmentflächen 1 und 2 (REL 1+2 mit ENT 1+2), ii) für die etwas weiter westlich liegende Lawinenbahn die kleinere Anbruchfläche 4 (REL 4).
Die maßgebliche Startmasse der Lawine ergibt sich aus der Fläche der Anbruchgebiete, der Anrisshöhe und der Schneedichte, welche bei dieser Arbeit dem Standard entsprechend mit 150 kg m^{-3} festgesetzt wurde (vgl. Tabelle 1). Die mögliche Entrainment-Höhe wird mit 1,0 m und die entsprechende Dichte mit 125 kg m^{-3} festgelegt.
Da aufgrund der vorliegenden Fragestellung – Nachrechung von holozänen Lawinen – keine vergleichbaren Anbruchhöhen herangezogen werden können, wurden drei Klassen mit 0,5 m, 1,0 m und 1,5 m Anbruchhöhe definiert. Die Kombination dieser Anbruchhöhen-Klassen mit den unterschiedlichen Anbruchgebietskombinationen führte zu 29 Simulationsvarianten, die in Tabelle 2 aufgelistet sind.

3. Ergebnisse

Es ist hervorzuheben, dass alle hier zugrunde gelegten Lawinenanbruchgebiete (siehe Abschnitt Methoden) oberhalb der für das klimatische Optimum im Holozän rekonstruierten Waldgrenze liegen. Auch wenn das relativ kleine Anbruchgebiet 4 die holozäne Waldgrenze nur etwa 100 m (Zwerger & Pindur, dieser Band und Abbildung 4) übersteigt ist davon auszugehen, dass diese Bereiche nicht bewaldet waren und somit im Holozän ungestört und flächenhaft Schneeakkumulation stattgefunden hat. Die teils exponierte und kammnahe Lage läßt auch daraufhin schließen, dass die Schneeakkumulation in einem für eine Lawinenbildung ausreichenden Maße stattgefunden hat.
Die mit SAMOS simulierten 29 Varianten (siehe Tabelle 2) beinhalten jeweils die Verhältnisse der Staub- und Fließdruckverteilungen der unterschiedlichen Anbruchgebiete und Anrisshöhen nach 120 Sekunden Laufzeit. Die Abbildungen 5 bis 9 zeigen exemplarisch die Verteilung der Fließ- und Staubspitzendrücke der Variante „Anbruchgebiete 1 und 2 mit Entrainment" (kurz Variante A) und der Variante „Anbruchgebiet 4" (kurz Variante B), gerechnet mit 1.0 m Anbruchhöhe und bei Variante A einer Entrainmenthöhe von 1,0 m. Die Simulationen haben gezeigt, dass mindestens eine Anbruchhöhe von 1,0 m notwendig ist, um die – für Baumbruch und Holztransport – notwendige Lawinenenergie aufbringen zu können.
Die nachfolgenden erwähnten Fließdruckwerte entsprechen einem mittleren Druck, gemittelt über die Fließtiefe, und die Staubdruckwerte dem Druck in 2,5 m über dem Fließanteil.
In den Abbildungen 5 und 6 sind die Verhältnisse des Staubdruckes nach 120 Sekunden Laufzeit beider Varianten dargestellt. Sowohl bei der Variante A als auch bei der Variante B erreicht der Staubanteil, mit der hier zugrunde gelegten Anbruchhöhe von 1,0 m, die relevanten Moorbereiche. Das Ergebnis des Fließspitzendruckes der Variante A ist in der Abbildung 7 dargestellt. Die Verteilung des maximalen Fließspitzendruckes beträgt in der Sturzbahn 195 kNm^{-2}. Der Hauptlawinenzug dieser Simulationsvariante stößt in den orographisch linken Bereich des Schwarzensteinmoores vor und erreicht dort immer noch Fließspitzendrücke über 30 kNm^{-2}. Die adäquate Fließspitzendruckverteilung der Variante B ist Abbildung 8 zu entnehmen. Demzufolge wurden in der Sturzbahn Druckspitzen von 105 kNm^{-2} errechnet. Kennzeichnend ist dabei die geländebedingte fächerförmige Ausbreitung dieser Simulationsvariante. Dabei werden die im Jahre 1999 und 2003 datierten Zirbenzerstörungen von der Simulation gut nachgebildet. Die Berechnung mit SAMOS zeigt, dass der Fließspitzendruck beim Zirbenstandort von 1999 ca. 30 kNm^{-2} und von 2003 ca. 17 kNm^{-2} beträgt. Erwartungsgemäß ist der Druck des Staubanteils der Lawine deutlich geringer als jener des Fließanteils. In allen vier Abbildungen ist gut zu erkennen, dass sowohl der Fließspitzen- als auch der Staubspitzendruck im „Schwarzensteinmoor" beachtliche Werte erreichen, die eine Erklärungsbasis für die Wald- und Baumschädigung bzw. Zerstörung liefern.
Prinzipiell sind ab einer bestimmten Startmasse (repräsentiert durch Anrisshöhen über 1,0 m) schon allein die simulierten Staubspitzendruckwerte für den Bruch und den Transport von Bäumen ausreichend (für Altbäume mit großer Angriffsfläche 3 kNm^{-2}, für Jungbäume 5 kNm^{-2}, lt. freundlicher Auskunft SLF, Davos).
Eine Überschneidung der Hauptlawinenbahn (Variante A – Anbruchgebiete 1 und 2 mit Entrainmentgebieten 1 und 2) mit jener des Anbruchgebietes 4 (Variante B) ist ab einer Anrisshöhe von 1,5 m möglich. Dies bedeutet, dass im Extremfall der gesamte Lawinenhang „Schwarzensteinalm" und somit alle Moorbereiche betroffen sein können. Bei Extremereignissen (Anbruchhöhe > 1,5 m) überströmt der Staubanteil der Lawine den Gegenhang des Schwarzensteinmoors und dringt bis in den Talboden der Kastenklamm vor.

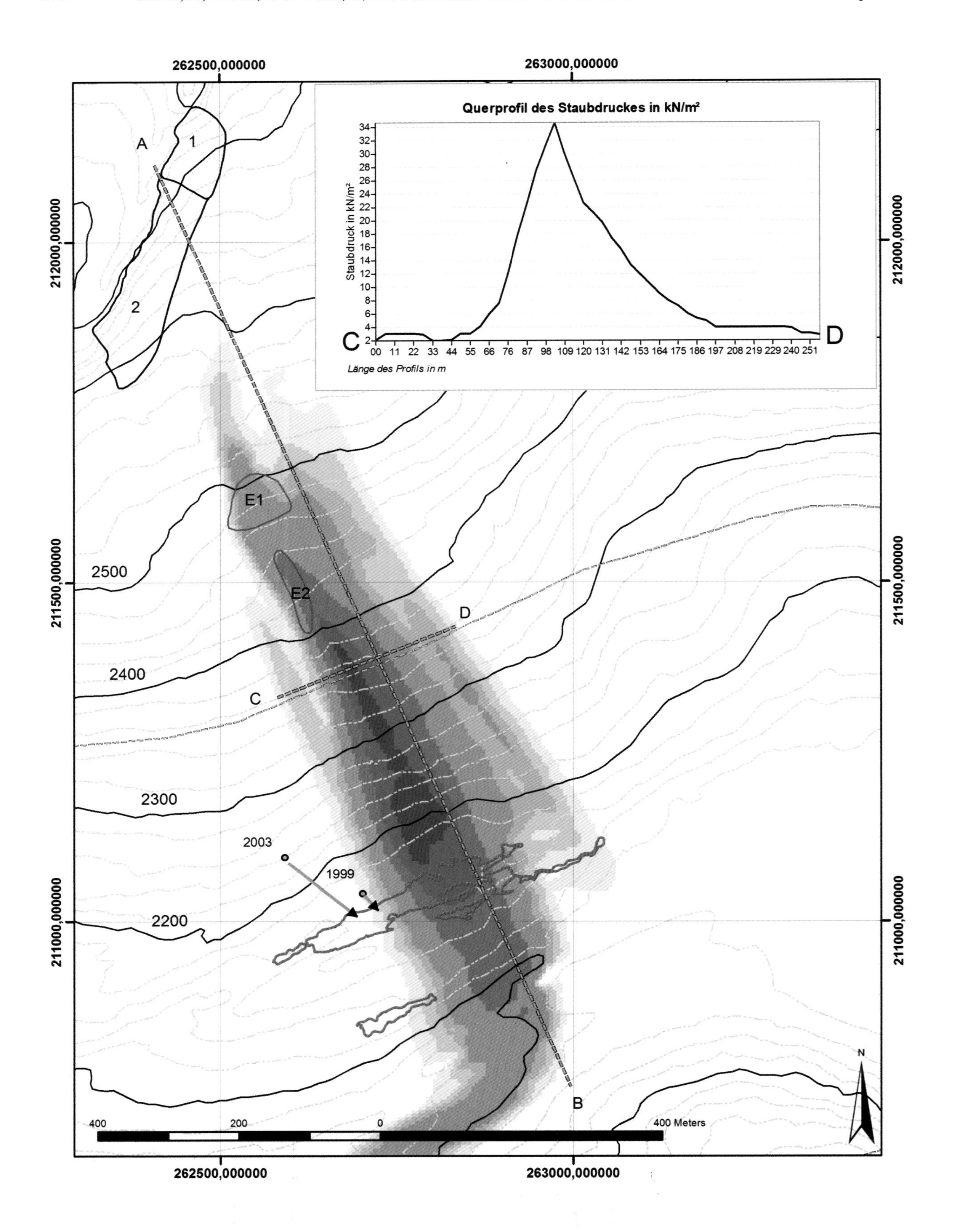

Abbildung 5: Staubdruck unter Berücksichtigung der Anbruchflächen 1 und 2 mit den Entrainment-Gebieten E1 und E2 bei einer angenommenen Anrisshöhe von 1,0 m. Druckverteilungsklassen siehe Sammel-Legende, Abbildung 11.

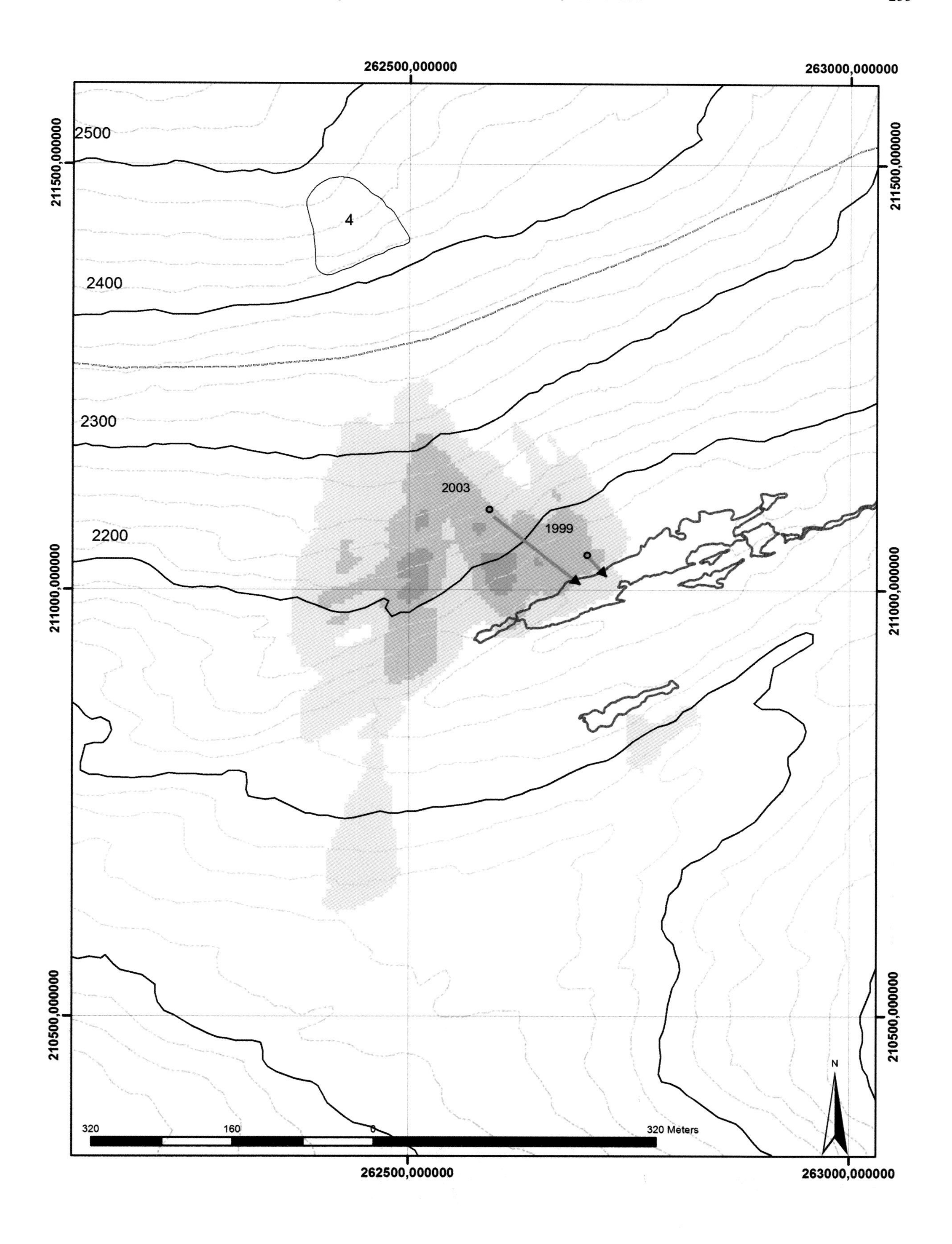

Abbildung 6: Staubdruck unter Berücksichtigung der Anbruchfläche 4 bei einer angenommenen Anrisshöhe von 1,0 m. Druckverteilungsklassen siehe Sammel-Legende, Abbildung 11.

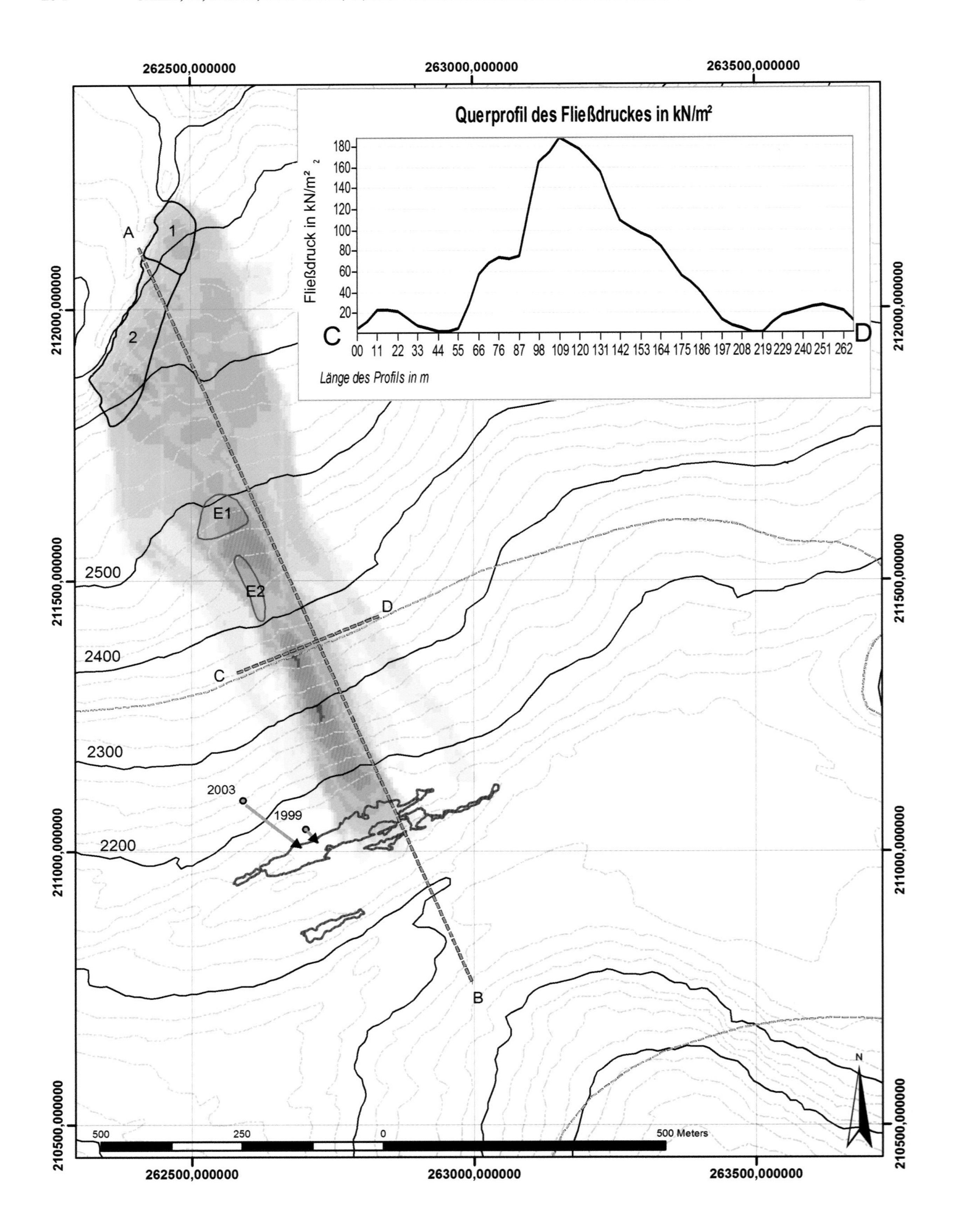

Abbildung 7: Fließdruck unter Berücksichtigung der Anbruchflächen 1 und 2 mit den Entrainment-Gebieten E1 und E2 bei einer angenommenen Anrisshöhe von 1,0 m. Druckverteilungsklassen siehe Sammel-Legende, Abbildung 11.

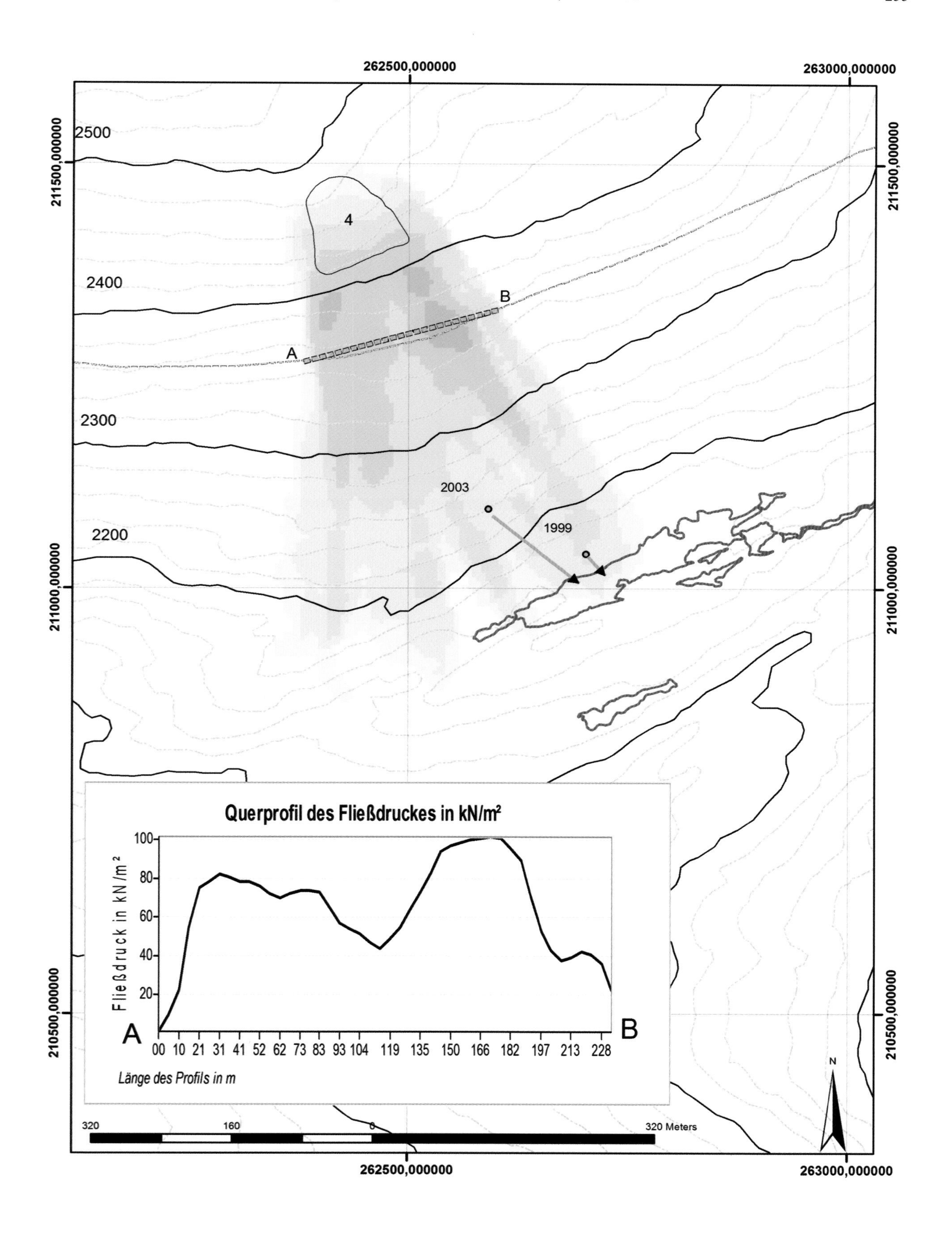

Abbildung 8: Fließdruck unter Berücksichtigung der Anbruchfläche 4 bei einer angenommenen Anrisshöhe von 1,0 m. Druckverteilungsklassen siehe Sammel-Legende, Abbildung 11.

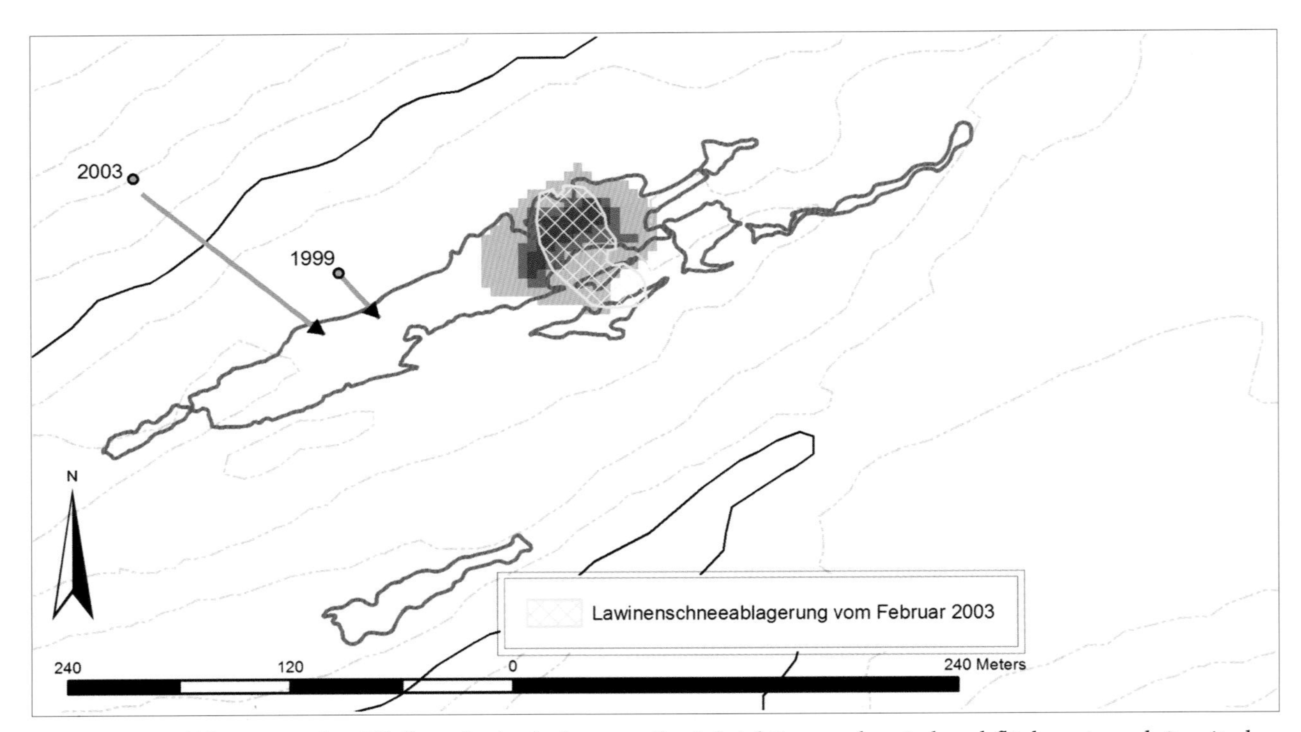

Abbildung 9: Ablagerung des Fließanteils in [m] unter Berücksichtigung der Anbruchflächen 1 und 2 mit den Entrainment-Gebieten E1 und E2 bei einer angenommenen Anrisshöhe von 1,0 m. Siehe Sammel-Legende, Abbildung 11.

Abbildung 10: Lawinenschneeablagerung im Auslaufbereich des Hauptlawinenzuges vom Februar 2003. Photo: Roland Luzian

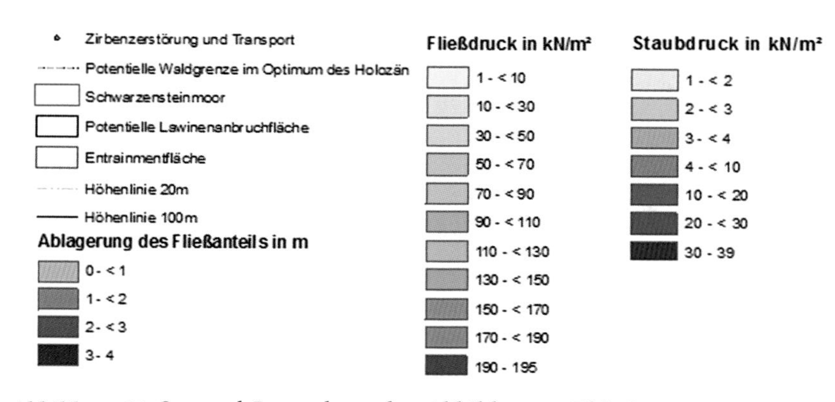

Abbildung 11: Sammel-Legende zu den Abbildungen 5 bis 9.

4. Diskussion

Der Hang oberhalb des Schwarzensteinmoores ist potentielles Lawinengelände und die Kriterien, dass es sich bei den aufgefundenen subfossilen Hölzern um Lawinenholz handelt sind nach Nicolussi (siehe NICOLUSSI et al., dieser Band) erfüllt.
Übliche Unsicherheiten bei der Abgrenzung der Lawinenanbruchgebiete konnten aufgrund einer vorhandenen Photodokumentation vom Februar 2003 reduziert werden. Zur Überprüfung der Plausibilität der Lawinensimulationen kann im vorliegenden Fall ein Lawinenereignis aus dem Jahre 2003 herangezogen werden. Abbildung 9 zeigt die Fließablagerung (Akkumulation) der Variante A im Bereich des Schwarzensteinmoors. Die rekonstruierte Ablagerung zeigt gute Übereinstimmungen mit den beobachteten Lawinenablagerungen und somit dem Wirkungsbereich der Lawine. Dies ist ein Indiz dafür, dass das digitale Geländemodell den geforderten Qualitätskriterien entspricht und die Abgrenzung der Anbruchgebiete in ausreichender Genauigkeit durchgeführt wurde.
Der Umstand, dass die meisten Hölzer nicht im Zentrum der Hauptlawinenbahn, sondern unmittelbar links und rechts davon liegen, lässt folgenden Schluss zu: Der zentrale Bereich der Hauptlawinenbahn wird auch während der, für das Waldwachstum günstigen Bedingungen, durch häufige, kleinere Lawinen vom Baumwuchs freigehalten. Es ist anzunehmen, dass diese Schneise durch große Lawinenereignisse immer wieder aufgeweitet wird. Diese Hypothese, wie auch die Lage der Fundobjekte und deren Ausrichtung im Moor, schließen Steinschlag und Windwurf aus. Die Ergebnisse der Simulationen mit SAMOS bestätigen diese Annahmen. Weiters lassen die Simulationsergebnisse, aufgrund der sehr hohen Fließspitzendruckwerte, auf einen bodennahen Bruch von Bäumen, deren Entwurzelung und auch der Zerstörung von Krummholzbewuchs schließen. Die Simulationen erklären zudem – durch Berührung und Überschneidung der Sturzbahn- und Ablagerungsbereiche der Haupt- und Nebenlawinenbahnen – die Streuung (mit Konzentration seitlich der Hauptsturzbahn) der Fundobjekte über den gesamten Moorbereich.

5. Schlussfolgerungen

Erprobte klimageschichtliche Methoden und moderne Simulationstechnologien können erfolgreich kombiniert werden. Dadurch ist es möglich Jahrtausende zurückliegende Lawinenereignisse zu rekonstruieren und damit in Zusammenhang stehende Hypothesen zu überprüfen.
Das im Holozän mehrmals stattgefundene Zusammenspiel von hoch gelegener Waldgrenze mit ausreichendem Winterniederschlag zeigt, dass auch unter klimatisch wärmeren Bedingungen eine relativ hohe Lawinenaktivität (besonders von kleineren Lawinen) möglich ist. Die Identifikation der Fundobjekte als Lawinenholz erfolgte im dendrochronologischen Labor am Institut für Geographie der Universität Innsbruck (siehe NICOLUSSI et al., dieser Band). Mit Hilfe von Lawinensimulationen ist es gelungen, die Ausdehnung der Lawinen und das Ausmaß der erforderlichen Drücke zu berechnen.
Es ist anzunehmen, dass Lawinenbahnen wie der zentrale Bereich der Hauptlawinenbahn der Schwarzensteinmoor-Lawine aufgrund häufiger Kleinereignisse (Zrost et al., 2007) ohne Baumwuchs bleiben. Die in Bezug auf die Hauptstoßrichtung der Lawine dezentrale Konzentration von Fundobjekten lassen diesen Schluss zu. Die Schneisen werden fallweise durch Großereignisse aufgeweitet. Katastrophale Lawinenniedergänge mit Zerstörung des gesamten Waldbestandes am Lawinenhang „Schwarzensteinmoor“ müssen ebenfalls stattgefunden haben. Die auf Basis der Simulationsergebnisse angenommene Überschneidung der Sturz- und Ablagerungsbereiche bzw. der Überströmung des natürlichen Geländerückens lassen in Zusammenhang mit den dendrochronologisch analysierten Baumfunden einen solchen Schluss zu.

6. Literatur

Brandstätter, W., Hagen, F., Sampl, P., & Schaffhauser, H., 1992. Dreidimensionale Simulation von Staublawinen unter Berücksichtigung realer Geländeformen. - [in:] Wildbach- und Lawinenverbau 120.

Nicolussi, K. et al., 2007. Waldzerstörende Lawinenereignisse im Zeitraum der letzten 9000 Jahre im Zemmgrund, Zillertaler Alpen, Tirol. In diesem Band.

Sailer, R., 2003. Case studies with SAMOS - comparison with observed avalanches. - AVL - Advanced Simulation Technologies, International User Meeting 2003.

Sailer, R., Rammer, L., & Sampl, P., 2002. Recalculation of an artificially released avalanche with SAMOS and validation with measurements from a pulsed Doppler radar. - [in:] Natural Hazards and Earth System Sciences. 2002. — **2**:211-216.

Sampl, P. & Zwinger, Th., 2004. Avalanche Simulation with SAMOS. - [in:] Annals of Glaciology. — **38**:393-398.

Sampl, P., Zwinger, Th. & Schaffhauser, H., 2000. Evaluation of Avalanche Defense Structures with the simulation Model SAMOS. - [in:] Rock and Soil Engeneering. — **1**/2000:41-46.

Schmidt, R., Heller A. & Sailer, R., 2003. Die Eignung verschiedener digitaler Geländemodelle für die dynamische Lawinensimulation mit SAMOS. - [in:] Strobl, J., Blaschke, T., Griesebner, G. (Hrsg.). Angewandte Geographische Informationsverarbeitung XV, Beiträge zum AGIT-Symposium 2003. — 455-464, Salzburg.

Schmidt, R., Heller, A. & Sailer, R., 2005: Vergleich von Laserscanning mit herkömmlichen Höhendaten in der dynamischen Lawinensimulation mit SAMOS. - Internationale Geodätische Woche. — 131-140, Obergurgl.

Schmidt, R., 2007. Erzeugung von Geodaten des Lawinenhanges „Schwarzensteinmoor". In diesem Band.

Zrost, D., Nicolussi, K. & Thurner, A., 2007. Holozäne Lawinenereignisse im Jahrringbild der subfossilen Hölzer des Schwarzensteinmoores, Zillertaler Alpen. In diesem Band.

Zwerger, P. & Pindur, P., 2007: Waldverbreitung und Waldentwicklung im Oberen Zemmgrund, Zillertaler Alpen. Aktueller Bestand, Strukturanalysen und Entwicklungsdynamik. In diesem Band.

Diskussion, Schlussfolgerungen und Ausblick

Labor Nr.	Tiefe (cm)	Material	^{14}C-Alter BP (1σ-Fehler)	Kalibriertes Alter (Mittelwert 2σ-Bereich)	Cal BP(1950 (Mittelwert 2σ-Bereich)
VERA-3112	15	Stängel, Holz indet.	785±35	1237 ± 52 AD	715 cal. BP
VERA-3113	43.5	Holz indet.	2425±35	585 ± 185 BC	2535 cal. BP
VERA-3114	75	Rindenstück indet.	2994±35	1245 ± 135 BC	3195 cal. B

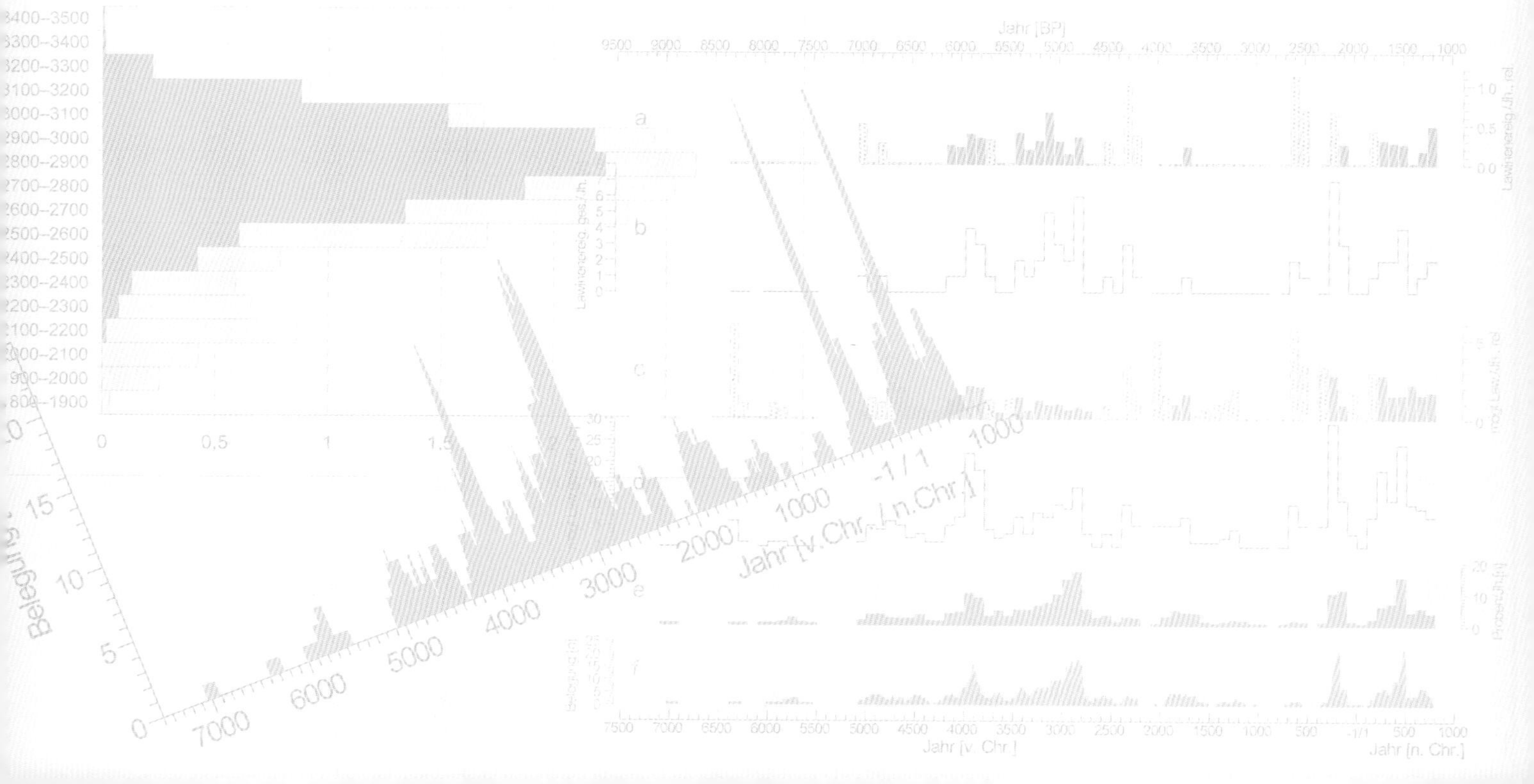

Diskussion, Schlussfolgerungen und Ausblick
Holozänes Lawinengeschehen im Lichte der Klimageschichte und des „Klimawandels"

ROLAND LUZIAN

„Wer will denn alles gleich ergründen! So bald der Schnee schmilzt, wird sich's finden." (Goethe)

LUZIAN, R. , 2007. Diskussion, Schlussfolgerungen und Ausblick - Holozänes Lawinengeschehen im Lichte der Klimageschichte und des „Klimawandels". — BFW-Berichte 141:241-247, Wien. — Mitt. Komm. Quartärforsch. Österr. Akad. Wiss., 16:241-247, Wien

1. Interdisziplinarität

Zitat: „...kommt der Erhebung des Naturraum- und Gefährdungspotentials mittels interdisziplinär erfasster stummer Zeugen ... vorrangige Bedeutung für Projektierung, Gefahrenkataster und Gefahrenzonenbegrenzung zu." (AULITZKY, 1992).
Die stummen Zeugen aus dem Schwarzensteinmoor und dessen unmittelbarer Umgebung im Oberen Zemmgrund liefern uns Aussagen zu den wechselnden ökologischen Verhältnissen der Waldgrenzregion im zentralen Bereich der Ostalpen über den Zeitraum der letzten 10.000 Jahre. Damit verbunden ist die Erfassung der holozänen Klimaschwankungen, die Rekonstruktion der generellen Waldentwicklung während klimatischer Optimalphasen und – ganz speziell! – des Lawinengeschehens am Lawinenhang „Schwarzensteinmoor".
Auch der prähistorische Beginn und die Intensität der menschlichen Einflussnahme in das Waldgrenzökoton des Oberen Zemmgrundes konnten erfasst werden.
Die Verknüpfung mehrerer Wissenschaftsdisziplinen und die Kombination verschiedener Forschungsmethoden sowie die Konzentration auf diese eine Lokalität führten zu wertvollen Synergien. Besonders wichtig ist somit der Umstand, dass ein sehr ausführlicher interdisziplinärer Datensatz von einem einzigen Ort gewonnen werden konnte. Das Schwarzensteinmoor ist von anderen Naturgefahren als Lawinen ganz oder zumindest weitestgehend verschont geblieben was dazu führte, dass z.B.: „durch das Vorhandensein von Mooren (mit ungestörten Torfablagerungen) ohne zeitliche Schichtlücken im Zentrum des Forschungsgebietes besonders günstige Voraussetzungen für palynologische Untersuchungen gegeben waren" (DRAXLER, 2007).
Sowohl die Vernetzung der verschiedenen Arbeitsbereiche als auch die Ergiebigkeit der Forschungslokalität erbrachten eine umfangreiche Datenmenge die auch im Zuge weiterer Projekte in die folgenden Themenbereiche einfließen kann:

1. Waldforschung (Baumwachstum an der alpinen Waldgrenze, Schutzwald, Bestandesstabilität)
2. Lawinen- bzw. Naturgefahrenforschung (Risiko!)
3. Gebirgsökologie - Biodiversität (Einfluss des Lawinengeschehens, menschlicher Eingriff in die Waldgrenzregion)
4. Alpine Landschafts- und Raumforschung

Lawinenereignisse konnten auf der Grundlage der an der Universität Innsbruck erarbeiteten Ostalpen - Zirbenchronologie (NICOLUSSI & SCHIESSLING, 2002 und NICOLUSSI et al., 2004) über nahezu das gesamte alpine Postglazial jahresscharf datiert werden (NICOLUSSI et al., dieser Band). Das war bisher über einen derart langen Zeitraum von über 9000 Jahren nicht möglich.

2. Gelände- und Laborbefunde

Die Klärung der Topographie des Lawinenhanges „Schwarzensteinalm" und die Erstellung eines dreidimensionalen, digitalen Höhenmodells bildeten

MAG. ROLAND LUZIAN, Institut für Naturgefahren und Waldgrenzregionen, Bundesforschungs- und Ausbildungszentrum für Wald, Naturgefahren und Landschaft, A - 6020 Innsbruck, E-Mail: Roland.Luzian@uibk.ac.at

die Grundlage für die Modellierung der Lawinenwirkung (Ausbreitung, Drücke) bei verschiedenen Schneeverhältnissen im Anbruchgebiet. Eine weitere Voraussetzung für das Verständnis der abgelaufenen Ereignisse war die Feststellung (und Kartierung) der Lage der Fundobjekte (Lawinenhölzer) im Raum. (SCHMIDT, dieser Band). Mit Hilfe der dendrochronologischen Datierung (NICOLUSSI et al., dieser Band) war dann auch eine Zuordnung dieser Fundobjekte zu einem jeweils konkreten, auf das Jahr genau datierten Ereignis und damit dessen Interpretation möglich.
Klimatisch gesteuerte Schnee- (und Wald-) Grenzdepressionen, verbunden mit erheblichen Gletschervorstössen als Zeugen holozäner Kaltphasen, wurden anhand des letzten Hochstandes von 1850 rekonstruiert. Die Umgebung des Schwarzensteinmoores (auf 2150 m. ü. M.) war dann klimatisch bedingt (Temperaturmangel) waldfrei (SCHWENDINGER & PINDUR, dieser Band) und es ist für diese Kaltphasen nicht möglich, Aussagen zum Lawinengeschehen zu treffen.
Die Rekonstruktion der Höhenlage der Waldgrenze (= Zeugen der Warmphasen) während holozäner Optimalphasen ergibt in Kombination mit den bekannten Gletscherhochstandsphasen somit ein geschlossenes Bild der Klimaentwicklung bzw. dessen Schwankungen während des Holozäns.
Forstbiometrische Analysen, sowie die rezente Verbreitung von Keimlingen, Jungpflanzen und Zwergsträuchern unter Einbezug der topographischen und morphologischen Verhältnisse und unter zusätzlicher Berücksichtigung der Beweidung bzw. deren Rückgang, führten zum Entwurf einer Höhengrenze, welche die maximale Waldverbreitung während der holozänen Optimalphasen markiert. Sehr aufschlussreich waren hierbei die momentan herrschenden Bedingungen einer Erwärmungsphase. Sie ermöglichten die Erfassung der gegenwärtigen, jüngsten Entwicklungsdynamik des Waldes in der subalpinen Stufe (ZWERGER & PINDUR, dieser Band).
Auch bei einer gegenüber heute noch um ca. 100 m höher gelegenen Waldgrenze befanden sich die Lawinenanbruchgebiete des Schwarzensteinmoor-Lawinenhanges stets oberhalb des bewaldeten Bereiches. Lawinen aus diesen Anbruchgebieten konnten daher bei entsprechender Schneelage schädigend und zerstörend auf den Baumbestand einwirken.
Die Analyse von in Sedimentbohrkernen enthaltenen subfossilen, an bestimmte Lebensräume eng gebundene, Arthropoden (Acari: Oribatida, Insecta: Coleoptera) ergab ebenfalls ein zu den Ergebnissen der Pollenanalysen passendes Bild über die wechselnden bzw. schwankenden klimatischen Bedingungen in der unmittelbaren Umgebung des Schwarzensteinmoores (WILD & SCHATZ, dieser Band). Zeigerarten für spezifische Habitate fanden sich im Folgenden für:

- feuchte Wälder: *Fusczetes fuscipes*, *Liebstadia similis* und *Trimalaconothrus novus*
- Schmelzwassertümpel, Schneeränder: *Helophorus glacialis*
- Schneeböden: *Aphodius abdominalis*
- Zwergstrauchheide: *Bryophacis maklini* und *Quedius alpestris*
- Trockenheit: *Mycobates alpinus*

Naturwissenschaftlich erbrachte Hinweise auf anthropogene Einflussnahme in die Vegetation der Waldgrenzregion des Oberen Zemmgrundes (WILD, 2005; HAAS et al., dieser Band) konnten für die mittlere Bronzezeit mittels siedlungsarchäologischer Befunde knapp 1 km östlich des Schwarzensteinmoores in 2190 m Höhe (Brandhorizont mit eingelagerten Artefakten, PINDUR et al., dieser Band) belegt und korreliert werden.
Die dendrochronologische Analyse und Datierung der aus dem Schwarzensteinmoor geborgenen Zirbenholzproben (*Pinus cembra*, L., PINDUR, 2000 und NICOLUSSI et al., dieser Band) ermöglichte es, das Lawinengeschehen am Schwarzensteimoor-Lawinenhang während klimatischer Optimalphasen des Holozäns (höher gelegene Waldgrenze als gegenwärtig) über 8000 Jahre zurück zu verfolgen: In diesem Zeitraum geschahen 64 Lawinenereigniss, die Schäden am Baumbestand hinterließen (ZROST et al., dieser Band). 21 weitere Ereignisse führten zur Waldzerstörung und zum Transport der Stämme bzw. deren Bruchstücke, auch der bereits vorgeschädigten, in das Moor. (NICOLUSSI et al., dieser Band). Sechs waldzerstörende Ereignisse konnten zusätzlich abgeleitet werden. Damit hat sich die Zahl der schon früher nachgewiesenen (PINDUR, 2001), zumindest teilweise waldzerstörenden Lawinenereignisse, deutlich erhöht und die Annahme bestärkt, dass es auch dann immer zu großen Lawinenabgängen kommen konnte, wenn Waldwachstum oberhalb des Schwarzensteinmoores möglich war.
Die bemerkenswerte Tatsache, dass die Bäume im jüngeren Holozän (die letzten 4000 Jahre) ein vergleichsweise geringeres Wuchsalter erreichten als im frühen und mittleren Holozän gibt Anlass zu Vermutungen und wirft folgende Fragen auf:

- jüngeres Holozän (geringeres Wuchsalter)
  a) wegen klimatischer Rückschläge bzw. beginnender Abkühlung?

   b) wegen stärkerer und häufigerer Klimaschwankungen (häufige Verschiebung der Waldgrenze nach oben, aber oftmals lawinenbedingte Schäden am Wald)?
   c) wegen des seit der Bronzezeit verstärkten, anthropogenen Einflusses (Beweidung, Rodung)?
- ausgehendes frühes und mittleres Holozän: höheres Wuchsalter wegen
   a) gemäßigterem, für das Waldwachstum besseres, Klima über längere Phasen?
   b) dichterer Waldbestände?
   c) geringerer Lawinenaktivität?
   d) des noch nicht gegebenen anthropogenen Einflusses (keine Rodungen)?

Zwar konnte dendrochronologisch nicht unterschieden werden, ob es sich bei dem jeweils analysierten Probenstück um den Wurzel- oder Wipfelbereich eines Stammes handelte; doch wurden außer Stamm- und Wipfelteilen auch Wurzelteile aus dem Moor geborgen. Dieser Umstand sowie weitere Hinweise aus der palynologischen Analyse (Haas et al., dieser Band) erlauben den Schluss, dass auch, zumindest fallweise, bodennaher Bruch und Entwurzelung von Bäumen stattgefunden hat. Das ist auf Fließlawinenwirkung zurückzuführen.

Die Vegetationsveränderungen durch den Menschen und dessen Haustiere an und oberhalb der Waldgrenze konnten ab der späten Jungsteinzeit und in den folgenden Kulturepochen pollenanalytisch deutlich nachgewiesen werden (Haas et al., dieser Band). Aus den Schwankungen der Pollenwerte der anthropogenen, auf Beweidung hinweisenden Zeigerpflanzen (z.B. *Plantago*-Arten, *Rumex*, Chenopodiaceae und Urticaceae), sind auch Rückschlüsse auf die Nutzungsintensität der aufeinanderfolgenden Kulturepochen möglich. Es zeigt sich eine Nutzungskontinuität und damit auch anthropogene Einflussnahme auf die subalpine (Baum-) Vegetation mit stark schwankender Intensität innerhalb der vergangenen 6000 Jahre. Zwar kann der menschliche Einfluss auf die Vegetation gut nachvollzogen werden, doch auf das Lawinengeschehen selbst, falls überhaupt gegeben, kann er nur sehr gering gewesen sein. Weil die Lawinenanbruchgebiete auch während der holozänen klimatischen Optimalphasen unbewaldet blieben (Zwerger & Pindur, dieser Band) und die Zirbenbestände darunter aufgrund der Hangmorphologie nicht sehr dicht gewesen sein konnten (praktisch keine Bremswirkung). Beweidung und Rodung haben sich allenfalls auf das Wuchsalter der Baumindividuen ausgewirkt (Haas et al., und Nicolussi et al., dieser Band).

Die palynologische (Pollen, Sporen und Extrafossilien) und karpologische (Makrofossilien) Analyse der Bohrkerne aus dem Schwarzensteinmoor (SWM-EP3) und zweier kleinerer, aber höher gelegener Moore (SWA-A und SWS-C) erwies sich hiermit bezüglich der Interpretation des prähistorischen Lawinengeschehens als sehr wertvolle und ergiebige, zusätzliche Informationsquelle.

So sind die Auswirkungen prähistorischer Großlawinenereignisse auf die subalpine Baum- und Strauchvegetation in den Pollenprofilen ersichtlich, auch wenn sich diese methodenbedingt nur grob mit den dendrochronologisch exakt erfassten Daten korrelieren lassen. Die Auswirkungen lassen sich palynologisch nur auf die dem Lawinenereignis folgenden Jahrzehnte und nicht auf das Jahr genau datieren.

Bei der Interpretation der Pollenprofile (Haas et al., dieser Band) fällt auf, dass nach Lawinenereignissen fallweise auch die Latsche (*Pinus mugo*) und/oder die Grünerle (*Alnus viridis*) im Pollenbild stark rückgängig waren. Auf das Lawinengeschehen bezogen gibt das Anlass, sich Gedanken über die jeweilige Lawinenart zu machen (Haas et al., dieser Band). Latschenzerstörung scheint aufgrund der lokalen Bedingungen (Felsstufen im Hang, oft flachgründige Böden, Südexposition) gut möglich zu sein und lässt auf nasse Bodenlawinen schließen. Wie verschiedene Varianten der Modellierung mittels SAMOS zeigen, kann sich der Fließanteil am Schwarzensteinmoor-Lawinenhang flächig weit ausbreiten und auch sehr hohe Drücke erreichen (Sailer et al., dieser Band). Die Simulationsergebnisse, im Moor aufgefundene Zirben-Wurzelteile (Entwurzelung von Bäumen) und die lokal gegebenen Bedingungen (Topographie) bestärken den Versuch einer diesbezüglichen Lawinenklassifizierung (Haas et al., dieser Band).

3. Modellierung und Synthese

Die Ergebnisse der Modellierung von Lawinenabgängen am Schwarzensteinmoor-Lawinenhang stimmen mit der Fundsituation der stummen Zeugen (Zirbenstämme und -Bruchstücke) überein und zeigen, dass sowohl eine seitliche Überbordung des Haupt-Lawinenzuges als auch ein Überströmen des natürlichen Dammes möglich ist (Sailer et al., dieser Band). Schon die Druckwerte bei nur einem

Meter Anrisshöhe (Schneemächtigkeit) und kleiner Anbruchfläche sind ausreichend um Baumbestände zu zerstören.
Es ist anzunehmen, dass Lawinenbahnen wie der zentrale Bereich der Hauptlawinenbahn der Schwarzensteinmoor-Lawine aufgrund häufiger Kleinereignisse (ZROST et al., dieser Band) ohne Baumwuchs blieben. Die in Bezug auf die Hauptstoßrichtung der Lawine dezentrale Konzentration der Fundobjekte lassen diesen Schluss zu. Die Schneisen werden fallweise durch Großereignisse aufgeweitet. Katastrophale Lawinenniedergänge (Anrisshöhe mindestens 1,5 m) mit Zerstörung des gesamten Waldbestandes am Lawinenhang „Schwarzensteinmoor" müssen ebenfalls stattgefunden haben. Das kann auf Basis der Simulationsergebnisse – Überschneidung der Sturz- und Ablagerungsbereiche bzw. der Überströmung des natürlichen Geländerückens – angenommen werden (SAILER et al., dieser Band).
Bei Betrachtung des bearbeiteten Zeitraumes (7050 BC bis 1300 AD) kombiniert mit Ergebnissen der dendrochronologischen Analyse (Ereignisjahr), der Simulation und Modellierung der Ereignisse sowie der Lage der Lawinenhölzer im Moor folgt:
18 von 21 Ereignissen erfüllen alle für den Nachweis der Lawinenwirkung erforderlichen Kriterien. Die 4 Ereignisse aus dem Moorbereich A für sich betrachtet erfüllen das Kriterium „uferferne Lage" nicht. Doch ist eines davon (168 BC) zeitgleich auch im Moorbereich B nachweisbar und bei den drei anderen sind alle sonstigen Lawinenmerkmale eindeutig ausgeprägt (persönliche Mitteilung NICOLUSSI). Sie werden daher in die folgenden Überlegungen mit einbezogen.
Während der holozänen klimatischen Optimalphasen wurden viermal Hölzer im Segment 15 des Moorbereiches B (Hauptmoor) abgelagert (743 AD, 1827 BC, 3834 BC und 4055 BC). Das bedeutet dass es entweder zu einer Überschneidung der Sturzbahnen aus den Anbruchgebieten 1+2 mit jener aus dem Anbruchgebiet 4 kam, oder es erfolgte eine enorm großflächige Überbordung der jeweiligen Lawinenbahn aus je einem dieser Anbruchgebiete. Dieses worst-case Szenario tritt also – bei günstigen Waldwachstumsbedingungen mit höher gelegener Waldgrenze – extrem selten auf.
Bezüglich der Frequenzen von waldschädigenden und waldzerstörenden Lawinenabgängen am Schwarzensteinmoor-Lawinenhang zeigte sich, dass im Holozän etwa alle 500 Jahre (17 mal) Großereignisse mit teilweiser Waldzerstörung und etwa alle 130 Jahre (64 mal) kleinere Ereignisse mit waldschädigender Wirkung stattfanden.

4. Verallgemeinerungen und Konsequenzen

- Klima
  Die Ergebnisse der Rekonstruktion der paläoökologischen Verhältnisse der vergangenen 10.000 Jahre im Untersuchungsgebiet bleiben nicht allein auf den Oberen Zemmgrund beschränkt. Da es sich um klimatisch gesteuerte Prozesse handelte, muss angenommen werden, dass diese Ergebnisse zumindest auf den Ostalpenraum bzw. Mitteleuropa übertragen werden können (siehe auch PATZELT, 1995; 1999 und 2000).
  Die dendrochronologisch und palynologisch nachgewiesenen Temperatur- (und Niederschlags-) Schwankungen hatten während großer Abschnitte der letzten 10.000 Jahre größere Amplituden als sie seit Beginn der Instrumentenbeobachtung erfasst werden.
  Häufige, längerfristige Perioden mit einer deutlichen Verschiebung der Waldgrenze nach oben (etwa noch 100 m höher als unter der gegenwärtigen Erwärmungsphase potentiell möglich) wurden von Klimaverschlechterungen und gleichzeitigen massiven Gletschervorstößen unterbrochen. Diese hatten einen messbaren Einfluss auf die Vegetationszusammensetzung und -dichte. Hinweise hierzu bieten die Zunahme der Traubengrünalge (*Botryococcus*) während der Klimadepressionsphase von Rotmoos I, oder auch die geringen Polleninfluxwerte zwischen 3950 und 3350 cal BP (Schwarzensteinboden, SWS-C), die mit der Löbbenschwankung bzw. der mitteleuropäischen CE-7 Kaltphase synchronisiert werden können (HAAS et al., 1998; WILD, 2005; HAAS et al., dieser Band).
  Wie wir heute am Beispiel der Waxeggalm beobachten können, hat eine klimatische Erwärmung auch durchaus positive Folgen: Es bilden sich in den Gletschervorfeldern „Weideflächen aus Steinwüsten" und gleichzeitig breitet sich Wald auf ehemaligen Weideflächen aus, weil der Weidedruck auf den Hochflächen aufgrund des guten Futterangebotes in tieferen Lagen nachlässt.
- Wald
  Alle dendrochronologisch analysierten Proben, über den gesamten untersuchten Zeitraum, wurden als Zirben (*Pinus cembra* L.) identifiziert (PINDUR, 2000 und NICOLUSSI et al., dieser Band). Somit bildet die Zirbe seit über 8000 Jahre die Hauptbaumart der Waldbestände in

der subalpinen Stufe des Oberen Zemmgrunds. Das bedeutet, dass sich auch während der stark ausgeprägten holozänen Warmphasen keine Änderung der Baumartenzusammensetzung im alpinen Waldgrenzökoton, bzw. innerhalb der alpinen Waldgrenzregion entwickelte.
Wohl ist eine Anhebung der Wachstumshöhengrenzen (Waldgrenze) unter den Bedingungen der momentan gegebenen (globalen) Erwärmung zu beobachten, aber eine Entwicklung hin zu anderen Baumarten ist in dieser, für das Naturgefahrengeschehen besonders relevanten, Höhenstufe nicht zu befürchten!
Die anthropogene Einflussnahme an und oberhalb der Waldgrenze ab der Jungsteinzeit vor 6000 Jahren ist eindeutig nachweisbar, doch war ihre Intensität seitdem sehr verschieden und bewirkte während der Klimagunstphasen eher nur eine geringfügige Beeinflussung des Waldwachstums.

- Lawinen
  Bei genügend Abstand (etwa 100 Höhenmeter sind ausreichend), entsprechender Topographie bzw. Hangmorphologie eines Anbruchgebietes zur gegebenen Waldgrenze sind waldschädigende und waldzerstörende Lawinenereignisse möglich. Die für solche Ereignisse notwendigen Schneemengen fielen auch während der häufigen und ausgedehnten holozänen Warmphasen regelmäßig. Die nachgewiesenen und abgeleiteten Lawinenschäden (Lawineneinfluss auf die lokale Vegetation) bestätigen diese Annahme.
  Katastrophale Ereignisse mit Auswirkungen über den ganzen Hang („worst case“) geschahen jedoch extrem selten (siehe oben).
- Risiko
  Zielsetzung des Projektes HOLA war es, ein realistisches worst-case Szenario für das rezente Lawinengeschehen unter Berücksichtigung der im Holozän bereits stattgefundenen Warmphasen und möglicher weiterer Klimaschwankungen zu entwickeln.
  Aus den Ergebnissen kann abgeleitet werden:
  - Erwärmung bewirkt erwartungsgemäß besseres Waldwachstum und ein Hohersteigen der Waldgrenze. Damit wird die absolute Zahl potentieller Lawinenanbruchgebiete verringert (und es ergibt sich auch eine positive Wirkung auf den Gebietswasserhaushalt). Das Naturgefahrenrisiko kann daher in vielen alpinen Bereichen abnehmen.
  - Lawinenereignisse mit katastrophalem Ausmaß („worst case“) sind trotzdem möglich, aber extrem selten und auch die Wiederholwahrscheinlichkeit von Großlawinen ist gering. Relativ häufig (etwa alle 130 Jahre) kommt es zu „kleineren“ Ereignissen. Diese können selbstverständlich auch katastrophale Wirkung haben wenn davon Menschen mit ihren Gütern betroffen werden! Die bisherige Praxis einer fiktiven Annahme eines 150 jährigen Ereignisses bei der Gefahrenzonenplanung dürfte daher sehr gut gewählt sein.
  - Situationen die zu Großereignissen führen werden nicht nur lokal beschränkt bleiben. Das muss bei raumplanerischen und sonstigen risikorelevanten Überlegungen bzw. Entscheidungen berücksichtigt werden: Baulandwidmung, Gefahrenzonenplanung, Planung von Infrastruktur und Verkehrsanlagen sowie touristischer Einrichtungen.

Abbildung 1: Solarbetriebene automatische Kamerastation zur Erfassung der Schneeverhältnisse am Lawinenhang „Schwarzensteinalm“ (Foto: R. Luzian).

5. Ausblick

Im Rahmen des Projektes „Holozänes Lawinengeschehen (HOLA)“ konnten wichtige Grundlagen und Ergebnisse erarbeitet werden. Darauf aufbauende Projekte und Auswertungen könnten weitere Beiträge zur anwendungsorientierten Lawinen- und gebirgsökologischen Forschung leisten.
Um noch differenziertere Ergebnisse hinsichtlich sowohl der Klimaschwankungen als auch des Lawinengeschehens im Holozän zu erzielen, wäre das noch vorhandene „Potenzial“ des Schwarzensteinmoores und des Untersuchungsgebietes weiter auszuschöpfen:

- Weitere, im Moor vorhandene subfossile Hölzer sollten entnommen und analysiert werden.
- Ausgewählte Moorbereiche wären intensiver zu beproben.
- Bereits gewonnene Sedimentbohrkerne (Schwarzensteinmoor, Schwarzensteinseeli) sollten in Bezug auf Pollen-, Extrafossil- und Makrofossilgehalt in hoher zeitlicher Auflösung ausgewertet werden.
- Die vorliegenden vegetationskartographischen und strukturanalytischen Arbeiten bilden eine hervorragende Basis für weiterführende und vergleichende ökosystemare Untersuchungen der Waldgrenzregion.
- Um genauere Quantifizierungen (Stichwort: Bemessungsereignis) zu erreichen, wäre die für das Monitoring der Schneeverhältnisse und für die Dokumentation des rezenten Lawinengeschehens im Bereich der Schwarzensteinalm vorbereitete Kamerastation, kombiniert mit einem Ultraschallschneepegel, in Betrieb zu nehmen.
- Dazu wären außerdem weitere Studien, insbesondere mit Hilfe des weiterentwickelten Simulationsmodelles „SamosAT“, erforderlich.
- Die gewonnenen Ereignisdaten wären mittels mathematisch-statistischer Verfahren zu analysieren.

6. Literatur

AULITZKY, H., 1992. Die Sprache der stummen Zeugen. - [in:] Interpraevent, 1992. — **6**:139-174.

DRAXLER, I., 2007. Interner Bericht an das Institut für Naturgefahren und Waldgrenzregionen des BFW in Innsbruck zum Beitrag von Haas et al in diesem Band. - Geologische Bundesanstalt, FA Paläontologie, Wien. 1-5, unveröffentlicht.

HAAS, J. N. et al., 1998. Synchronous Holocene climatic oscillations recorded on the Swiss Plateau and at tmberline in the Alps. - [in:] The Holocene. — **8**:301-309.

HAAS, J. N. et al., 2007. Holozäne Schneelawinen und prähistorische Almwirtschaft und ihr Einfluss auf die subalpine Flora und Vegetation der Schwarzensteinalm im Zemmgrund (Zillertal, Tirol, Österreich) In diesem Band.

NICOLUSSI, K. & SCHIESSLING, P., 2002. A 7000 year long continous tree-ring chronology from high-elevation sites in the central eastern Alps. - [in:] Dendrochronology, Environmental Change and Human History, Abstracts, 6th International Conference on Dendrochronology Quebec City, Canada, August 22nd-27th, 2002. — 251-252.

NICOLUSSI, K. et al., 2004. Aufbau einer holozänen Hochlagen-Jahrring-Chronologie für die zentralen Ostalpen: Möglichkeiten und erste Ergebnisse. - [in:] Innsbrucker Geographische Gesellschaft, Jahresbericht 2001/02:114-136.

NICOLUSSI, K. et al., 2007. Waldzerstörende Lawinenereignisse der letzten 9000 Jahre im Oberen Zemmgrund, Zillertaler Alpen, Tirol. In diesem Band.

PATZELT, G., 1995. Holocene Glacier and Climate Variations. - [in:] SCHIRMER, W. (Hrsg.). Quaternary field trips in Central Europe. — München.

PATZELT, G., 1999. „Global Warming“ im Lichte der Klimageschichte. - [in:] LÖFFLER, H. & STREISSLER, E.W. (Hrsg.). Sozialpolitik und Ökologie - Probleme der Zukunft. — 395-406, Wien.

PATZELT, G., 2000. Natürliche und anthropogene Umweltveränderungen im Holozän der Alpen. - [in:] Kommission für Ökologie der Bayerischen Akademieder Wissenschaften (Hrsg.). Entwicklung der Umwelt seit der letzten Eiszeit, Rundgespräche der Kommission für Ökologie. — **18**:119 - 125, München.

PINDUR, P., 2000. Dendrochronologische Untersuchungen im Oberen Zemmgrund, Zillertaler Alpen. Eine Analyse rezenter Zirben (*Pinus cembra* L.) und subfossiler Moorhölzer aus dem Waldgrenzbereich und deren klimageschichtliche Interpretation. - Geographische Diplomarbeit, Universität Innsbruck. — 1-122.

PINDUR, P., 2001. Der Nachweis von prähistorischen Lawinenereignissen im Oberen Zemmgrund, Zillertaler Alpen. - [in:] Mitteilungen der Österreichischen Geographischen Gesellschaft. — **143**:193-214.

PINDUR, P. et al., 2007. Der Nachweis einer bronzezeitlichen Feuerstelle bei der Schwarzensteinalm im Oberen Zemmgrund. In diesem Band.

SAILER, R. et al., 2007. Simulation als Basis für die Rekonstruktion holozäner Lawinenereignisse. In diesem Band.

SCHMIDT, R., 2007. Erzeugung von Geodaten des Lawinenhanges „Schwarzensteinmoor". In diesem Band.

SCHWENDINGER, G. & PINDUR, P., 2007. Die Entwicklung der Gletscher im Zemmgrund seit 1850. Längenänderung, Flächen- und Volumenverlust, Schneegrenzanstieg. In diesem Band.

WILD, V., 2005. Anthropogener und klimatischer Einfluss auf das spätholozäne Waldgrenzökoton im Oberen Zemmgrund (Zillertaler Alpen, Österreich). - Diplomarbeit, Institut für Botanik, Universität Innsbruck. — 1-92.

WILD, V. et al, 2007. Subfossile Arthropodenfunde (Acari: Oribatida, Insecta: Coleoptera) in Mooren bei der Schwarzensteinalm im Oberen Zemmgrund in den Zillertaler Alpen (Österreich). In diesem Band.

ZROST, D. et al. 2007. Holozäne Lawinenereignisse im Jahrringbild der subfossilen Hölzer des Schwarzensteinmoores, Zillertaler Alpen. In diesem Band.

ZWERGER, P. & P. PINDUR, P., 2007. Waldverbreitung und Waldentwicklung im Oberen Zemmgrund. Aktueller Bestand, Strukturanalysen und Entwicklungsdynamik. In diesem Band.

Weitere Veröffentlichungen aus der Serie

BFW-Berichte
(Schriftenreihe des Bundesforschungs- und Ausbildungszentrums für Wald, Naturgefahren und Landschaft)

finden Sie unter

http://bfw.ac.at/rz/bfwcms.web?dok=3957

Weitere Veröffentlichungen aus der Serie

MITTEILUNGEN DER KOMMISSION FÜR QUARTÄRFORSCHUNG DER ÖSTERREICHISCHEN AKADEMIE DER WISSENSCHAFTEN

finden Sie unter

http://verlag.oeaw.ac.at